教育部职业教育与成人教育司推荐教材
职业教育技能培训系列教材
“双证制”教学改革用书
机械工业出版社精品教材

数控车床培训教程

第2版

主　编　袁　锋
副主编　王荣兴
参　编　马国华　白建波　徐　伟　壮兵兵　吴其尧　肖其盛
主　审　朱鹏超

机械工业出版社

本书是职业教育技能培训系列教材之一，是根据教育部数控技能型紧缺人才的培养培训方案的指导思想和数控车工国家职业技能鉴定标准编写的。

全书以数控车工国家职业技能鉴定中高级考工的应知应会内容为主线、为重点。主要内容包括数控车床安全操作规程与职业技能鉴定标准、数控车床刀具的选择与装夹、数控车床典型表面的车削工艺、华中、SIEMENS、FANUC 三大主流系统数控车床实训操作、数控车床自动编程、数控车床中高级工题库等。书中所有实例均有详细的工艺分析、刀具选择、节点基点数值计算和完整的程序及说明。另外，本书还配有多媒体视频操作演示，选择本书作为教材的教师可登录 www. cmpedu. com 网站，注册后免费下载。

本书特别适用中等和高等职业技术学校数控、模具、机电类专业学生参加国家职业技能鉴定等级考工培训使用，也可作为数控车床技术工人的培训教材。

图书在版编目（CIP）数据

数控车床培训教程/袁锋主编．—2 版．—北京：机械工业出版社，2008.3（2024.8 重印）

教育部职业教育与成人教育司推荐教材．“双证制”教学改革用书

ISBN 978-7-111-15333-7

Ⅰ. 数…　Ⅱ. 袁…　Ⅲ. 数控机床：车床-技术培训-教材　Ⅳ. TG519.1

中国版本图书馆 CIP 数据核字（2008）第 033975 号

机械工业出版社（北京市百万庄大街 22 号　邮政编码 100037）
责任编辑：汪光灿　版式设计：冉晓华　责任校对：李秋荣
封面设计：张　静　责任印制：张　博
北京建宏印刷有限公司印刷
2024 年 8 月第 2 版第 13 次印刷
184mm×260mm · 26.75 印张 · 660 千字
标准书号：ISBN 978-7-111-15333-7
定价：69.00 元

电话服务
客服电话：010-88361066
010-88379833
010-68326294

网络服务
机　工　官　网：www. cmpbook. com
机　工　官　博：weibo. com/cmp1952
金　书　网：www. golden-book. com
机工教育服务网：www. cmpedu. com

第2版前言

本书是职业技能鉴定等级考工培训系列教材之一，是针对教育部数控技能型紧缺人才的培养培训方案的指导思想和数控车工国家职业技能鉴定标准编写的。

数控制造技术是集机械制造技术、计算机技术、微电子技术、现代控制技术、网络信息技术、机电一体化技术于一身的多学科高新制造技术。数控技术水平的高低、数控机床的拥有量已经成为衡量一个国家工业现代化的重要标志。

在这更新换代的历史时刻，企业急需大批能熟练掌握数控机床编程、操作、维修的工程技术人员。为此国家制定了数控技能型紧缺人才的培养培训方案，技能型紧缺人才的培养要把提高学生的职业能力放在突出的位置，加强生产实习、实训等实践性教学环节，使学生成为企业生产服务一线迫切需要的高素质劳动者。

根据上述指导思想，本书选用了技术先进、占市场份额最大的FANUC（法那科）、SIEMENS（西门子）系统和华中系统作为典型数控系统进行剖析。通过典型数控机床和数控系统将各部分教学内容有机联系、渗透和互相贯通，在课程结构上打破原有课程体系，以国家职业技能鉴定为标准，突出了实践操作和编程技能，突出了学生对所学知识的应用能力和综合能力。

全书以数控车工国家职业技能鉴定中高级考工的应知应会内容为主线、为重点，重点设置了数控车工中高级题库。许多理论和操作试卷来自全国各省市职业技能试卷和数控技能竞赛试题，书中有详细的工艺分析、刀具选择、节点基点数值计算和完整的程序及说明。

本书特别适用中等和高等职业技术学校数控、模具、机电类专业学生参加国家职业技能鉴定等级考工培训使用，也可作为数控车床技术工人的培训教材。

本书由常州轻工职业技术学院（国家级数控实训基地）袁锋教授、高级工程师主编并统稿，王荣兴副教授为副主编。参加编写的有常州轻工职业技术学院马国华（第一章）、袁锋（第二、四、八、十一章）、肖其盛（第三章）、白建波（第六章）、王荣兴（第七章）、徐伟（第九章）、壮兵兵（第十章）以及盐城市建湖县技工学校吴其尧（第五章）。湖南铁道职业技术学院朱鹏超副教授主审了全书。书中精选了大量典型实例，是上述编者多年实践和教学经验的结晶。

本书在编写过程中得到了常州轻工职业技术学院、华中数控领导和国家级数控实训基地壮兵兵、陈朝阳、袁飞老师的大力支持，在此表示衷心感谢。由于编者水平有限，谬误欠妥之处，恳请读者批评指正。

编　者

2008年1月

第1版前言

本书是职业教育技能培训系列教材之一，是根据教育部数控技能型紧缺人才的培养培训方案的指导思想和数控车工国家职业技能鉴定标准编写的。

数控制造技术是集机械制造技术、计算机技术、微电子技术、现代控制技术、网络信息技术、机电一体化技术于一身的多学科高新制造技术，数控技术水平的高低、数控机床的拥有量已经成为衡量一个国家工业现代化的重要标志。

在这更新换代的历史时刻，企业急需大批能熟练掌握数控机床编程、操作、维修的工程技术人员。为此，国家制定了数控技能型紧缺人才的培养培训方案，技能型紧缺人才的培养要把提高学生的职业能力放在突出的位置，加强生产实习、实训等实践性教学环节，使学生成为企业生产服务一线迫切需要的高素质劳动者。

根据上述指导思想，本书选用了技术先进、占市场份额最大的FANUC（法那科）、SIEMENS（西门子）系统和华中系统作为典型数控系统进行剖析。通过典型数控机床和数控系统将各部分教学内容有机联系、渗透和互相贯通，在课程结构上打破原有课程体系，以国家职业技能鉴定为标准，突出了实践操作和编程技能，突出了学生对所学知识的应用能力和综合能力。

本书以数控车工国家职业技能鉴定中高级考工的应知应会内容为主线、为重点，重点设置了数控车工中高级题库。许多理论和操作试卷就来自全国各省市职业技能试卷和数控技能竞赛试题，书中有详细的工艺分析、刀具选择、节点基点数值计算和完整的程序及说明。

本书特别适用中等和高等职业技术学校数控、模具、机电类专业学生参加国家职业技能鉴定等级考工培训使用，也可作为数控车床技术工人的培训教材。

本书由常州轻工职业技术学院（国家级数控实训基地）袁锋副教授、高级工程师主编并统稿，王荣兴副教授为副主编。参加编写的有常州轻工职业技术学院马国华（第一章）、袁锋（第二、三、四、七章）、王荣兴（第五、六章）、徐伟（第八章）、壮兵兵（第九章）。湖南铁道职业技术学院朱鹏超副教授主审了全书。书中精选了大量典型实例，是编者多年实践和教学经验的结晶。

本书在编写过程中得到了常州轻工职业技术学院、华中数控领导和国家级数控实训基地壮兵兵、陈朝阳、袁飞老师的大力支持，在此表示衷心感谢。由于编者水平有限，谬误欠妥之处在所难免，恳请读者批评指正。

编　者

2004年5月

目　录

第一章 数控车床安全操作规程与职业技能鉴定标准

第一节 数控车床安全操作规程

数控车床是一种自动化程度高、结构复杂且又昂贵的先进加工设备，它与普通车床相比具有加工精度高、加工灵活、通用性强、生产效率高、质量稳定等优点，特别适合加工多品种、小批量形状复杂的零件，在企业生产中有着至关重要的地位。

数控车床操作者除了应掌握好数控车床的性能、精心操作外，还要管好、用好和维护好数控车床，养成文明生产的良好工作习惯和严谨的工作作风，具有良好的职业素质、责任心，做到安全文明生产，严格遵守以下数控车床安全操作规程：

1）数控系统的编程、操作和维修人员必须经过专门的技术培训，熟悉所用数控车床的使用环境、条件和工作参数等，严格按机床和系统的使用说明书要求正确、合理地操作机床。

2）数控车床的使用环境要避免光的直接照射和其他热辐射，避免太潮湿或粉尘过多的场所，特别要避免有腐蚀气体的场所。

3）为避免电源不稳定给电子元件造成损坏，数控车床应采取专线供电或增设稳压装置。

4）数控车床的开机、关机顺序，一定要按照机床说明书的规定操作。

5）主轴起动开始切削之前一定要关好防护罩门，程序正常运行中严禁开启防护罩门。

6）在每次电源接通后，必须先完成各轴的返回参考点操作，然后再进入其他运行方式，以确保各轴坐标的正确性。

7）机床在正常运行时不允许打开电气柜的门。

8）加工程序必须经过严格检验后方可进行操作运行。

9）手动对刀时，应注意选择合适的进给速度；手动换刀时，刀架距工件要有足够的转位距离不至于发生碰撞。

10）加工过程中，如出现异常危急情况，可按下“急停”按钮，以确保人身和设备的安全。

11）机床发生事故，操作者要注意保留现场，并向维修人员如实说明事故发生前后的情况，以利于分析问题，查找事故原因。

12）数控机床的使用一定要有专人负责，严禁其他人员随意动用数控设备。

13）要认真填写数控机床的工作日志，做好交接工作，消除事故隐患。

14）不得随意更改数控系统内部制造厂设定的参数，并及时做好备份。

15）要经常润滑机床导轨、防止导轨生锈，并做好机床的清洁保养工作。

第二节　数控车床的日常维护和保养

数控车床具有集机、电、液于一身的特点，是一种自动化程度高的先进设备。为了充分发挥其效益，减少故障的发生，必须做好日常维护保养工作，使数控系统少出故障，以延长系统的平均无故障时间。所以要求数控车床维护人员不仅要有机械、加工工艺以及液压、气动方面的知识，还要具备电子计算机、自动控制、驱动及测量技术等方面的知识，这样才能全面了解、掌握数控车床，及时搞好维护保养工作。主要的维护保养工作有：

1）严格遵守操作规程和日常维护制度，数控系统的编程、操作和维修人员必须经过专门的技术培训，严格按机床和系统的使用说明书的要求正确、合理地操作机床，应尽量避免因操作不当引起的故障。

2）操作人员在操作机床前必须确认主轴润滑油与导轨润滑油是否符合要求。如果润滑油不足时，应按说明书的要求加入牌号、型号等合适的润滑油，并确认气压是否正常。

3）防止灰尘进入数控装置内，如数控柜空气过滤器灰尘积累过多，会使柜内冷却空气流通不畅，引起柜内温度过高而使数控系统工作不稳定。因此，应根据周围环境温度状况，定期检查清扫。电气柜内电路板和元器件上积累有灰尘时，也得及时清扫。

4）应每天检查数控装置上各个冷却风扇工作是否正常。视工作环境的状况，每半年或每季度检查一次过滤通风道是否有堵塞现象。如过滤网上灰尘积聚过多，应及时清理，否则将导致数控装置内温度过高（一般温度为55～60℃），致使CNC系统不能可靠地工作，甚至发生过热报警。

5）伺服电动机的保养。对于数控车床的伺服电动机，要在10～12个月进行一次维护保养，加速或者减速变化频繁的机床要在2个月进行一次维护保养。维护保养的主要内容有：用干燥的压缩空气吹去电刷的粉尘，检查电刷的磨损情况，如需更换，需选用规格型号相同的电刷，更换后要空载运行一定时间使其与换向器表面吻合。检查清扫电枢整流子以防止短路；如装有测速电动机和脉冲编码器时，也要进行定期检查和清扫。

6）及时做好清洁保养工作，如空气过滤气的清扫、电气柜的清扫、印制线路板的清扫等。表1-1为数控车床保养一览表。

7）定期检查电气部件，检查各插头、插座、电缆、各继电器的触点是否出现接触不良、断线和短路等故障。检查各印制电路板是否干净。检查主电源变压器、各电动机的绝缘电阻是否在1MΩ以上。平时尽量少开电气柜门，以保持电气柜内清洁。

8）经常监视数控系统的电网电压。数控系统允许的电网电压范围在额定值的85%～110%，如果超出此范围，轻则使数控系统不能稳定工作，重则会造成重要的电子元件损坏。因此要经常注意电网电压的波动。对于电网质量比较恶劣的地区，应及时配置数控系统用的交流稳压装置，将使故障率有比较明显的降低。

9）定期更换存储器用电池，数控系统中部分CMOS存储器中的存储内容在关机时靠电池供电保持。当电池电压降到一定值时就会造成参数丢失。因此，要定期检查电池电压，更换电池时一定要在数控系统通电状态下进行，这样才不会造成存储参数丢失，并做好数据备份。

10）备用印制电路板长期不用容易出现故障，因此对所购数控机床中的备用电路板，应定期装到数控系统中通电运行一段时间，以防止损坏。

11）定期进行机床水平和机械精度检查并校正，机械精度的校正方法有软硬两种。软方法主要是通过系统参数补偿，如丝杠反向间隙补偿、各坐标定位精度定点补偿、机床回参考点位置校正等；硬方法一般要在机床进行大修时进行，如进行导轨修刮、滚珠丝杠螺母预紧调整反向间隙等，并适时对各坐标轴进行超程限位检验。

12）长期不用数控车床的保养。在数控车床闲置不用时，应经常给数控系统通电，在机床锁住的情况下，使其空运行。在空气湿度较大的霉雨季节应该天天通电，利用电器元件本身发热驱走数控柜内的潮气，以保证电子元器件的性能稳定可靠。

表 1-1　数控车床保养

序号	检查周期	检查部位	检查要求
1	每天	导轨润滑油箱	检查油量，及时添加润滑油，润滑液压泵是否定时起动打油及停止
2	每天	主轴润滑恒温油箱	工作是否正常，油量是否充足，温度范围是否合适
3	每天	机床液压系统	油箱泵有无异常噪声，工作油面高度是否合适，压力表指示是否正常，管路及各接头有无泄漏
4	每天	压缩空气气源压力	气动控制系统压力是否在正常范围之内
5	每天	*X*、*Z* 轴导轨面	清除切屑和脏物，检查导轨面有无划伤损坏，润滑油是否充足
6	每天	各防护装置	机床防护罩是否齐全有效
7	每天	电气柜各散热通风装置	各电气柜中冷却风扇是否工作正常，风道过滤网有无堵塞，及时清洗过滤器
8	每周	各电气柜过滤网	清洗粘附的尘土
9	不定期	切削液箱	随时检查液面高度，及时添加切削液，太脏应及时更换
10	不定期	排屑器	经常清理切屑，检查有无卡住现象
11	半年	检查主轴驱动传动带	按说明书要求调整传动带松紧程度
12	半年	各轴导轨上镶条，压紧滚轮	按说明书要求调整松紧状态
13	一年	检查和更换电动机电刷	检查换向器表面，除去毛刺，吹净炭粉，磨损过多的电刷及时更换
14	一年	液压回路	清洗溢流阀、减压阀、过滤器、油箱，要更换过滤液压油
15	一年	主轴润滑恒温油箱	清洗过滤器，油箱，更换润滑油
16	一年	冷却液压泵过滤器	清洗冷却油池，更换过滤器
17	一年	滚珠丝杠	清洗丝杠上旧的润滑脂，涂上新油脂

第三节　数控车床常见的操作故障

数控车床的故障种类繁多，有电气、机械、系统、液压、气动等部件的故障，产生的原因也比较复杂，但很大一部分故障是由于操作人员操作车床不当引起的，数控车床常见的操作故障有：

1）防护门未关，车床不能运转。

2）车床未回零。

3）主轴转速 S 超过最高转速限定值。

4）程序内没有设置 F 或 S 值。

5）进给修调 F% 或主轴修调 S% 开关设为空档。

6）回零时离零点太近或回零速度太快，引起超程。

7）程序中G00位置超过限定值。

8）刀具补偿测量设置错误。

9）刀具换刀位置不正确（换刀点离工件太近）。

10）G40撤销不当，引起刀具切入已加工表面。

11）程序中使用了非法代码。

12）刀具半径补偿方向搞错。

13）切入、切出方式不当。

14）切削用量太大。

15）刀具钝化。

16）工件材质不均匀，引起振动。

17）车床被锁定（工作台不动）。

18）工件未夹紧。

19）对刀位置不正确，工件坐标系设置错误。

20）使用了不合理的G功能指令。

21）车床处于报警状态。

22）断电后或报过警的车床，没有重新回零。

第四节 车工（数控车工）国家职业技能鉴定标准

一、职业概况

（一）职业名称

车工（数控车工）。

（二）职业定义

操作车床（数控车床），进行工件旋转表面切削加工的人员。

（三）职业等级

本职业共设五个等级，分别为初级（国家职业资格五级）、中级（国家职业资格四级）、高级（国家职业资格三级）、技师（国家职业资格二级）、高级技师（国家职业资格一级）。

（四）职业环境

室内，常温。

（五）职业能力特征

具有较强的计算能力和空间感、形体知觉及色觉，手指、手臂灵活，动作协调。

（六）基本文化程度

初中毕业。

（七）培训要求

1. 培训期限

全日制职业学校教育，根据其培养目标和教学计划确定。晋级培训期限：初级不少于500标准学时；中级不少于400标准学时；高级不少于300标准学时；技师不少于300标准学时；高级技师不少于200标准学时。

2. 培训教师

培训初、中、高级车工的教师应具有本职业技师以上职业资格证书或相关专业中级以上专业技术职务任职资格；培训技师的教师应具有本职业高级技师职业资格证书或相关专业高级专业技术职务任职资格；培训高级技师的教师应具有本职业高级技师职业资格证书2年以上或相关专业高级专业技术职务任职资格。

3. 培训场地设备

满足教学需要的标准教室，并具有车床及必要的刀具、夹具、量具和车床辅助设备等。

（八）鉴定要求

1. 适用对象

从事或准备从事本职业的人员。

2. 申报条件

（1）初级（具备以下条件之一者）

1）经本职业初级正规培训达规定标准学时数，并取得毕（结）业证书。

2）在本职业连续见习工作2年以上。

3）本职业学徒期满。

（2）中级（具备以下条件之一者）

1）取得本职业初级职业资格证书后，连续从事本职业工作3年以上，经本职业中级正规培训达规定标准学时数，并取得毕（结）业证书。

2）取得本职业初级职业资格证书后，连续从事本职业工作5年以上。

3）连续从事本职业工作7年以上。

4）取得经劳动保障行政部门审核认定的、以中级技能为培养目标的中等以上职业学校本职业（专业）毕业证书。

（3）高级（具备以下条件之一者）

1）取得本职业中级职业资格证书后，连续从事本职业工作4年以上，经本职业高级正规培训达规定标准学时数，并取得毕（结）业证书。

2）取得本职业中级职业资格证书后，连续从事本职业工作7年以上。

3）取得高级技工学校或经劳动保障行政部门审核认定的、以高级技能为培养目标的高等职业学校本职业（专业）毕业证书。

4）取得本职业中级职业资格证书的大专以上本专业或相关专业毕业生，连续从事本职业工作2年以上。

（4）技师（具备以下条件之一者）

1）取得本职业高级职业资格证书后，连续从事本职业工作5年以上，经本职业技师正规培训达规定标准学时数，并取得毕（结）业证书。

2）取得本职业高级职业资格证书后，连续从事本职业工作8年以上。

3）取得本职业高级职业资格证书的高级技工学校本职业（专业）毕业生和大专以上本专业或相关专业毕业生，连续从事本职业工作满2年。

（5）高级技师（具备以下条件之一者）

1）取得本职业技师职业资格证书后，连续从事本职业工作3年以上，经本职业高级技师正规培训达规定标准学时数，并取得毕（结）业证书。

2）取得本职业技师职业资格证书后，连续从事本职业工作5年以上。

3. 鉴定方式

鉴定分为理论知识考试和技能操作考核。理论知识考试采用闭卷笔试方式，技能操作考核采用现场实际操作方式。理论知识考试和技能操作考核均实行百分制，成绩皆达60分以上者为合格。技师、高级技师鉴定还须进行综合评审。

4. 考评人员与考生配比

理论知识考试考评人员与考生配比为1:15，每个标准教室不少于2名考评人员；技能操作考核考评员与考生配比为1:5，且不少于3名考评员。

5. 鉴定时间

理论知识考试时间不少于120min；技能操作考核时间为：初级不少于240 min，中级不少于300 min，高级不少于360 min，技师不少于420 min，高级技师不少于240 min；论文答辩时间不少于45 min。

6. 鉴定场所设备

理论知识考试在标准教室里进行；技能操作考核在配备必要的车床、工具、夹具、刀具、量具、量仪以及机床附件的场所进行。

二、基本要求

（一）职业道德

1. 职业道德基本知识

2. 职业守则

1）遵守法律、法规和有关规定。

2）爱岗敬业、具有高度的责任心。

3）严格执行工作程序、工作规范、工艺文件和安全操作规程。

4）工作认真负责，团结合作。

5）爱护设备及工具、夹具、刀具、量具。

6）着装整洁，符合规定；保持工作环境清洁有序，文明生产。

（二）基础知识

1. 基础理论知识

1）识图知识。

2）公差与配合。

3）常用金属材料及热处理知识。

4）常用非金属材料知识。

2. 机械加工基础知识

1）机械传动知识。

2）机械加工常用设备知识（分类、用途）。

3）金属切削常用刀具知识。

4）典型零件（主轴、箱体、齿轮等）的加工工艺。

5）设备润滑及切削液的使用知识。

6）工具、夹具、量具使用与维护知识。

3. 钳工基础知识

1）划线知识

2）钳工操作知识（錾、锉、锯、钻、绞孔、攻螺纹、套螺纹）。

4. 电工知识

1）通用设备常用电器的种类及用途。

2）电力拖动及控制原理基础知识。

3）安全用电知识。

5. 安全文明生产与环境保护知识

1）现场文明生产要求。

2）安全操作与劳动保护知识。

3）环境保护知识。

6. 质量管理知识

1）企业的质量方针。

2）岗位的质量要求。

3）岗位的质量保证措施与责任。

7. 相关法律、法规知识

1）劳动法相关知识。

2）合同法相关知识。

三、工作要求

本标准对初级、中级、高级、技师、高级技师的技能要求依次递进，高级别包括低级别的要求，见表1-2（初级）、表1-3（中级）、表1-4（高级）、表1-5（技师）、表1-6（高级技师）。在“工作内容”栏内未标注“卧式车床”或“数控车床”的，均为两者通用（数控车工从中级工开始，至高级技师止）。基本要求及相关知识的比重见表1-7和表1-8。

表1-2　初级车工国家职业技能鉴定标准

职业功能	工作内容	技能要求	相关知识
一、工艺准备	（一）读图与绘图	能读懂轴、套和圆锥、螺纹及圆弧等简单零件图	简单零件的表达方法，各种符号的含义
	（二）制定加工工艺	1. 能读懂轴、套和圆锥、螺纹及圆弧等简单零件的机械加工工艺过程 2. 能制定简单零件的车削加工顺序（工步） 3. 能合理选择切削用量 4. 能合理选择切削液	1. 简单零件的车削加工顺序 2. 车削用量的选择方法 3. 切削液的选择方法
	（三）工件定位与夹紧	能使用车床通用夹具和组合夹具将工件正确定位与夹紧	1. 工件正确定位与夹紧的方法 2. 车床通用夹具的种类、结构与使用方法
	（四）刀具准备	1. 能合理选用车床常用刀具 2. 能刃磨普通车刀及标准麻花钻头	1. 车削常用刀具的种类与用途 2. 车刀几何参数的定义、常用几何角度的表示方法及其与切削性能的关系 3. 车刀与标准麻花钻头的刃磨方法
	（五）设备维护保养	能简单维护保养卧式车床	卧式车床的润滑及常规保养方法

（续）

职业功能	工作内容	技能要求	相关知识
二、工件加工	（一）轴类零件的加工	1. 能车削3个以上台阶的普通台阶轴，并达到以下要求： 1）同轴度公差：0.05mm 2）表面粗糙度值：R_a3.2μm 3）公差等级：IT8 2. 能进行滚花加工及抛光加工	1. 台阶轴的车削方法 2. 滚花加工及抛光加工的方法
	（二）套类零件的加工	能车削套类零件，并达到以下要求： 1）公差等级：外径IT7，内孔IT8 2）表面粗糙度值：R_a3.2μm	套类零件钻、扩、镗、铰的方法
	（三）螺纹的加工	能车削普通螺纹、英制螺纹及管螺纹	1. 普通螺纹的种类、用途及计算方法 2. 螺纹车削方法 3. 攻、套螺纹前螺纹顶径的计算方法
	（四）锥面及成形面的加工	能车削具有内、外圆锥面工件的锥面及球类工件、曲线手柄等简单成形面，并进行相应的计算和调整	1. 圆锥的种类、定义及计算方法 2. 圆锥的车削方法 3. 成形面的车削方法
三、精度检验及误差分析	（一）内外径、长度、深度、高度的检验	1. 能使用游标卡尺、千分尺、内径百分表测量直径及长度 2. 能用塞规及卡规测量孔径及外径	1. 使用游标卡尺、千分尺、内径百分表测量工件的方法 2. 塞规和卡规的结构及使用方法
	（二）锥度及成形面的检验	1. 能用角度样板、万能角度尺测量锥度 2. 能用涂色法检验锥度 3. 能用曲线样板或普通量具检验成形面	1. 使用角度样板、万能角度尺测量锥度的方法 2. 锥度量规的种类、用途及涂色法检验锥度的方法 3. 成形面的检验方法
	（三）螺纹检验	1. 能用螺纹千分尺测量三角螺纹的中径 2. 能用三针测量螺纹中径 3. 能用螺纹环规及塞规对螺纹进行综合检验	1. 螺纹千分尺的结构、原理及使用、保养方法 2. 三针测量螺纹中径的方法及千分尺读数的计算方法 3. 螺纹环规及塞规的结构及使用方法

表1-3　中级车工（数控车工）国家职业技能鉴定标准

职业功能	工作内容	技能要求	相关知识
一、工艺准备	（一）读图与绘图	1. 能读懂主轴、蜗杆、丝杠、偏心轴、两拐曲轴、齿轮等中等复杂程度的零件工作图 2. 能绘制轴、套、螺钉、圆锥体等简单零件的工作图 3. 能读懂车床主轴、刀架、尾座等简单机构的装配图	1. 复杂零件的表达方法 2. 简单零件工作图的画法 3. 简单机构装配图的画法

（续）

<table>
<tr><th>职业功能</th><th colspan="2">工作内容</th><th>技能要求</th><th>相关知识</th></tr>
<tr><td rowspan="8">一、工艺准备</td><td rowspan="2">（二）制定加工工艺</td><td>卧式车床</td><td>1. 能读懂蜗杆、双线螺纹、偏心件、两拐曲轴、薄壁工件、细长轴、深孔件及大型回转体工件等较复杂零件的加工工艺规程
2. 能制定使用四爪单动卡盘装夹的较复杂零件、双线螺纹、偏心件、两拐曲轴、细长轴、薄壁件、深孔件及大型回转体零件等的加工顺序</td><td>使用四爪单动卡盘加工较复杂零件、双线螺纹、偏心件、两拐曲轴、细长轴、薄壁件、深孔件及大型回转体零件等的加工顺序</td></tr>
<tr><td>数控车床</td><td>能编制台阶轴类和法兰盘类零件的车削工艺卡。主要内容有：
1）能正确选择加工零件的工艺基准
2）能决定工步顺序、工步内容及切削参数</td><td>1. 数控车床的结构特点及其与卧式车床的区别
2. 台阶轴类、法兰盘类零件的车削加工工艺知识
3. 数控车床工艺编制方法</td></tr>
<tr><td colspan="2">（三）工件定位与夹紧</td><td>1. 能正确装夹薄壁、细长、偏心类工件
2. 能合理使用四爪单动卡盘、花盘及弯板装夹外形较复杂的简单箱体工件</td><td>1. 定位夹紧的原理及方法
2. 车削时防止工件变形的方法
3. 复杂外形工件的装夹方法</td></tr>
<tr><td rowspan="2">（四）刀具准备</td><td>卧式车床</td><td>1. 能根据工件材料、加工精度和工作效率的要求，正确选择刀具的型式、材料及几何参数
2. 能刃磨梯形螺纹车刀、圆弧车刀等较复杂的车削刀具</td><td>1. 车削刀具的种类、材料及几何参数的选择原则
2. 普通螺纹车刀、成形车刀的种类及刃磨知识</td></tr>
<tr><td>数控车床</td><td>能正确选择和安装刀具，并确定切削参数</td><td>1. 数控车床刀具的种类、结构及特点
2. 数控车床对刀具的要求</td></tr>
<tr><td>（五）编制程序</td><td>数控车床</td><td>1. 能编制带有台阶、内外圆柱面、锥面、螺纹、沟槽等轴类、法兰盘类零件的加工程序
2. 能手工编制含直线插补、圆弧插补二维轮廓的加工程序</td><td>1. 几何图形中直线与直线、直线与圆弧、圆弧与圆弧的交点的计算方法
2. 机床坐标系及工件坐标系的概念
3. 直线插补与圆弧插补的意义及坐标尺寸的计算
4. 手工编程的各种功能代码及基本代码的使用方法
5. 主程序与子程序的意义及使用方法
6. 刀具补偿的作用及计算方法</td></tr>
</table>

（续）

职业功能	工作内容		技能要求	相关知识
一、工艺准备	（六）设备维护保养	卧式车床	1. 能根据加工需要对机床进行调整 2. 能在加工前对卧式车床进行常规检查 3. 能及时发现卧式车床的一般故障	1. 卧式车床的结构、传动原理及加工前的调整 2. 卧式车床常见的故障现象
		数控车床	1. 能在加工前对车床的机、电、气、液开关进行常规检查 2. 能进行数控车床的日常保养	1. 数控车床的日常保养方法 2. 数控车床操作规程
二、工件加工	卧式车床	（一）轴类零件的加工	能车削细长轴并达到以下要求： 1）长径比：$L/D \geqslant 25 \sim 60$ 2）表面粗糙度值：$R_a 3.2\mu m$ 3）公差等级：IT9 4）直线度公差等级：9～12	细长轴的加工方法
		（二）偏心件、曲轴的加工	能车削两个偏心的偏心件、两拐曲轴、非整圆孔工件，并达到以下要求： 1）偏心距公差等级：IT9 2）轴颈公差等级：IT6 3）孔径公差等级：IT7 4）孔距公差等级：IT8 5）轴线平行度公差：0.02/100 6）轴颈圆柱度公差：0.013mm 7）表面粗糙度值：$R_a 1.6\mu m$	1. 偏心件的车削方法 2. 两拐曲轴的车削方法 3. 非整圆孔工件的车削方法
		（三）螺纹、蜗杆的加工	1. 能车削梯形螺纹、矩形螺纹、锯齿形螺纹等 2. 能车削双头蜗杆	1. 梯形螺纹、矩形螺纹及锯齿形螺纹的用途及加工方法 2. 蜗杆的种类、用途及加工方法
		（四）大型回转表面的加工	能使用立车或大型卧式车床车削大型回转表面的内外圆锥面、球面及其他曲面工件	在立车或大型卧式车床上加工内外圆锥面、球面及其他曲面的方法
	数控车床	（一）输入程序	1. 能手工输入程序 2. 能使用自动程序输入装置 3. 能进行程序的编辑与修改	1. 手工输入程序的方法及自动程序输入装置的使用方法 2. 程序的编辑与修改方法
		（二）对刀	1. 能进行试切对刀 2. 能使用机内自动对刀仪器 3. 能正确修正刀补参数	试切对刀方法及机内对刀仪器的使用方法

（续）

职业功能	工作内容	技能要求	相关知识
二、工件加工	数控车床　（三）试运行	能使用程序试运行、分段运行及自动运行等切削运行方式	程序的各种运行方式
	数控车床　（四）简单零件的加工	能在数控车床上加工外圆、孔、台阶、沟槽等	数控车床操作面板各功能键及开关的用途和使用方法
三、精度检验及误差分析	（一）高精度轴向尺寸、理论交点尺寸及偏心件的测量	1. 能用量块和百分表测量公差等级IT9的轴向尺寸 2. 能间接测量一般理论交点尺寸 3. 能测量偏心距及两平行非整圆孔的孔距	1. 量块的用途及使用方法 2. 理论交点尺寸的测量与计算方法 3. 偏心距的检测方法 4. 两平行非整圆孔孔距的检测方法
	（二）内外圆锥检验	1. 能用正弦规检验锥度 2. 能用量棒、钢球间接测量内、外锥体	1. 正弦规的使用方法及测量计算方法 2. 利用量棒、钢球间接测量内、外锥体的方法与计算方法
	（三）多线螺纹与蜗杆的检验	1. 能进行多线螺纹的检验 2. 能进行蜗杆的检验	1. 多线螺纹的检验方法 2. 蜗杆的检验方法

表1-4　高级车工（数控车工）国家职业技能鉴定标准

职业功能	工作内容	技能要求	相关知识
一、工艺准备	（一）读图与绘图	1. 能读懂多头蜗杆、减速器壳体、三拐以上曲轴等复杂畸形零件的工作图 2. 能绘制偏心轴、蜗杆、丝杠、两拐曲轴的零件工作图 3. 能绘制简单零件的轴测图 4. 能读懂车床主轴箱、进给箱的装配图	1. 复杂畸形零件图的画法 2. 简单零件轴测图的画法 3. 读车床主轴箱、进给箱装配图的方法
	（二）制定加工工艺	1. 能制定简单零件的加工工艺规程 2. 能制定三拐以上曲轴、有立体交叉孔的箱体等畸形、精密零件的车削加工顺序 3. 能制定在立车或落地车床上加工大型、复杂零件的车削加工顺序	1. 简单零件加工工艺规程的制定方法 2. 畸形、精密零件的车削加工顺序的制定方法 3. 大型、复杂零件的车削加工顺序的制定方法
	（三）工件定位与夹紧　卧式车床	1. 能合理选择车床通用夹具、组合夹具和调整专用夹具 2. 能分析计算车床夹具的定位误差 3. 能确定立体交错两孔及多孔工件的装夹与调整方法	1. 组合夹具和调整专用夹具的种类、结构、用途和特点以及调整方法 2. 夹具定位误差的分析与计算方法 3. 立体交错两孔及多孔工件在车床上的装夹与调整方法

（续）

职业功能	工作内容		技能要求	相关知识
一、工艺准备	（三）工件定位与夹紧	数控车床	1. 能使用、调整三爪自定心卡盘、尾座顶尖及液压高速动力卡盘并配置软爪 2. 能正确使用和调整液压自动定心中心架 3. 能正确选择、使用、调整刀架	1. 三爪自定心卡盘、尾座顶尖及液压高速动力卡盘的使用、调整方法 2. 液压自动定心中心架的特点、使用及安装调试方法 3. 刀架的种类、用途及使用、调整方法
	（四）刀具准备	卧式车床	1. 能正确选用及刃磨群钻、机夹车刀等常用先进车削刀具 2. 能正确选用深孔加工刀具，并能安装和调整 3. 能在保证工件质量及生产效率的前提下延长车刀寿命	1. 常用先进车削刀具的用途、特点及刃磨方法 2. 深孔加工刀具的种类及选择、安装、调整方法 3. 延长车刀寿命的方法
		数控车床	能正确选择刀架上的常用刀具	刀架上常用刀具的知识
	（五）编制程序	数控车床	能手工编制较复杂的、带有二维圆弧曲面零件的车削程序	较复杂圆弧与圆弧的交点的计算方法
	（六）设备维护保养	卧式车床	能判断车床的一般机械故障	车床常见机械故障及排除办法
		数控车床	1. 能阅读编程错误、超程、欠压、缺油等报警信息，并排除一般故障 2. 能完成机床定期维护保养	1. 数控车床报警信息的内容及解除方法 2. 数控车床定期维护保养的方法 3. 数控车床液压原理及常用液压元件
二、工件加工	卧式车床	（一）套、深孔、偏心件、曲轴的加工	1. 能加工深孔并达到以下要求： 1）长径比：$L/D \geqslant 10$ 2）公差等级：IT8 3）表面粗糙度值：$R_a3.2\mu m$ 4）圆柱度公差等级：≥9 2. 能车削轴线在同一轴向平面内的三偏心外圆和三偏心孔，并达到以下要求： 1）偏心距公差等级：IT9 2）轴径公差等级：IT6 3）孔径公差等级：IT8 4）对称度公差：0.15mm 5）表面粗糙度值：$R_a1.6\mu m$	1. 深孔加工的特点及深孔工件的车削方法、测量方法 2. 偏心件加工的特点及三偏心工件的车削方法、测验量方法

（续）

职业功能	工作内容		技能要求	相关知识
二、工件加工	卧式车床	（二）螺纹、蜗杆的加工	能车削三头以上蜗杆，并达到以下要求： 1）精度：9级 2）节圆跳动：0.015mm 3）齿面粗糙度值：$R_a1.6\mu m$	多头蜗杆的加工方法
		（三）箱体孔的加工	1. 能车削立体交错的两孔或三孔 2. 能车削与轴线垂直且偏心的孔 3. 能车削同内球面垂直且相交的孔 4. 能车削两半箱体的同心孔 以上4项均达到以下要求： 1）孔距公差等级：IT9 2）偏心距公差等级：IT9 3）孔径公差等级：IT9 4）孔中心线相互垂直度：0.05mm/100mm 5）位置度公差：0.1mm 6）表面粗糙度值：$R_a1.6\mu m$	1. 车削及测量立体交错孔的方法 2. 车削与回转轴垂直且偏心的孔的方法 3. 车削与内球面垂直且相交的孔的方法 4. 车削两半箱体的同心孔的方法
	数控车床	较复杂零件的加工	能加工带有二维圆弧曲面的较复杂零件	在数控车床上利用多重复合循环加工带有二维圆弧曲面的较复杂零件的方法
三、精度检验及误差分析	复杂、畸形机械零件的精度检验及误差分析		1. 能对复杂、畸形机械零件进行精度检验 2. 能根据测量结果分析产生车削误差的原因	1. 复杂、畸形机械零件精度的检验方法 2. 车削误差的种类及产生原因

表1-5　技师车工（数控车工）国家职业技能鉴定标准

职业功能	工作内容	技能要求	相关知识
一、工艺准备	（一）读图与绘图	1. 能根据实物或装配图绘制或拆画零件图 2. 能绘制车床常用工装的装配图及零件图	1. 零件的测绘方法 2. 根据装配图拆画零件图的方法 3. 车床工装装配图的画法
	（二）制定加工工艺	1. 能编制典型零件的加工工艺规程 2. 能对零件的车削工艺进行合理性分析，并提出改进建议	1. 典型零件加工工艺规程的编制方法 2. 车削工艺方案合理性的分析方法及改进措施
	（三）工件定位与夹紧	1. 能设计、制作装夹薄壁、偏心工件的专用夹具 2. 能对现有的车床夹具进行误差分析并提出改进建议	1. 薄壁、偏心工件专用夹具的设计与制造方法 2. 车床夹具的误差分析及消减方法

（续）

职业功能	工作内容		技能要求	相关知识
一、工艺准备	（四）刀具准备	卧式车床	能推广使用镀层刀具、机夹刀具、特殊形状及特殊材料刀具等新型刀具	新型刀具的种类、特点及应用
		数控车床	能根据有关参数选择合理刀具	刀具参数的设定方法
	（五）编制程序	数控车床	1. 能用计算机软件编制车削程序 2. 能用计算机软件编制车削中心程序	1. CAD/CAM 软件的使用方法 2. 车削中心的原理及编程方法
	（六）设备维护保养	卧式车床	1. 能进行车床几何精度及工作精度的检验 2. 能分析并排除卧式车床常见的气路、液路、机械故障	1. 车床几何精度及工作精度检验的内容和方法 2. 排除卧式车床液（气）路机械故障的方法
		数控车床	1. 能根据数控车床的结构、原理，诊断并排除液压及机械故障 2. 能进行数控车床定位精度和重复定位精度及工作精度的检验 3. 能借助词典看懂进口数控设备相关外文标牌及使用规范的内容	1. 数控车床常见故障的诊断与排除方法 2. 数控车床定位精度和重复定位精度及工作精度的检验方法 3. 进口数控设备常用标牌及使用规范英汉对照表
二、工件加工	卧式车床	（一）大型、精密轴类工件的加工	能车削精密机床主轴等大型、精密轴类工件	大型、精密轴类工件的特点及加工方法
		（二）偏心件、曲轴的加工	1. 能车削三个偏心距相等且呈120°分布的高难度偏心工件 2. 能车削六拐以上的曲轴 以上两项均达以下要求： 1）偏心距公差等级：IT9 2）直径公差等级：IT6 3）表面粗糙度值：R_a1.6μm	1. 高难度偏心工件的车削方法 2. 六拐曲轴的车削方法
		（三）复杂螺纹的加工	能在卧式车床上车削渐厚蜗杆及不等距蜗杆	渐厚蜗杆及不等距蜗杆的加工方法
		（四）复杂套件的加工	能对5件以上的复杂套件进行零件加工和组装，并保证装配图上的技术要求	复杂套件的加工方法
	数控车床	复杂工件的加工	能对适合在车削中心加工的带有车削、铣削、磨削等工序的复杂工件进行加工	1. 铣削加工和磨削加工的基本知识 2. 车削加工中心加工复杂工件的方法

（续）

职业功能	工作内容	技能要求	相关知识
三、精度检验及误差分析	误差分析	能根据测量结果分析产生误差的原因，并提出改进措施	车削加工中消除或减少加工误差的知识
四、培训指导	（一）指导操作	能指导本职业初、中、高级工进行实际操作	培训教学的基本方法
	（二）理论培训	能讲授本专业技术理论知识	
五、管理	（一）质量管理	1. 能在本职工作中认真贯彻各项质量标准 2. 能应用全面质量管理知识，实现操作过程的质量分析与控制	1. 相关质量标准 2. 质量分析与控制方法
	（二）生产管理	1. 能组织有关人员协同作业 2. 能协助部门领导进行生产计划、调度及人员的管理	生产管理基本知识

表 1-6　高级技师车工（数控车工）国家职业技能鉴定标准

职业功能	工作内容	技能要求	相关知识
一、工艺准备	（一）读图与绘图	1. 能绘制车床复杂工装的装配图 2. 能读懂常用车床的原理图及装配图	1. 车床复杂工装装配图的画法 2. 常用车床的原理图及装配图的画法
	（二）制定加工工艺	1. 能编制复杂、精密零件机械加工的工艺 2. 能手工编制简单零件的数控加工程序 3. 能对复杂、精密零件的机加工工艺方案进行合理性分析，提出改进意见并参与实施	1. 复杂、精密零件机械加工工艺的系统知识 2. 数控车床原理及手工编程的方法
	（三）工件定位与夹紧	1. 能独立设计车床用的复杂夹具 2. 能对车床常用夹具进行误差分析，提出改进方案，并组织实施	复杂车床夹具的设计及使用知识
	（四）刀具准备	能根据工件要求设计成形车刀及其他专用车刀，并提出制造方法	成形车刀及其他专用车刀的设计与制造知识
	（五）设备维护保养	能借助词典看懂进口设备的图样和技术标准等相关的主要外文资料	常用进口设备主要外文资料英汉对照表
二、工件加工	（一）高难度、高精度工件的加工	能解决高难度、高精度工件车削加工的技术问题，并制定工艺措施	高难度、高精度的典型零件的加工方法

（续）

职业功能	工作内容	技能要求	相关知识
二、工件加工	（二）技术攻关与工艺改进	解决技术攻关与工艺改进中的技术难题	解决技术难题的思路和方法
	（三）畸形工件的加工	1. 能解决十字座类、连杆类、叉架类等畸形工件的加工难题 2. 能在车床上实现镗削、铣削、磨削等特殊加工	1. 畸形工件的加工方法 2. 在车床上进行镗削、铣削及磨削的方法
三、精度检验及误差分析	质量诊断	1. 能全面准确地分析质量问题产生的原因 2. 能提出全方位解决质量问题的具体方案	在机械加工全过程中影响质量的因素及提高质量的措施
四、培训指导	（一）指导操作	能指导本职业初、中、高级工和技师进行实际操作	培训讲义的编制方法
	（二）理论培训	能对本职业初、中、高级工进行技术理论培训	

表1-7 车工（数控车工）国家职业技能鉴定标准理论知识比重表

项目		初级（%）	中级（%）		高级（%）		技师（%）		高级技师（%）	
			卧式车床	数控车床	卧式车床	数控车床	卧式车床	数控车床	卧式车床	数控车床
基本要求	职业道德	5	5	5	5	5	5	5	5	5
	基础知识	25	25	25	20	20	15	15	15	15
相关知识	工艺准备	25	25	45	25	50	35	50	50	50
	工件加工	35	35	15	30	15	20	10	10	10
	精度检验及误差分析	10	10	10	20	10	15	10	10	10
	培训指导	—	—	—	—	—	5	5	5	5
	管理	—	—	—	—	—	5	5	5	5
合计		100	100	100	100	100	100	100	100	100

注：高级技师“管理”模块内容按技师标准考核。

表1-8 车工（数控车工）国家职业技能鉴定标准技能操作比重表

项目		初级（%）	中级（%）		高级（%）		技师（%）		高级技师（%）	
			卧式车床	数控车床	卧式车床	数控车床	卧式车床	数控车床	卧式车床	数控车床
工作要求	工艺准备	20	20	35	15	35	10	25	20	30
	工件加工	70	70	60	75	60	70	60	60	50
	精度检验及误差分析	10	10	5	10	5	10	5	10	10
	培训指导						5	5	5	5
	管理						5	5	5	5
合计		100	100	100	100	100	100	100	100	100

注：高级技师“管理”模块内容按技师标准考核。

思　考　题

1-1　试述数控车床安全操作规程。

1-2　数控车床日常维护保养工作有哪些内容？

1-3　数控车床常见的操作故障有哪些？

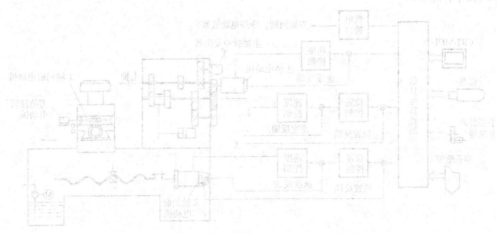

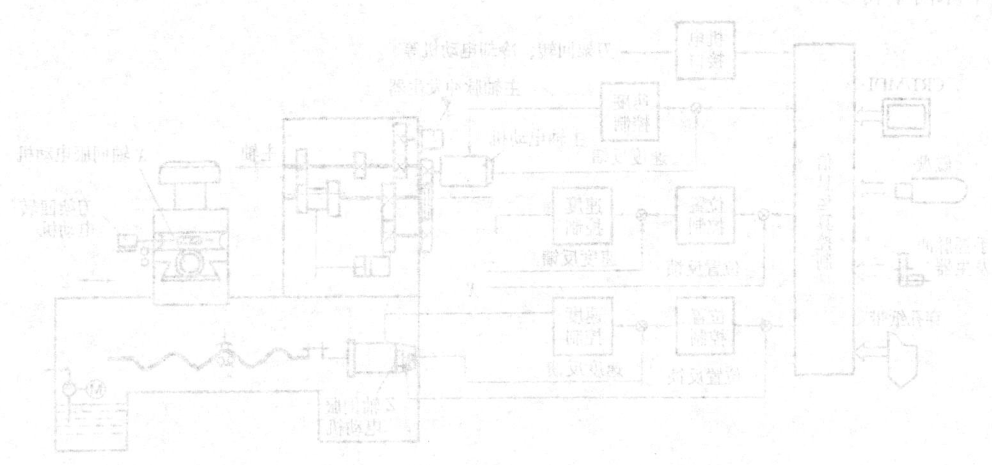

第二章　数控车床基础知识

第一节　数控车床概述

一、数控车床的功能及结构特点

数控车床又称 CNC 车床，能自动地完成对轴类与盘类零件内外圆柱面、圆锥面、圆弧面、螺纹等切削加工，并能进行切槽、钻孔、扩孔和铰孔等工作。数控车床具有加工精度稳定性好、加工灵活、通用性强，能适应多品种、小批生产自动化的要求，特别适合加工形状复杂的轴类或盘类零件。

从总体上看，数控车床没有脱离卧式车床的结构形式，其结构上仍然是由主轴箱、刀架、进给系统、床身以及液压、冷却、润滑系统等部分组成，只是数控车床的进给系统与卧式车床的进给系统在结构上存在着本质的差别。卧式车床的进给运动是经过交换齿轮架、进给箱、溜板箱传到刀架实现纵向和横向进给运动的，而数控车床是采用伺服电动机经滚珠丝杠传到滑板和刀架，实现 Z 向（纵向）和 X 向（横向）进给运动，其结构较卧式车床大为简化。图 2-1 为数控车床的结构示意图。由于数控车床刀架的两个方向运动分别由两台伺服电动机驱动，所以它的传动链短，不必使用交换齿轮、光杠等传动部件。伺服电动机可以直挂，与丝杠联结带动刀架运动，也可以用同步齿形带联结。多功能数控车床一般采用直流或交流主轴控制单元来驱动主轴，按控制指令作无级变速，所以数控车床主轴箱内的结构也比卧式车床简单得多。

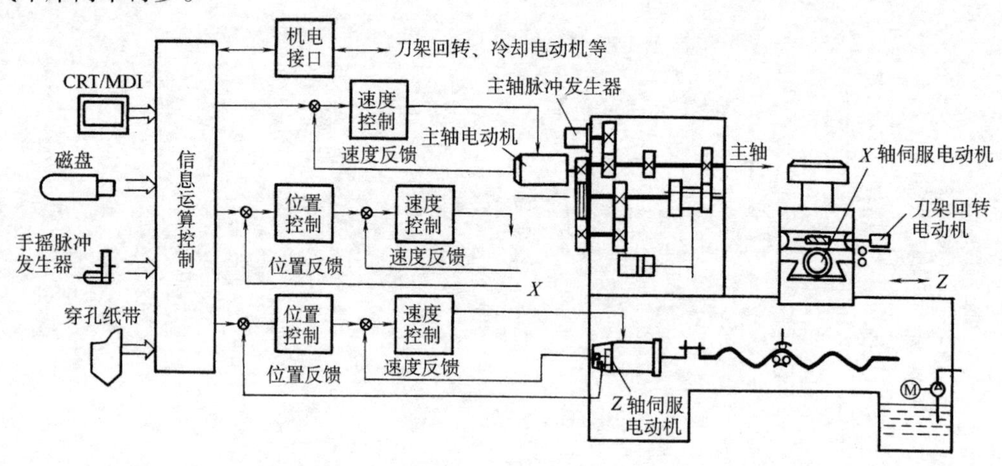

图 2-1　数控车床结构示意图

在数控车床上增加刀塔（架）和 C 轴控制，可使它除了能车削、镗削外，还能进行端面和圆周面上任意部位的钻、铣、攻螺纹，而且在具有插补功能的情况下，还能铣削曲面，这样就构成了车削中心，如图 2-2 所示。

综上所述，数控车床机械结构特点为：

1）采用高性能的主轴部件，具有传递功率大、刚度高、抗振性好及热变形小等优点。

2）进给伺服传动一般采用滚珠丝杠副、直线滚动导轨副等高性能传动件，具有传动链短、结构简单、传动精度高等特点。

3）高档数控车床，有较完善的刀具自动选刀和管理系统。工件在车床上一次安装后，能自动地完成工件多道加工工序。

二、数控车床的布局

数控车床的主轴、尾座等部件相对床身的布局形式与卧式车床基本一致，但刀架和床身导轨的布局形式却发生了根本的变化。这是因为刀架和床身导轨的布局形式不仅影响机床的结构和外观，还直接影响数控车床的使用性能，如刀具和工件的装夹、切屑的清理以及机床的防护和维修等。

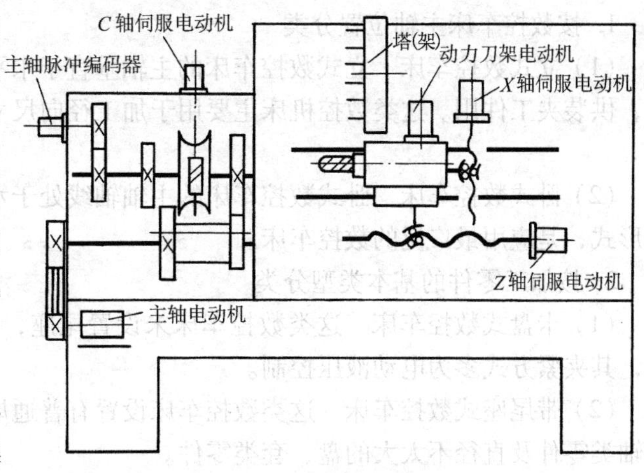

图2-2　车削中心结构示意图

数控车床床身导轨与水平面的相对位置有四种布局形式。

（1）水平床身（图2-3a）　水平床身的工艺性好，便于导轨面的加工。水平床身配上水平放置的刀架可提高刀架的运动精度。但水平刀架增加了机床宽度方向的结构尺寸，且床身下部排屑空间小，排屑困难。

（2）水平床身斜刀架（图2-3b）　水平床身配上倾斜放置的刀架滑板，这种布局形式的床身工艺性好，机床宽度方向的尺寸也较水平配置滑板的要小且排屑方便。

（3）斜床身（图2-3c）　斜床身的导轨倾斜角度分别为30°、45°、75°。它和水平床身斜刀架滑板都因具有排屑容易、操作方便、机床占地面积小、外形美观等优点，而被中小型数控车床普遍采用。

（4）立床身（图2-3d）　从排屑的角度来看，立床身布局最好，切屑可以自由落下，不易损伤导轨面，导轨的维护与防护也较简单，但机床的精度不如其他三种布局形式的精度高，故运用较少。

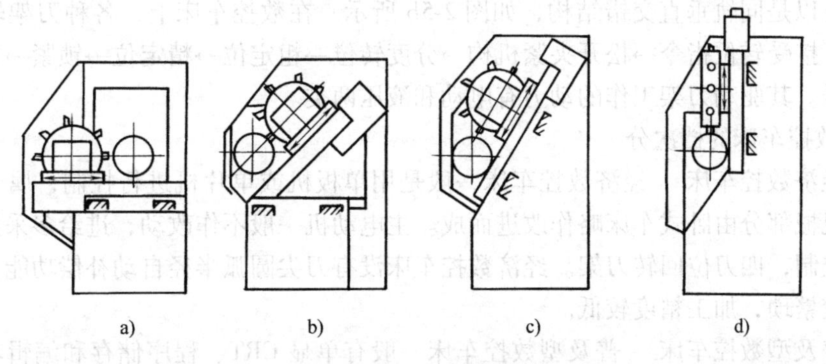

图2-3　数控车床的布局形式

三、数控车床的分类

数控车床品种繁多、规格不一，可按如下方法进行分类：

1. 按数控车床主轴位置分类

（1）立式数控车床　立式数控车床的主轴垂直于水平面，并有一个直径很大的圆形工作台，供装夹工件用。这类数控机床主要用于加工径向尺寸较大、轴向尺寸较小的大型复杂零件。

（2）卧式数控车床　卧式数控车床的主轴轴线处于水平位置，它的床身和导轨有多种布局形式，是应用最广泛的数控车床。

2. 按加工零件的基本类型分类

（1）卡盘式数控车床　这类数控车床未设置尾座，主要适于车削盘类（含短轴类）零件，其夹紧方式多为电动液压控制。

（2）带尾座式数控车床　这类数控车床设置有普通尾座或数控尾座，主要适合车削较长的轴类零件及直径不太大的盘、套类零件。

3. 按刀架数量分类

（1）单刀架数控车床　普通数控车床一般都配置有各种形式的单刀架，如四刀位卧式回转刀架，如图 2-4a 所示；多刀位回转刀架，如图 2-4b 所示。

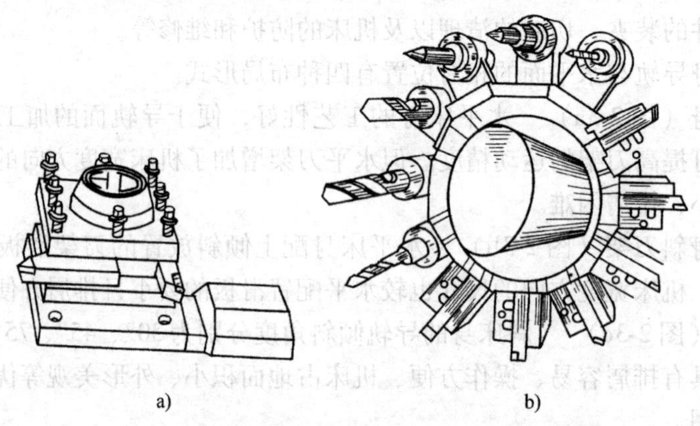

图 2-4　单刀架形式的自动回转刀架

a）四刀位卧式回转刀架　b）多刀位回转刀架

（2）双刀架数控车床　这类数控车床中，双刀架的配置可以是平行交错结构，如图 2-5a 所示；也可以是同轨垂直交错结构，如图 2-5b 所示。在数控车床上，各种刀架转换刀具的过程都是：接受转位指令→松开夹紧机构→分度转位→粗定位→精定位→锁紧→发出动作完成回答信号。其驱动刀架工作的动力有电动和液压两类。

4. 按数控车床的档次分

（1）经济数控车床　经济数控车床一般是用单板机或单片机进行控制，属于低档次数控车床。机械部分由卧式车床略作改进而成。主电动机一般不作改动，进给多采用步进电动机，开环控制，四刀位回转刀架。经济数控车床没有刀尖圆弧半径自动补偿功能，所以编程时计算比较繁琐，加工精度较低。

（2）普及型数控车床　普及型数控车床一般有单显 CRT、程序储存和编辑功能，属于中档次数控车床。多采用开环或半闭环控制。它的主电动机多采用变频调速电动机，所以它的显著缺点是没有恒线速度切削功能。

（3）高级数控车床　高级数控车床主轴一般采用能调速的直流或交流主轴控制单元来驱

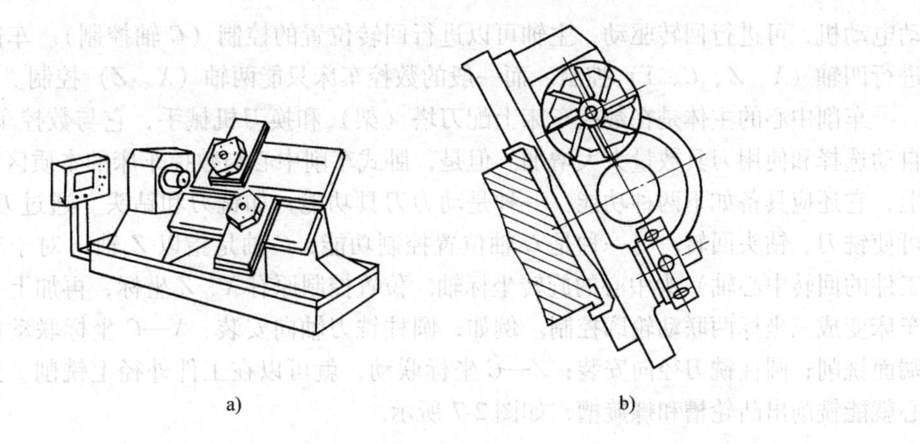

图 2-5 双刀架形式的自动回转刀架

a）平行交错双刀架 b）同轨垂直交错双刀架

动，进给采用伺服电动机，半闭环或闭环控制，属于较高档次的数控车床。多功能数控车床具备的功能很多，特别是具备恒线速度切削和刀尖圆弧半径自动补偿功能。

（4）高精度数控车床 高精度数控车床主要用于加工类似 VTR 的磁鼓、磁盘的合金铝基板等需要镜面加工，并且形状、尺寸精度都要求很高的零部件，可以代替后续的磨削加工。这种车床的主轴采用超精密空气轴承，进给采用超精密空气静压导向面，主轴与驱动电动机采用磁性联轴器等。床身采用高刚性厚壁铸铁，中间填砂处理，支撑也采用空气弹簧三点支撑。总之，为了进行高精度加工，在机床各方面均采取了很多措施。

（5）高效率数控车床 高效率数控车床主要有一个主轴两个回转刀架及两个主轴两个回转刀架等形式，两个主轴和两个回转架能同时工作，提高了机床加工效率。

（6）车削中心 在数控车床上增加刀塔（架）和 C 轴控制后，除了能车削、镗削外，还能对端面和圆周面上任意部位进行钻、铣、攻螺纹等加工；而且在具有插补的情况下，还能铣削曲面，这样就构成了车削中心，如图 2-6 所示。它是在转盘式刀架的刀座上安装上驱

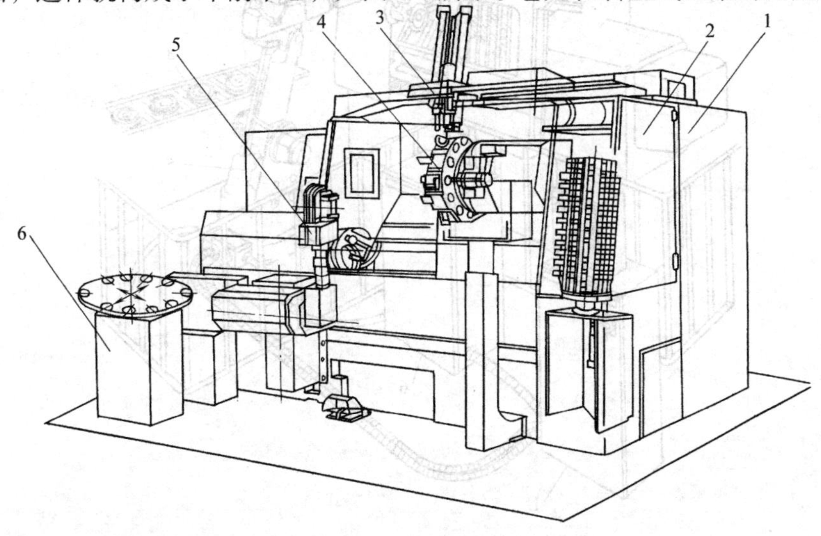

图 2-6 车削中心

1—车床主机 2—刀库 3—自动换刀装置 4—刀架 5—工件装卸机械手 6—载料机

动电动机，可进行回转驱动，主轴可以进行回转位置的控制（*C*轴控制）。车削加工中心可进行四轴（*X*、*Z*、*C*、*Y*）控制，而一般的数控车床只能两轴（*X*、*Z*）控制。

车削中心的主体是在数控车床上配刀塔（架）和换刀机械手，它与数控车床单机相比，自动选择和使用刀具数量大大增加。但是，卧式车削中心与数控车床的本质区别并不在刀库上，它还应具备如下两种功能：一种是动力刀具功能，如铣刀和钻头。通过刀架内部结构，可使铣刀、钻头回转。另一种是*C*轴位置控制功能，*C*轴是指以*Z*轴（对于车床是卡盘与工件的回转中心轴）为中心的旋转坐标轴。位置控制原有*X*、*Z*坐标，再加上*C*坐标，就使车床变成三坐标两联动轮廓控制。例如，圆柱铣刀轴向安装、*X*—*C*坐标联动就可以在工件端面铣削；圆柱铣刀径向安装；*Z*—*C*坐标联动，就可以在工件外径上铣削。这样，车削中心就能铣削出凸轮槽和螺旋槽，如图2-7所示。

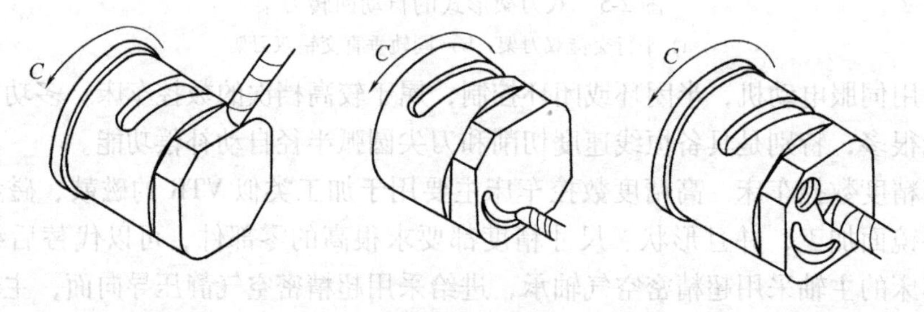

图2-7　车削中心*C*轴加工能力

（7）FMC车床　FMC车床实际上是一个由数控车床、机器人等构成的一个柔性加工单元。它除了具备车削中心的功能外，还能实现工件的搬运、装卸的自动化和加工调整准备的自动化，如图2-8所示。

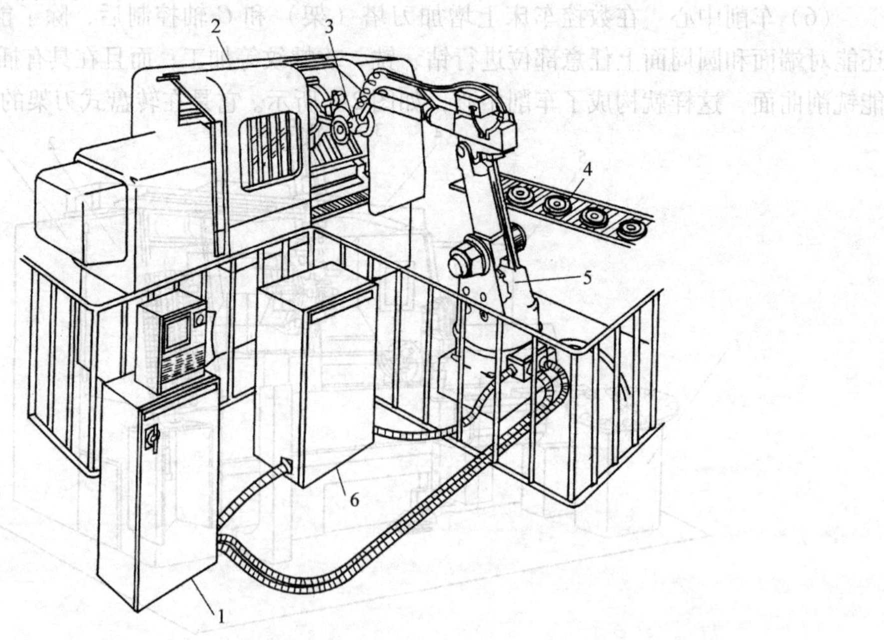

图2-8　FMC车床

1—机器人控制柜　2—NC车床　3—卡爪　4—工件　5—机器人　6—NC控制柜

四、数控车床的选择配置与机械结构组成

图 2-9 为典型数控车床的选择配置与机械结构组成，包括主轴传动机构、进给传动机构、刀架、床身、辅助装置（刀具自动交换机构、润滑与切削液装置、排屑、过载限位）等部分。

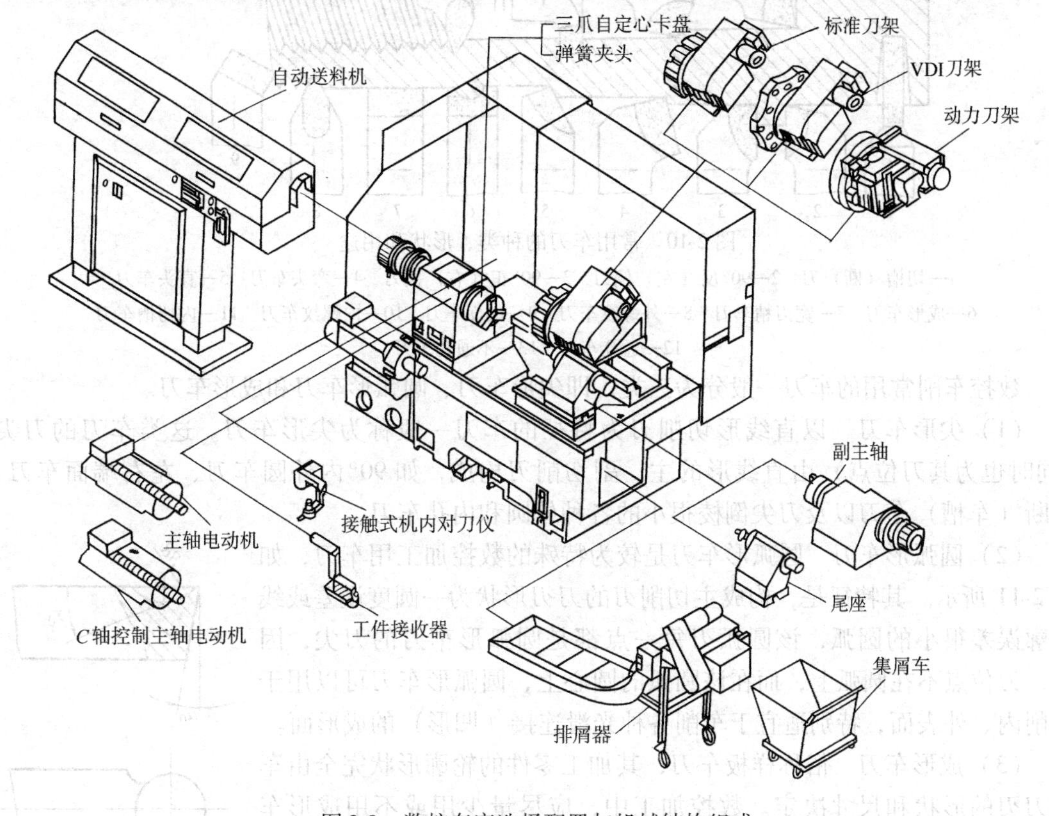

图 2-9　数控车床选择配置与机械结构组成

第二节　数控车床刀具的选择与装夹

数控车床加工时，能根据程序指令实现全自动换刀。为了缩短数控车床的准备时间，适应柔性加工要求，数控车床对刀具提出了更高的要求，不仅要求刀具精度高、刚性好、耐用度高，而且要求安装、调整、刃磨方便，断屑及排屑性能好。

在全功能数控车床上，可预先安装 8～12 把刀具，当被加工工件改变后，一般不需要更换刀具就能完成工件的全部车削加工，为了满足要求，刀具配备时应注意以下几个问题：

1）在可能的范围内，使被加工工件的形状、尺寸标准化，从而减少刀具的种类，实现不换刀或少换刀，以缩短准备和调整时间。

2）使刀具规格化和通用化，以减少刀具的种类，便于刀具管理。

3）尽可能采用可转位刀片，磨损后只需更换刀片，增加了刀具的互换性。

4）在设计或选择刀具时，应尽量采用高效率、断屑及排屑性能好的刀具。

一、数控车刀的类型与选择

车床主要用于回转表面的加工，如内外圆柱面、圆锥面、圆弧面、螺纹等切削加工。图 2-10 所示为常用车刀的种类、形状和用途。

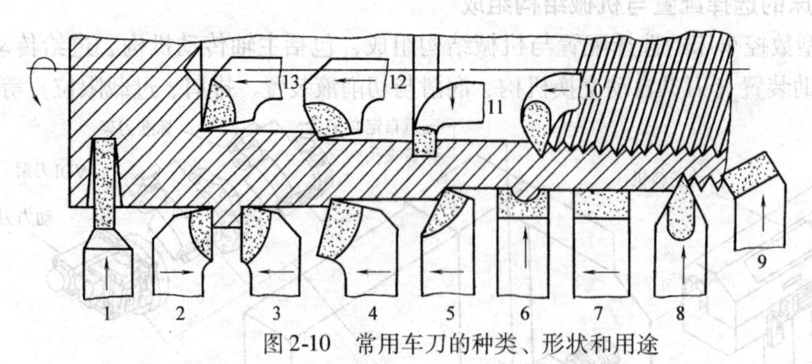

图 2-10 常用车刀的种类、形状和用途

1—切槽（断）刀 2—90°反（左）偏刀 3—90°正（右）偏刀 4—弯头车刀 5—直头车刀 6—成形车刀 7—宽刃精车刀 8—外螺纹车刀 9—端面车刀 10—内螺纹车刀 11—内切槽车刀 12—通孔车刀 13—不通孔车刀

数控车削常用的车刀一般分为三类，即尖形车刀、圆弧形车刀和成形车刀。

（1）尖形车刀　以直线形切削刃为特征的车刀一般称为尖形车刀。这类车刀的刀尖（同时也为其刀位点）由直线形的主、副切削刃构成，如 90°内外圆车刀、左右端面车刀、切断（车槽）车刀以及刀尖倒棱很小的各种外圆和内孔车刀。

（2）圆弧形车刀　圆弧形车刀是较为特殊的数控加工用车刀，如图 2-11 所示。其特征是，构成主切削刃的刀刃形状为一圆度误差或线轮廓误差很小的圆弧，该圆弧刃每一点都是圆弧形车刀的刀尖，因此，刀位点不在圆弧上，而在该圆弧的圆心上，圆弧形车刀可以用于车削内、外表面，特别适宜于车削各种光滑连接（凹形）的成形面。

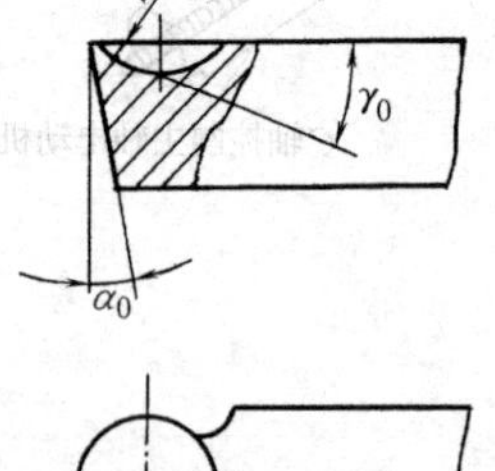

图 2-11 圆弧形车刀

（3）成形车刀　俗称样板车刀，其加工零件的轮廓形状完全由车刀刀刃的形状和尺寸决定。数控加工中，应尽量少用或不用成形车刀。

另外，车刀在结构上可分为整体式车刀、焊接式车刀和机械夹固式车刀三大类。

（1）整体式车刀　主要是整体式高速钢车刀。通常用于小型车刀、螺纹车刀和形状复杂的成形车刀。它具有抗弯强度高、冲击韧性好，制造简单和刃磨方便、刃口锋利等优点。

（2）焊接式车刀　是将硬质合金刀片用焊接的方法固定在刀体上，经刃磨而成。这种车刀结构简单，制造方便，刚性较好，但抗弯强度低，冲击韧性差，切削刃不如高速钢车刀锋利，不易制作复杂刀具。

（3）机械夹固式车刀　是数控车床上用得比较多的一种车刀，它分为机械夹固式可重磨车刀和机械夹固式不重磨车刀。

机械夹固式可重磨车刀将普通硬质合金刀片用机械夹固的方法安装在刀杆上。刀片用钝后可以修磨，修磨后，通过调节螺钉把刃口调整到适当位置，压紧后便可继续使用，如图 2-12 所示。

机械夹固式不重磨（可转位）车刀的刀片为多边形，有多条切削刃，当某条切削刃磨损钝化后，只需松开夹固元件，将刀片转一个位置便可继续使用，如图 2-13 所示。其最大优点是车刀几何角度完全由刀片保证，切削性能稳定，刀杆和刀片已标准化，加工质量好。

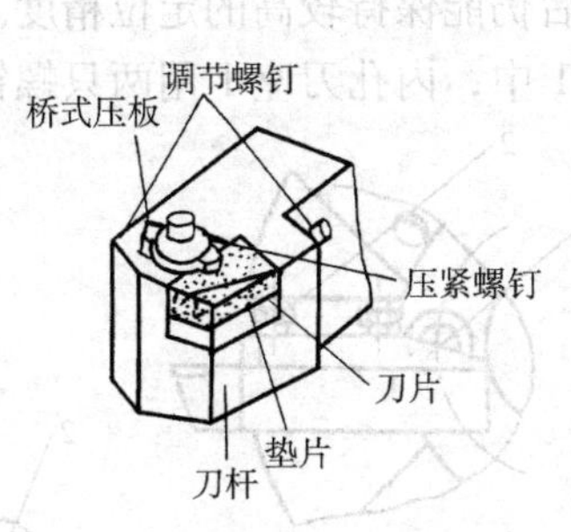

图 2-12 机械夹固式可重磨车刀

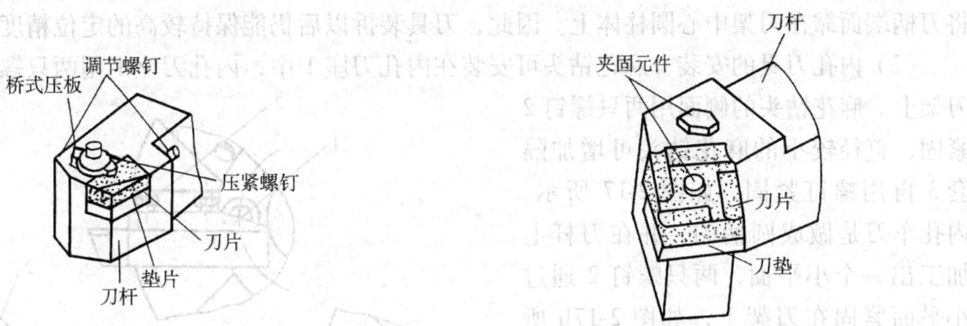

图 2-13 机械夹固式可转位车刀

车刀刀片的材料主要有高速钢、硬质合金、涂层硬质合金、陶瓷、立方氮化硼和金刚石等。在数控车床加工中应用最多的是硬质合金和涂层硬质合金刀片。一般使用机夹可转位硬质合金刀片以方便对刀。常用的可转位的车刀刀片形状及角度如图 2-14 所示。

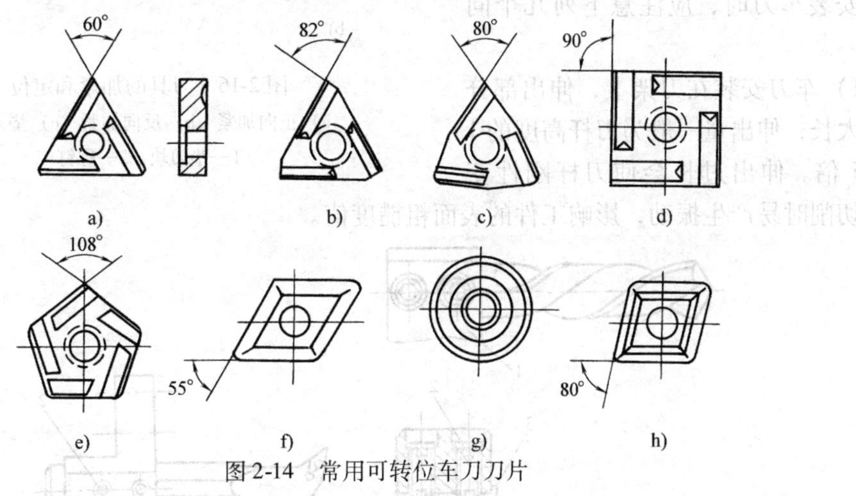

图 2-14 常用可转位车刀刀片

a) T 型 b) F 型 c) W 型 d) S 型 e) P 型 f) D 型 g) R 型 h) C 型

二、数控车床刀具的安装

装刀与对刀是数控车床加工操作中非常重要和复杂的一项基本工作。装刀与对刀的精度，将直接影响到加工程序的编制及零件的尺寸精度。现以数控车床转塔刀架刀具的安装为例，说明刀具的安装。数控车床使用的转塔设有 8 个刀位的（也有 12 个刀为的），并在刀架的端面上刻有 1～8 的字样，如图 2-15 所示。

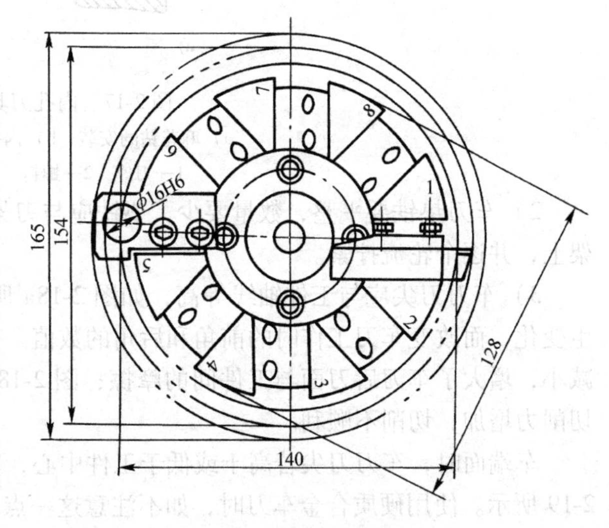

图 2-15 转塔刀架端面

（1）外圆车刀的安装 外圆车刀可以正向安装（图 2-16a），也可以反向安装（图 2-16b），车刀靠垫刀块 1 上的两只螺钉 2 反向压紧（图 2-16c）。刀具轴向定位靠侧面，径向定位靠刀柄端面，将刀柄端面靠在刀架中心圆柱体上。因此，刀具装拆以后仍能保持较高的定位精度。

（2）内孔刀具的安装　麻花钻头可安装在内孔刀座1中，内孔刀座1用两只螺钉固定在刀架上。麻花钻头的侧面用两只螺钉2紧固，直径较小的麻花钻头可增加隔套3再用螺钉紧固，如图2-17所示。内孔车刀是做成圆柄的，并在刀杆上加工出一个小平面，两只螺钉2通过小平面紧固在刀架上，如图2-17b所示。

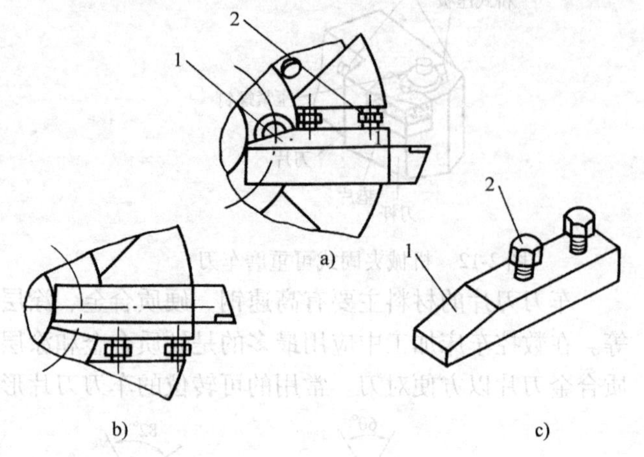

图2-16　刀具的加紧和定位

a）正向加紧　b）反向加紧　c）垫刀块

1—垫刀块　2—螺钉

车刀安装得正确与否，将直接影响切削能否顺利进行和工件的加工质量。安装车刀时，应注意下列几个问题：

1）车刀安装在刀架上，伸出部分不宜太长，伸出量一般为刀杆高度的1~1.5倍。伸出过长会使刀杆刚性变差，切削时易产生振动，影响工件的表面粗糙度值。

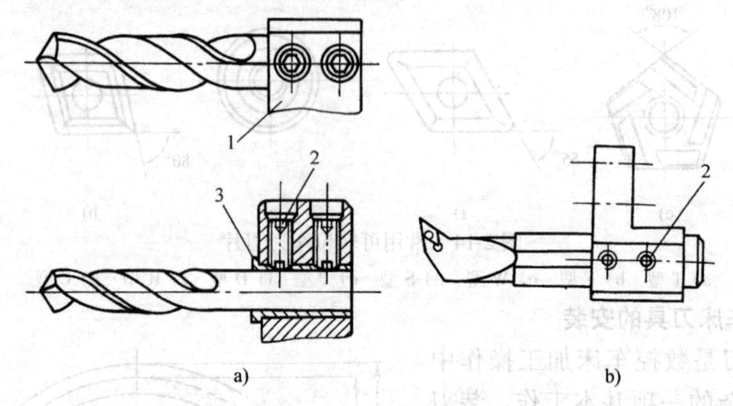

图2-17　内孔刀具安装

a）麻花钻的安装　b）内孔车刀的安装

1—刀座　2—螺钉　3—隔套

2）车刀垫铁要平整，数量要少，垫铁应与刀架对齐。车刀至少要用两个螺钉压紧在刀架上，并逐个轮流拧紧。

3）车刀刀尖应与工件轴线等高，如图2-18a所示，否则会因基面和切削平面的位置发生变化，而改变车刀工作时的前角和后角的数值。图2-18b车刀刀尖高于工件轴线，使后角减小，增大了车刀后刀面与工件间的摩擦；图2-18c车刀刀尖低于工件轴线，使前角减小，切削力增加，切削不顺利。

车端面时，车刀刀尖若高于或低于工件中心，车削后工件端面中心处会留有凸头，如图2-19所示。使用硬质合金车刀时，如不注意这一点，车削到中心处会使刀尖崩碎。

4）车刀刀杆中心线应与进给方向垂直，否则会使主偏角和副偏角的数值发生变化，如

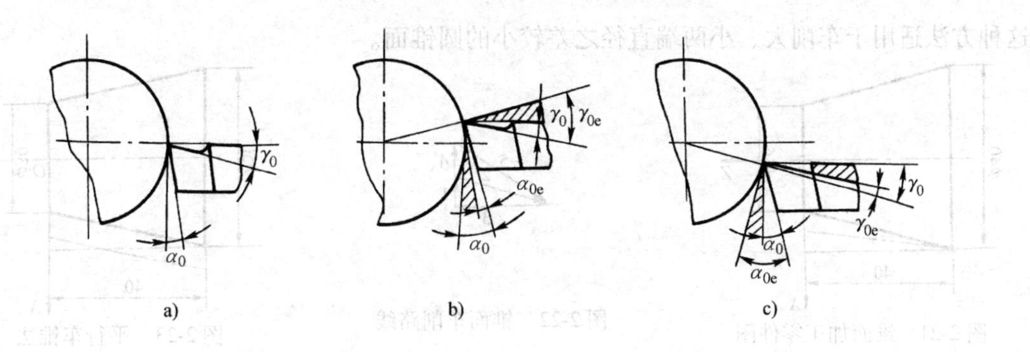

图 2-18　装刀高低对前后角的影响

a）正确　b）太高　c）太低

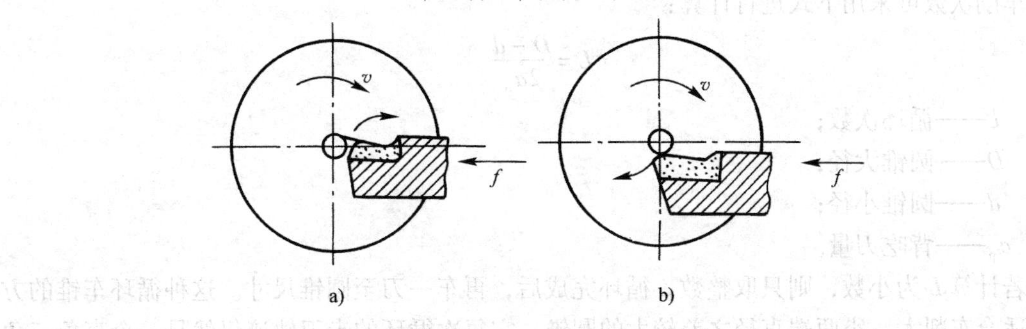

图 2-19　车刀刀尖不对准工件中心的后果

图 2-20 所示。如螺纹车刀安装歪斜，会使螺纹牙型半角产生误差。用偏刀车削台阶时，必须使车刀主切削刃与工件轴线之间的夹角在安装后等于 90°或大于 90°，否则，车出来的台阶面与工件轴线不垂直。

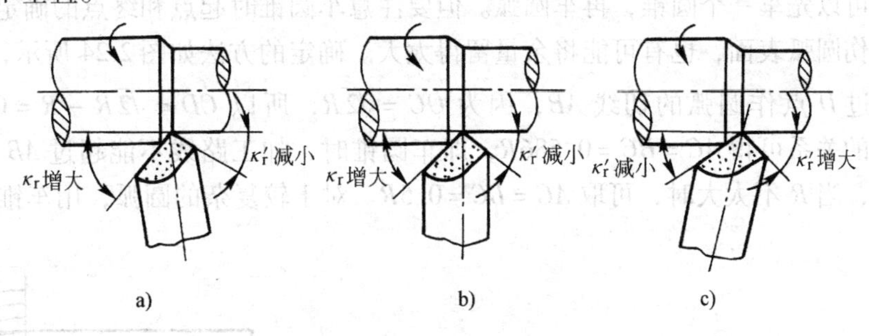

图 2-20　车刀装偏对主副偏角的影响

a）κ_r 增大　b）装夹正确　c）κ_r 减小

第三节　数控车床典型表面的车削工艺

一、圆锥面的车削

在卧式车床上加工圆锥面是一个较为麻烦的工作，为保证其锥角及表面质量，操作者需有较高的技巧，而在数控车床上加工圆锥面则很简单，如车削图 2-21 所示正圆锥锥面，刀具选择 90°正偏刀。一般有两种车削方法。

第一种车削方法如图 2-22 所示，走刀路线依次为 1→2→3→4→5，是一个直角三角形，这种方法适用于车削大、小两端直径之差较小的圆锥面。

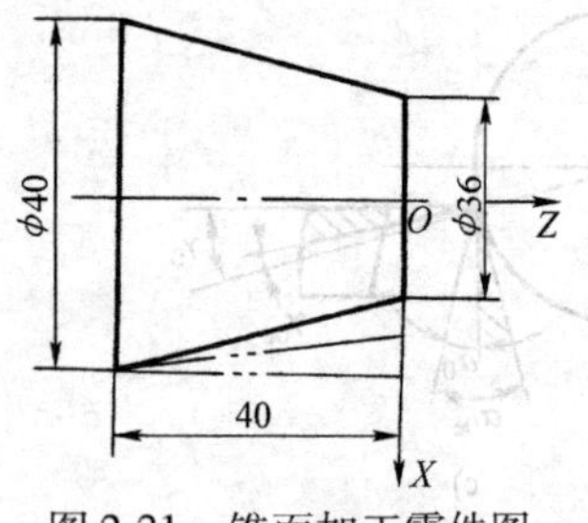

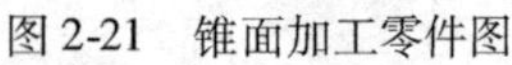

图 2-21 锥面加工零件图

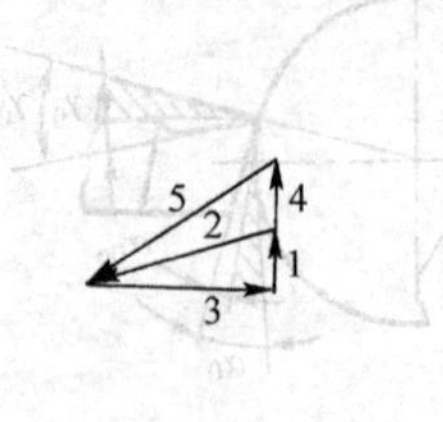

图 2-22 锥面车削路线

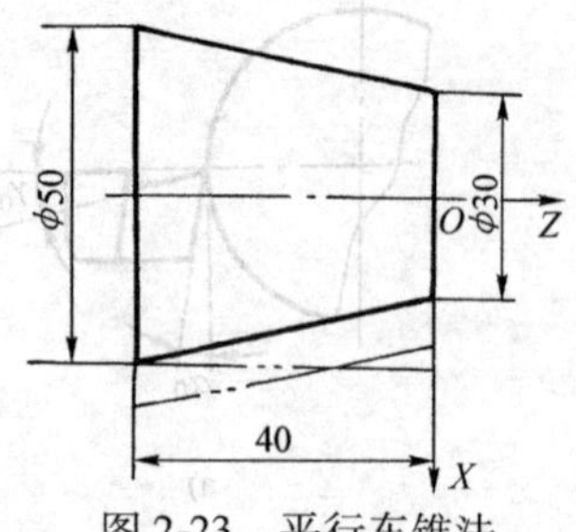

图 2-23 平行车锥法

第二种方法如图 2-23 所示，车锥路线按平行车锥法进行，即和锥体母线平行循环车削。循环车削次数可采用下式进行计算：

$$L=\frac{D-d}{2a_{\mathrm{p}}}$$

式中 L——循环次数；

D——圆锥大径；

d——圆锥小径；

a_{p}——背吃刀量。

若计算 L 为小数，则只取整数，循环完成后，再车一刀至圆锥尺寸。这种循环车锥的方法，适合车削大、小两端直径之差较大的圆锥。它每次循环的走刀轨迹仍然是一个直角三角形。

二、圆弧面的车削

（1）车锥法　在车削圆弧时，不可能用一刀就把圆弧车好，因为这样吃刀量太大，容易打刀。可以先车一个圆锥，再车圆弧。但要注意车圆锥时起点和终点的确定，若确定不好则可能损伤圆弧表面，也有可能将余量留得太大。确定的方法如图 2-24 所示，连接 OC 交圆弧于 D，过 D 点作圆弧的切线 AB，因为 $OC=\sqrt{2}R$，所以 $CD=\sqrt{2}R-R=0.414R$。由 R 与 $\triangle ABC$ 的关系可得 $AC=BC=0.586R$，即车圆锥时，加工路线不能超过 AB 线，否则就要损坏圆弧，当 R 不太大时，可取 $AC=BC=0.5R$。对于较复杂的圆弧，用车锥法较复杂，可用车圆法。

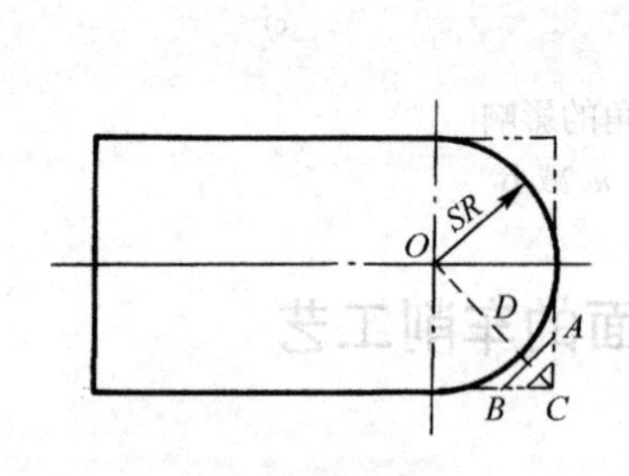

图 2-24 车锥法

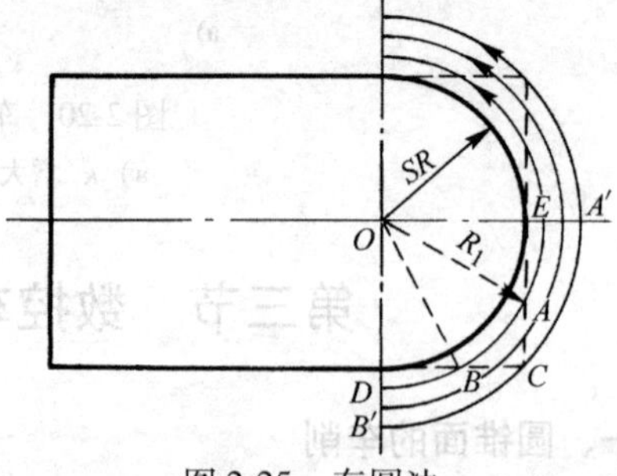

图 2-25 车圆法

（2）车圆法（同心圆法）　车圆法就是用不同半径的圆来车削，最终将所需圆弧车出来，如图 2-25 所示，起刀点 A 和终点 B 的确定方法是：连接 OA、OB，则此时车削圆弧的半径 $R_1=OA=OB$，所以 $BD=AE=\sqrt{R_1^2-R^2}$，$BC=AC=R-\sqrt{R_1^2-R^2}$。背吃刀量 $a_{\mathrm{p}}=\dfrac{\sqrt{2}R-R}{P}$

（P 为进给次数），由 BC、AC 很容易确定起刀点和终刀点的坐标。此方法的缺点是空行程时间较长。

三、球面车削

球面加工是体现数控车床优于卧式车床的典型实例，在卧式车床上加工球面工件一般的方法是靠模法，使用成形刀具法和两手赶制法。而在数控车床上加工球面工件，只要按照数控系统编程的格式要求，写出相应的圆弧插补程序，即可加工出球面工件。

加工如图 2-26 所示工件，毛坯直径为 $\phi46$。选用刀具 1 号刀为 90°正偏刀；2 号刀为切槽刀，3 号刀 90°反偏刀。工艺路线如下：

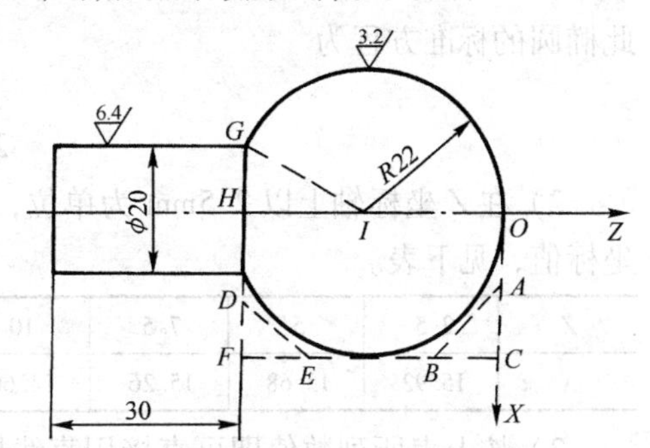

图 2-26　球面加工零件

1）用三爪自定心卡盘夹持工件左端，棒料伸出卡爪外 80mm。

2）用 1 号 90°正偏刀车工件右端面，粗车外径至 $\phi45\text{mm}\times76\text{mm}$。

3）用车锥法粗车右半球。

4）换用 2 号切槽刀，用排切法从右至左粗加工 $\phi20\text{mm}\times30\text{mm}$ 处，$\phi20\text{mm}$ 直径留 0.3mm 余量。

5）精车 $\phi20\text{mm}\times30\text{mm}$ 处。

6）换用 3 号 90°反偏刀，粗车左半球（用车锥法粗车）。

7）精车左半球。

8）换用 90°正偏刀，精车右半球。

这种车削方法正偏刀和反偏刀必须对刀非常正确，否则在球的中间将产生接缝线，为避免接缝线，可选用圆弧车刀一次精车右半球和左半球。

四、非圆曲面的加工

数控车床一般只能作直线插补和圆弧插补。遇到回转轮廓是非圆曲线的零件时，数学处理的任务是用直线段或圆弧段去逼近非圆轮廓。SIEMENS 系统可借助 R 参数，并应用程序跳转等手段来完成非圆曲面的编程（参考第四章），FANUC 系统可用宏程序编程（参考第五章）。本节主要讨论用数学的方法，用直线段或圆弧段去逼近非圆轮廓。

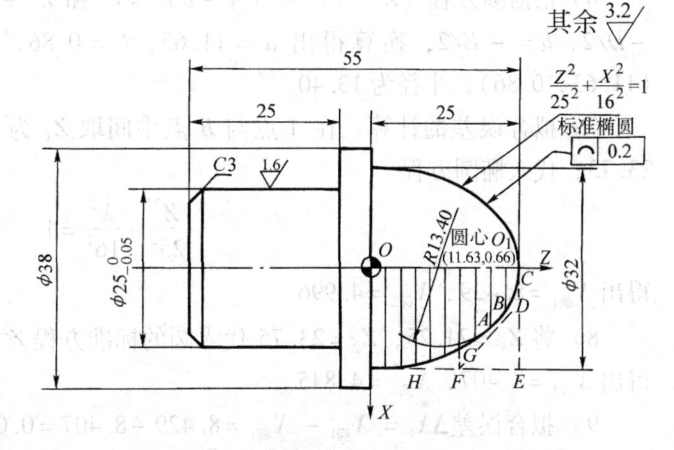

图 2-27　非圆曲线加工零件图

加工如图 2-27 所示工件，选用刀具为 90°正偏刀。

1. 工艺路线

1）夹工件右端，车左端面。

2）粗精车工件左端圆柱 $\phi38$、$\phi25^{0}_{-0.05}$。

3）调头，用三爪自定心卡盘夹住左端 $\phi20\text{mm}$ 处，工件伸出卡盘外 30mm。

4）车右端面。

5）粗车外圆至 $\phi 33\text{mm} \times 25\text{mm}$。

6）用车锥法粗车椭圆（分别车 DEF 和 GHF 两处）。

7）分别用圆弧、直线逼近法精车椭圆。

2. 相关计算

1）工件右半部分为标准椭圆，由图可知，椭圆长半轴为 25mm，短半轴为 16mm，所以此椭圆的标准方程为

$$\frac{Z^2}{25^2}+\frac{X^2}{16^2}=1$$

2）在 Z 坐标轴上以 2.5mm 为单位，正向等间距取点，通过椭圆标准方程算出相应的 X 坐标值，见下表。

Z	2.5	5	7.5	10	12.5	15	17.5	20	22.5	25
X	15.92	15.68	15.26	14.66	13.86	12.8	11.43	9.6	6.97	0

3）按上表所列数值即可直接用直线插补指令编程。

4）从表中可以看出最后三点，即 A 点（20，－9.6）、B 点（22.5，－6.97）、C 点（25，0）。Z 轴数值差距较大，拟合误差也较大。所以一般在对椭圆进行拟合逼近时，通常对曲率半径较大的部分采用直线拟合计算，对曲率半径较小的部分采用圆弧拟合计算。

5）根据“不在一条直线上的三个点确定一个圆”这一定理把 A、B、C 三点分别代入圆的标准方程

$$Z^2+X^2+DZ+EX+F=0$$

有

$$\begin{cases}20^2+(-9.6)^2+D\times 20+E\times(-9.6)+F=0\\22.5^2+(-6.97)^2+D\times 22.5+E\times(-6.97)+F=0\\25^2+0^2+D\times 25+E\times 0+F=0\end{cases}$$

用待定系数法解这一方程组，计算结果 $D=-23.25$，$E=-1.73$，$F=-43.73$。

6）根据圆方程 $(Z-a)^2+(X-b)^2=r^2$ 和 $Z^2+X^2+DZ+EX+F=0$ 的关系，$a=-D/2$，$b=-E/2$，换算得出 $a=11.63$，$b=0.86$，$r=13.40$，即圆弧的圆心坐标 O_1（11.63，0.86），半径为 13.40。

7）拟合误差的计算。在 A 点与 B 点中间取 Z_1 为 21.25；在 B 点与 C 点中间取 Z_2 为 23.75，代入椭圆方程

$$\frac{Z^2}{25^2}+\frac{X^2}{16^2}=1$$

得出 $X_{椭1}=8.429$，$X_{椭2}=4.996$

8）将 $Z_1=21.25$，$Z_2=23.75$ 代入圆的标准方程 $Z^2+X^2-23.25Z-1.73X-43.73F=0$，得出 $X_{圆1}=8.407$，$X_{圆2}=4.845$。

9）拟合误差 $\Delta X_1=X_{椭1}-X_{圆1}=8.429-8.407=0.022$

$$\Delta X_2=X_{椭2}-X_{圆2}=4.996-4.845=0.151$$

10）$\Delta X_2=0.151$ 为最大拟合误差，但仍然小于工件轮廓误差 0.2，所以该拟合方法能满足工件的加工要求。

第四节 数控车床坐标系统

一、机床坐标轴

数控机床坐标系是为了确定工件在机床中的位置、机床运动部件的特殊位置（如换刀点、参考点等）以及运动范围（如行程范围）等而建立的几何坐标系。目前我国执行的行业数控标准 JB/T3051—1999《数控机床—坐标和运动方向的命名》，与国际上标准 ISO841 等效。

标准的坐标系采用右手笛卡儿坐标系，如图 2-28 所示。图中大拇指的指向为 X 轴的正方向，食指指向为 Y 轴的正方向，中指指向为 Z 轴的正方向。围绕 X，Y，Z 轴旋转的圆周进给坐标轴分别用 A，B，C 表示，根据右手螺旋定则，如图 2-28 所示，以大姆指指向 $+X$，$+Y$，$+Z$ 方向，则食指、中指等的指向是圆周进给运动的 $+A$，$+B$，$+C$ 方向。

数控机床的进给运动，有的由主轴带动刀具运动来实现，有的由工作台带着工件运动来实现。上述坐标轴正方向，是假定工件不动，刀具相对于工件做进给运动的方向。如果是工件移动则用加“′”的大写拉丁字母表示，按相对运动的关系，工件运动的正方向恰好与刀具运动的正方向相反，同样两者运动的负方向也彼此相反。

机床坐标轴的方向取决于机床的类型和各组成部分的布局。对车床而言：Z 轴与主轴轴线重合，沿着 Z 轴正方向移动将增大零件和刀具间的距离；X 轴垂直于 Z 轴，对应于转塔刀架的径向移动，沿着 X 轴正方向移动将增大零件和刀具间的距离，如图 2-29 所示。Y 轴（通常是虚设的）与 X 轴和 Z 轴一起构成遵循右手定则的坐标系统。

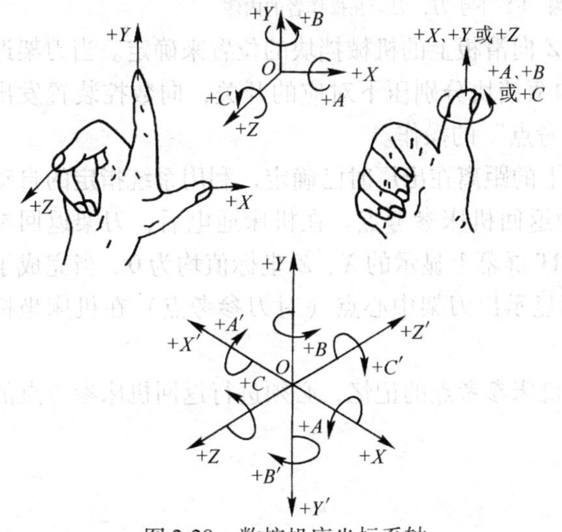

图 2-28 数控机床坐标系轴

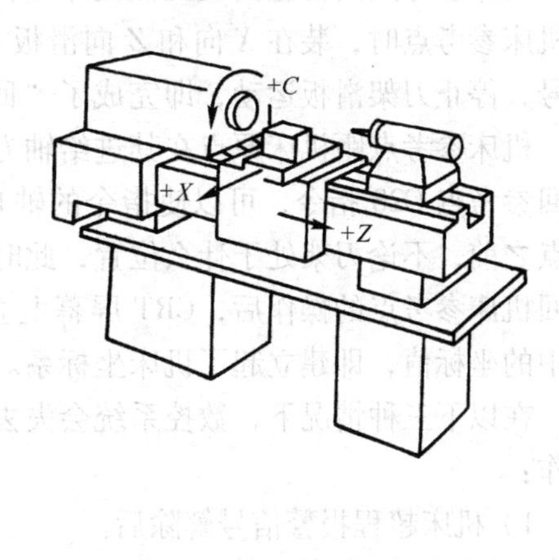

图 2-29 车床坐标轴及其方向

二、机床坐标系、机床原点和机床参考点

机床坐标系是机床固有的坐标系，机床坐标系的原点称为机床原点或机床零点。在机床经过设计、制造和调整后，这个原点便被确定下来，它是机床上固定的一个点。数控车床一般将机床原点定义在卡盘后端面与主轴旋转中心的交点上，如图 2-30 所示的 O 点

机床坐标系一般有两种建立方法，第一种坐标系建立的方法是：X 轴的正方向朝上建立，如图 2-30a 所示，适用于斜床身和平床身斜滑板（斜导轨）的卧式数控车床，这种类型

的数控车床刀架处于操作者的外侧，俗称上手刀。另一种坐标系统建立的方法是：X 轴的正方向朝下建立，如图 2-30b 所示，适用于平床身（水平导轨）卧式数控车床，这种类型的数控车床刀架处于操作者的内侧，俗称下手刀。机床坐标系 X 轴的正方向是朝上或朝下建立，主要是根据刀架处于机床的位置而确定。这两种刀架方向的机床，其程序及相应设置相同。

数控装置通电时并不知道机床零点位置，为了正确地在机床工作时建立机床坐标系，通常在每个坐标轴的移动范围内（一般在 X 轴和 Z 轴的正向最大行程处）设置一个机床参考点（测量起点）。机床通电时，通常要进行机动或手动回参考点，以建立机床坐标系。

机床参考点可以与机床零点重合，也可以不重合，通过参数设定机床参考点到机床零点的距离。机床回到了参考点位置，也就知道了该坐标轴的机床零点位置。CNC 就建立起了机床坐标系。图 2-30 中 O' 为数控车床参考点。

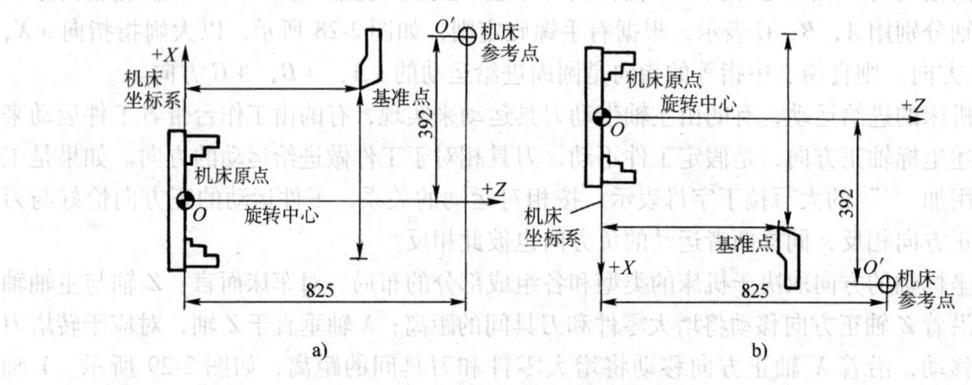

图 2-30　数控车床机床坐标系的建立

a）上手刀，刀架在操作者的外侧　b）下手刀，刀架在操作者的内侧

机床参考点的位置由设置在机床 X 向、Z 向滑板上的机械挡块的位置来确定。当刀架返回机床参考点时，装在 X 向和 Z 向滑板上的两挡块分别压下对应的开关，向数控装置发出信号，停止刀架滑板运动，即完成了"回参考点"的操作。

机床参考点距机床原点在其进给轴方向上的距离在出厂时已确定，利用系统指定的自动返回参考点 G28 指令，可以使指令的轴自动返回机床参考点。在机床通电后，刀架返回参考点之前，不论刀架处于什么位置，此时 CRT 屏幕上显示的 X、Z 坐标值均为 0。当完成了返回机床参考点的操作后，CRT 屏幕上立即显示出刀架中心点（对刀参考点）在机床坐标系中的坐标值，即建立起了机床坐标系。

在以下三种情况下，数控系统会失去对机床参考点的记忆，必须进行返回机床参考点的操作：

1）机床超程报警信号解除后。

2）机床关机以后重新接通电源开关时。

3）机床解除急停状态后。

三、工件坐标系、工件原点、对刀点和换刀点

编制数控程序时，首先要建立一个工件坐标系，程序中的坐标值均以此坐标系为依据。工件坐标系是编程人员在编程时使用的，编程人员选择工件上的某一已知点为原点，建立一个新的坐标系，称为工件坐标系。工件坐标系一旦建立便一直有效，直到被新的工件坐标系所取代。

工件坐标系的原点选择要尽量满足编程简单、尺寸换算少、引起的加工误差小等条件。为了编程方便，将工件坐标系设在工件上，并将坐标原点设在图样的设计基准和工艺基准处，其坐标原点称为工件坐标原点（或加工原点）。

工件原点是人为设定的，从理论上讲，工件原点选在任何位置都是可以的，但实际上为编程方便以及各尺寸较为直观，数控车床工件原点一般都设在主轴中心线与工件左端面或右端面的交点处，如图 2-31 所示。

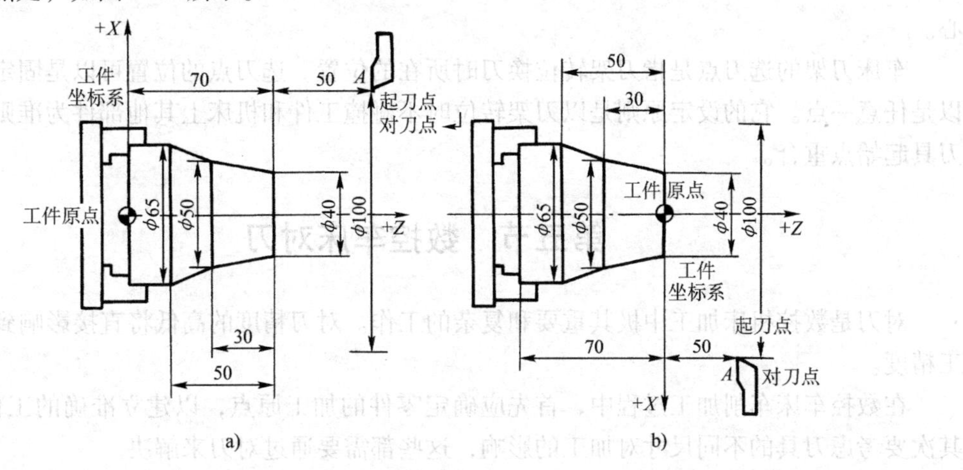

图 2-31 工件坐标系

a）上手刀，刀架在操作者的外侧 b）下手刀，刀架在操作者的内侧

设定工件坐标系就是以工件原点为坐标原点，确定刀具起始点的坐标值。工件坐标系设定后，CRT 屏幕上显示的是车刀刀尖相对工件原点的坐标值。编程时，工件的各尺寸坐标都是相对工件原点而言的。因此，数控车床的工件原点也称程序原点。

起刀点是数控加工中刀具相对于工件运动的起点，是零件程序加工的起始点，所以对刀点也称“程序起点”。对刀的目的是确定工件原点在机床坐标系中的位置，即工件坐标系与机床坐标系的关系。

对刀点可设在工件上并与工件原点重合，也可设在工件外，任何便于对刀之处，但该点与工件原点之间必须有确定的坐标联系。一般情况下，对刀点既是加工程序执行的起点，也是加工程序执行的终点。图 2-31 把对刀点 *A* 设置在工件外面和起刀点重合，该点的位置可由 G50、G92、G54 等指令设定。通常把设定工件坐标系原点的过程称“对刀”，或建立工件坐标系。

FANUC 系统车床用 G50（华中系统用 G92）指令来建立工件坐标系（用 G54 ~ G59 指令来选择工件坐标系）。该指令一般作为第一条指令放在整个程序的最前面。其程序段格式为：

G50（G92） X__ Z__

X、Z 分别为刀尖的起始点距工件原点的距离。执行 G50（G92）程序后，系统内部即对（X，Z）进行记忆并显示在显示器上，这就相当于在系统内部建立了一个以工件原点为坐标原点的工件坐标系。

如图 2-31 所示，若选工件左端面为坐标原点时，则工件坐标系建立指令为“G50（G92）X100. 0 Z120. 0”；若选工件右端面为坐标原点时，则工件坐标系建立指令为“G50

(G92) X100.0 Z50.0”。

由上可知，同一工件由于工件原点变了，程序段中的坐标尺寸也随之改变。工件原点是设定在工件左端面的中心还是设在右端面的中心，主要是考虑零件图上的尺寸能方便地换算成坐标值，使编程方便。

因为一般车刀是从右端向左端车削，所以将工件原点设在工件的右端面要比设定在工件左端面换算尺寸方便，所以推荐采用图 2-31b 的方案，将工件原点设定在工件右端面的中心。

车床刀架的选刀点是指刀架转位换刀时所在的位置。选刀点的位置可以是固定的，也可以是任意一点。它的设定原则是以刀架转位时不碰撞工件和机床上其他部件为准则，通常和刀具起始点重合。

第五节　数控车床对刀

对刀是数控机床加工中极其重要和复杂的工作。对刀精度的高低将直接影响到零件的加工精度。

在数控车床车削加工过程中，首先应确定零件的加工原点，以建立准确的工件坐标系；其次要考虑刀具的不同尺寸对加工的影响，这些都需要通过对刀来解决。

一、刀位点

刀位点是指程序编制中，用于表示刀具特征的点，也是对刀和加工的基准点。对于各类车刀，其刀位点如图 2-32 所示。

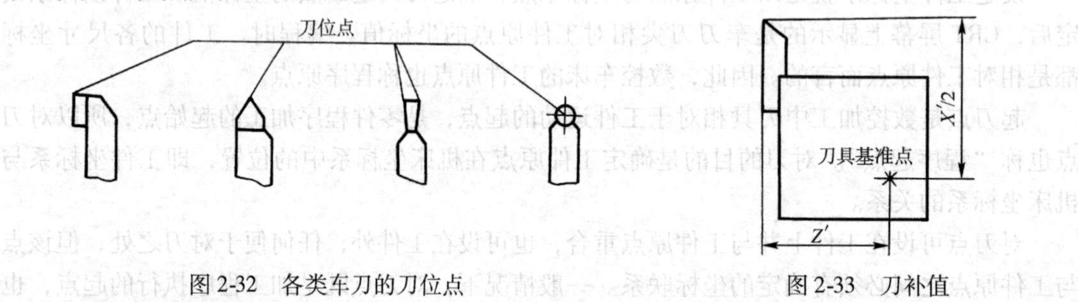

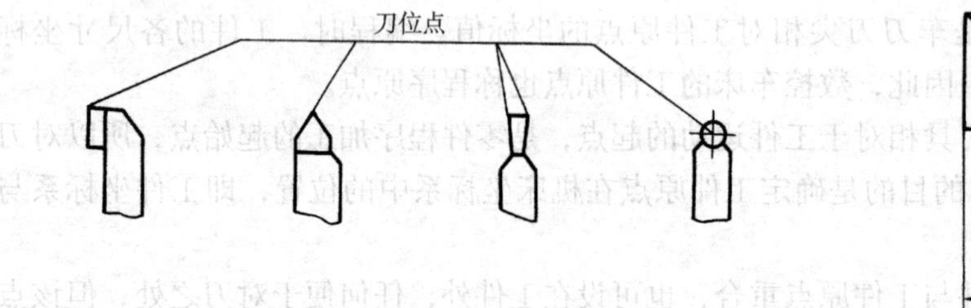

图 2-32　各类车刀的刀位点　　图 2-33　刀补值

二、刀补的测量

1. 刀补设置的目的

数控车床刀架内有一个刀具参考点（即基准点），见图 2-33 中的“×”。数控系统通过控制该点运动，间接地控制每把刀的刀位点的运动。而各种形式的刀具安装后，由于刀具的几何形状及安装位置的不同，其刀位点的位置是不一致的，即每把刀的刀位点在两个坐标方向的位置尺寸是不同的。所以，刀补设置的目的是测出各刀的刀位点相对刀具参考点的距离即刀补值（X'，Z'），并将其输入 CNC 的刀具补偿寄存器中。在加工程序调用刀具时，系统会自动补偿两个方向的刀偏量，从而准确控制每把刀的刀尖轨迹。

2. 刀补值的测量原理与方法

刀补值的测量过程称为对刀操作。对刀的方法常见有两种：试切法对刀、对刀仪对刀。对刀仪又分机械检测对刀仪（又称电子对刀仪）和光学检测对刀仪；车刀用对刀仪和镗铣类用对刀仪。

各类数控机床的对刀方法各有差异，可查阅机床说明书，但其原理及目的是一致的，即通过对刀操作，将刀补值测出后输入 CNC 系统，加工时系统根据刀补值自动补偿两个方向的刀偏量，使零件加工程序不受刀具（刀位点）安装位置的不同，而给切削带来影响。刀具偏置补偿测量有两种形式：

（1）试切法对刀　试切法对刀的原理图见图 2-34。以 1 号外圆刀作为基准刀，在手动状态下，用 1 号外圆刀车削工件右端面和外圆，并把外圆刀的刀尖退回至工件外圆和端面的交点 A，将当前坐标值置零作为基准（$X=0$，$Z=0$）。然后向 X、Z 的正方向退出 1 号刀，刀架转位，依次把每把刀的刀尖轻微接触棒料端面和外圆，或直接接触角落点 A，分别读出每把刀触及时的 CRT 动态坐标 X、Z，即为各把刀的相对刀补值。如图 2-34 所示，三把刀的刀补值分别为

$$\begin{cases} 1\text{ 号刀}\begin{cases} X=0 \\ Z=0 \end{cases} \quad \text{基准刀} \\ 2\text{ 号刀}\begin{cases} X=-5 \\ Z=-5 \end{cases} \\ 3\text{ 号刀}\begin{cases} X=+5 \\ Z=+5 \end{cases} \end{cases}$$

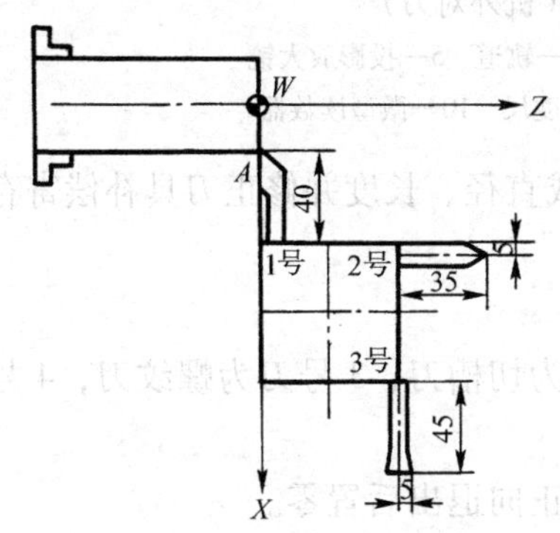

图 2-34　试切法对刀

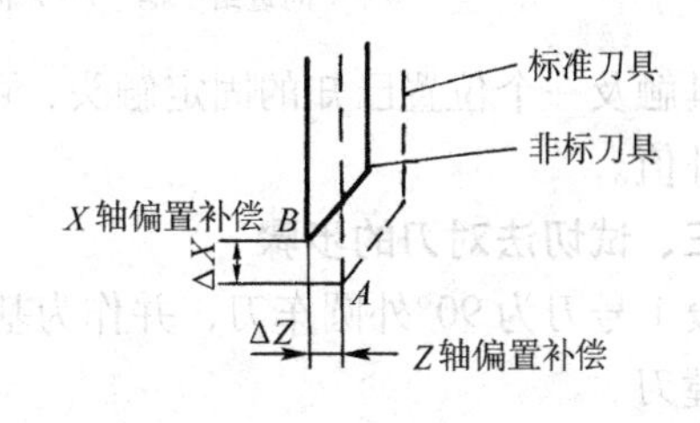

图 2-35　刀具偏置的相对补偿形式

上述刀补的设置方法称相对补偿法，即在对刀时，先确定一把刀作为基准（标准）刀，并设定一个对刀基准点。如图 2-34 中的 A 点，把基准刀的刀补值设为零（$X=0$，$Z=0$），然后使每把刀的刀尖与这一基准点 A 接触。利用这一点为基准，测出各把刀与基准刀的 X、Z 轴的偏置值 ΔX，ΔZ，如图 2-35 所示。如上述 2 号刀的刀补 $X=-5$，表示 2 号刀比 1 号刀在 X 方向短了 5mm；3 号刀的刀补 $X=+5$，表示 3 号刀比 1 号刀在 X 方向长了 5mm。

（2）光学检测对刀仪对刀（机外对刀）　图 2-36 为光学检测对刀仪，将刀具随同刀架座一起紧固在刀具台安装座上，摇动 X 向和 Z 向进给手柄，使移动部件载着投影放大镜沿着两个方向移动，直至刀尖或假想刀尖（圆弧刀）与放大镜中十字线交点重合为止，如图 2-37 所示。这时通过 X 和 Z 向的微型读数器分别读出 X 和 Z 向的长度值，就是该刀具的对刀长度。

机外对刀的实质是测量出刀具假想刀尖到刀具参考点之间在 X 向和 Z 向的长度。利用机外对刀仪可将刀具预先在机床外校对好，以便装上机床即可以使用，大大节省辅助时间。

（3）机械检测对刀仪对刀　用机械检测对刀仪对刀，是使每把刀的刀尖与百分表测头接触，得到两个方向的刀偏量，如图 2-38b 所示。若有的数控机床具有刀具探测功能，则通

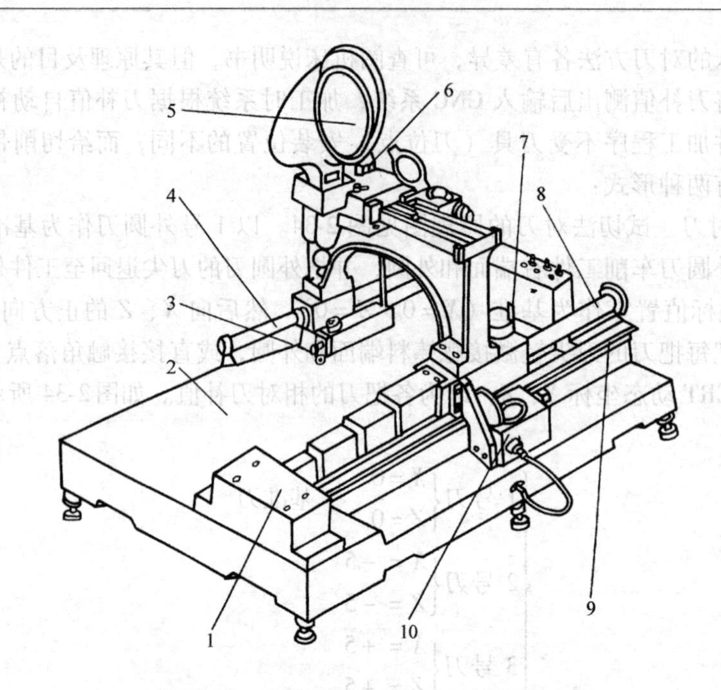

图 2-36 光学检测对刀仪对刀（机外对刀）

1—刀具台安装座 2—底座 3—光源 4、8—轨道 5—投影放大镜
6—X 向进给手柄 7—Z 向进给手柄 9—刻度尺 10—微型读数器

过刀具触及一个位置已知的固定触头，可测量刀偏量或直径、长度并修正刀具补偿寄存器中的刀补值。

三、试切法对刀的步骤

设 1 号刀为 90°外圆车刀，并作为基准刀；2 号刀为切槽刀；3 号刀为螺纹刀，4 号刀为内孔镗刀。

1）用 1 号刀车削工件右端面，Z 向不动，沿 X 轴正向退出后置零。

2）用 1 号刀车削工件外径，X 向不动，沿 Z 轴正向退出后置零。

3）让 1 号刀分别沿 X、Z 轴正向离开工件。

4）刀具转位，让 2 号切槽刀转至切削位置。

5）让切槽刀左刀尖和工件右端面对齐，并记录 CRT 显示器上 Z 轴数据 Z_2。

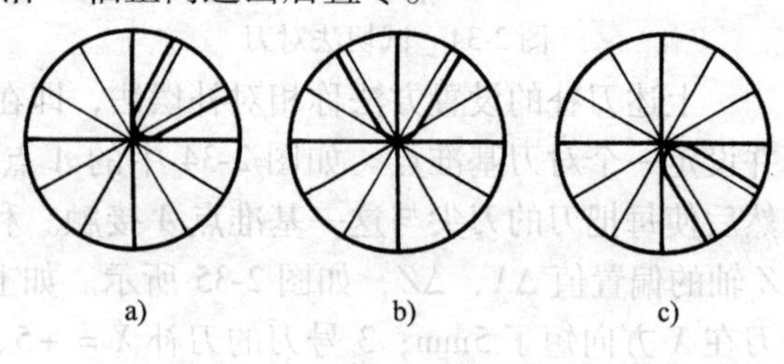

图 2-37 刀尖在放大镜中的对刀投影

a）端面外径刀尖 b）对称刀尖 c）端面内径刀尖

6）让切槽刀主削刃和工件外径对齐，并记录 CRT 显示器上 X 轴数据 X_2。

7）让 2 号刀分别沿 X、Z 轴正向离开工件。

8）刀具转位，让 3 号螺纹刀转至切削位置。

9）让螺纹刀刀尖和工件右端面对齐，并记录 CRT 显示器上 Z 轴数据 Z_3。

10）让螺纹刀刀尖和工件外径对齐，并记录 CRT 显示器上 X 轴数据 X_3。

11）让 3 号刀分别沿 X、Z 轴正向离开工件。X_2、Z_2 数值即为 2 号切槽刀的刀补值；

X_3、Z_3 数值即为 3 号螺纹刀的刀补值。

12）刀具转位，让 4 号镗刀转至切削位置。

13）让 4 号镗刀刀尖和工件右端面对齐，并记录 CRT 显示器上 Z 轴数据 Z_4。

14）让 4 号镗刀镗削工件内孔，并记录 CRT 显示器上 X 轴数据 X_4。

15）测量工件外圆直径 d，内孔直径 D。

16）$X_4+(d-D)$ 即为 3 号刀 X 轴的刀补，Z 轴的刀补为 Z_4。

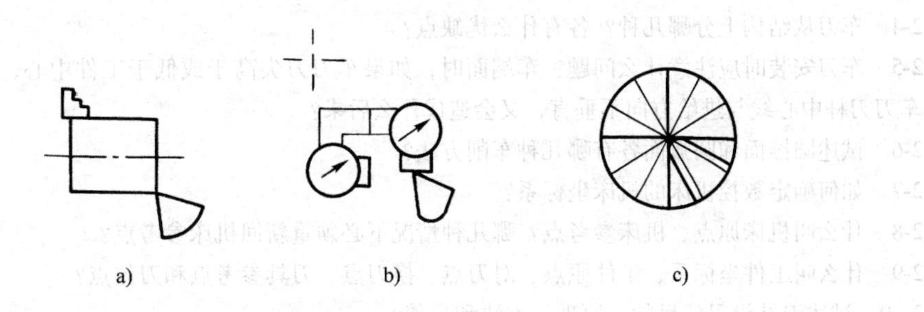

图 2-38　三种对刀方法

a）试切对刀法　b）机械检测对刀仪法　c）光学检测对刀仪法

四、工件坐标系建立的步骤

假定程序中工件坐标系设定指令为：G50（G92）　X100.0　Z100.0，工件坐标系设置在工件轴线和右端面的交点处。

方法一：

1）用 1 号刀（基准刀）车削工件右端面和工件外圆。

2）让基准刀尖退到工件右端面和外圆母线的交点 A，见图 2-34。

3）让刀尖向 Z 轴正向退 100mm。

4）停止主轴转动。

5）用外径千分尺测量工件外径尺寸 d。

6）让刀尖向 X 轴正向退 $100-d$。

7）则刀尖现在的位置就为程序中 G50（G92）规定的 X100.0　Z100.0 的位置。

方法二：

1）让 1 号刀（基准刀）车削工件外圆，X 向不动，刀具沿 Z 轴正向退出后置零。

2）停止主轴转动。

3）用外径千分尺测量工件外径尺寸 d。

4）让基准刀刀尖和工件右端面对齐或车削右端面，让刀尖向工件中心运动 d 数值（若测得工件外径为 38mm，刀尖向工件中心运动时，在手动状态下注意 CRT 显示器上 X 轴坐标值向工件中心增量进给了 −38mm 时，停止进给）。

5）然后再次将当前 X、Z 坐标数值置零。

6）将刀尖运动到程序 G50（G92）规定的 X、Z 坐标值。如主程序中编制 G50（G92）X100.0　Z100.0，则将刀尖运动到 CRT 显示器上 X、Z 轴的坐标值均为 100 处，当前点即为程序的起始点。

当程序运行加工工件时，执行 G50（G92）程序后，系统内部即对当前刀具点（X，Z）

进行记忆并显示在显示器上，这就相当于在系统内部建立了一个以工件原点为坐标原点的工件坐标系，当前刀具点位于工件坐标系的 X100.0，Z100.0 处。

思考题

2-1 试述数控车床的功能及结构特点。

2-2 什么是车削中心和 FMC 车床？它们各有什么功能特点？

2-3 数控车床有哪几种布局形式和哪几种分类方式？

2-4 车刀从结构上分哪几种？各有什么优缺点？

2-5 车刀安装时应注意什么问题？车端面时，如果车刀刀尖高于或低于工件中心，会产生什么后果？如果车刀刀杆中心线与进给方向不垂直，又会造成什么后果？

2-6 试述圆锥面和圆弧面各有哪几种车削方法？

2-7 如何确定数控机床的机床坐标系？

2-8 什么叫机床原点、机床参考点？哪几种情况下必须重新回机床参考点？

2-9 什么叫工件坐标系、工件原点、对刀点、换刀点、刀具参考点和刀位点？

2-10 试述刀补设置的目的、原理、方法和步骤？

第三章 华中（HNC—21/22T）系统数控车床实训操作

第一节 华中（HNC—21/22T）系统数控车床系统功能

一、准备功能

准备功能主要用来指令机床或数控系统的工作方式。华中（HNC—21/22T）系统的准备功能由地址符 G 和其后一位或二位数字组成，它用来规定刀具和工件的相对运动轨迹、机床坐标系、坐标平面、刀具补偿、坐标偏置等多种加工操作。具体的 G 指令代码见表3-1。

表 3-1 华中世纪星（HNC—21/22T）准备功能 G 指令代码

G 指令	组号	功 能	G 指令	组号	功 能
G00	01	快速定位	G56	11	工作坐标系设定
☆G01		直线插补	G57		工作坐标系设定
G02		顺时针方向圆弧插补	G58		工作坐标系设定
G03		逆时针方向圆弧插补	G59		工作坐标系设定
G04	00	暂停指令	G71	06	内外径粗车复合循环
G20	08	英制单位设定	G72		端面车削复合循环
☆G21		米制单位设定	G73		闭环车削复合循环
G28	00	从中间点返回参考点	G76		螺纹切削复合循环
G29		从参考点返回	☆G80	01	内外径车削固定循环
G32	01	螺纹车削	G81		端面车削固定循环
☆G36	16	直线编程	G82		螺纹切削固定循环
G37		半径编程	G90	13	绝对值编程
☆G40	09	刀具半径补偿取消	G91		增量值编程
G41		刀具半径左补偿	G92	00	工件坐标系设定
G42		刀具半径右补偿	☆G94	14	每分钟进给
G53	00	机床坐标系选择	G95		每转进给
☆G54	11	工作坐标系设定	G96	16	恒线速度控制
G55		工作坐标系设定	☆G97		取消恒线速度控制

G 指令根据功能的不同分成若干组，其中 00 组的 G 功能称非模态 G 功能，指令只在所规定的程序段中有效，程序段结束时被注销。其余组的称模态 G 功能，这些功能一旦被执行，则一直有效，直到被同一组的 G 功能注销为止。模态 G 功能组中包含一个默认 G 功能（上表中带有☆记号的 G 功能），通电时将初始化该功能。

没有共同地址符的不同组 G 指令代码可以放在同一程序段中，而且与顺序无关。例如，G90、G17 可与 G01 放在同一程序段。

二、辅助功能

辅助功能也称 M 功能，主要用于控制零件程序的走向，以及机床各种辅助功能的开关动作，如主轴的开、停，切削液的开关等。华中（HNC—21/22T）系统辅助功能由地址符 M 和其后的一位或两位数字组成。具体的 M 指令代码见表 3-2。

表 3-2　辅助功能 M 代码

M 指令	模态	功　能	M 指令	模态	功　能
M00	非模态	程序暂停	M07	模态	切削液开
M02	非模态	主程序结束	☆ M09	模态	切削液关
M03	模态	主轴正转起动	M30	非模态	主程序结束 返回程序起点
M04	模态	主轴反转起动			
☆ M05	模态	主轴停转	M98	非模态	调用子程序
M06	非模态	换刀	M99	非模态	子程序结束

M 功能与 G 功能一样，也有非模态 M 功能和模态 M 功能两种形式。非模态 M 功能（当段有效代码），只在书写了该代码的程序段中有效；模态 M 功能（续效代码），一组可相互注销的 M 功能，这些功能在被同一组的另一个功能注销前一直有效。模态 M 功能组中包含一个默认功能（上表中带有☆记号的 M 功能），系统通电时将初始化该功能。

另外，M 功能还可分为前作用 M 功能和后作用 M 功能两类。前作用 M 功能是指在程序段编制的轴运动之前执行；而后作用 M 功能则在程序段编制的轴运动之后执行。

其中：M00、M02、M30、M98、M99 用于控制零件程序的走向，是 CNC 内定的辅助功能，不由机床制造商设计决定，也就是说，与 PLC 程序无关。其余 M 代码用于机床各种辅助功能的开关动作，其功能不由 CNC 内定，而是由 PLC 程序指定，所以有可能因机床制造厂不同而有差异，请使用者参考机床说明书。

（一）CNC 内定的辅助功能

1. 程序暂停指令 M00

当 CNC 执行到 M00 指令时，暂停执行当前程序，以方便操作者进行刀具和工件的尺寸测量、工件调头、手动变速等操作。暂停时，机床的进给停止，而全部现存的模态信息保持不变，欲继续执行后续程序，重按操作面板上的“循环启动”键，M00 为非模态后作用 M 功能。

2. 程序结束指令 M02

M02 一般放在主程序的最后一个程序段中。当 CNC 执行到 M02 指令时，机床的主轴、进给、切削液全部停止，加工结束。使用 M02 的程序结束后，若要重新执行该程序，就得重新调用该程序，然后再按操作面板上的“循环启动键”，M02 为非模态后作用 M 功能。

3. 程序结束并返回到零件程序头指令 M30

M30 和 M02 功能基本相同，只是 M30 指令还兼有控制返回到零件程序头（%）的作用。使用 M30 的程序结束后，若要重新执行该程序，只需再次按操作面板上的“循环启动”键。

4. 子程序调用指令 M98 及从子程序返回指令 M99

M98 用来调用子程序。M99 表示子程序结束，执行 M99 使控制返回到主程序。子程序的格式为：

% * * * *

……

M99

在子程序开头，必须规定子程序号，以作为调用入口地址。在子程序的结尾用 M99，以控制执行完该子程序后返回主程序。调用子程序的格式为：

M98 P____ L____

P 为被调用的子程序号，L 为重复调用次数。

（二）PLC 设定的辅助功能

1. 主轴控制指令 M03、M04、M05

M03 启动主轴以程序中编制的主轴速度顺时针方向（从 Z 轴正向朝 Z 轴负向看）旋转。M04 启动主轴以程序中编制的主轴速度逆时针方向旋转，M05 使主轴停止旋转。M03、M04 为模态前作用 M 功能；M05 为模态后作用 M 功能，为默认功能。M03、M04、M05 可相互注销。

2. 切削液打开、停止指令 M07、M09

M07 指令将打开冷却液管道。M09 指令将关闭切削液管道。M07 为模态前作用 M 功能；M09 为模态后作用 M 功能，为默认功能。

三、进给功能

进给功能主要用来指令切削的进给速度，表示工件被加工时刀具相对工件的合成进给速度。对于车床，进给方式可分为每分钟进给和每转进给两种，与 FANUC、SIEMENS 系统一样，华中（HNC—21/22T）系统也用 G94、G95 规定。

1. 每转进给指令 G95

主轴转一周时刀具的进给量。在含有 G95 程序段后面，遇到 F 指令时，则认为 F 所指定的进给速度单位为 mm/r。

2. 每分钟进给指令 G94

在含有 G94 程序段后面，遇到 F 指令时，则认为 F 所指定的进给速度单位为 mm/min。与 SIEMENS 系统刚好相反，系统开机状态为 G94 状态，只有输入 G95 指令后，G94 才被取消。

当工作在 G01、G02 或 G03 方式下，编程的 F 一直有效，直到被新的 F 值所取代；而工作在 G00 方式下，快速定位的速度是各轴的最高速度，与所编 F 无关。

借助机床控制面板上的倍率按键，F 可在一定范围内进行倍率修调。当执行攻螺纹循环 G76、G82、螺纹切削 G32 时，倍率开关失效，进给倍率固定在 100%。当使用每转进给方式时，必须在主轴上安装一个位置编码器。

四、主轴转速功能

主轴转速功能主要用来指定主轴的转速，单位为 r/min。

1. 恒线速度控制指令 G96

G96 是接通恒线速度控制的指令。系统执行 G96 指令后，S 后面的数值表示切削线速度。

2. 主轴转速控制指令 G97

G97 是取消恒线速度控制的指令。系统执行 G97 指令后，S 后面的数值表示主轴每分钟的转数。例如："G97 S600" 表示主轴转速为 600r/min，系统开机状态为 G97 状态。S 是模态指令，S 功能只有在主轴速度可调节时有效。S 所编程的主轴转速可以借助机床控制面板上的主轴倍率开关进行修调。

五、刀具功能

刀具功能主要用来指令数控系统进行选刀或换刀，华中（HNC—21/22T）系统与 FANUC 系统相同，用 T 代码与其后的 4 位数字（刀具号 + 刀补号）表示，例如 T0202 表示选用 2 号刀具和 2 号刀补（SIEMENS 系统用 T2 D2 表示）。当一个程序段中同时包含 T 代码与刀具移动指令时，先执行 T 代码指令，而后执行刀具移动指令。

第二节 华中（HNC—21/22T）系统基本编程指令

一、米制和英寸制输入指令 G21/G20

G20 和 G21 是两个互相取代的模态功能，机床出厂时一般设定为 G21 状态，机床的各项参数均以米制单位设定。

二、绝对/相对尺寸编程指令 G90/G91

绝对/增量尺寸编程指令 G90/G91 的程序段格式为：

$$\begin{cases}G90\\G91\end{cases}\ X\_\_\_\ Z\_\_\_$$

华中（HNC—21/22T）系统绝对值编程时，用 G90 指令后面的 X、Z 表示 X 轴、Z 轴的坐标值，所有程序段中的尺寸均是相对于工件坐标系原点的。增量编程时，用 U、W 或 G91 指令后面的 X、Z 表示 X 轴、Z 轴的增量值，其后的所有程序段中的尺寸均是以前一位置为基准的增量尺寸，直到被 G90 指令取代。其中表示增量的字符 U、W 不能用于循环指令 G80、G81、G82、G71、G72、G73、G76 程序段中，但可用于定义精加工轮廓的程序中。G90、G91 为模态功能，可相互注销，G90 为默认值。

三、直径/半径方式编程指令 G36/G37

数控车床的工件外形通常是旋转体，其 X 轴尺寸可以用两种方式加以指定：直径方式和半径方式。G36 为直径编程，G37 为半径编程。G36 为默认值，机床出厂一般设为直径编程。本书例题，未经说明均为直径编程。

四、建立工件坐标系指令 G92

建立工件坐标系指令 G92 的程序段格式为：

G92 X___ Z___

G92 是一种根据当前刀具的位置来建立工件坐标系的方法，这种方法与机床坐标系无关，这一指令通常出现在程序的第一段。

X、Z 为起刀点到工件坐标系原点的有向距离。当执行 G92 X_{α} Z_{β} 指令后，系统内部即对（α，β）进行记忆，并建立一个以刀具当前点坐标值为（α，β）的坐标系，系统控制刀具在此坐标系中按程序进行加工。执行该指令只建立一个坐标系，刀具并不产生运动。G92 指令为非模态指令。

执行该指令时，若刀具当前点恰好在工件坐标系的 α 和 β 坐标值上，即刀具当前点在对刀点位置上，此时建立的坐标系即为工件坐标系，加工原点与程序原点重合。若刀具当前点不在工件坐标系的α和β坐标值上，则加工原点与程序原点不一致，加工出的产品就有可能产生误差或报废，甚至出现危险。因此执行该指令时，刀具当前点必须恰好在对刀点上，即在工件坐标系的α和β坐标值上。

由上可知要正确加工，加工原点与程序原点必须一致，故编程时加工原点与程序原点考虑为同一点。实际操作时怎样使两点一致，由操作时对刀完成。

例如，图3-1所示，当以工件左端面为工件原点时，应按下行建立工件坐标系。

G92　X180　Z254；

当以工件右端面为工件原点时，应按下行建立工件坐标系。

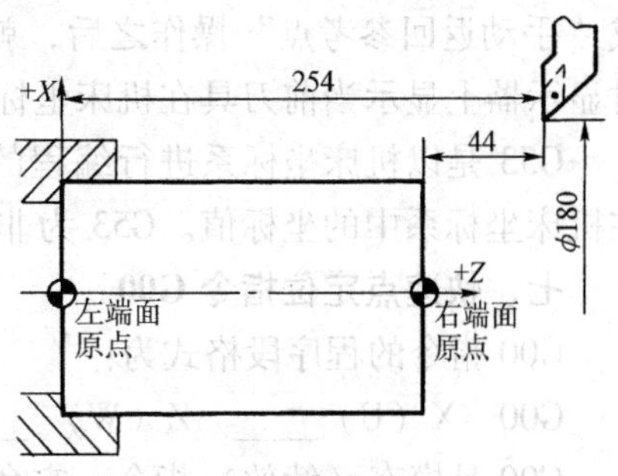

图3-1　G92设立坐标系

G92　X180　Z44；

显然，当α和β不同或改变刀具位置时，即刀具当前点不在对刀点位置上，则加工原点与程序原点不一致。因此在执行程序段G92　X_α　Z_β前，必须先对刀。

五、选择工件坐标系（零点偏移）指令G54～G59

工件坐标系是编程人员为了编程方便人为设定的坐标系。G54～G59指令与G92指令都是用于设定工件坐标系的，但G92指令是根据当前刀具要处于所建工件坐标系中的位置并通过程序来建立工件坐标系的。G92指令所设定的工件原点与当前刀具所处的位置有关，这一工件原点在机床坐标系中的位置是随当前刀具位置的不同而改变的。

有时编程人员在编写程序时，需要确定工件与机床坐标系之间的关系。为了编程方便，系统允许编程人员使用6个特殊的工件坐标系。这6个工件坐标系可以预先通过CRT/MDI操作面板在参数设置方式下设定，并在程序中用G54～G59来选择它们。工件坐标系一旦选定，后继程序段中绝对值编程时的指令值均为相对此坐标系原点的值。

G54～G59设定的工件原点在机床坐标系中的位置是不变的，在系统断电后也不破坏，再次开机后仍有效，并与刀具的当前位置无关，除非再通过CRT/MDI方式更改。用G54～G59建立工件坐标系不像G92那样需要在程序段中给出预置寄存的坐标数据，操作者在安装工件后，测量工件原点相对于机床原点的偏置量，并把工件坐标系在各轴方向上相对于机床坐标系的位置偏置量，输入工件坐标偏置存储器中（参考第四节详述），其后系统在执行程序时，就可以按照工件坐标系中的坐标值来运动了。

例3-1　如图3-2所示，使用工件坐标系编程：要求刀具从当前点移动到A点，再从A点移动到B点。

%0001

N01　G54　G00　G90　X40　Z30；

N02　G59；

N03　G00　X30　Z30；

N04　M30；

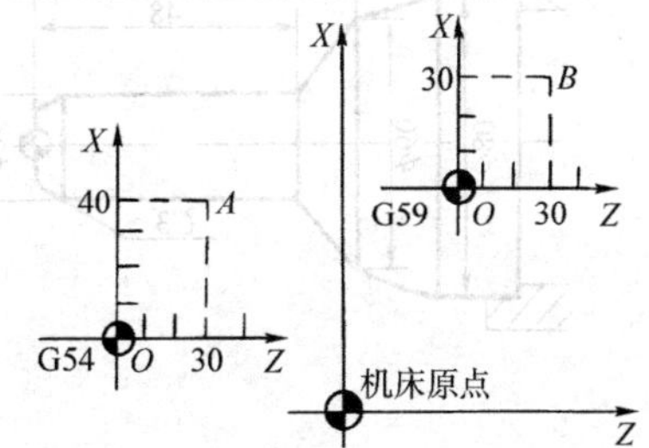

图3-2　使用工件坐标系编程

注意：

1）使用该组指令前，先用MDI方式输入各坐标系的坐标原点在机床坐标系中的坐标值。

2）使用该组指令前，必须先回参考点。

六、选择机床坐标系指令 G53

机床坐标系是机床固有的坐标系，在机床调整后，一般此坐标系是不允许变动的。当完成“手动返回参考点”操作之后，就建立了一个以机床原点为坐标原点的机床坐标系，此时显示器上显示当前刀具在机床坐标系中的坐标值均为零。

G53 是以机床坐标系进行编程的，在含有 G53 的程序段中，绝对值编程时的指令值是在机床坐标系中的坐标值。G53 为非模态指令。

七、快速点定位指令 G00

G00 指令的程序段格式为：

G00　X（U）____　Z（W）____

G00 是模态（续效）指令，它命令刀具以点定位控制方式从刀具所在点以机床的最快速度移动到坐标系的设定点。它只是快速定位，而无运动轨迹要求。

八、直线插补及倒角指令 G01

1）直线插补指令的程序段格式为：

G01　X（U）____　Z（W）____

采用绝对尺寸编程时，刀具从当前点以 F 指令的进给速度进行直线插补，移至坐标值为 X、Z 的点上；采用增量尺寸编程时，刀具则移至距当前点（始点）的距离为 U、W 值的点上，即前一程序段的终点为下一程序段的始点。在程序中，应用第一个 G01 指令时，一定要规定一个 F 指令。在以后的程序段中，若没有新的 F 指令，进给速度将保持不变，所以不必在每个程序段中都写入 F 指令。

例 3-2　用直线插补指令编制图 3-3 所示工件的加工程序。

程序	说明
%0002；	程序名
N1　G92　X100　Z10；	建立工件坐标系，定义起刀点的位置
N2　G00　X16　Z2　S600　M03；	移到倒角延长线，Z 轴 2mm 处，主轴正转，转速 600r/min
N3　G01　U10　W-5　F300；	倒 $C3$ 角
N4　Z-48；	车削 $\phi 26$ 外圆
N5　U34　W-10；	车削第一段圆锥

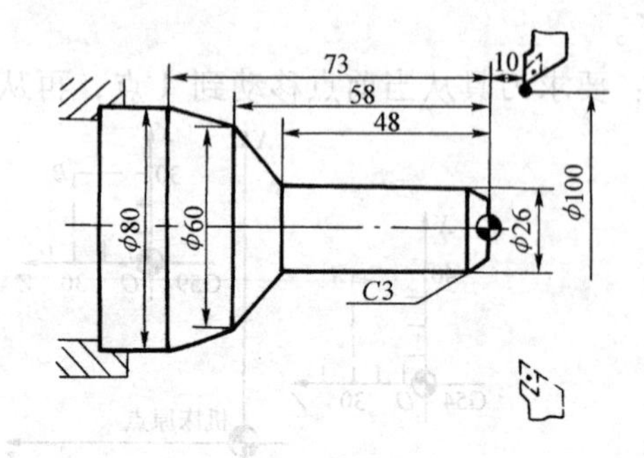

图 3-3　G01 编程实例

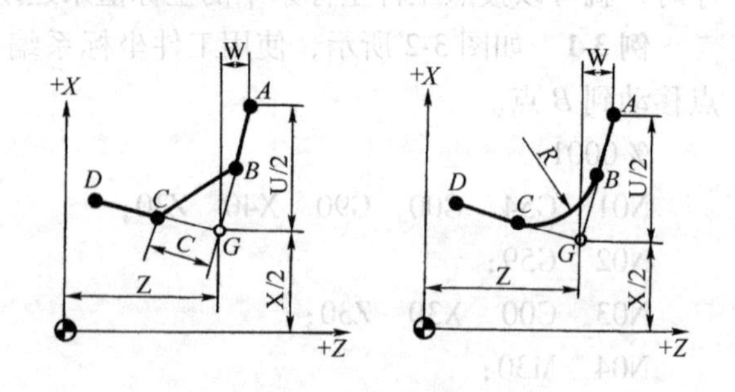

图 3-4　倒角参数说明

N6　U20　Z-73；	车削第二段圆锥
N7　X90；	退刀
N8　G00　X100　Z10；	快退回起刀点
N9　M05；	主轴停转
N10　M30；	主程序结束并复位

2）倒直角指令的程序段格式为：

G01　X（U）____　Z（W）____　C____

3）倒圆角指令的程序段格式为：

G01　X（U）____　Z（W）____　R____

直线倒角 G01，指令刀具从 *A* 点到 *B* 点，然后到 *C* 点，如图 3-4 所示。X、Z 为绝对编程时未倒角前两相邻轨迹程序段的交点 *G* 的坐标值；U、W 为增量编程时 *G* 点相对于起始直线轨迹的始点 *A* 的移动距离。C 为相邻两直线的交点 *G* 相对于倒角始点 *B* 的距离。R 为倒角圆弧的半径值。

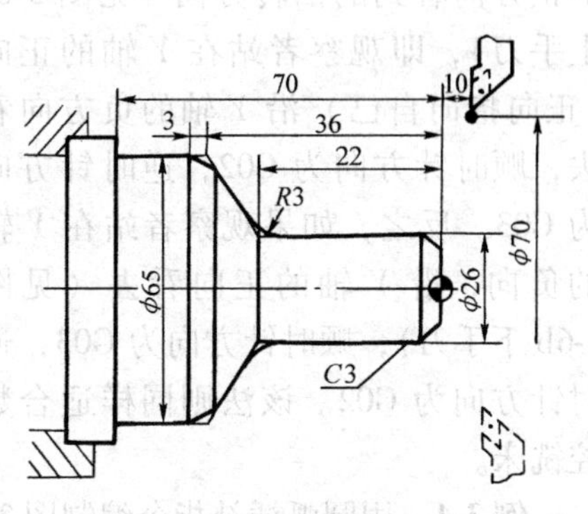

图 3-5　倒角编程实例

注意：

①　在螺纹切削程序段中不得出现倒角控制指令。

②　见图 3-4，*X*、*Z* 轴指定的移动量比指定的 *R* 或 *C* 小时，系统将报警，即 *GA* 长度必须大于 *GB* 长度。

例 3-3　用倒角指令编制图 3-5 所示工件加工程序。

%0003；	程序名
N1　G92　X70　Z10；	建立工件坐标系，定义起刀点的位置
N2　G00　U-70　W-10　S600　M03；	从起刀点，移到工件前端面中心处，主轴正转
N3　G01　U26　C3　F100；	倒 *C*3 直角
N4　W-22　R3；	车 *ϕ*26 外圆，并倒 *R*3 圆角
N5　U39　W-14　C3；	车圆锥并倒边长为 3 等腰直角
N6　W-34；	车削 *ϕ*65 外圆
N7　G00　U5　W80；	回到起刀点
N8　M05；	主轴停转
N9　M30；	主程序结束并复位

九、圆弧插补指令 G02/G03

G02/G03 指令的程序段格式如下：

$$\begin{Bmatrix} G02 \\ G03 \end{Bmatrix} \quad X（U）\_\_\_\_ \quad Z（W）\_\_\_\_ \quad \begin{Bmatrix} I\_\_\_\_ \quad K\_\_\_\_ \quad F\_\_\_\_ \\ R\_\_\_\_ \quad F\_\_\_\_ \end{Bmatrix}$$

其中：

1）用绝对尺寸编程时，X、Z 为圆弧终点坐标；用增量尺寸编程时，U、W 为圆弧终点相对起点的增量值。

2）R 是圆弧半径，当圆弧所对应的圆心角小于等于 180°时，R 取正值；当所对应的圆心角大于 180°时，R 取负值。

3）不论是用绝对尺寸编程还是用增量尺寸编程，I、K 都为圆心在 X、Z 轴方向上相对起始点的坐标增量（等于圆心坐标减去圆弧起点的坐标）；在直径、半径编程时，I 都是半径值，如图 3-7 所示。

4）若程序段中同时出现 I、K 和 R，以 R 为优先，I、K 无效。

5）圆弧插补的顺逆是从垂直于圆弧所在平面（如 XZ 平面）的坐标轴的正方向看到的回转方向（见图 3-6a 上手刀），即观察者站在 Y 轴的正向（正向指向自己）沿 Y 轴的负方向看去，顺时针方向为 G02，逆时针方向为 G03。反之，如果观察者站在 Y 轴的负向，沿 Y 轴的正向看去（见图 3-6b 下手刀），顺时针方向为 G03，逆时针方向为 G02。该法则同样适合数控铣床。

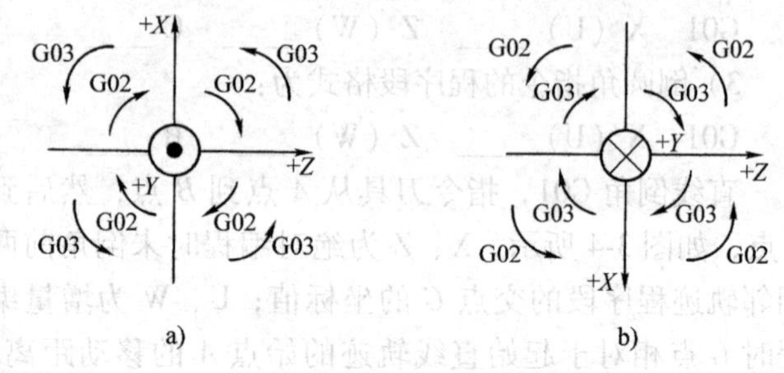

图 3-6　G02/G03 插补方向

a）上手刀，刀架在操作者的外侧　b）下手刀，刀架在操作者的内侧

例 3-4　用圆弧插补指令编制图 3-8 所示工件的精加工程序。

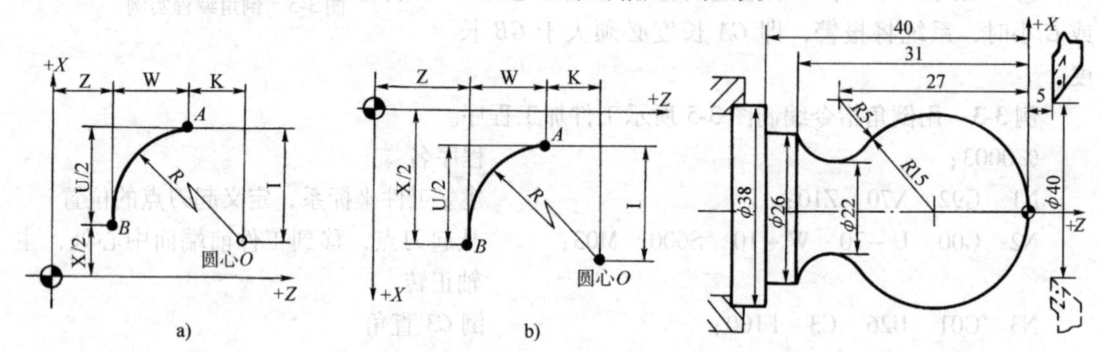

图 3-7　G02/G03 参数说明

a）上手刀，刀架在操作者的外侧　b）下手刀，刀架在操作者的内侧

图 3-8　圆弧插补编程实例

%0004；	程序名
N1　G92　X40　Z5；	建立工件坐标系，定义起刀点的位置
N2　M03　S1000；	主轴正转，转速 1000r/min
N3　G96　S80；	恒线速度有效，线速度为 80m/min
N4　G00　X0；	刀到中心，转速升高，直到主轴最大限速
N5　G95　G01　Z0　F0.1；	工进接触工件，转进给
N6　G03　U24　W－24　R15；	加工 R15 圆弧段
N7　G02　X26　Z－31　R5；	加工 R5 圆弧段
N8　G01　Z－40；	加工 ϕ26 外圆
N9　G01　X38；	加工 ϕ38 端面
N10　G00　X40　Z5；	快退回起刀点

N11　G97　S300；　　取消恒线速度功能，设定主轴按 300r/min 旋转

N12　M30；　　主轴停转、主程序结束并复位

十、刀具补偿功能指令

刀具的补偿包括刀具的偏置和磨损补偿、刀尖半径补偿。

1. 刀具偏置（几何）补偿和刀具磨损补偿

编程时，设定刀架上各刀在工作位置时，其刀尖位置是一致的。但由于刀具的几何形状及安装的不同，其刀尖位置是不一致的，其相对于工件原点的距离也是不同的。因此需要将各刀具的位置值进行比较或设定，这称为刀具偏置补偿。刀具偏置补偿可使加工程序不随刀尖位置的不同而改变。刀具偏置补偿有两种形式：

1）相对补偿形式。如图 3-9 所示，在对刀时，通常先确定一把刀为基准（标准）刀具，并以其刀尖位置 A 为依据建立工件坐标系。这样，当其他各刀转到加工位置时，刀尖位置 B 相对基准刀刀尖位置 A 就会出现偏置，原来建立的坐标系就不再适用，因此应对非基准刀具相对于基准刀具之间的偏置值 ΔX、ΔZ 进行补偿，使刀尖位置从 B 移至位置 A。

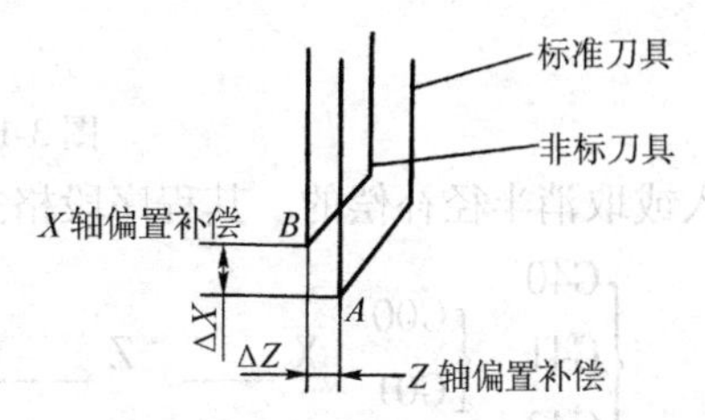

图 3-9　刀具偏置的相对补偿形式

2）绝对补偿形式，即机床回到机床零点时，工件坐标系零点相对于刀架工作位置上各刀刀尖位置的有向距离。当执行刀偏补偿时，各刀以此值设定各自的加工坐标系，如图 3-10 所示。

刀具使用一段时间后，会因磨损而使产品尺寸产生误差，因此需要对其进行补偿。该补偿与刀具偏置补偿存放在同一个寄存器的地址号中。各刀的磨损补偿只对该刀有效（包括基准刀）。

刀具的补偿功能由 T 代码指定，其后的 4 位数字分别表示选择的刀具号和刀具偏置补偿号。例如 T0303 表示选用 3 号刀具和 3 号刀补。

刀具补偿号是刀具偏置补偿寄存器的地址号，该寄存器存放刀具的 X 轴和 Z 轴偏置补偿值、刀具的 X 轴和 Z 轴磨损补偿值。

T 加补偿号表示开始补偿功能。补偿号为 00 表示补偿量为 0，即取消补偿功能。系统对刀具的补偿或取消都是通过滑板的移动来实现的。

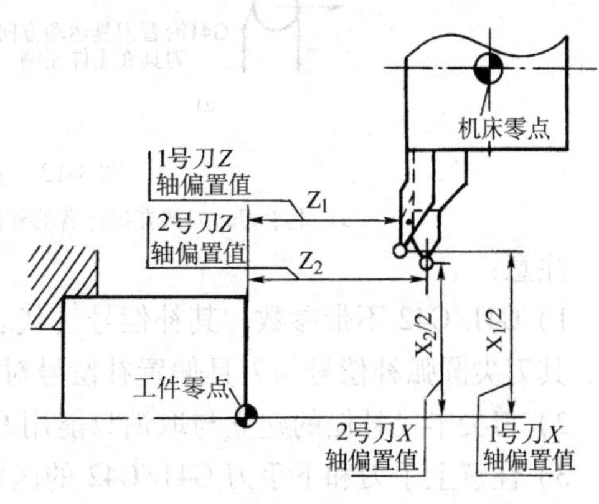

图 3-10　刀具偏置的绝对补偿形式

2. 刀尖圆弧半径补偿指令 G41/G42/G40

数控程序是针对刀具上的某一点即刀位点，按工件轮廓尺寸编制的。车刀的刀位点一般为理想状态下的假想刀尖点或刀尖圆弧圆心点。但实际加工中的车刀，由于工艺或其他要求，刀尖往往不是一理想点，而是一段圆弧。切削加工时，刀具切削点在刀尖圆弧上变动。在切削内孔、外圆及端面时，刀尖圆弧不影响加工尺寸和形状；但在切削锥面和圆弧时，会造成过切或少切现象（见图 3-11）。此时，可以用刀尖半径补偿功能来消除误差。

刀尖圆弧半径补偿是通过 G41/G42/G40 代码及 T 代码指定的刀尖圆弧半径补偿号来加

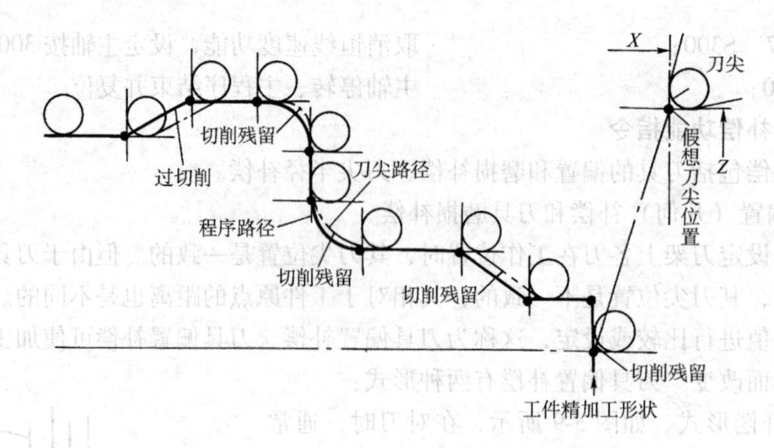

图 3-11　刀尖圆角造成的少切和过切

入或取消半径补偿的。其程序段格式为：

$$\begin{cases} G40 \\ G41 \\ G42 \end{cases} \begin{cases} G00 \\ G01 \end{cases} X\_\_\_ \quad Z\_\_\_$$

G40 为取消刀尖半径补偿。G41 为左刀补（在刀具前进方向左侧补偿），G42 为右刀补（在刀具前进方向右侧补偿），如图 3-12 所示。

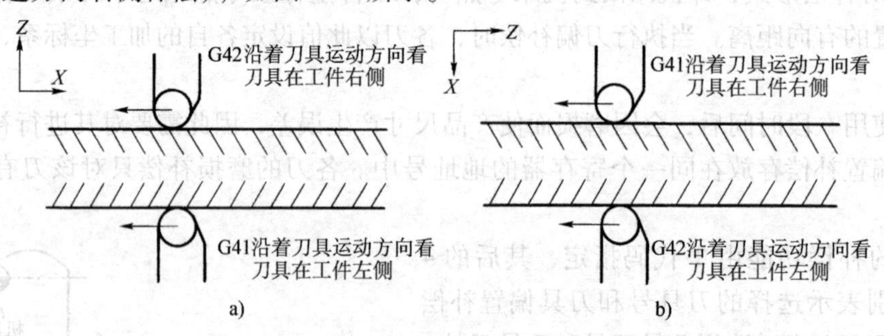

图 3-12　左刀补和右刀补

a）上手刀，刀架在操作者的外侧　b）下手刀，刀架在操作者的内侧

注意：

1）G41/G42 不带参数，其补偿号（代表所用刀具对应的刀尖半径补偿值）由 T 代码指定。其刀尖圆弧补偿号与刀具偏置补偿号对应。

2）刀尖半径补偿的建立与取消只能用 G00 或 G01 指令，不能用 G02 或 G03。

3）注意上手刀和下手刀 G41/G42 的区别，见图 3-12。

刀尖圆弧半径补偿寄存器中，定义了车刀圆弧半径及刀尖的方向号。车刀刀尖的方向号定义了刀具刀位点与刀尖圆弧中心的位置关系，从 0～9，有十个方向，如图 3-13 所示。

例 3-5　考虑刀尖半径补偿，编制图 3-8 所示工件的加工程序。

%0005；	程序名
N1　G92　X40　Z5　T0101；	建立工件坐标系，换 1 号刀，定义起刀点的位置
N2　M03　S1000；	主轴正转，转速 1000r/min
N3　G96　S80；	恒线速度有效，线速度为 80m/min

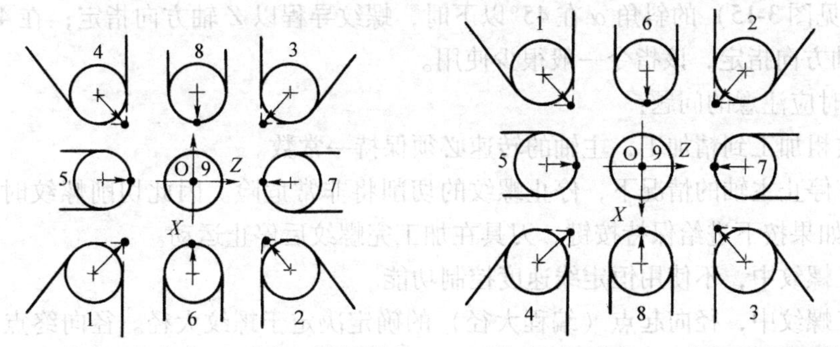

●代表刀具刀位点A，+代表刀尖圆弧圆心O　　●代表刀具刀位点A，+代表刀尖圆弧圆心O

a)　　b)

图3-13　车刀刀尖位置码定义

a）上手刀，刀架在操作者的外侧　b）下手刀，刀架在操作者的内侧

N4　G00　X0；　　刀到中心，转速升高，直到主轴到最大限速

N5　G95　G01　G42　Z0　F0.1；　　加入刀具圆弧半径补偿，进给速度为0.1mm/r

N6　G03　U24　W－24　R15；　　加工 *R*15 圆弧段

N7　G02　X26　Z－31　R5；　　加工 *R*5 圆弧段

N8　G01　Z－40；　　加工 ϕ26 外圆

N9　G01　X38；　　加工 ϕ38 端面

N10　G00　G40　X40　Z5；　　取消半径补偿，快退回起刀点

N11　G97　S300；　　取消恒线速度功能，设定主轴，按300r/min 旋转

N12　M30；　　主轴停转，主程序结束并复位

十一、螺纹切削指令 G32

螺纹切削分为单行程螺纹切削、螺纹切削循环和螺纹切削复合循环。

单行程螺纹切削指令 G32 程序段格式为：

G32　X（U）____　Z（W）____　R____　E____　P____　F____

G32 指令可以执行单行程螺纹切削，车刀进给运动严格根据输入的螺纹导程进行，如图3-14 所示。切削螺纹一般分四步形成一个循环：进刀（AB）→切削（BC）→退刀（CD）→返回（DA）。这四个步骤均需编入程序。

X、Z：绝对编程时，为有效螺纹终点在工件坐标系中的坐标。

U、W：增量编程时，为有效螺纹终点相对螺纹切削起点的增量。

F：螺纹导程，即主轴每转一圈，刀具相对工件的进给值。

R、E：螺纹切削的退尾量，R 为 *Z* 向退尾量；E 为 *X* 向退尾量。R、E 在绝对或增量编程时都是以增量方式指定，其值如果为正，表示沿 *Z*、*X* 轴正向回退；如果为负，表示沿 *Z*、*X* 轴负向回退。使用 R、E 可免去退刀槽。R、E 如省略，表示不用回退功能。根据螺纹标准 R 一般取 0.75～1.75 倍的螺距，E 取螺纹的牙型高。P 为主轴基准脉冲处距离螺纹切削起始点的主轴转角，默认值为0，可省略不写。

对圆柱螺纹，由于车刀的轨迹为一条平行于 *X* 轴的直线，所以 X（U）为0，其格式为：

G32　Z（W）____　R____　E____　P____　F____

锥螺纹（见图3-15）的斜角 α 在45°以下时，螺纹导程以 Z 轴方向指定；在45°以上至90°时，以 X 轴方向指定，该指令一般很少使用。

切削螺纹时应注意的问题：

1）从螺纹粗加工到精加工，主轴的转速必须保持一常数。

2）在没有停止主轴的情况下，停止螺纹的切削将非常危险。因此切削螺纹时，进给保持功能无效，如果按下进给保持按键，刀具在加工完螺纹后停止运动。

3）在加工螺纹中，不使用恒定线速度控制功能。

4）在加工螺纹中，径向起点（编程大径）的确定决定于螺纹大径。径向终点（编程小径）的确定取决于螺纹小径。螺纹小径 d' 可按经验公式 $d' = d - 2 \times (0.55 \sim 0.6495)P$ 确定。式中：d 为螺纹公称直径；d' 为螺纹小径（编程小径）；P 为螺距。

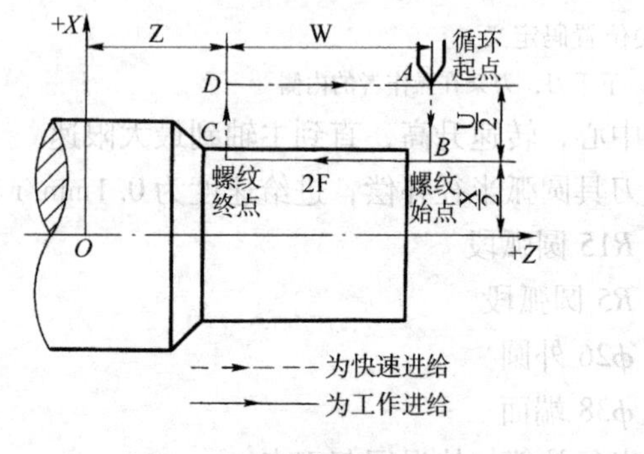

图3-14 圆柱螺纹加工

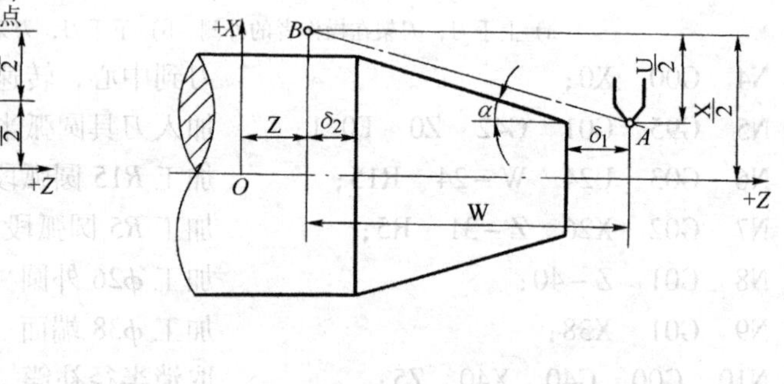

图3-15 圆锥螺纹加工

5）在螺纹加工轨迹中应设置足够的升速进刀段（空刀导入量）δ_1 和降速退刀段（空刀导出量）δ_2，如图3-15所示，以消除伺服滞后造成的螺距误差。δ_1 的数值与工件螺距和主轴转速有关，按经验，一般 δ_1 取1~2倍螺距，δ_2 取0.5倍螺距以上。

6）在加工多线螺纹时，可先加工完第一条螺纹，然后在加工第二条螺纹时，车刀的轴向起点与加工第一条螺纹的轴向起点偏移一个螺距 P 即可。

7）分层背吃刀量，如果螺纹牙型较深、螺距较大，可分几次进给。每次进给的背吃刀量用螺纹深度减精加工背吃刀量所得的差按递减规律分配。

例3-6 编制图3-16所示圆柱螺纹（M24×1.5）的加工程序，其中 $\delta_1 = 3\text{mm}$，$\delta_2 = 1\text{mm}$。

1）计算螺纹小径 d'：

$$d' = d - 2 \times 0.62P = (24 - 2 \times 0.62 \times 1.5)\text{mm} = 22.14\text{mm}$$

2）确定背吃刀量分布：1mm、0.5mm、0.3mm、0.06mm

3）加工程序：

```
%0006;                          程序名
N100  S300  M03;                主轴正转，转速300r/min
N105  T0303;                    换3号螺纹刀
N110  G00  X23  Z3;             快速进刀至螺纹起点
N115  G32  Z-23  F1.5;          切削螺纹，背吃刀量1mm
  （或G32  W-26.5 F1.5）
N120  G00  X30;                 X轴向快速退刀
```

```
N125  G00  Z3;                  Z 轴快速返回螺纹起点处
N130  G00  X22.5;               X 轴快速进刀至螺纹起点处
N135  G32  Z-23  F1.5;          切削螺纹，背吃刀量 0.5mm
N140  G00  X30;                 X 轴向快速退刀
N145  G00  Z3;                  Z 轴快速返回螺纹起点处
N150  G00  X22.2;               X 轴快速进刀至螺纹起点处
N155  G32  Z-23  F1.5;          切削螺纹，背吃刀量 0.3mm
N160  G00  X30;                 X 轴向快速退刀
N165  G00  Z3;                  Z 轴快速返回螺纹起点处
N170  G00  X22.14;              X 轴快速进刀至螺纹起点处
N175  G32  Z-23  F1.5;          切削螺纹，背吃刀量 0.06mm
N180  G00  X100;                退回换刀点
N185  G00  Z100;                退回换刀点
N190  M00;                      程序暂停
```

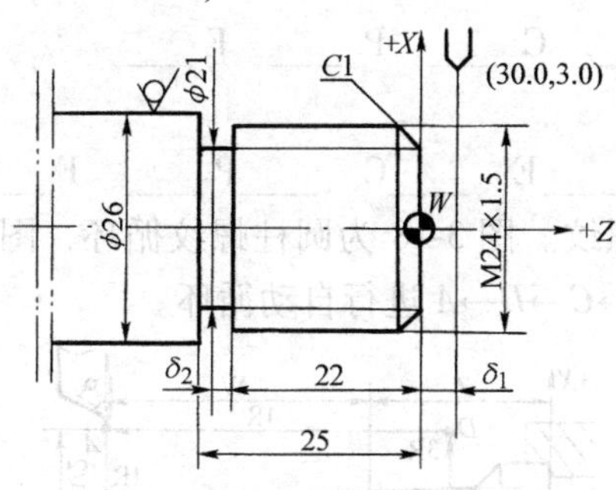

图 3-16　圆柱螺纹加工

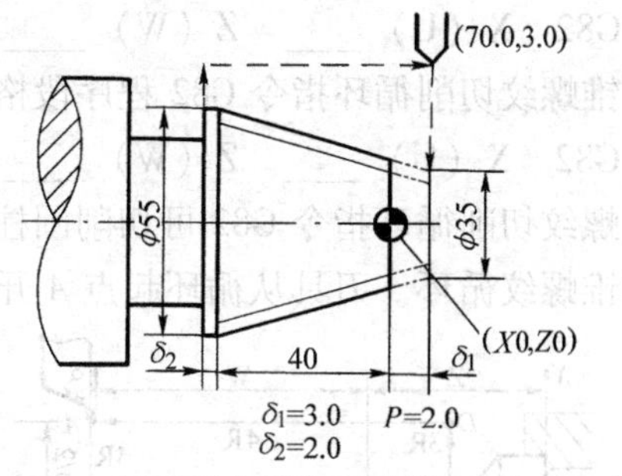

图 3-17　圆锥螺纹加工

例 3-7　编制图 3-17 所示圆锥螺纹的加工程序，其中螺距 $P=2\text{mm}$，$\delta_1=3\text{mm}$，$\delta_2=2\text{mm}$。

1）计算锥螺纹小端小径：

$$d_1' = d_1 - 2\times 0.62P = (35 - 2\times 0.62\times 2)\text{mm} = 32.52\text{mm}$$

2）计算锥螺纹大端小径：

$$d_2' = d_2 - 2\times 0.62P = (55 - 2\times 0.62\times 2)\text{mm} = 52.52\text{mm}$$

3）确定背吃刀量分布：1mm、0.7mm、0.5mm、0.2mm、0.08mm。

4）加工程序：

```
%0007;                          程序名
N100  T0303;                    换 3 号螺纹刀
N105  S300  M03;                主轴正转，转速 300r/min
N110  G00  X70  Z3;             快速进刀
N115  G00  X34;                 X 轴快速进刀至螺纹起点处
N120  G32  X54  Z-42  F2;       切削锥螺纹，背吃刀量 1mm
N125  G00  X70;                 X 轴向快速退刀
N130  Z3;                       Z 轴快速返回螺纹起点处
N135  X33.3;                    X 轴快速进刀至螺纹起点处
```

N140　G32　X53.3　Z-42　F2；　切削锥螺纹，背吃刀量 0.7mm
N145　G00　X70　Z3；　快速退刀
N150　X32.8；　*X* 轴快速进刀至螺起点处
N155　G32　X52.8　Z-42　F2；　切削锥螺纹，背吃刀量 0.5mm
N160　G00　X70　Z3；　快速退刀
N165　X32.6；　*X* 轴快速进刀至螺纹起点处
N170　G32　X52.6　Z-42　F2；　切削锥螺纹，背吃刀量 0.2mm
N175　G00　X70　Z3；　快速退刀
N180　X32.52；　*X* 轴快速进刀至螺纹起点处
N185　G32　X52.52　Z-42　F2；　切削锥螺纹，背吃刀量 0.08mm
N190　G00　X100　Z100；　退回换刀点
N195　M00；　程序暂停

十二、螺纹切削循环指令 G82

直螺纹切削循环指令 G82 程序段格式为：

G82　X（U）＿＿　Z（W）＿＿R＿＿　E＿＿　C＿＿　P＿＿　F＿＿

锥螺纹切削循环指令 G82 程序段格式为：

G82　X（U）＿＿　Z（W）＿＿　I　＿＿R　＿＿E　＿＿C　＿＿P　＿＿　F＿＿

螺纹切削循环指令 G82 可切削圆柱螺纹和圆锥螺纹。图 3-18 为圆柱螺纹循环，图 3-19 为圆锥螺纹循环。刀具从循环起点 *A* 开始，按 *A*→*B*→*C*→*D*→*A* 进行自动循环。

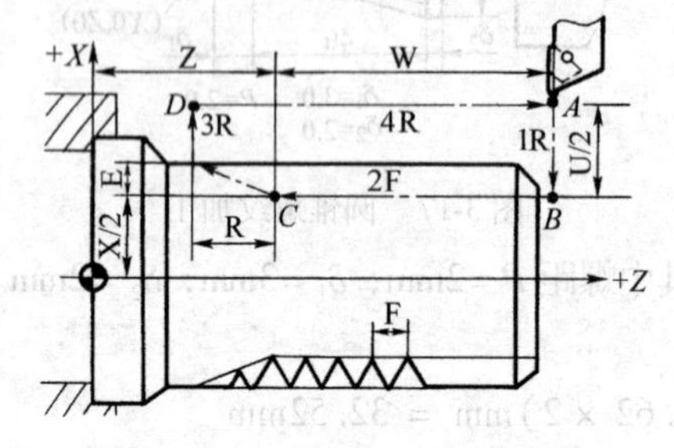

图 3-18　圆柱螺纹切削循环

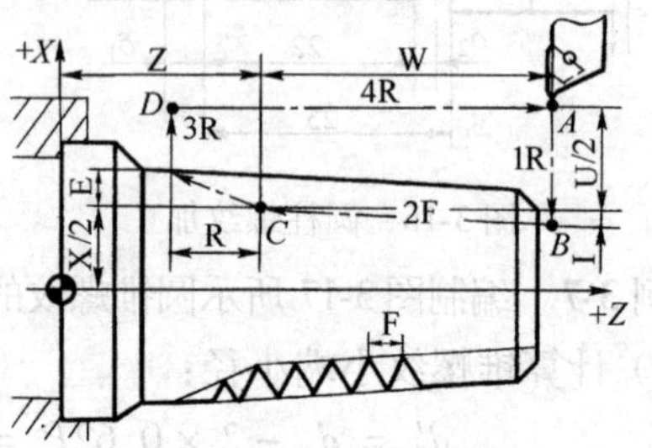

图 3-19　圆锥螺纹切削循环

X、Z：绝对编程时，为有效螺纹终点在工件坐标系中的坐标。

U、W：增量编程时，为有效螺纹终点相对螺纹切削起点的增量。

I：为锥螺纹起点 *B* 与有效螺纹终点 *C* 的半径差。

R、E：螺纹切削的退尾量，R 为 *Z* 向退尾量；E 为 *X* 向退尾量，R、E 在绝对或增量编程时都是以增量方式指定，其值如正表示沿 *Z*、*X* 正向回退，如负表示沿 *Z*、*X* 负向回退。使用 R、E 可免去退刀槽。R、E 如省略，表示不用回退功能，可省略不写。

C：螺纹线数，0 或 1 时为切削单线螺纹，可省略不写。

P：单线螺纹切削时，为主轴基准脉冲处距离切削起始点的主轴转角（默认值为 0）；多线螺纹切削时，为相邻螺纹线的切削起始点之间对应的主轴转角。

F：螺纹导程，即主轴每转一圈，刀具相对工件的进给值。

例 3-8　用 G82 螺纹循环指令编制图 3-17 所示圆锥螺纹的加工程序。

%0008；　程序名

N100 T0303; 换3号螺纹刀

N105 S300 M03; 主轴正转，转速300r/min

N110 G00 X70 Z3; 快速进刀

N115 G82 X54 Z-42 I-10 F2; 锥螺纹切削循环1，背吃刀量1mm

N120 G82 X53.3 Z-42 I-10 F2; 锥螺纹切削循环2，背吃刀量0.7mm

N125 G82 X52.8 Z-42 I-10 F2; 锥螺纹切削循环3，背吃刀量0.5mm

N130 G82 X52.6 Z-42 I-10 F2; 锥螺纹切削循环4，背吃刀量0.2mm

N135 G82 X52.52 Z-42 I-10 F2; 锥螺纹切削循环5，背吃刀量0.08mm

N140 G00 X100 Y100; 退回起刀点

N145 M00; 程序暂停

例3-9 用G82螺纹循环指令编制图3-20所示双线螺纹的加工程序。$\delta_1 = 4\text{mm}$，$\delta_2 = 1.5\text{mm}$

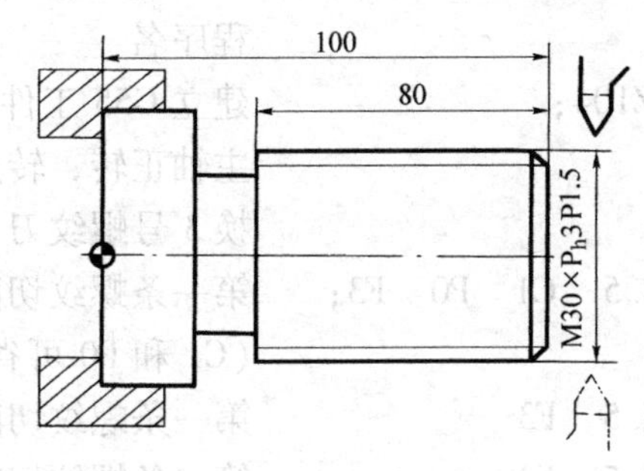

图3-20 G82切削双线螺纹

%0009 程序名

N5 G55 G00 X35 Z104; 建立G55工件坐标系，快进至循环起点

N10 S300 M03; 主轴正转，转速300r/min

N15 T0303; 换3号螺纹刀

N20 G82 X29.2 Z18.5 C2 P180 F3; 双头螺纹切削循环1，背吃刀量0.8mm

N25 G82 X28.6 Z18.5 C2 P180 F3 双头螺纹切削循环2，背吃刀量0.6mm

N30 G82 X28.2 Z18.5 C2 P180 F3; 双头螺纹切削循环3，背吃刀量0.4mm

N35 G82 X28.14 Z18.5 C2 P180 F3; 双头螺纹切削循环4，背吃刀量0.06mm

N40 M30; 正转停转，主程序结束并复位

或用第二条螺纹的切削起点相对第一条螺纹起点对应转过180°的主轴转角编程

%0009 程序名

N5 G55 G00 X35 Z104; 建立G55工件坐标系，快进至循环起点

N10 S300 M03; 主轴正转，转速300r/min

N15 T0303; 换3号螺纹刀

N20 G82 X29.2 Z18.5 C1 P0 F3; 第一条螺纹切削循环1，背吃刀量0.8mm(C1和P0可省)

N25 G82 X28.6 Z18.5 C1 P0 F3 第一条螺纹切削循环2，背吃刀量0.6mm

N30 G82 X28.2 Z18.5 F3; 第一条螺纹切削循环3，背吃刀量0.4mm

N35 G82 X28.14 Z18.5 F3; 第一条螺纹切削循环4，背吃刀量0.06mm
N40 G82 X29.2 Z18.5 C1 P180 F3; 第二条螺纹切削循环1，背吃刀量0.8mm，P180为第二条螺纹的切削起点相对第一条螺纹起点对应的主轴转角180°
N45 G82 X28.6 Z18.5 C1 P180 F3; 第二条螺纹切削循环2，背吃刀量0.6mm（C1可省，P180不可省）
N50 G82 X28.2 Z18.5 P180 F3; 第二条螺纹切削循环3，背吃刀量0.4mm
N55 G82 X28.14 Z18.5 P180 F3; 第二条螺纹切削循环4，背吃刀量0.06mm
N60 M30; 正转停转，主程序结束并复位

或用第二条螺纹的切削起点相对第一条螺纹起点错开一个螺距编程

%0009 程序名
N5 G55 G00 X35 Z104; 建立G55工件坐标系，快进至循环起点
N10 S300 M03; 主轴正转，转速300r/min
N15 T0303; 换3号螺纹刀
N20 G82 X29.2 Z18.5 C1 P0 F3; 第一条螺纹切削循环1，背吃刀量0.8mm（C1和P0可省）
N25 G82 X28.6 Z18.5 F3 第一条螺纹切削循环2，背吃刀量0.6mm
N30 G82 X28.2 Z18.5 F3; 第一条螺纹切削循环3，背吃刀量0.4mm
N35 G82 X28.14 Z18.5 F3; 第一条螺纹切削循环4，背吃刀量0.06mm
N38 G00 X35 Z105.5（或Z102.5）; 第二条螺纹的切削起点相对第一条螺纹起点错开一个螺距
N40 G82 X29.2 Z18.5 C1 P0 F3; 第二条螺纹切削循环1，背吃刀量0.8mm（C1和P0可省）
N45 G82 X28.6 Z18.5 F3; 第二条螺纹切削循环2，背吃刀量0.6mm
N50 G82 X28.2 Z18.5 F3; 第二条螺纹切削循环3，背吃刀量0.4mm
N55 G82 X28.14 Z18.5 F3; 第二条螺纹切削循环4，背吃刀量0.06mm
N60 M30; 正转停转，主程序结束并复位

十三、螺纹切削复合循环指令 G76

G76指令的程序段格式为：

G76 C(c) R(r) E(e) A(a) X(x) Z(z) I(i) K(k) U(d) V(Δd_{min}) Q(Δd) P(p) F(L)

螺纹切削固定循环指令G76执行如图3-21所示的加工轨迹。其单边切削及参数如图3-22所示。其中：

c：精整次数（1~99），模态值。

r：螺纹Z向退尾长度（00~99），模态值。

e：螺纹X向退尾长度（00~99），模态值。

a：刀尖角度（螺纹牙型角），模态值；一般为60°。

x、z：绝对值编程时，为有效螺纹终点 C 在工件坐标系中的坐标。

增量值编程时，为有效螺纹终点 C 相对于循环起点 A 的增量。

i：锥螺纹始点与终点的半径差；如 i = 0，为直螺纹（圆柱螺纹）切削方式。

k：螺纹高度，该值由 X 轴方向上的半径值指定。

Δd_{min}：最小背吃刀量（半径值）。当第 n 次背吃刀量（$\Delta d\sqrt{n}-\Delta d\sqrt{n-1}$），小于 Δd_{min} 时，则背吃刀量设定为 Δd_{min}。

d：精加工余量（半径值）。

Δd：第一次背吃刀量（半径值）。

p：主轴基准脉冲处距离切削起始点的主轴转角。

L：螺纹导程，即主轴每转一圈，刀具相对工件的进给值。

注意：

按 G76 程序段中的 X（x）和 Z（z）指令实现循环加工，增量编程时，要注意 U 和 W 的正负（由刀具轨迹 AB 和 CD 段的方向决定）。

G76 循环进行单边切削，减小了刀尖的受力。第一次切削时背吃刀量为 Δd，第 n 次的切削总深度为 $\Delta d\sqrt{n}$，每次循环的背吃刀量为 $\Delta d\sqrt{n}-\Delta d\sqrt{n-1}$。

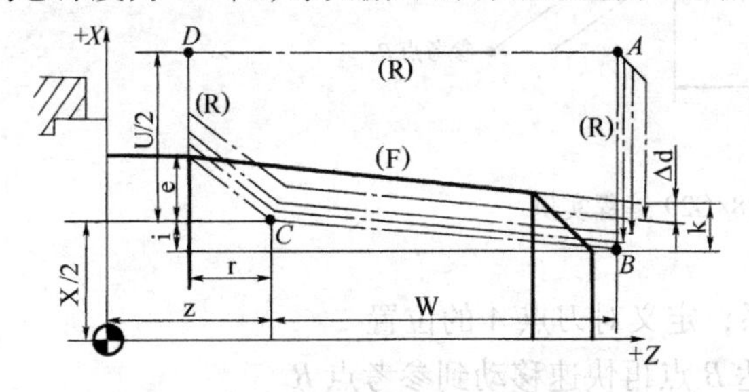

图 3-21　螺纹切削复合循环指令 G76

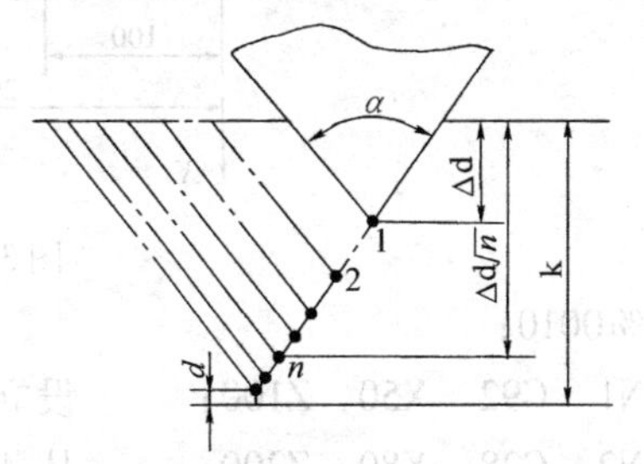

图 3-22　G76 循环单边切削及其参数

图 3-21 中，B 到 C 点的切削速度由 F 代码指定，其他轨迹均为快速进给。

例如：图 3-16 所示圆柱螺纹的加工程序为：

G76　C2　A60　X22.14　Z－22　K0.93　U0.1　V0.1　Q0.4　F1.5

图 3-17 所示圆锥螺纹的加工程序为：

G76　C2　A60　X52.52　Z-40　I－10　K1.24　U0.1　V0.1　Q0.4　F2

十四、自动返回参考点指令 G28

G28 指令的程序段格式为：

G28　X（U）____　Z（W）____

G28 指令首先使所有的编程轴都快速定位到中间点，然后再从中间点返回到参考点。

X、Z：绝对编程时为中间点在工件坐标系中的坐标。

U、W：增量编程时为中间点相对于起点的位移增量。

G28 指令一般用于刀具自动更换或者消除机械误差，在执行该指令之前应取消刀尖半径补偿。在 G28 的程序段中不仅产生坐标轴移动指令，而且记忆了中间点坐标值，以供 G29 使用。

电源接通后，在没有手动返回参考点的状态下，指定 G28 时，从中间点自动返回参考点，与手动返回参考点相同。这时从中间点到参考点的方向就是机床参数“回参考点方向”设定的方向。G28 指令仅在其被规定的程序段中有效。

十五、自动从参考点返回指令 G29

G29 指令的程序段格式为：

G29　X（U）____　Z（W）____

G29 可使所有编程轴以快速进给经过由 G28 指令定义的中间点，然后再到达指定点。通常该指令紧跟在 G28 指令之后。

X、Z：绝对编程时为定位终点在工件坐标系中的坐标。

U、W：增量编程时为定位终点相对于 G28 中间点的位移增量。G29 指令仅在其被规定的程序段中有效。

例 3-10　用 G28、G29 对图 3-23 所示的路径编程。要求由 *A* 经过中间点 *B* 并返回参考点，然后从参考点经由中间点 *B* 返回到目标点 *C*。

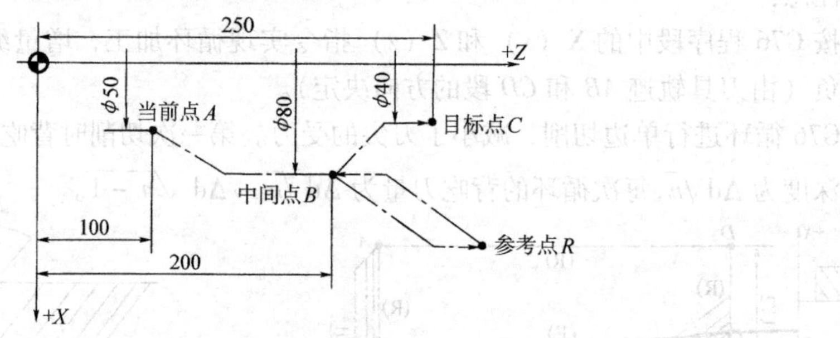

图 3-23　G28/G29 编程实例

%0010；

N1　G92　X50　Z100；　　设立坐标系，定义对刀点 *A* 的位置

N2　G28　X80　Z200；　　从 *A* 点到达 *B* 点再快速移动到参考点 *R*

N3　G29　X40　Z250；　　从参考点 *R* 经中间点 *B* 到达目标点 *C*

N4　G00　X50　Z100；　　回对刀点 *A*

N5　M30；　　主轴停转、主程序结束并复位

十六、暂停指令 G04

G04 指令的程序段格式为：

G04　P ____

G04 在前一程序段的进给速度降到零之后才开始暂停动作。*p* 为暂停时间，单位为 s。在执行含 G04 指令的程序段时，先执行暂停功能。G04 为非模态指令，仅在其被规定的程序段中有效。

G04 可使刀具作短暂停留，以获得圆整而光滑的表面。该指令除用于切槽、钻镗孔外，还可用于拐角轨迹控制。

十七、内（外）径切削循环指令 G80

切削循环通常是用一个含 G 代码的程序段完成用多个程序段指令的加工操作，使程序得以简化。

1. 切削圆柱面时，G80 指令的程序段格式为：

G80　X（U）____　Z（W）____　F____

如图 3-24 所示，刀具从循环起点 *A* 开始按 *A*→*B*→*C*→*D*→*A* 进行循环，最后又回到循环起点。图中虚线表示按 *R* 快速移动，实线表示按 F 指定的工件进给速度移动。X、Z 为圆柱面切削终点 *C* 在工件坐标系中的坐标值；U、W 为圆柱面切削终点 *C* 相对循环起点 *A* 的坐标增量。

2. 切削圆锥面时，G80 指令的程序段格式为：

G80　X（U）____　Z（W）____　I____　F____

如图 3-25 所示，I 为切削起点 *B* 与圆锥面切削终点 *C* 的半径差。

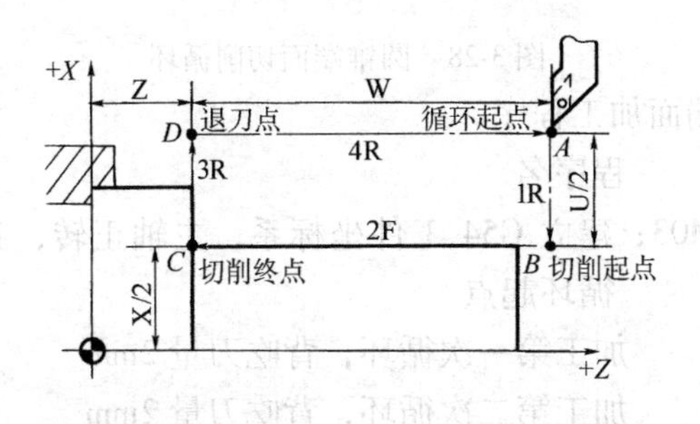

图 3-24　圆柱面内（外）径切削循环

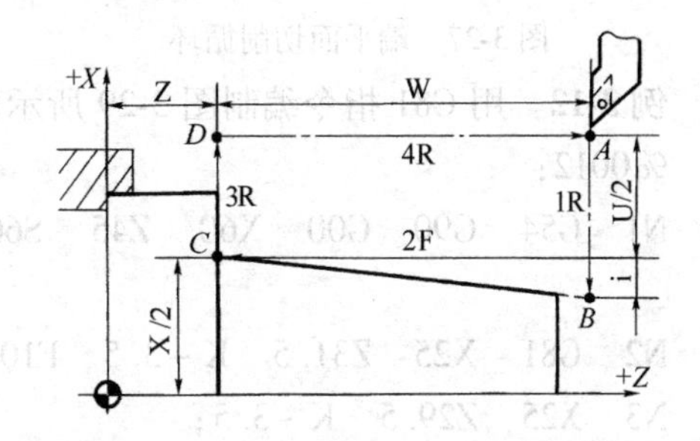

图 3-25　圆锥面内（外）径切削循环

例 3-11　用 G80 指令编制图 3-26 所示工件圆锥面的加工程序，双点画线代表毛坯。

%0011；	程序名
N10　M03　S400；	主轴正转，转速 400r/min
N20　G91　G80　X－10　Z－33　I－5.5　F100；	加工第一次循环，背吃刀量 3mm
N30　X－13　Z－33　I－5.5；	加工第二次循环，背吃刀量 3mm
N40　X－16　Z－33　I－5.5；	加工第三次循环，背吃刀量 3mm
N50　M30；	主轴停转、主程序结束并复位

十八、端面切削循环指令 G81

1. 切削端平面时，G81 指令的程序段格式为：

G81　X____　Z____　F____

如图 3-27 所示，刀具从循环起点 *A* 开始按 *A*→*B*→*C*→*D*→*A* 进行循环，最后又回到循环起点。图中虚线表示按 *R* 快速移动，实线表示按 *F* 指定的工件进给速度移动。*X*、*Z* 为圆柱面切削终点 *C* 在工件坐标系中的坐标值；U、W 为圆柱面切削终点 *C* 相对循环起点 *A* 的坐标增量。

2. 切削圆锥端面时，G81 指令的程序段指令格式为：

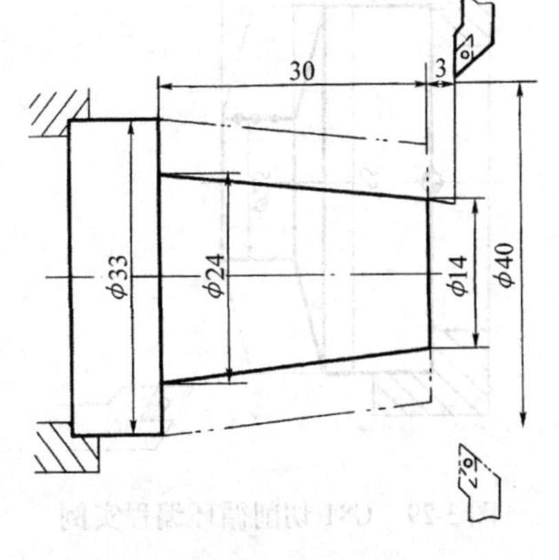

图 3-26　G80 切削循环编程实例

G81　X(U)____　Z(W)____　K____　F____

如图 3-28 所示，K 为切削起点 *B* 与圆锥端面切削终点 *C* 的轴向增量。

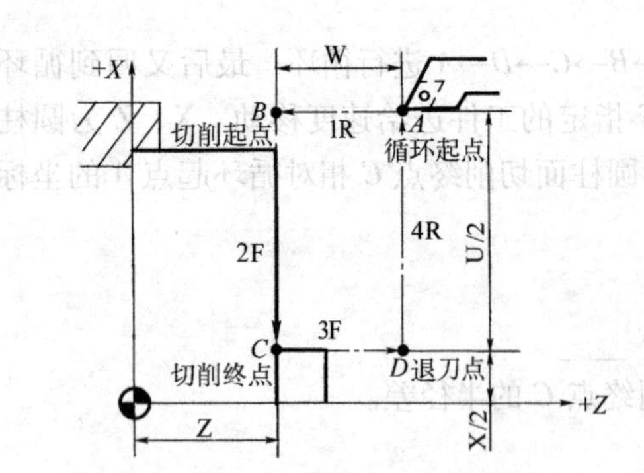

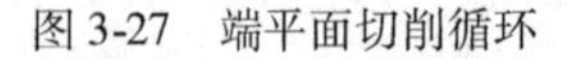
图 3-27 端平面切削循环

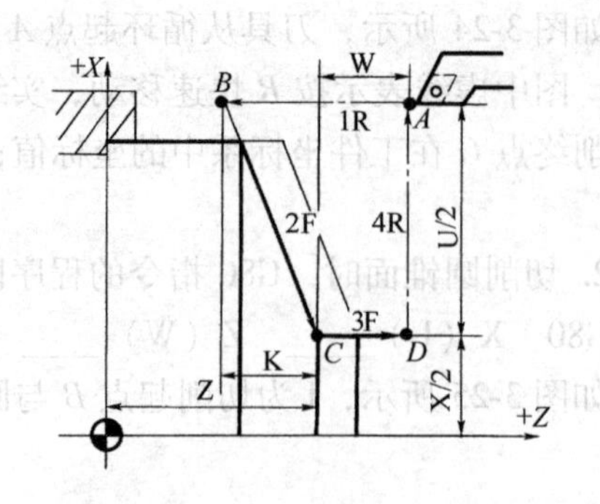

图 3-28 圆锥端面切削循环

例 3-12 用 G81 指令编制图 3-29 所示圆锥端面加工程序。

%0012;	程序名
N1 G54 G90 G00 X60 Z45 S600 M03;	建立 G54 工件坐标系，主轴正转，到循环起点
N2 G81 X25 Z31.5 K-3.5 F100;	加工第一次循环，背吃刀量 2mm
N3 X25 Z29.5 K-3.5;	加工第二次循环，背吃刀量 2mm
N4 X25 Z27.5 K-3.5;	加工第三次循环，背吃刀量 2mm
N5 X25 Z25.5 K-3.5;	加工第四次循环，背吃刀量 2mm
N6 M05;	主轴停转
N7 M30;	主程序结束并复位

十九、内（外）径粗车复合循环指令 G71

运用复合循环指令，只需指定精加工路线和粗加工的背吃刀量，系统会自动计算粗加工路线和走刀次数。

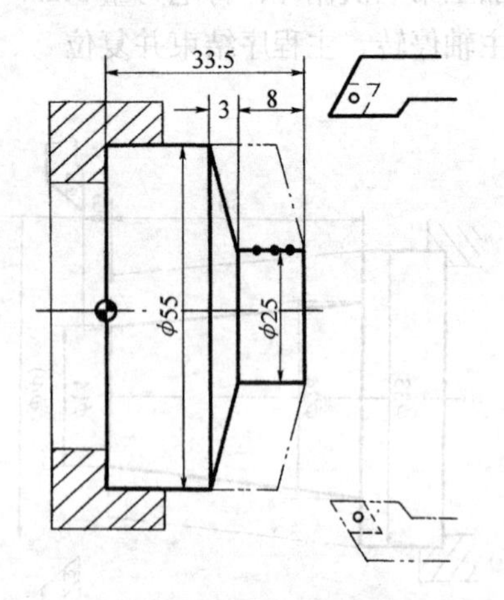

图 3-29 G81 切削循环编程实例

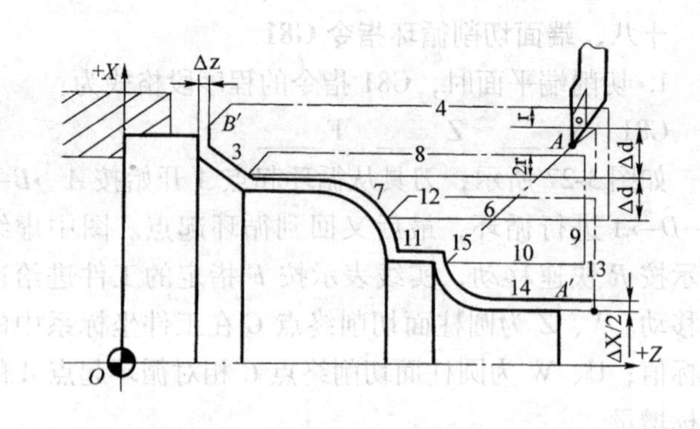

图 3-30 内、外径粗车复合循环

1）无凹槽加工时，G71 指令的程序段格式为：

G71 U(Δd) R(r) P(ns) Q(nf) X(ΔX) Z(ΔZ) F(f) S(s) T(t)

该指令执行如图 3-30 所示的粗加工和精加工路线，其中精加工路径为 $A \to A' \to B'$ 的轨迹。其中：

Δd：背吃刀量（每次切削深度），指定时不加符号，方向由矢量 *AA′* 决定。

r：每次退刀量。

ns：精加工路径第一程序段的顺序号。

nf：精加工路径最后程序段的顺序号。

ΔX：*X* 方向精加工余量。

ΔZ：*Z* 方向精加工余量。

f，s，t：粗加工时 G71 中编程的 F、S、T 有效，而精加工时处于 ns 到 nf 程序段之间的 F、S、T 有效。

G71 切削循环下，切削进给方向平行于 *Z* 轴，X(ΔU) 和 Z(ΔW) 的符号如图 3-31 所示。其中（+）表示沿轴正方向移动，（-）表示沿轴负方向移动。

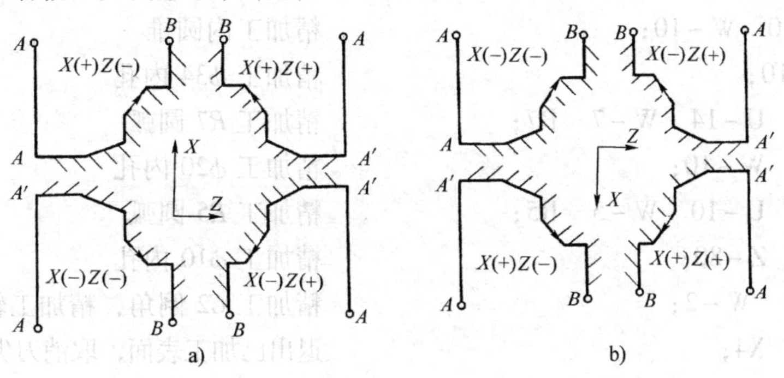

图 3-31　G71 复合循环下 X（ΔU）和 Z（ΔW）的符号

2）有凹槽加工时，G71 指令的程序段格式为：

G71　U(Δd)　R(r)　P(ns)　Q(nf)　E(e)　F(f)　S(s)　T(t)

该指令执行如图 3-32 所示的粗加工和精加工路线，其中精加工路径为 *A*→*A′*→*B′* 的轨迹。Δd、r、ns、nf 参数含义同上。e 为精加工余量，为 *X* 方向的等高距离，外径切削时为正，内径切削时为负。

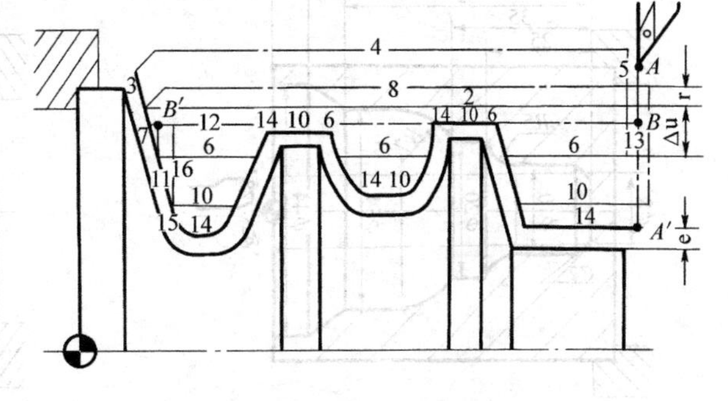

图 3-32　内、外径粗车复合循环 G71

注意：

① G71 指令必须带有 P、Q 地址 ns、nf，且与精加工路径起、止顺序号对应，否则不能进行该循环加工。

② ns 的程序段必须为 G00/G01 指令，即从 *A* 到 *A′* 的动作必须是直线或点定位运动。

③ 在顺序号为 ns 到顺序号为 nf 的程序段中，不应包含子程序。

例 3-13　用内径粗加工复合循环 G71 指令编制图 3-33 所示零件的加工程序，要求循环起始点在 *A*（6，3），背吃刀量为 1.5mm（半径量）。退刀量为 1mm，*X* 方向精加工余量为 0.4mm，*Z* 方向精加工余量为 0.1mm，其中点画线部分为工件毛坯。

%0013；　　　　程序名

N1　G54　G00　X80　Z80;　　建立 G54 工件坐标系，到程序起点位置

N2　M03　S400;　　主轴正转，转速 400r/min

N3　T0101;　　换 1 号刀外圆车刀

N4　G00　X6　Z5;　　快进至循环起点

N5　G71　U1.5　R1　P8　Q16　X－0.4　Z0.1　F100;　　内径粗切循环加工

N6　G00　X80　Z80;　　粗切后，到换刀点位置

N7　T0202;　　换 2 号刀，确定其坐标系

N8　G00　G42　X6　Z5;　　2 号刀加入刀尖圆弧半径补偿

N9　G00　X44;　　精加工轮廓开始，到 $\phi 44$ 内孔处

N10　G01　W－20　F80;　　精加工 $\phi 44$ 内孔

N11　U－10　W－10;　　精加工内圆锥

N12　W－10;　　精加工 $\phi 34$ 内孔

N13　G03　U－14　W－7　R7;　　精加工 *R*7 圆弧

N14　G01　W－10;　　精加工 $\phi 20$ 内孔

N15　G02　U－10　W－5　R5;　　精加工 *R*5 圆弧

N16　G01　Z－80;　　精加工 $\phi 10$ 内孔

N17　U－4　W－2;　　精加工 *C*2 倒角，精加工轮廓结束

N18　G40　X4;　　退出已加工表面，取消刀尖圆弧半径补偿

N19　G00　Z80;　　退出工件内孔

N20　X80;　　回程序起点或换刀点位置

N21　M30;　　主轴停转、主程序结束并复位

图 3-33　G71 内径复合循环编程实例

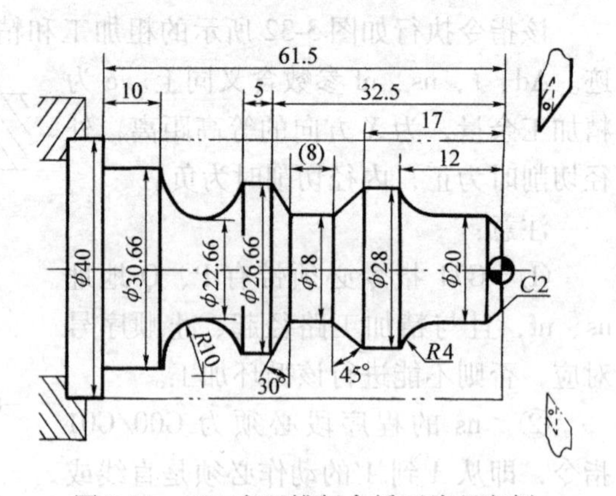

图 3-34　G71 有凹槽复合循环编程实例

例 3-14　用有凹槽的外径粗加工复合循环编制图 3-34 所示零件的加工程序，其中点画线部分为工件毛坯。

%0014;　　程序名

N1　G54　T0101;　　建立 G54 工件坐标系，换 1 号刀

N2　G00　X80　Z100　M03　S400;　　到程序起点，主轴正转，转速 400r/min

```
N3  G00  X42  Z3;                              到循环起点位置
N4  G71  U1  R1  P8  Q19  E0.3  F100;          有凹槽粗切循环加工
N5  G00  X80  Z100;                            粗加工后，到换刀点位置
N6  T0202;                                     换2号刀
N7  G00  G42  X42  Z3;                         2号刀加入刀尖圆弧半径补偿
N8  G00  X10;                                  精加工轮廓开始，到倒角延长线处
N9  G01  X20  Z-2  F80;                        精加工C2倒角
N10  Z-8;                                      精加工φ20外圆
N11  G02  X28  Z-12  R4;                       精加工R4圆弧
N12  G01  Z-17;                                精加工φ28外圆
N13  U-10  W-5;                                精加工下切锥
N14  W-8;                                      精加工φ18外圆槽
N15  U8.66  W-2.5;                             精加工上切锥
N16  Z-37.5;                                   精加工φ26.66外圆
N17  G02  X30.66  W-14  R10;                   精加工R10下切圆弧
N18  G01  W-10;                                精加工φ30.66外圆
N19  X40;                                      退出已加工表面，精加工轮廓结束
N20  G00  G40  X80  Z100;                      取消半径补偿，返回换刀点位置
N21  M30;                                      主轴停转、主程序结束并复位
```

二十、闭环车削复合循环指令 G73

G73 指令的程序段格式为：

G73　U(ΔI)　W(ΔK)　R(r)　P(ns)　Q(nf)　X(ΔX)　Z(ΔZ)　F(f)　S(s)　T(t)

该指令在切削工件时刀具轨迹为如图 3-35 所示的封闭回路，刀具逐渐进给，使封闭切削回路逐渐向零件最终形状靠近，最终切削成工件的形状，其精加工路径为 $A \to A' \to B' \to B$。这种指令能对铸造、锻造等粗加工中已初步成形的工件，进行高效率切削。其中：

ΔI：X 轴方向的粗加工总余量。

Δk：Z 轴方向的粗加工总余量。

r：粗切削次数。

ns：精加工路径第一程序段。

nf：精加工路径最后程序段。

ΔX：X 方向精加工余量。

ΔZ：Z 方向精加工余量。

f，s，t：粗加工时 G73 中编程的 F、S、T 有效，而精加工时处于 ns 到 nf 程序段之间的 F、S、T 有效。ΔI 和 ΔK 表示粗加工时总的切削量，粗加工次数为 r，则每次 X，Z 方向的切削量为 ΔI/r，ΔK/r。

例 3-15　用 G73 循环指令编制图 3-36 所示零件的加工程序，设切削起始点在 $A(60,5)$，X、Z 方向粗加工余量分别为 3mm、0.9mm，粗加工次数为 3，X、Z 方向的精加工余量分别为 0.6mm、0.1mm。其中点画线部分为工件毛坯。

```
%0015;                                         程序名
```

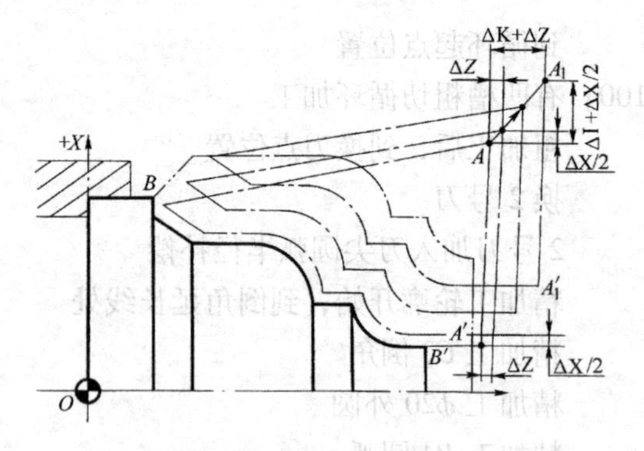

图 3-35 闭环车削复合循环 G73

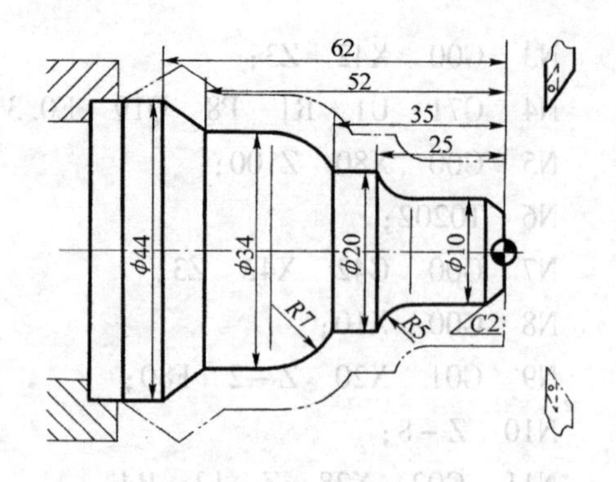

图 3-36 G73 编程实例

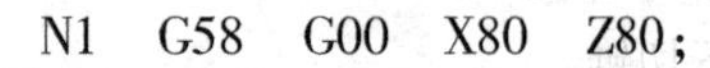

N1 G58 G00 X80 Z80; 建立 G58 工件坐标系，到程序起点位置

N2 M03 S400 T0101; 主轴正转，转速 400r/min，换 1 号刀

N3 G00 X60 Z5; 快进至循环起点位置

N4 G73 U3 W0.9 R3 P5 Q13 X0.6 Z0.1 F120; 闭环粗切循环加工

N5 G00 X0 Z3; 精加工轮廓开始，到倒角延长线处

N6 G01 U10 Z-2 F80; 精加工 C2 倒角

N7 Z-20; 精加工 ϕ10 外圆

N8 G02 U10 W-5 R5; 精加工 R5 圆弧

N9 G01 Z-35; 精加工 ϕ20 外圆

N10 G03 U14 W-7 R7; 精加工 R7 圆弧

N11 G01 Z-52; 精加工 ϕ34 外圆

N12 U10 W-10; 精加工锥面

N13 U10; 退出已加工表面，精加工轮廓结束

N14 G00 X80 Z80; 返回程序起点位置

N15 M30; 主轴停转，主程序结束并复位

二十一、子程序

当在程序中出现重复使用的某段固定程序时，为简化编程，可以将这一段程序作为子程序事先存入存储器，以便作为子程序进行调用。子程序可以以自动的方式进行调用，其程序段格式为：

M98 P____ L____

其中：P 为要调用的子程序号；L 为重复调用子程序的次数，若省略，则表示只调用一次。被主程序调用的子程序还可以再调用其他子程序。

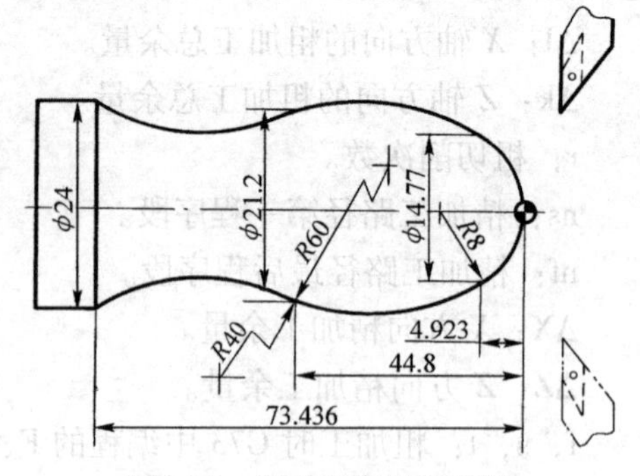

图 3-37 调子程序编程实例

例 3-16 用调子程序的方法编制图 3-37 所示工件的加工程序。

%0016; 主程序程序名

N1 G92 X16 Z1; 设立坐标系，定义对刀点的位置

N2 G37 G00 Z0 M03 S600; 移到子程序起点处，半径编程，主轴正转

N3 M98 P0003 L6; 调用子程序，并循环 6 次

N4　G00　X16　Z1；	返回对刀点
N5　G36；	取消半径编程
N6　M05；	主轴停转
N7　M30；	主程序结束并复位
%0003；	子程序名
N1　G01　U-12　F100；	进刀到切削起点处，注意留下后面切削的余量
N2　G03　U7.385　W-4.923　R8；	加工 *R*8 圆弧段
N3　U3.215　W-39.877　R60；	加工 *R*60 圆弧段
N4　G02　U1.4　W-28.636　R40；	加工 *R*40 圆弧段
N5　G00　U4；	离开已加工表面
N6　W73.436；	回到循环起点 *Z* 轴处
N7　G01　U-4.8　F100；	调整每次循环的切削量
N8　M99；	子程序结束，并回到主程序

第三节　典型零件编程与加工实例

综合实例1：编制图3-38所示零件的加工程序，材料为45钢，棒料直径 ϕ54mm，长200mm。

如图3-38所示，1号为端面车刀，2号为外圆粗加工刀，3号为外圆精加工刀，4号为螺纹刀。

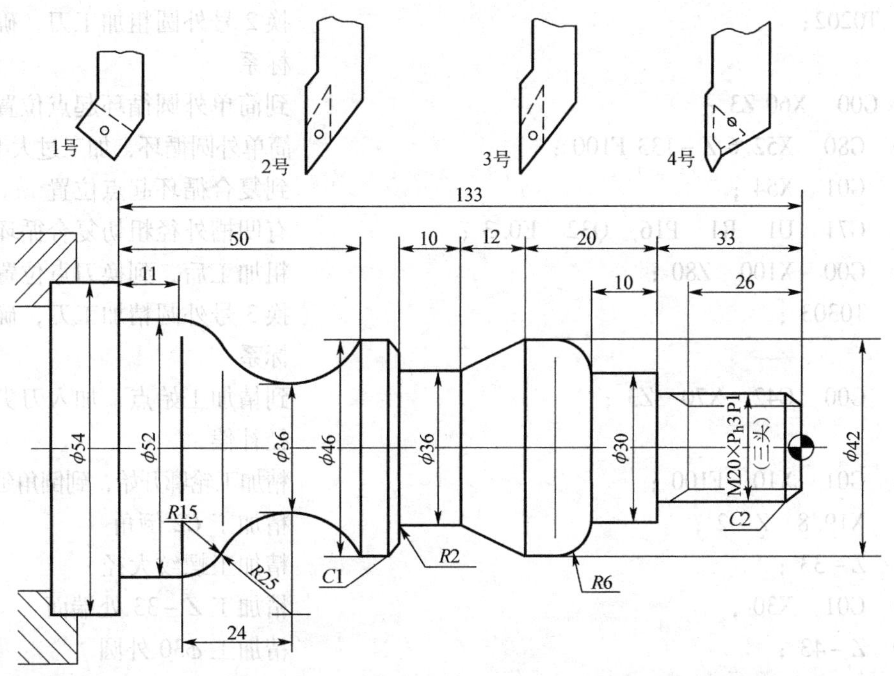

图3-38　综合实例编程

1. 工艺路线

1）工件伸出卡盘外150mm，找正后夹紧。

2）选择1号端面刀，用G81端面循环加工过长毛坯。

3）选择2号外圆刀，用G80外圆循环加工过大的毛坯直径。

4）用G71有凹槽外圆粗切复合循环加工工件轮廓，留精车余量。

5）换3号外圆刀精加工工件轮廓至尺寸。

6）换4号螺纹刀，用G82螺纹循环加工三线螺纹。

2. 相关计算

1）计算三线螺纹M20×3（P1）的小径：

$d' = d - 2 \times 0.62p =$（$20 - 2 \times 0.62 \times 1$）mm = 18.76mm

2）确定背吃刀量分布：0.7mm、0.4mm、0.14mm、光整加工

3. 加工程序

程序	说明
%0088;	程序名
N1 G54 T0101;	建立G54工件坐标系，换1号端面车刀
N2 M03 S500;	主轴正转，转速400r/min
N3 G00 X100 Z80;	到程序起点或换刀点位置
N4 G00 X60 Z5;	到简单端面循环起点位置
N5 G81 X0 Z1.5 F100;	简单端面循环，加工过长毛坯
N6 G81 X0 Z0;	简单端面循环加工，加工过长毛坯
N7 G00 X100 Z80;	到程序起点或换刀点位置
N8 T0202;	换2号外圆粗加工刀，确定其坐标系
N9 G00 X60 Z3;	到简单外圆循环起点位置
N10 G80 X52.6 Z-133 F100;	简单外圆循环，加工过大毛坯直径
N11 G01 X54;	到复合循环起点位置
N12 G71 U1 R1 P16 Q32 E0.3;	有凹槽外径粗切复合循环加工
N13 G00 X100 Z80;	粗加工后，到换刀点位置
N14 T0303;	换3号外圆精加工刀，确定其坐标系
N15 G00 G42 X70 Z3;	到精加工始点，加入刀尖圆弧半径补偿
N16 G01 X10 F100;	精加工轮廓开始，到倒角延长线处
N17 X19.8 Z-2;	精加工 $C2$ 倒角
N18 Z-33;	精加工螺纹大径
N19 G01 X30;	精加工 $Z-33$ 处端面
N20 Z-43;	精加工 $\phi30$ 外圆
N21 G03 X42 Z-49 R6;	精加工 $R6$ 圆弧
N22 G01 Z-53;	精加工 $\phi42$ 外圆
N23 X36 Z-65;	精加工下切锥面

程序	说明
N24　Z－73；	精加工 $\phi36$ 槽径
N25　G02　X40　Z－75 R2；	精加工 $R2$ 过渡圆弧
N26　G01　X44；	精加工 $Z-75$ 处端面
N27　X46　Z－76；	精加工 $C1$ 倒角
N28　Z－83；	精加工 $\phi46$ 外圆
N29　G02　X46　Z－113　R25；	精加工 $R25$ 圆弧凹槽
N30　G03　X52　Z－122　R15；	精加工 $R15$ 圆弧
N31　G01　Z－133；	精加工 $\phi52$ 外圆
N32　G01　X54；	退出已加工表面，精加工轮廓结束
N33　G00　G40　X100　Z80；	取消半径补偿，返回换刀点位置
N34　M05；	主轴停转
N35　T0404；	换 4 号螺纹刀，确定其坐标系
N36　M03　S400；	主轴正转，转速 400r/min
N37　G00　X30　Z5；	到简单螺纹循环起点位置
N38　G82　X19.3　Z－26　R－3　E1　C2 P120　F3；	加工两线螺纹，背吃刀量 0.7
N39　G82　X18.9　Z－26　R－3　E1　C2 P120　F3；	加工两线螺纹，背吃刀量 0.4
N40　G82　X18.76　Z－26　R－3　E1　C2 P120　F3；	加工两线螺纹，背吃刀量 0.14
N41　G82　X18.76　Z－26　R－3　E1　C2 P120　F3；	光整加工螺纹
N42　G76　C2　R－3　E1　A60　X18.76　Z－26 K0.62　U0.1　V0.1　Q0.7　P120　F3；	用 G76 螺纹复合循环加工第三条螺纹
N43　G00　X100　Z80；	返回程序起点位置
N44　M30；	主轴停转、主程序结束并复位

第四节　华中（HNC—21/22T）系统车床操作台及软件操作界面

华中世纪星 HNC—21T 是基于 PC 的车床 CNC 数控装置，是武汉华中数控股份有限公司在国家“八五”、“九五”科技攻关重大科技成果一，华中Ⅰ型（HNC—1T）高性能数控装置的基础上，为满足市场要求，开发的高性能经济型数控装置。

HNC—21T 采用彩色 LCD 液晶显示器，内装式 PLC，可与多种伺服驱动单元配套使用。它具有开放性好、结构紧凑、集成度高、可靠性好、性能价格比高、操作维护方便的特点。

本节重点介绍机床操作台构成以及软件操作界面。

一、HNC—21T 世纪星车床数控装置操作台的组成

HNC—21T 世纪星车床数控装置操作台为标准固定结构，如图 3-39 所示。其结构美观、

体积小巧，操作方便。

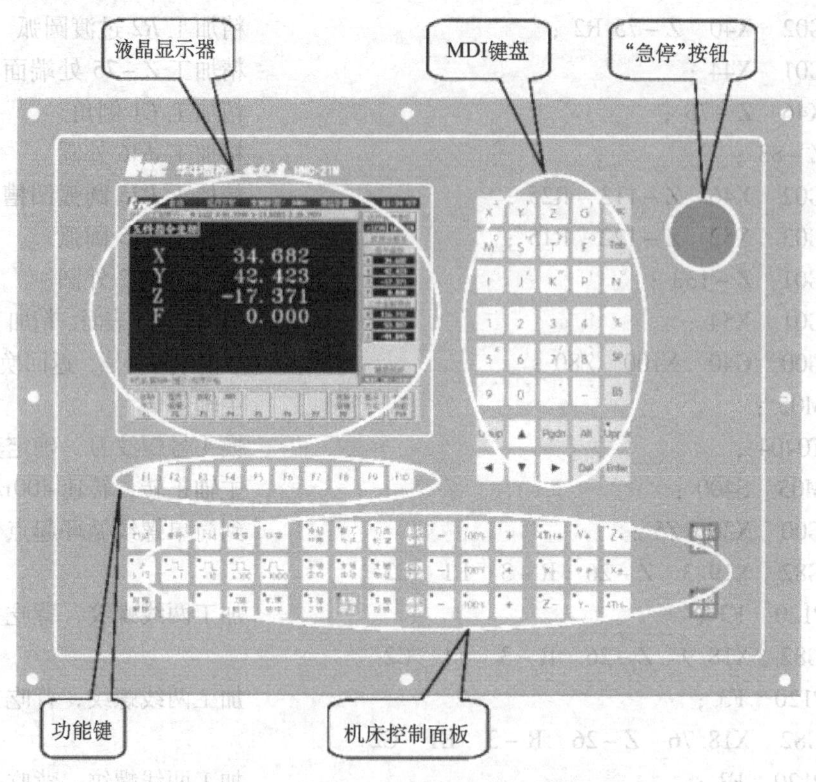

图 3-39 HNC—21T 世纪星车床数控装置操作台

1. 显示器

操作台的左上部为 7.5 寸彩色液晶显示器（分辨率为 640×480），用于汉字菜单、系统状态、故障报警的显示和加工轨迹的图形仿真。

2. NC 键盘

NC 键盘用于零件程序的编制、参数输入、MDI 及系统管理操作等。NC 键盘包括精简型 MDI 键盘和 F1 ~ F10 十个功能键。

标准化的字母数字式 MDI 键盘介于显示器和"急停"按钮之间，其中的大部分键具有上档键功能。当"Upper"键有效时（指示灯亮），输入的是上档键。F1 ~ F10 十个功能键位于显示器的正下方。

3. MPG 手持单元

MPG 手持单元由手摇脉冲发生器、坐标轴选择开关组成，用于手摇方式增量进给坐标轴。

MPG 手持单元的结构如图 3-40 所示。

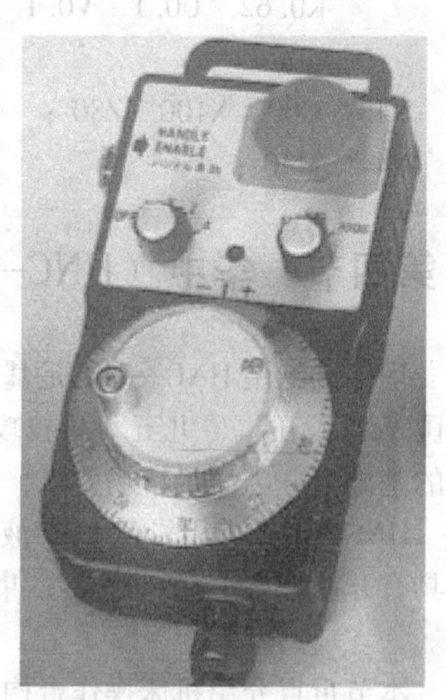

图 3-40 MPG 手持单元

4. 机床控制面板 MCP

机床控制面板用于直接控制机床的动作或加工过程。标准机床控制面板的大部分按键（除"急停"按钮外）

位于操作台的下部。“急停”按钮位于操作台的右上角。

二、HNC—21T世纪星车床软件操作界面

HNC—21T世纪星车床软件操作界面如图3-41所示。

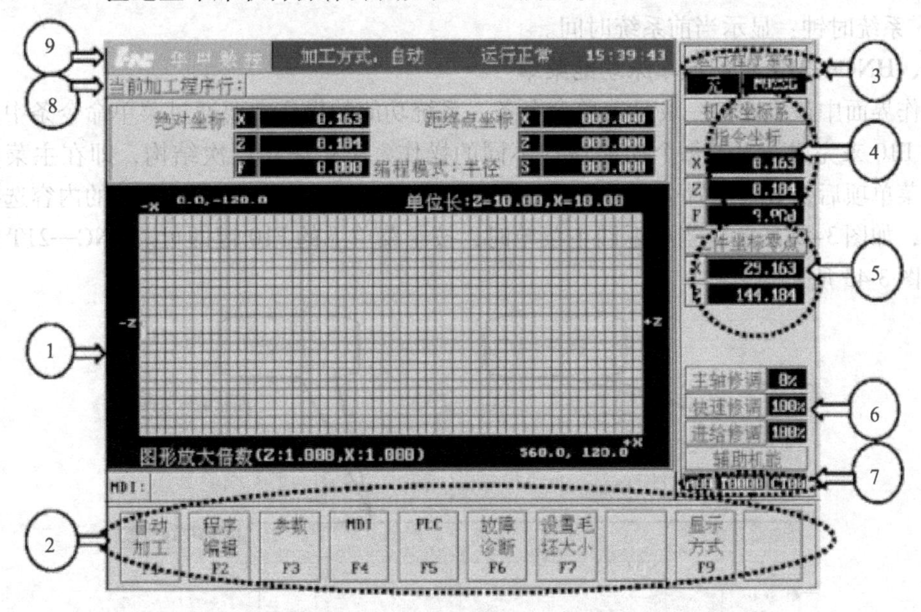

图3-41　HNC—21T世纪星车床软件操作界面

1. 图形显示窗口

在显示方式菜单下，可以设置显示模式、显示值、显示坐标系、图形放大倍数、夹具中心绝对位置、内孔直径、毛坯大小等。

2. 菜单命令条

通过菜单命令条中的功能键F1～F10来完成自动加工、程序编辑、参数设定、故障诊断等系统功能。

3. 运行程序索引

显示自动加工中的程序名和当前程序段行号。

4. 选定坐标系下的坐标值

坐标系可在机床坐标系/工件坐标系/相对坐标系之间进行切换。

显示值可在指令位置/实际位置/剩余进给/跟踪误差/负载电流/补偿值之间进行切换。

5. 工件坐标零点

显示工件坐标系零点在机床坐标系中的坐标。

6. 倍率修调

显示当前主轴修调倍率、进给修调倍率和快进修调倍率。

7. 辅助机能

显示自动加工中的M、S、T代码。

8. 当前加工程序行

显示当前正在或将要加工的程序段。

9. 当前加工方式、系统运行状态及当前时间

1）工作方式：系统工作方式根据机床控制面板上相应按键的状态可在自动（运行）、单段（运行）、手动、增量、回零、急停、复位等之间进行切换。

2）运行状态：系统工作状态在“运行正常”和“出错”之间切换。

3）系统时钟：显示当前系统时间。

三、HNC—21T 世纪星车床功能菜单

操作界面中最重要的一块是菜单命令条，系统功能的操作主要通过菜单命令条中的功能键 F1 ~ F10 来完成。由于每个功能包括不同的操作，菜单采用层次结构，即在主菜单下选择一个菜单项后，数控装置会显示该功能下的子菜单，用户可根据该子菜单的内容选择所需的操作，如图 3-42 所示。当要返回主菜单时，按子菜单下的 F10 键即可。HNC—21T 的菜单结构如图 3-43 所示。

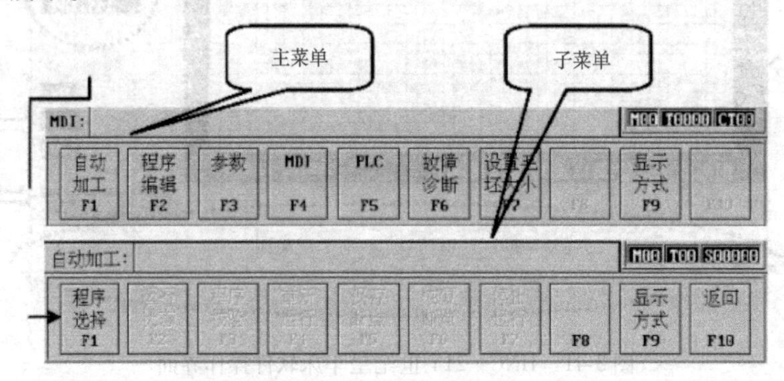

图 3-42 菜单层次

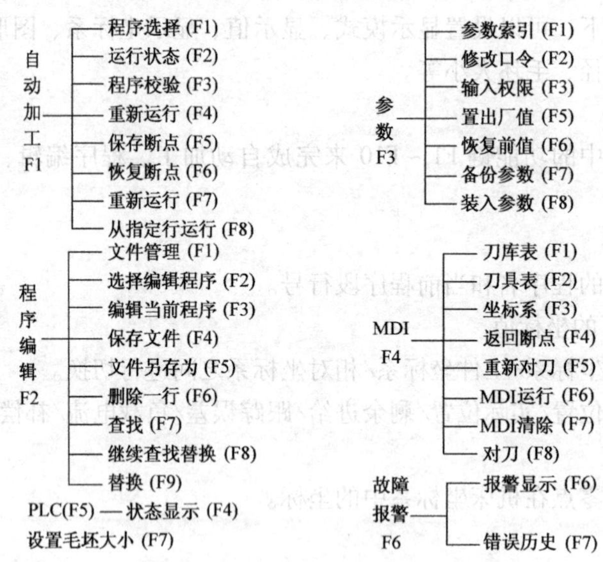

图 3-43 HNC—21T 的功能菜单结构

第五节 华中（HNC—21/22T）系统车床的操作

一、操作准备

1. 上电

1）检查机床状态是否正常。

2）检查电源电压是否符合要求，接线是否正确。

3）按下“急停”按钮。

4）机床上电。

5）数控上电。

6）检查风扇电动机运转是否正常。

7）检查面板上的指示灯是否正常。

接通数控装置电源后，HNC—21T系统自动运行系统软件。此时，液晶显示器显示如图3-41所示软件操作界面。

2. 复位

系统上电进入软件操作界面时，系统的工作方式为“急停”。为控制系统运行，需左旋并拔起操作台右上角的“急停”按钮使系统复位，并接通伺服电源。系统默认进入“回参考点”方式，软件操作界面的工作方式变为“回零”。

3. 返回机床参考点

控制机床运动的前提是建立机床坐标系，为此，系统接通电源，复位后首先应进行机床各轴回参考点操作。方法如下：

1）如果系统显示的当前工作方式不是回零方式，按一下控制面板上面的“回零”按键，确保系统处于“回零”方式。

2）按坐标轴方向键“+X、-X、+Z、-Z”，点动使每个坐标轴逐一回参考点，当X、Z轴回到参考点后，“+X”和“+Z”按键内的指示灯亮。

3）回完参考点后，应按下机床控制面板上的“手动”按键，进入手动运行方式，再分别按下方向键“-X、-Z”，使刀架离开参考点，回到换刀点位置附近。如刀架返回的速度太小，可按进给速度修调按钮，加大进给速度，也可在手动进给的同时按下“快进”按键，加快返回速度。千万不能按错方向键，如若按下方向键“+X、+Z”，则刀架将超程。所有轴回参考点后，即建立了机床坐标系。

注意事项：

1）在每次电源接通后，必须先完成各轴的返回参考点操作，然后再进入其他运行方式，以确保各轴坐标的正确性。

2）同时按下 *X*、*Z* 轴向选择按键，可使 *X*、*Z* 轴同时返回参考点。

3）在回参考点前，应确保回零轴位于参考点的“回参考点方向”相反侧（如 *X* 轴的回参考点方向为负，则回参考点前，应保证 *X* 轴当前位置在参考点的正向侧）；否则应手动移动该轴直到满足此条件。

4）在回参考点过程中，若出现超程，请按住控制面板上的“超程解除”按键，向相反方向手动移动该轴使其退出超程状态。

4. 急停

在机床运行过程中，在危险或紧急情况下，按下“急停”按钮，CNC即进入急停状态，伺服进给及主轴运转立即停止工作（控制柜内的进给驱动电源被切断）。松开“急停”按钮（左旋此按钮，按钮将自动跳起），CNC进入复位状态。

解除紧急停止前，先确认故障原因是否排除。在紧急停止解除后，应重新执行回参考点操作，以确保坐标位置的正确性。

在启动和退出系统之前应按下“急停”按钮以减少设备电冲击。

5. 超程解除

在伺服轴行程的两端各有一个极限开关，作用是防止伺服机构碰撞而损坏。每当伺服机构碰到行程极限开关时，就会出现超程。当某轴出现超程（“超程解除”按键内指示灯亮）时，系统视其状况为紧急停止，要退出超程状态时，必须按以下步骤操作：

1）松开“急停”按钮，置工作方式为“手动”或“手摇”方式。

2）一直按压着“超程解除”按键（控制器会暂时忽略超程的紧急情况）。

3）在手动（手摇）方式下，使该轴向相反方向退出超程状态。

4）松开“超程解除”按键。

若显示屏上运行状态栏“运行正常”取代了“出错”，表示恢复正常，可以继续操作。

6. 关机

1）按下控制面板上的“急停”按钮，断开伺服电源，以减少设备电冲击。

2）断开数控电源。

3）断开机床电源。

二、机床手动操作

机床手动操作主要由手持单元（图3-40）和机床控制面板共同完成，机床控制面板如图3-44所示。

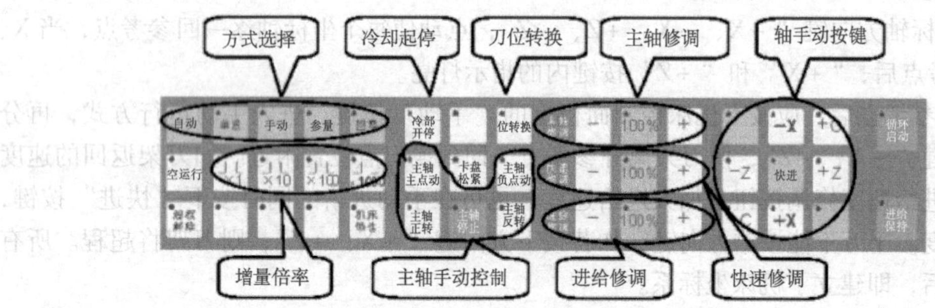

图3-44　机床控制面板

1. 坐标轴移动

手动移动机床坐标轴的操作由手持单元和机床控制面板上的方式选择、轴手动、增量倍率、进给修调、快速修调等按键共同完成。

（1）点动进给　按一下“手动”按键（指示灯亮），系统处于点动运行方式。

1）按压要移动的坐标轴“+X”、“-X”、“+Z”、“-Z”按键（指示灯亮），相应轴将产生正向或负向连续移动。

2）松开坐标轴按键（指示灯灭），相应轴即减速停止。

在点动运行方式下，同时按压X、Z方向的轴手动按键，能同时手动连续移动X、Z坐标轴。

（2）点动快速移动　在点动进给时，若同时按压“快进”按键，则产生相应轴的正向或负向快速运动。

（3）点动进给速度选择　在点动进给时，进给速率为系统参数“最高快移速度”的1/3

乘以进给修调选择的进给倍率。点动快速移动的速率为系统参数“最高快移速度”乘以快速修调选择的快移倍率。

按压进给修调或快速修调右侧的“100%”按键（指示灯亮），进给或快速修调倍率被置为100%。按一下“+”按键，修调倍率递增5%；按一下“-”按键，修调倍率递减5%。

（4）增量进给　当手持单元的坐标轴选择波段开关置于“OFF”挡时，按一下控制面板上的“增量”按键（指示灯亮），系统处于增量进给方式；按一下要移动的坐标轴“+X”、“-X”、“+Z”、“-Z”按键（指示灯亮），相应轴将将向正向或负向移动一个增量值；同时按一下 X、Z 方向的轴手动按键，能同时增量进给 X、Z 坐标轴。

（5）增量值选择　增量进给的增量值由“×1”、“×10”、“×100”、“×1000”（单位为0.001）四个增量倍率按键控制。这几个键互锁，即按一下其中一个（指示灯亮），其余几个会失效（指示灯灭）。

（6）手摇进给　当手持单元的坐标轴选择波段开关置于“X”、“Y”、“Z”、“4TH”挡（对车床而言，只有“X”、“Z”有效）时，按一下控制面板上的“增量”按键（指示灯亮），系统处于手摇进给方式，可手摇进给机床坐标轴，手摇进给方式每次只能增量进给1个坐标轴。

（7）手摇倍率选择　手摇进给的增量值（手摇脉冲发生器每转一格的移动量）由手持单元的增量倍率波段开关“×1”，“×10”，“×100”（单位为0.001）控制。

2. 手动机床动作控制

在机床控制面板上有如图3-45所示手动机床动作控制按键，主要用于主轴的手动控制、刀架转位、卡盘的松紧和冷却液的启动停止等。

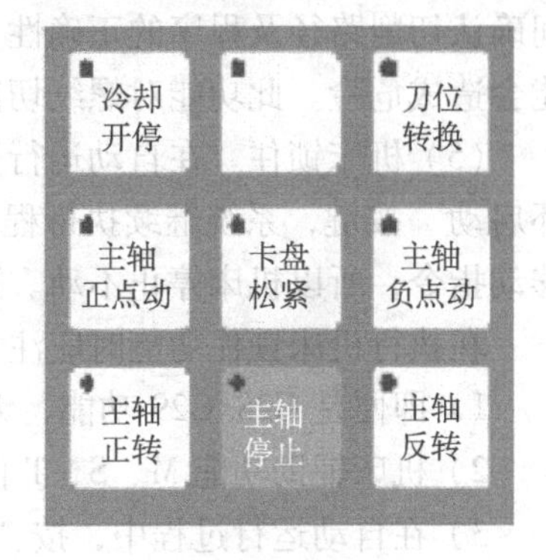

图3-45　手动机床动作控制按键

（1）主轴正转　在手动方式下，按一下“主轴正转”按键（指示灯亮），主电动机以机床参数设定的转速正转。

（2）主轴反转　在手动方式下，按一下“主轴反转”按键（指示灯亮），主电动机以机床参数设定的转速反转。

（3）主轴停止　在手动方式下，按一下“主轴停止”按键（指示灯亮），主电动机停止运转。

“主轴正转”、“主轴反转”、“主轴停止”这几个按键互锁，即按一下其中一个（指示灯亮），其余两个会失效（指示灯灭）。

（4）主轴点动　在手动方式下，可用“主轴正点动”、“主轴负点动”按键，点动主轴正反向旋转。

1）按压“主轴正点动”或“主轴负点动”按键（指示灯亮），主轴将产生正向或负向连续转动。

2）松开“主轴正点动”或“主轴负点动”按键（指示灯灭），主轴即减速停止。

（5）主轴速度修调　主轴正转及反转的速度可通过主轴修调按键调节，按压主轴修调右侧的“100%”按键（指示灯亮），主轴修调倍率被置为100%；按一下“+”按键，主轴修调倍率递增5%；按一下“-”按键，主轴修调倍率递减5%。机械齿轮换挡时，主轴速度不能修调。

（6）刀位转换　在手动方式下，按一下“刀位转换”按键，转塔刀架转动一个刀位。

（7）冷却启动与停止　在手动方式下，按一下“冷却开停”按键，冷却液开（默认值为冷却液关）；再按一下又为冷却液关，如此循环。

（8）卡盘松紧　在手动方式下，按一下“卡盘松紧”按键，松开工件（默认值为夹紧），可以进行更换工件操作；再按一下又为夹紧工件，可以进行加工操作，如此循环。

三、机床自动运行

按一下“自动”按键（指示灯亮），系统处于自动运行方式，机床坐标轴的控制由CNC自动完成。

（1）自动运行启动—循环启动　自动方式时，在系统主菜单下按“F1”键进入自动加工子菜单，再按“F1”选择要运行的程序，然后按一下“循环启动”按键（指示灯亮），自动加工开始。

（2）自动运行暂停—进给保持　在自动运行过程中，按一下“进给保持”按键（指示灯亮），程序执行暂停，机床运动轴减速停止。暂停期间，辅助功能M、主轴功能S、刀具功能T保持不变。

（3）进给保持后的再启动　在自动运行暂停状态下，按一下“循环起动”按键，系统将重新启动，从暂停前的状态继续运行。

（4）空运行　在自动方式下，按一下“空运行”按键（指示灯亮），CNC处于空运行状态。程序中编制的进给速率被忽略，坐标轴以最大快移速度移动。空运行目的是以较短的时间确认切削路径及程序的正确性，不进行实际切削。在实际切削时，应关闭此功能，否则可能会造成危险。此功能对螺纹切削无效。

（5）机床锁住　在自动运行开始前，按一下“机床锁住”按键（指示灯亮），再按“循环启动”按键，系统继续执行程序，显示屏上的坐标轴位置信息变化，但不输出伺服轴的移动指令，所以机床停止不动。这个功能主要用于校验程序的正确性。

在执行机床锁住功能时应注意：

1）即便是G28/G29功能，刀具不运动到参考点。

2）机床辅助功能M、S、T仍然有效。

3）在自动运行过程中，按“机床锁住”按键，机床锁住无效。

4）在自动运行过程中，只有在程序运行结束时，方可解除机床锁住。

5）每次执行此功能后，须再次进行回参考点操作。

（6）单段运行　按一下“单段”按键，系统处于单段自动运行方式（指示灯亮），程序控制将逐段执行。

1）按一下“循环启动”按键，运行一程序段，机床停止，不继续往下执行下一程序段。

2）再按一下“循环启动”按键，又执行下一程序段，执行完了后又再次停止。在单段运行方式下，适用于自动运行的按键依然有效。

四、手动数据输入（MDI）运行

在如图3-41所示的软件主操作界面下，按F4键进入MDI功能子菜单。命令行与菜单条的显示如图3-46所示。

在MDI功能子菜单下按F6，进入MDI运行方式，命令行的底色变成了白色，且有光标在

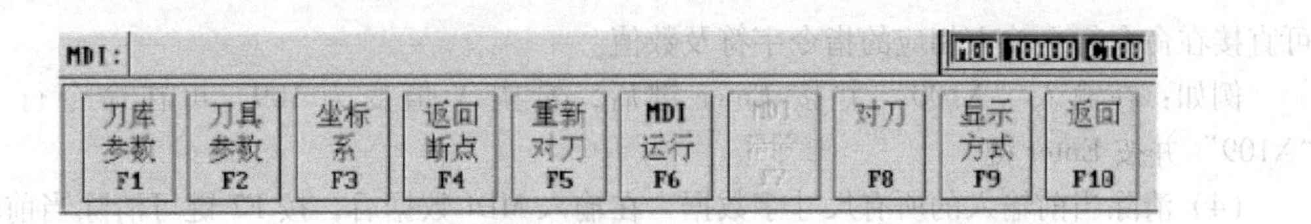

图 3-46　MDI 功能子菜单

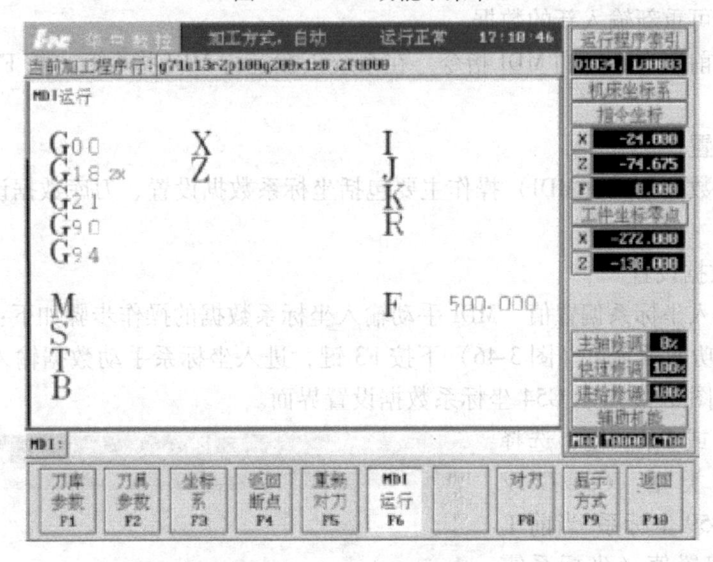

图 3-47　MDI 运行

闪烁，如图 3-47 所示。这时可以从 NC 键盘输入并执行一个 G 代码指令段，即“MDI 运行”。

在自动运行过程中，不能进入 MDI 运行方式，可在进给保持后进入。

（1）输入 MDI 指令段　MDI 输入的最小单位是一个有效指令字。因此，输入一个 MDI 运行指令段可以有下述两种方法。

1）一次输入，即一次输入多个指令字的信息。

2）多次输入，即每次输入一个指令字信息。

例如：要输入“G00 X100 Z100”MDI 运行指令段，可以

1）直接输入“G00 X100 Z100”并按 Enter 键，图 3-47 显示窗口内关键字 G、X、Z 的值将分别变为 00、100、100。

2）先输入“G00”并按 Enter 键，图 3-47 显示窗口内将显示大字符“G00”；再输入“X100”并按 Enter 键，然后输入“Z100”并按 Enter 键，显示窗口内将依次显示大字符“X100”、“Z100”。

在输入命令时，可以在命令行看见输入的内容，在按 Enter 键之前，发现输入错误，可用 BS、▶、◀键进行编辑；按 Enter 键后，系统发现输入错误，会提示相应的错误信息。

（2）运行 MDI 指令段　在输入完一个 MDI 指令段后，按一下操作面板上的“循环启动”键，系统即开始运行所输入的 MDI 指令。

如果输入的 MDI 指令信息不完整或存在语法错误，系统会提示相应的错误信息，此时不能运行 MDI 指令。

（3）修改某一程序段的值　在运行 MDI 指令段之前，如果要修改输入的某一指令字，

可直接在命令行上输入相应的指令字符及数值。

例如：在输入“X100”并按 Enter 键后，希望 X 值变为 109，可在命令行上输入“X109”并按 Enter 键。

（4）清除当前输入的所有尺寸字数据　在输入 MDI 数据后，按 F7 键可清除当前输入的所有尺寸字数据（其他指令字依然有效），显示窗口内 X、Z、I、K、R 等字符后面的数据全部消失。此时可重新输入新的数据。

（5）停止当前正在运行的 MDI 指令　在系统正在运行 MDI 指令时，按 F7 键可停止 MDI 运行。

五、数据设置

机床的手动数据输入（MDI）操作主要包括坐标系数据设置、刀库数据设置、刀具数据设置等。

1. 坐标系数据设置

（1）手动输入坐标系偏置值　MDI 手动输入坐标系数据的操作步骤如下：

1）在 MDI 功能子菜单（图 3-46）下按 F3 键，进入坐标系手动数据输入方式，图形显示窗口首先显示图 3-48 所示 G54 坐标系数据设置界面。

2）按 PgDn 或 PgUp 键，选择要输入的数据类型：G54/G55/G56/G57/G58/G59 坐标系/当前工件坐标系等的偏置值（坐标系零点相对于机床零点的值），或当前相对值零点。

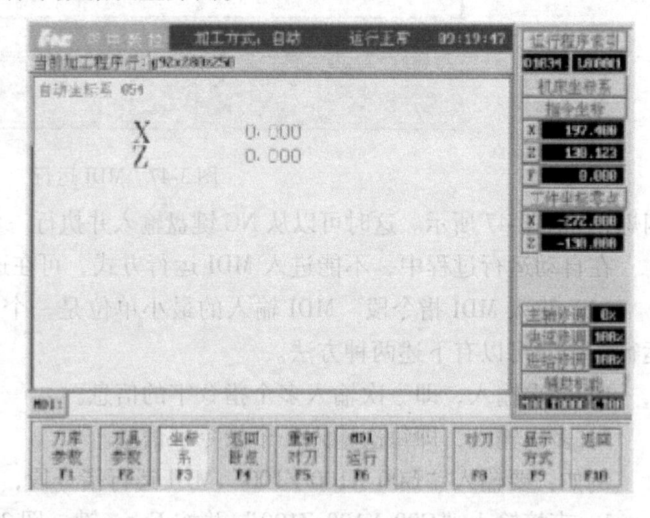

图　3-48

3）在命令行输入所需数据，如在图 3-48 所示情况下输入“X0、Z0”，并按 Enter 键，将设置 G54 坐标系的 X 及 Z 偏置分别为 0、0。

4）若输入正确，图形显示窗口相应位置将显示修改过的值，否则原值不变。

若编辑过程中，在按 Enter 键之前，按 Esc 键可退出编辑，此时输入的数据将丢失，系统将保持原值不变。

（2）自动设置坐标系偏置值

1）在 MDI 功能子菜单（图 3-47）下按 F8 键，进入坐标系自动数据设置方式（前提机床已回过参考点），如图 3-49 所示。

2）按 F4 键，弹出如图 3-50 所示对话框，用▲、▼移动蓝色亮条选择要设置的坐标系。

3）选择一把已设置好刀具参数的刀具试切工件外径，然后沿着 Z 轴方向退刀。

4）按 F5 键，弹出如图 3-51 所示对话框，用▲、▼移动蓝色亮条选择 X 轴对刀。

5）按 Enter 键，弹出如图 3-52 所示输入框。

6）输入试切后工件的直径值（直径编程）或半径值（半径编程），系统将自动设置所选坐标系下的 X 轴零点偏置值。

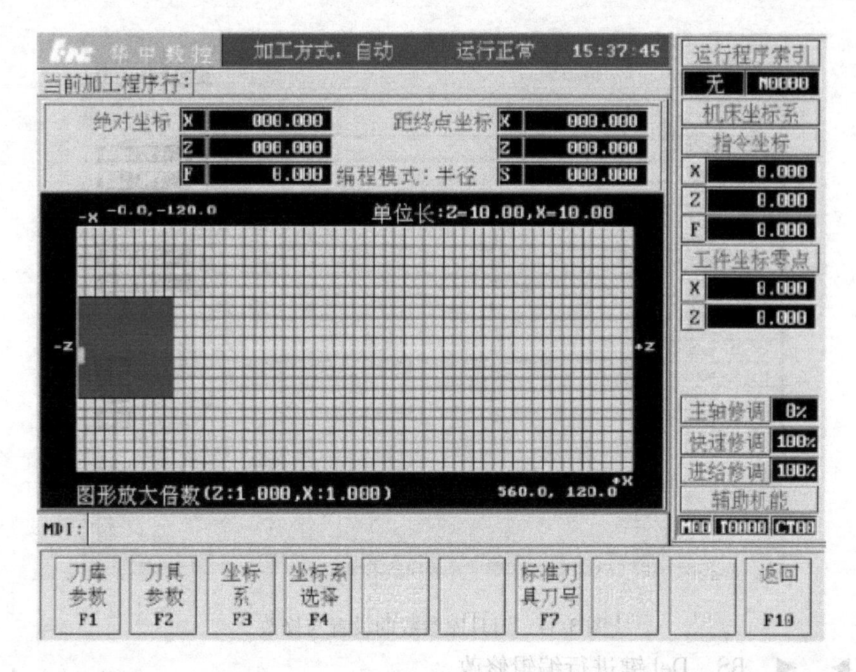

图 3-49　自动数据设置

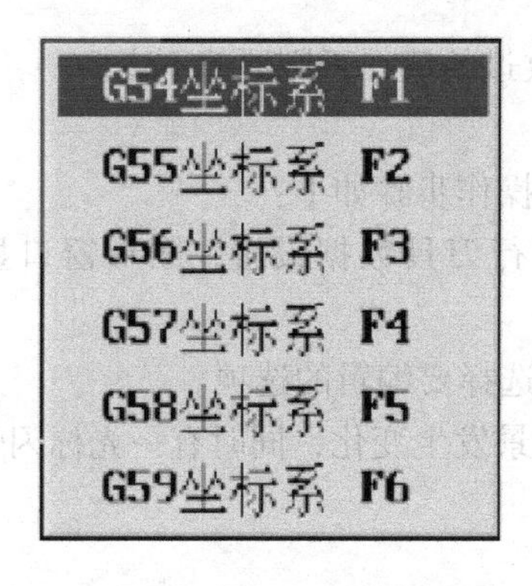

图 3-50　选择要设置的坐标系

图 3-51　选择对刀轴

图 3-52　输入试切后工件的直（半）径值

7）选择一把已设置好刀具参数的刀具试切工件端面，然后沿着 X 轴方向退刀。

8）按 F5 键，弹出如图 3-51 所示对话框，选择 Z 轴对刀。

9）按 Enter 键，弹出如图 3-53 所示输入框。

10）输入试切端面到所选坐标系的 Z 轴零点的距离（Z 轴距离有正有负之分），系统将自动设置所选坐标系下的 Z 轴零点偏置值。

图 3-53　输入 Z 轴距离值

2. 刀具库参数设置

MDI 输入刀库数据的操作步骤如下：

1）在 MDI 功能子菜单下（图 3-46）按 F1 键，进行刀库数据设置，图形窗口显示图 3-54 刀库数据设置界面。

2）用▲、▼、►、◄、PgUp、PgDn 移动蓝色亮条选择要编辑的选项。

3）按 Enter 键，蓝色亮条所指刀库数据的颜色和背景发生变化，同时有一光标在闪烁。

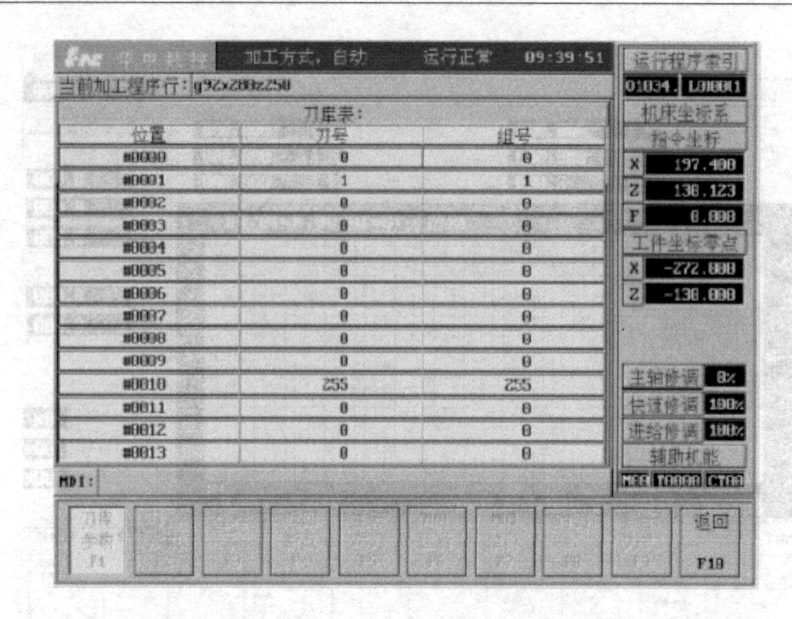

图 3-54　刀具库参数的设置与修改

4）用►、◄、BS、Del 键进行编辑修改。

5）修改完毕，按 Enter 键确认。

6）若输入正确，图形显示窗口相应位置将显示修改过的值，否则原值不变。

3. 刀具补偿参数的设置

（1）手动输入刀具参数　MDI 手动输入刀具数据的操作步骤如下：

1）在 MDI 功能子菜单下（图 3-46）按 F2 键，进行刀具数据设置，图形窗口显示图 3-55 刀具数据设置界面。

2）用▲、▼、►、◄、PgUp、PgDn 移动蓝色亮条选择要编辑的选项。

3）按 Enter 键，蓝色亮条所指刀具数据的颜色和背景发生变化，同时有一光标闪烁。

4）用►、◄、BS、Del 键进行编辑修改。

5）修改完毕，按 Enter 键确认。

6）若输入正确，图形显示窗口相应位置将显示修改过的值，否则原值不变。

（2）自动设置刀具偏置值

1）在 MDI 功能子菜单（图 3-46）下按 F8 键，进入图 3-49 自动数据设置窗口。

2）按 F7 键，弹出如图 3-56 所示输入框。

3）输入正确的基准（标准）刀具刀号。

4）使用基准（标准）刀具试切工件外径，然后沿着 Z 轴方向退刀。

5）按 F8 键，弹出如图 3-57 所示对话框，用▲、▼移动蓝色亮条选择标准刀具 X 值。

6）按 Enter 键，弹出如图 3-58 所示输入框。

7）输入试切后工件的直径值（直径编程）或半径值（半径编程），系统将自动记录试切后基准（标准）刀具 X 轴机床坐标值。

8）使用基准（标准）刀具试切工件端面，然后沿着 X 轴方向退刀。

9）按 F8 键，弹出如图 3-57 所示对话框，用▲、▼移动蓝色亮条选择标准刀具 Z 值。

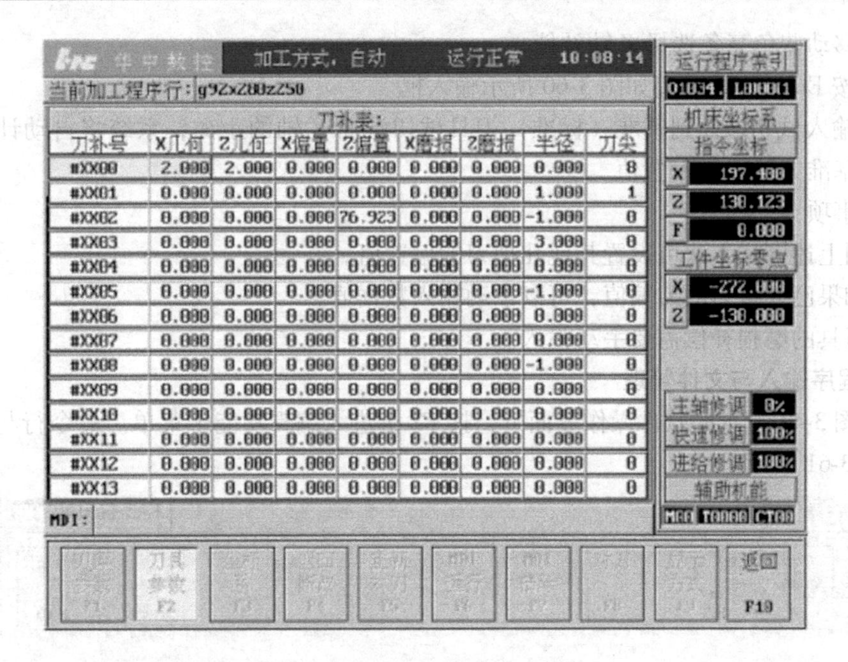

刀补号	X几何	Z几何	X偏置	Z偏置	X磨损	Z磨损	半径	刀尖
#XX00	2.000	2.000	0.000	0.000	0.000	0.000	0.000	8
#XX01	0.000	0.000	0.000	0.000	0.000	0.000	1.000	1
#XX02	0.000	0.000	0.000	76.923	0.000	0.000	-1.000	0
#XX03	0.000	0.000	0.000	0.000	0.000	0.000	3.000	0
#XX04	0.000	0.000	0.000	0.000	0.000	0.000	0.000	0
#XX05	0.000	0.000	0.000	0.000	0.000	0.000	-1.000	0
#XX06	0.000	0.000	0.000	0.000	0.000	0.000	0.000	0
#XX07	0.000	0.000	0.000	0.000	0.000	0.000	0.000	0
#XX08	0.000	0.000	0.000	0.000	0.000	0.000	-1.000	0
#XX09	0.000	0.000	0.000	0.000	0.000	0.000	0.000	0
#XX10	0.000	0.000	0.000	0.000	0.000	0.000	0.000	0
#XX11	0.000	0.000	0.000	0.000	0.000	0.000	0.000	0
#XX12	0.000	0.000	0.000	0.000	0.000	0.000	0.000	0
#XX13	0.000	0.000	0.000	0.000	0.000	0.000	0.000	0

图 3-55　刀具参数的设置与修改

10）按 Enter 键，系统将自动记录试切后基准（标准）刀具 *Z* 轴机床坐标值。

11）按 F2 键，弹出如图 3-55 所示对话框，用▲、▼移动蓝色亮条选择要设置的刀具（如 2 号割槽刀）偏置值。

12）使用需设置刀具偏置值的刀具（割槽刀）试切工件外圆，然后沿着 *Z* 轴方向退刀。

13）按 F9 键，弹出如图 3-59 所示对话框，用▲、▼移动蓝色亮条选择 *X* 轴补偿。

图 3-56　输入基准（标准）刀具刀号

图 3-57　选择基准（标准）刀具 *X* 值

图 3-58　输入试切工件的直（半）径

图 3-59　选择 *X* 轴补偿

14）按 Enter 键，弹出如图 3-58 所示输入框。

15）输入试切后工件的直径值（直径编程）或半径值（半径编程），系统将自动计算并保存该刀相对标准刀的 *X* 轴偏置值。

16）使用需设置刀具偏置值的刀具（切槽刀）试切工件端面，然后沿着 *X* 轴方向退刀。

17）按 F9 键，弹出如图 3-57 所示对话框，

图 3-60　*Z* 轴距离值输入框

用▲、▼移动蓝色亮条选择 Z 轴补偿。

18）按 Enter 键，弹出如图 3-60 所示输入框。

19）输入试切端面到基准（标准）刀具试切端面 Z 轴的距离，系统将自动计算并保存该刀相对基准刀的 Z 轴偏置值。

注意事项：

1）用上述同样方法可设置其他几把刀的偏置值。

2）如果已知该刀的刀偏值，可以手动输入数据值。

3）刀具的磨损补偿需要手动输入。

六、程序输入与文件管理

在如图 3-41 所示的软件操作界面下，按 F2 键进入编辑功能子菜单。命令行与菜单条的显示如图 3-61 所示。

图 3-61　编辑功能子菜单

在编辑功能子菜单下，可以对零件程序进行编辑、存储与传递以及对文件进行管理。

（1）选择编辑程序　在编辑功能子菜单下（图 3-61）按 F2 键，将弹出如图 3-62 所示的“选择编辑程序”菜单。其中：

1）磁盘程序：保存在电子盘、硬盘、软盘或网络路径上的文件。

2）正在加工的程序：当前已经选择存放在加工缓冲区的一个加工程序。

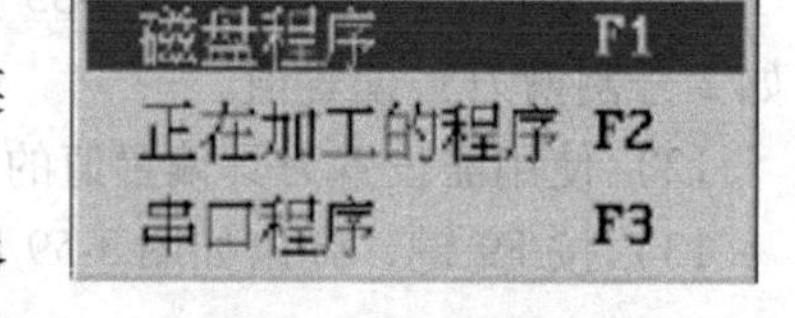

图 3-62　选择编辑程序

（2）读入串口程序　读入串口程序编辑的操作步骤如下：

1）在“选择编辑程序”菜单（图 3-62）中，用▲、▼选中“串口程序”选项。

2）按 Enter 键，系统提示“正在和发送串口数据的计算机联络”。

3）在上位计算机上执行 DNC 程序，弹出如图 3-63 所示主菜单。

4）按 Alt + F，弹出如图 3-64 所示文件子菜单。

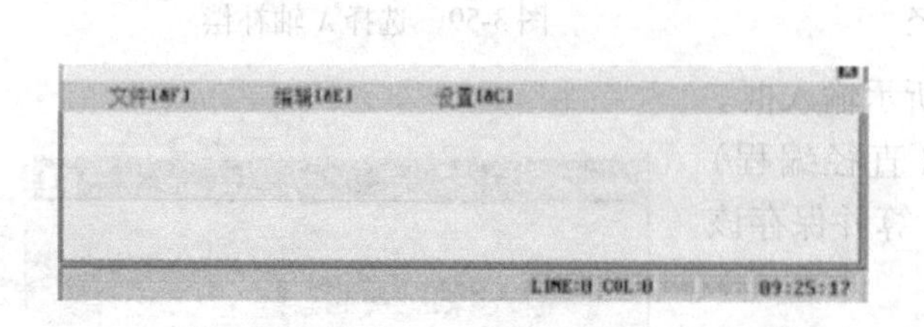

图 3-63　DNC 程序主菜单

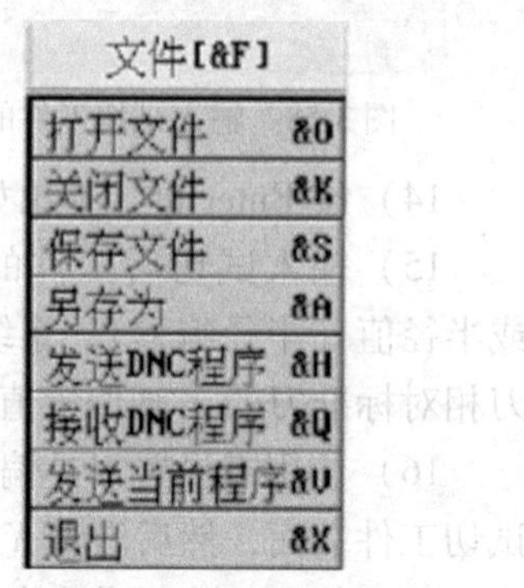

图 3-64　文件子菜单

5）用▲、▼键选择“发送 DNC 程序”选项。

6）按 Enter 键，弹出如图 3-65 所示对话框。

7）选择要发送的 G 代码文件。

8）按 Enter 键，弹出如图 3-66 所示对话框，提示“正在和接收数据的 NC 装置联络”。

9）联络成功后，开始传输文件，上位计算机上有进度条显示传输文件的进度，并提示“请稍等，正在通过串口发送文件，要退出请按 Alt-E”，HNC—21T 的命令行提示“正在接收串口文件”。

10）传输完毕，上位计算机上弹出对话框提示文件发送完毕，HNC—21T 的命令行提示“接收串口文件完毕”，编辑器将调入串口程序到编辑缓冲区。

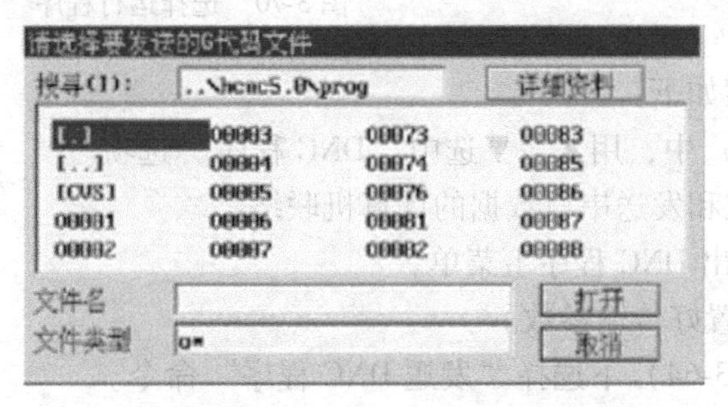

图 3-65　在上位计算机选择要发送的文件

图 3-66　提示正在和接收数据的 NC 装置联络

（3）选择当前正在加工的程序　选择当前正在加工的程序，操作步骤如下：

1）在“选择编辑程序”菜单（图 3-62）中，用▲、▼选中“正在加工的程序”选项。

2）按 Enter 键，如果当前没有选择加工程序，将弹出如图 3-67 所示对话框，否则编辑器将调入“正在加工的程序”到编辑缓冲区。

3）如果该程序处于正在加工状态，编辑器会用红色亮条标记当前正在加工的程序行，此时若进行编辑，将弹出如图 3-68 所示对话框。

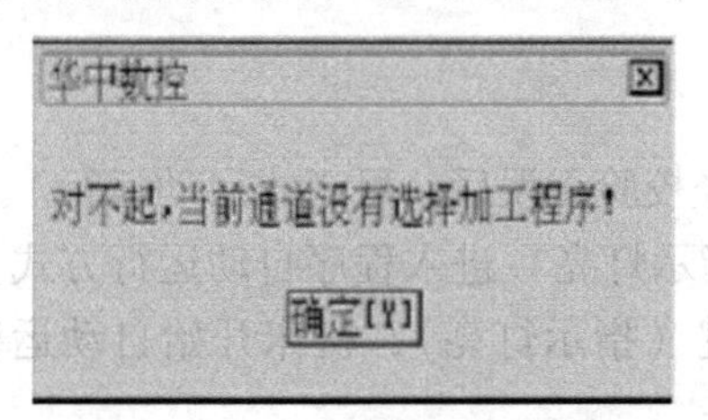

图 3-67　提示没有加工程序

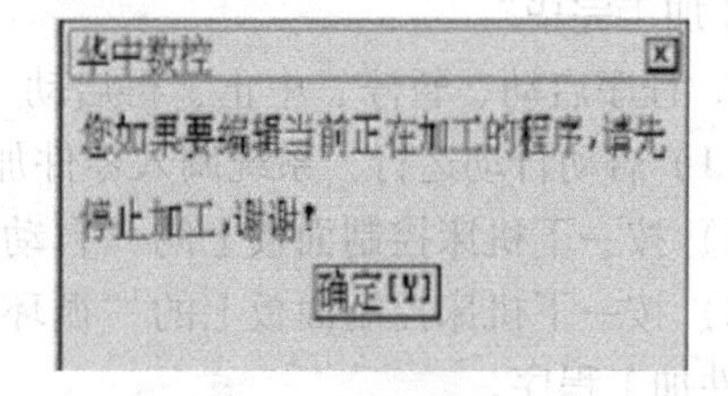

图 3-68　提示程序停止加工

4）停止该程序的加工，就可以进行编辑了。

（4）串口发送　如果当前编辑的是串口程序，编辑完成后，按 F4 键可将当前编辑程序通过串口回送上位计算机。

七、程序运行

在如图 3-41 所示的软件操作界面下，按 F1 键进入程序运行子菜单。命令行与菜单条的显示如图 3-69 所示。

在程序运行子菜单下，可以装入、检验并自动运行一个零件程序。

1. 选择运行程序

在程序运行子菜单（图 3-69）下按 F1 键，将弹出如图 3-70 所示的“选择运行程序”

图 3-69 程序运行子菜单

子菜单（按 Esc 键可取消该菜单），可选择磁盘程序（保存在电子盘、硬盘、软盘或网络上的文件）、正在编辑的程序（编辑器已经选择存放在编辑缓冲区的一个零件程序）、DNC 程序（通过 RS232 串口传送的程序）等三种类型的程序进行自动运行。

图 3-70 选择运行程序

2. DNC 加工

DNC 加工（加工串口程序）的操作步骤如下：

1）在“选择加工程序”菜单（图 3-70）中，用▲、▼选中“DNC 程序”选项。

2）按 Enter 键，系统命令行提示“正在和发送串口数据的计算机联络”。

3）在上位计算机上执行 DNC 程序，弹出 DNC 程序主菜单。

4）按 Alt + C，在“设置”子菜单下设置好传输参数。

5）按 Alt + F，在“文件”子菜单（图 3-64）下选择“发送 DNC 程序”命令。

6）按 Enter 键，弹出“请选择要发送的 G 代码文件”对话框。

7）选择要发送的 G 代码文件。

8）按 Enter 键，弹出对话框，提示“正在和接收数据的 NC 装置联络”。

9）联络成功后，开始传输文件，上位计算机上有进度条显示传输文件的进度，并提示“请稍等，正在通过串口发送文件，要退出请按 Alt - E”；HNC—21T 的命令行提示“正在接收串口文件”，并将调入串口程序到运行缓冲区。

10）传输完毕，上位计算机上弹出对话框提示文件发送完毕，HNC—21T 的命令行提示“DNC 加工完毕”。

3. 程序启动、暂停、中止、再启动

（1）启动自动运行　系统调入零件加工程序，经校验无误后，可正式启动运行。

1）按一下机床控制面板上的“自动”按键（指示灯亮）进入程序自动运行方式。

2）按一下机床控制面板上的“循环启动”按键（指示灯亮），机床开始自动运行调入的零件加工程序。

（2）暂停运行　在程序运行的过程中，需要暂停运行，可按下述步骤操作：

1）在程序运行子菜单下，按 F7 键，弹出如图 3-71 所示对话框。

2）按 N 键则暂停程序运行，并保留当前运行程序的模态信息。

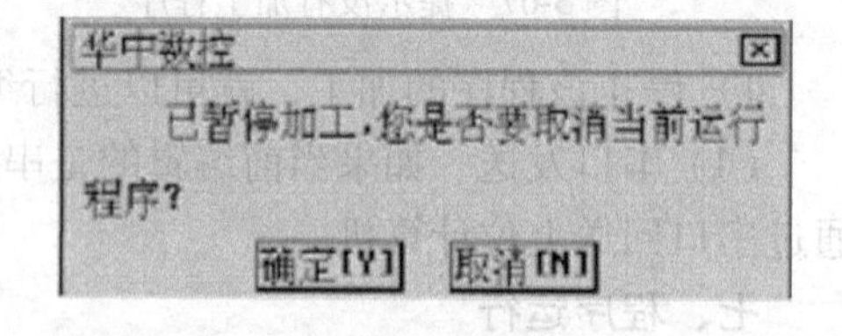

图 3-71 程序运行过程中停止运行

（3）中止运行　在程序运行的过程中，需要中止运行，可按下述步骤操作：

1）在程序运行子菜单下，按 F7 键，弹出如图 3-71 所示对话框。

2）按 Y 键则中止程序运行，并卸载当前运行程序的模态信息。

（4）暂停后的再启动　在自动运行暂停状态下，按一下机床控制面板上的“循环启动”按键，系统将从暂停前的状态重新启动，继续运行。

（5）重新运行　在当前加工程序中止自动运行后，希望从程序头重新开始运行时，可按下述步骤操作：

1）在程序运行子菜单下，按 F4 键，弹出如图 3-72 所示对话框。

2）按 Y 键则光标将返回到程序头，按 N 键则取消重新运行。

3）按机床控制面板上的“循环启动”按键，程序首行开始重新运行当前加工程序。

（6）从任意行执行　在自动运行暂停状态下，除了能从暂停处重启动继续运行外，还可控制程序从任意行执行。操作步骤如下：

1）在程序运行子菜单下，按 F7 键，然后按 N 键暂停程序运行。

2）用▲、▼、PgUp、PgDn 键移动蓝色亮条到开始运行，此时蓝色亮条变为红色亮条。

3）在程序运行子菜单下，按 F8 键，弹出如图 3-73 所示对话框。

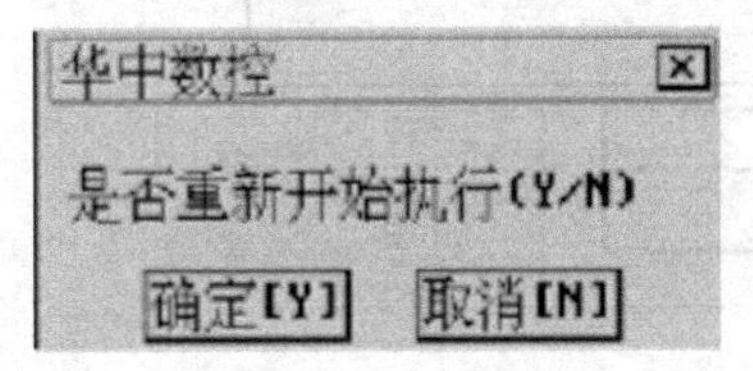

图 3-72　自动方式下重新运行程序

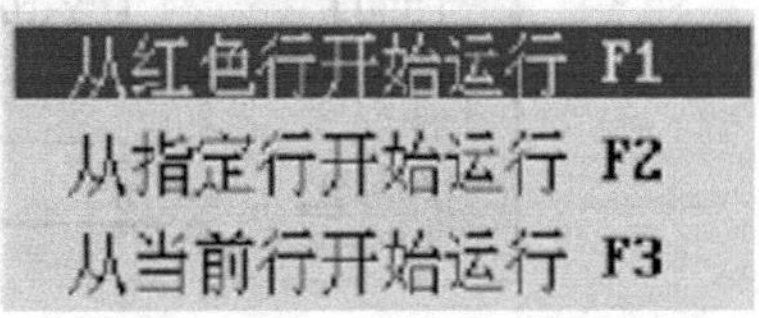

从红色行开始运行 F1
从指定行开始运行 F2
从当前行开始运行 F3

图 3-73　暂停运行时从任意行运行

4）用▲、▼键（或 F1、F2、F3）分别选择“从红色行开始运行”、“从指定行开始运行”和“从当前行开始运行”三个选项，进行程序重新执行。

（6）加工断点保存与恢复　一些大零件，其加工时间一般都会超过一个工作日，有时甚至需要好几天。如果能在零件加工一段时间后，保存断点（让系统记住此时的各种状态），切断电源；并在隔一段时间后，打开电源，恢复断点（让系统恢复上次中断加工时的状态），从而继续加工，可为用户提供极大的方便。

1）保存加工断点。保存加工断点的操作步骤如下：

① 在程序运行子菜单下，按 F7 键，弹出如图 3-71 所示对话框。

② 按 N 键暂停程序运行，但不取消当前运行程序。

③ 按 F5 键，弹出如图 3-74 所示对话框。

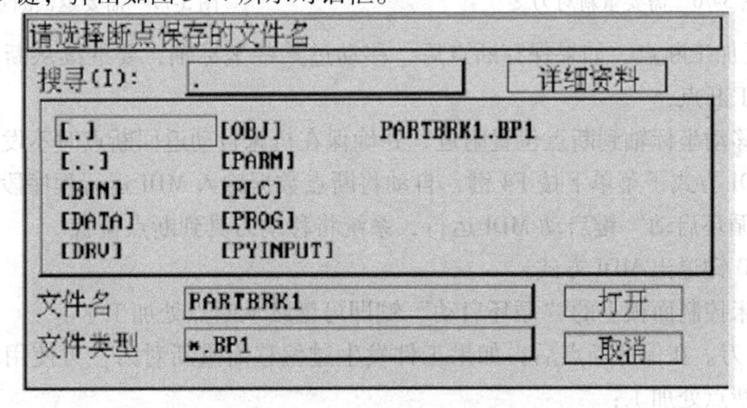

图 3-74　输入保存断点的文件名

④ 在上述文件列表框中，选择断点文件的路径。

⑤ 在“文件名”栏输入断点文件的文件名，如“PARTBRK1”。

⑥ 按 Enter 键，系统将自动建立一个名为“PARTBRK1. BP1”的断点文件。

2）恢复断点。恢复加工断点的操作步骤如下：

① 如果在保存断点后，切断了系统电源，则上电后首先应进行回参考点操作，否则直接进入步骤 2）。

② 按 F6 键，弹出如图 3-75 所示对话框。

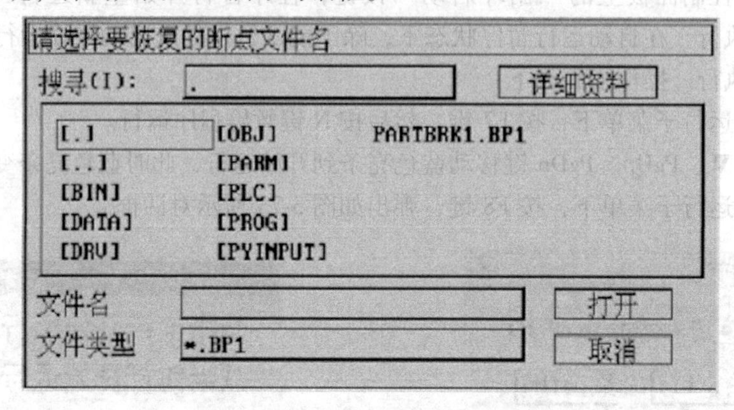

图 3-75 选择要恢复的断点文件名

③ 选择要恢复的断点文件路径及文件名，如当前目录下的“PARTBRK1. BP1”。

④ 按 Enter 键，系统会根据断点文件中的信息，恢复中断程序运行时的状态，并弹出如图 3-76 或图 3-77 所示对话框。

⑤ 按 Y 键，系统自动进入 MDI 方式。

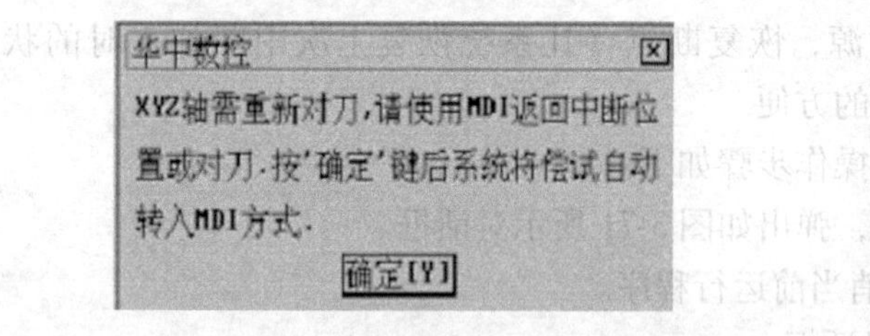

图 3-76 需要重新对刀

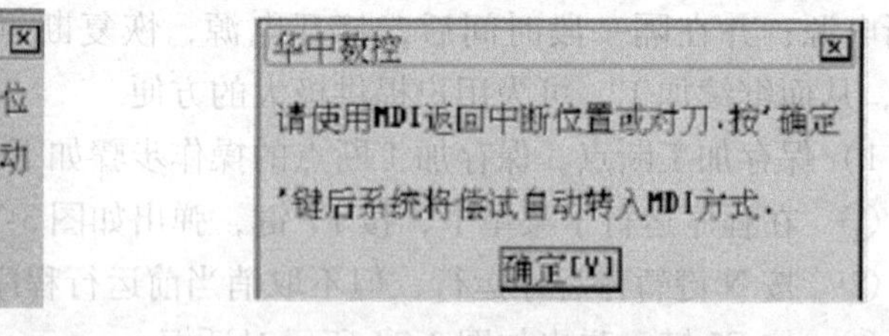

图 3-77 需要返回断点

3）定位至加工断点。如果保存断点后，移动过某些坐标轴，要继续从断点处加工，必须先定位至加工断点：

① 手动移动坐标轴到断点位置附近，并确保在机床自动返回断点时不发生碰撞。

② 在 MDI 方式子菜单下按 F4 键，自动将断点数据输入 MDI 运行程序段。

③ 按“循环启动”键启动 MDI 运行，系统将移动刀具到断点位置。

④ 按 F10 键退出 MDI 方式。

⑤ 按机床控制面板上的“循环启动”键即可继续从断点处加工了。

4）重新对刀。在保存断点后，如果工件发生过偏移需重新对刀，可使用本功能，重新对刀后继续从断点处加工：

① 手动将刀具移动到加工断点处。

② 在 MDI 方式子菜单下按 F5 键，自动将断点处的工作坐标输入 MDI 运行程序段。

③ 按“循环启动”键，系统将修改当前工件坐标系原点，完成对刀操作。

④ 按 F10 键退出 MDI 方式。

⑤ 按机床控制面板上的“循环启动”键，即可继续从断点处加工。

八、图形显示与程序校验

在一般情况下（除编辑功能子菜单外），按 F9 键，将弹出如图 3-78 所示的显示方式菜单。

在显示方式菜单下，可以设置显示模式、显示值、显示坐标系、图形放大倍数、夹具中心绝对位置、内孔直径、毛坯大小。

HNC—21T 系统的主显示窗口共有 3 种显示模式可供选择：

1）正文：当前加工的 G 代码程序。

2）大字符：由“显示值”菜单所选显示值的大字符。

3）ZX 平面图形：在 ZX 平面上的刀具轨迹。

（1）正文显示

1）在“显示方式”菜单（图 3-78）中，用▲、▼选中“显示模式”选项。

2）按 Enter 键，弹出如图 3-79 所示显示模式菜单。

图 3-78　显示方式

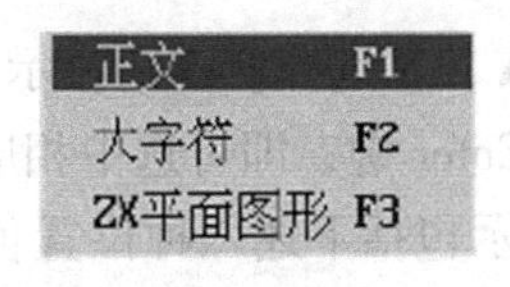

图 3-79　选择显示模式

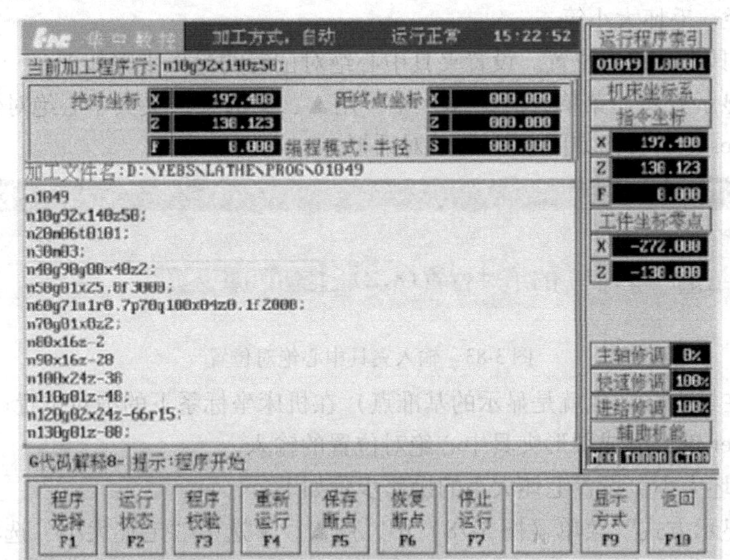

图 3-80　正文显示

3）用▲、▼选择“正文”选项。

4）按 Enter 键，显示窗口将显示当前加工程序的正文，如图 3-80 所示。

（2）坐标系选择　由于指令位置与实际位置依赖于当前坐标系的选择，要显示当前指令位置与实际位置，首先要选择坐标系，操作步骤如下：

1）在“显示方式”菜单（图 3-78）中，用▲、▼选中“坐标系”选项。

2）按 Enter 键，弹出如图 3-81 所示坐标系菜单。

3）用▲、▼选择所需的坐标系选项。

4）按 Enter 键，即可选中相应的坐标系。

（3）位置值类型选择　选好坐标系后，再选择位置值类型：

1）在“显示方式”菜单（图 3-78）中，用▲、▼选中“显示值”选项。

2）按 Enter 键，弹出如图 3-82 所示显示值菜单。

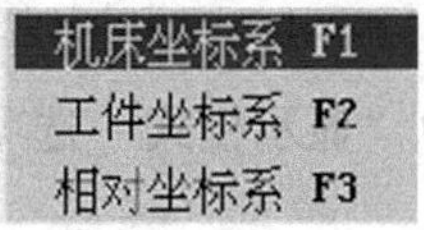

机床坐标系 F1
工件坐标系 F2
相对坐标系 F3

图 3-81　选择坐标系

指令位置 F1
实际位置 F2
剩余进给 F3
跟踪误差 F4
负载电流 F5
补偿值 F6

图 3-82　显示值菜单

3）用▲、▼选择所需的显示值选项。

4）按 Enter 键，即可选中相应的显示值。

位置显示包括下述六种位置值的显示：指令位置（CNC 输出的理论位置）、实际位置（反馈元件采样的位置）、剩余进给（当前程序段的终点与实际位置之差）、跟踪误差（指令位置与实际位置之差）、负载电流和补偿值。

（4）图形显示　要显示 ZX 平面图形，首先应设置好如下图形显示参数：夹具中心绝对位置、内孔直径、毛坯大小等。

1）设置夹具中心绝对位置。设置夹具中心绝对位置的操作步骤如下：

①　在“显示方式”菜单（图 3-78）中，用▲、▼选中“夹具中心绝对位置”选项。

②　按 Enter 键，弹出如图 3-83 所示对话框。

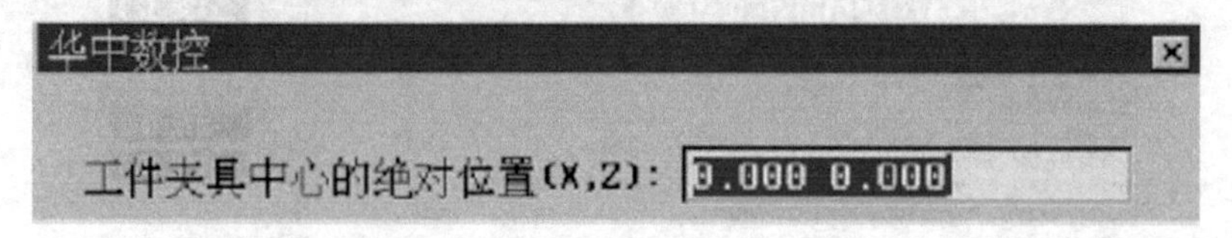

图 3-83　输入夹具中心绝对位置

③　输入夹具中心（也就是显示的基准点）在机床坐标系下的绝对位置。

④　按 Enter 键，完成图形夹具中心绝对位置的输入。

2）设置毛坯大小。设置毛坯大小的操作步骤如下：

①　在“显示方式”菜单（图 3-78）中，用▲、▼选中“毛坯大小”选项。

②　按 Enter 键，弹出图 3-84 所示对话框。

③　依次输入毛坯的外径和长度。

图 3-84　输入毛坯大小

④　按 Enter 键，完成毛坯大小的输入。

注意的是，设置毛坯大小的另外一种方法如下：

①　MDI 运行或手动将刀具移动到毛坯的外顶点。

②　在主菜单下，按 F7（设置毛坯大小）键。

3）设置内孔直径。如果是内孔加工，还需设置毛坯的内孔直径，操作步骤如下：

①　在“显示方式”菜单（图 3-78）中，用▲、▼选中“内孔直径”选项。

②　按 Enter 键，弹出如图 3-85 所示对话框。

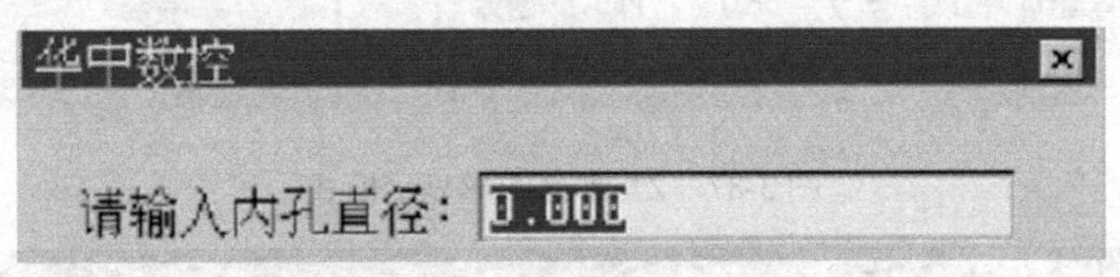

图 3-85　输入毛坯内孔直径

③　输入毛坯的内孔直径。

④　按 Enter 键，完成毛坯内孔直径的输入。

4）设置显示坐标系。设置显示坐标系的操作步骤如下：

①　在“显示方式”菜单（图 3-78）中，用▲、▼选中“显示坐标系设定”选项。

②　按 Enter 键，弹出如图 3-86 所示输入框。

③　输入 0 则显示坐标系形式 X 轴正向朝下，输入 1 则显示坐标系形式 X 轴正向朝上。

④　按 Enter 键，完成显示坐标系的设置。

5）设置图形显示模式。设置图形显示模式的操作步骤如下：

①　在“显示方式”菜单（图 3-78）中，用▲、▼选中“显示模式”选项。

②　按 Enter 键，弹出如图 3-79 所示显示模式菜单。

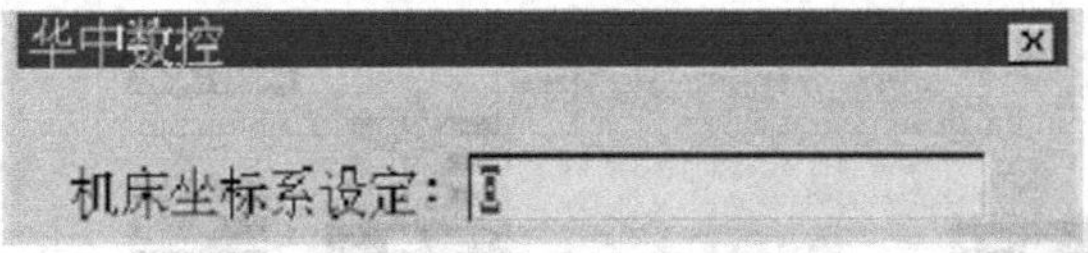

图 3-86　输入显示坐标系形式

③　用▲、▼选择“ZX 平面图形”选项。

④　按 Enter 键，显示窗口将显示 ZX 平面的刀具轨迹，如图 3-87 所示。

6）设置图形放大倍数。设置图形放大倍数的操作步骤如下：

①　在“显示方式”菜单（图 3-78）中，用▲、▼选中“图形放大倍数”选项。

②　按 Enter 键，弹出如图 3-88 所示对话框。

③　输入 X，Z 轴图形放大倍数。

④　按 Enter 键，完成图形放大倍数的输入。

7）运行状态显示。在自动运行过程中，可以查看刀具的有关参数或程序运行中变量的

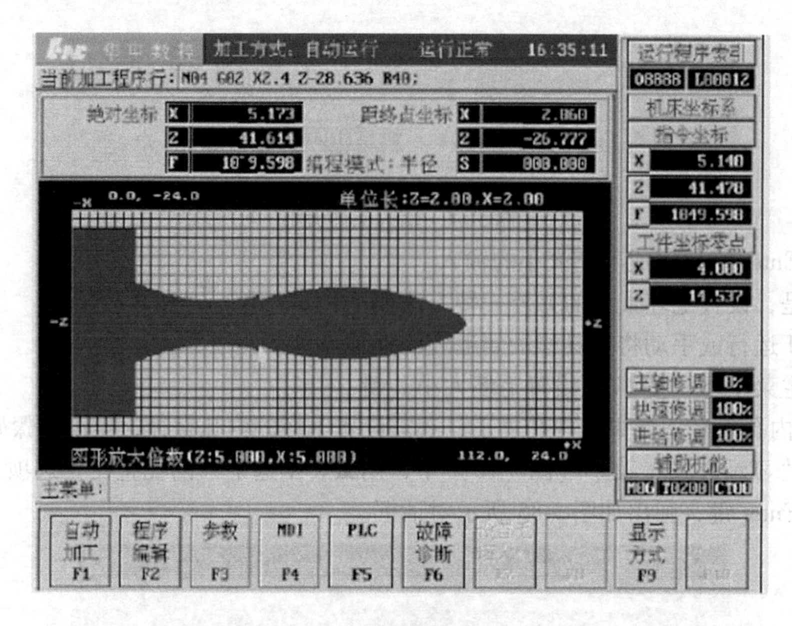

图 3-87　ZX 平面图形显示模式

图 3-88　图形放大倍数

状态，操作步骤如下：

① 在自动加工子菜单下，按 F2 键，弹出如图 3-89 所示行状态菜单；

② 用▲、▼选中其中某一选项，如“系统运行模态”。

③ 按 Enter 键，弹出如图 3-90 所示画面。

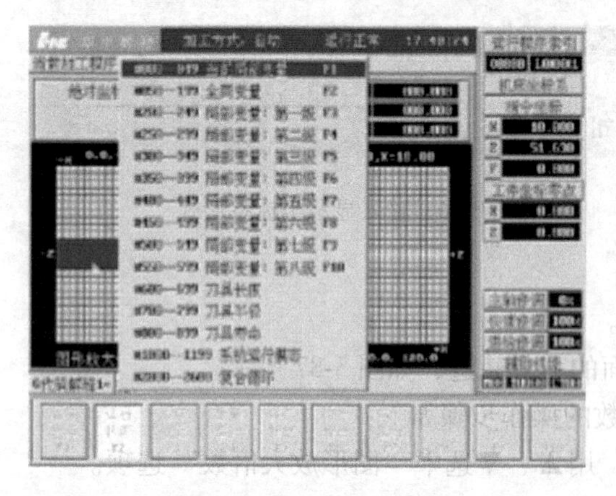

图 3-89　运行状态　　　　图 3-90　系统运行模态

④ 用▲、▼、PgUp、PgDn 可以查看每一子项的值。

⑤ 按 Esc 键则取消查看。

8）程序校验。程序校验用于对调入加工缓冲区的零件进行校验，并提示可能的错误。

程序校验运行的操作步骤如下：

① 调入要校验的加工程序。

② 按机床控制面板上的“自动”按键进入程序运行方式。

③ 在程序运行子菜单（图3-69）下，按F3键，此时软件操作界面的工作方式显示改为“校验运行”。

④ 按机床控制面板上的“循环启动”按键，程序校验开始。

⑤ 若程序正确，校验完后，光标将返回到程序头，且软件操作界面的工作方式显示改回为“自动”，若程序有错，命令行将提示程序的哪一行有错。

注意事项：

① 校验运行时，机床不动作。

② 为确保加工程序正确无误，请选择上述不同的图形显示方式来观察校验运行的结果。

思　考　题

3-1　G代码表示什么功能字？它有什么作用？

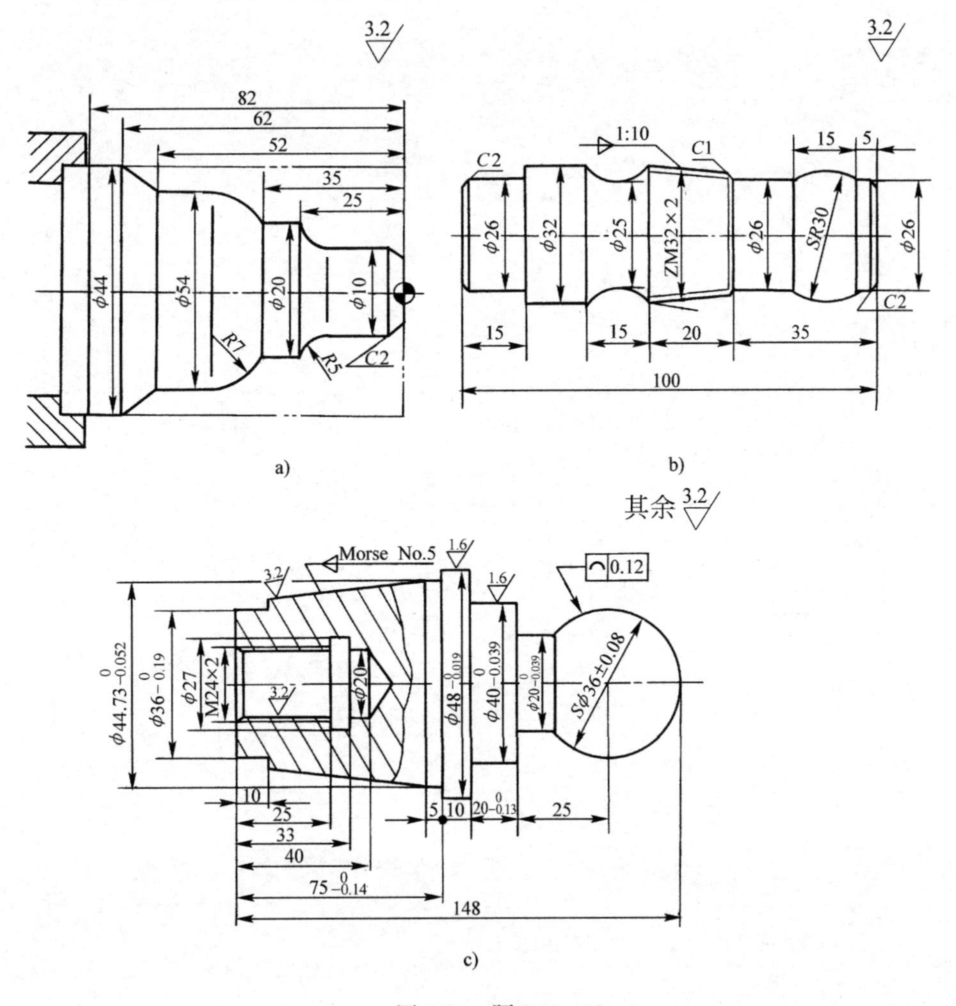

a)　b)　c)

图3-91　题3-12

3-2 试述辅助功能的作用？什么叫前作用 M 功能和后作用 M 功能？

3-3 刀具补偿有哪几种？为什么要进行刀具偏置补偿？刀具偏置补偿有哪两种形式？

3-4 华中（HNC—21/22T）系统有哪几种螺纹切削指令，试述各指令程序段中参数的含义。

3-5 试述华中世纪星（HNC—21/22T）车床数控装置操作台的组成。

3-6 试述华中世纪星（HNC—21/22T）系统机床的手动数据输入（MDI）操作包括哪些内容？

3-7 试述数控车床超程解除的步骤。

3-8 试述华中世纪星（HNC—21/22T）系统自动设置坐标系偏置值的步骤。

3-9 试述华中世纪星（HNC—21/22T）系统自动设置刀具偏置值的操作步骤。

3-10 试述华中世纪星（HNC—21/22T）系统加工断点保存与恢复的操作步骤。

3-11 试述华中世纪星（HNC—21/22T）系统程序校验运行的操作步骤。

3-12 编制图 3-91 所示零件的数控加工程序。

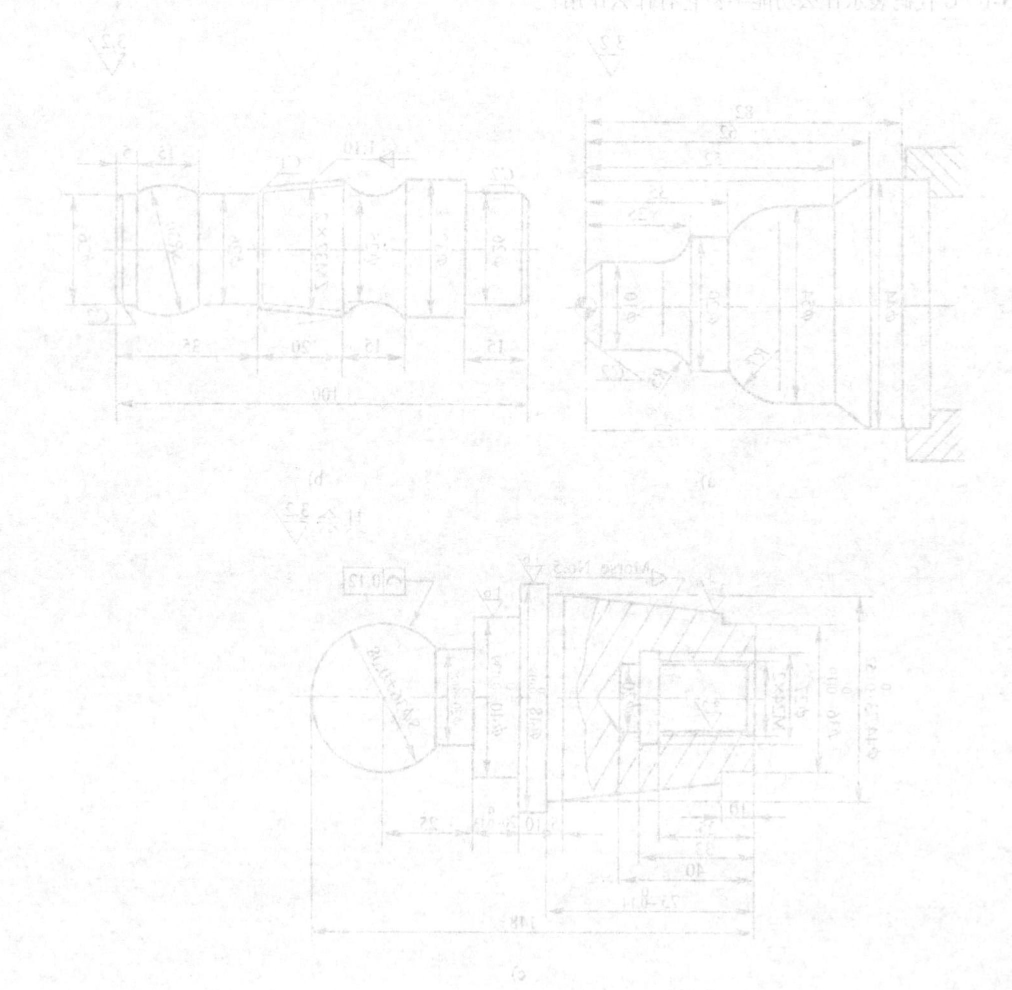

第四章　SIEMENS—802S 系统数控车床实训操作

SIEMENS（西门子）公司是全球生产数控系统的著名厂家，西门子系统在数控机床领域中占有重要的地位和较大的市场分额。本章重点介绍 SIEMENS—802S 系统数控车床的功能、编程及操作。

第一节　SIEMENS—802S 系统数控车床系统功能

一、准备功能

准备功能主要用来指令机床或数控系统的工作方式。与 FANUC 系统一样，SIEMENS—802S 系统的准备功能也用地址符 G 和后面数字表示。具体 G 指令代码见表 4-1。

表 4-1　准备功能 G 指令代码

G 指令	功 能	说 明	G 指令	功 能	说 明
G00	快速定位	运动指令模态有效	☆G60	准确定位	定位性能模态有效
☆G01	直线插补		G64	连续路径方式	
G02	顺时针圆弧插补		G09	准确定位	程序段有效
G03	逆时针圆弧插补		G70	英制尺寸编程	模态有效
G04	暂停指令	非模态指令	☆G71	米制尺寸编程	
G05	中间点圆弧插补	模态有效	☆G90	绝对尺寸编程	模态有效
G33	恒螺距螺纹切削	模态有效	G91	相对尺寸编程	
G74	回参考点	特殊运行程序段方式有效	G94	每分钟进给	模态有效
G75	回固定点		☆G95	每转进给	
G158	可编程零点偏移	写储存器程序段方式有效	G96	恒线速度控制	模态有效
G25	主轴转速下限		☆G97	取消恒线速度控制	
G26	主轴转速上限		☆G450	圆弧过渡	模态有效
G17	加工中心孔时要求	平面选择	G451	等距线交点	
☆G18	*XZ* 平面设定		G22	半径尺寸编程	模态有效
☆G40	刀尖半径补偿取消	刀尖半径补偿模态有效	☆G23	直径尺寸编程	
G41	刀尖半径左补偿		☆G500	取消可设定零点偏移	可设定零点偏移模态有效
G42	刀具半径右补偿		G54	第一可设定零点偏移	
G53	取消可设定零点偏移	程序段有效	G55	第二可设定零点偏移	
			G56	第三可设定零点偏移	
			G57	第四可设定零点偏移	

注：带有☆的记号的 G 代码，在电源接通时，显示此 G 代码；对于 G70、G71，则是电源切断前保留的 G 代码。

二、辅助功能

辅助功能也称 M 功能，主要用来指令操作时各种辅助动作及其状态，如主轴的开、停，冷却液的开关等。SIEMENS—802S 系统 M 指令代码见表 4-2。

表 4-2 辅助功能 M 代码

M 指令	功 能	M 指令	功 能
M00	程序暂停	M05	主轴停转
M01	选择性停止	M06	自动换刀，适应加工中心
M02	主程序结束	M08	切削液开
M03	主轴正转	M09	切削液关
M04	主轴反转	M30	主程序结束，返回开始状态

三、进给功能

进给功能主要用来指令切削的进给速度。对于车床，进给方式可分为每分钟进给和每转进给两种，SIEMENS 系统用 G94、G95 规定。

（1）每转进给指令 G95　在含有 G95 程序段后面，遇到 F 指令时，则认为 F 所指定的进给速度单位为 mm/r。系统开机状态为 G95 状态，只有输入 G94 指令后，G95 才被取消。

（2）每分钟进给指令 G94　在含有 G94 程序段后面，遇到 F 指令时，则认为 F 所指定的进给速度单位为 mm/min。G94 被执行一次后，系统将保持 G94 状态，即使断电也不受影响，直到被 G95 取消为止。

四、主轴转速功能

主轴转速功能主要用来指定主轴的转速，单位为 r/min。

（1）恒线速度控制指令 G96　G96 是接通恒线速度控制的指令。系统执行 G96 指令后，S 后面的数值表示切削线速度。用恒线速度控制车削工件端面、锥度和圆弧时，由于 X 轴不断变化，故当刀具逐渐移近工件旋转中心时，主轴转速会越来越高，工件有可能从卡盘中飞出。为了防止事故，必须限制主轴转速，SIEMENS 系统用 LIMS 来限制主轴转速（FANUC 系统用 G50 指令）。例如：“G96 S200 LIMS = 2500”表示切削速度是 200m/min，主轴转速限制在 2500r/min 以内。

（2）主轴转速控制指令 G97　G97 是取消恒线速度控制的指令。系统执行 G97 指令后，S 后面的数值表示主轴每分钟的转数。例如：“G97 S600”表示主轴转速为 600r/min，系统开机状态为 G97 状态。

五、刀具功能

刀具功能主要用来指令数控系统进行选刀或换刀，SIEMENS 系统用刀具号 + 刀补号的方式来进行选刀和换刀。例如，T2 D2 表示选用 2 号刀具和 2 号刀补（FANUC 系统用 T0202 表示）。

六、程序结构及传输格式

SIEMENS—802S 系统的加工程序，由程序名（号）、程序段（程序内容）和程序结束符三部分组成。802S 系统的程序名由程序地址码“%”表示，开始的两个符号必须是字母，其后的符号可以是字母、数字或下划线，最多为 8 个字符，不得使用分隔符。例如，程序名“% KG18”，其传输格式为：

```
%__N__KG18__MPF
; $PATH =/__N__MPF__DIR
```

第二节　SIEMENS—802S 系统基本编程指令

一、米制和英寸制输入指令 G71/G70

G70 和 G71 是两个互相取代的模态功能，机床出厂时一般设定为 G71 状态，机床的各项参数均以米制单位设定。

二、绝对/相对尺寸编程指令 G90/G91

绝对/增量尺寸编程指令 G90/G91 的程序段格式为：

$$\begin{cases}G90\\G91\end{cases} X\_\_\_\_ Z\_\_\_\_$$

SIEMENS 系统用绝对尺寸编程时，用 G90 指令，指令后面的 X、Z 表示 X 轴、Z 轴的坐标值，所有程序段中的尺寸均是相对于工件坐标系原点的。增量（相对）尺寸编程时，用 G91 指令，执行 G91 指令后，其后的所有程序段中的尺寸均是以前一位置为基准的增量尺寸，直到被 G90 指令取代。系统缺省状态为 G90。

三、直径/半径方式编程指令 G22/G23

数控车床的工件外形通常是旋转体，其 X 轴尺寸可以用两种方式加以指定：直径方式和半径方式。SIEMENS 系统 G23 为直径编程，G22 为半径编程，G23 为缺省值。机床出厂一般设为直径编程。

四、可设置零点偏移指令 G54 ~ G57

编程人员在编写程序时，有时需要知道工件与机床坐标系之间的关系。SIEMENS—802S 车床系统中允许编程人员使用 4 个特殊的工件坐标系，操作者在安装工件后，测量出工件原点相对机床原点的偏移量，并通过操作面板（图 4-41，详述参考第五节），输入到工件坐标偏移存储器中。其后系统在执行程序时，可在程序中用 G54 ~ G57 指令来选择它们。

G54 ~ G57 指令设置的工件原点在机床坐标系中的位置是不变的，在系统断电后也不破坏，再次开机后仍然有效（与刀具的当前位置无关）。

五、取消零点偏移指令 G500、G53

G500 和 G53 都是取消零点偏移指令，但 G500 是模态指令，一旦指定后，就一直有效，直到被同组的 G54 ~ G57 指令取代。而 G53 是非模态指令，仅在它所在的程序段中有效。

六、可编程零点偏移指令 G158

如果工件上在不同的位置有重复出现的形状和结构，或者选用了一个新的参考点，在这种情况下可使用可编程零点偏移指令，由此产生一个当前工件坐标系，新输入的尺寸均是在该坐标系中的数据尺寸。用 G158 指令可以对所有坐标轴编程零点偏移，后面的 G158 指令取代先前的可编程零点偏移指令。如图 4-1 所示，M 点为机床原点，W_1、W_2 和 W_3 分别为工件原点。G158 与 G54 都为零点偏移指令，但 G158 不需要在上述零点偏移窗口的设置，只需在程序中书写 G158 X__Z__程序段，地址 X、Z 后面的数值为偏移的距离。

例 4-1　调用可编程零点偏移指令 G158。

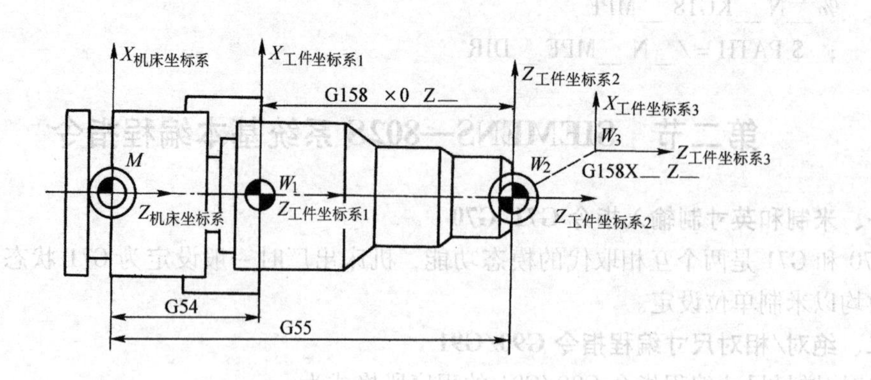

图 4-1 零点偏移指令 G158 举例

应用举例一

N10 G54; 调用第一可设置零点偏移指令，把 M 点偏移至 W_1 点

N20 G158 X0 Z __; 调用可编程零点偏移指令，再把 W_1 点偏移至 W_2 点，则建立了以 W_2 为工件原点的工件坐标系

N30 X __Z __; 加工工件

应用举例二

N10 G55; 调用第二可设置零点偏移指令，把 M 点偏移至 W_2 点，建立以 W_2 为工件原点的工件坐标系

N20 X __ Z __; 加工工件

…

N60 G158 X __ Z __; 调用可编程零点偏移指令，再把 W_2 点偏移至 W_3 点，建立以 W_3 点为工件原点的当前工件坐标系

N70 X __ Z __; 以 W_3 点为工件原点的当前工件坐标系加工工件

…

N100 G500; 取消可编程零点偏移指令

或 N100 G53; 可设定、可编程零点偏移指令一起取消，恢复机床坐标系

七、快速定位指令 G00

G00 指令的程序段格式为：

G00 X __ Z __

G00 是模态（续效）指令，它命令刀具以点定位控制方式从刀具所在点以机床的最快速度移动到坐标系的设定点。它只是快速定位，而无运动轨迹要求。

八、直线插补指令 G01

G01 指令的程序段格式为：

G01 X __ Z __ F __

G01 指令刀具从当前点以 F 指令的进给速度进行直线插补，移至坐标值为 X、Z 的点上；在程序中，G01 与 F 都是模态续效指令，应用第一个 G01 指令时，一定要规定一个 F 指令，在以后的程序段中，若没有新的 F 指令，进给速度将保持不变，所以不必在每个程序段中都写入 F 指令。

九、圆弧插补指令 G02/G03

SIEMENS—802S 系统的圆弧插补编程有下列四种格式：

1）用圆心坐标和圆弧终点坐标进行圆弧插补，其程序段格式为：

$$\left\{\begin{matrix}G02\\G03\end{matrix}\right\}\ X\_\_\ Z\_\_\ I\_\_\ K\_\_\ F\_\_$$

2）用圆弧终点坐标和半径尺寸进行圆弧插补，其程序段格式为：

$$\left\{\begin{matrix}G02\\G03\end{matrix}\right\}\ X\_\_\ Z\_\_\ CR=\_\_\ F\_\_$$

3）用圆心坐标和圆弧张角进行圆弧插补，其程序段格式为

$$\left\{\begin{matrix}G02\\G03\end{matrix}\right\}\ I\_\_\ K\_\_\ AR=\_\_\ F\_\_$$

4）用圆弧终点坐标和圆弧张角进行圆弧插补，其程序段格式为：

$$\left\{\begin{matrix}G02\\G03\end{matrix}\right\}\ X\_\_\ Z\_\_\ AR=\_\_\ F\_\_$$

说明：

1）用绝对尺寸编程时，X、Z 为圆弧终点坐标，用增量尺寸编程时，X，Z 为圆弧终点相对起点的增量尺寸。

2）不论是用绝对尺寸还是用增量尺寸编程，I、K 始终是圆心在 X、Z 轴方向上相对起始点的增量尺寸，当 I、K 为零时可以省略。

3）CR 是圆弧半径，当圆弧所对的圆心角小于等于 180°时，*CR* 取正值当圆心角大于 180°时，*CR* 取负值，*AR* 为圆弧张角。

4）圆弧的顺逆方向参考第三章图 3-6。

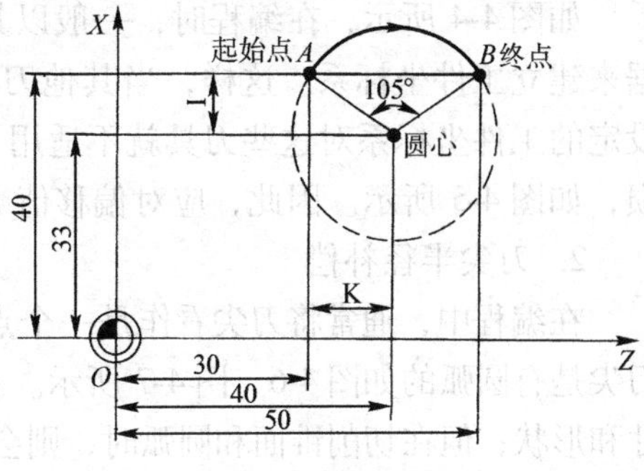

图 4-2　用圆弧插补指令编程

例 4-2　用四种圆弧插补指令编制如图 4-2 所示的加工程序，*A* 为圆弧的起点，*B* 为圆弧的终点。

程序一：

N5　G90　G00　X40　Z30；　　进刀至圆弧的起始点 *A*

N10　G02　X40　Z50　I－7　K10　F100；　　用终点和圆心坐标编程

程序二：

N5　G90　G00　X40　Z30；　　进刀至圆弧的起始点 *A*

N10　G02　X40　Z50　CR＝12. 207　F100；　　用终点和半径编程

程序三：

N5　G90　G00　X40　Z30；　　进刀至圆弧的起始点 *A*

N10　G02　I－7　K10　AR＝105　F100；　　用圆心和张角编程

程序四：

N5　G90　G00　X40　Z30；　　进刀至圆弧的起始点 *A*

N10　G02　X40　Z50　AR＝105　F100；　　用终点和张角编程

十、通过中间点进行圆弧插补指令 G05

G05 程序段格式为：

G05 X __ Z __ IX = __ KZ = __F__

如果不知道圆弧的圆心、半径或张角，但已知圆弧轮廓上三个点的坐标，则可以使用 G05 指令。程序段中 X、Z 为圆弧终点的坐标值，IX、KZ 为中间点在 X、Z 轴上的坐标值，通过起始点和终点之间的中间点位置确定圆弧的方向（见图 4-3）。G05 指令为模态指令，直到被 G 功能组中其他指令（G00、G01、G02、G03、G33）取代为止。

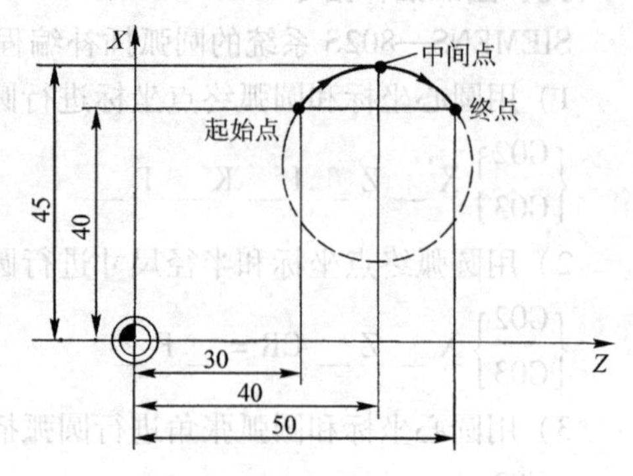

图 4-3　G05 圆弧插补

例 4-3　用 G05 指令编制图 4-3 圆弧的加工程序

N5　G90　G00　X40　Z30；　　　　　进刀至圆弧的起始点 A

NI0　G05　X40　Z50　IX = 45　KZ = 40；　　　圆弧终点和中间点

十一、刀具补偿功能

刀具的补偿包括刀具的偏移和磨损补偿、刀尖半径补偿。

1. 刀具的几何（偏移）、磨损补偿

如图 4-4 所示，在编程时，一般以其中一把刀具为基准，并以该刀具的刀尖位置 A 为依据来建立工件坐标系。这样，当其他刀具转到加工位置时，刀尖的位置 B 就会有偏差，原设定的工件坐标系对这些刀具就不适用了。此外，每把刀具在加工过程中都有不同程度的磨损，如图 4-5 所示。因此，应对偏移值 ΔX、ΔZ 进行补偿，使刀尖位置从 B 移至位置 A。

2. 刀尖半径补偿

在编程中，通常将刀尖看作是一个点，即所谓理想（假设）刀尖，但放大来看，实际上刀尖是有圆弧的如图 4-6、图 4-7 所示。在切削内孔、外圆及端面时，刀尖圆弧不影响加工尺寸和形状；但在切削锥面和圆弧时，则会造成过切或少切现象。此时，可以用刀尖半径补偿功能来消除误差。G41 为刀尖半径左补偿指令，沿进给方向看，刀尖位置在编程轨迹的左边；G42 为刀尖半径右补偿指令，沿进给方向看，刀尖位置在编程轨迹的右边，如图 4-8 所示。

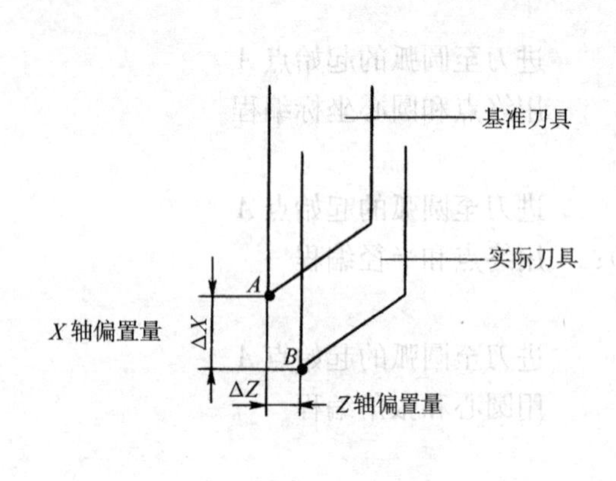

图 4-4　刀具偏移

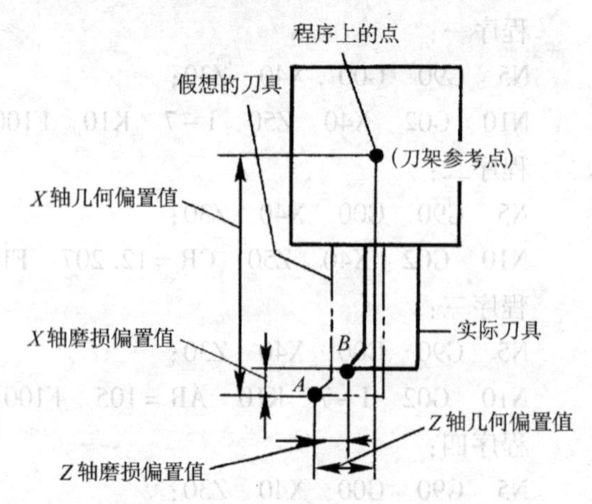

图 4-5　刀具几何偏移与磨损偏移

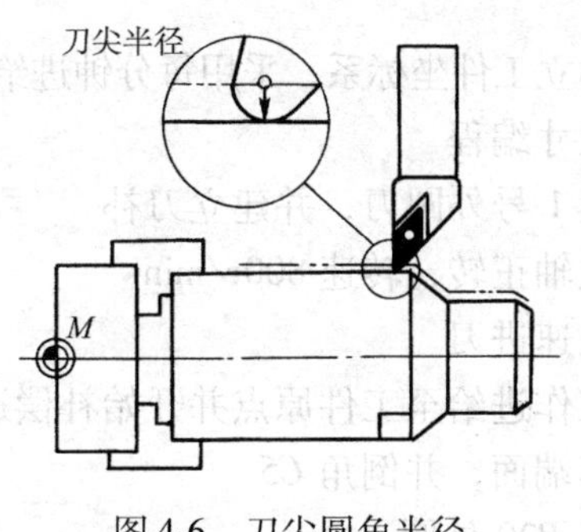

图 4-6　刀尖圆角半径

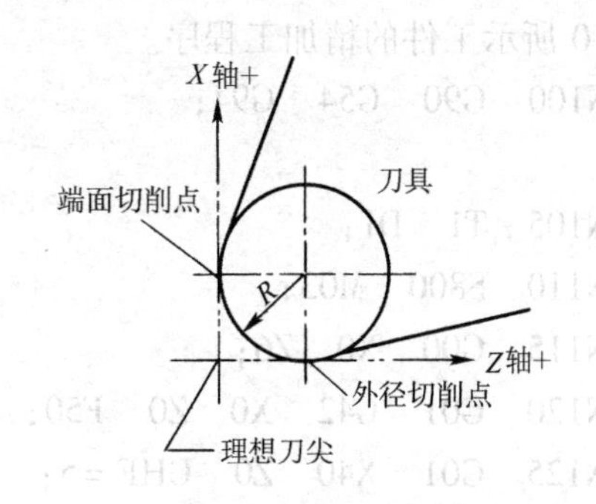

图 4-7　理想刀尖

数控车床总是按刀尖对刀，使刀尖位置与程序中的起刀点重合。刀尖位置方向不同，即刀具在切削时所摆的位置不同，则补偿量与补偿方向也不同。刀尖方位共有 8 种可供选择，见图 4-9 所示，外圆车刀的位置码为 3。

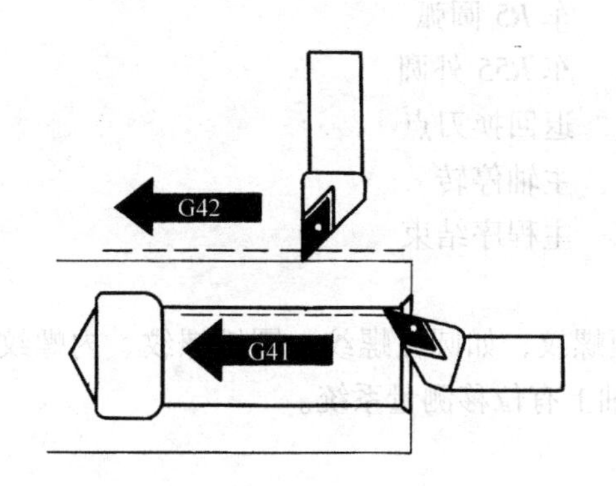

图 4-8　刀尖补偿的方向及代码

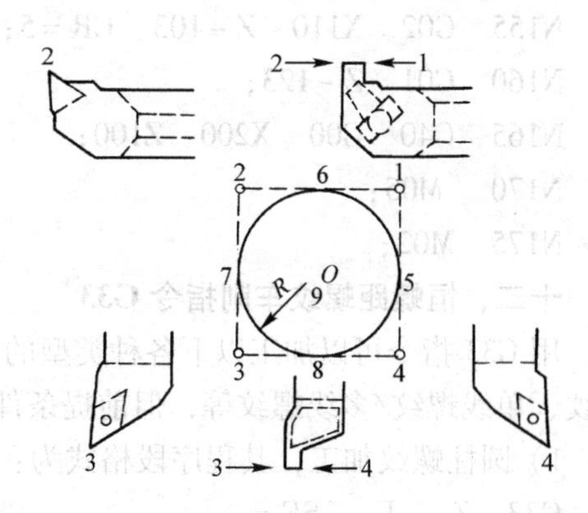

图 4-9　刀尖方位的规定

SIEMENS 系统刀具补偿指令的格式为：刀具号 T + 补偿号 D。一把刀具可以匹配 1 到 9 个不同补偿值的补偿号。例如：T1 D3 表示 1 号刀具选用 3 号补偿值，类似于 FANUC 系统中的 T0103。

3. SIEMENS 系统刀具补偿的几点说明

1）建立补偿和撤消补偿程序段不能是圆弧指令程序段，一定要用 G00 或 G01 指令进行建立或撤消。

2）如刀具号 T 后面没有补偿号 D，则 D1 号补偿自动有效。如果编程时写 D0，则刀具补偿值无效。

3）补偿方向指令 G41 和 G42 可以相互变换，无需在其中再写入 G40 指令。原补偿方向的程序段在其轨迹终点处按补偿矢量的正常状态结束，然后在新的补偿方向开始进行补偿。

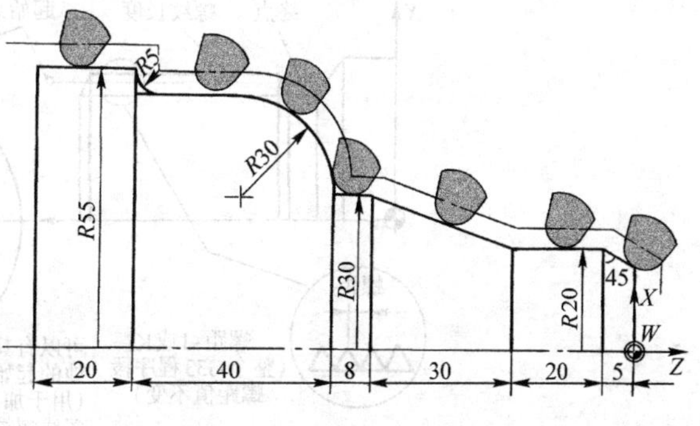

图 4-10　刀尖半径补偿举例

例 4-4　用刀尖半径补偿指令编制如

图 4-10 所示工件的精加工程序。

程序	说明
N100　G90　G54　G94;	建立工件坐标系，采用每分钟进给、绝对尺寸编程
N105　T1　D1;	换 1 号外圆刀，并建立刀补
N110　S800　M03;	主轴正转，转速 800r/min
N115　G00　X0　Z6;	快速进刀
N120　G01　G42　X0　Z0　F50;	工作进给至工件原点并开始补偿运行
N125　G01　X40　Z0　CHF = 5;	车端面，并倒角 C5
N130　Z - 25;	车 R20 外圆
N135　X60　Z - 55;	车圆锥
N140　Z - 63;	车 R30 外圆
N145　G03　X100　Z - 83　CR = 20　F50;	车 R20 圆弧
N150　G01　Z - 98;	车外圆
N155　G02　X110　Z - 103　CR = 5;	车 R5 圆弧
N160　G01　Z - 123;	车 R55 外圆
N165　G40　G00　X200　Z100;	退回换刀点
N170　M05;	主轴停转
N175　M02;	主程序结束

十二、恒螺距螺纹车削指令 G33

用 G33 指令可以加工以下各种类型的恒螺距螺纹，如圆柱螺纹、圆锥螺纹、内螺纹/外螺纹、单线螺纹/多线螺纹等，但前提条件是主轴上有位移测量系统。

1）圆柱螺纹加工，其程序段格式为：

G33　Z＿　K＿　SF = ＿

2）端面螺纹加工，其程序段格式为：

G33　X＿　I＿　SF = ＿

3）圆锥螺纹加工，其程序段格式为：

G33　Z＿　X＿　I＿　　　　锥角大于 45°

G33　Z＿　X＿　K＿　　　　锥角小于 45°

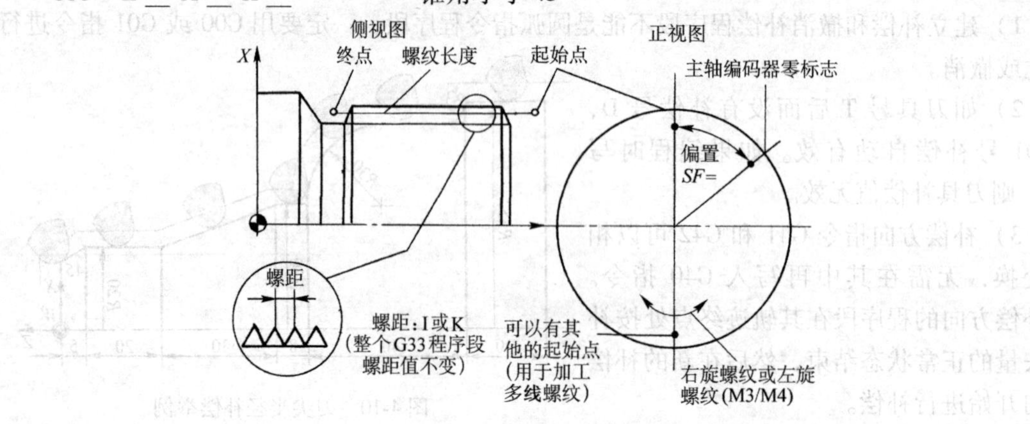

图 4-11　G33 螺纹切削

其中：Z、X 为螺纹终点坐标，K、I 分别为螺距；SF 为起始点偏移量，单线螺纹可不设，加工多线螺纹时要求设置起始点偏移量，加工完一条螺纹后，再加工第二条螺纹时，要求车刀的起始偏移量与加工第一条螺纹的起始点偏移量偏移（转）一定的角度，如图 4-11 所示，也可以使车刀的起始点偏移一个螺距。

例 4-5 编制图 4-12 所示双线螺纹 M24 × 3（P1.5）的加工程序。空刀导入量 $\delta_1 = 3$mm，空刀导出量 $\delta_2 = 2$mm。

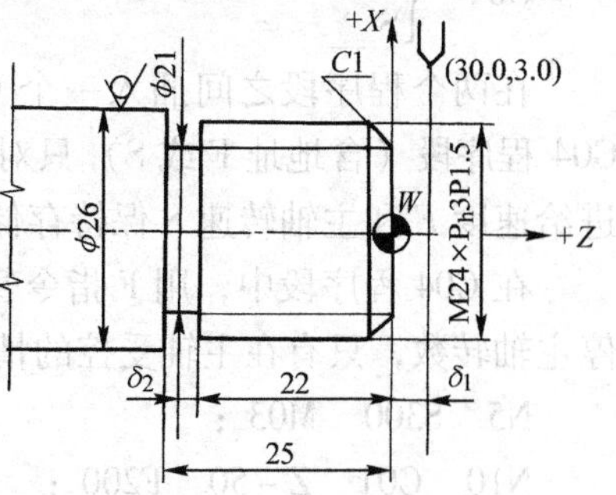

1）计算螺纹小径 d_1。

$d = d - 2 \times 0.62P =$（$24 - 2 \times 0.62 \times 1.5$）mm = 22.14mm

2）确定背吃刀量分布：1mm、0.5mm、0.36mm

3）加工程序如下：

图 4-12 G33 编程举例

```
N100  S300  M03;                 主轴正转，转速 300r/min
N105  T3  D3;                    换 3 号螺纹刀
N110  G00  X23  Z3;              快速进刀至螺纹起点
N115  G33  Z-24 K3  SF=0;        切削第一条螺纹，背吃刀量 1mm
N120  G00  X30;                  X 轴向快速退刀
N125  G00  Z3;                   Z 轴快速返回螺纹起点处
N130  G00  X22.5;                X 轴快速进刀至螺纹起点处
N135  G33  Z-24 K3  SF=0;        切削第一条螺纹，背吃刀量 0.5mm
N140  G00  X30;                  X 轴向快速退刀
N145  G00  Z3;                   Z 轴快速返回螺纹起点处
N150  G00  X22.14;               X 轴快速进刀至螺纹起点处
N155  G33  Z-24 K3  SF=0;        切削第一条螺纹，背吃刀量 0.36mm
N160  G00  X30;                  X 轴向快速退刀
N165  G00  Z3;                   Z 轴快速返回螺纹起点处
N170  G00  X23;                  X 轴快速进刀至螺纹起点处
N175  G33  Z-24 K3  SF=180;      切削第二条螺纹，背吃刀量 1mm
N180  G00  X30;                  X 轴向快速退刀
N185  G00  Z3;                   Z 轴快速返回螺纹起点处
N190  G00  X22.5;                X 轴快速进刀至螺纹起点处
N195  G33  Z-24 K3  SF=180;      切削第二条螺纹，背吃刀量 0.5mm
N200  G00  X30;                  X 轴向快速退刀
N205  G00  Z3;                   Z 轴快速返回螺纹起点处
N210  G00  X22.14;               X 轴快速进刀至螺纹起点处
N215  G33  Z-24 K3  SF=180;      切削第二条螺纹，背吃刀量 0.36mm
N220  G00  X100;                 退回换刀点
N225  G00  Z100;                 退回换刀点
N230  M00;                       程序暂停
```

十三、暂停指令 G04

G04 指令的程序段格式为：

G04 {F __ / S __}

在两个程序段之间插入一个 G04 程序段，可以使加工暂停 G04 程序段所给定的时间。G04 程序段（含地址 F 或 S）只对自身程序段有效，并暂停所给定的时间，在此之前编程的进给速度 *F* 和主轴转速 *S* 保持存储状态。

在 G04 程序段中，用 F 指令暂停进给时间，单位秒（s）；在 G04 程序段中用 S 指令暂停主轴转数，只有在主轴受控的情况下才有效。例如：

N5　S300　M03；	主轴正转，转速 300 r/min
N10　G01　Z－50　F200；	以 200mm/min 的速度进给
N15　G04　F2.5；	暂停进给 2.5 s
N20　G00　X100　Z100；	
N25　G04　S30；	主轴暂停 30 转相当于主轴转速 300r/min，且转速修调开关置于 100% 时，暂停 0.1min
N30；	进给速度和主轴转速继续有效

十四、倒角、倒圆角指令

在一个轮廓拐角处可以插入倒角或倒圆，指令"CHF =……"或者"RND =……"与加工拐角的轴运动指令一起写入到程序段中。

1. 倒角指令 CHF = __ 例如：

N10　G01　X __　Z __　CHF = 2；倒角 2mm

表示直线轮廓之间、圆弧轮廓之间以及直线轮廓和圆弧轮廓之间切入一直线并倒去棱角，程序中 *X*、*Z* 为两直线轮廓的交点 *A* 的坐标，见图 4-13。

2. 倒圆角指令 RND = __ 表示直线轮廓之间、圆弧轮廓之间以及直线轮廓和圆弧轮廓之间切入一圆弧，圆弧与轮廓进行切线过渡。例如，直线与直线之间倒圆角（图 4-14a）：

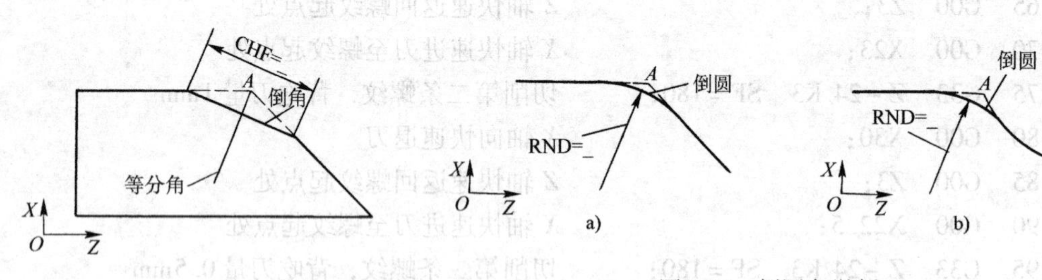

图 4-13　两段直线之间倒角举例

图 4-14　倒圆角举例
a）直线/直线之间倒圆角　b）直线/圆弧之间倒圆角

N10　G01　X __ Z __　RND = 8；	倒圆半径 8 mm
N20　G01　……；	继续走 G01

直线与圆弧之间倒圆角（图 4-14b）：

N50　G01　X __ Z __　RND = 7.3；	倒圆半径 7.3 mm
N60　G03　……；	继续走 G03

注意：程序中 X、Z 为图示轮廓线切线的交点 A 的坐标，如果其中一个程序段轮廓长度不够，则在倒圆或倒角时会自动削减编程值。如果几个连续编程的程序段中有不含坐标轴移动指令的程序段，则不可以进行倒角/倒圆角。

十五、子程序

当在程序中出现重复使用的某段固定程序时，为简化编程，可将这一段程序作为子程序事先存入存储器，以作为子程序调用。

子程序的结构与主程序的结构一样，SIEMENS—802S 系统子程序结束除了用 M17 指令外，还可以用 RET 指令结束子程序。在一个程序中（主程序或子程序）可以直接用程序名调用子程序，子程序调用要求占用一个独立的程序段。例如：

N10　KL785　　　；调用子程序 KL785

N20　AA1　　　　；调用子程序 AA1

如果要求多次连续地执行某一子程序，必须在所调用子程序的程序名后，用地址字符 P 写下调用次数，最大次数可以为 9999。例如：N10　KL785　P3 表示调用子程序 KL785，运行 3 次。子程序不仅可以从主程序中调用，也可以从其他子程序中调用，这个过程称为子程序的嵌套。802S 系统子程序的嵌套深度可以为三层。

十六、切槽循环 LCYC93 指令

循环是指用于特定加工过程的工艺子程序，一般应用于切槽、轮廓切削或螺纹车削等编程量较大的加工过程。循环在用于上述加工过程时只要改变相应的参数，进行少量的编程即可。调用一个循环之前，必须对该循环的传递参数已经赋值。循环结束后传递参数的值保持不变。

使用加工循环时，编程人员必须事先保留参数 R100 ~ R249，保证这些参数只用于加工循环而不被程序中的其他地方使用。在调用循环之前，直径尺寸指令 G23 必须有效，否则系统会报警。如果在循环中没有设定 F 指令、S 指令和 M03 指令等，则在加工程序中必须设定这些指令。循环结束以后 G00、G90、G40 指令一直有效。

在圆柱形工件上，不管是进行纵向加工还是进行横向加工均可以利用切槽循环 LCYC93 指令对称加工出切槽，包括外部切槽和内部切槽。在调用切槽循环 LCYC93 指令之前必须激活用于进行加工的刀具补偿参数，且切槽刀完成对刀过程。切槽循环 LCYC93 指令的参数如图 4-15 所示。它们的含义见表 4-3。

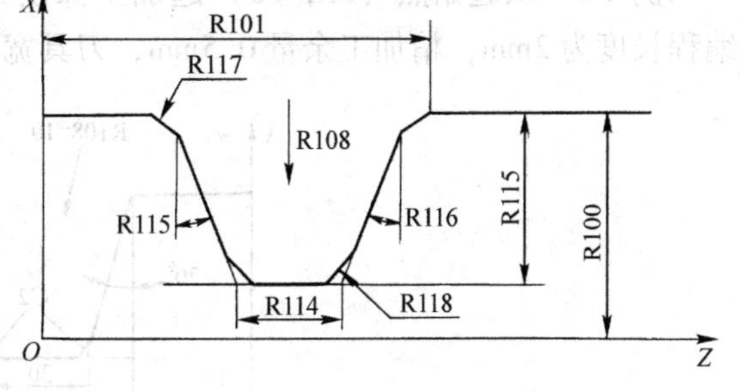

图 4-15　纵向加工时切槽循环参数

表 4-3　切槽循环 LCYC93 参数

参数	含义及数值范围	说　明
R100	横向（X 向）坐标轴切槽起始点直径	
R101	纵向（Z 向）坐标轴切槽起始点	
R105	加工方式，数值 1 ~ 8（含义见表 4-4）	

（续）

参数	含义及数值范围	说　明
R106	切槽粗加工时预留的精加工余量，无符号	
R107	刀具宽度，无符号	实际刀具宽度不能大于该参数
R108	每次切入深度，无符号	每次切入深度，刀具上提1mm，以便断屑
R114	槽底宽度（不考虑倒角），无符号	
R115	槽深，无符号	
R116	切槽斜度，无符号，范围：0°~89.999°	值为0时，表明与轴平行切槽（矩形槽）
R117	槽沿倒角长度	
R118	槽底倒角长度	
R119	槽底停留时间	

表4-4　切槽加工方式参数R105

数值	纵向/横向	外部/内部	起始点位置
1	纵向	外部	左边
2	横向	外部	左边
3	纵向	内部	左边
4	横向	内部	左边
5	纵向	外部	右边
6	横向	外部	右边
7	纵向	内部	右边
8	横向	内部	右边

例4-6　从起始点（35，60）起加工深度为25mm，宽度为30mm的切槽，槽底倒角的编程长度为2mm，精加工余量0.5mm，刀具宽度为4mm（见图4-16）。

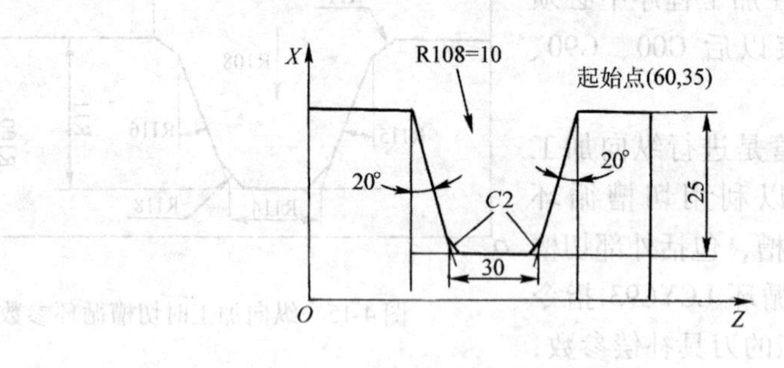

图4-16　切槽循环举例

N10　G00　G90　X100　Z100　T2　D1　G23；	选择起始位置，换2号刀，直径编程
N20　S400　M03；	主轴正转，转速400r/min
N30　G95　F0.3；	采用转进给，进给量0.3mm/r
R100 = 35；	切槽起始点直径35mm（X向）
R101 = 60；	切槽起始点Z坐标60（Z向）
R105 = 5；	切槽方式：纵向、外部、从右往左切
R106 = 0.1；	精加工余量0.1mm（半径值）

```
R107 =4;                      切槽刀宽 4mm
R108 =2;                      每次切入深度 2mm
R114 =30;                     槽宽 30mm
R115 =25;                     槽深 25mm（半径值）
R116 =20;                     切槽斜角 20°
R117 =0;                      槽沿倒角为 0
R118 =2;                      槽底倒角 2mm
R119 =1;                      槽底停留时间：主轴转 1 转
N40 LCYC93;                   切槽循环
N50 G90 G00 X100 Z100;        退回至起始位置（X100、Z100）
N60 M02;                      主程序结束
```

十七、毛坯切削（轮廓）循环指令 LCYC95

LCYC95 指令可沿坐标轴平行方向加工由子程序编程的轮廓循环，通过变量名调用子程序，可以进行纵向和横向加工，也可以进行内外轮廓的加工。

在 LCYC95 指令中可以选择不同的切削工艺方式：粗加工、精加工或者综合加工。只要刀具不会发生碰撞就可以在任意位置调用此循环指令。这是一种非常实用的循环指令，可以大大简化编程工作量，并且在循环过程中没有空切削。LCYC95 轮廓循环参数见表 4-5。

表 4-5　LCYC95 循环参数

参数	含义及数字范围	参数	含义及数字范围
R105	加工方式：数值 1 ~ 12	R110	粗加工退刀量
R106	精加工余量，无符号	R111	粗加工进给速度
R108	背吃刀量		
R109	粗加工切入角	R112	精加工进给速度

R105 为加工方式参数，纵向加工时，进刀方向总是沿着 Z 轴方向进行；横向加工时，进刀方向则沿着 X 轴方向进行，见表 4-6。

表 4-6　切削加工方式

数值	纵向/横向	外部/内部	粗加工/精加工/综合加工
1	纵向	外部	粗加工
2	横向	外部	粗加工
3	纵向	内部	粗加工
4	横向	内部	粗加工
5	纵向	外部	精加工
6	横向	外部	精加工
7	纵向	内部	精加工
8	横向	内部	精加工
9	纵向	外部	综合加工

（续）

数值	纵向/横向	外部/内部	粗加工/精加工/综合加工
10	横向	外部	综合加工
11	纵向	内部	综合加工
12	横向	内部	综合加工

工件外形轮廓，可通过变量＿CNAME 名下的子程序来调用。轮廓由直线或圆弧组成，并可以插入圆角和倒角。编程的圆弧段最大可以为四分之一圆。加工轮廓不能有凹处，否则系统将报警。循环开始之前，刀具所达到的位置必须保证从该位置回轮廓起始点时不发生刀具碰撞。轮廓的编程方向必须与精加工时所选择的加工方向相一致。

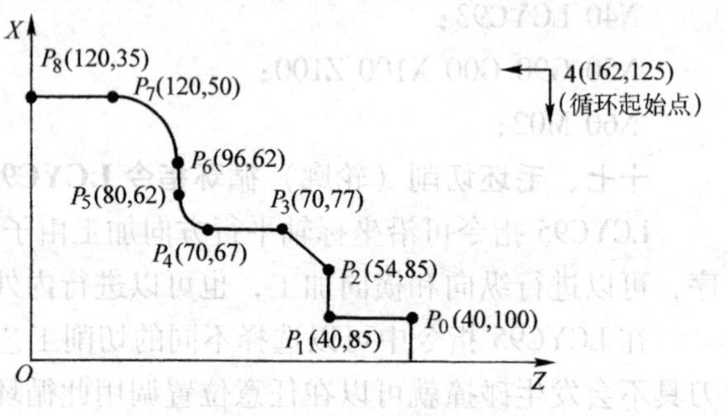

图 4-17 轮廓加工举例

例 4-7 图 4-17 所示的轮廓加工方式为“纵向、外部综合加工”，粗加工背吃刀量为 1.5mm（半径值），精加工余量为 0.3 mm（半径值），进刀角度为 7°。*P* 点为循环加工起始点（由系统内部计算），P_0 点为轮廓起始点，P_8 点为轮廓终点。调用 LCYC95 轮廓循环指令编制加工程序。

N10 G90 G54 G95 G71；	采用 G54 工件坐标系，用绝对尺寸编程，转进给，米制编程
N20 T1 D1 G23 S500 M03；	换 1 号刀，直径编程，主轴正转，转速 500mm/min
N30 G00 X162 Z125；	调用循环之前无碰撞快进至循环起始点，
_CNAME = “TESK”	轮廓循环子程序名
R105 = 9；	纵向，综合加工
R106 = 0.3；	精加工余量 0.3mm（半径值）
R108 = 1.5；	粗加工背吃刀量 1.5mm（半径值）
R109 = 7；	粗加工切入角 7°
R110 = 2；	粗加工退刀量 2 mm（半径值）
R111 = 0.4；	粗加工进给率 0.4mm/r
R112 = 0.2；	精加工进给率 0.2mm/r
N40 LCYC95；	调用轮廓循环
N50 G00 G90 X162；	沿 *X* 轴快退回循环起始点
N60 Z125；	沿 *Z* 轴快退回循环起始点
N70 M30；	主程序结束
TESK	子程序名
N10 G01 X40 Z100；	工作进给至轮廓起始点 P_0
N20 Z85；	工作进给至轮廓起始点 P_1
N30 X54；	工作进给至轮廓起始点 P_2

N40　X70　Z77；　　　　　　工作进给至轮廓起始点 P_3

N50　Z67；　　　　　　　　　工作进给至轮廓起始点 P_4

N60　G02　X80　Z62　CR=5；工作进给至轮廓起始点 P_5

N70　G01　X96　Z62；　　　工作进给至轮廓起始点 P_6

N80　G03　X120　Z50　CR=12；工作进给至轮廓起始点 P_7

N90　G01　Z35；　　　　　　工作进给至轮廓起始点 P_8

N100　M17；　　　　　　　　子程序结束

综合加工的缺点是粗、精车主轴的转速相同。对于加工方式为“横向、外部轮廓加工”，即R105=2，则必须按照从 P_8（120，35）到 P_0（40，100）的方向编程。

十八、螺纹切削循环指令LCYC97

螺纹切削循环也是一种非常实用的循环编程指令，它可以按纵向或横向加工圆柱螺纹、圆锥螺纹、外螺纹或内螺纹，既能加工单线螺纹又能加工多线螺纹。背吃刀量可自动设定。在螺纹加工期间，进给修调开关和主轴修调开关均无效。

1. LCYC97螺纹循环参数（见图4-18、表4-7）

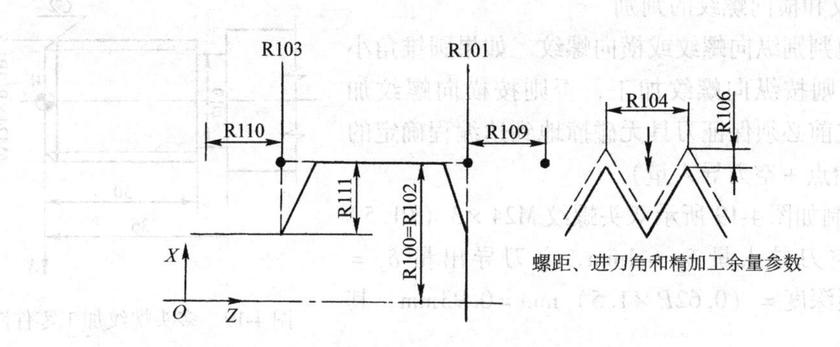

图4-18　螺纹切削循环参数示意图

表4-7　LCYC97螺纹循环参数表

参数	含义及数值范围	参数	含义及数值范围
R100	螺纹起始点直径（X向）	R109	空刀导入量，无符号
R101	螺纹纵向起始点坐标（Z向）	R110	空刀退出量，无符号
R102	螺纹终点直径（X向）	R111	螺纹深度，无符号
R103	螺纹纵向终点坐标（Z向）	R112	起始点偏移，无符号
R104	螺纹导程值，无符号	R113	粗切削次数，无符号
R105	加工类型：数值1（外螺纹），数值2（内螺纹），	R114	螺纹线数，无符号
R106	精加工余量，无符号		

1）R100、R101：螺纹起始点直径参数。它分别用于确定螺纹在 X 轴和 Z 轴方向上的起点。

2）R102、R103：螺纹终点直径参数。它分别用于确定螺纹在 X 轴和 Z 轴方向上的终点。若是圆柱螺纹，则其中必有一个数值和R100或R101相同。

3）R104：螺纹导程参数。它用于确定螺纹的导程，不含符号。

4）R105：加工方式参数。R105 = 1，加工外螺纹；R105 = 2，加工内螺纹。若该参数编程了其他数值，则循环中断，并给出报警：61002（加工方式错误编程）。

5）R106：精加工余量参数。精加工余量是指粗加工之后的切削余量。螺纹深度减去参数 R106 设定的精加工余量后剩下的部分划分为几次粗切削进给。

6）R109、R110：空刀导入量参数、空刀导出量参数。由于车螺纹起始时有一个加速过程，结束前有一个减速过程。在这段距离中，螺距不可能保持均匀。因此车螺纹时，为避免因车刀升降速而影响螺距的稳定，两端必须设置足够的空刀导入量和空刀导出量。

7）R111：螺纹深度参数。螺纹牙型原始三角形高度可按经验公式 $H = 0.62P$ 计算。

8）R112：起始点偏移参数。该参数编程一个角度值，由该角度确定第一条螺纹线的切入点位置，即螺纹的加工起始点。参数范围：0.0001°～359.999°，没有特殊要求 R112 = 0。

9）R113：粗切削次数参数。根据参数 R106 和 R111 自动地计算出每次粗车的进刀深度。

10）R114：螺纹线数参数。该参数确定螺纹头数，螺纹头数应对称地分布在工件圆周。

2. 纵向螺纹和横向螺纹的判别

循环自动地判别纵向螺纹或横向螺纹。如果圆锥角小于或等于 45°，则按纵向螺纹加工，否则按横向螺纹加工。调用循环之前必须保证刀具无碰撞地到达编程确定的位置（螺纹起始点 + 空刀导入量）。

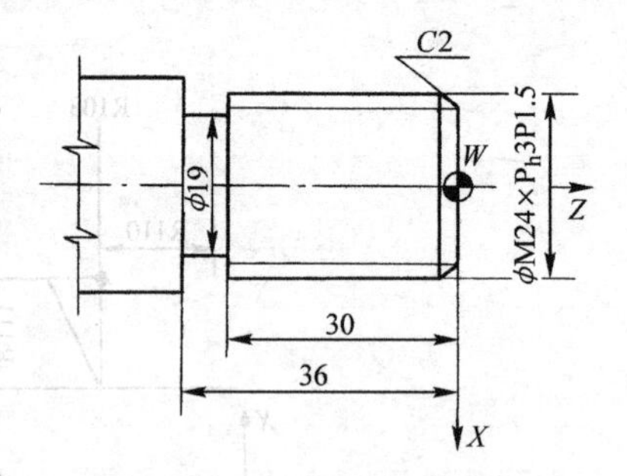

图 4-19　多头螺纹加工零件图

例 4-8　编制如图 4-19 所示双头螺纹 M24 ×3（P1.5）的加工程序。空刀导入量 δ_1 = 4mm，空刀导出量 δ_2 = 3mm，螺纹牙型深度 =（0.62P ×1.5）mm = 0.93mm，其加工程序为：

N10　G54　G90　G95　F0.3　T1　D1　S600　M03；	采用 G54 工件坐标系，绝对值编程，转进给，主轴正转
N20　G00　X100　Z100；	编程的起始位置
R100 = 24；	螺纹起点直径 24mm
R101 = 0；	螺纹轴向起点坐标 0
R102 = 24；	螺纹终点直径 24mm
R103 = −30；	螺纹轴向终点 Z 坐标 −30
R104 = 3；	螺纹导程 3mm
R105 = 1；	螺纹加工类型，外螺纹
R106 = 0.1；	螺纹精加工余量 0.1mm（半径值）
R109 = 4；	空刀导入量 4mm
R110 = 3；	空刀导出量 3mm
R111 = 0.93；	螺纹牙深度 0.93mm（半径值）
R112 = 0；	螺纹起始点偏移
R113 = 8；	粗切削次数 8 次
R114 = 2；	螺纹线数

```
N30  LCYC97;                      调用螺纹切削循环
N40  G00  X100  Z100;             循环结束后返回起始点
N50  M05;                         主轴停转
N60  M02;                         程序结束
```

十九、计算参数 R

在系统中共有 250 个计算参数可供使用，其中 R0 ~ R99 可以自由使用，R100 ~ R249 为加工循环传递参数。如在程序中没有使用加工循环，则这部分计算参数也同样可以自由使用。

计算参数的赋值范围为 ±（0.000 0001 ~99 999 999）。例如：R1 =20，表示给 R1 参数赋值为 20。如在程序中出现 G91　G01　Z = R1，就表示沿 Z 轴直线移动 20mm。

一个程序段中可以有多个赋值语句，也可以用计算表达式赋值。通过给其他的 NC 地址分配计算参数或参数表达式，可以增加 NC 程序的通用性。除地址 N、G 和 L 外，可以用数值、算术表达式或 R 参数对任意 NC 地址赋值。赋值时在地址符之后写入符号“=”，赋值语句也可以赋值“负”号。给坐标轴地址（运行指令）赋值时，要求有一独立的程序段，例如，N10　G00　X = R2；给 X 轴赋值。

在计算参数时也遵循通常的数学运算规则。圆括号内的运算优先进行。另外，乘法和除法运算优先于加法和减法运算，角度计算单位为度。例如：

```
N10  R1 = R1 + 1;                  由原来的 R1 加上 1 后得到新的 R1
N20  R1 = R2 + R3  R4 = R5 - R6
     R7 = R8 * R9  R10 = R11/R12;
N30  R13 = SIN (25.3);             R13 等于正弦 25.3 度
N40  R14 = R1 * R2 + R3;           乘法和除法运算优先于加法和减法运算
     R14 = (R1 * R2) + R3;
N50  R14 = R3 + R2 * R1;           与 N40 一样
N60  R15 = SQRT (R1 * R1 + R2 * R2);   意义等于 R15 = √(R1² + R2²)
```

二十、程序跳转

加工程序在运行时是以输入的顺序来执行的，但有时程序需要改变执行顺序，这时可应用程序跳转指令，以实现程序的分支运行。实现程序跳转需要跳转目标和跳转条件两个要素。

跳转目标只能是有标记符的程序段，此程序段必须位于该程序内，标记符可以自由选取，但必须由 2 个以上字母或数字组成，其中开始两个符号必须是字母或下划线。跳转目标程序段中标记符后面必须为冒号，标记符位于程序段段首，如果程序段有段号，则标记符紧跟着段号。

程序跳转包括绝对跳转和有条件跳转，跳转指令要求一个独立的程序段。用 IF——条件语句表示有条件跳转，其程序段格式为：

IF（条件）GOTOF（标记符）；向前跳转

或 IF（条件）GOTOB（标记符）；向后跳转

在加工非圆曲面时，系统没有定义指令，这就需要借助计算参数 R，并应用程序跳转等手段来完成曲面的加工。

例 4-9 用跳转指令和 R 参数编制图 4-20 椭圆加工程序，材料为 45 钢，棒料直径为 40mm。

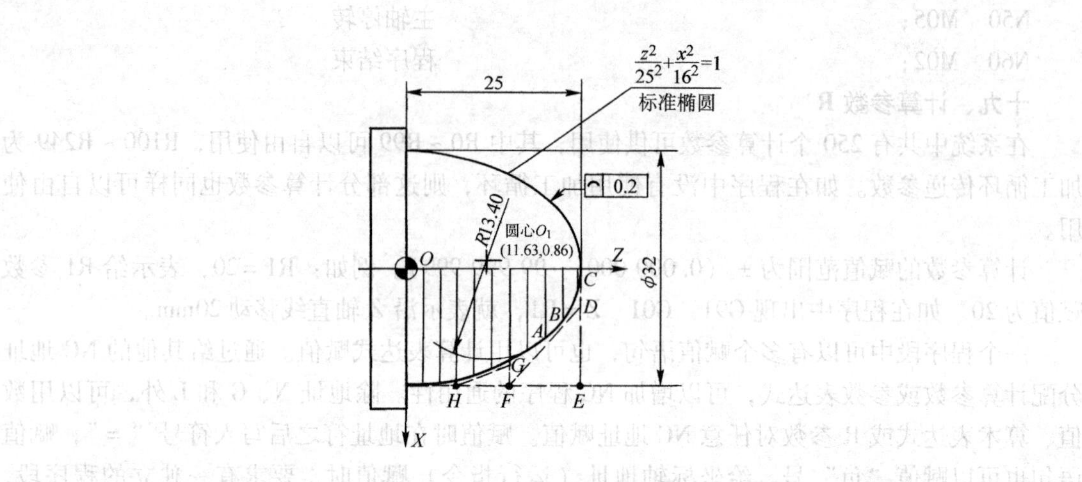

图 4-20 椭圆加工

程序一（编程原点在椭圆的中心 O，用角度作为变量）：

% __N __JY1 __MPF	程序名
; $ PATH = / __N __MPF __DIR	SIEMNS—802S 传输格式
N10 G54 G94 G90;	采用 G54 工件坐标系，绝对值编程，分进给
N20 T1 D1;	换 1 号外圆车刀
N30 S600 M03;	主轴正转，转速 600r/min
N40 R8 = 20;	设置 X 轴偏移值 20mm
N50 MA1: G158 X = R8;	设置标记符 MA1，X 轴采用可编程零点偏移
N60 TYJG1;	调用 TYJG 子程序粗加工椭圆
N70 R8 = R8 - 1;	R8 变量每次减 1，即每次粗加工 X 向背吃刀量 1mm（半径值）
N80 IF R8 > 0. 3 GOTOB MA1;	如工件未加工余量大于 0. 3mm，则返回 MA1 标记处再粗加工
N90 G158;	取消可编程零点偏移
N100 R8 = 0;	X 轴偏移值设置为零
N110 M05 M00;	主轴停转，程序暂停
N120 S1200 M03;	主轴变速，转速 1200r/min
N130 TYJG1;	调用 TYJG 子程序精加工椭圆
N140 G00 X100 Z100;	快退至换刀点
N150 M02;	主程序结束
% __N __TYJG1 __MPF	子程序名
; $ PATH = / __N __MPF __DIR	SIEMNS—802S 传输格式
N10 G90 G00 X0 Z27;	快速进刀

```
N20  G01  Z0  F50;                          工进至椭圆零点
N30  R1=25  R2=16  R3=1  R4=90;             椭圆长轴25，短轴16，起始角1°，总角度90°
N40  MA2: R5=R1*COS(R3);                    设置椭圆长轴（Z向）变量
          R6=2*R2*SIN(R3);                  设置短轴（X向）变量
N50  G01  X=R6  Z=R5  F100;                 用直线插补拟合椭圆曲线
N60  R3=R3+1;                               角度变量每次增加1°
N70  IF  R6>40-2*R8  GOTOF  MA3;            如果刀具在X向超过毛坯直径，返回椭圆
                                            加工起始点，以减少空刀量
N80  IF  R3<=R4  GOTOB  MA2;                如果角度变量小于90°，椭圆未加工完毕，
                                            返回MA2标记处再粗加工
N90  MA3: G91  G00  X2;                     X方向退刀2mm
N100  G90  Z27;                             返回椭圆加工起始点
N110  RET;                                  子程序结束
```

如编程原点在椭圆的右端C点，仍用角度作为变量，则上述子程序为：

```
%_N_TYJG1_MPF                               子程序名
;$PATH=/_N_MPF_DIR                          SIEMNS—802S传输格式
N10  G90  G00  X0  Z2;                      快速进刀
N20  G01  Z0  F50;                          工进至零点
N30  R1=25  R2=16  R3=1  R4=90;             椭圆长轴25，短轴16，起始角1°，总角度90°
N40  MA2: R5=R1*COS(R3);                    设置椭圆长轴（Z向）变量
          R6=2*R2*SIN(R3);                  设置短轴（X向）变量
N50  G01  X=R6  Z=-(25-R5)  F100;           用直线插补拟合椭圆曲线
N60  R3=R3+1;                               角度变量每次增加1°
N70  IF  R6>40-2*R8  GOTOF  MA3;            如果刀具在X向超过毛坯直径，返回椭圆
                                            加工起始点，以减少空刀量
N80  IF  R3<=90  GOTOB  MA2;                如果角度变量小于90°，椭圆未加工完毕，
                                            返回MA2标记处再粗加工
N90  MA3: G91  G00  X2;                     X方向退刀2mm
N100  G90  Z2;                              返回椭圆加工起始点
N110  RET;                                  子程序结束
```

程序二（编程原点设在椭圆的中心O，用椭圆长轴Z作为变量）

```
%_N_JY2_MPF                                 程序名
;$PATH=/_N_MPF_DIR                          SIEMNS 802S传输格式
N10  G54  G90  G95  T1  D1;                 采用G54工件坐标系，绝对值编程，转进
                                            给，换1号刀
N20  S600  M03  F0.1;                       主轴正转，转速600r/min，进给率0.1mm/r
N30  R8=20;                                 设置X轴偏移值20mm
N40  MA1: G158  X=R8;                       设置标记符MA1，X轴采用可编程零点偏移
N50  TYJG2;                                 调用TYJG2子程序粗加工椭圆
```

```
N60  R8 = R8 - 1;                          R8 变量每次减 1，即每次粗加工 X 向背吃
                                           刀量 1mm（半径值）
N70  IF  R8 > 0.3  GOTOB  MA1;             如工件未加工余量大于 0.3mm，则返回
                                           MA1 标记处再粗加工
N80  G158;                                 取消可编程零点偏移
N90  R8 = 0;                               X 轴偏移值设置为零
N100  M05  M00;                            主轴停转，程序暂停
N110  S1200  M03;                          主轴变速，转速 1200r/min
N120  G42  G00  X0  Z27;                   刀具半径右补偿
N130  G96  S60  LIMS = 1800;               恒线速度 60m/min，主轴极限转速 1800 r/
                                           min
N140  TYJG2;                               调用 TYJG2 子程序精加工椭圆
N150  G97  G40  G00  X100  Z100;           取消恒线速度、刀具半径补偿，快退回换
                                           刀点
N160  M05;                                 主轴停转
N170  M02;                                 主程序结束
%_N_TYJG2_MPF                              子程序名
;$PATH = /_N_MPF_DIR                       SIEMNS—802S 传输格式
N10  G00  X0  Z27;                         快速进刀
N20  G01  X0  Z25;                         工进至椭圆零点
N30  R1 = 25  R2 = 25 * 25;                椭圆长轴 25
N30  MA2: R3 = 2 * 16 * SQRT (1 - R1 * R1/R2); 椭圆 X 轴变量表达式
或 N30  MA2: R3 = 2 * 16 * SQRT            椭圆 X 轴变量表达式的另一种表示方式
     (1 - R1 * R1/25/25);
N40  G01  X = R3  Z = R1;                  用直线插补拟合椭圆曲线
N50  R1 = R1 - 0.5;                        椭圆长轴 Z 变量每次减 0.5
N60  IF  R3 > 40 - R8 * 2  GOTOF  MA3;     如果刀具在 X 向超过毛坯直径，返回椭圆
                                           加工起始点，以减少空刀量
N70  IF  R1 > = 0  GOTOB  MA2;             如果 Z 变量大于零，椭圆未加工完毕，返
                                           回 MA2 标记处再粗加工
N80  MA3: G91  G00  X2;                    X 方向退刀 2mm
N90  G90  G00  Z27;                        返回椭圆加工起始点
N100  RET;                                 子程序结束
```

如编程原点在椭圆的右端 C 点，仍用椭圆长轴 Z 为变量，则上述子程序为：

```
%_N_TYJG2_MPF                              子程序名
;$PATH = /_N_MPF_DIR                       SIEMNS 802S 传输格式
N10  G00  X0  Z2;                          快速进刀
N20  G01  X0  Z0;                          工进椭圆零点
N30  R1 = 25;                              椭圆长轴 25
```

N40	MA2：R3 = 2 * 16 * SQRT (1 - R1 * R1/25/25)；	椭圆 X 轴变量表达式
N50	G01 X = R3 Z = - (25 - R1)；	用直线插补拟合椭圆曲线
N60	R1 = R1 - 0.5；	椭圆长轴 Z 变量每次减 0.5mm
N70	IF R3 > 40 - R8 * 2 GOTOF MA3；	如果刀具在 X 向超过毛坯直径，返回椭圆加工起始点，以减少空刀量
N80	IF R1 < 0 GOTOF MA3；	如果 Z 变量小于零，椭圆未加工完毕，往下跳转至 MA3 标记，返回起始点
N90	IF R1 < = 25 GOTOB MA2；	如果 Z 变量小于等于 25，椭圆未加工完毕，返回 MA2 标记处再粗加工
N100	MA3：G91 G00 X2；	X 方向退刀 2mm
N110	G90 G00 Z2；	返回椭圆加工起始点
N120	RET；	子程序结束

第三节 典型零件编程与加工实例

综合实例 1 编制如图 4-21 所示零件的加工程序，材料为 45 钢，棒料直径为 40mm。

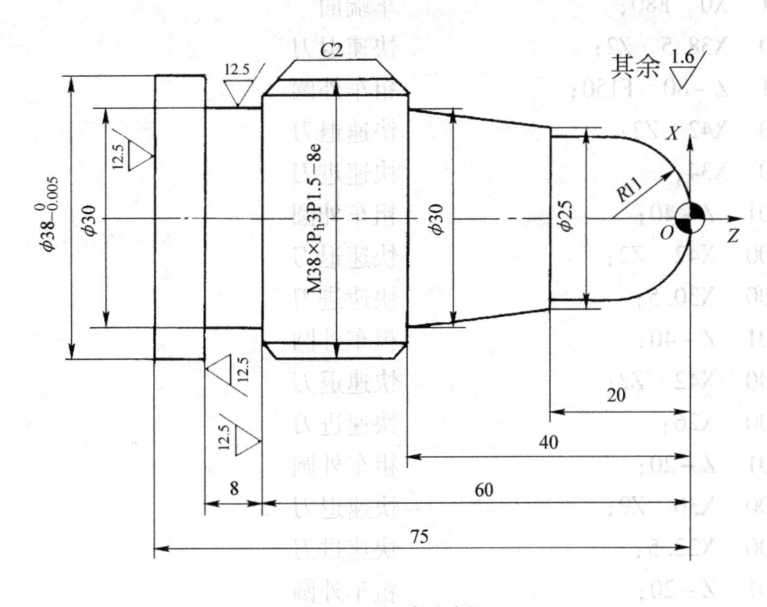

图 4-21 综合实例 1

1. 刀具设置

1 号刀：93°正偏刀；2 号刀：切槽刀（刀宽 4mm）；3 号刀：60°外螺纹车刀。

2. 工艺路线：

1）工件伸出卡盘外 85 mm，找正后夹紧。

2）用 93°外圆刀车工件右端面，粗车外圆至 ϕ38.5 × 80。

3）先车出 ϕ30.5 × 40 圆柱，再车出 ϕ22.5 × 20 圆柱。

4）用车圆法车右端圆弧，车圆锥，分别留 0.5 mm 精车余量。

5）精车外形轮廓至尺寸。

6）切退刀槽，并用切槽刀右刀尖倒出 M38×3 螺纹左端 C2 倒角。

7）换螺纹刀车双头螺纹。

8）切断工件。

3. 相关计算：

1）计算双头螺纹 M38×3（P1.5）的底径：

$d' = d - 2 \times 0.62p = (38 - 2 \times 0.62 \times 1.5)\ \text{mm} = 36.14\text{mm}$

2）确定背吃刀量分布：1mm、0.5mm、0.3、0.06mm

4. 加工程序

程序一：

```
%_N_SL1_MPF                           程序名
;$PATH=/_N_MPF_DIR                     SIEMNS—802S 传输格式
N10  G90  G94  G54;                    采用 G54 工件坐标系，分进给，绝对值编程
N20  S600  M03;                        主轴正转，转速 600r/min
N30  T1  D1  M08;                      换 1 号外圆刀，切削液开
N40  G00  X45  Z0;                     快速进刀
N50  G01  X0  F80;                     车端面
N60  G00  X38.5  Z2;                   快速退刀
N70  G01  Z-80  F150;                  粗车外圆
N80  G00  X42  Z2;                     快速退刀
N90  G00  X34;                         快速进刀
N100  G01  Z-40;                       粗车外圆
N110  G00  X42  Z2;                    快速退刀
N120  G00  X30.5;                      快速进刀
N130  G01  Z-40;                       粗车外圆
N140  G00  X42  Z2;                    快速退刀
N150  G00  X26;                        快速进刀
N160  G01  Z-20;                       粗车外圆
N170  G00  X30  Z2;                    快速退刀
N180  G00  X22.5;                      快速进刀
N190  G01  Z-20;                       粗车外圆
N200  G00  X30  Z2;                    快速退刀
N210  G00  X0;                         快速进刀
N220  G03  X26  Z-11  R=13  F100;      车 R13 圆弧
N230  G00  Z0.5;                       快速退刀
N240  G00  X0;                         快速进刀
N250  G03  X23  Z-11  CR=11.5;         车 R11.5 圆弧
N260  G00  X25.5  Z-18;                快速进刀
```

```
N270  G01  X25.5  Z-20;              进刀
N280  X30.5  Z-40;                   车圆锥
N290  G00  X100  Z100;               快退至换刀点
N295  S1200  M03;                    主轴变速，转速 1200r/min
N300  G00  X2  Z2;                   快速进刀
N310  G01  X0  Z0  F60;              进刀至（0，0）点
N320  G03  X22  Z-11  CR=11;         精车 R11 圆弧
N330  G01  Z-20;                     精车 φ22 外圆
N190  X25;                           精车台阶
N200  X30  Z-40;                     精车圆锥
N210  X34;                           精车台阶
N220  X37.8  Z-42;                   倒角
N230  Z-60;                          精车 M38 螺纹外圆至 φ37.8
N240  X37.975;
N250  Z-80;                          以公差中间值精车 φ38 外圆
N260  G00  X100  Z100;               快退至换刀点
N270  T2  D1;                        换 2 号切槽刀
N280  S420  M03;                     主轴变速，转速 420r/min
N290  G00  X40  Z-64;                快速进刀至（X40，Z-64）
N300  G01  X30.2  F30;               切槽至 φ30.2
N310  G00  X40;                      快速退刀
N320  G00  Z-68;                     向左移动 4mm
N330  G01  X30  F30;                 切槽至 φ30
N340  Z-64;                          向右横拖 4mm，消除切刀接缝线
N350  G00  X40;                      快速退刀
N360  G00  Z-61;                     快速进刀
N370  G01  X34  Z-64  F30;           用切槽刀右刀尖倒 M38 螺纹左端 C2 倒角
N380  G00  X100;                     快退至换刀点
N390  Z100;
N400  T3  D1;                        换 3 号螺纹刀
N410  S600  M03;                     主轴变速，转速 600r/min
N420  G00  X37  Z-34;                快速进刀
N430  LWJG;                          调子程序车第一条螺纹
N440  G00  X36.5;                    快速进刀
N450  LWJG;                          调子程序车第一条螺纹
N460  G00  X36.2;                    快速进刀
N470  LWJG;                          调子程序车第一条螺纹
N480  G00  X36.14;                   快速进刀
N490  LWJG;                          调子程序车第一条螺纹
```

```
N500  G00  X37  Z-35.5;          进刀，与第一条螺纹的起刀点错开一个螺距
N510  LWJG;                      调子程序车第二条螺纹
N520  G00  X36.5;                快速进刀
N530  LWJG;                      调子程序车第二条螺纹
N540  G00  X36.2;                快速进刀
N550  LWJG;                      调子程序车第二条螺纹
N560  G00  X36.14;               快速进刀
N570  LWJG;                      调子程序车第二条螺纹
N580  G00  X100  Z100;           快退至换刀点
N590  T2  D1  S420  M03;         换2号切槽刀，主轴变速，转速420r/min
N600  G00  X42  Z-79;            快速进刀
N620  G01  X0  F30;              切断
N630  G00  X100;
N640  Z100  M09;                 退回换刀点，切削液关
N650  M05;                       主轴停转
N660  M02;                       主程序结束
%LWJG;                           车螺纹子程序
N800  G91  G33  Z-28  K3;        车削螺纹
N810  G00  X10;                  快速退刀
N820  G00  Z28;                  返回
N830  G90;                       换回绝对坐标编程
N840  M17;                       子程序结束
```

程序二（用 LCYC93 切槽循环、LCYC95 毛坯轮廓循环、LCYC97 螺纹切削循环指令编程）：

```
%_N_SL1_MPF                      程序名
; $PATH=/_N_MPF_DIR              SIEMNS—802S 传输格式
N10  G90  G94;                   采用绝对值编程，分进给
N20  S600  M03;                  主轴正转，转速600r/min
N30  G158  X0  Z100;             采用可编程零点偏移
N40  T1  D1  M08;                换1号外圆刀，切削液开
N50  G00  X45  Z0;               快速进刀
N60  G01  X0  F80;               车端面
N70  G00  X38.5  Z2;             快速退刀
N80  G01  Z-80  F100;            车外圆至φ38.5
N90  G00  X45  Z5;               快速退刀
_CNAME="LKJG";                   轮廓循环子程序定义
R105=1;                          加工方式：纵向、外部、粗加工
R106=0.25;                       精加工余量0.25mm（半径值）
R108=1.5;                        粗加工背吃刀量1.5mm（半径值）
```

```
R109 = 7;                            粗加工切入角 7°
R110 = 2;                            粗加工横向退刀量 2 mm（半径值）
R111 = 100;                          粗加工进给率 100mm/min
N100  LCYC95;                        调用轮廓循环
N110  S1200  M03  F50;               主轴变速,转速 1200r/min,精加工进给率 50mm/min
N120  LKJG;                          调用 LKJG 子程序进行轮廓精加工
N130  G00  X100  Z100;               退回换刀点
N140  T2  D1;                        换 2 号切刀
N150  S420  M03  F30;                主轴变速,转速 420 r/min,切槽进给率 30mm/min
N160  G00  Z-64;                     快速进刀
N165  X40;                           快速进刀
R100 = 38;                           切槽起始点直径 38mm（X 向）
R101 = -64;                          切槽起始点 Z 坐标 -64（Z 向）
R105 = 5;                            切槽方式：纵向、外部、从右往左切
R106 = 0.1;                          精加工余量 0.1mm（半径值）
R107 = 4;                            切槽刀宽 4mm
R108 = 1.5;                          每次切入深度 1.5mm（半径值）
R114 = 8;                            槽宽 8mm
R115 = 4;                            槽深 4mm（半径值）
R116 = 0;                            切槽斜角 0°
R117 = 0;                            槽沿倒角为 0°
R118 = 0;                            槽底倒角 0°
R119 = 0;                            槽底停留时间 0°
LCYC93;                              调用切槽循环
N170  G00  X40;                      快速退刀
N180  G00  Z-61;                     快速进刀
N190  G01  X34  Z-64  F30;           用切槽刀右刀尖倒 M38 螺纹左端 C2 倒角
N200  G00  X100;
N210  Z100;                          快退至换刀点
N220  T3  D1;                        换 3 号螺纹刀
N230  S600  M03;                     主轴变速，转速 600r/min
R100 = 38;                           螺纹起点直径 38mm
R101 = -40;                          螺纹轴向起点 Z 坐标 -40
R102 = 38;                           螺纹终点直径 38mm
R103 = -60;                          螺纹轴向终点 Z 坐标 -60
R104 = 3;                            螺纹导程 3mm
R105 = 1;                            螺纹加工类型，外螺纹
R106 = 0.1;                          螺纹精加工余量 0.1mm（半径值）
R109 = 4;                            空刀导入量 4mm
```

```
R110 =3;                          空刀导出量3mm
R111 =0.93;                       螺纹牙深度0.93mm（半径值）
R112 =0;                          螺纹起始点偏移
R113 =8;                          螺纹粗切削次数8次
R114 =2;                          螺纹线数
N240  LCYC97;                     调用螺纹切削循环
N250  G00  X100  Z100;            退回换刀点
N260  T2  D1  S420  M03;          换2号切横刀，主轴变速，转速420r/min
N270  G00  X45  Z-79;             快速进刀
N280  G01  X0  F30;               切断
N290  G00  X100;
N300  Z100  M09;                  退回换刀点，切削液关
N310  M05;                        主轴停转
N320  M02;                        主程序结束
%_N_LKJG_MPF
; $PATH=/_N_MP_DIR                子程序传输格式
N10 G01 X0 Z0;                    轮
N20  G03  X22  Z-11  CR=11;       廓
N30  G01  Z-20;                   加
N40  X25;                         工
N50  X30  Z-40;
N60  X37.8  Z-40  CHF=2;
N70  Z-68;
N80  X37.975;
N90  Z-80;
N100  RET;                        子程序结束
```

综合实例2 编制图4-22所示零件的加工程序，材料为45钢，棒料直径为40mm。

1. 刀具设置

1号刀：93°正偏刀；2号刀：切槽刀（刀宽4mm）；3号刀：60°外螺纹车刀，4号刀：内孔镗刀。

2. 工艺路线

1）夹右端，手动车左端面，用ϕ20mm麻花钻钻ϕ20底孔

2）用1号外圆刀、LCYC95轮廓循环粗精车左端外形轮廓

3）用4号内孔镗刀镗ϕ22内孔

4）调头夹ϕ32外圆，用1号外圆刀车右端面，车对总长，用LCYC95轮廓循环粗精车右端外形轮廓

5）用2号切槽刀、LCYC93切槽循环切ϕ26螺纹退刀槽，并用切槽刀右刀尖倒出M30×1.5螺纹左端C2倒角。

6）用3号螺纹刀、LCYC97螺纹车削循环车M30×1.5螺纹。

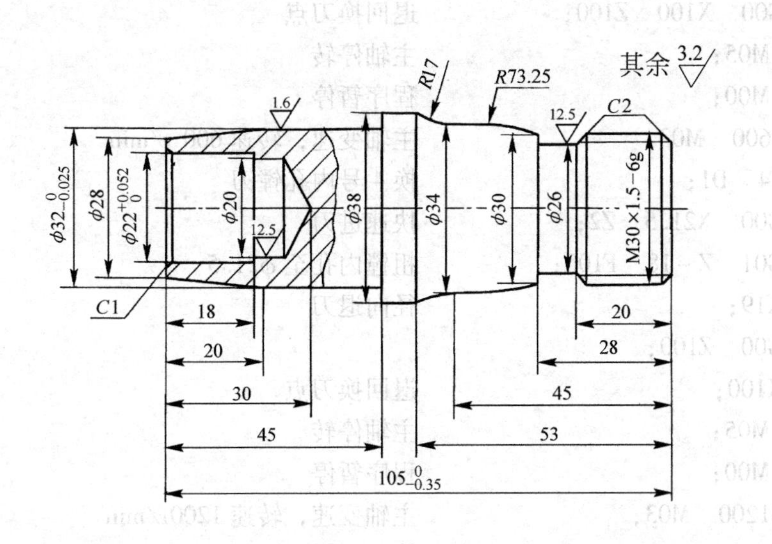

图 4-22　综合实例 2

3. 加工程序

(1) 左端加工主程序

%_N_ZSL2_MPF	左端加工主程序名
;　$ PATH =/_N_MPF_DIR	SIEMNS—802S 传输格式
N10　G94　G90;	采用绝对值编程，分进给，
N20　G158　X0　Z62;	采用可编程零点偏移
N30　S600　M03;	主轴正转，转速 600r/min
N40　T1　D1　M08;	换 1 号外圆刀，切削液开
N50　G00　X45　Z0;	快速进刀
N60　G01　X18　F30;	车端面
N70　G00　X45　Z5;	快速退刀
_CNAME = "ZDWXJG";	轮廓循环子程序定义
R105 = 1;	加工方式：纵向、外部、粗加工
R106 = 0. 25;	精加工余量 0. 25mm（半径值）
R108 = 1. 5;	粗加工背吃刀量 1. 5mm（半径值）
R109 = 7;	粗加工切入角 7°
R110 = 2;	粗加工退刀量 2 mm（半径值）
R111 = 100;	粗加工进给率 100mm/min
LCYC95;	调用轮廓循环
/N80　M05;	主轴停转
/N90　M00;	程序暂停
N100　S1200　M03　T1　D1　F50	主轴变速，转速 1200r/min，调整 1 号刀补值，消除磨损或对刀误差
N105　ZDWXJG;	调用 ZDWXJG 子程序精加工左端外形轮廓

```
N110   G00   X100   Z100;          退回换刀点
/N120   M05;                       主轴停转
/N130   M00;                       程序暂停
N140   S600   M03;                 主轴变速，转速 600 r/min
N150   T4   D1;                    换 4 号内孔镗刀
N160   G00   X21.5   Z2;           快速进刀
N170   G01   Z-18   F100;          粗镗内孔至 φ21.5
N180   X19;                        径向退刀
N190   G00   Z100;
N200   X100;                       退回换刀点
/N210   M05;                       主轴停转
/N220   M00;                       程序暂停
N230   S1200   M03;                主轴变速，转速 1200r/min
N240   G00   X22.026   Z2;         快速进刀
N250   G01   Z-18   F50;           以公差中间值精镗 φ22 内孔
N260   X19;                        径向退刀
N270   G00   Z2;                   轴向退出内孔
N280   X26   Z1;                   快速进刀
N290   G01   X22   Z-1   F30;      倒孔口 C1 倒角
N300   X19;                        径向退刀
N310   G00   Z100;
N320   X100;                       退回换刀点
N330   M05   M09;                  主轴停转，切削液关
N340   M02;                        主程序结束
%_N_ZDWXJG_MPF                     左端外形加工子程序名
;  $PATH=/_N_MPF_DIR               子程序传输格式
N10   G01   X28   Z0;              左端
N20   X31.9875   Z-20;             轮
N30   Z-45;                        廓
N40   X38;                         加
N50   Z-55;                        工
RET;                               子程序结束
```

（2）右端加工主程序（调头装夹）

```
%_N_YSL2_MPF                       右端加工主程序名
;  $PATH=/_N_MPF_DIR               SIEMNS—802S 传输格式
N10   G94   G90;                   采用绝对值编程，分进给
N20   G158   X0   Z60;             采用可编程零点偏移
N30   S600   M3;                   主轴正转，转速 600r/min
N40   T1   D1   M08;               换 1 号外圆刀，切削液开
```

```
N50  G00  X45  Z0;                  快速进刀
N60  G01  X0  F80;                  车端面
N70  G00  X45  Z5;                  快速退刀
_CNAME = "YDWXJG";                  轮廓循环子程序定义
R105 = 1;                           加工方式：纵向、外部、粗加工
R106 = 0.25;                        精加工余量 0.25mm（半径值）
R108 = 1.5;                         粗加工背吃刀量 1.5mm（半径值）
R109 = 7;                           粗加工切入角 7°
R110 = 2;                           粗加工横向退刀量 2 mm（半径值）
R111 = 100;                         粗加工进给率 100mm/min
LCYC95;                             调用轮廓循环
/N80  M05;                          主轴停转
/N90  M00;                          程序暂停
N100  S1200  M03  T1  D1  F50;      主轴变速，转速 1200r/min，调整 1 号刀补值，消
                                    除磨损或对刀误差
N110  YDWXJG;                       调用 YDWXJG 子程序进行右端外形精加工
N120  G00  X100  Z100;              退回换刀点
/N130  M05;                         主轴停转
/N140  M00;                         程序暂停
N150  S420  M03  F30;               主轴变速，转速 420r/min，
N160  T2  D1;                       换 2 号切刀
N170  G00  Z-24;                    快速进刀
N180  X33;                          快速进刀
R100 = 30;                          切槽起始点直径 30mm（X 向）
R101 = -24;                         切槽起始点 Z 坐标 -24（Z 向）
R105 = 5;                           切槽方式：纵向、外部、从右往左切
R106 = 0.1;                         精加工余量 0.1mm（半径值）
R107 = 4;                           切槽刀宽 4mm
R108 = 1;                           每次切入深度 1mm（半径值）
R114 = 8;                           槽宽 8mm
R115 = 2;                           槽深 2mm（半径值）
R116 = 0;                           切槽斜角 0°
R117 = 0;                           槽沿倒角为 0°
R118 = 0;                           槽底倒角 0°
R119 = 0;                           槽底停留时间 0°
LCYC93;                             切槽循环
N190  G00  X32;                     快速退刀
N200  Z-21;                         快速进刀
N210  G01  X26  Z-24;               用切槽刀右刀尖倒 M30 螺纹左端 C2 倒角
```

```
N220  G00  X100;                 
N230  Z100;                      快退至换刀点
/N240  M05;                      主轴停转
/N250  M00;                      程序暂停
N260  S600  M03;                 主轴变速，转速600r/min
N270  T3  D1;                    换3号螺纹刀
R100=30;                         螺纹起点直径
R101=0;                          螺纹轴向起点坐标
R102=30;                         螺纹终点直径
R103=-20;                        螺纹轴向终点坐标
R104=1.5;                        螺纹导程1.5mm
R105=1;                          螺纹加工类型，外螺纹
R106=0.05;                       螺纹精加工余量0.05mm（半径值）
R109=4;                          空刀导入量4mm
R110=3;                          空刀导出量3mm
R111=0.93;                       螺纹牙深度0.93mm（半径值）
R112=0;                          螺纹起始点偏移
R113=8;                          螺纹粗切削次数8次
R114=1;                          螺纹线数
LCYC97;                          调用螺纹切削循环
N280  G00  X100  Z100;           退回换刀点
N290  M05  M09;                  主轴停转，切削液关
N300  M02;                       主程序结束
%_N_YDWXJG_MPF                   右端外形加工子程序名
; $PATH=/_N_MPF_DIR              子程序传输格式
N10  G01  X26  Z0;               右
N20  X29.8  Z-2;                 端
N30  Z-28;                       轮
N40  G03  X34  Z-45  CR=73.25;   廓
N50  G02  X38  Z-53  CR=17;      加
N60  G01  X41;                   工
N70  RET;                        子程序结束
```

综合实例3 编制图4-23所示零件的加工程序，材料为45钢，棒料直径为45mm。

$$椭圆方程: \frac{X^2}{20^2}+\frac{Z^2}{40^2}=1$$

1. 刀具设置

1号刀：93°正偏刀；2号刀：切槽刀（刀宽4mm）；3号刀：60°外螺纹车刀；4号刀：

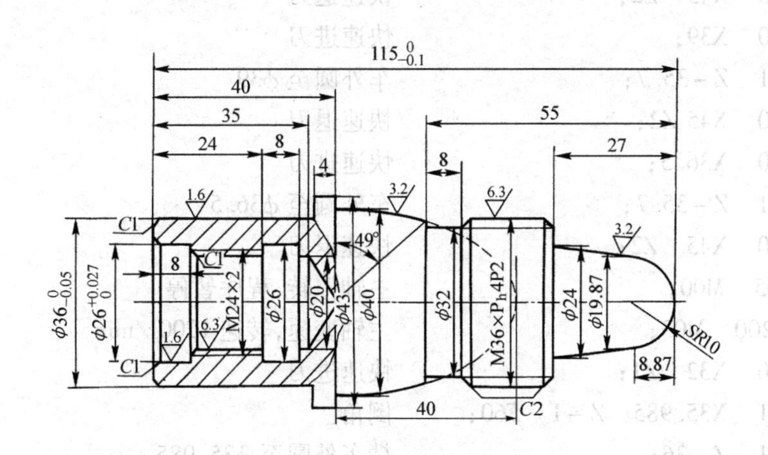

图 4-23　综合实例 3

内孔镗刀；5 号刀：内切槽刀（刀宽 3mm）；6 号刀：60°内螺纹车刀

2. 工艺路线

1）夹右端，手动车左端面，用 ϕ20mm 麻花钻钻 ϕ20mm 底孔

2）用 1 号外圆刀粗精车左端外形轮廓

3）用 4 号内孔镗刀粗精镗内孔

4）用 5 号内切槽刀切 $\phi26\times8$ 内孔退刀槽

5）用 6 号内螺纹刀车削 M24×2 内螺纹

6）调头夹 ϕ36 外圆，用 1 号外圆刀车右端面，车对总长，用 LCYC95 轮廓循环粗精车右端外形轮廓

7）用 2 号切槽刀、LCYC93 切槽循环切 $\phi32\times8$ 螺纹退刀槽，并用切槽刀右刀尖倒出 M36×4 螺纹左端 C2 倒角。

8）用 1 号外圆刀计算参数 R 和程序跳转指令车削椭圆曲面。

9）用 3 号螺纹刀、LCYC97 螺纹车削循环车 M36×4 外螺纹。

3. 加工程序

(1) 左端加工主程序

```
%_N_ZSL3_MPF                     左端加工主程序名
;$PATH=/_N_MPF_DIR               SIEMNS—802S 传输格式
N5   G94   G90;                  采用绝对值编程,分进给
N10  G158  X0   Z60;             采用可编程零点偏移
N15  S600  M03  T1   D1;         主轴正转,转速 600r/min,换 1 号外圆刀
N20  G00   X48  Z0   M08;        快速进刀,切削液开
N25  G01   X18  F80;             车端面
N30  G00   X43  Z2;              快速退刀
N35  G01   Z-50  F100;           车外圆至 φ43
```

```
N40   G00   X45   Z2;                      快速退刀
N45   G00   X39;                           快速进刀
N50   G01   Z-35.7;                        车外圆至φ39
N55   G00   X45 Z2;                        快速退刀
N60   G00   X36.5;                         快速进刀
N65   G01   Z-35.7;                        车外圆至φ36.5
N70   G00   X45   Z2;                      快速退刀
N75   M05   M00;                           主轴停转,程序暂停
N80   S1200   M03;                         主轴变速,转速1200r/min
N85   G00   X32   Z1;                      快速进刀
N90   G01   X35.985   Z-1   F60;           倒角
N95   G01   Z-36;                          精车外圆至φ35.985
N100   X43;                                精车台阶
N105   Z-45;                               精车φ43外圆
N110   G00   X100   Z100;                  快退回换刀点
N115   T4   D1;                            换4号内孔镗刀
N220   M05   M00;                          主轴停转,程序暂停
N225   S600   M03;                         主轴变速,转速600r/min
N230   G00   X22   Z2;                     快速进刀
N235   G01   Z-25   F60;                   镗内孔至φ22
N240   X18;                                X向退刀
N245   G00   Z2;                           Z向退刀
N250   G00   X23;                          快速进刀
N260   G01   Z-8;                          镗孔至φ23
N265   X18;                                X向退刀
N270   G00   Z2;                           Z向退刀
N275   G00   X25.5;                        快速进刀
N280   G01   Z-8;                          镗孔至φ25.5
N285   G01   X18;                          X向退刀
N290   G00   Z5;                           Z向退刀
N295   M05   M00;                          主轴停转,程序暂停
N300   S1200   M03;                        主轴变速,转速1200r/min
N305   G00   X28   Z1;                     快速进刀
N310   G01   X25.9865   Z-1   F60;         孔口倒C1倒角
N315   G01   Z-8;                          以公差中间值镗止口孔
N320   G01   X24;                          镗止口孔端面
N325   G01   X21.72   Z-9;                 倒C1倒角
N330   G01   Z-24;                         镗螺纹底孔φ21.72,螺纹底孔镗大0.2mm
N335   X18;                                X向退刀
```

```
N340  G00  Z100;             快退回换刀点
N345  X100;                  快退回换刀点
N350  T5  D1;                换 5 号内切槽刀
N355  M05  M00;              主轴停转,程序暂停
N360  S420  M03;             主轴变速,转速 420r/min
N365  G00  X18  Z2;          快速进刀
N370  G01  Z-27  F100;       工进至内退刀槽起始位
N375  G01  X26  F20;         切槽
N380  G01  X20  F100;        退刀
N385  Z-29.5;                向左移动 2.5mm
N390  G01  X26  F20;         切槽
N395  G01  X20  F100;        退刀
N400  Z-32;                  向左移动 2.5mm
N405  G01  X26  F20;         切槽
N410  G01  X18  F100;        X 向退刀
N415  G00  Z100;             快退回换刀点
N420  X100;                  快退回换刀点
N425  M05  M00;              主轴停转,程序暂停
N430  T6  D1;                换 6 号内螺纹刀
N435  S600  M03;             主轴变速,转速 400r/min
N440  G00  X18  Z2;          快速进刀
R100=21.52;                  螺纹起点直径 21.52
R101=-8;                     螺纹轴向起点 Z 坐标为 -8
R102=21.52;                  螺纹终点直径 21.52
R103=-24;                    螺纹轴向终点 Z 坐标为 -24
R104=2;                      螺纹导程 2mm
R105=2;                      螺纹加工类型:内螺纹
R106=0.05;                   螺纹精加工余量 0.05mm(半径值)
R109=4;                      空刀导入量 4mm
R110=3;                      空刀导出量 3mm
R111=1.24;                   螺纹牙型深度 1.24mm(半径值)
R112=0;                      螺纹起始点偏移
R113=6;                      螺纹粗切削次数
R114=1;                      螺纹线数 1
LCYC97;                      调用螺纹切削循环
N445  G00  X100  Z100;       退回换刀点
N450  M05  M09;              主轴停转,切削液关
N455  M02;                   主程序结束
```

(2)右端加工主程序(调头装夹)

```
%_N_YSL3_MPF                              右端加工主程序名
;$PATH=/_N_MPF_DIR                        SIEMNS—802S 传输格式
N10  G95  G90;                            采用绝对值编程,转进给
N20  G158  X0  Z79;                       采用可编程零点偏移
N30  S600  M3;                            主轴正转,转速 600r/min
N40  T1  D1  M08;                         换 1 号外圆刀,切削液开
N50  G00  X45  Z0;                        快速进刀
N60  G01  X0  F0.2;                       车端面
N70  G00  X45  Z5;                        快速退刀
_CNAME="YDLKJG";                          轮廓循环子程序定义
R105=1;                                   加工方式:纵向、外部、粗加工
R106=0.25;                                精加工余量 0.25mm(半径值)
R108=1.5;                                 粗加工背吃刀量 1.5mm(半径值)
R109=7;                                   粗加工切入角 7°
R110=2;                                   粗加工横向退刀量 2 mm(半径值)
R111=0.2;                                 粗加工进给率 0.2mm/r
LCYC95;                                   调用轮廓循环
/N80  M05;                                主轴停转
/N90  M00;                                程序暂停
N100  S1200  M03  T1  D1  G95 ;           主轴变速,转速 1200r/min,调整 1 号刀补值,旋转
                                          进给
N110  G42  G00  X0  Z2;                   刀具半径右补偿
N120  G96  S80  LIMS=1800  F0.1;          恒线速度 60m/min,主轴极限转速
                                          1800 r/min
N130  YDLKJG;                             调用子程序精加工
N140  G94  G40  G00  X100  Z100;          取刀具半径补偿,快退回换刀点,恢复分进给
/N150  M05;                               主轴停转
/N160  M00;                               程序暂停
N170  G97  S420  M03  F30;                取消恒线速度、主轴变速,转速 420r/min,
N180  T2  D1;                             换 2 号切刀
N190  G00  Z-51;                          快速进刀
N200  X42;                                快速进刀
R100=38;                                  切槽起始点直径(X 向)
R101= -51;                                切槽起始点 Z 坐标(Z 向)
R105=5;                                   切槽方式:纵向、外部、从右往左切
R106=0.1;                                 精加工余量 0.1mm(半径值)
R107=4;                                   切槽刀宽 4mm
R108=2;                                   每次切入深度 2mm(半径值)
R114=8;                                   槽宽 8mm
```

```
R115 =2;                                 槽深 2mm(半径值)
R116 =0;                                 切槽斜角 0°
R117 =0;                                 槽沿倒角为 0°
R118 =0;                                 槽底倒角 0°
R119 =0;                                 槽底停留时间 0
LCYC93;                                  切槽循环
N210 G00 X38;                            快速退刀
N220  Z-48;                              快速进刀
N230  G01  X32  Z-51;                    用切槽刀右刀尖倒 M36 螺纹左端 C2 倒角
N240  G00  X100;
N250  Z100;                              快退至换刀点
/N260  M05;                              主轴停转
/N270  M00;                              程序暂停
N280  S600  M03;                         主轴变速,转速 600r/min
N290  T3  D1;                            换 3 号螺纹刀
R100 =36;                                螺纹起点直径 36mm
R101 = -27;                              螺纹轴向起点 Z 坐标 为 -47
R102 =36;                                螺纹终点直径 36mm
R103 = -47;                              螺纹轴向终点 Z 坐标为 -47
R104 =4;                                 螺纹导程 4mm
R105 =1;                                 螺纹加工类型,外螺纹
R106 =0.05;                              螺纹精加工余量 0.05mm(半径值)
R109 =4;                                 空刀导入量 4mm
R110 =3;                                 空刀导出量 3mm
R111 =1.24;                              螺纹牙深度 1.24mm(半径值)
R112 =0;                                 螺纹起始点偏移
R113 =8;                                 螺纹粗切削次数 8 次
R114 =2;                                 螺纹线数 2
LCYC97;                                  调用螺纹切削循环
N300  G00  X100  Z100;                   退回换刀点
N310  M05  M00;                          主轴停转,程序暂停
N320  S600  M03  T1  D1 G95;             主轴变速,转速 600r/min,换 1 号外圆刀,转进给
N330  G00  X42  Z-52;                    快速进刀
N340  R8 =2;                             设置 X 轴偏移值 2mm
N350  MA1:G158  X = R8  Z4;              设置标记符 MA1,把工件坐标系原点偏移至椭圆
                                         圆心,X 向向外偏移 2mm,为调子程序粗加工椭
                                         圆作装备
N360  TYJG;                              调用 TYJG 子程序粗加工椭圆
N370  R8 = R8 -1;                        变量每次减 1,即 X 向背吃刀量 1mm(半径值)
```

```
N380  IF  R8 > =0.3  GOTOB  MA1;  如工件未加工余量大于0.3mm,返回MA1标记
                                  处再加工
N390  G158  X0  Z4;               取消X向零点偏移
N400  G96  S80  LIMS=1800  F0.1;  主轴变速,恒线速度80m/min,主轴极限转速
                                  1800r/min
N410  TYJG;                       调用TYJG子程序精加工椭圆
M420  G97  G94  G00  X100;        取消恒线速度控制,恢复分进给
N430  Z100;                       快退回换刀点
N440  M30;                        主程序结束
```

(3)右端外轮廓加工子程序

```
%_N_YDLKJG_MPF                    右端外轮廓加工子程序名
;$PATH=/_N_MPF_DIR                SIEMNS—802S传输格式
N10  G01  X0  Z0;                 右
N20  G03  X19.87  Z-8.87  CR=10;  端
N30  G01  X24  Z-27;              外
N40  X35.8  CHF=2;                轮
N50  Z-55;                        廓
N60  X43.5;                       加
N70  Z-75;                        工
N80  X43;
N90  RET;                         子程序结束
```

(4)椭圆加工子程序(用椭圆长轴Z作为变量)

```
%_N_TYJG_MPF                                椭圆加工子程序名
;$PATH=/_N_MPF_DIR                          SIEMNS—802S传输格式
N10  G00  X34.771  Z22;                     快速进刀
N20  G01  Z20  F0.1;                        工进至椭圆加工起始点
N30  R1=20;                                 设置Z轴起始变量为20
N40  MA2:R3=2*20*SQRT(1-R1*R1/40/40);       椭圆X轴变量表达式
N50  G01 X=R3 Z=R1;                         用直线插补拟合椭圆曲线
N60  R1=R1-0.5;                             椭圆Z轴变量每次减0.5mm
N70  IF R3>=40-2*R8 GOTOF MA3;              如果刀具在X向超过毛坯直径,返回
                                            椭圆加工起始点,以减少空刀量
N80  IF  R1>=0 GOTOB MA2;                   如果Z变量大于等于0,椭圆未加工
                                            完毕,返回MA2标记处再粗加工
N90  MA3:G91  G00  X2;                      X方向退刀2mm
N100  G90  G00  Z22;                        返回椭圆加工起始点
N120  RET;                                  子程序结束
```

或(4)椭圆加工子程序(用角度作为变量)

```
%_N_TYJG_MPF                                椭圆加工子程序名
```

```
; $ PATH =/_N_MPF_DIR                          SIEMNS—802S 传输格式
N10 G00 X34.771 Z22;                           快速进刀
N20  G01  Z20  F0.1;                           工进至椭圆加工起始点
N30  R1 =40  R2 =20  R3 =41 +19  R4 =90;       椭圆长轴 40,短轴 20,起始角 60°(椭
                                               圆上起始角 41°),总角度 90°
N40  MA2:R5 =2 * R2 * SIN(R3);                 设置短轴(X 向)变量
R6 = R1 * COS(R3);                             设置椭圆长轴(Z 向)变量
N50  G01  X = R5  Z = R6;                      用直线插补拟合椭圆曲线
N60  R3 = R3 +1;                               角度变量每次增加 1°
N70  IF  R3 > =40 -2 * R8  GOTOF  MA3;         如果刀具在 X 向超过毛坯直径,返回
                                               椭圆加工起始点,以减少空刀量
N80  IF  R3 < =R4  GOTOB  MA2;                 如 R3 小于 90°,椭圆未加工完,返回
                                               MA2 标记处再加工
N90  G91  G00  X2;                             X 方向退刀 2mm
N100  G90  G00  Z22;                           返回椭圆加工起始点
N110  RET;                                     子程序结束
```

第四节 SIEMENS—802S 系统数控车床操作面板

虽然数控车床配用的数控系统不同，其机床操作面板的形式也不同，但其各种开关、按键的功能及操作方法大同小异。现以 SIEMENS—802S 系统为例，介绍车床的操作面板、控制面板和软件功能。

802S 系统的操作面板由两部分组成：一部分是 CNC 操作面板；另一部分是机床控制面板。

一、CNC 操作面板

802 系统的 CNC 操作面板及各按键功能说明如图 4-24 所示。

二、机床控制面板

SIEMENS—802S 机床控制面板及各按键功能说明如图 4-25 所示。

三、屏幕画面

SIEMENS—802S 屏幕画面如图 4-26 所示。

1）当前操作区域：加工；参数；程序；通信；诊断（可以在主菜单上通过选择不同的软键进行操作）。

2）程序状态：程序停止；程序运行；程序复位。

按程序停止键后，程序停止运行；按程序运行键，程序开始运行；按程序复位键，程序复位。

3）运行方式：点动方式；自动方式；MDA 方式。

按点动方式键，机床以点动方式运行；按自动方式键，机床以自动方式运行；按手动数据（MDA）方式键，机床以 MDA 方式运行。

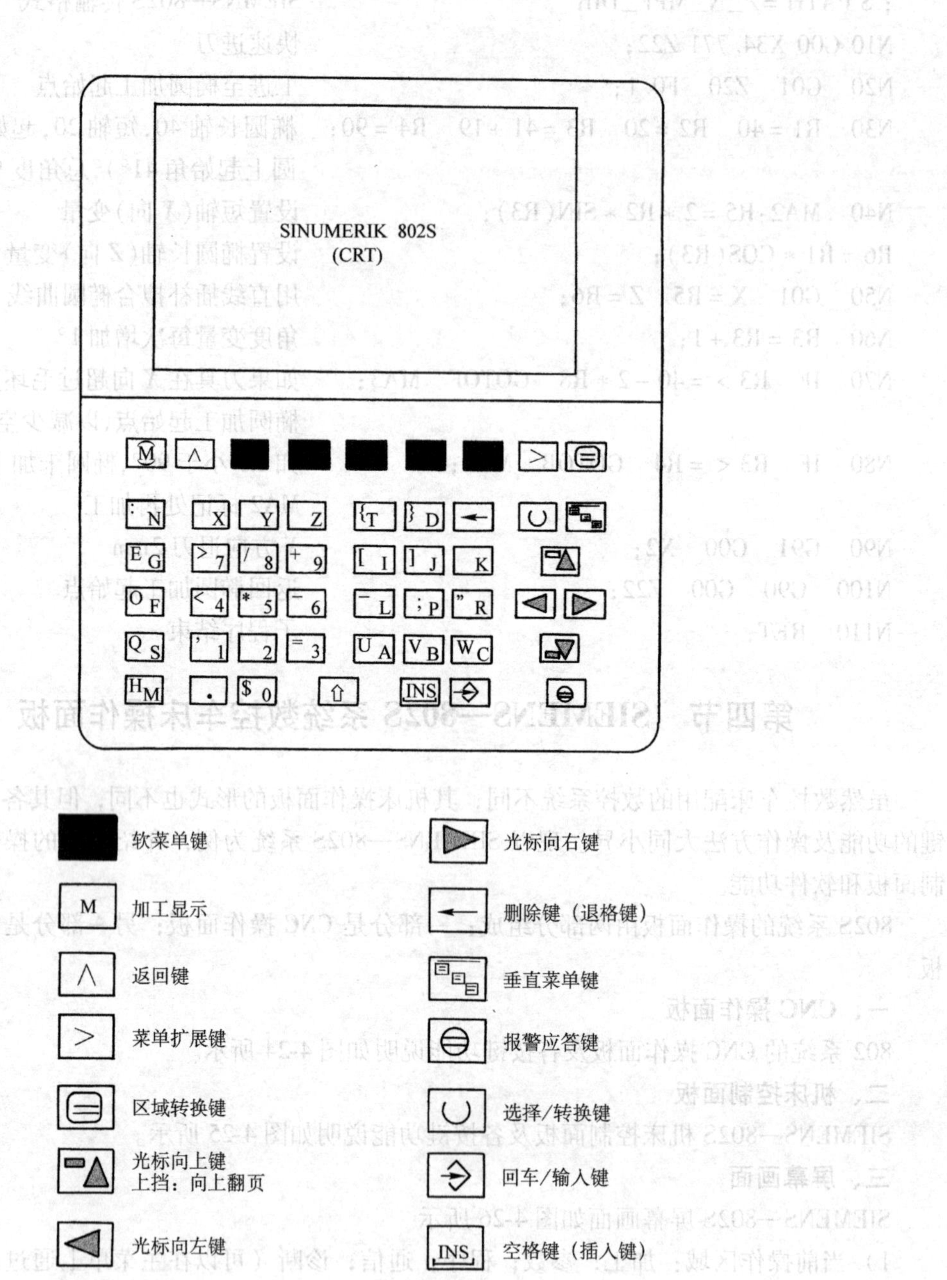

图 4-24　802 系统的 CNC 操作面板及各按键功能说明

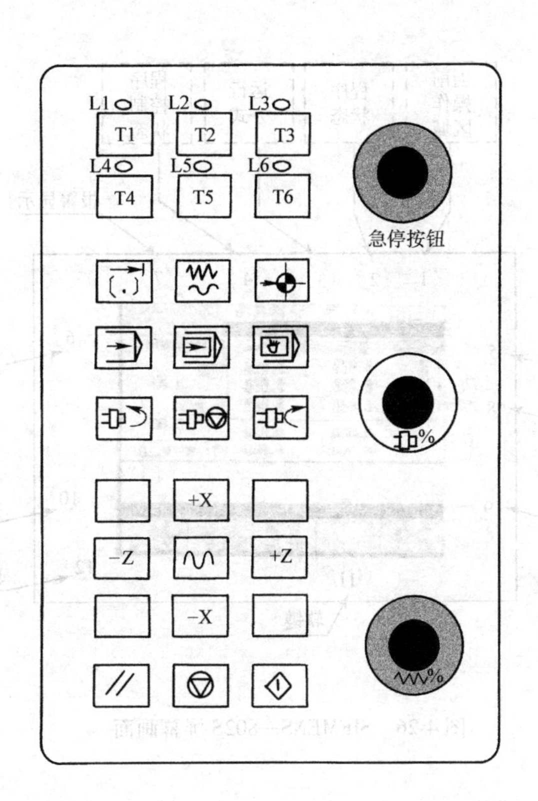

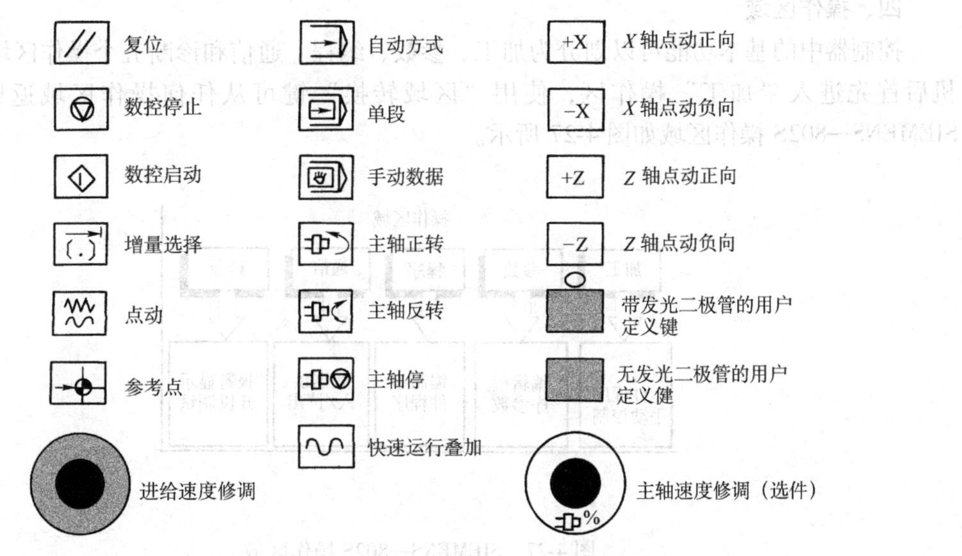

图 4-25　802S 机床控制面板及各按键功能说明

4）程序控制状态：程序段跳跃；空运行；快速修调；单段运行；程序停止；程序测试；步进增量。

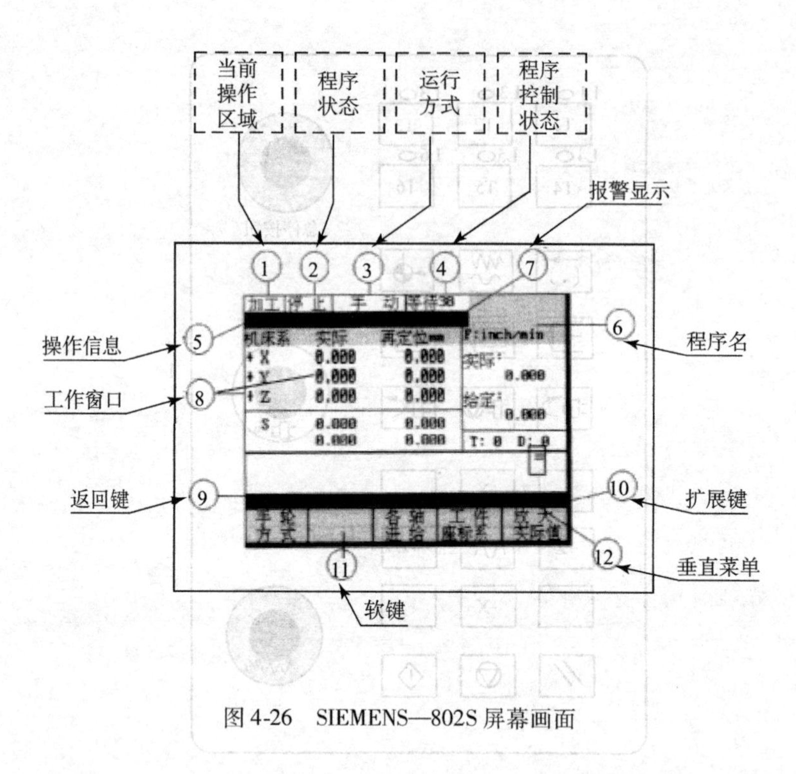

图 4-26 SIEMENS—802S 屏幕画面

四、操作区域

控制器中的基本功能可以划分为加工、参数、编程、通信和诊断五个操作区域。系统开机后首先进入“加工”操作区，使用“区域转换”键可从任何操作区域返回主菜单。SIEMENS—802S 操作区域如图 4-27 所示。

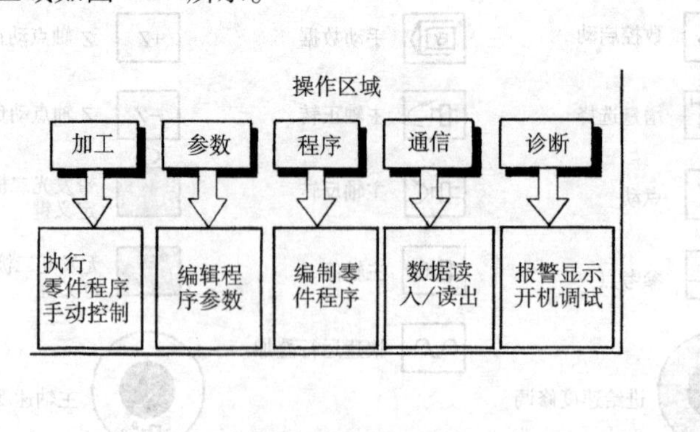

图 4-27 SIEMENS—802S 操作区域

五、主菜单与菜单树

按区域转换键一次或二次，总可得到 SIEMENS—802S 系统主菜单，如图 4-28 所示，以该主菜单为基础，可找到其他所需的菜单画面。

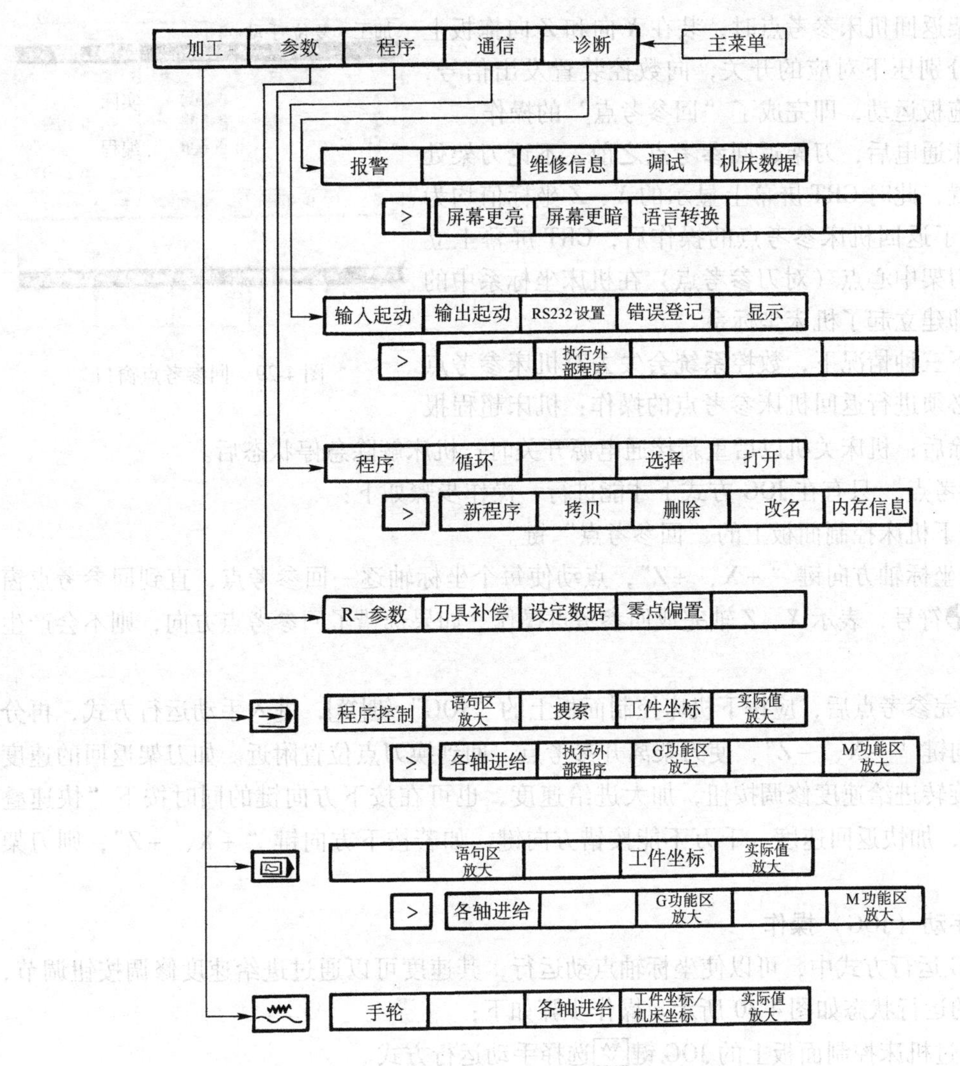

图 4-28 SIEMENS—802S 系统主菜单及菜单树

第五节 SIEMENS—802S 系统数控车床的基本操作

一、开机

开机的操作步骤：

1）检查机床各部分初始状态是否正常。

2）合上机床电气柜总开关。

3）按下操作面板上的电源开关，显示屏上首先出现 SINUMERIK—802C 系统字样，然后，系统进行自检后进入“加工”操作区 JOC 运行方式，出现“回参考点窗口”，如图 4-29 所示。

二、回参考点

数控机床开机后首先应进行回参考点操作，若不回参考点，螺距误差补偿和间隙补偿等功能将无法实现。机床参考点的位置由设置在机床 X 向、Z 向拖板上的机械挡块的位置来确定。当刀架返回机床参考点时，装在 X 向和 Z 向拖板上的两挡块分别压下对应的开关，向数控装置发出信号，停止刀架拖板运动，即完成了“回参考点”的操作。

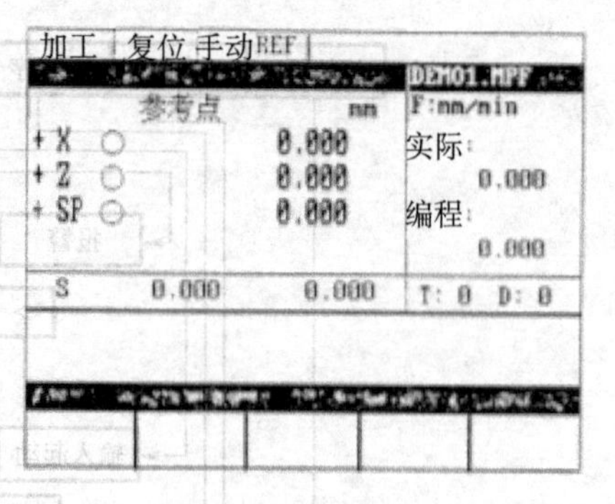

图 4-29 回参考点窗口

在机床通电后，刀架返回参考点之前，不论刀架处于什么位置，此时 CRT 屏幕上显示的 X、Z 坐标值均为 0。当完成了返回机床参考点的操作后，CRT 屏幕上立即显示出刀架中心点（对刀参考点）在机床坐标系中的坐标值，即建立起了机床坐标系。

在以下三种情况下，数控系统会失去对机床参考点的记忆，必须进行返回机床参考点的操作：机床超程报警信号解除后；机床关机以后重新接通电源开关时；机床解除急停状态后。

“回参考点”只有在 JOG 方式下才能进行，操作步骤如下：

1）按下机床控制面板上的“回参考点”键。

2）按坐标轴方向键“+X、+Z”，点动使每个坐标轴逐一回参考点，直到回参考点窗口中显示◐符号，表示 X、Z 轴完成回参考点操作。如果选错了回参考点方向，则不会产生运动。

3）回完参考点后，应按下机床控制面板上的“JOG”键[JOG]，进入手动运行方式，再分别按下方向键“-X、-Z”，使刀架离开参考点，回到换刀点位置附近。如刀架返回的速度太小，可旋转进给速度修调按钮，加大进给速度，也可在按下方向键的同时按下“快速叠加键”[快速叠加]，加快返回速度。千万不能按错方向键，如若按下方向键“+X、+Z”，则刀架将超程。

三、手动（JOG）操作

在 JOG 运行方式中，可以使坐标轴点动运行，其速度可以通过进给速度修调按钮调节，JOG 方式的运行状态如图 4-30 所示。操作步骤如下：

1）通过机床控制面板上的 JOG 键[JOG]选择手动运行方式。

2）按相应的方向键“+X”或“-Z”可以使坐标轴运行。只要相应的键一直按着，坐标轴就一直以机床设定数据中规定的速度运行。

3）在点动运行方式下，同时按压 X、Z 方向的轴手动按键，能同时手动连续移动 X、Z 坐标轴，必要时可用修调按钮调节速度。

4）在按下方向键的同时按下“快速叠加键”[快速叠加]，可加快坐标轴的运行速度。

5）在选择“增量”键[增量]以步进增量方式运行时，依次按“增量”键[增量]可以选择 1、10、100、1000、四种不同的增量（单位为 0.001），步进量的大小也依次在屏幕上显示，此时每按一次方向键，刀架相应运动一个步进增量。如果按“点动键”[JOG]，则可以结束步进增量运行方式，恢复手动状态。

6）在 JOG 方式，可以通过功能扩展键，进入“手轮”方式操作。屏幕上显示手轮窗口，如图 4-31 所示。

7）移动光标到所选的手轮，然后按相应的坐标轴软件，在窗口中出现符号√，按“确认”表示已选择该坐标轴手轮。

8）按“机床坐标”或“工件坐标”软键，可以从机床坐标系或工件坐标系中选择坐标轴，用来选通手轮，所设定的状态显示在“手轮”窗口中。

加工	复位	手动	10000 INC	
			DEM01.MPF	
机床坐标	实际	再定位 nm	F:mm/min	
+X	0.000	0.000	实际：	
+Z	0.000	0.000	0.000	
+SP	0.000	0.000	编程：0.000	
S	0.000	0.000	T: 0 D: 0	
手轮方式		各轴进给	工件坐标	实际值放大

图 4-30　JOG 窗口

加工	复位	手动			
				DEM01.MPF	
手轮量	轴 X	Z	机床坐标		
工件坐标	X	Z			确认

图 4-31　手轮窗口

四、MDA 运行方式

在 MDA 运行方式下，可以编制一个零件程序段加以执行，此运行方式中所有的安全锁定功能与自动方式一样，MDA 方式的运行状态如图 4-32 所示。操作步骤如下：

1）通过控制面板上的“手动数据”键选择 MDA 运行方式。

2）通过操作面板输入加工程序段，如：S600 M03。

3）按“程序启动”键执行输入的程序段，则主轴以 600r/min 的速度正转，执行完毕后，输入区的内容仍保留段可以重复地执行，输入一个字符可以删除程序段。

五、自动运行方式

在自动方式下零件程序可以自动加工执行，其前提条件是已经回参考点，加工的零件程序已经装入，输入了必要的补偿值，安全锁定装置已启动，自动方式的运行状态如图 4-33 所示。操作步骤如下。

加工	复位 MDA			
			DEM01.MPF	
机床坐标	实际	剩余 nm	F:mm/min	
+X	0.000	0.000	实际：	
+Z	0.000	0.000	0.000	
+SP	0.000	0.000	编程：0.000	
S	0.000	0.000	T: 0 D: 0	
	语句区放大		工件坐标	实际值放大
各轴进给		G功能区放大		M功能区放大

图 4-32　MDA 窗口

加工	复位 自动				
			DEM01.MPF		
机床坐标	实际	剩余 nm	F:mm/min		
+X	0.000	0.000	实际：		
+Z	0.000	0.000	0.000		
+SP	0.000	0.000	编程：0.000		
S	0.000	0.000	T: 0 D: 0		
程序控制	语句区放大	搜索	工件坐标	实际值放大	
各轴进给	执行外部程序	G功能区放大		M功能区放大	

图 4-33　自动运行窗口

1）通过机床控制面板上的“自动方式选择”键选择自动运行运行方式，屏幕上显示系统中所有程序目录窗口，如图 4-34 所示。

2）把光标移动键定位到所选的程序上。

3）用“选择”软键选择待加工的程序。

4）如事先已完成对刀、零点偏移以及机床的其他各项调整工作，按“程序启动键”[◇]，程序将自动执行。

5）为了方便观察工件的当前加工状态，可在CNC操作面板上按“加工显示”键[M]，可显示加工过程中的有关参数，如主轴转速、进给率，显示机床坐标系（MCS）或工件坐标系（WCS）中坐标轴的当前位置及剩余行程等。

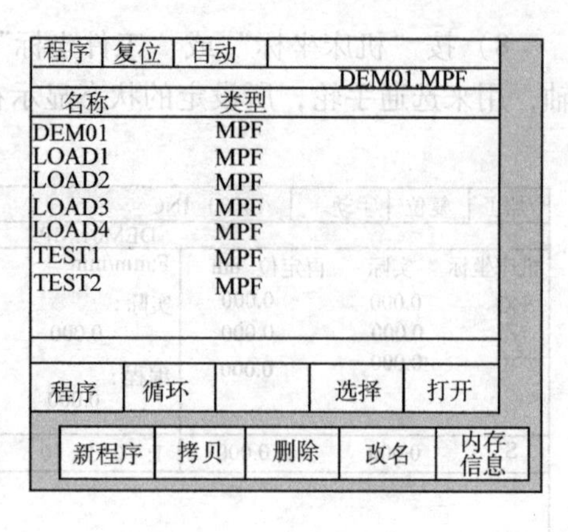

图4-34 程序目录窗口

6）如对加工程序没有充分的把握，可按“单段执行键”[▤]，程序将进入单段运行方式，每执行完一条程序，机床就暂停，操作人员需再按一次“程序启动键”[◇]，机床才执行下一条程序。按“自动方式选择”键[⇥]，系统立即恢复自动运行。

7）在程序自动运行过程中，可按“程序停止”键[◎]，则暂停程序的运行，按“程序启动”键[◇]，可恢复程序继续运行。

8）在程序自动运行过程中，如按“复位”键[//]，则中断整个程序的运行，光标返回到程序开头，按“程序启动”键[◇]，程序从头开始重新自动执行。

六、对刀及刀具补偿参数的设置

数控车床刀架内有一个刀具参考点（基准点），即图4-35中的“＊”。数控系统通过控制该点运动，间接地控制每把刀的刀尖运动。而各种形式的刀具安装后，每把刀的刀尖在两个坐标方向的位置均不同，所以刀补的测量目的是测出刀尖相对刀具参考点的距离即刀补值（X′、Z′），并将其输入CNC的刀补寄存器中。在加工程序调用刀具时，系统会自动补偿两个方向的刀偏移量，从而准确控制每把刀的刀尖轨迹。

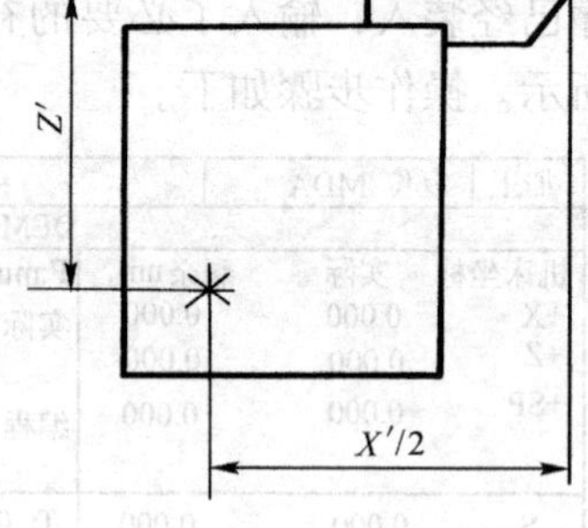

图4-35 刀具补偿值

刀具参数包括刀具几何参数、磨损量参数和刀具型号参数，不同类型的刀具均有一个确定的刀补参数。

刀补参数的测量和设置步骤如下：

1）按机床操作面板上的“手动数据MDA”键[▣]，进入MDA方式，如图4-32所示。在MDA方式窗口的程序输入区内输入程序段“S600 M03”，按CNC控制面板上的“输入确认”键[⇨]，再按机床操作面板上的“程序启动”键[◇]，则主轴以600r/min的速度正转。

2）主轴启动后，在程序输入区输入“T1 D1”，按“输入确认”键[⇨]，再按“程序启动”键[◇]，则刀架转位，1号外圆刀转到当前刀具位置。

3）按“点动键”[⩫]，进入手动方式，用1号外圆刀车削工件工件右端面，沿X方向退刀。

4）在CNC操作面板上按“区域转换“键[▤]返回主菜单，在主菜单中按“参数”软键，弹出R参数窗口，如图4-36所示。按“刀具补偿”软键，进入图4-37刀具补偿参数窗口。

参数 | 复位 | 手动 | 10000 INC

DEM01.MPF

R 参数

R0	0.000000	R7	0.000000
R1	0.000000	R8	0.000000
R2	0.000000	R9	0.000000
R3	0.000000	R10	0.000000
R4	0.000000	R11	0.000000
R5	0.000000	R12	0.000000
R6	0.000000	R13	0.000000

R 参数 | 刀具补偿 | 设定数据 | 零点偏移

图 4-36　*R* 参数窗口

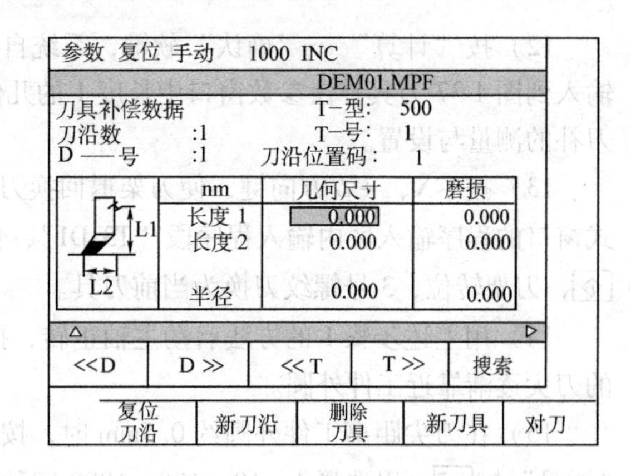

图 4-37　刀具补偿参数窗口

5）在图 4-37 刀具补偿参数窗口中按“扩展键”▶，出现下层一排软键，按“对刀”软键，进入图 4-38 对刀窗口。图 4-38a 为 X 轴对刀窗口，图 4-38b 为 Z 轴对刀窗口，对刀窗口之间的切换可通过“轴 +”软键来实现。由于现在进行的是 Z 轴对刀，所以选择图 4-38b 窗口。

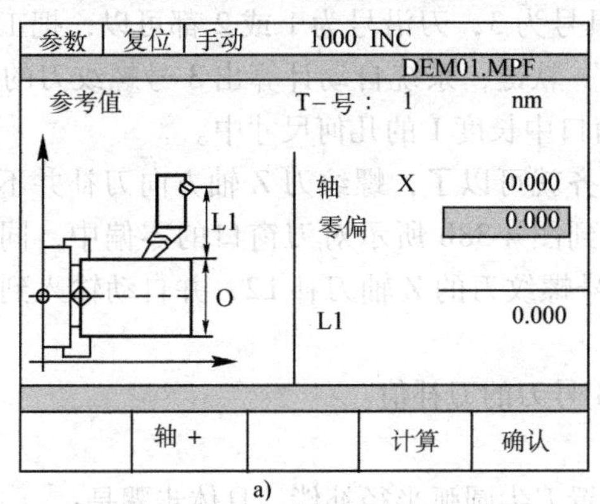

a)

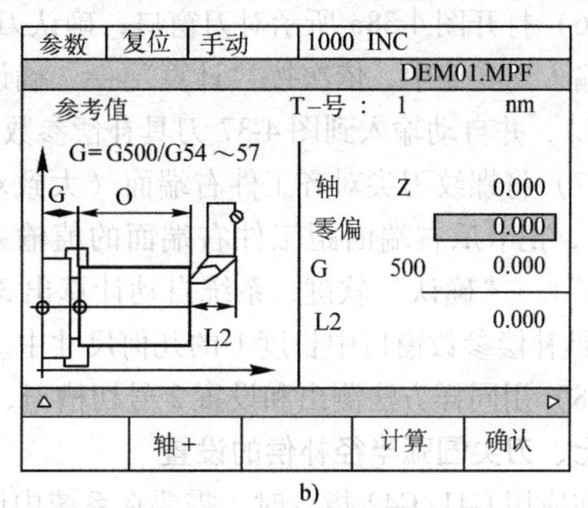

b)

图 4-38　对刀窗口

注：① 图中 T 为刀具号，D 为刀沿（补）号，一把刀具可以有若干个刀补号，例如 T1 D1 或 T1 D2

② 按“《T”或“T》”软键，可选择不同的刀具号；按“《D”或“D》”软键；可选择不同的刀沿号。

③ 按“复位刀沿”可使刀具补偿值复位为零；按“删除刀具”可删除一把刀具所有刀沿的刀补参数。

④ 按“新刀具”可创建新的刀具，按新刀沿可创建新的刀沿。

6）按“主轴停转”键，使主轴停转，测量卡爪右端面到工件右端面的尺寸，并把这个值输入到图 4-38b 零偏中。

7）按“计算”→“确认”软键，系统自动计算出 1 号外圆刀的 Z 轴刀补 L2，并自动输入到图 4-37 刀具补偿参数窗口中长度 2 的几何尺寸中。

8）再次按下“MDA”键，在 MDA 方式窗口的程序输入区内输入程序段“M03 S600”，按“输入确认”键，再按“程序启动”键，再次启动主轴。

9）按“点动键”，进入手动方式，用 1 号外圆刀车削工件外圆，沿 Z 轴退刀。

10）再次按“区域转换“键返回主菜单，依次按“参数”→“刀具补偿”→“对刀”软键进入对刀窗口，按“轴 +”软键，将图 4-38b 窗口切换到图 4-38a 窗口。

11）按“主轴停转”键，使主轴停转，退刀，测量工件外圆直径，并把这个值输入到图 4-38a 零偏中。

12）按“计算”→“确认”软键，系统自动计算出1号外圆刀的X轴刀补L1，并自动输入到图4-37刀具补偿参数窗口中长度1的几何尺寸中。这样就完成了1号外圆刀X、Z轴刀补的测量与设置。

13）按+X、+Z方向键，使刀架退回换刀位置，再次按下“MDA”键，在MDA方式窗口的程序输入区内输入程序段“T3 D1”，依次按“输入确认”键→“程序启动”键，刀架转位，3号螺纹刀换为当前刀具。

14）用上述步骤1的方法启动主轴正转，按“点动键”，进入手动方式，将螺纹刀的刀尖逐渐靠近工件外圆。

15）在刀尖距离工件外圆约0.5mm时，按“增量”键以步进增量方式运行，依次按“增量”键可以选择1、10、100、1000四种不同的增量（单位为0.001）。步进量的大小也依次在屏幕上显示，将增量调至100INC，然后反复点动“-X”方向键，使刀尖离工件更近。在刀尖离工件外圆约0.1mm时，再按一次“增量”键，将步进增量调到10INC，再反复点动“-X”方向键，直到刀尖碰到工件有铁屑飞出为止。

16）打开图4-38a所示对刀窗口，确认刀具号为3，刀沿号为1或2都可以，把工件直径值输入到零偏中，依次按“计算”→“确认”软键，系统自动计算出3号螺纹刀的X轴刀补L1，并自动输入到图4-37刀具补偿参数窗口中长度1的几何尺寸中。

17）将螺纹刀尖对齐工件右端面（大致对齐就可以了，螺纹刀Z轴方向刀补并不要求严格），把卡爪右端面距工件右端面的值输入到图4-38b所示对刀窗口的零偏中，同样按“计算”→“确认”软键，系统自动计算出3号螺纹刀的Z轴刀补L2，并自动输入到图4-37刀具补偿参数窗口中长度1的几何尺寸中。

18）用同样方法测出和设置2号切槽刀、4号刀的刀补值。

七、刀尖圆弧半径补偿的设置

在应用G41/G42指令时，需要在系统中设置刀尖圆弧半径补偿，具体步骤是：

1）在CNC操作面板上按“区域转换“键返回主菜单，依次按主菜单中“参数”→刀具补偿”软键，打开如图4-39所示刀尖圆弧半径补偿设置窗口。

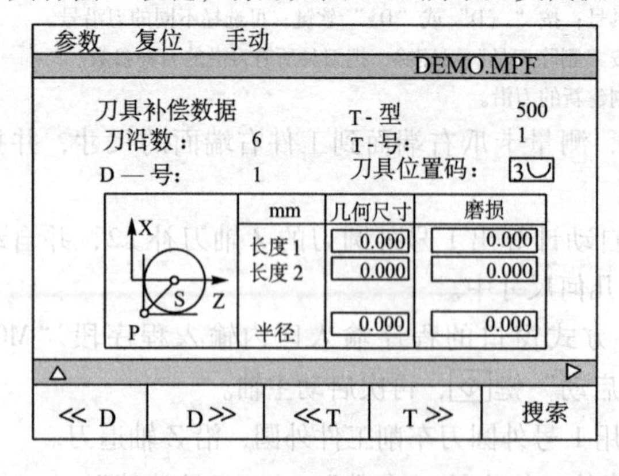

图4-39　刀尖圆弧半径补偿设置

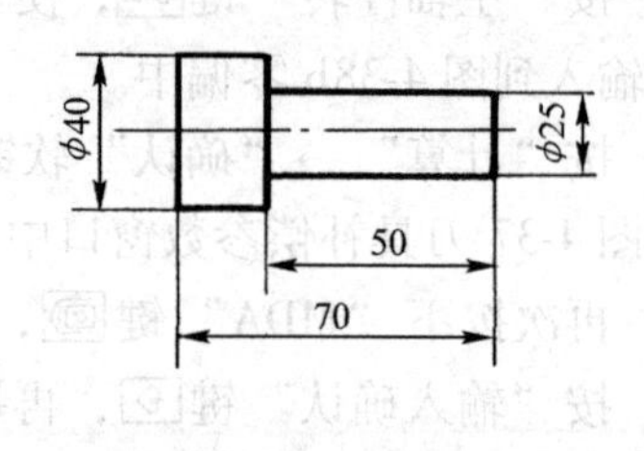

图4-40　车削外圆

2）按“《T”或“T》”软键，选择相应的刀具号，按“《D”或“D》”软键，可选择相应的刀沿号。

3）将光标移到刀具位置码编辑区，按“选择转换”键[key]，将刀具位置码调整为3（外圆车刀的位置码为3）。

4）移动光标至几何尺寸半径编辑区，输入刀尖圆弧半径值。

八、刀具补偿值的修改

当我们使用带有刀具补偿值的车刀加工工件时，如果测得加工后的工件尺寸比图样要求的尺寸大，说明刀具磨损了，这就需要修改已存储在刀具补偿存储器里的该刀具的补偿值，以便加工出合格的工件。

例如：加工图4-40中ϕ25mm外圆，在加工过程中发现由于刀具磨损或刀补尺寸不准确，使工件尺寸产生误差，测量得工件直径为25.1mm，计算差值为（25.1 − 25.0）= 0.1mm，即工件实际尺寸比图样要求尺寸大了0.1mm，故需对原刀具补偿值进行修改。假设X轴原输入的刀具补偿值$L = 12.2$mm，则修改刀具补偿值的操作步骤如下：

1）在CNC操作面板上按“区域转换“键[key]返回主菜单，依次按主菜单中“参数”→刀具补偿”软键，打开如图4-37所示刀具补偿参数窗口。

2）按“《T”或“T》”软键，选择相应的刀具号，按“《D”或“D》”软键，可选择相应的刀沿号。

3）将光标移到窗口中长度1的几何尺寸右边的磨损中，输入−0.05即可（为误差的半径值，若测得工件实际尺寸比图样尺寸小了0.1mm，则在磨损中输入+0.05）；也可直接将光标移到窗口中长度$L1$的几何尺寸上，将原来的刀具补偿值$L1 = 12.2$改成12.15。

九、G54～G57零点偏移的设置

在回参考点后，实际值储存器及实际值的显示均以机床零点为基准，而工件的加工程序则以工件零点为基准，这之间的值就是可设定零点偏移。零点偏移的设置步骤如下：

1）在CNC操作面板上按“区域转换”键[key]返回主菜单，在主菜单中按“参数”软键，弹出如图4-36所示R参数窗口，按“零点偏移”软键，进入如图4-41所示零点偏移窗口，选择其中一个可设置零点偏移G54或G55，若要选G56或G57，可按CNC操作面板上的“翻页”键[key]。

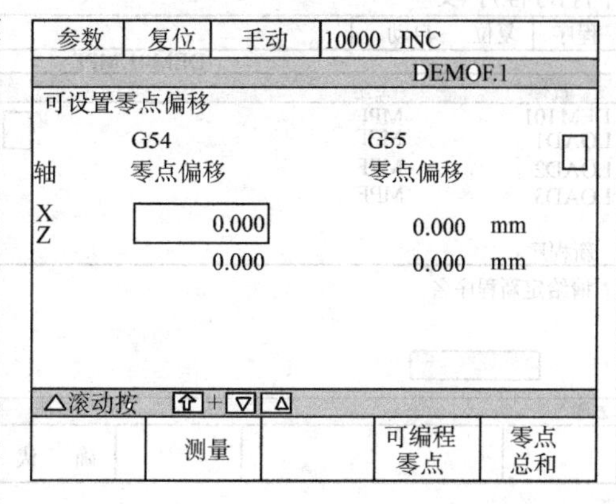

图4-41　G54～G57零点偏移的设置窗口

2）将光标移到G54的X轴零点偏移编辑区，输入0.000，然后下移光标至G54的Z轴零点偏移编辑区，输入卡爪右端面距工件右端面的距离，则建立了以工件右端面中心为工件原点的工件（编程）坐标系，程序中可直接调用G54指令。如用可编程零点偏移G158指令设置工件坐标系，不需要进行上述零点偏移的设置，只需在程序中书写G158 X0 Z_程序段，地址Z后面的数值即为卡爪右端面距工件右端面的距离。

十、对刀正确性校验

在完成各刀补值的设置后，可进行对刀结果校验，如需校验2号切槽刀，具体步骤是：

1）按机床操作面板上的“手动数据MDA”键[key]，进入MDA方式，在如图4-32所示

MDA 方式窗口的程序输入区内，输入程序段“S600 M03”，按 CNC 控制面板上的“输入确认”键，再按机床操作面板上的“程序启动”键，则机床主轴以 600r/min 的速度正转。

2）主轴启动后，在程序输入区输入“T2 D1”，按“输入确认”键，再按“程序启动”键，则刀架转位，2 号切槽刀转到当前刀具位置。

3）继续在程序输入区内输入“G158 X0 Z_”或“G54”。

4）继续在程序输入区内输入“G90 G94 G01 X50 Z0 F600”，再按“输入确认”键，再按“程序启动”键。

5）调节进给倍率按钮，控制刀架的进给速度，并观察刀尖是否到达预定的目标点。

6）可用同样的方法校验其他几把刀具。

十一、程序的管理

1. 新程序的输入与编辑

1）在 CNC 操作面板上按“区域转换”键进入主菜单，在主菜单中按“程序”软键，打开如图 4-34 所示程序目录窗口。

2）按“扩展键”，在扩展软键菜单中按“新程序”软键，打开如图 4-42 所示新程序输入窗口，在新程序名输入区中输入新的程序名。（注意：程序名应符合 SIEMENS—802S 系统有关规则。如输入的是主程序，只需输入程序名，系统能自动生成扩展名．MPF；如输入的是子程序，则在输入程序名的同时，需输入扩展名．SPF。）

3）输入新程序名后，按“确认”软键，系统生成新程序文件，并自动进入如图 4-43 所示程序编辑窗口，通过 CNC 操作面板上的字母和数字键，就可以将新程序输入系统，每输完一段程序，按“输入确认”键，系统将自动生成程序段结束符 LF 并换行，直至输完所有的程序段。

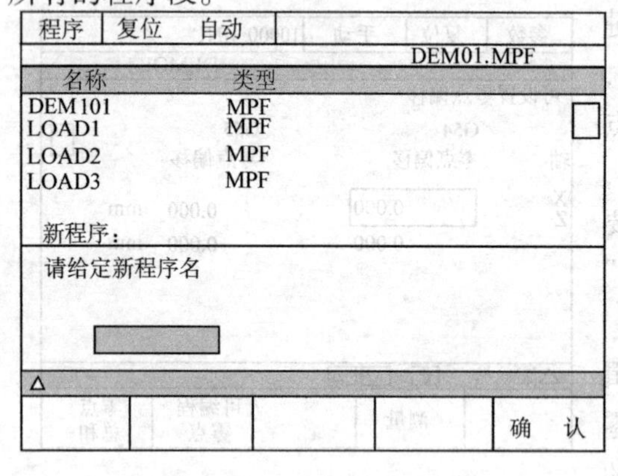

图 4-42　新程序输入窗口

程序　复位　手动　10000 IHC
DEM01.MPF
零件程序编辑：　DEM101MPF　1
ANF:G1 G94 X78 F3000 T1=1 D1=1"
ANA:X78 Z75"
N51 Z0 M3 S1000"
N60 X100 Z90 F1000"
N75 T850 Z0"
76 X0 Z100"
N00 GOTON ANA"
N90 M2"
LCYC83　LCYC93　LCYC94　LCYC95　轮廓
编辑　搜索　关闭

图 4-43　程序编辑窗口

2. 程序的打开、编辑和关闭

1）打开如图 4-34 所示程序目录窗口，将光标移到要打开的程序上，按“选择”软键，窗口右上角立即显示所选择的程序名，再按“打开”软键，即可打开该程序并进入该程序的编辑窗口，可对该程序进行删除、拷贝、粘贴等编辑修改。

2）在程序编辑状态，按“垂直菜单”键，可打开如图 4-44 所示垂直菜单，移动光标到显示的菜单列表中选择所需插入的 NC 指令处，按“输入确认”键，可在程序中方便地直接插入 NC 指令。

3）也可在程序编辑窗口直接按 LCYC93、LCYC95 等循环指令软键，打开如图 4-45 所示循环参数输入窗口，在窗口中直接输入循环 R 参数。

4）如需关闭已打开的程序，可按“扩展键”，在扩展软键菜单中按“关闭”软键，即可关闭该程序，返回主菜单窗口。

3. 程序的拷贝与删除

1）打开如图 4-34 所示程序目录窗口，将光标移到要拷贝的程序上，按扩展软键菜单中“拷贝”软键，打开程序拷贝窗口。

2）在程序拷贝窗口新程序名输入区内输入新程序名，按“确认”软键，则系统完成程序拷贝，生成新的程序，并返回程序目录窗口。

3）若要删除某个程序，将光标移到要删除的程序上，按扩展软键菜单中“删除”软键，系统会显示删除窗口，并提示要删除的程序名，如按“确认”软键，则程序被删除。

程序 复位 手动 10000 INC
LCYC83
零件程序编辑： DE101.MP LCYC93
LCYC94
LCYC95
LCYC97
ANF:G1 粘结： LCYC83
ANA:X70 1.ICYCL 固定循环调节
N51 Z0 M 2.SIM 正弦函数 si
N60 X100 3.COS 余弦函数 co
N75 F850 4.TAM 正切函数 ta
N76 X0 Z 5.SQRT 平方根 sqrt
N80 GOTO 6.GOTOF 转到前面(标)
N98 M2 7.GOTOB 转到后面(标号)

图 4-44　垂直菜单

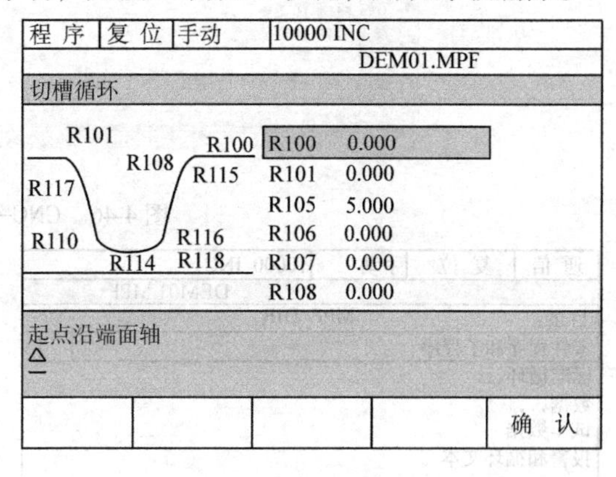

图 4-45　循环参数输入窗口

4. 程序的通信

1）选用一台计算机，安装专用程序传输软件（如 CNC—EDIT），根据数控车床程序传输具体要求，设置传输参数。

2）通过 RS—232C 串行端口将计算机和数控车床连接起来。

3）在计算机上打开 CNC—EDIT 程序传输软件，打开需传输的程序，如图 4-46 所示，并在程序开头输入传输的程序头，其格式为：（其中 KG100 为程序名）

%_N_KG100_MPF

; $PATH = /_N_MPF_DIR

4）在 CNC 操作面板上按“区域转换”键进入主菜单，在主菜单中按“通信”软键，打开如图 4-47 所示通信窗口，按“输入启动”软键，进入图 4-48 通信接收窗口，数控系统作好了接收程序的准备。

5）单击 CNC—EDIT 编辑界面上的按钮，弹出图 4-49 程序传输窗口，按 4. Setup 按钮，弹出如图 4-50 所示参数设置窗口，按图中椭圆圈的参数进行设置，设置完毕后，单击 0. Save & Exit 按钮，返回如图 4-49 所示程序传输窗口，单击窗口内 1. Send 按钮，程序开始传输，在程序传输窗口的下方显示传输的进度。

6）程序传输完毕，在机床通信接收窗口显示输入程序的字节等参数。

7）按“停止”软键，则完成程序的通信。

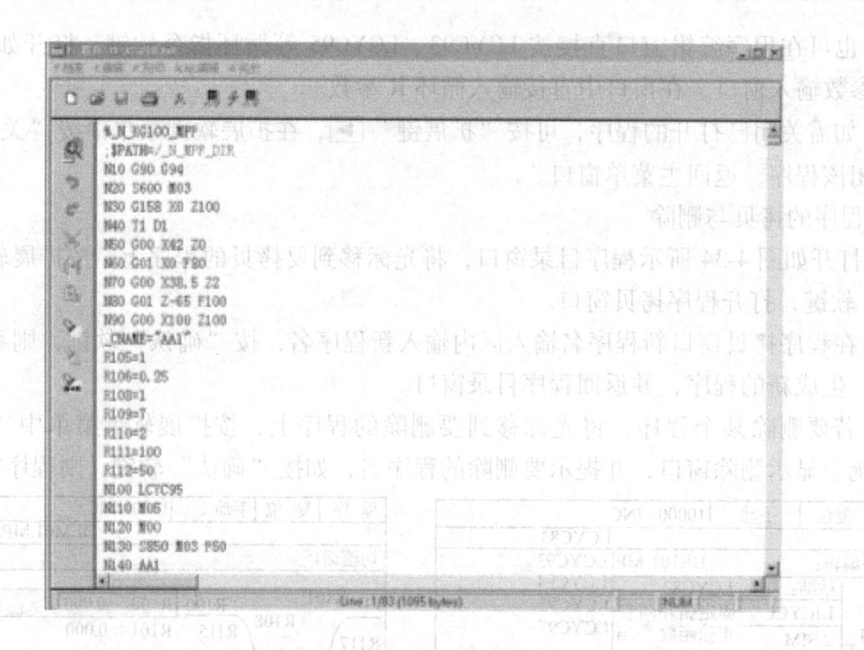

图 4-46　CNC—EDIT 编辑窗口

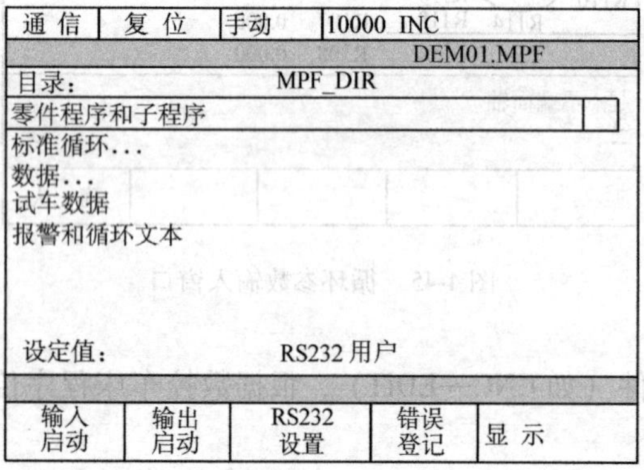

通 信	复 位	手动	10000 INC
	DEM01.MPF		
目录：	MPF_DIR		
零件程序和子程序			
标准循环…			
数据…			
试车数据			
报警和循环文本			
设定值：	RS232 用户		
输入启动	输出启动	RS232 设置	错误登记	显 示

图 4-47　通信窗口

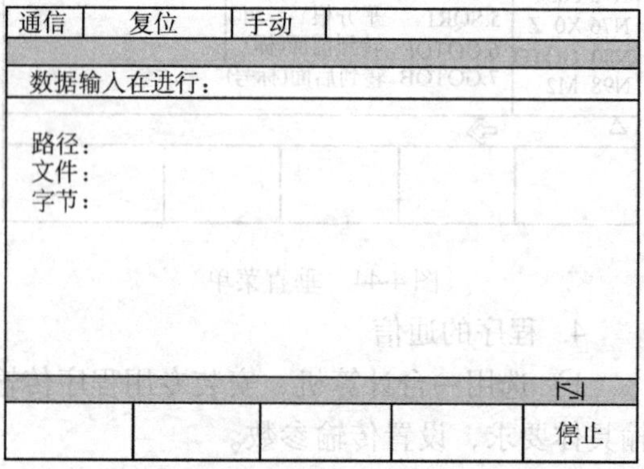

通信	复位	手动	
数据输入在进行：			
路径： 文件： 字节：			
			停止

图 4-48　通信接收窗口

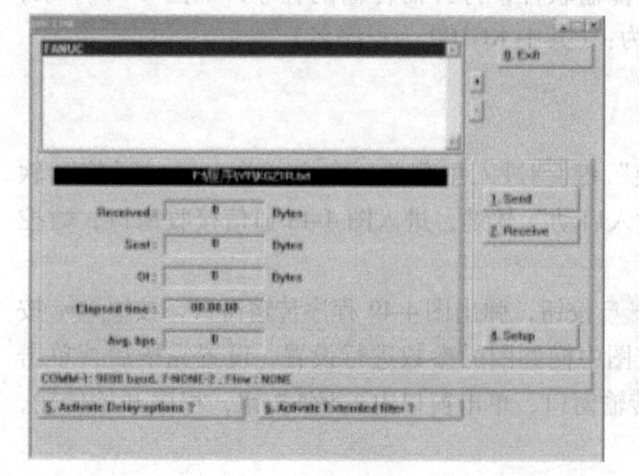

图 4-49　程序传输窗口

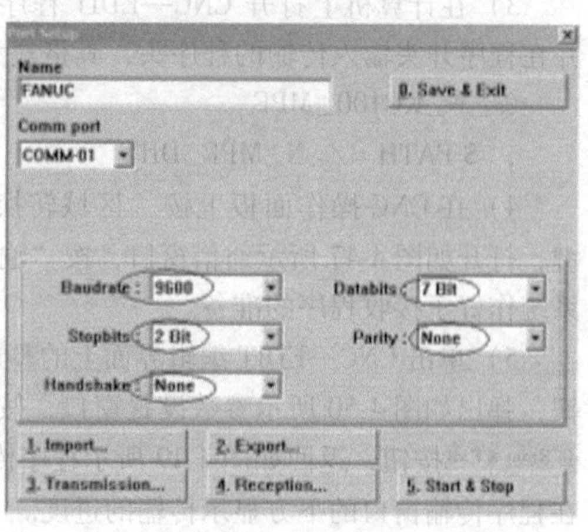

图 4-50　参数设置窗口

在规定的存取权限下还可以通过 RS232 接口读入或读出相应的数据（如机床数据、设定数据、刀具补偿、零点偏移、R 参数等）、零件程序（包括子程序）、开机调试数据（如 NCK 数据、PLC 数据、报警文本）、补偿参数、循环等文件。

十二、程序的空运行测试

在自动加工前，通常要进行程序的校验，其校验的步骤为：

1）选择要校验的程序

2）按机床控制面板上的“自动方式选择”键，系统进入如图 4-33 所示自动运行窗口，按“程序控制”软键，打开如图 4-51 所示程序控制窗口。

3）移动光标至“空运行”选项，按“输入确认”键，该选项左边的方框被打上激活标记☒，程序测试时，程序中的 G01 进给速度将以 G00 快速进给速度运行，可提高程序测试效率。但实际加工时，一定要恢复不激活状态，否则进给速度全以 G00 速度运行，非常危险。

4）移动光标至“快速修调有效”，按“输入确认”键，激活该选项，则可使快速进给速度可以调节。

5）移动光标至“测试程序有效”选项，按“输入确认”键，激活该选项，机床将处于锁定状态，程序照常运行，位置显示值变化，而机床各坐标轴不动，主轴、冷却、刀架照常工作。

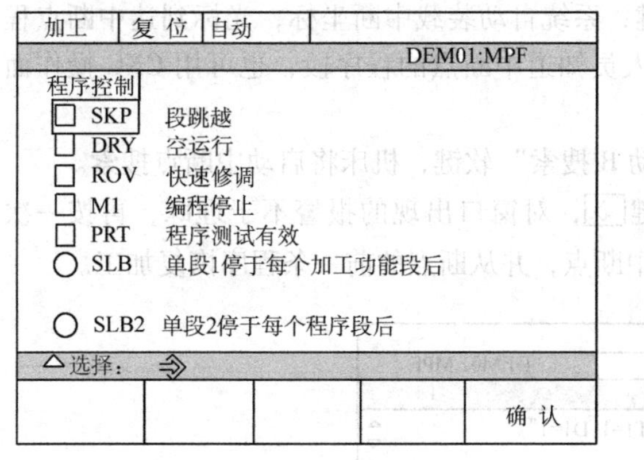

图 4-51　程序控制窗口

诊 断　复 位　手动　10000 INC
DEM01.MPF
报警号　删除条件
00100:
400002
061002
100003
该自清除报警AAAA的报警指针为0
报 警　维修信息　调试　机床数据
屏幕更亮　屏幕更暗　语言转换

图 4-52　诊断报警窗口

6）激活上述三个选项后，按“确认”键，系统将返回自动运行窗口，按“程序启动”键，启动程序测试。

7）程序中如有非法代码或语法错误，系统将报警，并停止测试。操作者可按“区域转换“键进入主菜单，在主菜单中按“诊断”软键，打开如图 4-52 所示诊断窗口，根据报警号和文字提示，判断程序错误发生报警类型。

8）按机床控制面板上的“复位”键，消除报警，然后在主菜单窗口中按“程序”软键，打开测试的程序进行修改。修改完后按上述步骤重新测试，直至全部通过。（注：该程序测试过程，只能测试出程序中的一些非法代码和语法错误，而不能检查出撞刀、尺寸等错误。）

9）程序测试完毕，应将图 4-52 程序控制窗口中“空运行”和“测试程序段有效”两个选项恢复不激活状态，否则机床无法正常加工。

十三、断点搜索

在程序自动运行过程中，如按“复位”键，则中断整个程序的运行，光标返回到程序开头，按“程序启动”键，程序从头开始重新自动执行。

数控车床在自动加工时，有时发现后续程序有错误或某些影响机床正常加工的情况（如刀具崩刃、切屑缠绕工件等），操作人员可按下机床控制面板上的“复位”键，则中断整个程序的运行，机床的所有动作也全部停止，光标返回到程序开头。

当程序修改或故障排除后，如直接按下“程序启动”键，数控车床将从程序的头部重新开始加工，这样会造成许多空切，浪费加工时间。此时，可使用断点搜索功能，找出加工程序的中断点。即使刀具离开了中断的加工点（如在点动方式下将刀具退出未完成加工的工件轮廓排除铁屑），系统也能找到程序中断点，从断点的前一条程序恢复加工。其具体操作步骤如下：

1）按机床控制面板上的“自动方式选择”键。

2）在CNC操作面板上按“区域转换”键进入主菜单，在主菜单中按“加工”软键，系统进入如图4-33所示自动运行窗口。

3）在自动运行窗口，按“搜索”软键，进入图4-53程序段搜索窗口，准备装载中断点坐标。

4）在程序段搜索窗口按“搜索断点”键，系统自动装载中断坐标，光标到达中断点程序段，即找到了程序的中断点。如机床操作人员知道中断点的程序段，也可用CNC操作面板上的光标移动键，直接移动到程序中断处。

5）按图4-53程序段搜索窗口中的“启动B搜索”软键，机床将启动中断点搜索。

6）按机床控制面板上的“程序启动”键，对窗口出现的报警不于理睬，再按一次“程序启动”键，机床会自动搜索到程序中断点，并从断点的前一条程序恢复加工。

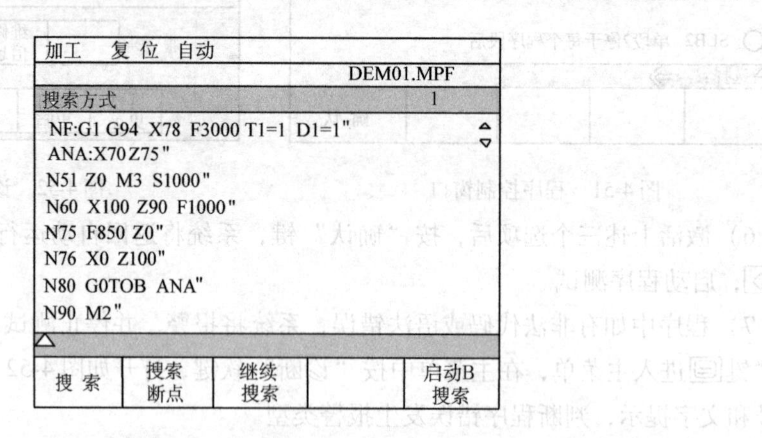

图4-53 程序段搜索窗口

思考题

4-1 SIEMENS—802S系统数控车床的操作面板由哪几个部分组成？

4-2 SIEMENS—802S系统数控车床控制器中的基本功能可以划分为哪五个区域？

4-3　数控机床开机，首先应进行什么操作？

4-4　数控车床在哪几种情况下要进行回参考点操作？

4-5　当刀具磨损后，如何进行刀具补偿值的修改？

4-6　试述对刀的基本步骤，如何进行对刀正确性校验？

4-7　如何进行程序的空运行测试和断点搜索？

4-8　SIEMENS—802S 系统圆弧插补编程有哪几种指令格式？

4-9　进给功能字 F 有几种进给速度的表示方法？

4-10　S 代码表示什么功能字？它表示的主轴转速的方式大致有几种？

4-11　试说明下列 M 代码的功能：M01、M02、M03、M04、M05、M06、M07、M08、M09

4-12　G158 与 G54 都为零点偏移指令，它们有什么区别？

4-13　什么情况下要应用子程序？

4-14　循环指令有什么优点，应用时应注意哪些问题？

4-15　编制下图 4-54 所示零件的数控加工程序。

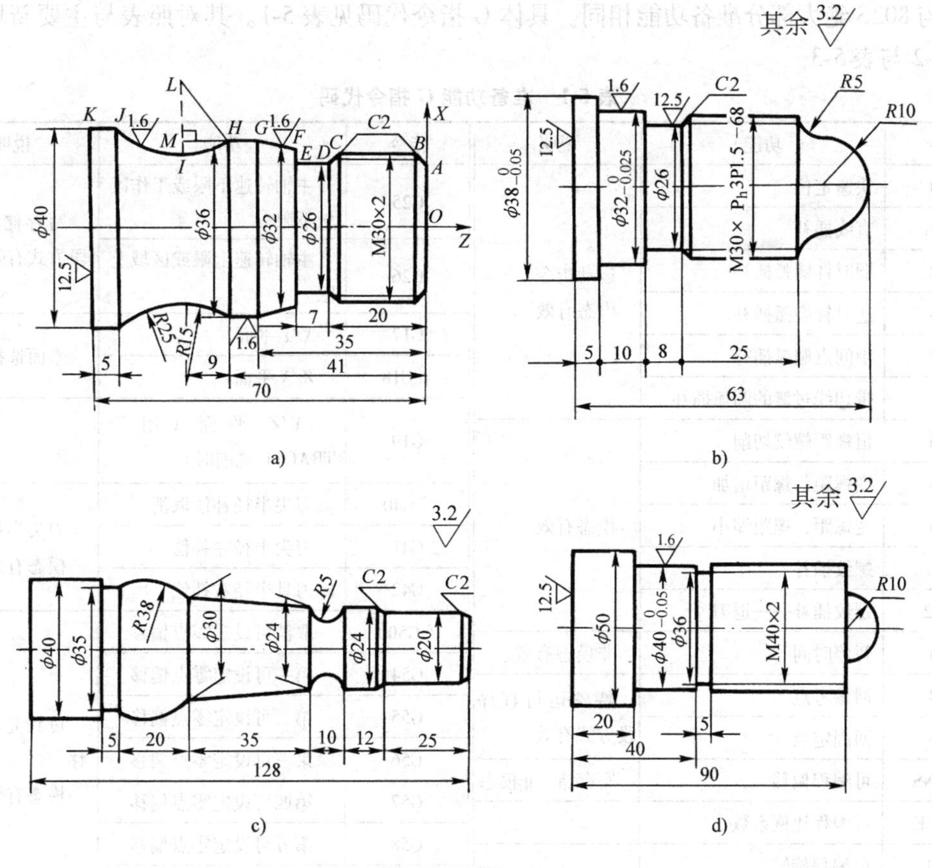

图 4-54　题 4-15

第五章　SIEMENS—802D 系统数控车床实训操作

SIEMENS—802D 数控系统与 SIEMENS—802S（C）数控系统相比，前者比后者，在系统功能上更强大，且性能更完美。本章重点介绍 SIEMENS—802D 系统数控车床的功能、编程及操作。

第一节　SIEMENS—802D 系统数控车床系统功能

准备功能主要用来指令数控机床或数控系统的工作方式。与 SIEMENS—802S 一样，802D 与 802S 绝大部分准备功能相同。具体 G 指令代码见表 5-1。其对照表与主要新增功能见表 5-2 与表 5-3。

表 5-1　准备功能 G 指令代码

指令	功能	说明
G00	快速定位	运动指令模态有效
☆G01	直线插补	
G02	顺时针圆弧插补	
G03	逆时针圆弧插补	
CIP	中间点圆弧插补	
CT	带切线过渡的圆弧插补	
G33	恒螺距螺纹切削	模态有效
G34	变螺距，螺距增加	
G35	变螺距，螺距缩小	
G331	螺纹插补	
G332	螺纹插补——退刀	
G04	暂停时间	非模态有效
G74	回参考点	特殊运行程序段方式有效
G75	回固定点	
GTANS	可编程偏移	写存储　非模态
SCALE	可编程比例系数	
ROT	可编程旋转	
MIRROR	可编程镜像功能	
ATRANS	附加的可编程偏移	
ASCALE	附加的可编程比例系数	
AROT	附加的可编程旋转	
AMIRROR	附加的可编程镜像功能	

指令	功能	说明
G25	主轴转速下限或工作区域下限	写存储器程序段方式有效
G26	主轴转速上限或区域上限	
G17	*X/Y* 平面	平面选择
☆G18	*Z/X* 平面	
G19	*Y/Z* 平面（用于 TRACYL 铣削时）	
☆G40	刀尖半径补偿取消	刀尖半径补偿模态有效
G41	刀尖半径左补偿	
G42	刀具半径右补偿	
☆G500	取消可设定零点偏移	可设定零点偏移模态有效
G54	第一可设定零点偏移	
G55	第二可设定零点偏移	
G56	第三可设定零点偏移	
G57	第四可设定零点偏移	
G58	第五可设定零点偏移	
G59	第六可设定零点偏移	
G53	非模态抑制可设定零点偏移	非模态抑制可设定零点偏移
G153	非模态抑制可设定零点偏移，包括基本框架	
☆G60	准确定位	定位性能模态有效
G64	连续路径方式	

（续）

指令	功能	说明	指令	功能	说明
G09	非模态准停	程序段有效	☆G450	圆弧过渡	刀尖半径补偿时拐角特性
G601	在 G60、G09 方式下精准停	准停窗口			
G602	在 G60、G09 方式下粗准停	模态有效	G451	尖角过渡拐角方式	模态有效
G70	英制尺寸编程	模态有效	☆BRISK	轨迹跳跃加速	加速度特性
☆G71	米制尺寸编程				
G700	英制尺寸编程，也用于进给率 F		SOFT	轨迹平滑加速	模态有效
G710	米制尺寸编程，也用于进给率 F		☆FFWOF	关闭前馈控制	前馈控制模态有效
☆G90	绝对尺寸编程	模态有效	FFWON	打开前馈控制	
G91	相对尺寸编程		☆WALIMON	工作区域限制生效	工作区域限制模态有效
G94	每分钟进给	模态有效	WALIMOF	工作区域限制取消	
☆G95	每转进给				
G96	恒线速度控制		DIAMOF	半径输入	尺寸输入半径/直径
G97	取消恒线速度控制		☆DIAMON	直径输入	

注：带有☆的记号的 G 代码，在电源接通时，显示此 G 代码；对于 G70/G700、G71/G710，则是电源切断前保留的 G 代码。

表 5-2　SIEMENS—802D 与 802S/C 系统相当功能对照表

SIEMENS—802D		SIEMENS—802S/C
功　能	指令与编程	
中间点圆弧插补	CIP　X_　Z_　I1 = _　K1 = _	G5　X_　Z_　IX = _　KZ = _
可编程零偏移	TRANS　X…　Z…	G158　X_　Z_
直径尺寸输入	DIAMON	G23
半径尺寸输入	DIAMOF	G22
钻孔沉孔循环	CYCLE82（RTP，RFP，SDIS，DP，DPR，DTB）	LCYC82（R101，R102，R103，R104…）
深孔钻循环	CYCLE38（RTP，RFP，SDIS，DP，DPR，FDEP，FD - PR，DAM，DTB，DTS，FRF，VARI）	LCYC83（R101，R102，R103，R104…）
补偿攻螺纹循环	CYCLE840（RTP，RFP，SDIS，DP，DPR，DTB，SDR，SDAC，ENC，MPIT，PIT）	LCYC840(R101,R102,R103,R104…)
精镗孔、铰孔循环	CYCLE85（RTP，RFP，SDIS，DP，DPR，DTB，FFR，RFF）	LCYC85（R101，R102，R103，R104…）
切槽循环	CYCLE93（SPD，DPL，WIDG，DIAG，STA1，ANG1，ANG2，RC01，RC02，RCI1，RCI2，FAL1，FAL2，IDEP，DTB，VARI）	LCYC93（R100，R101，R102，R103，R104…）

（续）

SIEMENS—802D		SIEMENS—802S/C
功　能	指令与编程	
退刀槽（E 型和 F 型）切削循环	CYCL94（SPS，SPL，FORM）	LCYC94（R100，R101，R102，R103，R104…）
毛坯切削循环	CYCLE95（NPP，MID，FALZ，FALX，FAL，FF1，FF2，FF3，VARI，DT，DAM，VRT）	LCYC95（R100，R101，R102，R103，R104…）
螺纹退刀槽切削循环	CYCLE96（DIATH，SPL，FORM）	
螺纹切削循环	CYCLE97（PIT，MPIT，SPL，FPL，DM1，DM2，APP，ROP，TDEP，FAL，IANG，NSP，NRC，NID，VARI，NUMT）	LCYC97（R100，R101，R102，R103，R104…）

表 5-3　SIEMENS—802D 系统主要新增功能表

指令	功能含义	编　程
AC	绝对坐标	G91　X10　Z = AC（20）；X 轴增量坐标，Z 轴绝对坐标
IC	增量坐标	G90　X10　Z = IC（20）；X 轴绝对坐标，Z 轴增量坐标
ATRANS	附加的可编程零点偏移	ATRANS　X_　Z_
SCALE	可编程比例系数	SCALE X_　Z_
ASCALE	附加的可编比例系数	ASCALE X_　Z_
G25	主轴转速或工作区域限制下限设定	G25 X_　Z_
G26	主轴转速或工作区域限制上限设定	G26 X_　Z_
WALIMON	工作区域限制生效	WALIMON
WALIMOF	工作区域限制取消	WALIMOF
CT	带切线过渡的圆弧插补	CT　X_　X_
BRISK	轨迹跳跃加速	NTODSK
SOFT	轨迹平滑加速	SOFT
ACC	加速度补偿值的百分数（加速度比例补偿）	ACC［X］ =80；X 轴加速度 80% ACC［S］ =50；主轴加速度 50%
FFWON	预（先导）控制开	FFWON
FFWOF	预（先导）控制关	FFWOF
CYCLE84	带螺纹插补切削螺纹	CYCLE84（RTP，RFP，SDIS，DP，DPR. DTB，SDAC，MPIT，PIT，POSS，SST，SST1）
CYCLE88	带停止镗孔	CYCLE88（RTP，RFP，SDIS，DP，DPR. DTB，SDIR）

第二节　SIEMENS—802D 系统基本编程指令

SIEMENS—802D 与 SIEMENS—802S（C）相同或相当编程指令，本节不再赘述，不同或新增指令内容介绍如下：

一、AC/IC——绝对/增量尺寸编程指令

1. 功能

SIEMENS—802D 系统除了采用 G90/G91 设定绝对/增量尺寸输入制式外，还可以用 AC/IC 进行绝对/增量尺寸制式输入。采用 AC/IC 可以在程序段中单独指定某坐标的输入制式，从而实现同一程序段中绝对/增量制式的混合编程。

2. 编程

X = AC（…）；　某轴以绝对尺寸输入，段方式有效

X = IC（…）；　某轴以增量尺寸输入，段方式有效

3. 编程举例

N10　X20　Z0；　绝对尺寸输入制式

N20　X30　Z = IC（-10）；　X 仍为绝对尺寸输入制式，Z 轴增量尺寸输入

…

N80　G91　X40　Z-10；　增量尺寸输入制式

N90　X = AC（5）　Z-20；　Z 仍为增量尺寸输入制式，X 轴绝对尺寸输入

二、TRANS/ATRANS——可编程零点偏移与附加的可编程零点偏移编程指令

如果在工件的不同位置上有重复出现的形状或结构，或者选用了一个新的参考点，在这种情况下就可以使用可编程零点偏移。由此，可产生一个当前工件坐标系，新输入的尺寸均是在该坐标系中的数据尺寸。

附加的可编程偏移与可编程序偏移的不同之处在于“附加”。可编程偏移 TRANS 指令将清除所有之前的相对工件坐标系的坐标转换，包括偏移和比例转换。附加的可编偏移 ATRANS 指令将在之前坐标转换的基础上再附加一次偏移转换。

TRANS/ATRANS 指令要求一个独立的程序段，与西门子 802S 中的 G158　Z_　一样。实际应用中一般在 X 轴上没有或只有较小的偏移量，如用作预留加工余量。

三、SCALE/ASCALE——可编程比例系数与附加的可编程比例系数编程指令

1. 功能

用 SCALE/ASCALE 可以为各坐标轴编程一个比例系数，使各坐标运行数据按此比例系数进行放大或缩小，从而以同一程序加工出不同大小的相似形零件。SCALE/ASCALE 比例缩放将以当前坐标系原点为基点，如图 5-1 所示。

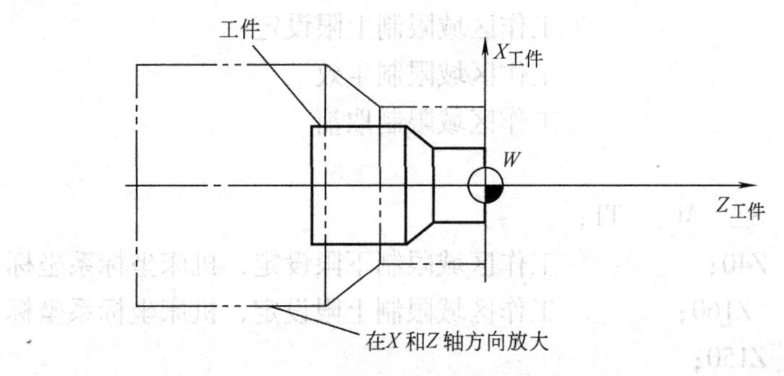

图 5-1　SCALE/ASCALE 可编程比例系数与附加的可编程比例系数

2. 编程

SCALE　X_　Z_；　可编程比例设定，清除所有之前的偏移和比例指令设定

ASCALE　X_　Z_;　　附加的可编程比例设定，附加于之前的偏移和比例指令之上

SCALE/ASCALE 指令要求一个独立的程序段

在程序段中仅输入 SCALE 指令而后面不跟坐标轴名称时，可以清除所有当前的偏移和比例设定。

3. 编程举例

```
N10  G54  F_  S_  M3  T1;
N20  L10;                  调用子程序按编程轮廓尺寸加工
N30  SCALE  X2  Z2;        设定X、Z方向比例系数为2
N40  L10;                  调用子程序X、Z方向轮廓放大2倍加工
…
```

在对圆弧进行比例缩放加工时，编程的两个坐标轴比例系数必须一致。如果在 SCALE/ASCALE 指令有效时编程 ATRANS 指令，则 ATRANS 指令中编程的偏移量也同样被比例缩放。

四、G25/G26　WALIMON/WALIMOF——可编程工作区域限制指令

1. 功能

采用 G25/G26 功能可以在整个机床加工区间内定义各坐标轴的特定工作区域，从而确定机床在一定条件下的实际允许工作范围，如图 5-2 所示。一旦工作区域限制范围设定有效，则机床只能在该设定范围内工作。当有刀具长度补偿时，刀尖必须在此规定区域内；当没有刀具长度补偿时，则刀具参考点必须在此工作区域内。WALIMON/WALIMOF 可以使能/取消 G25/G26，即可设定 G25/G26 是否有效。

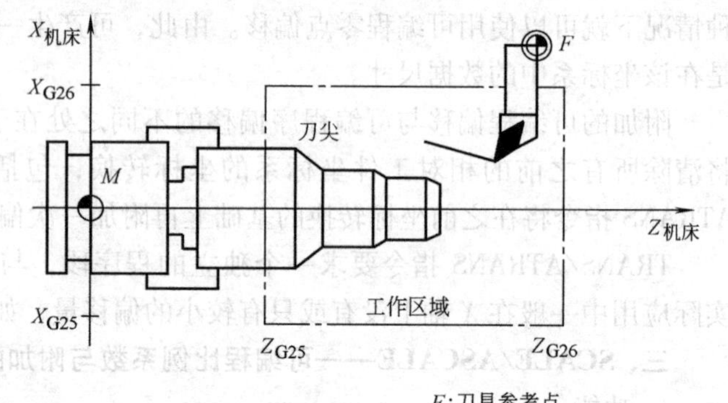

图 5-2　可编程工作区域限制

2. 编程

```
G25  X_  Z_;          工作区域限制下限设定
G26  X_  Z_;          工作区域限制上限设定
WALIMON               工作区域限制生效
WALIMOF               工作区域限制取消
```

3. 编程举例

```
N10  G54  F_  S_  M_  T1;
N20  G25  X0  Z40;       工作区域限制下限设定，机床坐标系坐标
N30  G26  X80  Z160;     工作区域限制上限设定，机床坐标系坐标
N40  G0  X30  Z150;
N50  WALIMON;            工作区域限制生效
…                        仅在限制工作区域内运行
N100  WALIMOF;           工作区域限制取消
```

4. 应用说明

可编程工作区域限制通常用于在某些特定情况下限制机床的实际运行范围，防止在工作范围外的障碍物造成意外干涉，从而起到安全保护的作用。因此，它通常称为软限位，也称为软保护。可编程工作区域限制是以机床坐标系为参照系而设定的。因此，只有在坐标轴回过参考点，即建立起机床坐标系后才能有效。除了通过 G25/G26 在程序中编程设定工作区域外，还可以通过系统操作面板在设定数据中输入数据进行设定。

五、CT——切线过渡圆弧插补指令

1. 功能

零件图上有这样的轮廓要素组合：直线与圆弧相切，但图样上只标出直线的两端点与圆弧的终点。采用 CT 切线过渡圆弧插补编程，可以根据上述已知条件在当前平面中生成一段圆弧，其圆弧半径和圆心坐标由前一直线与圆弧终点的几何关系得出，如图 5-3 所示。

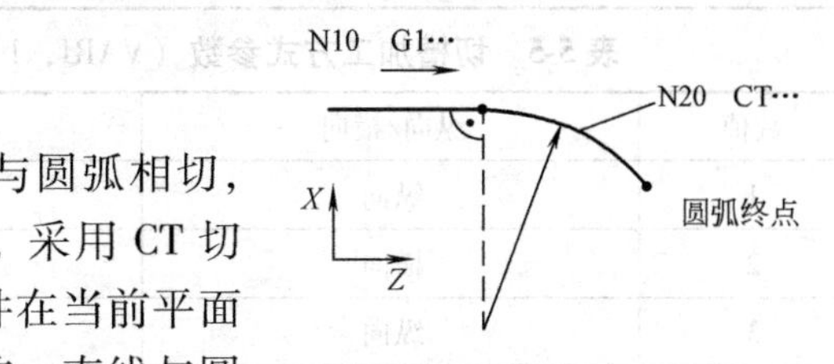

图 5-3　CT 切线过渡圆弧插补

2. 编程

N10　G1　X_　Z_；　　　　走直线，XZ 为直线终点坐标

N20　CT　X_　Z_；　　　　走与直线相切的圆弧，XZ 为圆弧终点坐标

六、CYCLE93——切槽循环指令

1. 指令格式

CYCLE93（SPD，SPL，WIDG，DIAG，STA1，ANG1，ANG2，RC01，RC02，RCI1，RCI2，FAL1，FAL2，IDEP，DTB，VARI），各参数含义见表 5-4。

2. 加工方式与切削过程

切槽循环的加工方式用参数 VARI 表示，共分三类 8 种：第一类分为纵向或横向，第二类分为外部或内部，第三类分为起刀点位于左侧或右侧，见表 5-5 所示。

表 5-4　802D 切槽循环 CYCLE93 参数与 802S 切槽循环 LCYC93 参数对照表

802D 参数		802S（C）参数
SPD	横向（X 向）坐标轴起始点，直径值	R100
SPL	纵向（Z 向）坐标轴起始点	R101
WIDG	槽底宽度（无符号输入）	R114
DIAG	槽的深度，最大深度（无符号输入）	R115
STA1	槽的斜线角，槽轮廓和纵向轴之间的角度，数值 0 ~ 180°	
ANG1	侧面角 1：在切槽一边，由起始点决定（无符号输入）数值 0 ~ 89.999°	R116
ANG2	侧面角 2：在切槽另一边（无符号输入）数值 0 ~ 89.999°	R116
RC01	槽沿半径/倒角 1，外部：位于由起始点决定的一边	R117
RC02	槽沿半径/倒角 2，外部：位于由起始点决定的另一边	R117
RCI1	槽底半径/倒角 1，内部：位于由起始点决定的一边	R118
RCI2	槽底半径/倒角 2，内部：位于由起始点决定的另一边	R118
FAL1	槽底面精加工余量	R106

（续）

	802D 参数	802S（C）参数
FAL2	槽侧面精加工余量	R106
IDEP	进给深度，X 向为半径值（无符号输入）	R108
DTB	槽底停顿时间	R119
VARI	加工类型，1～8 倒角为 CHF，11～18 倒角为 CHR	R105

表 5-5　切槽加工方式参数（VARI，1～8 倒角为 CHF，11～18 倒角为 CHR）

数值	纵向/横向	外部/内部	起刀点位置
1	纵向	外部	左侧
2	横向	外部	左侧
3	纵向	内部	左侧
4	横向	内部	左侧
5	纵向	外部	右侧
6	横向	外部	右侧
7	纵向	内部	右侧
8	横向	内部	右侧

（1）纵向与横向加工

1）纵向加工。纵向加工是指槽的背吃刀量方向为 X 方向，槽的宽度方向为 Z 方向的一种切槽方式。以纵向外部切槽为例，其切槽循环参数如图 5-4a 所示，其加工过程如图 5-4b 所示。

① 刀具定位到循环起点，沿背吃刀量方向（X 轴方向）切削，每次完成背吃刀量 IDEP 指令值后，回退 1mm 后再次切槽，如此循环直至背吃刀量至距轮廓为 FAL1 指令值处，X 向快退至循环起点 X 坐标处。

② 刀具沿 Z 方向平移，重复以上切削过程，直至 Z 方向切出槽宽。

③ 分别用刀尖（A 点和 B 点）对左右槽侧各进行一次槽侧的粗切削，槽侧切削后，槽侧面各留 FAL2 值的精加工余量。

④ 用刀尖（B 点）沿轮廓 CD 进行精加工并快速退回 E 点，然后用刀尖（A 点）沿轮廓 FD 进行精加工并快速退回 E 点。

⑤ 成全部切槽动作。

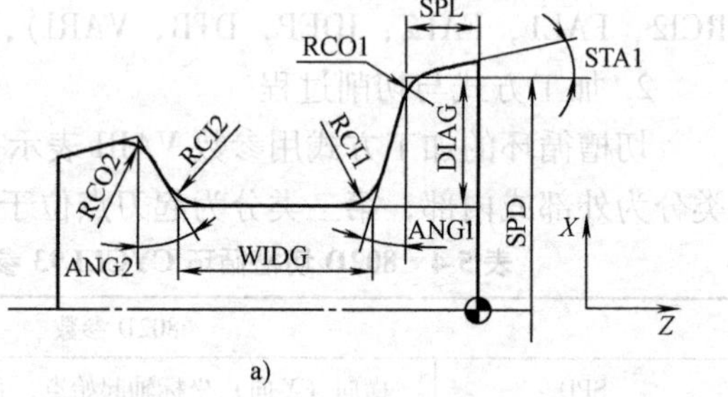

a)

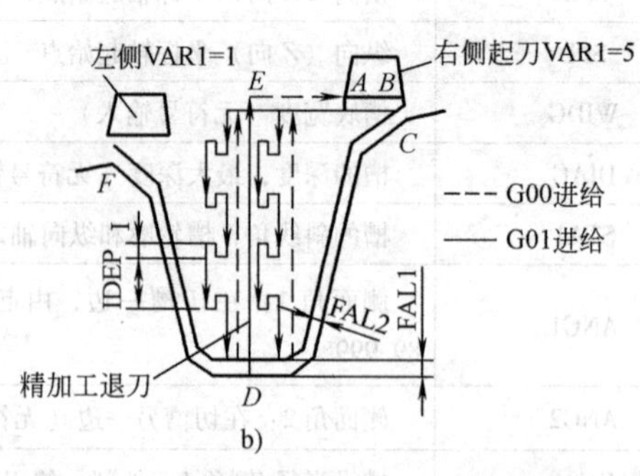

b)

图 5-4　纵向切槽加工的参数与切削动作

2）横向加工：是指槽的切深方向为 Z 方，槽的宽度方向是 X 方向的一种切槽方式。以横向右侧槽为例，其切槽循环参数如图 5-5a 所示，其加工动作如图 5-5b 所示。

横向右侧加工方式中刀具切槽动作说明如下：

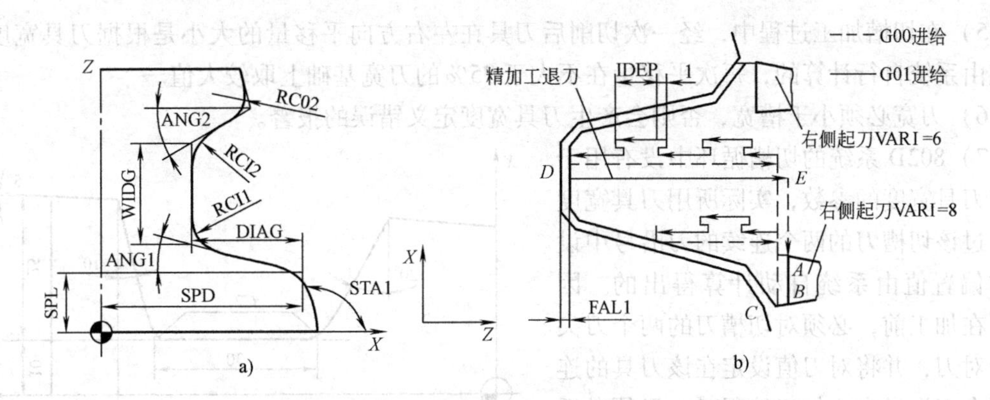

图 5-5　横向切槽加工的参数与切削过程

① 刀具定位至循环起点，刀具先沿 $-Z$ 方向分层切深至距离轮廓 FAL1 指令值处，再沿 $+Z$ 方向快速回退至循环起点 Z 坐标处。

② 刀具沿 X 向平移，重复以上切削过程，如此循环直至切出槽宽。

③ 粗切槽两侧，类似于纵向切槽。

④ 精切槽轮廓，类似于纵向切槽。

（2）左侧与右侧　切槽循环加工类型中关于左侧起刀和右侧起刀的判断方法是：站在操作者位置观察刀具，不管是纵向切槽还是横向切槽，当循环起点位于槽的右侧时，称为右侧起刀，反之称为左侧起刀。

（3）外部与内部　切槽循环加工类型中关于外部和内部的判断方法是：当刀具在 X 轴方向朝 $-X$ 方向切入时，均称为外部加工，反之则为内部加工。加工类形的判断如图 5-6 所示。

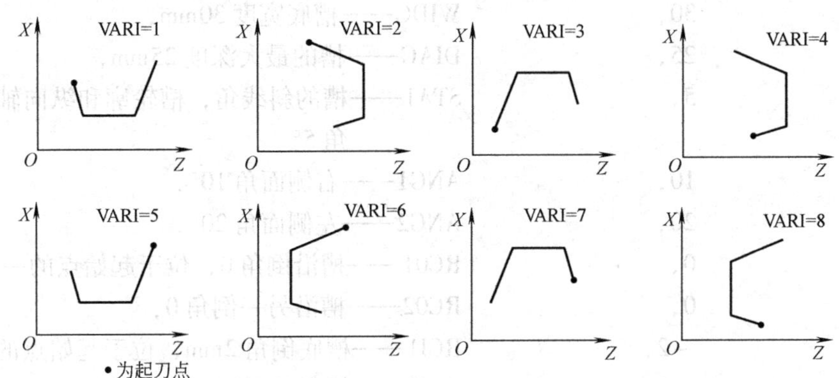

图 5-6　切槽加工类型

3. 使用 CYCLE93 切槽循环指令编程时的注意事项

1）参数 STA1 用于指定槽的斜线角，取值范围为 0 ~ 180°，且始终为与纵向轴的夹角。

2）参数 RCO 与 RCI 可以指定槽沿倒圆角，也可以指定倒角。当指定倒圆角时，参数用正值表示；当指定为倒角时，参数用负值表示。

3）切槽加工中的刀具以分层背吃刀量进给后，刀具回退量为 1mm。

4）参数 DTB 为槽底停留时间，类似于 SIEMENS—802S 系统的 R119，其最小值至少为主轴旋转一周的时间。

5）在切槽加工过程中，经一次切削后刀具在左右方向平移量的大小是根据刀具宽度和槽宽由系统自行计算的，每次平移量在不大于95%的刀宽基础上取较大值。

6）刀宽必须小于槽宽，否则会产生刀具宽度定义错误的报警。

7）802D系统的切槽循环中没有用于设定刀具宽度的参数，实际所用刀具宽度是通过该切槽刀的两个连续的刀沿号中设定的偏置值由系统自动计算得出的。因此，在加工前，必须对切槽刀的两个刀尖进行对刀，并将对刀值设定在该刀具的连续两个刀沿号中。加工编程时，只须激活第一个刀沿号。

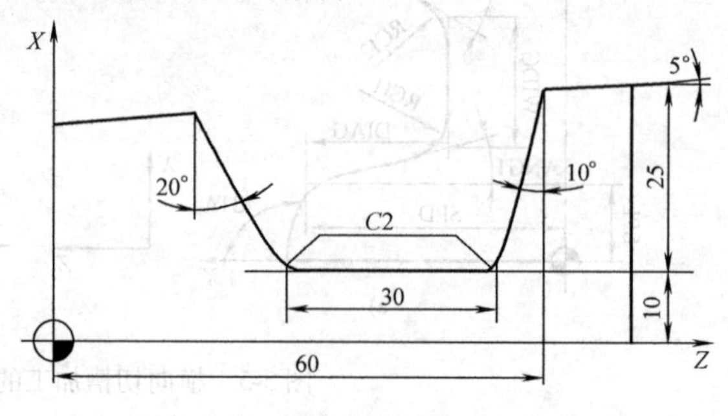

图 5-7　用 CYCLE93 指令加工凹槽

例 5-1　用 CYCLE93 切槽循环指令加工图 5-7 所示凹槽。槽外表面是5°锥面，槽底宽30mm，槽底倒角 $C2$，左侧角20°，右侧角10°，总深为25mm，刀宽为5mm（对到点为切槽刀的右刀点）。

程序如下：

N10　G90　M03　S500　F0.15　T2　D1；	绝对值编程，主轴正转，转速500 r/min，进给率0.15，
N20　G0　X75　Z85；	快速进刀

N30　CYCLE93（35，60，30，25，5，10，20，0，0，-2，-2，0.3，0.3，3，1，5）

或N30　CYCLE93（35，	SPD——切槽起始点直径值35mm（X向）	
	60，	SPL——切槽起始点 Z 坐标60mm（Z向），
	30，	WIDG——槽底宽度30mm，
	25，	DIAG——槽的最大深度25mm，
	5，	STA1——槽的斜线角，槽轮廓和纵向轴之间的夹角5°
	10，	ANG1——右侧面角10°，
	20，	ANG2——左侧面角20°，
	0，	RC01——槽沿倒角0，位于起始点的一边，
	0，	RC02——槽沿另一倒角0，
	-2，	RCI1——槽底倒角2mm，位于起始点的一边，
	-2，	RCI2——槽底另一倒角2mm，
	0.3，	FAL1——槽底精加余量，
	0.3，	FAL2——槽侧面精加余量，
	3，	IDEP——切槽进给深度最大3mm，
	1，	DTB——槽底停顿时间1s，
	5）	VARI——加工类型（纵向、外部、右边）

N40　G0　X80　Z150；	快速退刀
N50　M30；	主轴停止，程序结束

七、CYCLE94——E型和F型退刀槽切削循环指令

指令格式

CYCLE94（SPD，SPL，FORM）；

CYCLE94 切槽循环一般只适用于纵向表面与横向面交汇处的退刀槽，形状有 E 型与 F 型两种。其中，SPD 为槽横向坐标轴起始点（直径值）；SPL 为槽纵向坐标轴起始点；FORM 为该参数用于形状的定义，值为 E（用于形状为 E）和 F（用于形状为 F），如图 5-8 所示。

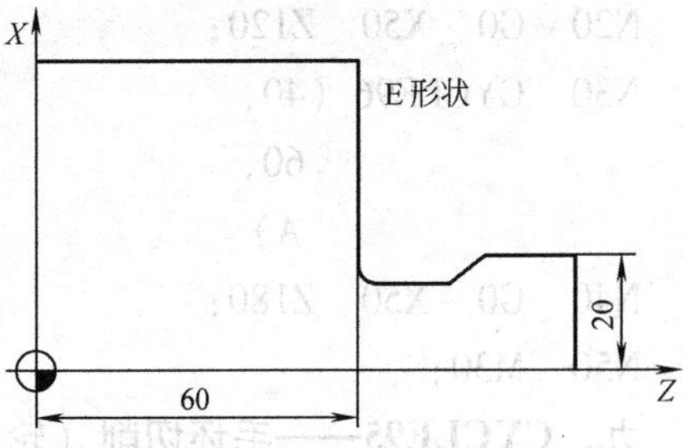

图 5-8　加工 E 型退刀槽

例 5-2　用 CYCLE94 切槽循环指令加工图 5-8 所示 E 型退刀槽。

程序如下：

N10　G90　M03　S600　F0.15　T03　D1；　　绝对值编程，主轴正转，转速 600 r/min，3 号刀、1 号刀补

N20　G0　X60　Z100；　　快速退刀

N30　CYCLE94（20，　　SPD——横向轴的起始点（直径值），

60，　　SPL——加工起始点纵向坐标，

E）　　FORM——形状

或 N30　CYCLE94（20，60，“E”）；

N40　G0　X100　Z150；　　快速退刀

N50　M30；　　主轴停止，程序结束

E 型和 F 型退刀槽槽宽及槽深等参数均采用标准尺寸，加工这类槽时只需确定槽的位置（程序中用参数 SPD 和 SPL 确定）即可。

在调用 CYCLE94 循环前，必须激活刀具补偿，而且定义的刀具切削沿号必须为 1 ~ 4，否则会在执行过程中出现程序出错报警。

八、CYCLE96——螺纹退刀槽切削循环指令

指令格式

CYCLE96（DIATH，SPL，FORM）；

其中，DIATH 为螺纹的公称直径；SPL 为纵向坐标轴起始点；FORM 为该参数用于形状的定义，其值为 A、B、C 和 D（分别定义正义 A、B、C 和 D 型螺纹退刀槽）。

CYCLE96 循环专门为加工各种类型的内、外螺纹加工退刀槽而设计的，只要输入螺纹的直径值和轴向起始点及加工类型，系统将会自动计算出加工参数大小。其槽宽及槽深等参数均采用标准尺寸，加工这类槽时只需确定槽的位置（程序中用参数 SPD 和 SPL 确定）即可。

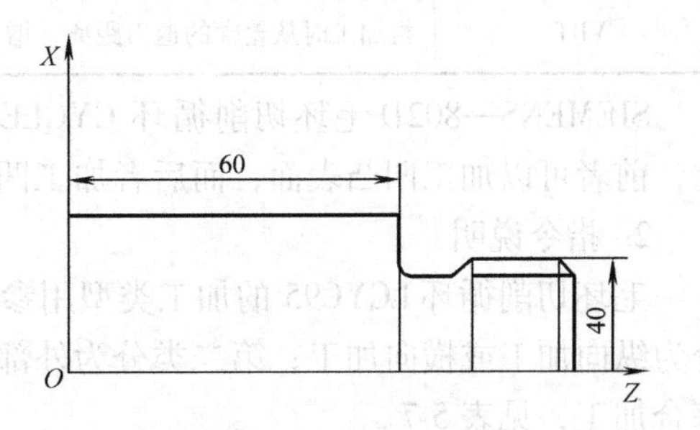

图 5-9　加工螺纹退刀槽

该循环的执行过程与 CYCLE94 的执行过程相同。在调用 CYCLE96 循环前，必须激活刀具补偿，而且定义的刀具切削沿号必须为1 ~ 4，否则会在执行过程中出现程序出错报警。

例 5-3　用 CYCLE96 螺纹退刀槽循环指令

加工图 5-9 所示螺纹退刀槽，且选择一般收尾型。

N10 M03 S400 T1D1 F0.2；	主轴正转，转速 400r/min，1 号刀，1 号刀补
N20 G0 X50 Z120；	快速进刀
N30 CYCLE96（40，	DIATH——螺纹的额定值，
60，	SPT——加工起始点纵向坐标，
A）	FORM——形状定义
N40 G0 X50 Z180；	快速退刀
N50 M30；	主轴停止，程序结束

九、CYCLE95——毛坯切削（轮廓）循环指令

1. 指令格式

CYCLE95（NPP，MID，FALZ，FZLX，FAL，FF1，FF2，FF3，VARI，DT，DAM，VRT）；

各参数含义见表 5-6。

表 5-6 SIEMENS—802D CYCLE95 与 SIEMENS—802S LCYC95 参数对照表

802D 参数		802S（C）参数
NPP	轮廓子程序名称	
MID	最大粗加工背吃刀量（无符号输入）	R108
FALZ	沿纵向轴（Z 向）的精加工余量（无符号输入）	
FZLX	沿横向轴（X 向）的精加工余量（无符号输入），半径量	
FAL	沿轮廓的精加工余量（无符号输入）	R106
FF1	非退刀槽加工的进给速度	
FF2	进入凹凸切削时的进给速度	
FF3	精加工的进给率	R112
VARI	加工类型，数值：1～12	R105
DT	粗加工时，用于断屑的停顿时间	
DAM	粗加工因断屑而中断时所经过的路径长度	
VRT	粗加工时从轮廓的退刀距离，增量，X 向为半径（无符号输入）	

SIEMENS—802D 毛坯切削循环 CYCLE95 与 SIEMENS—802S 毛坯切削循环 LCYC95 相比，前者可以加工凹凸表面，而后者加工凹表面时发生“干涉”报警。

2. 指令说明

毛坯切削循环 LCYC95 的加工类型用参数 VARI 表示，按其形式分成三类 12 种：第一类分为纵向加工或横向加工；第二类分为外部加工或内部加工；第三类分为粗加工、精加工和综合加工，见表 5-7。

表 5-7　SIEMENS—802D 加工类型 CYCLE95 参数与 SIEMENS—802S　LCYC95 参数对照表

802D 参数				802S（C）参数
值	纵向/横向	外部/内部	粗加工/精加工/综合加工	
1	纵向	外部	粗加工	1
2	横向	外部	粗加工	2
3	纵向	内部	粗加工	3
4	横向	内部	粗加工	4
5	纵向	外部	精加工	5
6	横向	外部	精加工	6
7	纵向	内部	精加工	7
8	横向	内部	精加工	8
9	纵向	外部	综合加工	9
10	横向	外部	综合加工	10
11	纵向	内部	综合加工	11
12	横向	内部	综合加工	12

纵向加工时，刀具进给始终沿着 X 轴方向切削进给，如图 5-10 所示。横向加工时，刀具进给始终沿着 Z 轴方向切削进给，如图 5-11 所示。

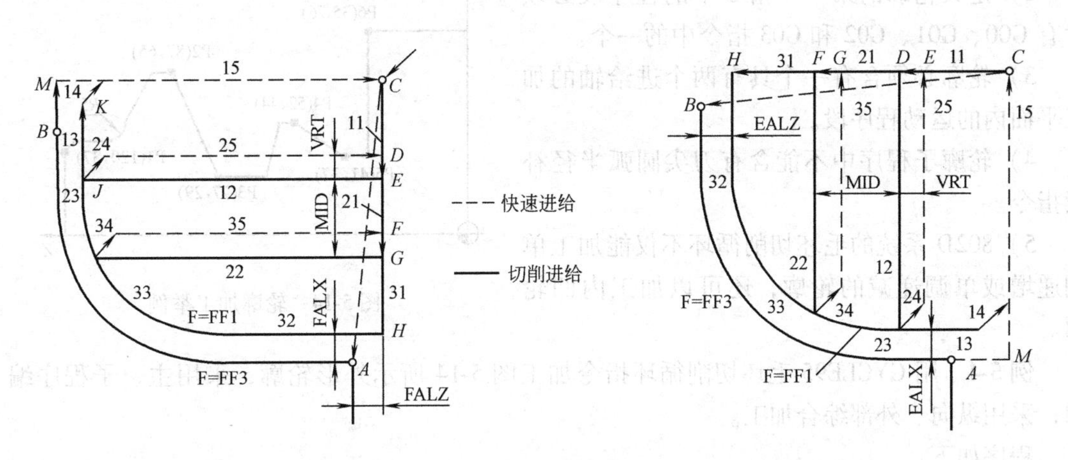

图 5-10　纵向加工方式　　　　图 5-11　横向加工方式

外部和内部加工方式主要根据循环开始时刀具的切削方向来判断。纵向加工方式中，当毛坯切削循环刀具的切削方向为 $-X$ 向时，则该加工方式为纵向外部加工方式，如图 5-12a 所示；反之，当毛坯切削循环刀具的切削方向为 $+X$ 向时，则该加工方式为纵向内部加工方式，如图 5-12b 所示。横向加工中的内部与外部加工如图 5-13 所示。

参数 VARI 需要进行检查。当循环调用时，如果它的值不在 1 ~ 12 中，循环将终止并产生报警 61002 “加工类型定义不正确”。

SIEMENS—802D 系统轮廓定义调用有两种方法，一种是将工件轮廓编写在子程序中，

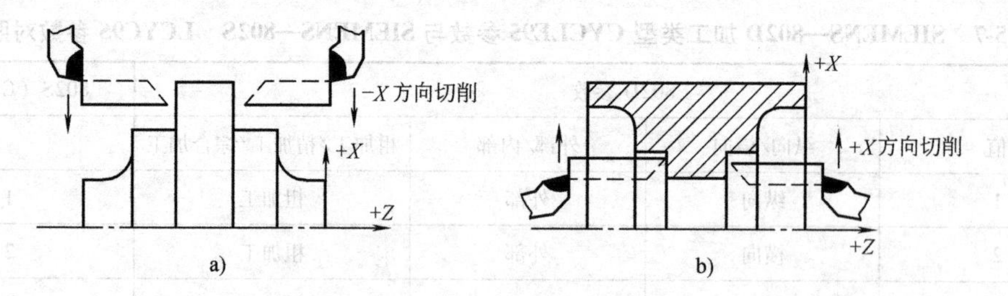

图 5-12　纵向加工中的内部与外部加工

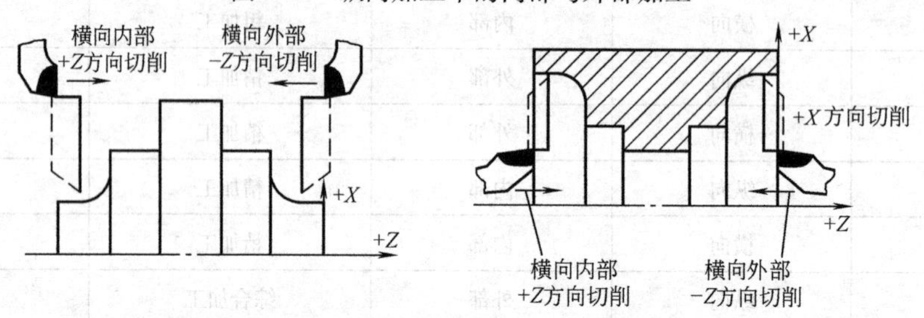

图 5-13　横向加工中的内部与外部加工

在主程序中通过参数“NPP”对轮廓子程序进行调用。另一种是用“ANFANG：ENDE”表示的轮廓，直接跟随主程序循环调用。

3. 轮廓定义的要求

1）轮廓由直线或圆弧组成，并可以在其中使用倒圆（RND）倒棱（CHA）指令。

2）定义轮廓的第一个指令中的程序段必须含有 G00、G01、G02 和 G03 指令中的一个。

3）轮廓必须含有一个具有两个进给轴的加工平面内的运动程序段。

4）轮廓子程序中不能含有刀尖圆弧半径补偿指令。

5）802D 系统的毛坯切削循环不仅能加工单调递增或单调递减的轮廓，还可以加工内凹轮廓。

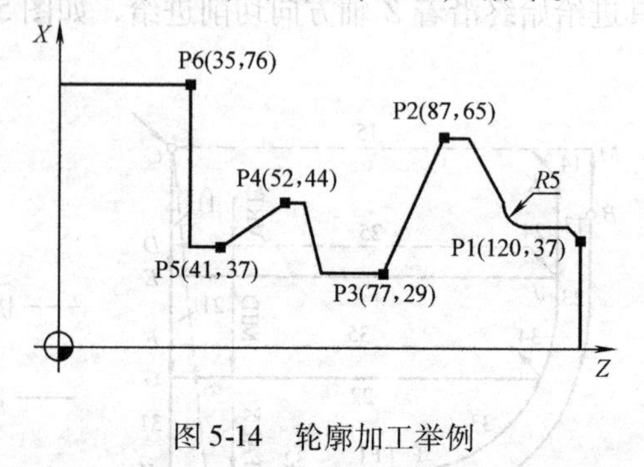

图 5-14　轮廓加工举例

例 5-4　用 CYCLE95 毛坯切削循环指令加工图 5-14 所示外形轮廓，采用主、子程序编制，采用纵向、外部综合加工。

程序如下：

```
N10  M03  S600  F0.18  T1  D1;    主轴正转，转速600r/min，1号刀，1号刀补
N20  G0  X85  Z130;               快速进刀
N30  CYCLE95  （“WQY01”            NPP—轮廓子程序名称
               2,                  MID—进给深度，
               0.3,                FALE——沿纵向轴（Z向）的精加工余量，
               0.5,                FALX——沿横向轴（X向）的精加工余量，
               0.2,                FAL——沿轮廓的精加工余量，
               0.15,               FF1——非退刀槽加工的进给速度，
```

```
               0.1,           FF2——进入凹凸切削时的进给速度,
               0.1,           FF3——精加工的进给速度,
               9,             VARI——加工类型(纵向外部综合加工),
               0,             DT——粗加工时,用于断屑的停顿时间,
               0,             DAM——粗加工因断屑而中断时所经过的路径
                                   长度,
               0.5)           VRT——粗加工时从轮廓的退刀距离
或N30  CYCLE95(“WQY01”, 2, 0.3, 0.5, 0.2, 0.15, 0.1, 0.1, 9,  , 0.5)
N40  G0  X90  Z150;           快速退刀
N50  M30;                     主轴停止,程序结束
%_N_WQY01_SPF                 子程序名
N10  G01  X37  Z120;
N20  X40  Z117;
N30  Z112  RND=5;
N40  X65  Z95;
N50  Z87;
N60  X29  Z77;
N70  Z62;
N80  X44  Z58;
N90  Z52;
N100  X37  Z41;
N110  Z35;
N120  X76;
N130  M17;                    子程序结束
```

例5-5　用CYCLE95毛坯切削循环指令加工图5-15所示外形轮廓，采用主、子程序编制，采用纵向、外部综合加工。

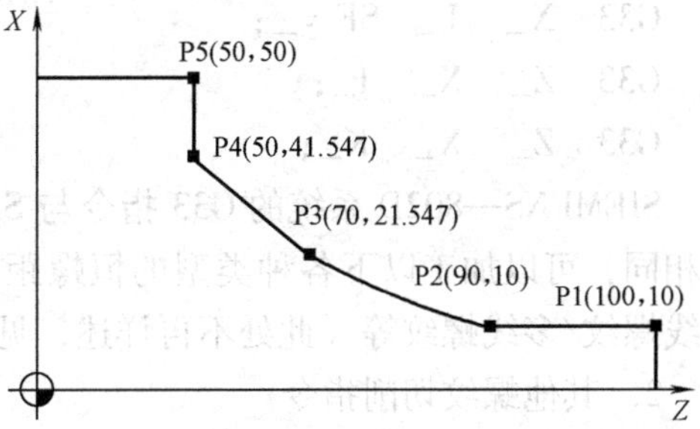

图5-15　轮廓加工举例

程序如下：

```
N10  M03  S600  F0.15  T1  D1;    主轴正转,转速600r/min,1号刀,1号刀
                                   补
N20  G0  X70  Z110;                快速进刀
N30  CYCLE95(ANFANG:ENDE
                    2,             MID——进给深度2mm,
                    0.3,           FALZ——沿纵向轴(Z向)的精加工余量,
                    0.5,           FALX——沿横向轴(X向)的精加工余量,
                    0.2,           FAL——沿轮廓的精加工余量,
                    0.15,          FF1——非退刀槽加工的进给速度,
                    0.1,           FF2——进入凹凸切削时的进给速度,
                    0.1,           FF3——精加工的进给速度,
```

9，　　VARI——加工类型（纵向外部综合加工）
0，　　DT 粗加工时用于断屑的停顿时间，
0，　　DAM 粗加工因断屑而中断时所经过路径长度，
0.5）　　VRT 粗加工时从轮廓的退回行程

或 N40　CYCLE95（"ANFANG：ENDE"，0.3，0.5，0.2，0.15，0.1，0.1，9，　，　，0.5）

```
N40   ANFANG                     轮廓程序开始段
N50   G1   X10   Z100；
N60   Z90；
N70   Z70   ANG = 150；
N80   Z50   ANG = 135；
N90   Z50   X50；
N100  EADE；                     轮廓程序结束段
N110  G0   X70   Z150；          快速退刀
N120  M30；                      主轴停止，程序结束
```

十、G33——螺纹切削指令

1. 指令格式

```
G33   Z_   K_   SF = _；         圆柱螺纹
G33   X_   I_   SF = _；         端面螺纹
G33   Z_   X_   I_；             圆锥螺纹，锥角大于45°
G33   Z_   X_   K_；             圆锥螺纹，锥角小于45°
```

SIEMENS—802D 系统的 G33 指令与 SIEMENS—802S（C）系统的指令格式、功能和用法相同，可以加工以下各种类型的恒螺距螺纹，如圆柱螺纹、圆锥螺纹、内螺纹/外螺纹、单线螺纹/多线螺纹等（此处不再详述，见第四章）。

2. 其他螺纹切削指令

除 G33 指令外，SIEMENS—802D 车床数控系统还可采用以下指令来加工一些特殊螺纹。

指令格式

```
G34   Z_   K_   F_；       增螺距圆柱螺纹
G35   X_   I_   F_；       减螺距端面螺纹
G35   X_   Z_   K_   F_；  减螺距圆锥螺纹
```

其中，G34 增螺距螺纹；G35 减螺距螺纹；I、K 为起始处螺距；F 为主轴每转螺距的增量和减量。其余参数、动作和轨迹与 G33 相同。

3. 螺纹切削指令（G33、G34、G35）使用事项

1）在螺纹切削过程中，进给速度倍率无效。

2）在螺纹切削过程中，主轴速度倍率功能无效。

3）在螺纹切削过程中，不要使用恒线速度控制，而应采用合适的恒转速控制。

4）在螺纹切削过程中，循环暂停功能无效，如果在螺纹切削过程中按下了循环暂停按钮，刀具将在执行了非螺纹切削的程序段后停止。

十一、CYCLE97——螺纹切削循环指令

螺纹切削循环是一个很实用的循环偏轻指令，它比西门子 802S 的螺纹切削循环的功能还全面，它可以按纵向或横向加工圆柱螺纹、圆锥螺纹、外螺纹或内螺纹。它既能加工单线螺纹，又能加工多线螺纹。在切削过程中，其每一刀的背吃刀量可由系统自动设定。

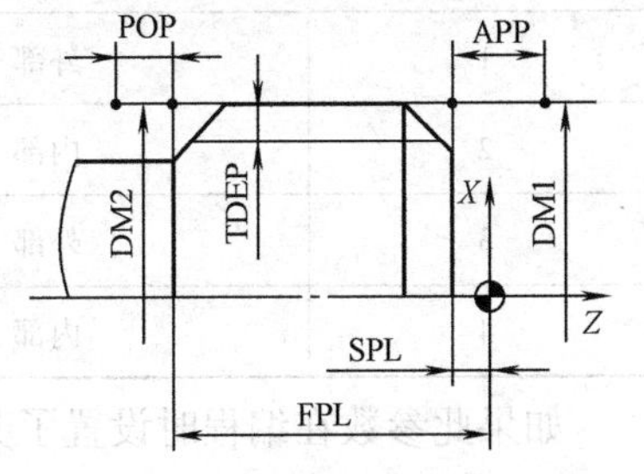

图 5-16　螺纹切削循环的参数

1. 指令格式

CYCLE97（PIT，MPIT，SPL，FPL，DM1，DM2，APP，ROP，TDEP，FAL，IANG，NSP，NRC，NID，VARI，NUMT）；

螺纹切削循环的参数如图 5-16 所示。具体含义见表 5-8。

表 5-8　SIEMENS—802D　CYCLE97 参数与 SIEMENS—802S　LCYC97 参数对照表

802D 参数		802S（C）参数
PIT	导程（无符号输入）	R104
MPIT	用螺纹公称直径来表示螺距（如 M10 的螺距为 1.5mm）	R100
SPL	螺纹起始点的纵坐标	R101
FPL	螺纹终点的纵坐标	R103
DM1	起始点的螺纹直径	R100
DM2	终点的螺纹直径	R102
APP	空刀导入量（无符号输入）	R109
ROP	空刀退出量（无符号输入）	R110
TDEP	螺纹深度（无符号输入）	R111
FAL	精加工余量（半径值，无符号输入）	R106
IANG	切入进给角，“+”（用于沿侧面的侧面进给），“-”（用于交错进给）	
NSP	首牙螺纹的起始点偏移（无符号输入）	R112
NRC	粗加工切削次数（无符号输入）	R113
NID	停顿时间（无符号输入）	
VARI	螺纹的加工类型，范围值：1～4	R105
NUMT	螺纹线数（无符号输入）	R114

2. 指令说明

CYCLE97 的加工方式用参数 VARI 表示，该参数不仅确定了螺纹的加工类型，还确定了螺纹背吃刀量的定义方法。参数 VARI 的值为 1～4，其值的含义见表 5-9。

表 5-9 SIEMENS—802D CYCLE97 循环的螺纹加工类型 VARI 参数

值	外部/内部	恒定背吃刀量进给/恒定切削截面积
1	外部	恒定背吃刀量进给
2	内部	恒定背吃刀量进给
3	外部	恒定切削截面积进给
4	内部	恒定切削截面积进给

如果此参数在编程时设置了其他值，将导致循环中断，并产生报警 61002 “加工类型定义不正确”。

1）内部与外部方式。内部方式即指内螺纹的加工，外部方式即指外螺纹的加工。

2）恒定背吃刀量进给和恒定切削截面积进给。

恒定背吃刀量进给方式如图 5-17a 所示。此时螺纹切入角用参数 IANG 的值为 0，刀具以直进法进刀。螺纹粗加工时，每次背吃刀量相等，其值由参数 TDEP、FAL 和 NRC 确定，计算式如下：

$$a_p = (TDEP - FAL)/NRC$$

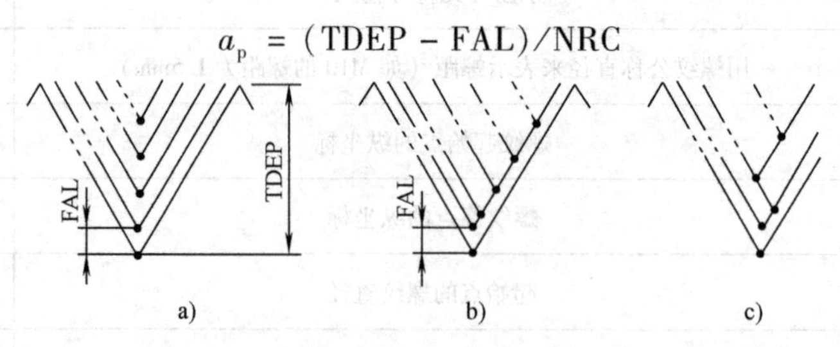

图 5-17 螺纹切削循环的背吃刀量

恒定切削截面积进给方式如图 5-17b 及图 5-17c 所示。螺纹切入角参数 IANG 的值不为零 0 时，刀具的进刀方式有两种：一种是当 IANG 参数为正值时，刀具始终沿同一侧面（即斜向）进刀，如图 5-17b 所示；另一种是当参数 IANG 值为负值时，刀具分别沿牙型两侧交错进刀，如图 5-17c 所示。

采用恒定切削截面积进给方式进行螺纹粗加工时，背吃刀量按递减规律自动分配，并使每次切除表面的截面积近似相等。

3）螺距的确定。螺纹的螺距可用两种方法表示，即用参数 PIT 表示实际螺距数值的大小或用参数 MPIT 表示螺纹公称直径的大小，在实际设定时，只能设定其中的一个参数。因为普通粗牙螺纹的螺距均为标准螺距，如 M10 的普通粗牙螺纹的螺距为 1.5mm，虽在 PIT 中不能输入数据，但其实际值为 1.5，通过给定螺纹公称直径，间接确定了螺纹的螺距。

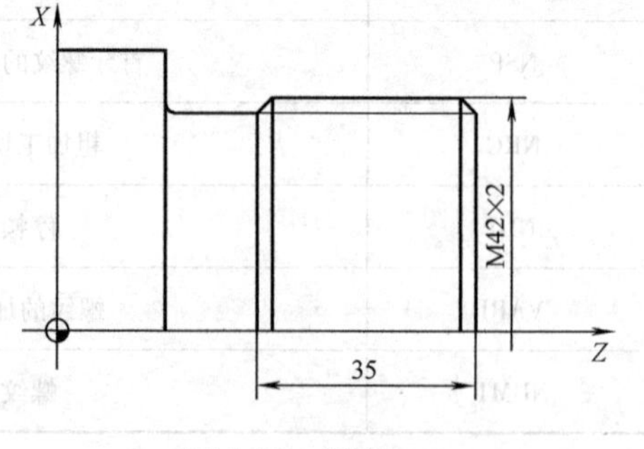

图 5-18 螺纹加工

例 5-6 用 CYCLE97 切削循环指令车削图 5-18 所示螺纹。

程序如下：

```
N10  M3  S600  F0.15  T1D1;    主轴正转，转速为600r/min，进给率为0.15
                               mm/r,1 号刀 1 号刀补
N20  G0  X45  Z100;            快速进刀
N30  CYCLE97 ( 2,              PIT——导程，
             0,                MPIT——用螺纹公称直径来表示螺距，
             0,                SPL——螺纹起始点的纵坐标，
             -35,              FPL——螺纹终点的纵坐标，
             42,               DM1——起始点螺纹直径，
             42,               DM2——终点螺纹直径，
             4,                APP——空刀导入量，
             3,                ROP——空刀退出量，
             1.23,             TDEP——螺纹深度，
             0.1,              FAL——精加工余量（半径值），
             0,                IANG——切入进给角，
             0,                NSP——首牙螺纹的起始点偏移，
             8,                NRC——粗加工切削次数，
             1,                NID——停顿时间，
             3,                VARI——螺纹的加工类型，
             1)                NVMT——螺纹线数
或 N30  CYCLE97 (2, 0, 0, -35, 42, 42, 4, 3, 1.23, 0.1, 0, 0, 8, 1, 3, 1),
N40  G0  X50  Z150;            快速退刀
N50  M30;                      主轴停止，程序结束
```

十二、CYCLE98——链螺纹切削循环指令

链螺纹切削循环指令 CYCLE98 加工多种不同螺距首尾相连的多段圆柱螺纹和锥螺纹。

指令格式

CYCLE97（P01，DM1，P02，DM2，P03，DM3，P04，DM4，APP，ROP，TDEP，FAL，IANG，NSP，NRC，NID，PP1，PP2，PP3，VARI，NUMT）；

其中的具体含义见表 5-10。

表 5-10　链螺纹切削循环指令 CYCLE98 参数

P01	螺纹起始点的纵坐标
DM1	起始点处的螺纹直径
P02	第一相交点的纵坐标
DM2	第一相交点处的螺纹直径
P03	第二相交点的纵坐标
DM3	第二相交点处的螺纹直径

（续）

P04	第三相交点的纵坐标
DM4	第三相交点处的螺纹直径
APP	首牙螺纹空刀导入量（无符号输入）
ROP	尾牙螺纹空刀退出量（无符号输入）
TDEP	螺纹深度（无符号输入）
FAL	精加工余量（无符号输入）
IANG	切入进给角，“+”（用于沿侧面的侧面进给），“-”（用于交错进给）
NSP	首牙螺纹的起始点偏移（无符号输入）
NRC	粗加工切削次数（无符号输入）
NID	停顿时间（无符号输入）
PP1	第1段螺纹螺距（无符号输入）
PP2	第2段螺纹螺距（无符号输入）
PP3	第3段螺纹螺距（无符号输入）
VARI	螺纹加工类型，范围值：1~4
NUMT	螺纹线数（无符号输入）

CYCLE98 链螺纹切削循环的螺纹加工类型参数 VARI 与 CYCLE97 螺纹切削循环加工类型参数相同，见表 5-11。

表 5-11　链螺纹的加工类型

值	外螺纹/内螺纹	恒定背吃刀量进给/恒定切削截面积
1	外螺纹	恒定背吃刀量进给
2	内螺纹	恒定背吃刀量进给
3	外螺纹	恒定切削截面积
4	内螺纹	恒定切削截面积

如果此参数在编程时设置了其他值，将导致循环中断，并产生报警 61002 “加工类型定义不正确”。

例 5-7　用 CYCLE98 链螺纹切削循环指令车削图 5-19 所示链螺纹。

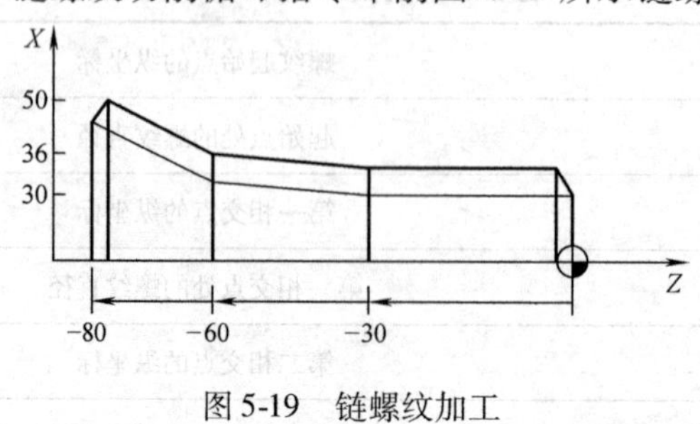

图 5-19　链螺纹加工

程序如下：

程序						说明
N10	M03	S800	F0.2	T1	D1；	主轴正转，转速为 800r/min，进给率为 0.2mm/min，1 号刀，1 号刀补
N20	G0	X40	Z10；			快速进刀
N30	CYCLE98		0，			P01——螺纹起始点的纵坐标，
			30，			DM1——起始处的螺纹直径，
			-30，			P02——第一相交点的纵坐标，
			30，			DM2——第一相交点处的螺纹直径，
			-60，			P03——第二相交点的纵坐标，
			36，			DM3——第三相交点处直径，
			-80，			P04——第三相交点（螺纹终点）的纵坐标，
			50，			DM4——第三相交点（螺纹终点）直径，
			5，			APP——首牙螺纹空刀导入量，
			5，			ROP——尾牙螺纹空刀退出量，
			0.92，			TDEP——螺纹深度，
			0.1，			FAL——精加工余量，
			0，			IANG——切入进给角，
			0，			NSP——首牙螺纹的起始点偏移，
			8，			NRC——粗加工切削次数，
			1，			NID——停顿时间 1s，
			1.5，			PP1——第一段螺距，
			2，			PP2——第二段螺距，
			2，			PP3——第三段螺距，
			1，			VARI——螺纹加工类型，恒定背吃刀量进给，外螺纹，
			1，			NUMT——螺纹线数

或 N30　CYCLE98（0，30，-30，30，-60，36，-80，50，5，5，0.92，0.1，0，0，8，1，1.5，2，2，1，1）

程序			说明
N40	G0	X54；	快退
N50	Z100；		快退
N60	M30；		主轴停止，程序结束

十三、R——计算参数

SIEMENS—802D 系统参数编程和图形编程与 SIEMENS—802S 格式相同，系统中共有 250 个计算参数可供使用，其中 R0 ~ R99 可以自由使用，R100 ~ R249 为加工循环传递参数，如在程序中没有使用加工循环，则这部分计算参数也同样可以自由使用。

计算参数的赋值范围为 ±（0.000 0001 ~99 999 999）。例如：R1 = 20，表示给 R1 参数赋值为 20，如在程序中出现 G91 G01 Z = R1，就表示沿 Z 轴直线移动 20mm。

例 5-8 用 R 参数编制图 5-20 所示 $R10$ 圆弧的加工程序，材料为 45 钢，棒料直径为 40mm。编程原点设在工件右端面上，用角度作为变量 R1，三角函数和圆的方程为

$$R2 = R4\text{Sin}\ (R1)$$
$$R3 = R4\text{COS}\ (R1)$$

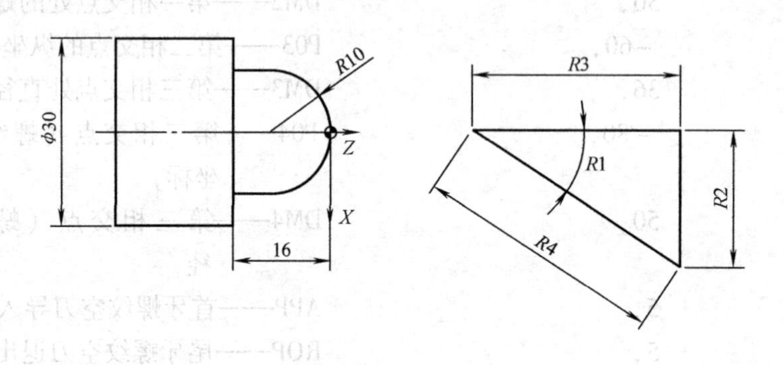

图 5-20 R 参数编程

程序如下：

%_N_SL1_MPF	程序名
; $PATH=/_N_MPF_DIR	SIEMENS—802D 传输格式
N10 M03 S800;	主轴正转，转速为 800r/min
N20 G94 G90;	分进给，绝对值编程
N30 T1 D1 G64;	1 号刀具，1 号刀补，连续路径
N40 G0 X24;	快速进刀
N50 Z2;	快速进刀
N60 G01 Z0 F80;	进刀，进给率为 80mm/min
N70 R1=0;	角度变量从 0 开始
N80 R2=10;	偏移
N90 MA1: G01 X=2*R2*SIN（R1）;	设置圆 X 向变量
N100 Z=R2*COS（R1）-R2;	设置圆 Z 向变量
N110 R1=R1+0.5;	角度变量每次增加 0.5°
N120 IF R1<=90 GOTO B MA1;	如果角度变量 R1 小于等于 90°，圆未加工完毕，则返回 MA1 标记符
N130 G0 X50;	快速退 X 向刀
N140 Z100;	快速退 Z 向刀
N150 M30;	主轴停止 程序结束

第三节　典型零件编程与加工实例

综合实例 1　编制图 5-21 所示零件的加工程序，材料为 45 钢，棒料直径为 40mm。

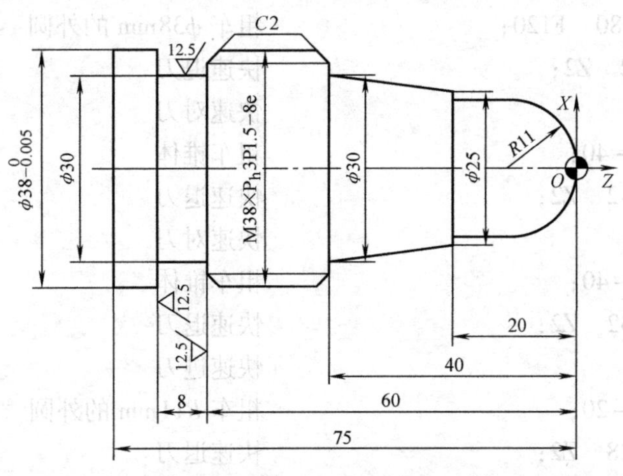

图 5-21　综合实例 1 零件图

1. 刀具设置

1 号刀：93°正偏刀；2 号刀：切槽刀（刀宽 4mm，对刀点为切槽刀的右刀点）；3 号刀：60°外螺纹车刀。

2. 工艺路线

1）工件伸出卡盘外 85mm，找正后夹紧。

2）用 93°外圆刀车工件右端面，粗车外圆至 $\phi38.5\text{mm}\times80\text{mm}$。

3）先车出 $\phi30.5\text{mm}\times40\text{mm}$ 圆柱，再车出 $\phi22.5\text{mm}\times20\text{mm}$ 圆柱。

4）用车圆法车右端圆弧，车圆锥，分别留 0.5mm 精车余量。

5）精车外形轮廓至尺寸。

6）切退刀槽，并用切槽刀右刀尖倒出 M38×3 螺纹左端 $C2$ 倒角。

7）换螺纹刀车双线螺纹。

8）切断工件。

3. 相关计算

1）计算双线螺纹 M38×3（P1.5）的底径。

$$d' = d - 2\times0.62P = (38-2\times0.62\times1.5)\ \text{mm} = 36.14\text{mm}$$

2）确定背吃刀量分布：1mm、0.5mm、0.3、0.06mm

4. 加工程序

程序一：

%_N_SL1_MPF	程序名
；$PATH=/_N_MPF_DIR	SIEMNS—802D 传输格式
N10　G90　G94　G54；	采用 G54 工件坐标系，分进给，绝对值编程
N20　S600　M03；	主轴正转　转速 600r/min

```
N30  T1D1  M08;                        换1号外圆刀，1号刀补，切削液开
N40  G00  X42  Z0;                     快速对刀
N50  G01  X-1  F80;                    车端面
N60  G00  X38.5  Z2;                   快速进刀
N70  G01  Z-80  F120;                  粗车φ38mm的外圆
N80  G00  X42  Z2;                     快速退刀
N90  X34;                              快速对刀
N100  G01  Z-40;                       粗车锥体
N110  G00  X42  Z2;                    快速退刀
N120  X30.5;                           快速对刀
N130  G01  Z-40;                       粗车锥体
N140  G00  X32  Z2;                    快速退刀
N150  X26;                             快速进刀
N160  G01  Z-20;                       粗车R11mm的外圆
N170  G00  X28  Z2;                    快速退刀
N180  X22.5;                           快速进刀
N190  G01  Z-20;                       粗车R11mm的外圆
N200  G00  X30  Z2;                    快速退刀
N210  X0;                              快速进刀
N220  G03  X26  Z-11  CR=13  F100;     粗车R11mm的圆弧
N230  G00  Z0.5;                       快速退刀
N240  X0;                              快速进刀
N250  G03  X23  Z-11  CR=11.5;         粗车R11mm的圆弧
N260  G01  Z-20;                       粗车外圆柱
N270  X25.5;                           车阶台
N280  X30.5  Z-40;                     粗车锥体
N290  G00  X32  Z2;                    快速退刀
N300  S1200  M03;                      主轴正转，转速为1200r/min
N310  G00  X2;                         快速进刀
N320  G01  X0  Z0;                     进刀至原点
N330  G03  X22  Z-11  CR=11;           精车R11mm的圆弧
N340  G01  Z-20;                       精车外圆柱
N350  X25;                             车阶台
N360  X30  Z-40;                       精车锥体
N370  X34;                             车阶台
N380  X37.8  Z-42;                     倒角
N390  Z-68;                            精车M38的外圆
N400  X37.975;                         车阶台
N410  Z-80;                            精车φ38mm的外圆
```

N420　G00　X100　Z100；	快速返回换刀点
N430　T2　D1；	换 2 号切槽刀，右刀尖对刀
N440　S420　M03；	主轴正转，转速为 420r/min
N450　G00　X40　Z-64；	快速进刀
N460　G01　X30.2　F30；	切槽
N470　X40；	退刀
N480　Z-60；	进刀
N490　X30.2；	进刀
N500　X40；	退刀
N510　G00　Z-58；	快速进刀
N520　G01　X37.8；	进刀
N530　X33.8　Z-60；	倒角
N540　X30；	切槽
N550　Z-64；	精车槽表面
N560　X40；	退刀
N570　G00　X100　Z100；	快速返回换刀点
N580　T3　D1；	换 3 号螺纹刀
N590　S600　M03；	主轴正转，转速为 600r/min
N600　G00　X37　Z-36；	快速进刀
N610　LWJG；	调用子程序 LWJG
N620　G00　X36.5；	快速进刀
N630　LWJG；	调用子程序 LWJG
N610　G00　X36.2；	快速对刀
N620　LWJG；	调用子程序 LWJG
N630　G00　X36.14；	快速进刀
N640　LWJG；	调用子程序 LWJG
N650　G00　X37　Z-34.5；	快速进刀
N660　LWJG；	调用子程序 LWJG
N670　G00　X36.5；	快速进刀
N680　LWJG；	调用子程序 LWJG
N690　G00　X36.2；	快速进刀
N700　LWJG；	调用子程序 LWJG
N710　G01　X36.14；	进刀
N720　LWJG；	调用子程序 LWJG 精车螺纹
N730　G00　X100　Z100；	快速返回换刀点
N740　T2　D1　S420　M03；	换 2 号切槽刀，主轴变速，转速为 420r/min
N750　G00　X42　Z-79；	快速进刀
N760　G01　X20　F30；	进刀
N770　X35；	退刀

```
N780  X15;                  进刀
N790  X20;                  退刀
N800  X-1;                  切断，切槽进给率 30mm/min
N810  G00  X100;            快速退刀
N820  Z100  M09;            快速返回换刀点，切削液关
N830  M05;                  主轴停
N835  M02;                  程序结束
%  LWJG                     子程序名
N840  G90  G33  Z-60  K3;   螺纹车削，增量编程
N850  G91;                  绝对编程
N860  G00  X10;             快速退刀
N870  Z28;                  退刀
N880  G90;                  绝对编程
N890  M17;                  结束
```

程序二：

```
%_N_SL1_MPF                 程序名
; $PATH=/_N_MPF_DIR         SIEMNS—802D 传输格式
N10  G90  G94;              采用绝对编程，分进给
N20  S600  M03;             主轴正转，转速为 600r/min
N30  TRANS  X0  Z100;       采用可编程零点偏移
N40  T1  D1  M08;           换 1 号外圆刀，切削液开
N50  G00  X45  Z0;          快速进刀
N60  G01  X0  F80;          车端面
N70  G00  X38.5  Z2;        快速退刀
N80  G01  Z-80  F100;       粗车外圆至 φ38.5mm
N90  G00  X45  Z5;          快速退刀
N100  CYCLE95               外圆毛坯循环，
  ("LWMN",                  NPP——轮廓子程序名称，
    2,                      MID——进给深度，
    0.2,                    FALE——沿纵向轴（Z 向）的精加工余量，
    0.3,                    FALX——沿横向轴（X 向）的精加工余量，
    0.5,                    FAL——沿轮廓的精加工余量，
    0.2,                    FF1——非退刀槽加工的进给速度，
    0.1,                    FF2——进入凹凸切削时的进给速度，
    0.1,                    FF3——精加工的进给速度，
    9,                      VARI——加工类型（纵向外部综合加工），
    0,                      DT——粗加工时，用于断屑的停顿时间，
    0,                      DAM——粗加工因断屑而中断时所经过的
                                 路径长度，
```

```
    2)                                      VRT——粗加工时从轮廓的退刀距离
或 N100  CYCLE95（“LWMN”，2，0.2，0.3，0.5，0.2，0.1，0.1，9，0，0，2)
N110  S1200  M03  F50;                      主轴变速，转速为 1200r/min 精加工进给
                                            率为 50mm/min
N120  LWMN;                                 调用 LKJG 子程序进行精加工
N130  G00  X100  Z100;                      退回换刀点
N140  T2  D1;                               换 2 号切槽刀
N150  S420  M03  F30;                       主轴变速，转速为 420r/min 切槽进给率
                                            为 30mm/min
N160  G00  Z-64;                            快速进刀
N170  X40;                                  快速进刀
N180  CYCLE93;                              切槽循环
  (38,                                      SPD——切槽起始点直径值 38mm（X 向），
   -60,                                     SPL——切槽起始点 Z 坐标 -60mm（Z 向），
   8,                                       WIDG——槽底宽度 8mm，
   4,                                       DIAG——槽的最大深度 4mm，
   0,                                       STA1——槽的斜线角 0°，
   0,                                       ANG1——右侧面角 0°，
   0,                                       ANG2——左侧面角 0°，
   0,                                       RC01——槽沿倒角 0°，位于起始点的一边，
   0,                                       RC02——槽沿另一倒角 0°，
   0,                                       RCI1——槽底倒角 0°，位于起始点的一边，
   0,                                       RCI2——槽底另一倒角 0°，
   0.2,                                     FAL1——槽底精加余量，
   0.1,                                     FAL2——槽侧面精加余量，
   1.5,                                     IDEP——切槽进给深度最大 3mm，
   1,                                       DTB——槽底停顿时间 1s，
   5)                                       VARI——加工类型（纵向、外部、右边）
或 N180  CYCLE93（38，-60，8，4，0，0，0，0，0，0，0，0.2，0.1，1.5，1，5)；
N185  T2  D2                                换 2 号刀具 2 号刀补，右刀尖对刀
N190  G00  X40;                             进刀
N200  Z-58;                                 进刀
N210  G1  X37.8;                            进刀
N220  G01  X33.8  Z-60  F30;                倒角
N230  G00  X100;                            快速退刀
N240  Z100;                                 快速返回换到点
N250  T3  D1;                               换 3 号刀
N260  S600  M03;                            转速 600r/min
N270  G00  X37.8  Z-38;                     快速进刀
```

```
N280  CYCLE97                      调用螺纹循环
 3,                                PIT——螺纹导程,
 0,                                MPIT——用螺纹公称直径来表示螺距,
 -40,                              SPL——螺纹起始点的纵坐标,
 -60,                              FPL——螺纹终点的纵坐标,
 38,                               DM1——起始点螺纹直径,
 38,                               DM2——终点螺纹直径,
 4,                                APP——空刀导入量,
 3,                                ROP——空刀退出量,
 0.93,                             TDEP——螺纹深度,
 0.1,                              FAL——精加工余量（半径值）,
 0,                                IANG——切入进给角,
 0,                                NSP——首牙螺纹的起始点偏移,
 8,                                NRC——粗加工切削次数,
 1,                                NID——停顿时间,
 1,                                VARI——螺纹的加工类型,
 2)                                NVMT——螺纹线数
或 N280  CYCLE97 (3, 0, -40, -60, 38, 38, 4, 3, 0.93, 0.1, 0, 0, 8, 1, 1, 2),
N300G00  X100  Z100;               快速返回换刀点
N310  T2  D1  S420  M03;           换2号刀转速420r/min
N320  G00  X45  Z-79;              快速进刀
N330  G01  X-1  F30;               切断
N340  G00  X100;                   快速退刀
N350  Z100  M09;                   快速返回换刀点切削关
N360  M05;                         主轴停转
N370  M02;                         程序结束
%_N_SL1_MPF                        程序名
;  $PATH=/_N_MPF_DIR               SIEMNS—802D传输格式
N10  G01  X0  Z0;                  轮
N20  G03  X22  Z-11  CR=11;
N30  G01  Z-20;
N40  X25;                          廓
N50  X30  Z-40;
N60  X37.8  Z-40  CHF=2;           加
N70  Z-68;
N80  X37.978;                      工
N90  Z-80;
N100  RET;                         子程序结束
```

综合实例2　编制图5-22所示零件的加工程序，材料为45钢，棒料直径为40mm。

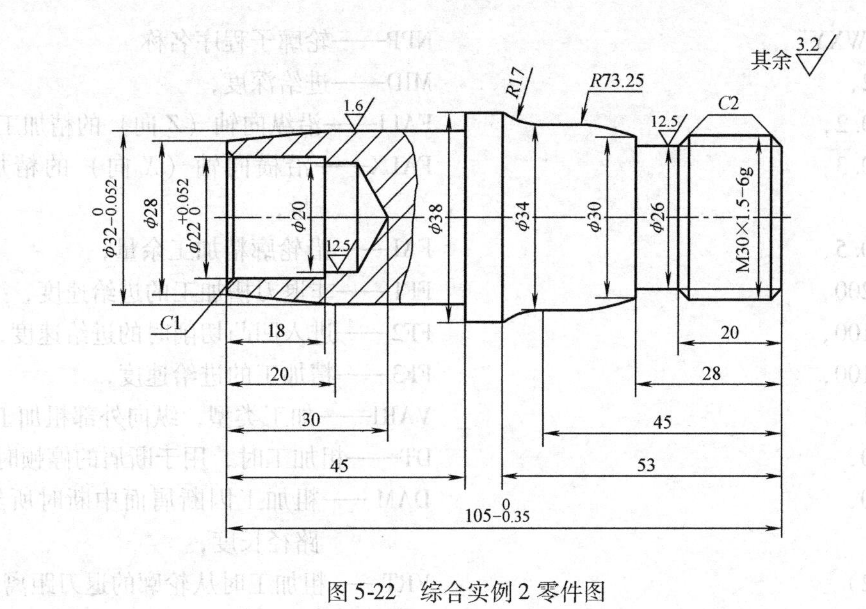

图5-22 综合实例2零件图

1. 刀具设置

1号刀：93°正偏刀；2号刀：切槽刀（刀宽4mm，对刀点为切槽刀的左刀点）；3号刀：60°外螺纹车刀，4号刀：内孔镗刀。

2. 工艺路线

1）夹右端，手动车左端面，用ϕ20mm麻花钻钻ϕ20mm底孔。

2）用1号外圆刀、LCYC95轮廓循环粗精车左端外形轮廓。

3）用4号内孔镗刀镗ϕ22mm内孔。

4）调头夹ϕ32mm外圆，用1号外圆刀车右端面，车对总长，用LCYC95轮廓循环粗精车右端外形轮廓。

5）用2号切槽刀、LCYC93切槽循环切ϕ26mm螺纹退刀槽，并用切槽刀右刀尖倒出M30×1.5螺纹左端C2倒角。

6）用3号螺纹刀、LCYC97螺纹车削循环车M30×1.5螺纹。

3. 加工程序

1）左端加工主程序

```
%_N_SL1_MPF
; $PATH=/_N_MPF_DIR             SIEMNS—802D传输格式
N10  G94  G90;                  采用绝对值编程，分进给
N20  TRANS  X0  Z62;            采用编程零点偏移
N30  S600;                      主轴正转，转速为600r/min
N40  T1  D1  M08;               换1号外圆刀，1号刀补，切削液开
N50  G00  X45  Z0;              快速进刀
N60  G01  X18  F30;             车端面
N70  G00  X40  Z2;              快速退刀
CYCLE95                         外圆粗车切削循环
```

```
( "WXY"                        NPP——轮廓子程序名称
  2,                           MID——进给深度,
  0.2,                         FALI——沿纵向轴（Z 向）的精加工余量,
  0.3,                         FALX——沿横向轴（X 向）的精加工余量,
  0.5,                         FAL——沿轮廓精加工余量,
  200,                         FF1——非退刀槽加工的进给速度,
  100,                         FF2——进入凹凸切削时的进给速度,
  100,                         FF3——精加工的进给速度,
  1,                           VARI——加工类型，纵向外部粗加工,
  0,                           DT——粗加工时，用于断屑的停顿时间,
  0,                           DAM——粗加工因断屑而中断时所经过的路径长度,
  2)                           VRT——粗加工时从轮廓的退刀距离,
或 CYCLE95 ( "WXY", 2, 0.2, 0.3, 0.2, 0.15, 0.1, 0.1, 9,  ,  , 0.5)
N80  M05;                      主轴停转
N90  M00;                      程序暂停
N100  S1200  T1  D1  F50;      主轴变速，转速为 1200r/min
N110  WXY;                     调用 WXY 子程序精车左端轮廓
N120  G00  X100  Z100;         快速退刀
N130  T4  D1  S600  F100;      主轴变速，转速为 600r/min，换 4 号外圆刀，1 号刀补
N140  G00  X21.5;              快速进刀
N150  Z2;                      快速进刀
N160  G01  Z-18;               粗车 φ22mm 内孔
N170  X18;                     退刀
N180  G0  Z2;                  快速退刀
N190  S650  F50;               主轴变速，转速为 650r/min
N200  G01  X24  Z0;            进刀
N210  X22.026  Z-1;            倒 C1 角
N220  Z-18;                    精车 φ22mm 内孔至尺寸
N230  X18;                     退刀
N240  G00  Z100;               快速退刀
N250  X100;                    快速退刀
N260  M05  M09;                主轴停转，切削液关
N270  M02;                     程序结束
```

2）左端加工主程序

```
%_N_SL1_MPF                    左端加工子程序名
; $PATH=/_N_MPF_DIR            SIEMNS—802D 传输格式
```

```
N10  G1  X28  Z0;                    进刀
N20  X31.99  Z-20;                   精车锥体
N30  Z-45;                           精车φ32mm 外圆至尺寸
N40  X38;                            退刀
N50  Z-55;                           精车φ38mm 外圆
N60  X40;                            退刀
N70  M17;                            子程序结束
```

3）右端加工主程序

```
%_N_SL1_MPF                          右端加工主程序名
; $PATH=/_N_MPF_DIR                  SIEMNS—802D 传输格式
N10  G94  G90;                       采用绝对值编程，分进给
N20  TRANS  X0  Z60;                 采用编程零点偏移
N30  M03  S600  T1  D1  M08  F100;   主轴正转，转速为600r/min，换1号外圆
                                     刀，1号刀补，切削液开
N40  G00  X42  Z0;                   快速进刀
N50  G01  X-1;                       车端面（取总长）
N60  G00  X40  Z2;                   快速退刀
CYCLE95                              外圆粗车切削循环
  （"CXL",                           NPP——轮廓子程序名称，
    2,                               MID——进给深度，
    0.2,                             FALI——沿纵向轴（Z向）的精加工余量，
    0.3,                             FALX——沿横向轴（X向）的精加工余
                                           量，
    0.5,                             FAL——沿轮廓精加工余量，
    200,                             FF1——非退刀槽加工的进给速度，
    50,                              FF2——进入凹凸切削时的进给速度，
    100,                             FF3——精加工的进给速度，
    1,                               VARI——加工类型，纵向外部粗加工，
    0,                               DT——粗加工时，用于断屑的停顿时间，
    0,                               DAM——粗加工因断屑而中断时所经过的
                                           路径长度，
    2）                              VRT——粗加工时从轮廓的退刀距离
或 CYCLE95（"CXL"，2，0.2，0.3，0.5，200，50，100，1，　，　，2）
N70  S1200  F50;                     主轴变速，转速为1200r/min
N80  CXL;                            调用CXL子程序精车右端轮廓
N90  G00  X100  Z100;                快速退刀
N100  T2  D1  S450  F50;             主轴变速，转速为450r/min，换2号外圆
                                     刀，1号刀补
N110  G00  X32  Z-24;                快速进刀
```

CYCLE93　　切槽循环

(30,　　SPD——切槽起始点直径

-24,　　SPL——切槽起始点 Z 坐标(切槽刀的左刀点)

8,　　WIDG——槽底宽度

2,　　DIAG——槽的最大深度

0,　　STA1——槽的斜线角 0°

0,　　ANG1——右侧面角 0°

0,　　ANG2——左侧面角 0°

0,　　RC01——槽沿倒角 0°，位于起始点的一边，

0,　　RC02——槽沿另一倒角 0°，

0,　　RCI1——槽底倒角 0°，位于起始点的一边，

0,　　RCI2——槽底另一倒角 0°，

0.1,　　FAL1——槽底精加余量，

0.1,　　FAL2——槽侧面精加余量，

1,　　IDEP——切槽进给深度，

2,　　DTB——槽底停顿时间 2s，

5,　　VARI——加工类型（纵向、外部、右边）

或 CYCLE93（30，-24，8，2，0，0，0，0，0，0，0，0.1，0.1，1，2，5）

N111　T2　D2　　2 号刀具 2 号刀补

N112　G0　X32　　退刀

N113　Z-18　　退刀

N114　G1　X30　　进刀

N115　X26　Z-20　　倒 $C2$ 角

N140　X32;　　退刀

N150　G00　X100　Z100;　　快速退刀

N160　T3　D1　S600;　　主轴变速，转速为 600r/min，换 3 号外圆刀，1 号刀补

N170　G00　X30　Z2;　　快速进刀

CYCLE97　　螺纹切削循环

(1.5,　　PIT——螺纹导程，

0,　　MPIT——用螺纹公称直径来表示螺距，

0,　　SPL——螺纹起始点的纵坐标，

-20,　　FPL——螺纹终点的纵坐标，

30,　　DM1——起始点螺纹直径，

30,　　DM2——终点螺纹直径，

3,　　APP——空刀导入量，

3,　　ROP——空刀退出量，

0.93,　　TDEP——螺纹深度，

```
  0.05,                              FAL——精加工余量（半径值），
  0,                                 IANG——切入进给角，
  0,                                 NSP——首牙螺纹的起始点偏移，
  6,                                 NRC——粗加工切削次数，
  1,                                 NID——停顿时间，
  1,                                 VARI——螺纹的加工类型，
  1)                                 NVMT——螺纹线数
或 CYCLE97 (1.5, 0, 0, -20, 30, 30, 3, 3, 0.93, 0.05, 0, 0, 6, 1, 1)
N180  G00  X100  Z100;               快速退刀
N190  M05  M09;                      主轴停转，切削液关
N200  M02;                           程序结束
```

4）右端加工子程序

```
%_N_SL1_MPF                          右端加工子程序名
; $PATH=/_N_MPF_DIR                  SIEMNS—802D 传输格式
N10  G01  X26  Z0;                   进刀
N20  X29.8  Z-2;                     倒 C2 角
N30  Z-28;                           精车 M30×1.5 的外圆
N40  X30;                            退刀
N50  G03  X34  Z-45  CR=73.25;       精车 R73.25 圆弧
N60  G02  X38  Z-53  CR=17;          精车 R17 圆弧
N70  G01  X40;                       退刀
N80  M17;                            子程序结束
```

综合实例 3　编制图 5-23 所示零件的加工程序，材料为 45 钢，棒料直径为 45mm。

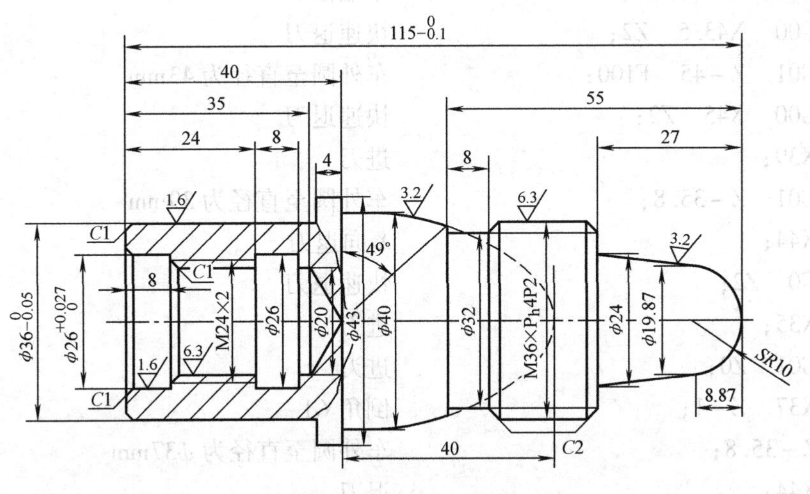

椭圆方程：$\frac{X^2}{20^2}+\frac{Z^2}{40^2}=1$

图 5-23　综合实例 3

1. 刀具设置

1 号刀：93°正偏刀；2 号刀：切槽刀（刀宽 4mm，对刀点为切槽刀的左刀点）；3 号刀：60°外螺纹车刀；4 号刀：内孔镗刀；5 号刀：内切槽刀（刀宽 3mm）；6 号刀：60°内螺纹车刀。

2. 工艺路线

1）夹右端，手动车左端面，用 ϕ20mm 麻花钻钻 ϕ20mm 底孔。

2）用 1 号外圆刀粗精车左端外形轮廓。

3）用 4 号内孔镗刀粗精镗内孔。

4）用 5 号内切槽刀切 ϕ26mm × 8mm 内孔退刀槽。

5）用 6 号内螺纹刀车削 M24 × 2 内螺纹。

6）调头夹 ϕ36mm 外圆，用 1 号外圆刀车右端面，车削总长，用 LCYC95 轮廓循环粗精车右端外形轮廓。

7）用 2 号切槽刀、LCYC93 切槽循环切 ϕ32mm × 8mm 螺纹退刀槽，并用切槽刀右刀尖倒出 M36 × 4 螺纹左端 $C2$ 倒角。

8）用 1 号外圆刀计算参数 R 和程序跳转指令车削椭圆曲面。

9）用 3 号螺纹刀、LCYC97 螺纹车削循环车 M36 × 4 外螺纹。

3. 加工程序

（1）左端加工程序

```
%_N_SL1_MPF                          左端加工程序名
; $PATH=/_N_MPF_DIR                  SIEMNS—802D 传输格式
N5   G94  G90;                       采用绝对值编程，分进给
N10  TRANS  X0  Z60;                 采用可编程零点偏移
N15  S600  M03  T1  D1;              主轴正转，转速 600r/min，换 1 号刀
N20  G00  X48  Z0  M08;              快速进刀，切削液开
N25  G01  X18  F80;                  车端面
N30  G00  X43.5  Z2;                 快速退刀
N35  G01  Z-45  F100;                车外圆至直径为 43mm
N40  G00  X45  Z2;                   快速退刀
N45  X39;                            进刀
N50  G01  Z-35.8;                    车外圆至直径为 39mm
N55  X44;                            X 向退刀
N60  G0  Z2;                         快速退刀
N65  X35;                            进刀
N70  G01  Z0;                        进刀
N75  X37  Z-1;                       倒角 C1
N80  Z-35.8;                         车外圆至直径为 φ37mm
N85  X44;                            退刀
N90  G0Z2;                           快速退刀
N95  S850  F100;                     转速 850r/min
```

```
N100  X33.975;                进刀
N105  G1  Z0;                 进刀
N110  X35.975  Z-1;           倒角 C1
N115  Z-36;                   精车直径为φ36mm 的外圆至尺寸
N120  X43;                    进刀
N125  Z-45;                   精车直径为φ43mm 的外圆至尺寸
N130  X47;                    退刀
N135  G0  X100  Z150;         快速退刀
N140  S500  T4  D1;           转速 500r/min，换 4 号刀
N145  G0  X21;                进刀
N150  Z2;                     进刀
N155  G1  Z-31.9;             粗车 M24×2 的内孔
N160  X19;                    退刀
N165  G0  Z2;                 退刀
N170  X25;                    进刀
N175  G1  Z-8;                粗车直径为φ26mm 的内孔
N180  X20;                    退刀
N185  G0  Z2;                 退刀
N190  S1000  F50;             转速 600r/min
N195  X28.015;                进刀
N200  G1  Z0;                 进刀
N205  X26.0135  Z-1;          倒角 C1
N210  Z-8;                    精车直径为φ26mm 的内孔至尺寸
N215  X24;                    进刀
N220  X21.9  Z-9;             倒角 C1
N225  Z-32;                   精车 M24×2 的内孔至尺寸
N230  X18;                    退刀
N235  G0  Z150;               快速退刀
N240  S400  T5  D1;           转速 400r/min，换 5 号刀
N245  G0  X20;                快速进刀
N250  Z-31;                   快速进刀
N255  G1  Z-32;               进刀
N260  X26;                    切内槽至尺寸
N265  X20;                    退刀
N270  Z-29;                   退刀
N272  X26;                    切内槽至尺寸
N274  X20;                    进刀
N276  Z-27;                   车削
N278  X26;                    退刀
```

```
N280  Z-32;                       拉平槽底
N285  X20;                        退刀
N290  G0  Z15;                    快速退刀
N295  T6  D1;                     换6号刀
N300  X22.9;                      进刀
N305  Z-6;                        进刀
N310  G33  Z-26  K2;              车削内螺纹M24×2
N315  G0  X21;                    退刀
N320  Z-6;                        退刀
N325  X23.6;                      进刀
N330  G33  Z-26  K2;              车削内螺纹M24×2
N335  G0  X21;                    退刀
N340  Z-6;                        退刀
N345  X23.8;                      进刀
N350  G33  Z-26  K2;              车削内螺纹M24×2
N355  G0  X21;                    退刀
N360  Z-6;                        退刀
N365  X23.9;                      进刀
N370  G33  Z-26  K2;              车削内螺纹M24×2
N375  G0  X21;                    退刀
N380  Z-6;                        退刀
N385  X24;                        进刀
N390  G33  Z-26  K2;              车削内螺纹M24×2
N395  G0  X21;                    退刀
N400  Z150;                       Z向快速退刀
N405  X100  M09;                  X向快速退刀，切削液关
N410  M30;                        程序结束并返回起点
```

（2）右端加工程序

```
%_N_SL1_MPF                       右端加工程序名
; $PATH=/_N_MPF_DIR               SIEMNS—802D传输格式
N10  G94  G90;                    采用绝对值编程，分进给
N20  TRANS  X0  Z60;              采用可编程零点偏移
N30  S600  M03  T1  D1  F80;      主轴正转，转速600r/min，换1号刀
N40  G0  X45  Z0  M08;            快速进刀，切削液开
N50  G1  X-0.5;                   车端面（取总长）
N60  G0  X45  Z2;                 快速退刀
N70  CYCLE95                      外圆粗车循环
  （"ZXL"                          NPP——轮廓子程序名称
     2,                           MID——进给深度，
```

0.2,	FALE——沿纵向轴（*Z* 向）的精加工余量,
0.3,	FALX——沿横向轴（*X* 向）的精加工余量,
0.5,	FAL——沿轮廓的精加工余量,
200,	FF1——非退刀槽加工的进给速度,
50,	FF2——进入凹凸切削时的进给速度,
100,	FF3——精加工的进给速度,
9,	VARI——加工类型（纵向外部综合加工）,
0,	DT——粗加工时，用于断屑的停顿时间,
0,	DAM——粗加工因断屑而中断时所经过的路径长度,
2)	VRT——粗加工时从轮廓的退刀距离

或 N70　CYCLE95（“ZXL”，2，0.2，0.3，0.5，200，50，100，9，0，0，2）

N80　S1200　F50；	转速 1200r/min
N90　ZXL；	调用子程序
N100　G0　X100　Z100；	快速退刀
N110　S400　T2　D1；	转速 400r/min，换 2 号刀
N115　G0　X42；	快速进刀
N120　Z－55；	快速进刀
N130　CYCLE93	切槽循环
（40,	SPD——切槽起始点直径
－51,	SPL——切槽起始点 *Z* 坐标（切槽刀的左刀点）
8,	WIDG——槽底宽度
4,	DIAG——槽的最大深度
0,	STA1——槽的斜线角 0°,
0,	ANG1——右侧面角 0°,
0,	ANG2——左侧面角 0°,
0,	RC01——槽沿倒角 0°，位于起始点的一边,
0,	RC02——槽沿另一倒角 0°,
0,	RCI1——槽底倒角 0°，位于起始点的一边,
0,	RCI2——槽底另一倒角 0°,
0.3,	FAL1——槽底精加余量,
0.2,	FAL2——槽侧面精加余量,
2,	IDEP——切槽进给深度,
1,	DTB——槽底停顿时间 1s,
5)	VARI——加工类型（纵向、外部、右边）

或 N130　CYCLE93（40，－51，8，4，0，0，0，0，0，0，0，0.3，0.2，2，1，5）

N140　X33；	进刀
N150　G1　X32；	进刀

```
N160  Z-51;                      进刀
N170  X36  Z-49;                 倒角 C2
N180  G0  X50;                   快速退 X
N190  Z150;                      快速退 Z
N200  S650  T3  D1;              转速 650r/min，换 3 号刀
N210  X35.8  Z-25;               快速进刀
N220  CYCLE97                    螺纹切削循环
 (4,                             PIT——螺纹导程，
  0,                             MPIT——用螺纹公称直径来表示螺距，
  -27,                           SPL——螺纹起始点的纵坐标，
  -47,                           FPL——螺纹终点的纵坐标，
  36,                            DM1——起始点螺纹直径，
  36,                            DM2——终点螺纹直径，
  4,                             APP——空刀导入量，
  3,                             ROP——空刀退出量，
  1.24,                          TDEP——螺纹深度，
  0.05,                          FAL——精加工余量（半径值），
  0,                             IANG——切入进给角，
  0,                             NSP——首牙螺纹的起始点偏移，
  6,                             NRC——粗加工切削次数，
  1,                             NID——停顿时间，
  1,                             VARI——螺纹的加工类型，
  2)                             NVMT——螺纹线数
```

或 N220 CYCLE97（4，0，-27，-47，36，36，4，3，1.24，0.05，0，0，6，1，1，2），

```
N230  G0  X100  Z150;            快速退刀
N240  M30;                       程序结束并返回起点
```

（3）右端外圆循环子程序

```
ZXL                              子程序名
N10  G1  X0  Z0;                 进刀
N20  G3  X19.87  Z-8.87  CR=10;  车 SR10 的圆弧
N30  G1  X24  Z-27;              车锥度
N40  X32;                        进刀
N50  X35.8  Z-29;                倒角 C2
N60  Z-55;                       车 M36×4 的外圆
N70  X40;                        进刀
N80  Z-74.95;                    车 φ40mm 的外圆
N90  X45;                        退刀
N100  M17;                       子程序结束
```

```
(4) 右端椭圆主程序                          以工件的右端面为编程坐标系
%_N_SL1_MPF                                 椭圆主程序名
; $PATH=/_N_MPF_DIR                         SIEMNS—802D 传输格式
N10  G54  G90  G94;                         采用绝对值编程，分进给
N20  T1  D1;                                1号刀1号刀补
N30  M03  S600;                             主轴正转，转速600r/min
N35  G0  X42  Z-53                          快速进刀定位
N40  R20=5  F100;                           设置X向偏移值
N50  MA1: TRANS  X=R20;                     用可编程零点偏移X值
N60  TYJG1;                                 调用子程序
N70  R20=R20-1;                             每走一刀后，X向缩小1mm
N80  IF: R20>=0.3  GOTO  B  MA1;
N85  G0  X45  Z-53                          快速定位
N90  TRANS;                                 取消可编程零点偏移
N100  X=0;                                  X偏移值设置为零
N120  S1200  M03;                           主轴正转，转速1200r/min
N130  TYJG1;                                调用子程序
N140  G0  X100  Z100;                       快速退刀
N150  M02  M05;                             程序结束
(5) 椭圆子程序
%_N_  TYJG1_MPF                             子程序名
; $PATH=/_N_MPF_DIR                         SIEMNS—802D 传输格式
N10  G64  G90  G00  X34.771  Z-53;          进刀
N20  G01  Z-55  F50;                        起刀点
N30  R1=40  R2=20  R3=41;                   赋长半轴，短半轴，起始角，终止角的值
N40  MA2: R4=2*R2*SIN(R3);                  写出X表达式
     R5=R1*COS(R3) -75;                     写出Z表达式
N50  G01  X=R4  Z=R5;                       车削椭圆
N60  R3=R3+1;                               每走一刀后Z方向增加1mm
N70  IF: R6>42  GOTO  F  MA3;
N80  IF: R3<=R4  GOTO  B  MA2;
N90  MA3: G91  G00  X2;                     退刀
N100  G90  Z2;                              退刀
N110  RET;                                  子程序结束
```

第四节　SIEMENS—802D 系统数控车床操作面板

SIEMENS—802D 系统的操作面板由两部分组成，一部分是 CNC 操作面板，另一部分是机床操作面板。

一、CNC 操作面板

SIEMENS—802D 系统的 CNC 操作面板及各功能键说明如图 5-24 所示。

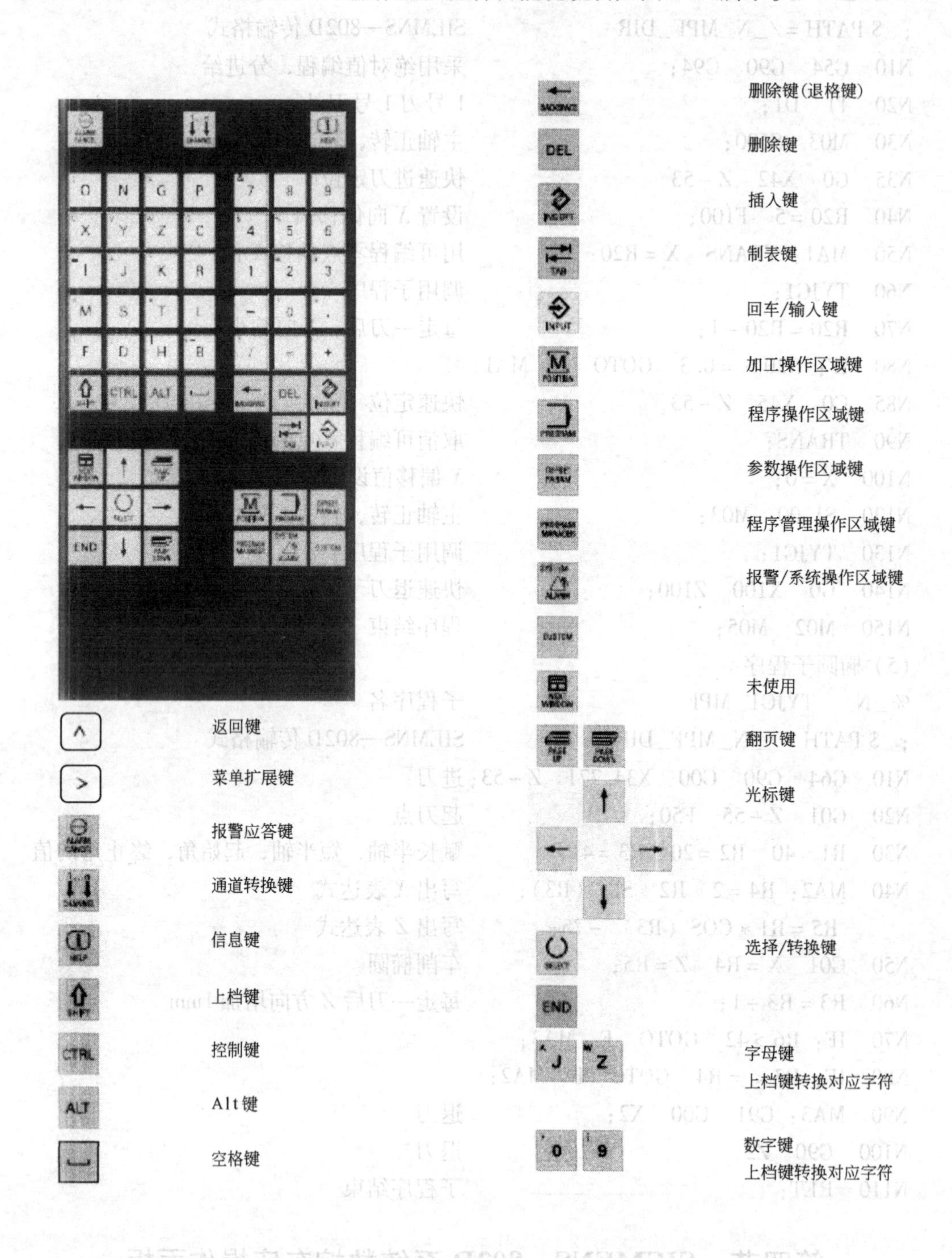

图 5-24 SIEMENS—802D 的 CNC 操作面板及各按键功能说明

二、机床控制面板

SIEMENS—802D 机床控制面板及各按键功能说明如图 5-25 所示。

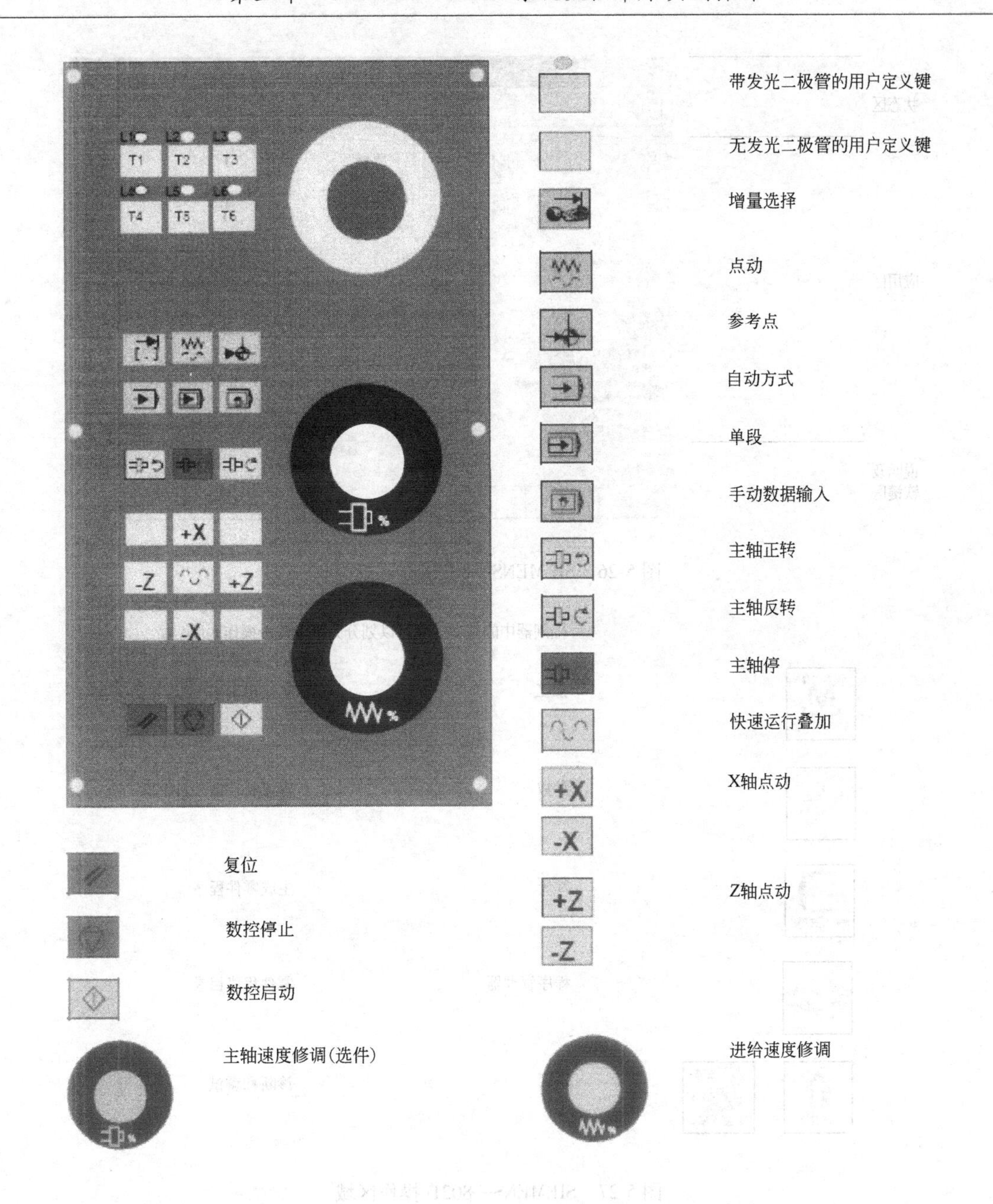

图 5-25 SIEMENS—802D 机床控制面板及各按键功能说明

三、屏幕画面

SIEMENS—802D 系统屏幕画面如图 5-26 所示。它分为状态区域、应用区域、说明和软健区域三个部分。

四、操作区域

SIEMENS—802D 操作区域基本功能为加工、参数、程序、程序管理器、系统报警五个操作区域。系统开机后首先进入“加工”操作区，使用“区域转换”键可从任何操作区域返回主菜单。SIEMENS—802D 操作区域如图 5-27 所示。

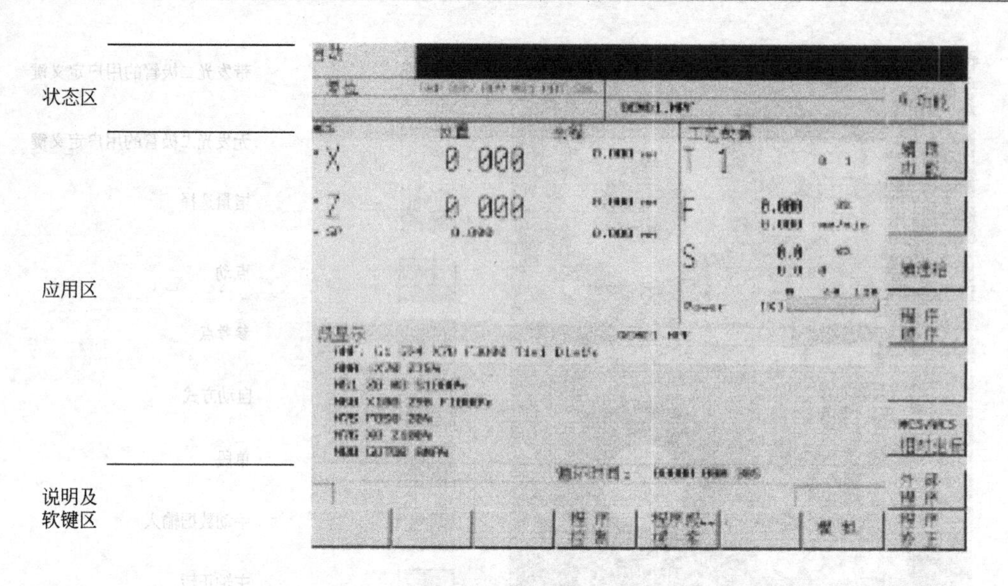

图 5-26 SIEMENS—802D 屏幕画面

控制器中的基本功能可以划分为以下几个操作区域：

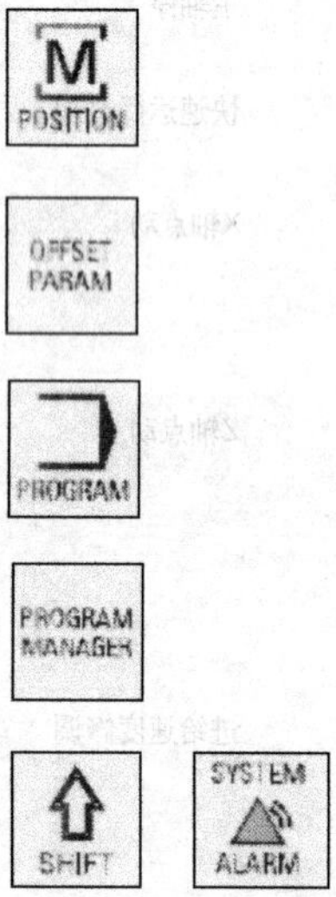

按键	操作区域	功能
M POSITION	加工	机床加工
OFFSET PARAM	参数	输入补偿值和设定值
PROGRAM	程序	生成零件程序
PROGRAM MANAGER	程序管理器	零件程序目录
SHIFT + SYSTEM ALARM	系统	诊断和调试

图 5-27 SIEMENS—802D 操作区域

第五节 SIEMNS—802D 系统数控车床的基本操作

一、开机

开机的步骤如下：

1）检查机床和 CNC 系统各部分初始状态是否正常。

2）将机床侧面电器柜上的电源开关向上扳到“ON”位置，接通 CNC 和机床电源。

3）按下机床面板上的绿色“电源开”按钮，数控系统开始启动，系统引导后进入“加工”操作区 JOG 运行方式。出现“回参考点”窗口，如图 5-28 所示。

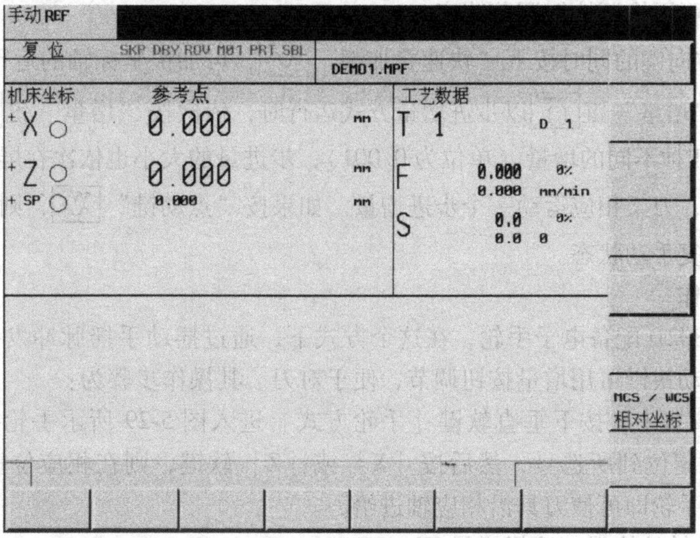

图 5-28　回参考点窗口

二、回参考点

数控机床开机后，首先应进行回参考点操作。

机床参考点的位置由设置在机床 X 向、Z 向滑板上的机械挡块的位置来确定。当刀架返回机床参考点时，装在 X 向和 Z 向滑板上的两挡块分别压下对应的开关，向数控装置发出信号，停止刀架滑板运动，即完成了“回参考点”的操作。

“回参考点”只有在 JOG 方式下才能进行，操作步骤如下：

1）用机床控制面板上“参考点”键启动回参考点运行。

2）一直按住“＋X”键，使刀架向 X 轴正向移动，一般先回 X 方向参考点，后回 Z 方向参考点，避免刀架与机床尾座相撞。当机床减速开关被压下后，刀架减速并向相反方向运动直至停止。这时，屏幕上的 X 轴图标变成，表示 X 轴已经回到参考点。按照同样的方法，使 Z 轴返回参考点。如果选错了回参考点方向，则不会产生运动。

3）回完参考点后，应按下机床控制面板上的“JOG”键，进入手动运行方式，再分别按下方向键“－X、－Z”，使刀架离开参考点，回到换刀点位置附近。如刀架返回的速度太小，可旋转进给速度修调按钮，加大进给速度，也可在按下方向键的同时按下“快速叠加键”，加快返回速度。千万不能按错方向键，如若按下方向键“＋X、＋Z”，则刀架将超程。

三、手动（JOG）操作

在 JOG 运行方式中，可以使坐标轴点动运行，其速度可以通过进给速度修调按钮调节，JOG 方式的运行状态如图 4-30 所示。操作步骤如下：

1）通过机床控制面板上的 JOG 键选择手动运行方式。

2）按相应的方向键“＋X”或“－Z”可以使坐标轴运行。只要相应的键一直按着，坐标轴就一直以机床设定数据中规定的速度运行。

3）在点动运行方式下，同时按压 X、Z 方向的轴手动按键，能同时手动连续移动 X、Z 坐标轴，必要时可用修调按钮调节速度。

4）在按下方向键的同时按下“快速叠加键”，可加快坐标轴的运行速度。

5）在选择“增量”键以步进增量方式运行时，依次按“增量”键可以选择1、10、100、1000四种不同的增量（单位为0.001），步进量的大小也依次在屏幕上显示。此时每按一次方向键，刀架相应运动一个步进增量。如果按“点动键”，则可以结束步进增量运行方式，恢复手动状态。

四、手轮操作

SIEMENS—802D配备电子手轮，在这个方式下，通过摇动手摇脉冲发生器来达到移动滑板的目的，移动快慢可用增量按钮调节，便于对刀。其操作步骤为：

1）在JOG窗口中，按下垂直软键［手轮方式］进入图5-29所示手轮操作窗口，使用“光标/翻页”键定位到所选号，然后按［X］或［Z］软键，则在相应位置出现“☑”符号。这时，摇动手轮即可使刀具沿相应轴进给。

2）根据运动轴的快慢，选择增量X1、X10……。

3）摇动电子手轮，对应轴按一定速度运动。

4）如要退出“手轮方式”，按“退出”软键即可。

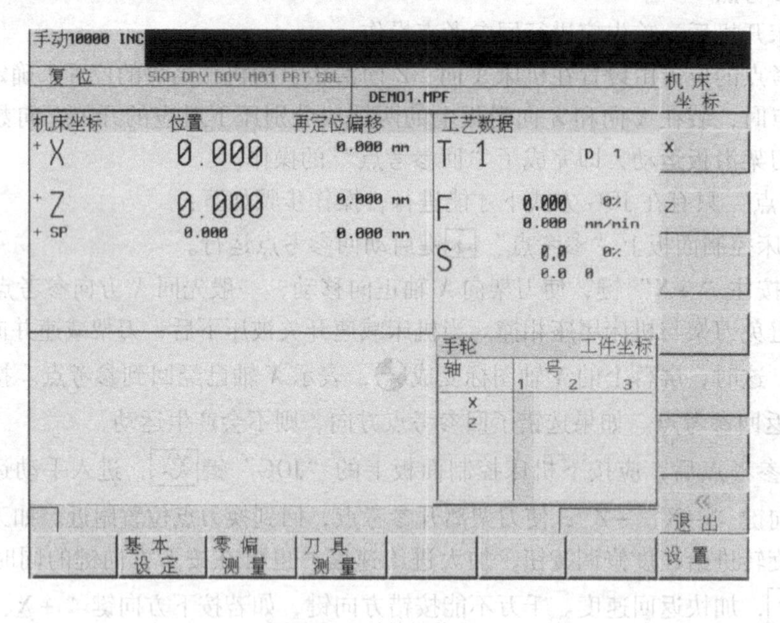

图5-29 手轮操作窗口

五、MDA运行方式

在MDA运行方式下，可以编制一个零件的部分或全部程序段，并加以执行，该程序段执行完毕后，命令行中的内容仍然保留，并可重复执行，直至输入新的内容替换它。操作步骤如下：

1）通过机床控制面板上的手动数据键可以选择MDA运行方式。

2）通过机床操作面板输入加工程序，如M03、S1000、F0.2、T01D1。

3）按“程序启动”键，执行每段程序，则主轴正转，每分钟 1000 转，进给率为 0.2mm/r，选择 1 号刀，1 号刀补。

六、自动运行方式

在自动方式下零件程序可以自动加工执行，其前提条件是已经回参考点，加工的零件程序已经装入，输入了必要的补偿值，安全锁定装置已启动。自动方式的运行状态如图 5-30 所示。操作步骤如下：

1）按自动方式键选择自动运行方式，屏幕上显示系统中所有程序目录窗口。

2）把光标移动到所选的程序名上。

3）用“选择”软键选择主程序。

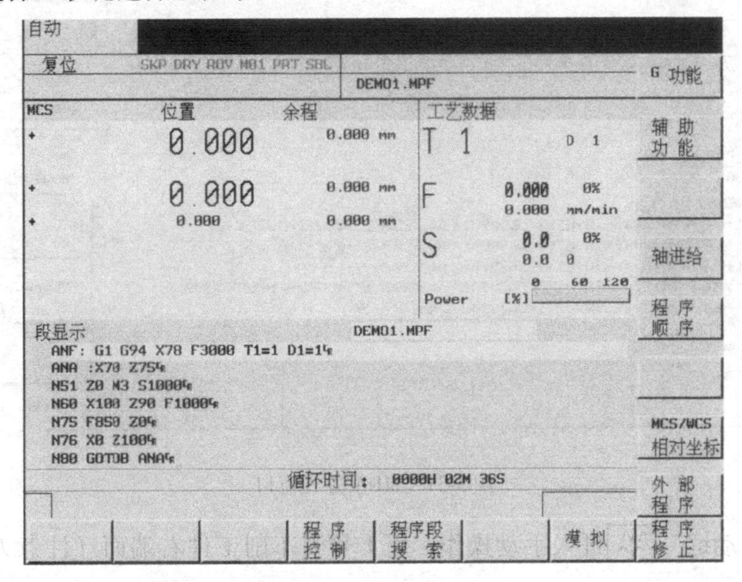

图 5-30　自动运行窗口

4）如对加工程序没有充分的把握，可按“单段执行键”，程序将进入单段运行方式，每执行完一条程序，机床就暂停，操作人员需再按一次“程序启动键”，机床才执行下一条程序。按“自动方式选择”键，系统立即恢复自动运行。

5）在程序自动运行过程中，可按“程序停止”键，则暂停程序的运行，按“程序启动”键，可恢复程序继续运行。

6）在程序自动运行过程中，如按“复位”键，则中断整个程序的运行，光标返回到程序开头，按“程序启动”键，程序从头开始重新自动执行。

七、对刀与刀具补偿参数设置

数控车床刀架内有一个刀具参考点，由于相同的刀，或不同的刀，每次安装位置不同，所以利用对刀与刀补，就可测出刀尖相对于刀具参考点的距离，并寄存到系统存储器中。在加工程序调用相应的刀具时，系统会自动补偿两个方向的刀偏移量，从而准确控制每把刀的刀尖轨迹。

刀具参数包括刀具型号参数、刀具几何参数、磨损量参数等。不同类型的刀具均有一个确定的刀补参数。

刀具参数的设置和对刀步骤如下：

1）按机床操作面板上的“手动数据 MDA”键，进入 MDA 方式，输入 M3 S600 T1 D1，把要对的刀具转换到当前刀位（注意刀具与工件之间安全距离），再按“程序启动”键。启动主轴旋转与换刀，出现图 5-31MDA 方式窗口。

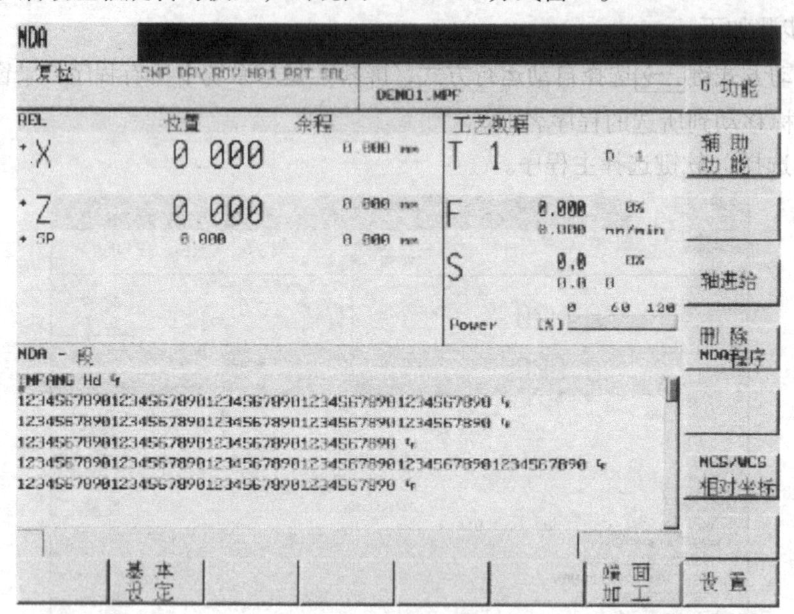

图 5-31 MDA 方式窗口

2）按“点动键”进入手动操作，用 1 号刀车削工件右端面（注意刀具运动速度，可用进给倍率开关修调），或用“增量”键与“电子手轮”来移动车刀，车削工件端面，沿 X 方向退刀。

3）按“主轴停转”键，使主轴停转。

4）按“测量刀具”软键进入图 5-32 所示刀补设置窗口，校对刀号与刀补号。

5）按“存储位置”软键，此键由白变黑，按“长度 2”软键进入图 5-33 刀补设置窗口。

6）在“Z0”栏中输入“0”，把光标移动至 Z0 栏。

7）按“设置长度 2”软键，在左下方出现“设置数据有效”，则 1 号刀的 Z 向刀补值设置完毕。

8）再“按主轴正转”键启动主轴转动，用“ – X”、“Z”或进入增量，用手轮移动车刀，车削一段外圆，此时刀具只能沿 Z 向退出。

9）按“主轴停转”键，使主轴停转，用量具精确测出所加工外圆的实际尺寸。

10）同样“按测量刀具”软键进入图 5-32，按“存储位置”软键，再按“设置长度 1”软键，把光标移动到 ϕ 样栏内输入外圆直径数值，在左下方出现“设置数据有效”，则 1 号刀的 X 向刀补值设置完毕。

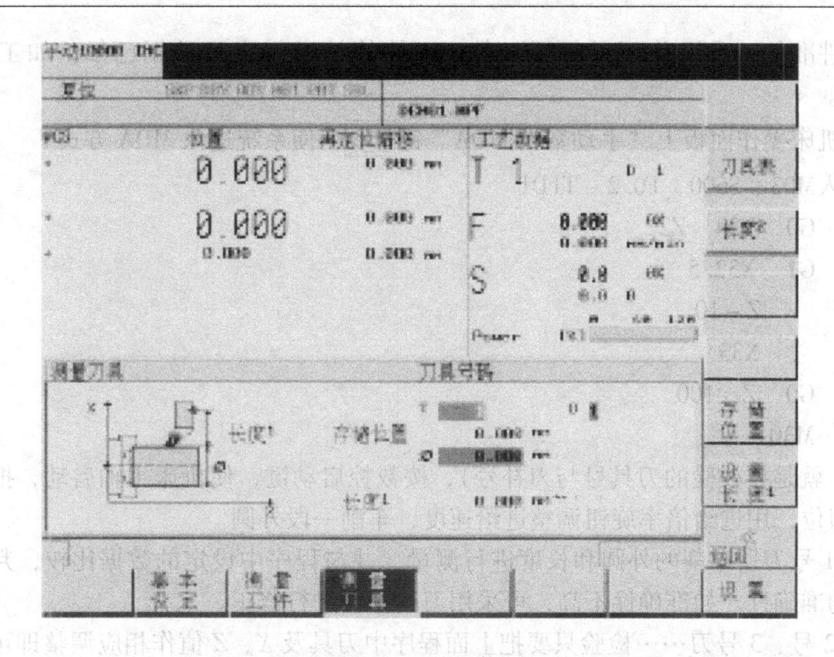

图 5-32　刀补设置窗口

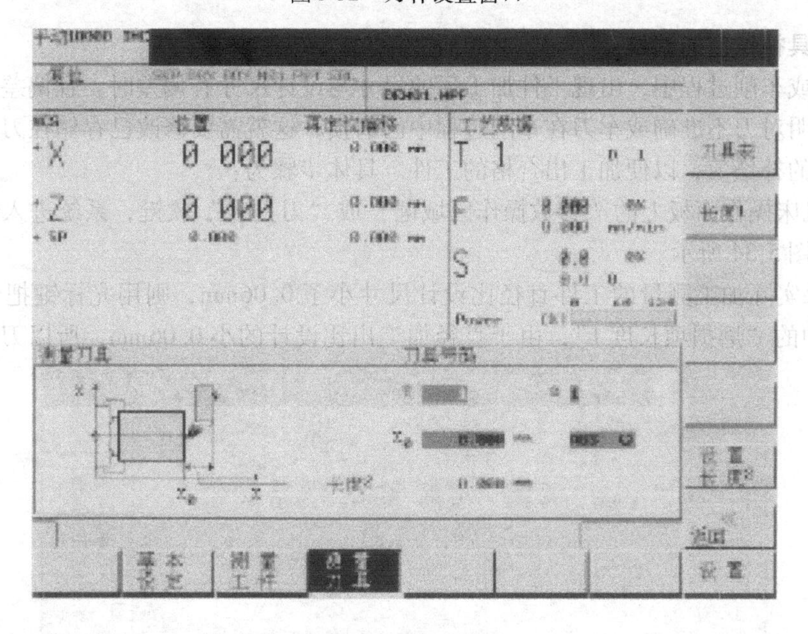

图 5-33　刀补设置窗口

11）如果要设置 2 号、3 号、4 号刀具的刀补值，重复上面步骤即可，也可以用“碰刀”对刀法。具体步骤是：把要对的 2 号刀用 MDA 方式转到当前刀位，启动主轴转动，移动刀具，使刀尖轻碰工件端面，再按上述步骤 2 ~ 步骤 11 进行。对 X 向时，把车刀轻碰工件外径，输入工件外径数值即可。

八、校验刀具参数的准确性

当一把刀具或几把刀具完成了对刀后，对它的准确程度要进行校验，防止刀补数据设置错误而损坏机床、工件及刀具。其校验步骤为：

1）工件准备，或用前面对刀用工件，工件的长度与直径数据已知，如工件直径为 ϕ32.98mm。

2）按机床操作面板上“手动数据 MDA”键[MDA键]，使系统进入 MDA 方式。

3）输入

```
M03  S600  F0.2  T1D1
G0  X34  Z2
G1  X32.5
    Z-10
    X33
G0  Z  100
M30
```

（T1D1 就是要校验的刀具号与刀补号），按数控启动键，使机床主轴启动，把校验刀具转到当前刀位，用进给倍率旋钮调整进给速度，车削一段外圆。

4）对 1 号刀所车削的外圆和长度进行测量，并与程序中设定的数据比较，判断其 1 号车刀刀补的准确性。如准确性不高，可采用刀具补偿进行修正。

5）对 2 号、3 号刀……检验只要把上面程序中刀具及 X、Z 值作相应调整即可，方法同上。

九、刀具补偿值的调整

在对刀或车削过程中，出现工件加工后的尺寸与设计尺寸有偏差时，且偏差超出了规定的要求，说明对刀不准确或车刀在车削过程中已磨损，这就需要修改已存储在刀具补偿存储器里的刀具的补偿值，以便加工出合格的工件。具体步骤为：

1）按机床操作面板上的“参数操作区域键”或“刀具表”软键，系统进入刀具补偿设置窗口，如图 5-34 所示。

2）如果实际加工测量的工件直径比设计尺寸小了 0.06mm，则用光标键把光标移动到 T1 D1 栏中的“磨损项长度 1”，由于直径加工出比设计的小 0.06mm，所以刀尖就要向 X

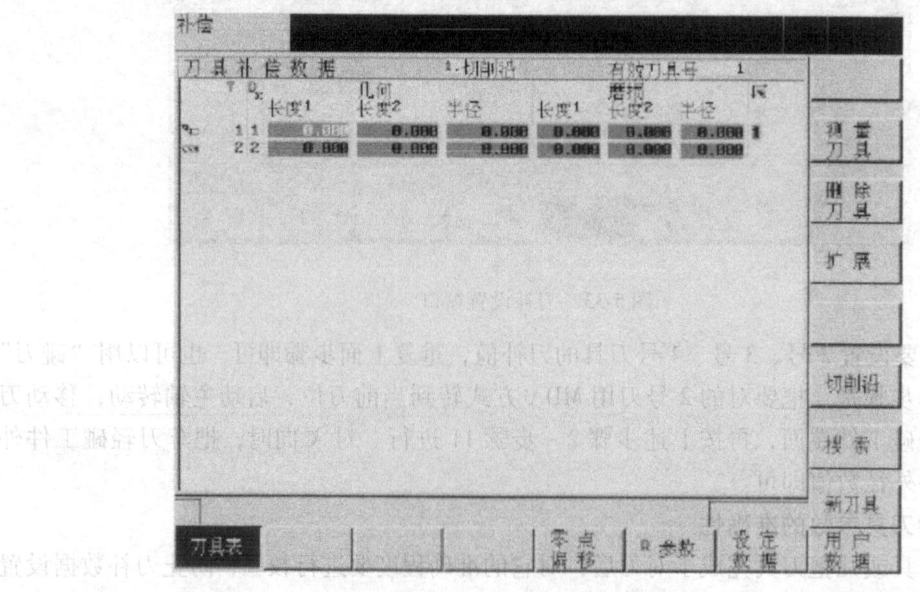

图 5-34 刀具补偿设置窗口

正方向移动 0.03mm，输入 0.03，按“回车/输入键”，0.03 字由黑变成白色即可。反之，如果实际加工测量的工件直径比设计尺寸大了 0.06mm，说明刀具磨损了 0.03mm，则用光标键把光标移动到 T1　D1 栏中的“磨损项长度 1”，输入 -0.03，按“回车/输入键”，-0.03 字由黑变成白色即可。

3）再次对已经进行刀补的刀号进行校验，确认无误后，方可进入正常加工。

4）对于 Z 向刀补，调整的方法同上，但在磨损栏长度 2 中输入的修正值的正负号要注意，当刀尖向 Z 正方向移动时，取正号，反之，取负号，数值为实测误差值。

5）系统数据、刀具数据、轴数据、机床数据修改权限与 SIEMENS—802S 基本相同。

十、程序的管理、通信和空运行

1）程序管理：在数控系统操作面板上，按“程序管理操作区域键”进入图 5-35 程序管理窗口，用光标和相关软键，根据需要进行操作。

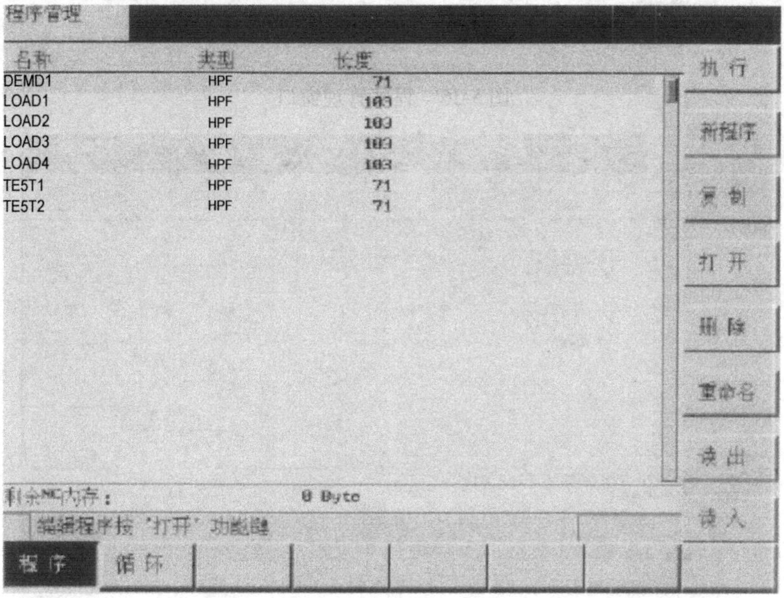

图 5-35　程序管理窗口

2）程序通信：在数控系统操作面板上，按“程序管理器”进入图 5-36 程序管理窗口，前提条件是通信设备连接好，按“读入”“读出”键，分别载入和载出程序或数据，且在显示屏上显示文件或数据的字节多少。

3）程序的空运行：在机床操作面板上按“自动方式”键选择自动工作方式，再在系统操作面板上，按“程序管理操作区域键”，系统进入程序管理窗口，用光标选择所需的程序名，再按显示屏右上角“执行”软键，显示屏转换到图 5-37 程序管理窗口，按“程序控制”、“程序测试”、“空运行”键，最后按数控启动键，此时程序从上到下，逐一运行，但主轴旋转大、中滑板不动。如果程序或参数有错，则报警，根据报警内容进行调整处理。在程序测试后，要加工此工件，还需把“空运行”去掉，才能进入实际加工。

十一、程序图形模拟

此功能是 SIEMENS—802D 系统一个主要增加功能，作用是可以通过图形来反映编程的刀具轨迹，更直观地判断程序的正确性。操作步骤为：

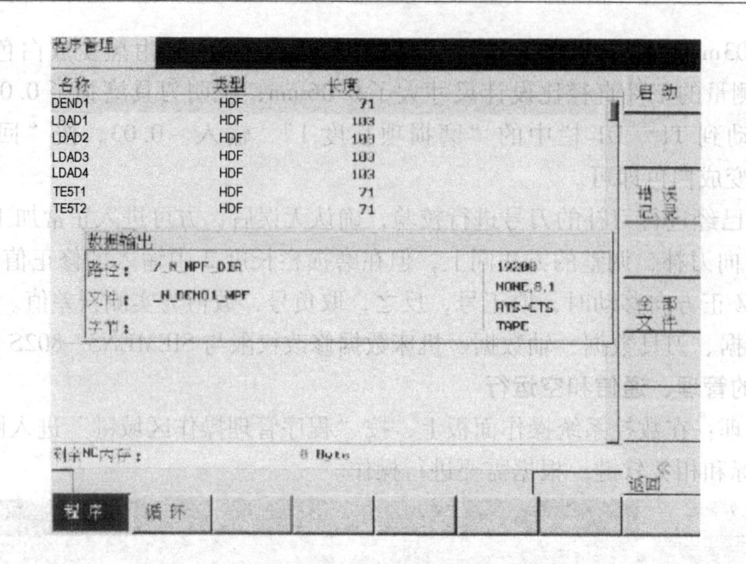

图 5-36 程序管理窗口

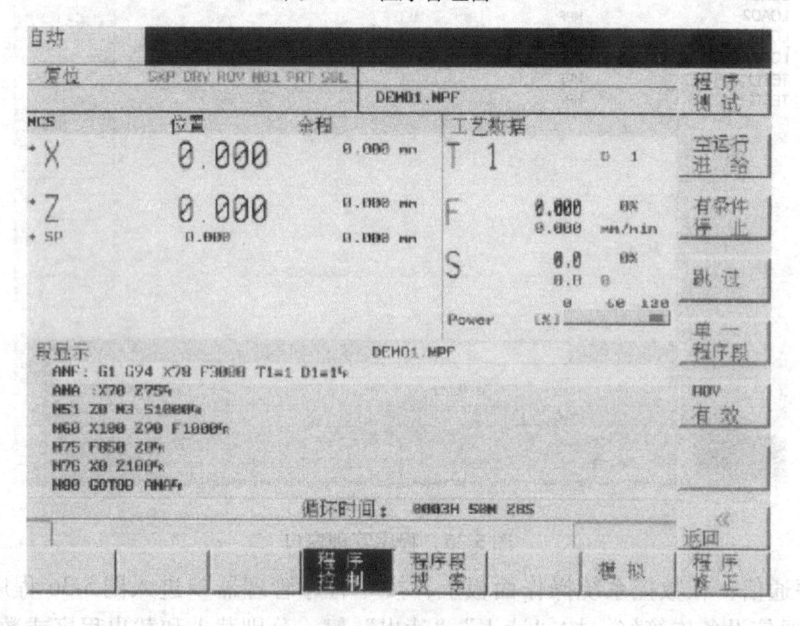

图 5-37 程序管理窗口

1）在自动加工方式下，用光标选择所要模拟的程序。

2）按“模拟”软键显示屏进入图 5-38 程序模拟窗口。

3）按“程序启动”键 ⊕ ，开始模拟所选择的程序。

4）可以用“自动缩放”键把刀具轨迹图放大到适合的大小。

5）还可用“到原点”键，可以恢复到图形的基准设定。

6）用单个“缩放 +”、“缩放 -”键对模拟显示图形放大或缩小。

7）用“光标粗/细”键可调整光标的步距大小。

8）当不需要图形模拟时用“删除画面”键删除画面。

9）当模拟结束后按“返回”键，进入“自动加工显示面”。

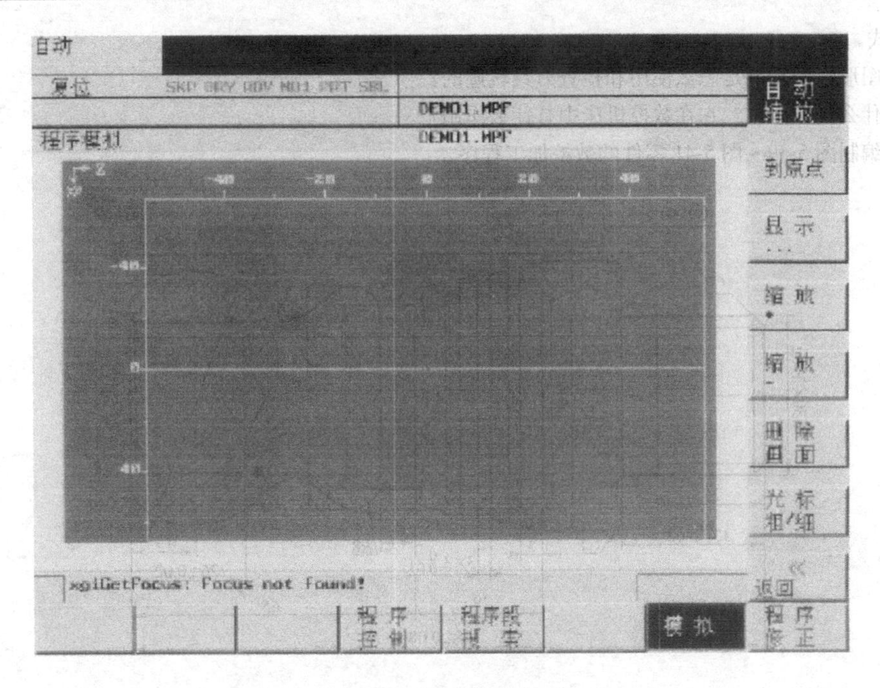

图 5-38　程序模拟窗口

思　考　题

5-1　SIEMENS—802D 系统数控车床的操作面板由哪几个部分组成？

5-2　SIEMENS—802D 系统屏幕划分为几个区域？各区域组成如何？

5-3　试述对刀的基本步骤。如何进行正确的校验刀具？

5-4　当对刀或刀具磨损后，出现加工误差，如何进行刀具补偿及修改？

5-5　试说明 CYCLE93、CYCLE94、CYCLE95、CYCLE96、CYCLE97、CYCLE98 各循环中参数设置方法

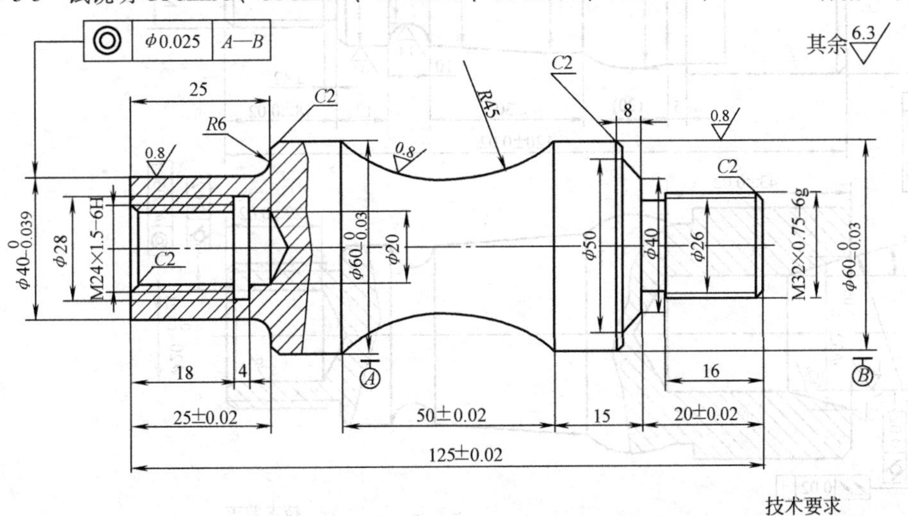

技术要求

1.未注倒角C1。
2.未注尺寸公差按GB/T1804–m。
3.不得用油石砂布等工具对表面进行修饰加工。

图　5-39

和编程格式。

5-6　图形模拟功能是怎么使用和检查刀具轨迹的？

5-7　什么叫软限位？它在数控机床中有什么作用？

5-8　编制图 5-39 ~ 图 5-41 零件的数控加工程序。

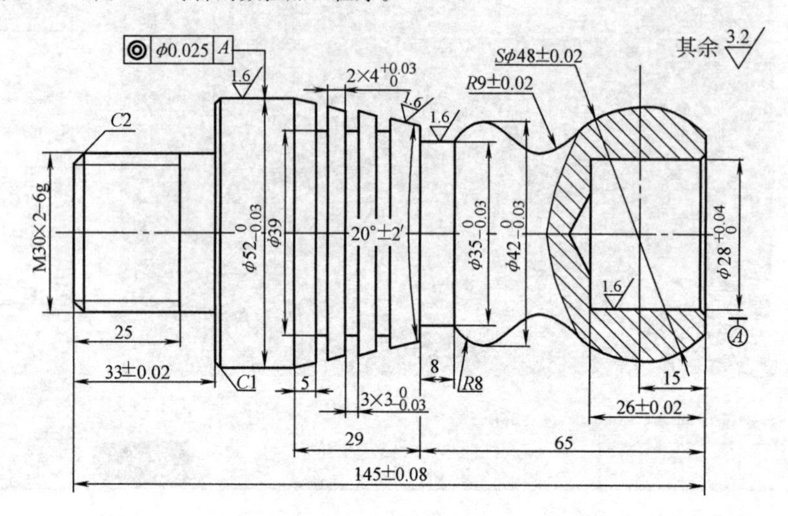

图　5-40

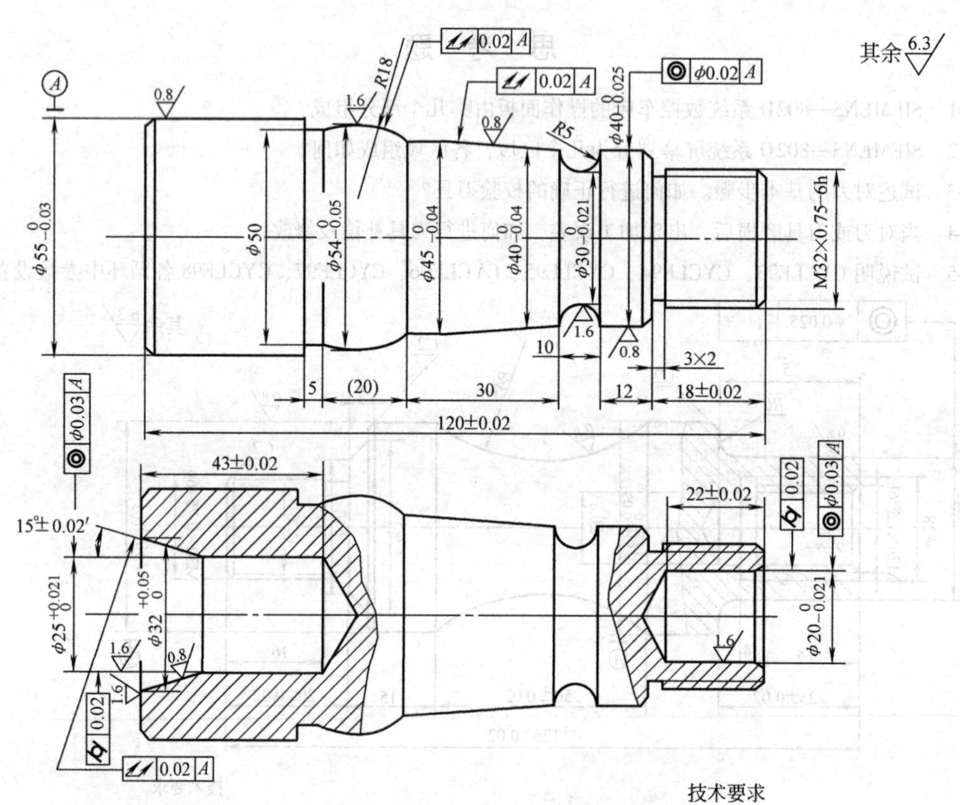

技术要求

1.未注倒角$C2$。

2.未注尺寸公差按GB/T1804–m。

3.不得用油石砂布等工具对表面进行修饰加工。

图　5-41

第六章　FANUC 系统数控车床实训操作

第一节　FANUC 0i Mate—TC 系统介绍

一、FANUC 0i Mate—TC 系统功能

数控机床加工中的动作在加工程序中用指令的方式事先予以规定，这类指令有准备功能 G、辅助功能 M、刀具功能 T、主轴转速功能 S 和进给功能 F 等。由于目前数控机床的类型和数控系统的种类较多，同一 G 指令或同一 M 指令其含义在不同系统和不同机床类型中不完全相同，甚至完全不同（例如在 FANUC 0—TD 中 G90 代表单一形状固定循环指令，而在 FANUC 0—MD 中 G90 代表绝对值输入指令）。因此，编程人员在编程前必须对所使用的数控系统相关型号的指令功能进行仔细研究，掌握每个指令的确切含义，以免发生错误。

（一）准备功能 G 指令

表 6-1 列出了 FANUC 0i Mate—TC 数控车床系统常用的准备功能指令。

表 6-1　FANUC 0i Mate—TC 系统常用准备功能 G 指令及功能

G 指令	组号	功　能	G 指令	组号	功　能
☆G00		定位（快速）	G70		精加工循环
G01		直线插补（切削进给）	G71		内、外型粗车复合循环
G02	01	顺时针圆弧插补	G72	00	端面粗车复合循环
G03		逆时针圆弧插补	G73		固定形状粗加工复合循环
G32		螺纹切削	G75		切槽循环
G04	00	暂停	G76		螺纹切削复合循环
G20	06	英制尺寸	G10	00	可编程数据输入
G21		米制尺寸	G11		可编程数据输入方式取消
G28	00	返回参考点	G90		单一形状固定循环
G32	01	螺纹切削	G92	01	螺纹切削循环
☆G40		取消刀具半径补偿	G94		端面切削循环
G41	07	刀尖圆弧半径左补偿	G96	02	恒速切削控制有效
G42		刀尖圆弧半径右补偿	G97		恒速切削控制取消
G50	00	坐标系设定或最大主轴转速钳制	G98	05	进给速度按每分钟设定
☆G54 ~ G59	14	工件坐标系选择 1 ~ 6	☆G99		进给速度按每转设定

注：带☆号的 G 指令表示接通电源时，即为该 G 指令的状态。00 组的 G 指令为非模态 G 指令，其他均为模态 G 指令。在编程时，G 指令中前面的 0 可省略，G00、G01、G02、G03、G04 可简写为 G0、G1、G2、G3、G4。

（二）辅助功能 M 指令

表 6-2 列出了 FANUC 0i Mate—TC 数控车床系统常用的辅助功能指令。

表 6-2　FANUC 0i Mate—TC 系统常用辅助功能 M 指令及功能

M 指令	功　能	M 指令	功　能
M00	程序暂停	M09	切削液（切削液）关
M01	选择停止	M13	主轴正转，切削液（切削液）开
M03	主轴正转	M14	主轴反转，切削液（切削液）开
M04	主轴反转	M30	程序结束
M05	主轴停止	M98	调用子程序
M08	切削液（切削液）开	M99	子程序结束，返回主程序

注：在编程时，M 指令中前面的 0 可省略，如 M00、M03 可简写为 M0、M3。

（三）F、T、S 功能

1. F 功能

指定进给速度。

每转进给（G99）：系统开机状态为 G99 状态，只有输入 G98 指令后，G99 才被取消。在含有 G99 的程序段后面，在遇到 F 指令时，则认为 F 所指定的进给速度单位为 mm/r。

每分进给（G98）：在含有 G98 的程序段后面，在遇到 F 指令时，则认为 F 所指定的进给速度单位为 mm/min。G98 被执行一次后，系统将保持 G98 状态，直到被 G99 取消为止。

2. T 功能

指令数控系统进行换刀。

在 FANUC 0i Mate—TC 系统中，采用 T“2 位 +2 位”的形式。例如，T0101 表示采用 1 号刀具和 1 号刀补。注意在 SIEMENS 系统中由于同一把刀具有许多个刀补，所以可采用如 T1D1、T1D2、T2D1、T2D2 等；但在 FANUC 系统中，由于刀补存储是公用的，所以往往采用如 T0101、T0202、T0303 等。

3. S 功能

指定主轴转速或速度。

恒线速度控制（G96）：G96 是恒速切削控制有效指令。系统执行 G96 指令后，S 后面的数值表示切削速度。例如：G96 S100 表示切削速度是 100m/min。

主轴转速控制（G97）：G97 是恒速切削控制取消指令。系统执行 G97 后，S 后面的数值表示主轴每分钟的转数。例如：G97 S800 表示主轴转速为 800r/min。系统开机状态为 G97 状态。

主轴最高速度限定（G50）：G50 除具有坐标系设定功能外，还有主轴最高转速设定功能，即用 S 指定的数值设定主轴每分钟的最高转速。例如：G50 S2000 表示主轴转速最高为 2000r/min。

用恒线速度控制加工端面、锥度和圆弧时，由于 X 坐标值不断变化，当刀具逐渐接近工件的旋转中心时，主轴转速会越来越高，工件有从卡盘飞出的危险，所以为防止事故的发生，有时必须限定主轴的最高转速。

F 功能、T 功能、S 功能均为模态指令。

二、FANUC 0i Mate—TC 系统程序结构

1. 加工程序的组成及格式

数控加工中零件加工程序的组成形式，与采用的数控系统的型号不同而略有不同。大体

格式如图 6-1 所示。

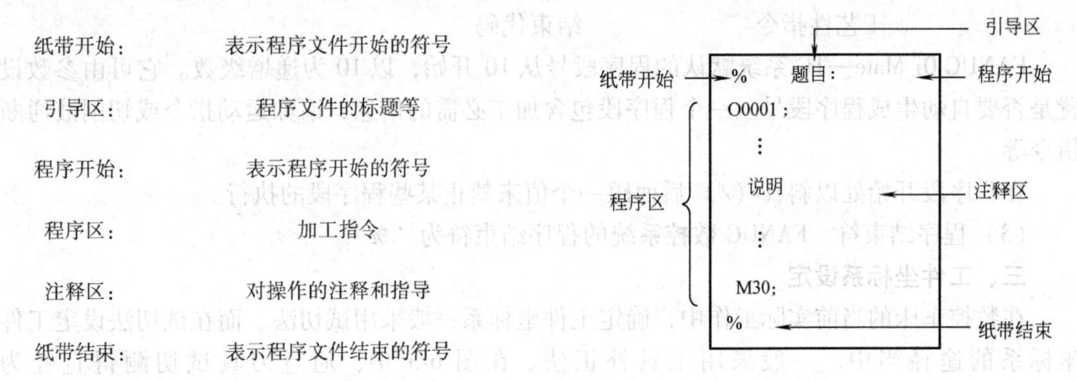

图 6-1　程序的组成及格式

现在的数控系统中，其加工程序区可分为主程序和子程序两种程序形式。其主程序和子程序的关系如图 6-2 所示。

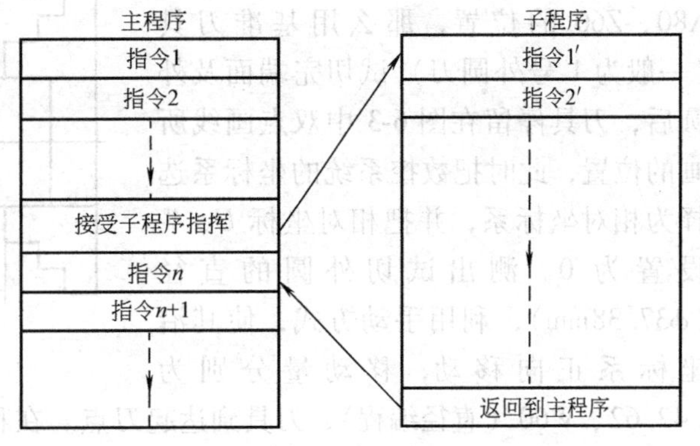

图 6-2　主程序和子程序的关系

但不论是主程序还是子程序，每一个程序都是由若干个程序段组成。程序段是由一个或若干个字（字是由表示地址的字母和数字、符号等组成，表示控制数控机床完成一定功能的具体指令）组成，表示数控机床为完成某一特定动作而需要的全部指令。例如：

%O1001；
N5　G54　G98　G21；
N10　M3　S600；
N15　T0101；
N20　G00　X42　Z2；
…
N80　M30；
%

上面每一行称为一个程序段，N10、G54、M3、S600…都是一个字。

2. 程序区组成及格式

程序区由若干程序段组成。程序区由程序号开始，由程序结束代码结束。

每个加工程序段都由加工程序段号、准备功能指令、坐标运动尺寸、工艺性指令、程序段结束代码等几部分组成。

（1）加工程序号　指令格式为：O××××；

××××为加工程序号，可以从 0000～9999。存入数控系统中的各零件加工程序号不能相同。

（2）程序段　指令格式为：

程序段号　准备功能　　　　坐标运动尺寸

F×⋯× S×⋯× M×× T×××× ;

工艺性指令 结束代码

FANUC 0i Mate—TC 系统默认的程序段号从 10 开始，以 10 为递增级数。它可由参数设置是否要自动生成程序段号。一个程序段包含加工必需的信息，诸如运动指令或切削液通断指令等。

在程序段开始处以斜杠（/）后面跟一个值来禁止某些程序段的执行。

（3）程序结束符 FANUC 数控系统的程序结束符为“%”。

三、工件坐标系设定

在数控车床的当前实际工作中，确定工件坐标系一般采用试切法。而在试切法设定工件坐标系的途径当中，一般采用工具补正法。在图 6-3 中，通过刀具试切测得直径为 ϕ37.38mm，长度为 89.68mm。

1. 通过 G50 设定

假定起刀点在工件坐标系中处于 X80、Z60 的位置，那么用基准刀具（一般为 1 号外圆刀）试切完端面及外圆后，刀具停留在图 6-3 中双点画线所画的位置，此时把数控系统的坐标系选择为相对坐标系，并把相对坐标 *U*、*W* 设置为 0。测出试切外圆的直径（ϕ37.38mm），利用手动方式，使其沿坐标系正向移动，移动量分别为 U42.62、W60（直径编程），刀具到达起刀点。在程序中，第一个程序段就执行 G50 X80 Z60，那么系统就建立了图中右端面与轴线相交点为原点的工件坐标系。其他刀具分别使刀尖（或刀位点）与外圆或端面相接触，读得相对坐标 *U* 与 *W* 值，在“工具补正/形状”页面中，进行刀具偏置量设置。例如，螺纹刀为 2 号刀，那么把螺纹刀的相对坐标 *U* 与 *W* 值（包括正负）设置在 G02 对应的 *X* 与 *Z* 下（1 号刀 G01 对应的 *X* 与 *Z* 都设置为 0）。

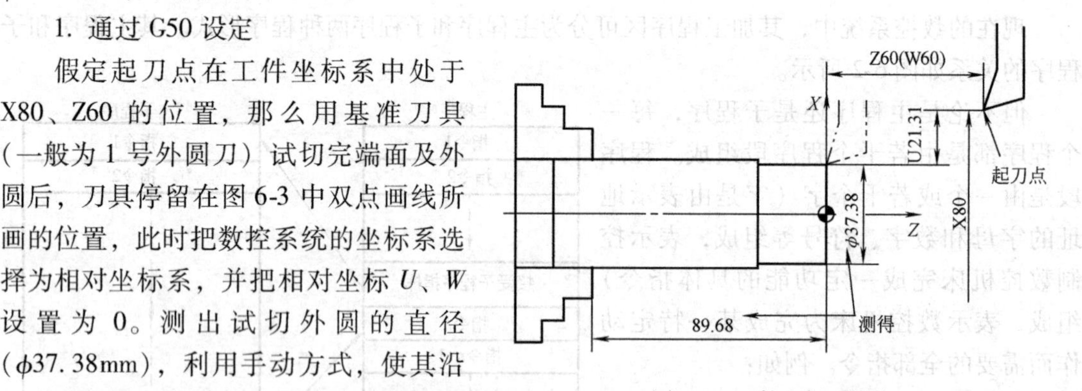

图 6-3 工件坐标系设定

用这种方法建立的工件坐标系，必须注意以下几个问题：

1）装夹的工件必须是定长的，即在重新装夹工件后，工件右端面到卡盘的距离必须是 89.68。如果不定长，那么必须车端面及外圆，在相对坐标系下手动移动到起刀点位置。

2）在加工过程中起刀点与终刀点必须重合，否则在加工下一个零件时坐标系会发生改变。

3）如果 1 号基准刀更换，那么必须重新车端面及外圆，在相对坐标系下手动移动到起刀点位置。而且要重新确定其他所有刀具相对基准刀具的偏置量。

4）其他非基准刀具更换后，先要用基准刀具在工件上利用已有的或需重新车削的外圆及端面作为相对坐标点，然后确定其与基准刀具的相对坐标，重新设置偏置量。

2. 通过 G54 ~ G59 设定

通过 G54 ~ G59 设定工件坐标系，就是在刀具试切完端面及外圆后，刀具停留在图 6-3 中双点画线所画的位置，将此时的机床坐标值输入 G54 ~ 59 中（*X* 轴的值应减去此时的工件直径），然后在程序中相应的刀具调用相应的工件坐标系（G54 ~ G59）即可（注意：用此种方法时工具补正当中不要设置任何值）。

G54～G59 的另一种用途就是通过工具补正将零点设置在卡盘的右端面，然后按照每次工件伸出卡盘右端面的长度再设置 G54～G59 将零点偏移到零件右端面。

3. 通过工具补正设定

通过工具补正设定工件坐标系，就是在刀具试切完端面及外圆后，刀具停留在图 6-3 中双点画线所画的位置，然后通过相应的方法设置工具补正（不同系统的不同型号有不同的设置方法），工具补正中有两项：形状和磨损。此种方法回在后面的章节中详细讲述。

第二节　FANUC 0i Mate—TC 系统车床基本编程指令

一、绝对值编程和增量值编程

在 FANUC 0i Mate—TC 系统中，绝对值编程采用地址 *X*、*Z* 进行编程（*X* 为直径值）；而在增量值编程时，用 *U*、*W* 代替 *X*、*Z* 进行编程。*U*、*W* 的正负由行程方向确定，行程方向与机床坐标方向相同时取正，反之取负。在编程时一般采用绝对编程。

二、快速点定位指令 G00

G00 指令是命令刀具以点定位控制方式从刀具所在点快速运动到目标位置，它是快速定位，没有运动轨迹要求。G00 指令是模态指令。

程序段格式：G00　X（U）＿　Z（W）＿；

在执行 G00 时，刀具以每轴的快速移动速度定位（每轴的快速移动速度由系统参数设定而不由 F 指定），刀具轨迹通常不是直线，而是折线（在图 6-4 中，从 *A* 点到 *B* 点采用 G00 编程，其走刀轨迹为：*A*→*M*→*B*；从 *D* 点到 *A* 点也采用 G00 编程，其走刀轨迹为：*D*→*N*→*A*）。所以，在使用 G00 指令时要注意刀具是否和工件及夹具发生干涉，以免发生意外。

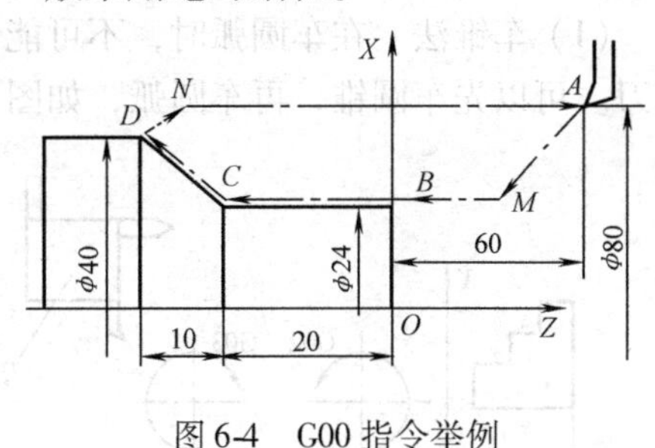

图 6-4　G00 指令举例

三、插补功能指令

（一）直线插补指令 G01

G01 指令是指令刀具在两点间按指定的 F 进给速度作直线移动。G01 指令是模态指令。

程序段格式：G01　X（U）＿　Z（W）＿　F＿；

例 6-1　在图 6-4 中，对轮廓进行精加工。

O1002	程序文件名
N5　G54　G98　G21；	用 G54 指定工件坐标系，用 G98 指定分进给，用 G21 指定米制单位
N10　M3　S1200；	主轴正转，转速为 1200r/min
N15　T0101；	选择 1 号刀 1 号补正
N20　G0　X80　Z60；	绝对编程，快速到达起刀点 *A*
N25　X24　Z2；	绝对编程，快速到达 *B* 点
（或 N25　U－56　W－58；）	（增量编程，快速到达 *B* 点）
N30　G1　Z－20　F80；	绝对编程，从 *B* 点以 80mm/min 直线插补到 *C* 点
（或 N30　W－22　F80；）	（增量编程，从 *B* 点以 80mm/min 直线插补到 *C* 点）

N35　X40　Z－30；　　　　绝对编程，从 C 点以 80mm/min 直线插补到 D 点

（或 N35　U16　W－10；）　　（增量编程，从 C 点以 80mm/min 直线插补到 D 点）

N40　G0　X80　Z60；　　　绝对编程，快速到达 A 点

（或 N40　U40　W90；）　　（增量编程，快速到达 A 点）

N45　M30；　　　　　　　程序结束

%　　　　　　　　　　　　程序结束符

（二）圆弧插补指令 G02/G03

1. 圆弧顺逆的判断

数控车床是两坐标的机床，只有 X 轴和 Z 轴。圆弧顺逆的判断，主要与刀架所处的位置有关，具体见图 6-5。

2. 程序段格式：$\begin{Bmatrix} G02 \\ G03 \end{Bmatrix}$ X__ Z__ R__ F__；

3. 圆弧的车法

（1）车锥法　在车圆弧时，不可能切一刀就把圆弧车好，因为这样背吃刀量太大，容易崩刀。可以先车圆锥，再车圆弧，如图 6-6 中粗线部分所示。

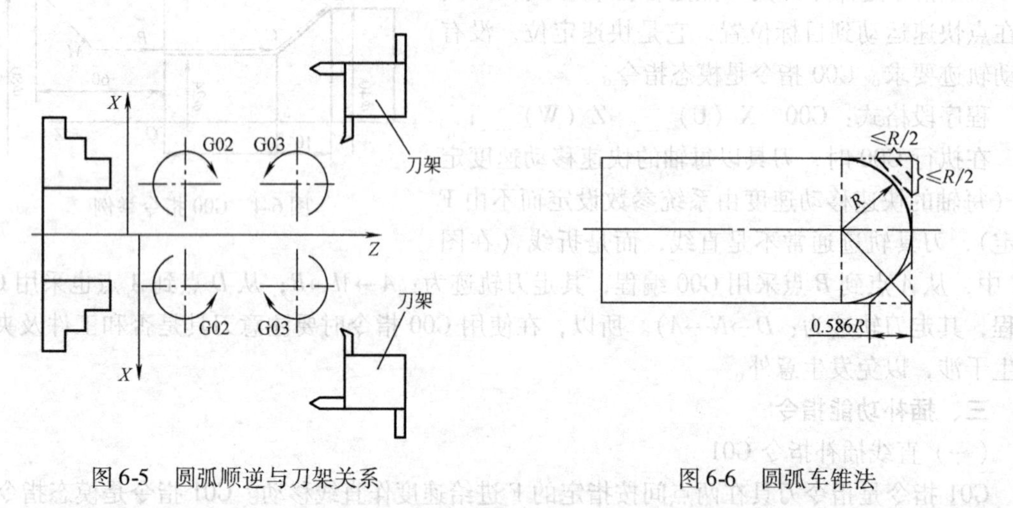

图 6-5　圆弧顺逆与刀架关系　　　　图 6-6　圆弧车锥法

（2）车圆法　车圆法就是用不同半径的圆来车削，最终将所需圆弧车出来，如图 6-7 中粗线部分所示。

例 6-2　在图 6-8 中，对端部进行精加工。

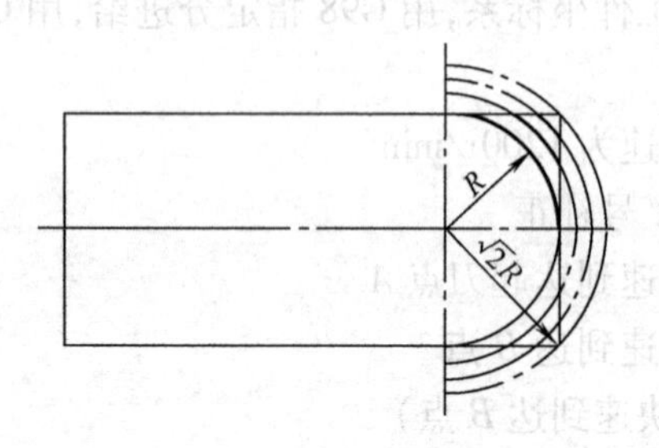

图 6-7　圆弧车圆法

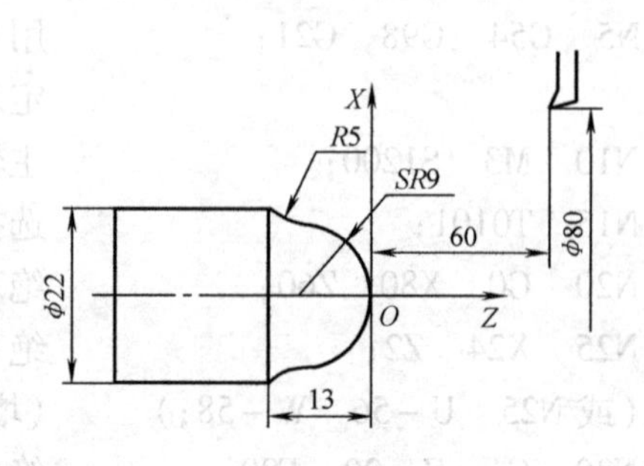

图 6-8　车圆弧举例

O1003	程序文件名
N5　G54　G98　G21；	用 G54 指定工件坐标系，用 G98 指定分进给，用 G21 指定米制单位
N10　M3　S1200；	主轴正转，转速为 1200r/min
N15　T0101；	选择 1 号刀 1 号补正
N20　G0　X80　Z60；	绝对编程，快速到达起刀点
N25　X0　Z2；	绝对编程，快速到达距 O 点 2mm 处
N30　G1　Z0　F80；	绝对编程，以 80mm/min 直线插补到 O 点
N35　G3　X18　Z－9　R9；	绝对编程，以 80mm/min 逆圆插补，加工 $R9$ 圆弧
N40　G2　X22　Z－13　R5；	绝对编程，以 80mm/min 顺圆插补，加工 $R5$ 圆弧
N45　G0　X80　Z60；	绝对编程，快速返回到起刀点
N50　M30；	程序结束
%	程序结束符

四、刀具补偿功能

刀具补偿功能是数控车床的主要功能之一。它分为两类：刀具的偏移（即刀具轴向补偿）和刀尖圆弧半径补偿。

1. 刀具的偏移

刀具的偏移是指当刀具当前位置与刀具初始位置（工件轮廓）存在差值时，可以通过刀具磨损值的设定（具体参见第五节），使刀具在 X、Z 轴方向加以补偿。它是操作者控制工件尺寸的重要手段之一。

刀具补偿就是根据实际需要分别或同时对刀具轴向和径向的磨损量实行修改。在程序中必须事先编入刀具及其刀补号（例如，在粗加工结束后精加工开始前，在程序中专门编入“T0101”以重新调用修改过的 1 号刀具补正），每个刀补号中的 X 向磨损值或 Z 向磨损值根据实际需要由操作者输入。当程序在执行如“T0101”后，系统就调用了补偿值，使刀尖从偏离位置恢复到编程轨迹上，从而实现刀具偏移量的修正。

2. 刀具半径补偿

在实际加工中，由于刀具磨损产生的刀尖圆弧和刀具刀尖的工艺圆弧对零件加工的影响，为确保工件轮廓精度，加工时不允许刀具非实际切削点与被加工工件轮廓重合，而应是刀具实际切削点与工件轮廓重合，也就是要补偿由于刀具刀尖半径变化造成的指令切削点与实际切削点的变化差值，这种补偿称为刀具半径补偿。

在数控系统编程时，不需要计算刀具刀尖圆弧中心运动轨迹，而只按零件轮廓编程，在程序中使用刀具半径补偿指令，在“刀具刀补设置”窗口中设置好刀具半径和刀位点（见图 6-9），数控系统在自动运行时能自动计算出刀具中心轨迹，即刀具自动偏离工件轮廓一个刀具半径值，使实际切削点与工件轮廓重合，从而加工出所要求的工件轮廓。

补偿的原则取决于刀尖圆弧中心的动向，它总是与切削表面法向里的半径矢量不重合。因此，补偿的基准点是刀尖中心。通常，刀具长度和刀尖半径的补偿是按一个假想的刀刃为基准，因此为测量带来一些困难。把这个原则用于刀具补偿，应当分别以 X 和 Z 的基准点来测量刀具长度和刀尖半径 R，以及用于假想刀尖半径补偿所需的刀尖形式数（0~9）。

G41——刀具半径左补偿指令，即沿刀具运动方向看（假设工件不动），刀具位于工件

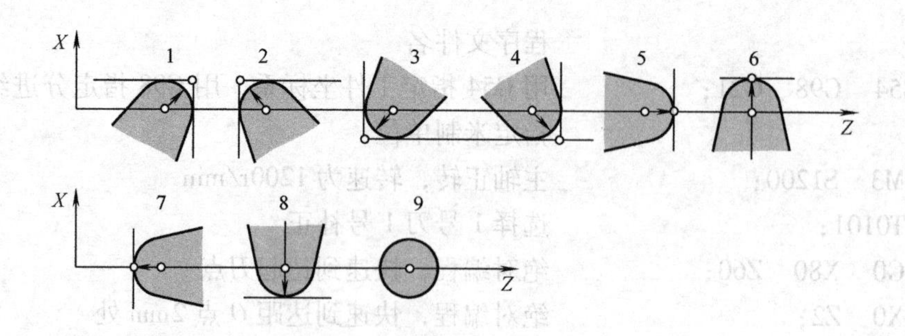

图 6-9 刀位点号

左侧时的刀具半径补偿，如图 6-10a 所示。

G42——刀具半径右补偿指令，即沿刀具运动方向看（假设工件不动），刀具位于工件右侧时的刀具半径补偿，如图 6-10b 所示。

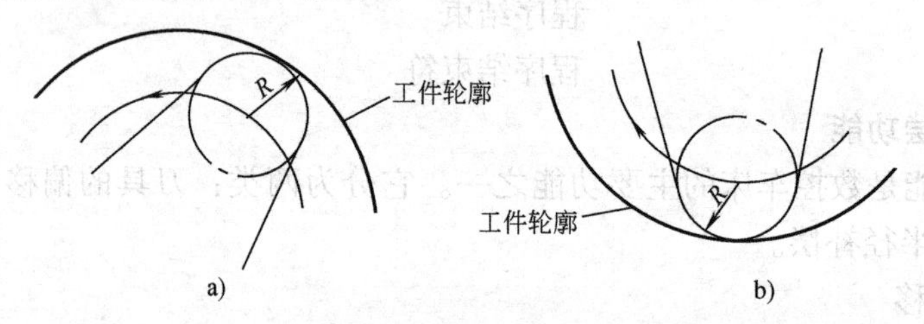

图 6-10 刀具左右补偿

G40——刀具半径补偿取消指令，即使用该指令后，使 G41、G42 指令无效。

外形粗车复合循环中刀具补偿不起作用，而在精加工循环中会执行。

五、固定循环与复合循环

固定循环是预先给定一系列操作，用来控制机床位移或主轴运转，从而完成各项加工。其基本包括四步动作：进刀→切削进给→退刀→回刀。

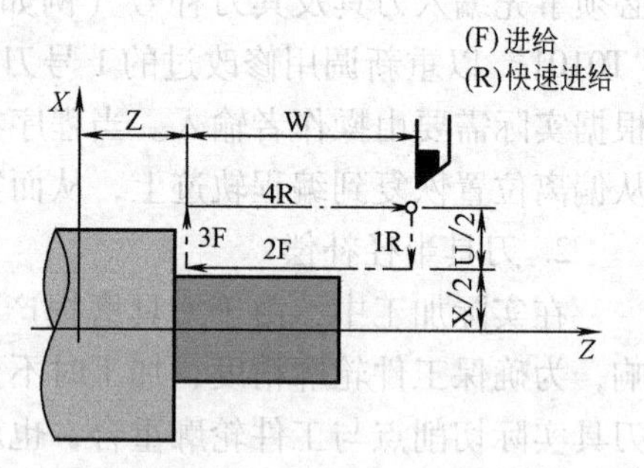

复合循环是通过指定一系列切削参数和加工轮廓，对非一刀加工完成的轮廓和加工余量较大的表面进行自动加工。采用复合循环编程，可以缩短程序段的长度，减少程序所占内存，简化编程。

（一）单一形状固定循环

1. 内/外径车削固定循环指令 G90

该循环主要用于圆柱面和圆锥面的循环切削。

（1）直线切削循环 程序段格式：G90 X（U）__ Z（W）__ F__；如图 6-11 所示，刀具从循环起点（刀具所在位置）开始按矩形循环，最后又回到循环起点，操作完成如上图所示 1→2→3→4 路径的循环动作。下图中细实线表示按快速运动，单点画线表示按 F 指定的工作进给速度运动。X、Z 为圆柱面切削终点坐标值；U、W 为圆柱面切削终点相对循环起

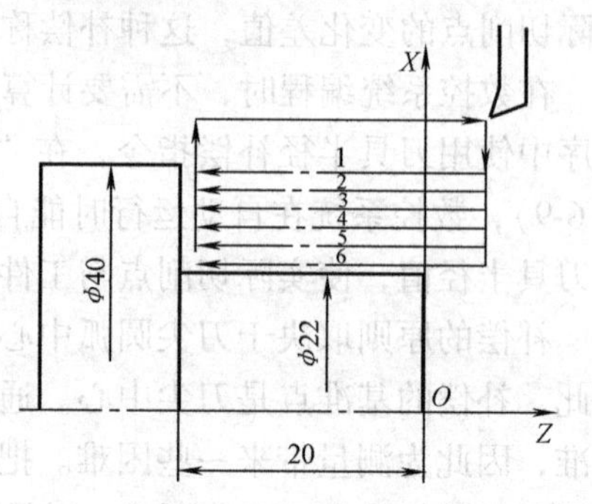

图 6-11 G90 外径车削

点的增量值。其加工顺序按 1、2、3、4、5、6 进行。

例 6-3 加工如图 6-11 中的外圆轮廓。

O1004;	程序文件名
N5 G54 G98 G21;	用G54指定工件坐标系，用G98指定分进给，用 G21 指定米制单位
N10 M3 S800;	主轴正转，转速为 800r/min
N15 T0101;	选择 1 号刀 1 号刀补
N20 G0 X80 Z60;	绝对编程（以下同），快速到达起刀点
N25 X41 Z2;	快速到达循环起始点（图中刀具所在位置）
N30 G90 X37 Z-20 F100;	循环加工 1，背吃刀量为 3mm（直径值），以 100mm/min 进给
N35 X34 Z-20;	
N40 X31 Z-20;	
N45 X28 Z-20;	模态指令，继续进行循环加工 2～6，背吃刀量为 3mm/次（直径值）
N50 X25 Z-20;	
N55 X22 Z-20;	
N60 G0 X80 Z60;	快速返回到起刀点
N65 M30;	程序结束
%	程序结束符

（2）锥面切削循环 程序段格式：G90 X（U）_ Z（W）_ R_ F_

如图 6-12 所示，刀具从循环起点开始沿径向快速移动，然后按 F 指定的进给速度沿锥面运动，到锥面另一端后沿径向以进给速度退出，最后快速返回到循环起点。X、Z 为圆锥面切削终点坐标值；U、W 为圆锥面切削终点相对循环起点的增量值。其加工顺序按 1、2、3 进行。R 为锥体起、终点的半径差。由于刀具沿径向移动是快速移动，为避免崩刀，刀具在 Z 向应有一定的安全距离，所以在考虑 R 时，应按延伸后的值进行考虑（如图 6-12 中 R 应是 -6.25，而不是 -5）。采用编程时，应注意 R 的符号，锥面起点坐标减去终点坐标时要带符号（起点直径大于终点直径其值为正；起点直径小于终点直径其值为负）。

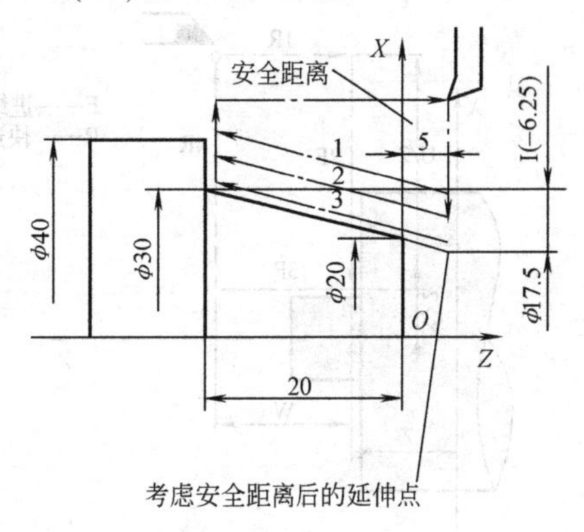

图 6-12 G90 锥面车削

地址 U、W 和 R 后的数值的符号与刀具轨迹之间的关系如图 6-13 所示。

例 6-4 加工如图 6-12 所示的圆锥轮廓。

O1005;	程序文件名
N5 G54 G98 G21;	用G54指定工件坐标系，用G98指定分进给，用 G21 指定米制单位
N10 M3 S800;	主轴正转，转速为 800r/min

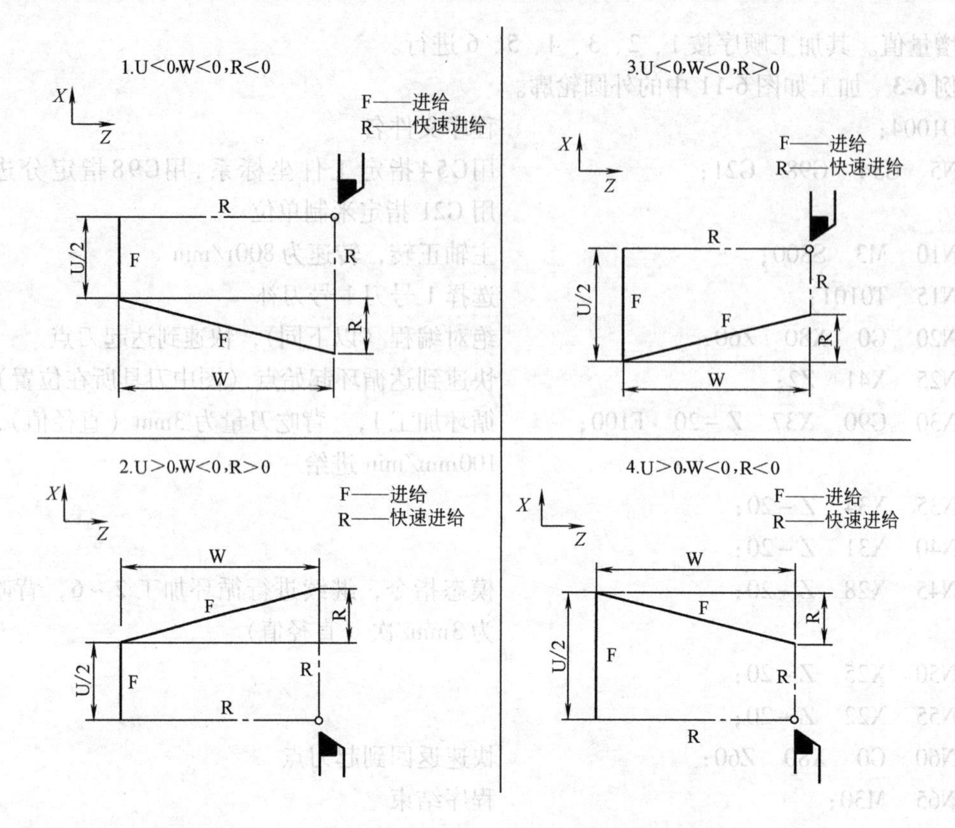

图 6-13　G90 指令代码与刀具轨道之间的关系

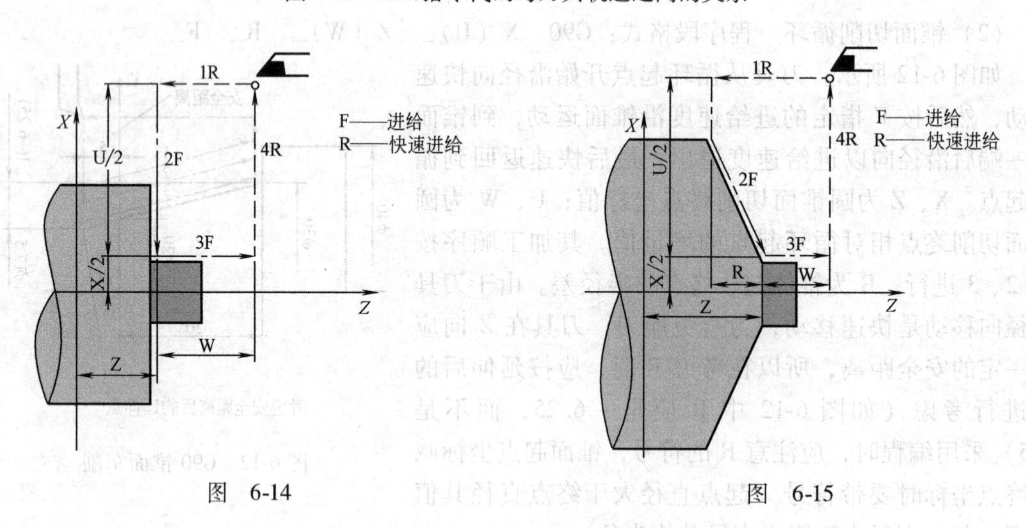

图　6-14　　　　　　　　　　图　6-15

N15　T0101;	换 1 号外圆刀，导入刀具刀补
N20　G0　X80　Z60;	绝对编程（以下同），快速到达起刀点
N25　X41　Z5;	快速到达循环起始点（图中刀具所在位置）
N30　G90　X40　Z-20　R-6.25　F100;	循环加工 1，以 100mm/min 进给
N35　X35　Z-20;	模态指令，继续进行循环加工 2、3
N40　X30　Z-20;	

N45　G0　X80　Z60；　　　　　　　　快速返回到起刀点

N50　M30；　　　　　　　　　　　　程序结束

%　　　　　　　　　　　　　　　　程序结束符

2. 端面车削固定循环指令 G94

（1）平端面切削循环　程序段格式：G94　X（U）__　Z（W）__　F__

（2）锥面切削循环　程序段格式：G94　X（U）__　Z（W）__　R__　F__；

进入单一程序块方式，操作完成如图 6-14 所示 1→2→3→4 路径的循环动作。

图 6-15 中虚线表示按 R 快速运动，单点画线表示按 F 指定的工作进给速度运动。X、Z 为圆柱面切削终点坐标值；U、W 为圆柱面切削终点相对循环起点的增量值。

地址 U、W 和 R 后的数值的符号与刀具轨迹之间的关系如图 6-16 所示。

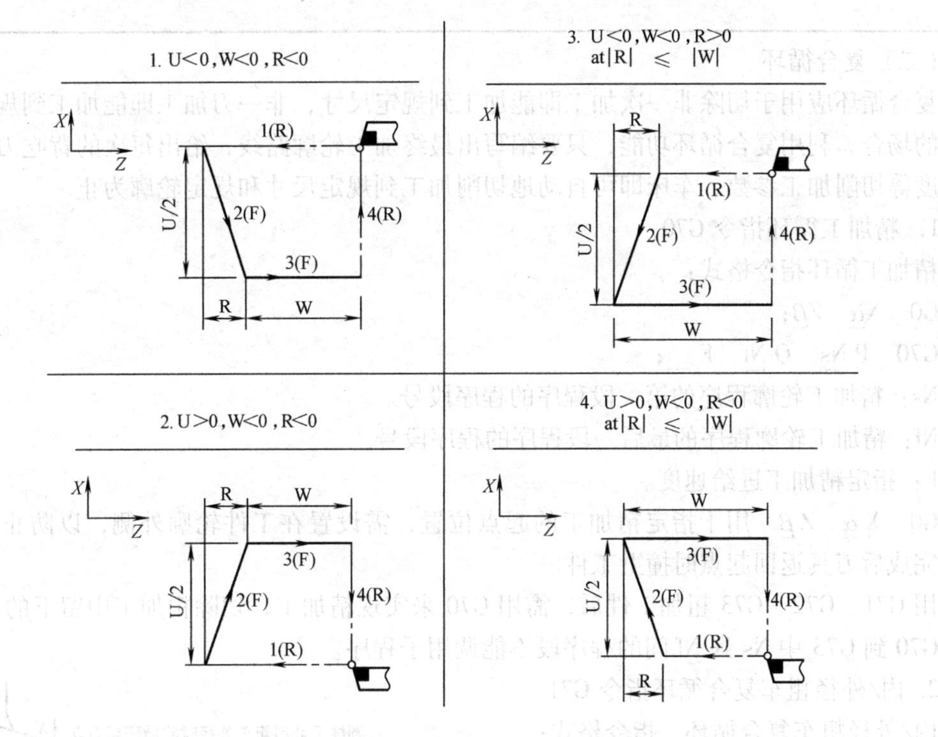

图 6-16　G94 指令代码与刀具轨道之间的关系

表 6-3 为 G90/G94 的选用与材料形状和产品形状之间的关系。

表 6-3　G90/G94 的选用与材料形状和产品形状之间的关系

平端面切削循环 G94	锥面切削循环 G94

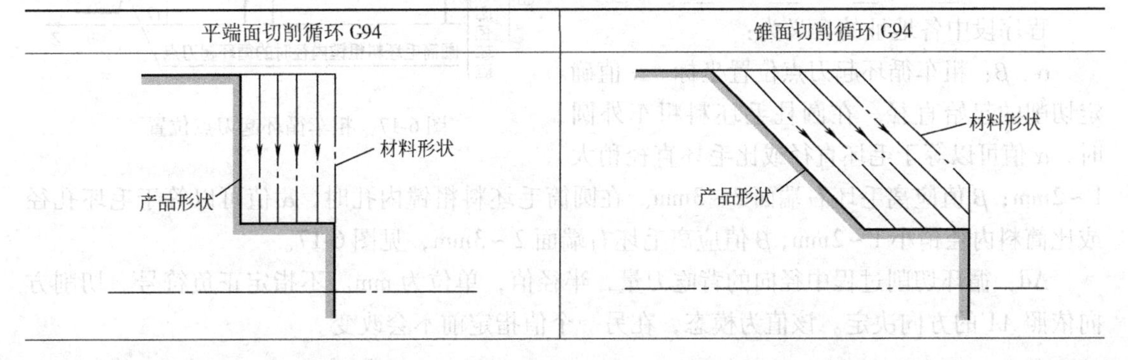

（续）

直线切削循环 G90	锥面切削循环 G90
材料形状 产品形状	材料形状 产品形状

（二）复合循环

复合循环应用于切除非一次加工即能加工到规定尺寸，非一刀加工即能加工到规定轮廓形状的场合。利用复合循环功能，只要编写出最终加工轮廓路线，给出每次的背吃刀量、进给速度等切削加工参数，车床即可自动地切削加工到规定尺寸和规定轮廓为止。

1. 精加工循环指令 G70

精加工循环指令格式：

G0　X$\underline{\alpha}$　Z$\underline{\beta}$;

G70　P$\underline{Ns}$　Q$\underline{Nf}$　F__;

Ns：精加工轮廓程序的第一段程序的程序段号。

Nf：精加工轮廓程序的最后一段程序的程序段号。

F：指定精加工进给速度。

G0　X$\underline{\alpha}$　Z$\underline{\beta}$　用于指定精加工的起点位置，需设置在工件轮廓外侧，以防止 G70 精加工完成后刀具返回起点时撞上工件。

用 G71、G72、G73 粗加工件后，需用 G70 来实现精加工，切除粗加工中留下的余量。

G70 到 G73 中 Ns 到 Nf 间的程序段不能调用子程序。

2. 内/外径粗车复合循环指令 G71

内/外径粗车复合循环　指令格式：

G0　X$\underline{\alpha}$　Z$\underline{\beta}$;

G71　U$\underline{\Delta d}$　R$\underline{e}$;

G71　P$\underline{Ns}$　Q$\underline{Nf}$　U$\underline{\Delta u}$　W$\underline{\Delta w}$　F__;

程序段中各地址的含义为：

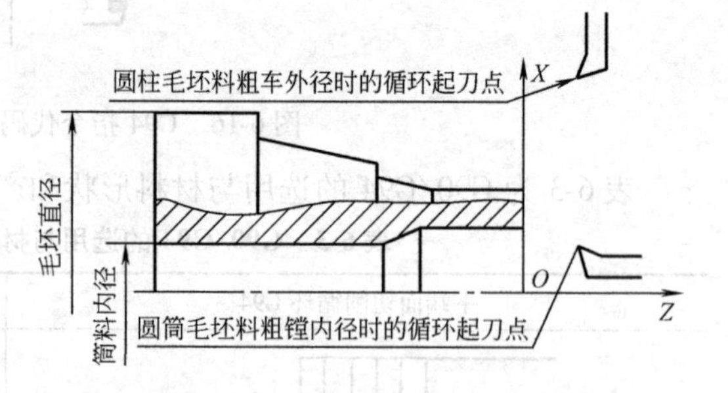

图 6-17　粗车循环起刀点位置

α、β：粗车循环起刀点位置坐标。α 值确定切削的起始直径。在圆柱毛坯料粗车外圆时，α 值可以等于毛坯直径或比毛坯直径稍大 1～2mm；β 值应离毛坯右端面 2～3mm。在圆筒毛坯料粗镗内孔时，α 值可以等于毛坯孔径或比筒料内径稍小 1～2mm，β 值应离毛坯右端面 2～3mm，见图 6-17。

Δd：循环切削过程中径向的背吃刀量，半径值，单位为 mm。不指定正负符号。切削方向依照 AA' 的方向决定。该值为模态，在另一个值指定前不会改变。

Δe：循环切削过程中径向的退刀量，半径值，单位为 mm。该值为模态，在另一个值指定前不会改变。

Ns：轮廓程序的第一段程序的程序段号。

Nf：轮廓程序的最后一段程序的程序段号，如：Ns 为 N30…；Nf 为 N95…，则为 G71 P30 Q95…。

Δu：*X* 方向的精加工余量值和方向，直径值，单位为 mm。在镗内孔时，应指定为负值。

Δw：*Z* 方向的精加工余量值和方向，单位为 mm。

F：粗加工过程中的进给速度。

平行与 *Z* 轴的复合循环 G71，有四种切削形式，Δu 和 Δw 的符号如图 6-18 所示。

A 和 *A′*之间的刀具轨迹是在包含 G00 或 G01 顺序号为“Ns”的程序段中指定，并且，在这个程序段中，不能指定 *Z* 轴的运动指令。*A′*和 *B* 之间的刀具轨迹在 *X* 和 *Z* 方向必须逐渐增加或减小。*A* 和 *A′*之间的刀具轨迹用 G00/G01 指令编程时，沿 *AA′*的切削是在 G00/G01 方式下完成的。

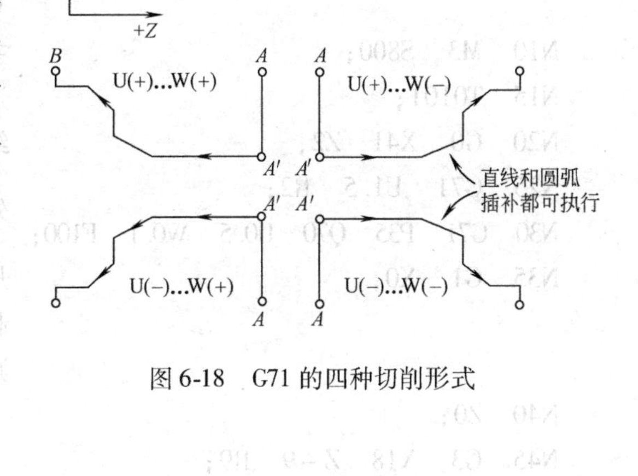

图 6-18　G71 的四种切削形式

3. 端面粗车循环指令 G72

端面粗车循环　指令格式：

G0　$X\underline{\alpha}$　$Z\underline{\beta}$

G72　W $\underline{\Delta d}$　R $\underline{e}$

G72　P $\underline{Ns}$　Q $\underline{Nf}$　U $\underline{\Delta u}$　W $\underline{\Delta w}$　F __

程序段中各地址的含义：

Δd：循环切削过程中轴向的背吃刀量，单位为 mm。

e：循环切削过程中轴向的退刀量，单位为 mm。

其他参数的含义与 G71 的对应参数意义相同。

平行与 *X* 轴的复合循环 G72，有四种切削形式，Δu 和 Δw 的符号如图 6-19 所示。

A 和 *A′*之间的刀具轨迹是在包含 G00 或 G01 顺序号为“Ns”的程序段中指定，并且，在这个程序段中，不能指定 *X* 轴的运动指令。*A′*和 *B* 之间的刀具轨迹在 *X* 和 *Z* 方向必须逐渐增加或减小。*A* 和 *A′*之间的刀具轨迹用 G00/G01 编程时，沿 *AA′*的切削是在 G00/G01 方式完成的。

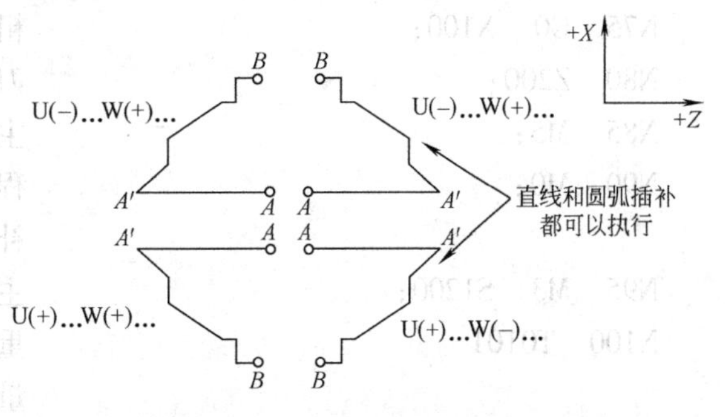

图 6-19　G72 的四种切削形式

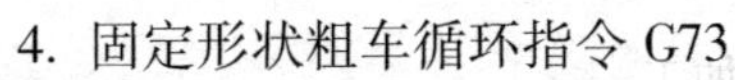

4. 固定形状粗车循环指令 G73

该指令适用于加工毛坯轮廓形状与零件轮廓形状基本接近的零件，例如一些锻件、铸件的粗加工；非圆方程曲线的加工，如：椭圆、抛物线、双曲线等。

固定形状粗车循环　指令格式：

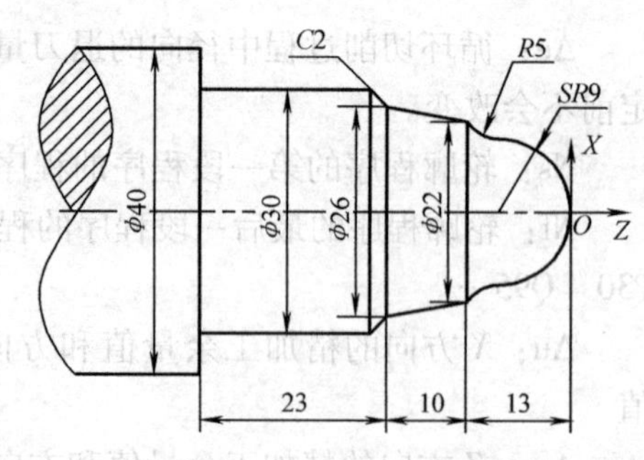

图 6-20　G71、G70 举例

G0　X$\underline{\alpha}$　Z$\underline{\beta}$

G73　U $\underline{\Delta i}$　W $\underline{\Delta k}$　R $\underline{d}$；

G73　P $\underline{Ns}$　Q $\underline{Nf}$　U $\underline{\Delta u}$　W $\underline{\Delta w}$　F __；

Δi：X 轴方向退刀距离和方向（半径指定）。

Δk：Z 轴方向退刀距离和方向。

d：分割次数，这个值与粗加工重复次数相同。

其他参数的含义与 G71 的对应参数意义相同。

例 6-5　对图 6-20 用 G71、G70 进行轮廓的粗加工和精加工。

程序	说明
O1006；	程序名
N5　G54　G98　G21；	用 G54 指定工件坐标系，G98 指定分进给，G21 指定米制单位
N10　M3　S800；	主轴正转，转速为 800r/min
N15　T0101；	选择 1 号刀 1 号刀补
N20　G0　X41　Z2；	绝对编程，快速到达轮廓循环起刀点
N25　G71　U1.5　R2；	外径粗车循环，给定加工参数
N30　G71　P35　Q70　U0.5　W0.1　F100；	
N35　G1　X0；	从循环起刀点以 100mm/min 进给移动到轮廓起始点。注意：起始点位置必须分两行，否则数控系统报警
N40　Z0；	
N45　G3　X18　Z－9　R9；	
N50　G2　X22　Z－13　R5；	
N55　G1　X26　Z－23；	
N60　X30　Z－25；	粗车循环部分的轮廓轨迹，以 100mm/min 进给
N65　Z－46；	
N70　X40；	
N75　G0　X100；	粗车轮廓循环结束后，刀具首先沿径向退出
N80　Z200；	刀具沿轴向退出
N85　M5；	主轴停止
N90　M0；	程序暂停。可对粗加工后的零件进行测量和补偿
N95　M3　S1200；	主轴正转，转速为 1200r/min
N100　T0101	重新调用 1 号刀 1 号刀补，可引入刀具偏移量或磨损量
N105　G0　X41　Z2；	精车循环加工
N110　G70　P35　Q70；	
N115　G0　X100；	精车轮廓循环结束后，刀具首先沿径向退出
N120　Z200；	刀具沿轴向退出

```
N125  M5;                    主轴停止
N130  M30;                   程序结束
%                            程序结束符
```

5. 外圆切槽循环指令 G75

外圆切槽循环　指令格式：

G0　X $\underline{\alpha_1}$　Z $\underline{\beta_1}$

G75　R $\underline{e}$

G75　X $\underline{\alpha_2}$　Z $\underline{\beta_2}$　P $\underline{\Delta i}$　Q $\underline{\Delta k}$　R $\underline{\Delta d}$　F __

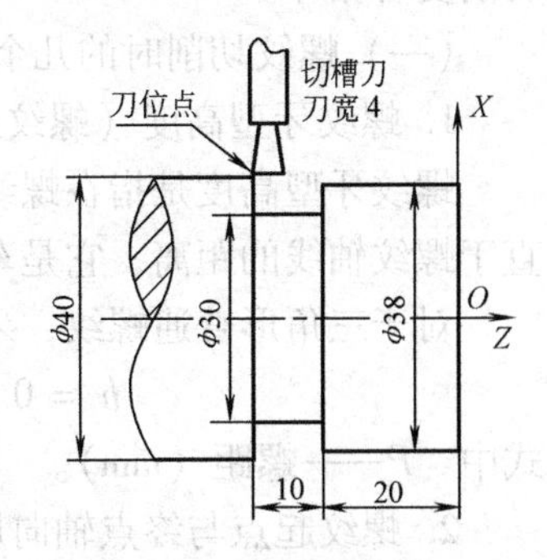

图 6-21　切槽循环举例

程序段中各地址参数的含义：

α_1、β_1：切槽刀起始点坐标。α_1 应与槽口最大直径（有时在槽的左右两侧直径是不相同的，见图 6-21）相等或稍大 2 ~ 3mm，以免在刀具快速移动到工件表面时发生撞刀；β_1 与切槽起始位置从左侧或右侧开始有关（优先选择从右侧开始。在图 6-21 中，当切槽起始位置从左侧开始时，β_1 为 −30；当切槽起始位置从右侧开始时，β_1 为 −24）。

α_2：槽底直径。

β_2：切槽时的 Z 向终点位置坐标，同样与切槽起始位置有关（在图 6-21 中，当切槽起始位置从左侧开始时，β_2 为 −24；当切槽起始位置从右侧开始时，β_2 为 −30）。

e：切槽过程中径向的退刀量，半径值，单位为 mm。

Δi：切槽过程中径向的每次切入量，半径值，单位为 μm。

Δk：沿径向切完一个刀宽后退出，在 Z 向的移动量，单位为 μm，但必须注意其值应小于刀宽。

Δd：刀具切到槽底后，在槽底沿 −Z 方向的退刀量，单位为 μm。注意：尽量不要设置数值，取 0，以免断刀。

例 6-6　用 G75 编写图 6-21 所示的槽。

```
O1007;                                       程序名
N5   G54  G98  G21;                          用 G54 指定工件坐标系，G98 指定分进给，G21 指定米制单位
N10  M3   S600;                              主轴正转，转速为 600r/min
N15  T0202;                                  换 2 号切槽刀（刀宽 4mm），导入刀具刀补
N20  G0   X42  Z-30;                         快速到达切槽起始点（图中刀具所在位置）
N25  G75  R0.1;                              指定径向退刀量 0.1mm
N30  G75  X30  Z-24  P500  Q3500  R0  F50;   指定槽底、槽宽及加工参数（后面综合实例中切槽从右侧开始）
N35  G0   X80;                               切槽完毕后，沿径向快速退出
N40  Z60;                                    快速返回到起刀点
N45  M30;                                    程序结束
%                                            程序结束符
```

六、螺纹加工

螺纹切削分为单行程螺纹切削、简单螺纹循环和螺纹切削复合循环。

（一）螺纹切削时的几个问题

1. 螺纹牙型高度（螺纹总切深）

螺纹牙型高度是指在螺纹牙型上，牙顶到牙底之间垂直于螺纹轴线的距离，它是车削时车刀总切入深度。

对于三角形普通螺纹，牙型高度按下式计算：

$$h = 0.6495P$$

式中 P——螺距（mm）。

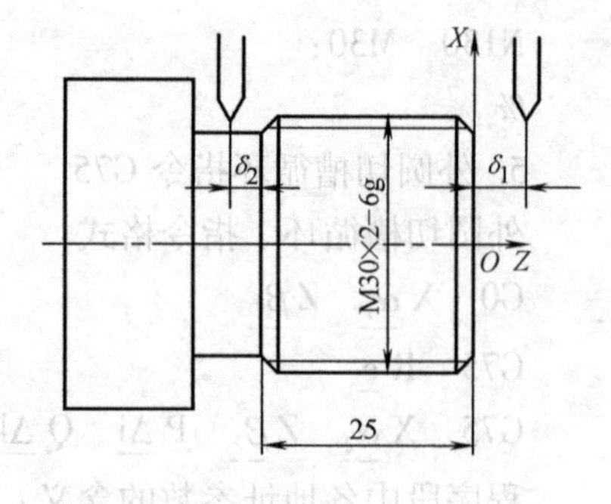

图 6-22 螺纹空刀导入、导出量

2. 螺纹起点与终点轴向尺寸

由于车螺纹起始时有一个加速过程，结束前有一个减速过程。在这段距离中，螺距不可能保持均匀，因此车螺纹时，两端必须设置足够的升速进刀段（空刀导入量）δ_1 和减速退刀段（空刀导出量）δ_2（见图 6-22）。δ_1、δ_2 一般按下式选取：

$\delta_1 \geqslant 2\times$导程　　　　$\delta_2 \geqslant (1\sim1.5)\times$导程

3. 分层背吃刀量

如果螺纹牙型较深，螺距较大，可分几次进给。每次进给的背吃刀量用螺纹深度减精加工背吃刀量所得的差按递减规律分配。常用螺纹切削的进给次数与背吃刀量可参考表 6-4 选取。

表 6-4 常用螺纹切削的进给次数与背吃刀量（直径值）　　（单位：mm）

米制螺纹								
螺距		1.0	1.5	2.0	2.5	3.0	3.5	4.0
牙深		0.649	0.974	1.299	1.624	1.949	2.273	2.598
背吃刀量及切削次数	1次	0.7	0.8	0.9	1.0	1.2	1.5	1.5
	2次	0.4	0.6	0.6	0.7	0.7	0.7	0.8
	3次	0.2	0.4	0.6	0.6	0.6	0.6	0.6
	4次		0.16	0.4	0.4	0.4	0.6	0.6
	5次			0.1	0.4	0.4	0.4	0.4
	6次				0.15	0.4	0.4	0.4
	7次					0.2	0.2	0.4
	8次						0.15	0.3
	9次							0.2
英制螺纹								
牙/in		24	18	16	14	12	10	8
牙深		0.678	0.904	1.016	1.162	1.355	1.626	2.033
背吃刀量及切削次数	1次	0.8	0.8	0.8	0.8	0.9	1.0	1.2
	2次	0.4	0.6	0.6	0.6	0.6	0.7	0.7
	3次	0.16	0.3	0.5	0.5	0.6	0.6	0.6
	4次		0.11	0.14	0.3	0.4	0.4	0.5
	5次				0.13	0.21	0.4	0.5
	6次						0.16	0.4
	7次							0.17

（二）单行程螺纹切削指令 G32

G32 指令可以执行单行程螺纹切削，螺纹车刀进给运动严格根据输入的螺纹导程进行。

但是，螺纹车刀的切入、切出、返回等均需另外编入程序，编写的程序段比较多，在实际编程中一般很少使用 G32 指令。

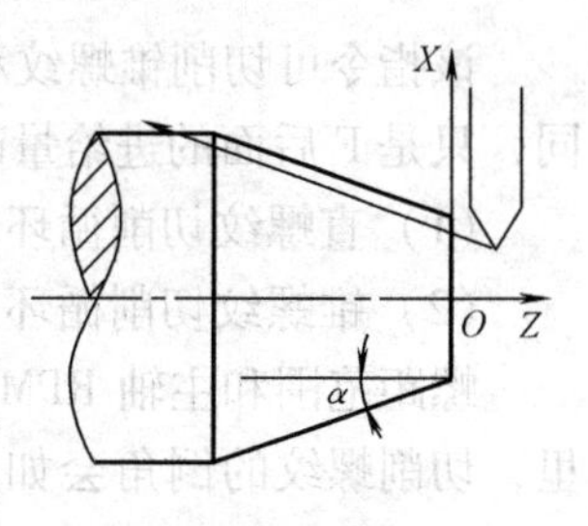

图 6-23　锥螺纹

程序段格式为：G32　X（U）__　Z（W）__　F__

X、Z 为螺纹终点坐标值；U、W 为螺纹终点相对起点的增量值；F 为螺纹导程。对锥螺纹（见图 6-23），其斜角 α 在 45°以下时，螺纹导程以 Z 轴方向指定；45°以上至 90°时，以 X 轴方向值指定。

例 6-7　用 G32 指令编写图 6-22 所示的螺纹。

程序	说明
O1008;	程序名
N5　G54　G98　G21;	用 G54 指定工件坐标系，用 G98 指定分进给，用 G21 指定米制单位
N10　M3　S600;	主轴正转，转速为 600r/min
N15　T0303;	换 3 号螺纹刀，导入刀具刀补
N20　G0　X32　Z4;	快速到达切螺纹起始点径向外侧（起刀点）
N25　G1　X29.1　F60;	以 60mm/min 进给到切螺纹起始点（图中右端刀具所在位置）
N30　G32　Z-27　F2;	螺纹背吃刀量 0.9mm，切第 1 次
N35　G1　X32　F60;	沿径向退出
N40　G0　Z4;	快速返回到起刀点
N45　G1　X28.5　F60;	
N50　G32　Z-27　F2;	
N55　G1　X32　F60;	切第 2 次的程序
N60　G0　Z4;	
N65　G1　X27.9　F60;	
N70　G32　Z-27　F2;	
N75　G1　X32　F60;	切第 3 次的程序
N80　G0　Z4;	
N85　G1　X27.5　F60;	切第 4 次的程序
N90　G32　Z-27　F2;	
N95　G1　X32　F60;	
N100　G0　Z4;	
N105　G1　X27.4　F60;	
N110　G32　Z-27　F2;	切第 5 次的程序（精车）
N115　G1　X32　F60;	
N120　G0　X100;	沿径向快速退出
N125　Z200;	沿轴向快速退出
N130　M30;	程序结束
%	程序结束符

（三）螺纹切削固定循环指令 G92

该指令可切削锥螺纹和圆柱螺纹，其循环路线与前述的单一形状固定循环 G90 基本相同，只是 F 后面的进给量改为螺距值即可。

（1）直螺纹切削循环　程序段格式：G92　X（U）__　Z（W）__　F__；

（2）锥螺纹切削循环　程序段格式：G92　X（U）__　Z（W）__　R__　F__；

螺距范围和主轴 RPM 稳定控制（G97）类似于 G32（切削螺纹）。在这个螺纹切削循环里，切削螺纹的倒角会如图操作；倒角距离在 0.1L ~ 12.7L 的范围里指定，指定单位为 0.1L。螺纹车削固定循环一个程序段同样也会完成如图 6-24、图 6-25 所示 1→2→3→4 路径的循环动作。

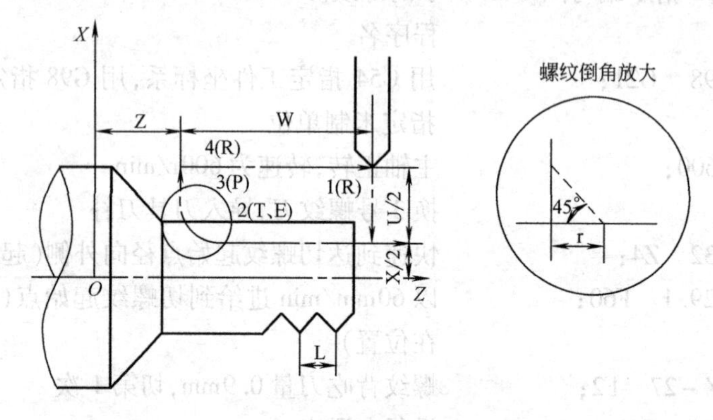

图 6-24　直螺纹切削循环

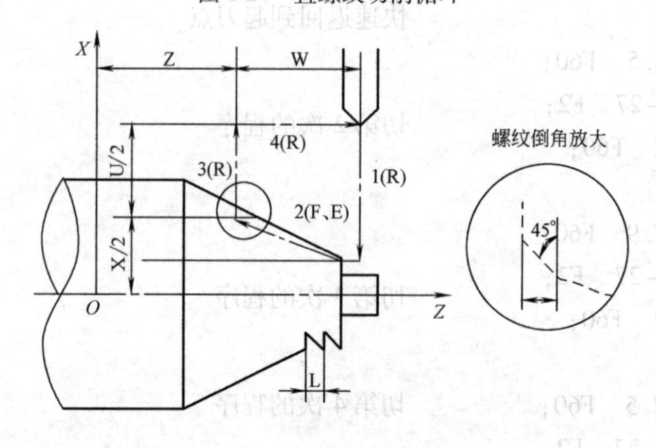

图 6-25　锥螺纹切削循环

X、Z 为螺纹终点的坐标值；U、W 为螺纹终点坐标相对于循环起始点的增量坐标值；R 为锥螺纹考虑空刀导入量和空刀导出量后切削螺纹起点和切削螺纹终点的半径差，其正负号规定与 G90 中的 R 相同。加工圆柱螺纹时 R 为零，可省略。

例 6-8　用 G92 指令编写图 6-26 所示的螺纹。

O1009；	程序名
N5　G54　G98　G21；	用 G54 指定工件坐标系，用 G98 指定分进给，用 G21 指定米制单位
N10　M3　S600；	主轴正转，转速为 600r/min
N15　T0303；	换 3 号螺纹刀，导入刀具刀补

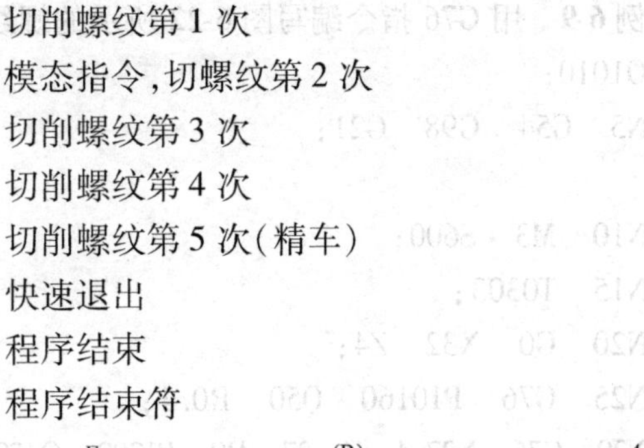

```
N20  G0  X32  Z4;                 快速到达循环起点
N25  G92  X29.1  Z-27  F2;        切削螺纹第1次
N30  X28.5;                       模态指令,切螺纹第2次
N35  X27.9;                       切削螺纹第3次
N40  X27.5;                       切削螺纹第4次
N45  X27.4;                       切削螺纹第5次(精车)
N50  G0  X100  Z200;              快速退出
N55  M30;                         程序结束
%                                 程序结束符
```

（四）螺纹切削复合循环指令 G76

利用螺纹切削复合循环功能，只要编写出螺纹的底径值、螺纹 Z 向终点位置、牙深及第一次背吃刀量等加工参数，车床即可自动计算每次的背吃刀量进行循环切削，直到加工完为止。螺纹切削复合循环刀具轨迹如图 6-26 所示。

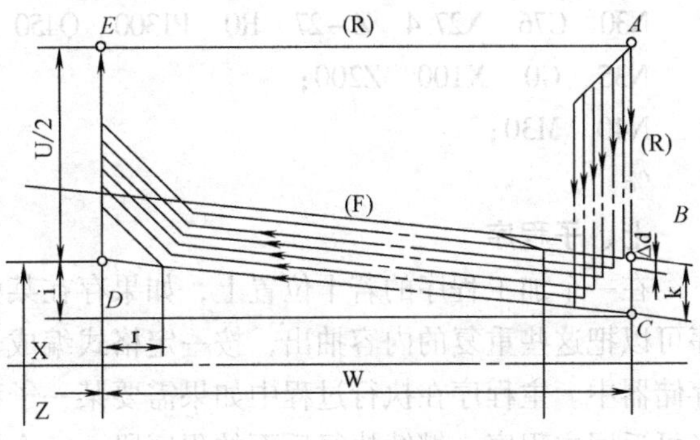

图 6-26　螺纹切削复合循环

螺纹切削复合循环　指令格式：

G0　X $\underline{\alpha_1}$　Z $\underline{\beta_1}$

G76　P $\underline{mra}$　Q $\underline{\Delta d_{min}}$　R $\underline{d}$

G76　X $\underline{\alpha_2}$　Z $\underline{\beta_2}$　R $\underline{i}$　P $\underline{k}$　Q $\underline{\Delta d}$　$\underline{Fl}$

程序段中各地址的含义：

α_1、β_1：螺纹切削循环起始点坐标。X 向，在切削外螺纹时，应比螺纹大径稍大 1 ~ 2mm；在切削内螺纹时，应比螺纹小径稍小 1 ~ 2mm。在 Z 向必须考虑空刀导入量。

m：精加工重复次数，可以 1 ~ 99 次。

r：螺纹尾部倒角量（斜向退刀）。00 ~ 99 个单位，取 01 则退 0.11 × 导程（单位：mm），见图 6-27。

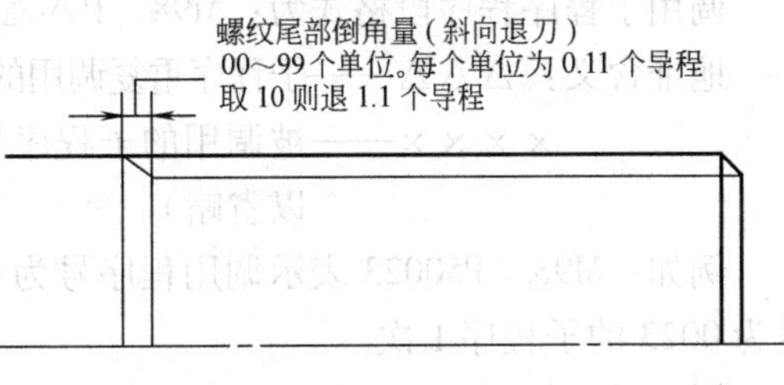

图 6-27　螺纹尾部倒角量

α：螺纹刀尖的角度（螺纹牙型角）。可选择 80°、60°、55°、30°、29°、0° 六个种类。

Δd_{min}：切削时的最小切深量。按表 6-4 中最后一次的背吃刀量进行选择。半径值，单位为 μm。

d：精加工余量，半径值，单位为 mm。

d_2：螺纹终点小径值。直径值，单位为 mm。

β_2：螺纹的 Z 向终点位置坐标，必须考虑空刀导出量。

i：螺纹部分的半径差，与 G92 中的 R 相同。R 为 0 时，是直螺纹切削。

k：螺纹的牙深。按 $h = 0.6495P$ 进行计算，半径值，单位为 μm。

Δd：第一次切深。按表 6-4 中第 1 次的背吃刀量进行选择。半径值，单位为 μm。

l：螺纹导程，单位为 mm。

例 6-9　用 G76 指令编写图 6-22 所示的螺纹。

程序	说明
O1010；	程序名
N5　G54　G98　G21；	用 G54 指定工件坐标系,用 G98 指定分进给,用 G21 指定米制单位
N10　M3　S600；	主轴正转,转速为 600r/min
N15　T0303；	换 3 号螺纹刀,导入刀具刀补
N20　G0　X32　Z4；	快速到达循环起点,考虑空刀导入量
N25　G76　P10160　Q50　R0.1；	螺纹切削复合循环
N30　G76　X27.4　Z－27　R0　P1300　Q450　F2；	
N35　G0　X100　Z200；	快速退出
N40　M30；	程序结束
%	程序结束符

七、子程序

在一个加工程序的若干位置上，如果存在某些固定程序且重复出现的内容，为了简化程序可以把这些重复的内容抽出，按一定格式编成子程序，然后像主程序一样将它输入到程序存储器中。主程序在执行过程中如果需要某一子程序，可以通过调用子程序，执行完子程序又可返回主程序，继续执行后面的程序段。一个调用指令可以重复调用一个子程序 999 次。

当主程序调用子程序时，被当作一级子程序调用。子程序调用最多可以嵌套 4 级。

1. 子程序的格式

子程序的编写与一般程序基本相同，只是程序结束符为 M99，表示子程序结束并返回到调用子程序的主程序中。

2. 子程序的调用

调用子程序程序段格式为：M98　P△△△　××××

地址含义：△△△——子程序重复调用的次数（最多调用 999 次。如果省略，则调用 1 次）

××××——被调用的子程序号（调用次数大于 1 时，子程序号前面的 0 不可以省略）

例如：M98　P50023 表示调用程序号为 0023 的子程序 5 次；M98　P23 表示调用子程序号为 0023 的子程序 1 次。

例 6-10　把 O1008（例 6-7）程序改为采用子程序编程。

O1008（主程序）
N5　G54　G98　G21；
N10　M3　S600；
N15　T0303；
N20　G0　X32　Z4；
N25　G1　X29.1　F60；
N30　M98　P11011；
N35　G1　X28.5　F60；
N40　M98　P11011；

O1011；（子程序）
N5　G32　Z－27　F2；
N10　G1　X32　F60；
N15　G0　Z4；
N20　M99；
%

N45　G1　X27.9　F60；
N50　M98　P11011；
N55　G1　X27.5　F60；
N60　M98　P11011；
N65　G1　X27.4　F60；
N70　M98　P11011；
N75　G0　X100；
N80　Z200；
N85　M30；
%

八、用户宏程序

含有变量的子程序叫做用户宏程序，在程序中调用用户宏程序的那条指令叫用户宏指令（G65）。其格式见图 6-28。

1. 变量

用一个可赋值的代号代替具体的坐标值，这个代号就称为变量。变量又分为空变量、系统变量、公共变量和局部变量四类类型，它们的性质和用途各不相同。

（1）空变量　该变量总是空，没有值能赋给该变量，如#0。

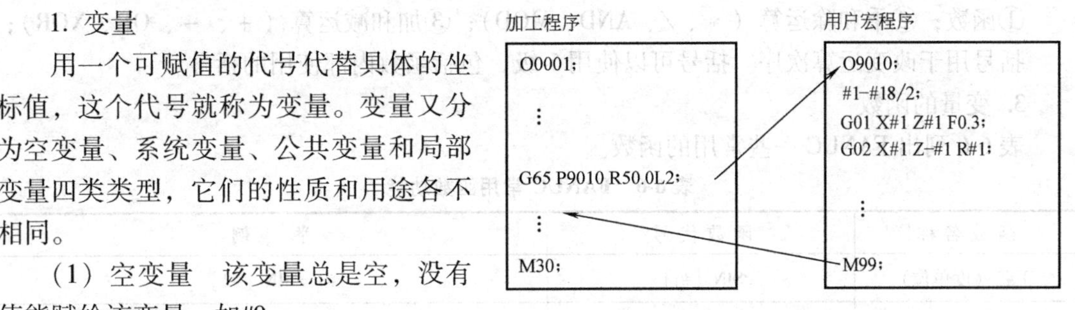

图 6-28　用户宏程序格式

（2）系统变量　这是固定用途的变量，它的值决定了系统的状态，用于读和写 CNC 运行时的各种数据。系统变量有#1000 ~ 等。

（3）公共变量　它是指在主程序内和由主程序调用的各用户宏程序内公用的变量。公共变量有#100 ~ #199 和#500 ~ #999（当断电时，变量#100 ~ #199 初始化为空，变量#500 ~ #999 的数据保存，即使断电也不丢失。）。

（4）局部变量　它是指局限于在用户宏程序内使用的变量。同一个局部变量在不同的宏程序内其值是不通用的。局部变量有#1 ~ #33，当断电时，局部变量初始化为空。局部变量赋值（部分）对照表见表 6-5。

表 6-5　FANUC 系统局部变量赋值对照表

赋值代号	变量号	赋值代号	变量号	赋值代号	变量号
A	#1	E	#8	T	#20
B	#2	F	#9	U	#21
C	#3	H	#11	V	#22
I	#4	M	#13	W	#23
J	#5	Q	#17	X	#24
K	#6	R	#18	Y	#25
D	#7	S	#19	Z	#26

2. 变量的演算

（1）加减型运算　加减型运算包括加、减、逻辑加和排它的逻辑加。分别用以下四个形式表达：

#i = #j + #k

#i = #j − #k

#i = #jOR#k

#i = #jXOR#k

式中，i、j、k 为变量；+、−、OR、XOR 称为演算子。

（2）乘除型运算　乘除型运算包括乘、除和逻辑乘。分别用以下形式表达：

#i = #j * #k

#i = #j/#k

#i = #jAND#k

（3）运算次序

①函数；②乘和除运算（*、/、AND、MOD）；③加和减运算（+、−、OR、XOR）；括号用于改变运算次序。括号可以使用 5 级，包括函数内部使用的括号。

3. 变量的函数

表 6-6 列出 FANUC 一些常用的函数。

表 6-6　FANUC 常用函数功能

函数名称	函数代号	举　例
正弦（度单位）	SIN [#j]	#1 = SIN [#2]
余弦（度单位）	COS [#j]	#1 = COS [#2]
正切（度单位）	TAN [#j]	#1 = TAN [#2]
反正切（度单位）	ATAN [#j] / [#k]	ATAN [1] / [1] =45°；ATAN [−1] / [−1] =135°
平方根	SQRT [#j]	#1 = SQRT [#2]
绝对值	ABS [#j]	#1 = ABS [#2]
小数点以下四舍五人	ROUND [#j]	#1 = ROUND [#2]
小数点以下舍去	FIX [#j]	#1 = FIX [#2]
小数点以下进位	FUP [#j]	#1 = FUP [#2]

4. 变量的赋值

由于系统变量的赋值情况比较复杂，这里只介绍公共变量和局部变量的赋值。变量的赋值方式可分为直接和间接两种。

（1）直接赋值

例：#2 = 116（表示将数值 116 赋值于#2 变量）

#103 = #2（表示将变量#2 的即时值赋于变量#103）

（2）间接赋值　间接赋值就是用演算式赋值，即把演算式内演算的结果赋给某个变量。

图 6-29 是一个椭圆，欲车削 1/4 椭圆（图中粗线部分）的回转轮廓线。要求在数控程序中用任意一点 *D* 的 *Z* 值（用 2 号变量）来表达该点的 *X* 值（用 5 号变量）。

图6-29所示椭圆的方程为：

$$\frac{X^2}{a^2}+\frac{Z^2}{b^2}=1(X\text{值为半径值})$$

即　$X=2*a*\sqrt{1-Z^2/b^2}(X\text{值为直径值})$

转为变量表达式为：5号变量=(2∗1号变量)∗$\sqrt{1-(2\text{号变量})^2/(3\text{号变量})^2}$

间接赋值情况为：

N5　#1=50；

N10　#3=80；

N15　#5=[2∗#1]∗SQRT[1-#2∗#2/#3/#3]；

（3）在用户宏指令中为用户宏程序内的局部变量赋值　以单层宏程序为例，欲车削图6-29中从A点到B点的四分之一椭圆回转零件，采用直线逼近（也叫拟合），在Z向分段，以1mm为一个步距，并把Z作为自变量。为了适应不同的椭圆（即不同的长短轴）、不同的起始点和不同的步距，我们可以编制一个只用变量不用具体数据的宏程序，然后在主程序中调用该宏程序的用户宏指令段为上述变量赋值。这样，对于不同的椭圆、不同的起始点和不同的步距，不必更改宏程序，而只要修改主程序中用户宏指令段内的赋值数据就可以了。以#6变量代表步距、以80赋于#2代表起始点A的Z坐标值。

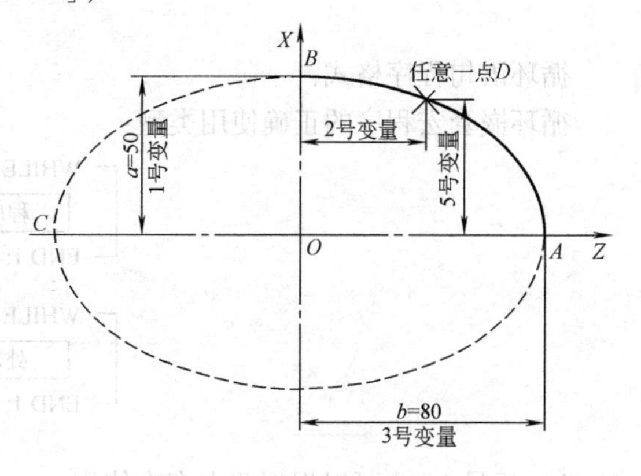

图6-29　椭圆轮廓及变量

例6-11　用户宏指令局部变量。

主程序	宏程序
O1012；	O1013；
N5　…；	N5　#5=[2∗#1]∗SQRT[1-#2∗#2/#3/#3]；
…	N10　G1　X#5　Z#2　F60；
N××　G65　P1013　A50　B80　C80　K1；	N15　#2=#2-#6；
…	N20　IF[#2　GE　0]　GOTO　5；
N××　M30；	N25　M99；
%	%

5. 转移和循环语句

转向语句分为无条件转向语句和条件转向语句两种。

（1）无条件转向语句　程序段格式为：GOTO　N

N：程序段号（1～9999）

例：GOTO 85表示无条件转向执行N85的程序段，而不论N85程序段在转向语句之前还是其后。

（2）条件转向语句　条件转向语句一般由条件式和转向目标两部分构成。

程序段格式为：IF　［<条件表达式>］　GOTO n

IF　［a GT b］　GOTO c 表示为“如果 a > b，那么转向执行 N c 程序段”。a 和 b 可以是数值、变量或含有数值及变量的算式，c 是转向目标的程序段号。

（3）循环语句

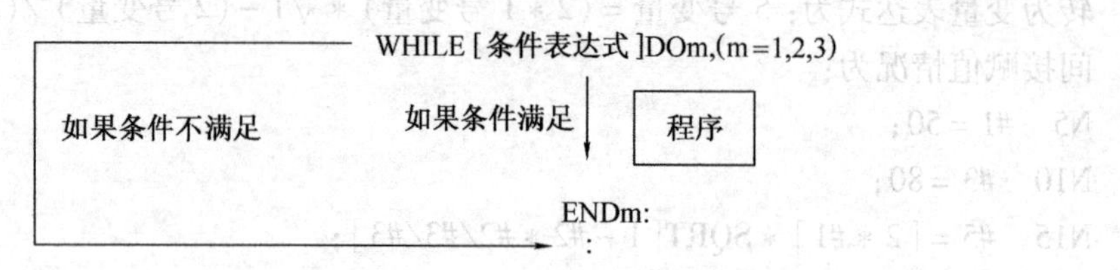

循环语句程序格式：

循环嵌套宏程序的正确使用类型：

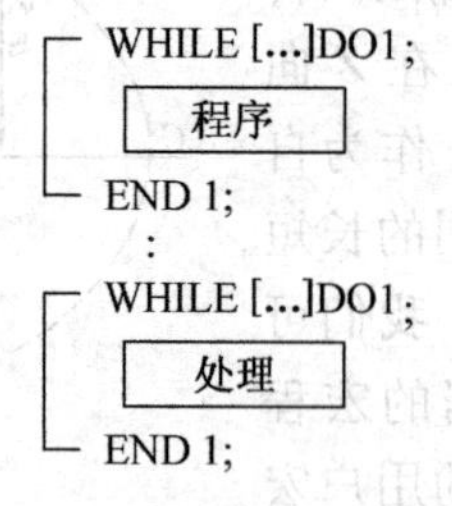

1）标号 1 ~ 3 可以根据要求多次使用。

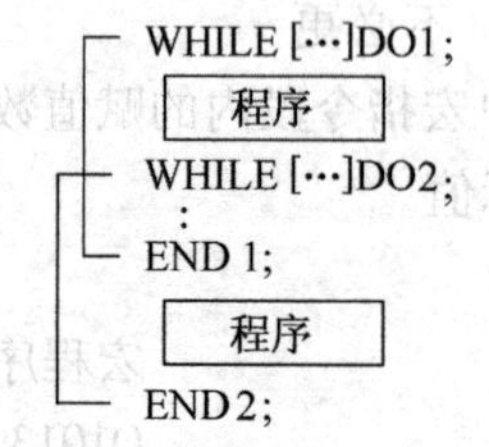

2）DO 的范围不能交叉。

```
WHILE [···]DO1;
  :
  WHILE [···]DO2;
    :
    WHILE [···]DO3;
      程序
    END 3;
    :
  END 2;
  :
END1;
```

3）DO 循环可以嵌套 3 级。

```
WHILE [...]DO1;
IF [...] GOTOn;
END 1;
Nn
```

4）控制可以转到循环的外边。

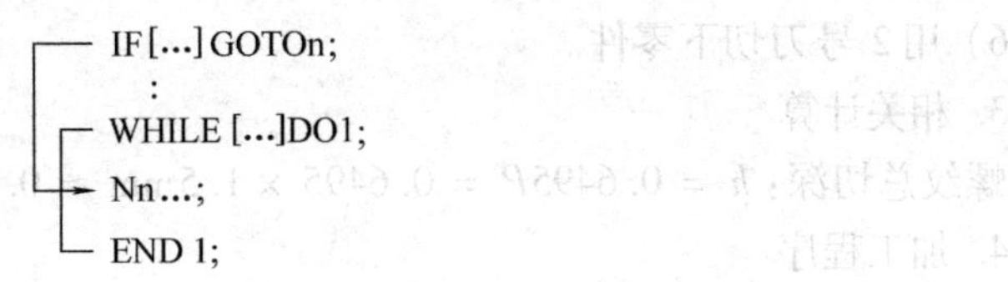

5）转移不能进入循环区内。

当指定 DO 而没有指定 WHILE 语句时，产生从 DO 到 END 的无限循环。

大于、等于、大于等于、小于等于、小于、不等于分别用 GT、EQ、GE、LE、LT、NE 表示。

条件转向语句在宏程序内使用比较广泛。使用条件转向语句，能编出准确的用户宏程序。图 6-29 中的椭圆，我们在前述的基础上加一个用#7 变量代表切削终点 B 的 Z 坐标值（在该例中，#7 等于零），它可以在宏指令中用 D 赋值。

例 6-12　用户宏指令用转向语句。

主程序

```
O1014
N5  …
…
N××  G65  P1015  A50  B80  C80  D0  K1;
…
N××  M30;
%
```

宏程序

```
O1015
N5  #5 = [2 * #1] * SQRT[1 - #2 * #2/#3/#3];
N10  G1  X#5  Z#2  F60;
N15  #2 = #2 - #6;
N20  IF  [#2  GE  #7]  GOTO  5;
N25  M99;
%
```

第三节　典型零件编程与加工实例

综合实例 1　编制图 6-30 所示零件的加工程序，材料为 45 钢，棒料直径为 40mm。

1. 使用刀具

机夹车刀（硬质合金可转位刀片）为 1 号刀；宽 4mm 的硬质合金焊接切槽刀为 2 号刀；60°硬质合金机夹螺纹刀为 3 号刀。

2. 工艺路线

1）棒料伸出卡盘外约 85 mm，找正后夹紧。

2）用 1 号刀，采用 G71 进行轮廓循环粗加工。

3）用 1 号刀，采用 G70 进行轮廓精加工。

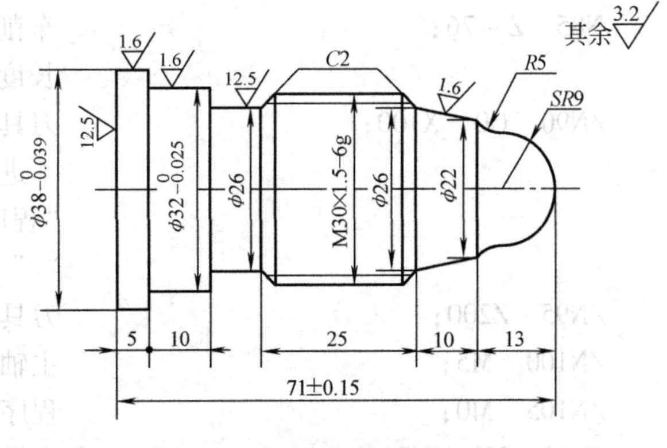

图 6-30　综合实例 1 零件图

4）用 2 号刀，采用 G75 进行切槽循环加工。

5）用3号刀，采用G76进行螺纹循环加工。

6）用2号刀切下零件。

3. 相关计算

螺纹总切深：$h = 0.6495P = 0.6495 \times 1.5\text{mm} \approx 0.974\text{mm}$

4. 加工程序

程序	说明
O1016；	程序名
N5 G54 G98 G21；	用G54、G98、G21分别指定工件坐标系、分进给、米制单位
N10 M3 S800；	主轴正转，转速为800r/min
N15 T0101；	换1号外圆刀，导入刀具刀补
N20 G0 X41 Z2；	绝对编程，快速到达轮廓循环起刀点
N25 G71 U1.5 R2；	外径粗车循环，给定加工参数。N35 ~ N85为循环部分轮廓
N30 G71 P35 Q85 U0.5 W0.1 F150；	从循环起刀点以150mm/min进给移动到轮廓起始点
N35 G1 X0；	
N40 Z0；	
N45 G3 X18 Z-9 R9；	逆圆进给加工 $R9$ 球头
N50 G2 X22 Z-13 R5；	顺圆进给加工 $R5$ 圆弧
N55 G1 X26 Z-23；	直线进给加工圆锥
N60 X29.8 Z-25；	加工倒角
N65 Z-56；	车削螺纹部分圆柱。由于螺纹车削时材料会产生塑性变形，所以圆柱段直径稍小，一般小0.2mm
N70 X32；	车削槽处的台阶端面
N75 Z-66；	车削 ϕ32mm外圆
N80 X38；	车削台阶
N85 Z-76；	车削 ϕ38mm外圆。考虑切断，所以轴向加工长度比零件稍长
/N90 G0 X100；	刀具沿径向快退。“/”为程序跳跃符号，如果不进行粗加工后的零件测量，刀具不补偿，在“程序跳跃按钮”开时，所有程序段开头带“/”的将跳过不执行，具体参见第四节
/N95 Z200；	刀具沿轴向快退
/N100 M5；	主轴停止
/N105 M0；	程序暂停。用于对粗加工后的零件进行测量
N110 M3 S1200；	主轴重新起动，转速1200r/min
/N115 T0101；	重新调用1号刀补，可引入刀具偏移量或磨损量
/N120 G0 X41 Z2；	

```
N125  G70  P35  Q85  F80;          从 N35 ~ N85 对轮廓进行精加工
N130  G0  X100;                    沿径向退出
N135  Z200;                        沿轴向退出
/N140  M5;                         主轴停止
/N145  M0;                         程序暂停。用于精加工后的零件测量，尺寸偏
                                   大，可重新设置刀具偏移量，程序复位后，断
                                   点从 N110 开始
N150  M3  S600;                    主轴重新起动，转速 600r/min
N155  T0202;                       换 2 号切槽刀，导入刀具刀补
N160  G0  X33  Z-52;               快速到达切槽起始点
N165  G75  R0.1;                   指定径向退刀量 0.1mm
N170  G75  X26  Z-56  P500  Q3500  R0  F30;
                                   指定槽底、槽宽等加工参数
N175  G0  X40;                     切槽完毕后，沿径向快速退出
N180  Z-50;                        沿轴向移动，准备用切槽刀切螺纹左侧的倒角
N185  G1  X30  F50;                以 50mm/min 进给到螺纹处圆柱
N190  X26  Z-52;                   倒角
N195  G0  X100;                    沿径向退出
N200  Z200;                        沿轴向退出
/N205  M3  S600;                   螺纹加工完毕后如果尺寸偏大，必须从此位置
                                   开始断点加工
N210  T0303;                       换 3 号螺纹刀，导入刀具刀补（在断点加工时
                                   可引入偏移量）
N215  G0  X31  Z-20;               快速到达螺纹加工起始位置，轴向有空刀导入
                                   量
N220  G76  P20160  Q80  R0.1;
N225  G76  X28.052  Z-50  R0       螺纹循环加工参数设置，螺纹精加工两次
      P974  Q400  F1.5;
N230  G0  X100;                    沿径向退出
N235  Z200;                        沿轴向退出
/N240  M5;                         主轴停止
/N245  M0;                         程序暂停。用于对螺纹的检验，如果尺寸偏
                                   大，则断点加工
/N250  M3  S600;                   如果螺纹加工完毕不进行检验，则可跳跃
N255  T0202;                       换 2 号切槽刀，导入刀具刀补
N260  G0  X42  Z-75;               快速到达切断位置
N265  G1  X0  F30;                 切断进给
N270  X42  F100;                   切断完毕后沿径向进给退出
N275  G0  X100;                    沿径向快退
```

N280　Z200；　　沿轴向快退

N285　T0101；　　换上 1 号刀，为下一个零件的加工作准备

N290　M30；　　程序结束

%　　程序结束符

综合实例 2　编制图 6-31 所示零件的加工程序，材料为 45 钢，棒料直径为 40mm。

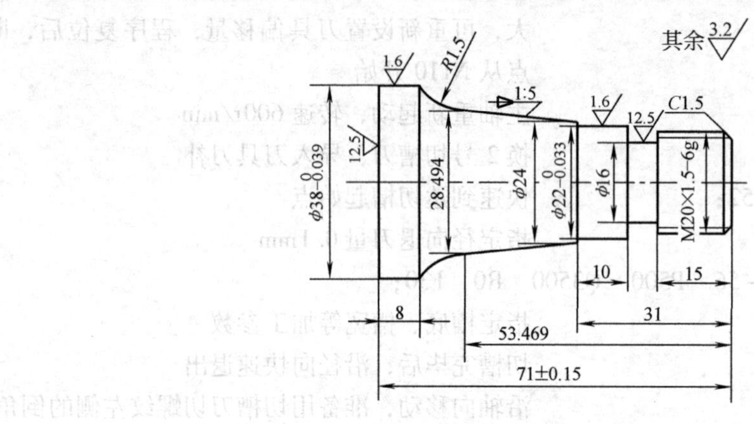

图 6-31　综合实例 2 零件图

使用刀具、工艺路线及相关计算与实例 1 相同。下面列出其加工程序：

O1017　　程序名

N5　G54　G98　G21；　　用 G54、G98、G21 分别指定工件坐标系、分进给、米制单位

N10　M3　S800；　　主轴正转，转速为 800r/min

N15　T0101；　　换 1 号外圆刀，导入刀具刀补

N20　G0　X42　Z0；　　绝对编程，快速到达端面的径向外

N25　G1　X－0.5　F50；　　车削端面。为防止在圆心处留下小凸块，所以车削到－0.5mm

N30　G0　X41　Z2；　　快速到达轮廓循环起刀点

N35　G71　U1.5　R2；　　外径粗车循环，给定加工参数。N45～N90 为

N40　G71　P45　Q90　U0.5　W0.1　F150；　　循环部分轮廓

N45　G1　X17；

N50　Z0；　　从循环起刀点以 150mm/min 进给移动到轮廓起始点

N55　X19.8　Z－1.5；　　加工倒角

N60　Z－21；　　车削螺纹部分圆柱

N65　X22；　　车削槽处的台阶端面

N70　Z－31；　　车削 $\phi22$mm 外圆

N75　X24；　　车削台阶

N80　X28.494　Z－53.469；　　车削 1∶5 圆锥

N85　G2　X38　Z－63　R15；　　车削 $R15$ 顺圆弧

N90　G1　Z－76；　　车削 $\phi38$ 外圆

程序	说明
/N95　G0　X100;	刀具沿径向快退
/N100　Z200;	刀具沿轴向快退
/N105　M5;	主轴停止
/N110　M0;	程序暂停。用于对粗加工后的零件进行测量
N115　M3　S1200;	主轴重新起动，转速 1200r/min
/N120　T0101;	重新调用 1 号刀补，可引入刀具偏移量或磨损量
/N125　G0　X42　Z2;	
N130　G70　P45　Q90　F80;	从 N45 ~ N90 对轮廓进行精加工
N135　G0　X100;	刀具沿径向快退
N140　Z200;	刀具沿轴向快退
/N145　M5;	主轴停止
/N150　M0;	程序暂停。用于精加工后的零件测量，断点从 N115 开始
N155　M3　S600;	主轴重新起动，转速 600r/min
N160　T0202;	换 2 号切槽刀，导入刀具刀补
N165　G0　X24　Z-19;	快速到达切槽起始点
N170　G75　R0.1;	指定径向退刀量 0.1mm
N175　G75　X16　Z-21　P500　Q3500　R0　F50;	指定槽底、槽宽等加工参数
N180　G0　X100;	沿径向退出
N185　X200;	沿轴向退出
/N190　M3　S600;	螺纹加工完毕后如果尺寸偏大，必须从此位置开始断点加工
N195　T0303;	换 3 号螺纹刀，导入刀具刀补（在断点加工时可引入偏移量）
N200　G0　X21　Z3;	快速到达螺纹加工起始位置，轴向有空刀导入量
N205　G76　P20160　Q80　R0.1;	
N210　G76　X18.052　Z-17　R0　P974　Q400　F1.5;	螺纹循环加工参数设置，螺纹精加工两次
N215　G0　X100;	沿径向退出
N2250　Z200;	沿轴向退出
/N225　M5;	主轴停止
/N230　M0;	程序暂停。用于对螺纹的检验，如果尺寸偏大，则断点加工
/N235　M3　S600;	如果螺纹加工完毕不进行检验，则可跳跃
N240　T0202;	换 2 号切槽刀，导入刀具刀补
N245　X42　Z-75;	快速到达切断位置
N250　G1　X0　F30;	切断进给

N255　X42　F100；　切断完毕后沿径向进给退出
N260　G0　X100；　沿径向快退
N265　Z200；　沿轴向快退
N270　T0101；　换上 1 号刀，为下一个零件的加工作准备
N275　M30；　程序结束
%　程序结束符

综合实例 3　编制图 6-32 所示零件的加工程序，材料为 45 钢，棒料直径为 40mm。

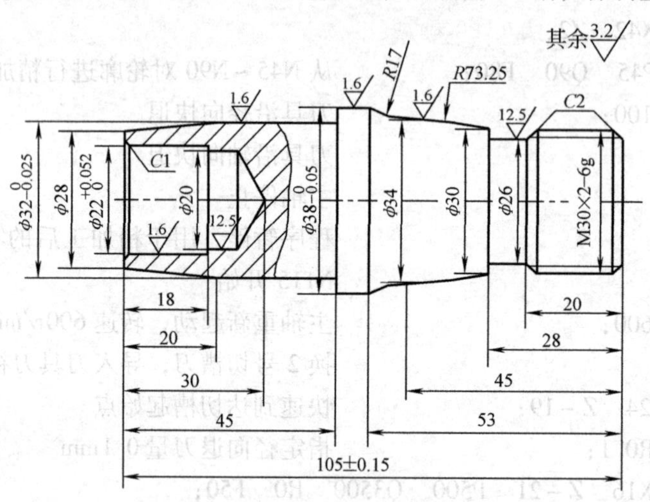

图 6-32　综合实例 3 零件图

1. 使用刀具

机夹车刀（硬质合金可转位刀片）为 1 号刀；宽 4mm 的硬质合金焊接切槽刀为 2 号刀；60°硬质合金机夹螺纹刀为 3 号刀；硬质合金焊接镗刀为 4 号刀；ϕ20mm 锥柄麻花钻。

2. 工艺路线

1）先加工左端。棒料伸出卡盘外约 65 mm，找正后夹紧。

2）把 ϕ20mm 锥柄麻花钻装入尾座，移动尾座使麻花钻切削刃接近端面后锁紧，主轴以 500r/min 转动，手动转动尾座手轮，钻 ϕ20mm 的底孔，转动 6 圈多一些（尾座螺纹导程为 5mm）。在钻孔时需打开切削液。

3）用 1 号刀，采用 G71 进行零件左端部分的轮廓循环粗加工。

4）用 1 号刀，采用 G70 进行零件左端部分的轮廓精加工。

5）用 4 号刀镗 ϕ22mm 的内孔并倒角。

6）卸下工件，用铜皮包住已加工过的 ϕ32mm 外圆，调头使零件上 ϕ32 ~ ϕ38mm 台阶端面与卡盘端面紧密接触后夹紧，准备加工零件的右端。

7）手动车端面控制零件总长。如果坯料总长在加工前已控制在 105.5 ~ 106mm 之间，且两端面较平整，则不必进行此操作。

8）用 1 号刀，采用 G71 进行零件右端部分的轮廓循环粗加工。

9）用 1 号刀，采用 G70 进行零件右端部分的轮廓精加工。

10）用 2 号刀，采用 G75 进行切槽循环加工。

11）用 3 号刀，采用 G76 进行螺纹循环加工。

3. 相关计算

螺纹总切深：$h=0.6495P=0.6495\times2\text{mm}=1.299\text{mm}$

4. 加工程序

程序之一：零件左端部分加工，必须在钻孔后才能进行自动加工。

程序	说明
O1018;	程序名
N5 G54 G98 G21;	用 G54、G98、G21 分别指定工件坐标系、分进给、米制单位
N10 M3 S800;	主轴正转，转速为 800r/min
N15 T0101;	换 1 号外圆刀，导入刀具刀补
N20 G0 X42 Z0;	绝对编程，快速到达端面的径向外
N25 G1 X18 F50;	车削端面（由于已钻孔，所以 X 到 18 即可）
N30 G0 X41 Z2;	快速到达轮廓循环起刀点
N35 G71 U1.5 R2;	外径粗车循环，给定加工参数。N45 ~ N70 为
N40 G71 P45 Q70 U0.5 W0.1 F100;	循环部分轮廓
N45 G1 X28;	从循环起刀点以 100mm/min 进给移动到轮廓
N50 Z0;	起始点
N55 X32 Z-30;	车削圆锥
N60 Z-45;	车削 $\phi32$mm 的圆柱
N65 X38;	车削台阶
N70 Z-55;	车削 $\phi38$mm 的圆柱，在加工零件右端部分时不再加工此圆柱
/N75 G0 X100;	沿径向快速退出
/N80 Z200;	沿轴向快速退出
/N85 M5;	主轴停止
/N90 M0;	程序暂停
N95 M3 S1200;	主轴重新起动，转速 1200r/min
/N100 T0101;	重新调用 1 号刀补，可引入刀具偏移量或磨损量
/N105 G0 X42 Z2;	从 N45 ~ N70 对轮廓进行精加工
N110 G70 P45 Q70 F50;	
N115 G0 X100;	刀具沿径向快退
N120 Z200;	刀具沿轴向快退
/N125 M5;	主轴停止
/N130 M0;	程序暂停。它用于精加工后的零件测量，断点从 N95 开始
N135 M3 S800;	主轴正转，转速 800r/min
N140 T0404;	换 4 号镗刀
N145 G0 X21.5 Z2	快速移动到孔外侧
N150 G1 Z-18 F100;	粗镗内孔至 $\phi21.5$mm

N155　X19;	车削孔内台阶
N160　G0　Z2;	快速移动到孔外侧
/N165　Z200;	沿轴向快速退出
/N170　M5;	主轴停止
/N175　M0;	程序暂停。测量粗镗后的内孔直径
N180　M3　S1200;	主轴正转，转速 1200r/min
/N185　T0404;	重新调用 4 号刀补，可引入刀具偏移量或磨损量
N190　G0　X22　Z2;	快速移动到孔外侧
N195　G1　Z－18　F50;	精镗 ϕ22mm 的内孔
N200　X19;	精车孔内台阶
N205　G0　Z2;	快速移动到孔外侧
/N210　Z200;	沿轴向快速退出
/N215　M5;	主轴停止
/N220　M0;	程序暂停。用于精加工后的零件测量，断点从 N180 开始
N225　M3　S800;	主轴正转，转速 800r/min
N230　G0　X24　Z2;	快速移动到孔外侧，准备对孔口倒角
N235　G1　Z0　F50;	以 50mm/min 进给到孔口
N240　X22　Z－1;	倒角
N245　Z2;	退出
N250　G0　X100　Z200;	快速退出
N255　T0101;	换 1 号刀
N260　M30;	程序结束
%	程序结束符

程序之二：零件右端部分加工。

O1019;	程序名
N5　G54　G98　G21;	用 G54、G98、G21 指令分别指定工件坐标系、分进给、米制单位
N10　M3　S800;	主轴正转，转速为 800r/min
N15　T0101;	换 1 号外圆刀，导入刀具刀补
N20　G0　X42　Z0;	绝对编程，快速到达端面的径向外
N25　G1　X－0.5　F50;	车削端面。为防止在圆心处留下小凸块，所以车削到－0.5mm
N30　G0　X41　Z2;	快速到达轮廓循环起刀点
N35　G71　U1.5　R2;	外径粗车循环，给定加工参数。N45～N75 为
N40　G71　P45　Q75　U0.5　W0.1　F100;	循环部分轮廓
N45　G1　X26;	从循环起刀点以 100mm/min 进给移动到轮廓
N50　Z0;	起始点

N55　X29.8　Z－2；	加工倒角
N60　Z－28；	车削螺纹部分圆柱
N65　X30；	车削槽处的台阶端面
N70　G3　X34　Z－45　R73.25；	车削逆圆弧
N75　G2　X38　Z－53　R17；	车削顺圆弧
/N80　G0　X100；	刀具沿径向快退
/N85　Z200；	刀具沿轴向快退
/N90　M5；	主轴停止
/N95　M0；	程序暂停。用于对粗加工后的零件进行测量
N100　M3　S1200；	主轴重新起动，转速 1200r/min
/N105　T0101；	重新调用 1 号刀补，可引入刀具偏移量或磨损量
/N110　G0　X42　Z2；	
N115　G70　P45　Q90　F50；	从 N45～N75 对轮廓进行精加工
N120　G0　X100；	刀具沿径向快退
N125　Z200；	刀具沿轴向快退
/N130　M5；	主轴停止
/N135　M0；	程序暂停。用于精加工后的零件测量，断点从 N100 开始
N140　M3　S600；	主轴重新起动，转速 600r/min
N145　T0202；	换 2 号切槽刀，导入刀具刀补
N150　G0　X31　Z－24；	快速到达切槽起始点
N155　G75　R0.1；	指定径向退刀量 0.1mm
N160　G75　X26　Z－28　P500　Q3500　R0　F50；	指定槽底、槽宽及加工参数
N165　G0　X40；	切槽完毕后，沿径向快速退出
N170　Z－22；	沿轴向移动，准备用切槽刀切螺纹左侧的倒角
N175　G1　X30　F50；	以 50mm/min 进给到螺纹处圆柱
N180　X26　Z－24；	倒角
N185　G0　X100	沿径向退出
N190　X200；	沿轴向退出
/N195　M3　S600；	螺纹加工完毕后如尺寸偏大，必须从此位置开始断点加工
N200　T0303；	换 3 号螺纹刀，导入刀具刀补
N205　G0　X31　Z4；	快速到达螺纹加工起始位置，轴向有空刀导入量
N210　G76　P20160　Q50　R0.1；	
N215　G76　X27.402　Z－23　R0　P1299　Q450　F2；	螺纹循环加工参数设置，螺纹精加工两次

```
N220  G0  X100;        沿径向退出
N225  Z200;            沿轴向退出
/N230  M5;             主轴停止
/N235  M0;             程序暂停。用于对螺纹的检验，如尺寸偏大，
                       则断点加工
N240  T0101;           换上1号刀，为下一个零件的加工作准备
N245  M30;             程序结束
%                      程序结束符
```

综合实例4 编制图6-33所示零件的加工程序，材料为45钢，棒料直径为40mm。

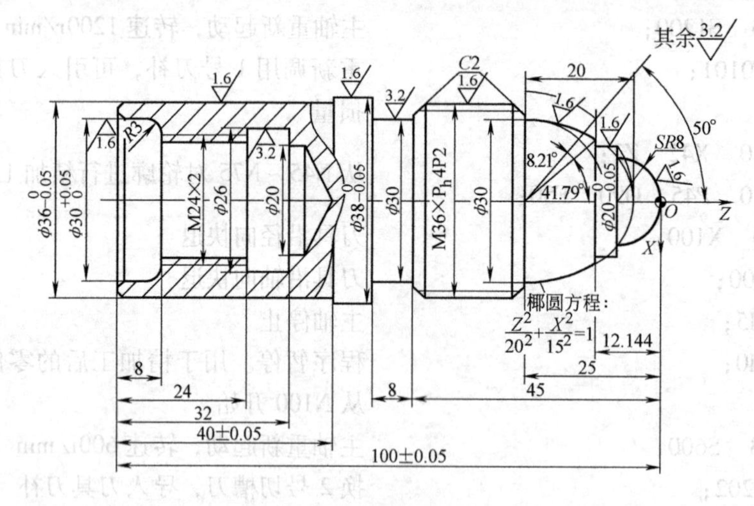

图6-33　综合实例4零件图

1. 使用刀具

93°机夹外圆车刀（硬质合金镀钛可转位刀片）为1号刀；宽4mm的机夹外切槽刀（硬质合金镀钛刀片）为2号刀；60°机夹外螺纹刀（硬质合金镀钛可转位刀片）为3号刀；机夹镗刀（硬质合金镀钛刀片）为4号刀；宽3mm的机夹内切槽刀（硬质合金可转位刀片）为5号刀；60°机夹内螺纹刀（硬质合金可转位刀片）为6号刀；ϕ20mm锥柄麻花钻。

2. 工艺路线

1）先加工左端。棒料伸出卡盘外约65mm，找正后夹紧。

2）把ϕ20mm锥柄麻花钻装入尾座，移动尾座使麻花钻切削刃接近端面后锁紧，主轴以450r/min的转速转动，手动转动尾座手轮，钻ϕ20mm的底孔，转动8圈左右（尾座螺纹导程为5mm）。在钻孔时需打开切削液。

3）用1号刀，采用G71进行零件左端外轮廓的粗加工。

4）用1号刀，采用G70进行零件左端外轮廓的精加工。

5）用4号刀，采用G71进行零件左端内孔轮廓的粗加工。

6）用4号刀，采用G70进行零件左端内孔轮廓的精加工。

7）用5号刀，采用G01进行零件左端内槽的粗、精加工。

8）用6号刀，采用G76进行零件左端内螺纹的粗、精加工。

9）卸下工件，用铜皮包住已加工过的ϕ36mm外圆，调头使零件上ϕ36～ϕ38mm台阶

端面与卡盘端面紧密接触后夹紧，准备加工零件的右端。

10）手动车端面控制零件总长。如果坯料总长在加工前已控制在 105.5 ~ 106mm 之间，且两端面较平整，则不必进行此操作。

11）用 1 号刀，采用 G73 进行零件右端外轮廓的粗加工。

12）用 1 号刀，采用 G70 进行零件右端外轮廓的精加工。

13）用 2 号刀，采用 G01 进行零件右端外槽及倒角加工。

14）用 3 号刀，采用 G76 进行零件右端双头外螺纹的粗、精加工。

3. 相关计算

螺纹总切削深度：$h = 0.6495P = 0.6495 \times 2\text{mm} = 1.299\text{mm}$

内螺纹小径：$d = D - 2h = 24\text{mm} - 2 \times 1.299\text{mm} = 21.402\text{mm}$

4. 加工程序

程序之一：零件左端部分加工，必须在钻足够深孔后才能进行自动加工。

程序	说明
O0001；	程序名
N5　G54　G98　G21；	用 G54 指定工件坐标系，用 G98 指定分进给，用 G21 指定米制单位
N10　M3　S750；	主轴正转，转速为 750r/min
N15　T0101；	选择 1 号外圆刀，导入刀具刀补
N20　G0　X42　Z0；	绝对编程，快速到达端面的径向外
N25　G1　X18　F50；	车削端面（由于已钻孔，所以 X 到 18 即可）
N30　G0　X41　Z2；	快速到达轮廓循环起刀点
N35　G71　U1.5　R2；	外径粗车循环，给定加工参数。N45 ~ N70 为
N40　G71　P45　Q70　U1　W0.1　F150；	循环部分轮廓
N45　G1　X34；	从循环起刀点以 150mm/min 进给移动到轮廓起始点
N50　Z0；	
N55　G3　X36　Z-1　R1；	车削圆角
N60　G1　Z-40；	车削 ϕ36mm 的圆柱
N65　X38；	车削台阶
N70　Z-55；	车削 ϕ38mm 的圆柱，在加工零件右端部分时不再加工此圆柱
N75　G0　X100；	沿径向快速退出
N80　Z200；	沿轴向快速退出
N85　M5；	主轴停止
N90　M0；	程序暂停
N95　M3　S1200；	主轴重新起动，转速 1200r/min
N100　T0101；	重新调用 1 号刀补，可引入刀具偏移量或磨损量
N105　G0　X42　Z2；	从 N45 ~ N70 对轮廓进行精加工
N110　G70　P45　Q70　F80；	
N115　G0　X100；	刀具沿径向快退

```
N120  Z200;                        刀具沿轴向快退
N125  M5;                          主轴停止
N130  M0;                          程序暂停。用于精加工后的零件测量，断点
                                   从 N95 开始
N135  M3  S600;                    主轴正转，转速 600r/min
N140  T0404;                       选择 4 号镗刀，导入刀具刀补
N145  G0  X20  Z2                  快速移动到孔外侧
N150  G71  U1  R1;                 内轮廓粗车循环，给定加工参数。
N155  G71  P160  Q195  U-1  W0.1  F120;
                                   N160 ~ N195 为循环部分轮廓
N160  G1  X32;                     从循环起刀点以 120mm/min 进给移动到轮廓
                                   起始点
N165  Z0;
N170  X30  Z-1;                    车削 C1 倒角
N175  Z-5;                         车削 φ30mm 的圆柱孔
N180  G2  X24  Z-8  R3;            车削 R3 的圆弧
N185  G1  X21.7;                   车削台阶
N190  Z-32;                        车削内螺纹圆柱孔
N195  X19;                         车削台阶
N200  Z200;                        沿轴向快速退出
N205  M5;                          主轴停止
N210  M0;                          程序暂停。测量粗镗后的内孔直径
N215  M3  S1200;                   主轴正转，转速 1200r/min
N220  T0404;                       重新调用 4 号刀补，可引入刀具偏移量或磨
                                   损量
N225  G0  X20  Z2;                 快速移动到孔外侧
N230  G70  P160  Q195  F100        从 N160 ~ N195 对内轮廓进行精加工
N235  G0  Z200;                    沿轴向快速退出
N240  M5;                          主轴停止
N245  M0;                          程序暂停。用于精加工后的零件测量，断点
                                   从 N215 开始
N250  M3  S500;                    主轴正转，转速 500r/min
N255  T0505;                       选择 5 号内槽刀，导入刀具刀补
N260  G0  X20  Z5;                 快速定位到孔外一点
N265  G1  Z-27;                    进给至内槽轴向起切点
N270  G1  X25.5  F30;              沿 X 向以 F30 的速度切削内槽至 φ25.5mm
N275  X21;                         沿 X 向推刀至 φ21mm
N280  Z-30;                        沿 Z 向进给至 -30 的位置
N285  X25.5;                       沿 X 向以 F30 的速度切削内槽至 φ25.5mm
```

程序	说明
N290　X21；	沿 X 向推刀至 ϕ21mm
N295　Z－32；	沿 Z 向进给至－32 的位置
N230　X26；	沿 X 向以 F30 的速度切削内槽至 ϕ26mm
N235　Z－27；	沿槽底以 F30 的速度切削槽底至 Z－27
N240　X20；	沿 X 向推刀至 ϕ20mm
N245　G0　Z200；	沿轴向快速推刀至 Z200
N250　M5；	主轴停止
N255　M0；	程序暂停
N260　M3　S800；	主轴正转，转速 800r/min
N265　T0606；	选择 6 号内螺纹刀，导入刀具刀补
N270　G0　X21　Z5；	快速定位至螺纹起切点，轴向有空刀导入量
N275　G76　P20160　Q80　R－0.08；	螺纹循环加工参数设置，螺纹精加工两次
N280　G76　X24　Z－25　R0　P1299　Q450　F2；	
N285　G0　X100　Z200；	快速退出
N290　T0101；	换 1 号刀
N295　M30；	程序结束
%	程序结束符

程序之二：零件右端部分加工。

程序	说明
O0002；	程序名
N5　G54　G98　G21；	用 G54 指定工件坐标系，用 G98 指定分进给，用 G21 指定米制单位
N10　M3　S750；	主轴正转，转速为 750r/min
N15　T0101；	选择 1 号外圆刀，导入刀具刀补
N20　G0　X42　Z0；	绝对编程，快速到达端面的径向外
N25　G1　X－0.5　F50；	车削端面。为防止在圆心处留下小凸块，所以车削到 X－0.5
N30　G0　X41　Z2；	快速到达轮廓循环起刀点
N35　G71　U1.5　R2；	外径粗车循环，给定加工参数。N45～N105 为循环部分轮廓
N40　G71　P45　Q105　U1　W0.1　F150；	
N45　G1　X0；	从循环起刀点以 150mm/min 进给移动到轮廓起始点
N50　Z0；	
N50　G3　X16　Z－8　R8；	加工 R8 圆弧
N55　G1X20；	加工台阶
N60　Z－12.144；	加工 ϕ20mm 外圆
N65　#1＝12.856；	
N70　WHILE　[　#1　GE　0]　DO1；	
N75　G1　X　[3＊SQRT[400－#1＊#1]/2]　Z[#1－25]　F150；	加工 $\frac{Z^2}{20^2}+\frac{X^2}{15^2}=1$ 椭圆的一段
N80　#1＝　#1－0.1；	

程序	说明
N85 END1 ;	
N90 G1 X32 ;	加工台阶
N95 X35.8 Z-27 ;	加工螺纹倒角
N100 Z-53 ;	加工螺纹光轴外圆
N105 X40 ;	退刀至 ϕ40mm
N110 G0 X100 ;	刀具沿径向快退
N115 Z200 ;	刀具沿轴向快退
N120 M5 ;	主轴停止
N125 M0 ;	程序暂停。用于对粗加工后的零件进行测量
N130 M3 S1200 ;	主轴重新起动，转速 1200r/min
N135 T0101 ;	重新调用 1 号刀补，可引入刀具偏移量或磨损量
N140 G0 X42 Z2 ;	从 N45 ~ N105 对轮廓进行精加工
N145 G70 P45 Q105 F80 ;	
N150 G0 X100 ;	刀具沿径向快退
N155 Z200 ;	刀具沿轴向快退
N160 M5 ;	主轴停止
N165 M0 ;	程序暂停。用于精加工后的零件测量，断点从 N130 开始
N170 M3 S500 ;	主轴重新起动，转速 500r/min
N175 T0202 ;	换 2 号切槽刀，导入刀具刀补
N180 G0 X40 Z-49 ;	快速到达切槽起始点
N185 G75 R0.1 ;	指定径向退刀量 0.1mm
N190 G75 X30 Z-53 P500 Q3500 R0 F30 ;	指定槽底、槽宽及加工参数
N195 G0 X40 ;	切槽完毕后，沿径向快速退出
N200 Z-47 ;	沿 Z 向进给至螺纹左侧倒角的起点
N205 G1 X36 F30 ;	以 30mm/min 进给到螺纹左侧倒角的起点
N210 X32 Z-49 ;	倒角
N215 G0 X100	沿径向退出
N220 X200 ;	沿轴向退出
N225 M3 S600 ;	螺纹加工完毕后如尺寸偏大，必须从此位置开始断点加工
N230 T0303 ;	换 3 号螺纹刀，导入刀具刀补
N235 G0 X31 Z-20 ;	快速到达螺纹加工起始位置，轴向有空刀导入量
N240 G76 P20160 Q80 R0.05 ;	螺纹循环加工参数设置，螺纹精加工两次
N245 G76 X27.402 Z-46 R0 P1299 Q450 F4 ;	

N250 G0 X31 Z-22;	快速到达螺纹加工起始位置，轴向有空刀导入量，且与上面的起点相差一个螺距
N255 G76 P20160 Q80 R0.05;	螺纹循环加工参数设置，螺纹精加工两次用于对螺纹的检验，如尺寸偏大，则断点加工
N260 G76 X27.402 Z-46 R0 P1299 Q450 F4;	
N265 G0 X100;	沿径向退出
N270 Z200;	沿轴向退出
N275 T0101;	换上1号刀，为下一个零件的加工作准备
N280 M30;	程序结束
%	程序结束符

综合实例5 编制图6-34所示零件的加工程序，材料为45钢，棒料直径为65mm。

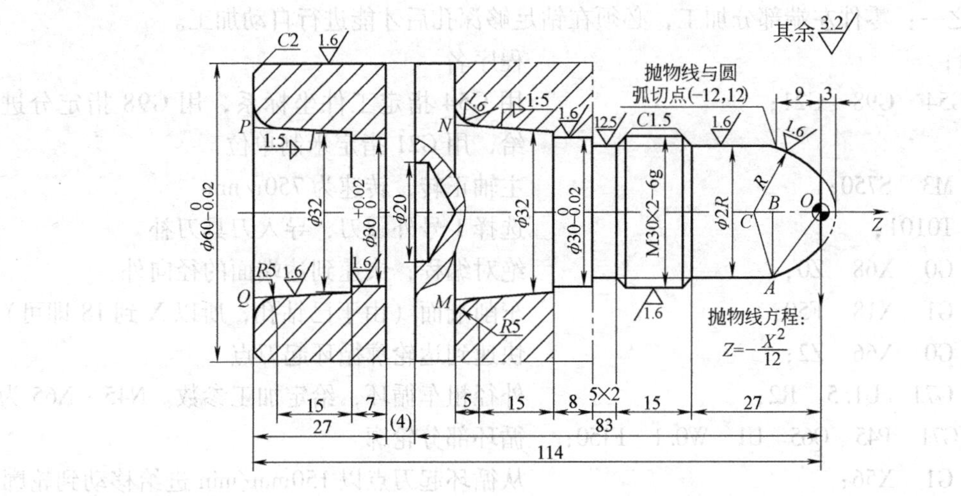

图6-34 综合实例5零件图

1. 使用刀具

93°机夹外圆车刀（硬质合金镀钛可转位刀片）为1号刀；宽4mm的机夹外切槽刀（硬质合金镀钛刀片）为2号刀；60°机夹外螺纹刀（硬质合金镀钛可转位刀片）为3号刀；机夹镗刀（硬质合金镀钛刀片）为4号刀；ϕ20mm锥柄麻花钻。

2. 工艺路线

1）先加工左端。棒料伸出卡盘外约65mm，找正后夹紧。

2）把ϕ20mm锥柄麻花钻装入尾座，移动尾座使麻花钻切削刃接近端面后锁紧，主轴以450r/min的转速转动，手动转动尾座手轮，钻ϕ20mm的底孔，转动8圈左右（尾座螺纹导程为5mm）。在钻孔时需打开切削液。

3）用1号刀，采用G71进行零件左端外轮廓的粗加工。

4）用1号刀，采用G70进行零件左端外轮廓的精加工。

5）用4号刀，采用G71进行零件左端内孔轮廓的粗加工。

6）用4号刀，采用G70进行零件左端内孔轮廓的精加工。

7）卸下工件，用铜皮包住已加工过的ϕ60mm外圆，夹持的部分应少与25mm以便待会儿切断，准备加工零件的右端。

8）手动车端面控制零件总长。如果坯料总长在加工前已控制在114.5～115mm之间，且两端面较平整，则不必进行此操作。

9）用1号刀，采用G73进行零件右端外轮廓的粗加工。

10）用1号刀，采用G70进行零件右端外轮廓的精加工。

11）用2号刀，采用G01进行零件右端外槽及倒角加工。

12）用3号刀，采用G76进行零件右端双头外螺纹的粗、精加工。

13）用2号刀，将工件切断使工件左端与工件右端配合。

3. 相关计算

螺纹总切削深度：$h=0.6495P=0.6495\times1.5\text{mm}=0.974\text{mm}$

通过计算得到　$R\approx13.416\text{mm}$　$L_{C0}=14.999\text{mm}$

4. 加工程序

程序之一：零件左端部分加工，必须在钻足够深孔后才能进行自动加工。

程序	说明
O0001;	程序名
N5 G54 G98 G21;	用G54指定工件坐标系，用G98指定分进给，用G21指定米制单位
N10 M3 S750;	主轴正转，转速为750r/min
N15 T0101;	选择1号外圆刀，导入刀具刀补
N20 G0 X68 Z0;	绝对编程，快速到达端面的径向外
N25 G1 X18 F50;	车削端面（由于已钻孔，所以X到18即可）
N30 G0 X66 Z2;	快速到达轮廓循环起刀点
N35 G71 U1.5 R2;	外径粗车循环，给定加工参数。N45～N65为循环部分轮廓
N40 G71 P45 Q65 U1 W0.1 F150;	
N45 G1 X56;	从循环起刀点以150mm/min进给移动到轮廓起始点
N50 Z0;	
N55 X60 Z-2;	车削倒角
N60 G1 Z-45;	车削ϕ60mm的圆柱
N65 X65;	退刀至ϕ65mm
N70 G0 X100;	沿径向快速退出
N75 Z200;	沿轴向快速退出
N80 M5;	主轴停止
N85 M0;	程序暂停
N90 M3 S1200;	主轴重新起动，转速1200r/min
N95 T0101;	重新调用1号刀补，可引入刀具偏移量或磨损量
N100 G0 X42 Z2;	
N105 G70 P45 Q65 F80;	从N45～N65对轮廓进行精加工
N110 G0 X100;	刀具沿径向快退
N115 Z200;	刀具沿轴向快退

程序	说明
N120　M5；	主轴停止
N125　M0；	程序暂停。用于精加工后的零件测量，断点从 N90 开始
N130　M3　S600；	主轴正转，转速 600r/min
N135　T0404；	选择 4 号镗刀，导入刀具刀补
N140　G0　X20　Z2	快速移动到孔外侧
N145　G71　U1　R1；	内轮廓粗车循环，给定加工参数。
N150　G71　P160　Q190　U－1　W0.1　F120；	N160～N190 为循环部分轮廓
N155　G1　X45.05；	从循环起刀点以 120mm/min 进给移动到轮廓起始点
N160　Z0；	
N170　X35.1　Z－4.5；	车削 $R5$ 圆角
N175　X32　Z－20；	车削圆锥孔
N180　X30；	车削台阶
N185　G1　Z－27；	车削 $\phi30$mm 圆柱孔
N190　X20；	退刀至 $\phi20$mm
N195　Z200；	沿轴向快速退出
N200　M5；	主轴停止
N205　M0；	程序暂停。测量粗镗后的内孔直径
N210　M3　S1200；	主轴正转，转速 1200r/min
N215　T0404；	重新调用 4 号刀补，可引入刀具偏移量或磨损量
N220　G0　X20　Z2；	快速移动到孔外侧
N230　G70　P160　Q190　F100	从 N160～N190 对内轮廓进行精加工
N235　G0　Z200；	沿轴向快速退出
N240　T0101；	换 1 号刀
N245　M30；	程序结束
%	程序结束符

程序之二：零件右端部分加工。

程序	说明
O0002；	程序名
N5　G54　G98　G21；	用 G54 指定工件坐标系，用 G98 指定分进给，用 G21 指定米制单位
N10　M3　S750；	主轴正转，转速为 750r/min
N15　T0101；	选择 1 号外圆刀，导入刀具刀补
N20　G0　X68　Z0；	绝对编程，快速到达端面的径向外
N25　G1　X－0.5　F50；	车削端面。为防止在圆心处留下小凸块，所以车削到 X－0.5
N30　G0　X66　Z2；	快速到达轮廓循环起刀点

N35 G71 U1.5 R2; 外径粗车循环，给定加工参数。N45 ~ N130 为循环部分轮廓
N40 G71 P45 Q130 U1 W0.1 F150;
N45 G1 X12; 从循环起刀点以 150mm/min 进给移动到轮廓起始点
N50 Z0;
N55 #1 = -3;
N60 WHILE [#1 GE [-12]] DO1;
N65 G1X [2 * SQRT[12 * ABS[#1]]] Z[#1 +3] F150;
加工 $Z = -\frac{X^2}{12}$抛物线的一段
N70 #1 = #1 -0.1;
N75 END1 ;
N80 G3 X26.832 Z -14.999 R13.416;
加工与抛物线相切的圆弧
N85 G1 Z -27; 加工 ϕ26.832mm 外圆柱
N90 X29.8 Z -28.5 加工倒角
N95 Z -47; 加工螺纹光轴外圆
N100 X30; 加工台阶
N105 Z -55; 加工 ϕ30mm 外圆柱
N115 X32; 退刀至 ϕ40mm
N120 X35.1 Z -70.5; 加工外圆锥面
N125 G2 X45.05 Z -75 R5; 加工圆角
N130 X65; 加工台阶
N135 G0 X100; 刀具沿径向快退
N140 Z200; 刀具沿轴向快退
N145 M5; 主轴停止
N150 M0; 程序暂停。它用于对粗加工后的零件进行测量
N155 M3 S1200; 主轴重新起动，转速 1200r/min
N160 T0101; 重新调用 1 号刀补，可引入刀具偏移量或磨损量
N165 G0 X42 Z2; 从 N45 ~ N130 对轮廓进行精加工
N170 G70 P45 Q130 F80;
N175 G0 X100; 刀具沿径向快退
N180 Z200; 刀具沿轴向快退
N185 M5; 主轴停止
N190 M0; 程序暂停。用于精加工后的零件测量，断点从 N155 开始
N195 M3 S500; 主轴重新起动，转速 500r/min
N200 T0202; 换 2 号切槽刀，导入刀具刀补

程序	说明
N205 G0 X33 Z-46;	快速到达切槽起始点
N210 G75 R0.1;	指定径向退刀量 0.1mm
N215 G75 X27 Z-47 P500 Q3500 R0 F30;	指定槽底、槽宽及加工参数
N220 G0 X33;	切槽完毕后，沿径向快速退出
N225 Z-44;	沿 Z 向进给至螺纹左侧倒角的起点
N230 G1 X31 F30;	以 30mm/min 进给到螺纹左侧倒角的起点
N235 X27 Z-46;	倒角
N240 G0 X100	沿径向退出
N245 X200;	沿轴向退出
N250 M3 S600;	螺纹加工完毕后如尺寸偏大，必须从此位置开始断点加工
N255 T0303;	换 3 号螺纹刀，导入刀具刀补
N260 G0 X31 Z-20;	快速到达螺纹加工起始位置，轴向有空刀导入量
N265 G76 P20160 Q80 R0.05;	螺纹循环加工参数设置，螺纹精加工两次
N270 G76 X28.052 Z-43 R0 P974 Q400 F1.5;	
N275 G0 X100;	沿径向退出
N280 Z200;	沿轴向退出
N285 T0101;	换上 1 号刀，为下一个零件的加工作准备
N290 M30;	程序结束
%	程序结束符

第四节 FANUC 0i Mate—TC 系统车床操作面板

FANUC 0i Mate—TC 系统车床的操作面板如图 6-35 所示。它由 CRT/MDI 操作区及用户操作区（两块）所组成。对于 CRT/MDI 操作区只要采用的是 FANUC 0i Mate—TC 系统，都是相同的；对于用户操作面板，由于生产厂家的不同而有所不同，主要在按钮或旋钮的设置方面有所不同。下面以大连机床厂生产的 CK6150i 数控车床为例，介绍数控车床的操作面板。

一、CRT/MDI 操作面板

CRT/MDI 操作面板是由 CRT 显示部分和键盘所构成，如图 6-35 中右上部分所示。

1. 键盘的说明（见表 6-7）

表 6-7 键盘的说明

名 称	用 途
复位（RESET）键	解除警报；CNC 复位；在编程方式时返回到程序开始处
HELP 帮助键	随机的电子版机床说明书
地址/数字键	字母、数字等文字的输入
INPUT 输入键	G54 ~ G59 等工件坐标系偏置量的输入；MDI 方式的指令数据的输入；DNC 时输入程序

（续）

名 称	用 途
SHIFT 换档键	输入字母、数字键的右下角字符
ALTER 程序编辑键	替换程序中的当前地址
INSERT 程序编辑键	编辑状态的程序输入
DELETE 程序编辑键	删除程序中的当前地址符或某程序等
取消（CAN）键	删除输入到缓冲寄存储器中的最后一个字符或符号
光标移动键	↓：向下移动光标；↑：向上移动光标；←：向左移动光标；→：向右移动光标
翻页键	Page↓：向下翻 CRT 画面；Page↑：向上翻 CRT 画面
软键	根据 CRT 画面最后一行所显示的内容进入相应的画面

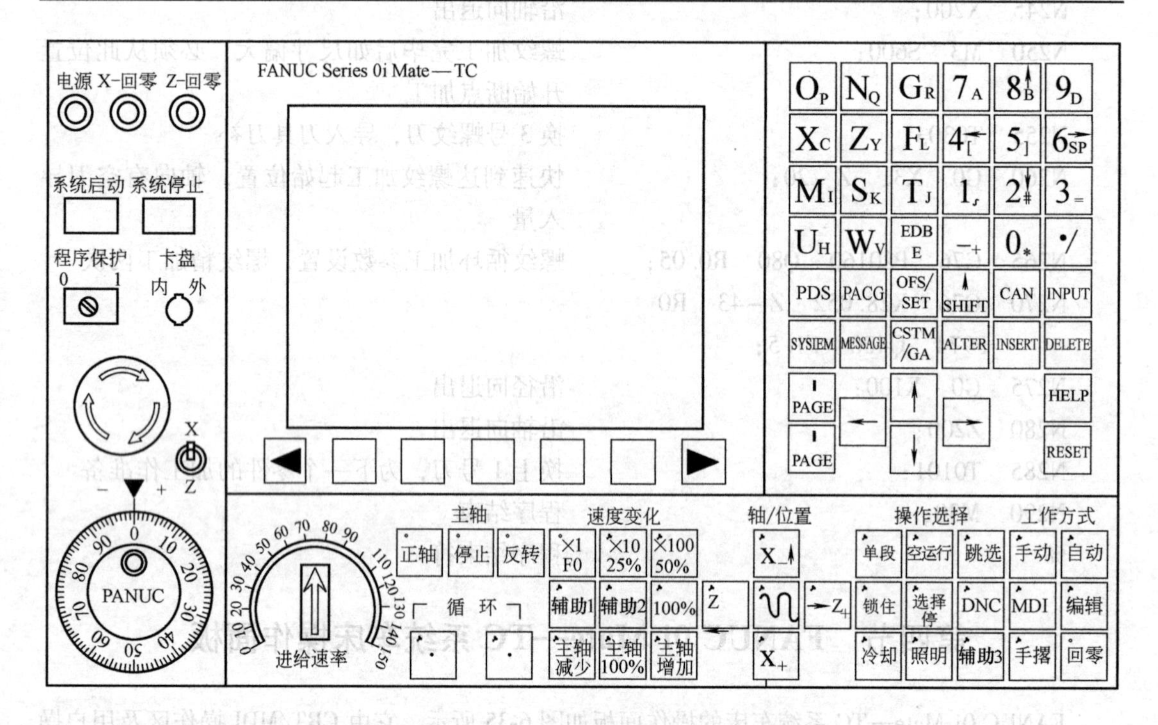

图 6-35 FANUC 0i Mate—TC 系统车床操作面板

2. 功能按键

功能按键用于选择 CRT 的屏幕显示内容，见表 6-8。

表 6-8 功能按键说明

名 称	用 途
POS 键	当前位置的显示（相对坐标、绝对坐标、机床坐标及余移动量等）
PROG 键	程序界面显示（在程序内存与上次使用的程序间切换），MDI 页面显示
OFS/SET 键	在刀具磨损、形状（设置刀补）、工件平移、自设程式和工件坐标系设定等页面间切换。它主要用于设置偏置量、磨损量、工件坐标系等
SYSTEM 键	进行数控车床的参数设定；诊断数据的显示的系统画面
MESSAGE 键	进行报警号的显示等信息画面
CSTM/GR 键	图形显示画面

二、用户操作面板

用户操作面板由图 6-35 中右下部的操作面板和左面操作面板所构成。

1. 工作方式选择按钮

FANUC 0i Mate—TC 数控车床的工作方式选择按钮上共有六种方式，见表 6-9。有些厂家生产的数控车床不是采用按钮，而是采用旋钮的形式进行选择。

表 6-9　工作方式选择按钮用途

方　式	用　途	分　类
编辑	程序编辑方式	
自动	程序自动运行方式	自动方式
MDI	手动数据输入方式	
手摇	手摇脉冲方式	
手动	手动进给方式	手动方式
回零	回零（返回参考点）方式	

车床的一切运行都是围绕着这六种方式进行，也就是说，数控车床的每一个动作，都必须在某种方式确定的前提下才有意义。

编辑方式是程序编辑存储方式。程序的新建、编辑修改、存储和调用都必须在这个方式下执行，有关操作参见第五节。

自动方式是自动运行方式。编辑以后的程序可以在这个方式下进行自动加工，同时还可在图形显示状态下进行程序格式的正确性检验、观察其走刀轨迹。

MDI 方式是手动数据输入方式。一般情况下，MDI 方式是用来进行单段的程序控制，例如 T0101、G00　X50，它只是针对一段程序编程，不需要编写加工程序号和程序段号，并且程序一旦执行完毕，就不在内存中驻留。它可以通过用户操作面板上的“循环启动”按钮来驱动程序和执行。

手摇是手摇轮方式。在这个方式下，通过摇动手摇脉冲发生器来达到车床移动控制的目的。车床移动的快慢是通过选择速度变化下的 X1、X10 和 X100 三个倍率来进行控制。另外，车床 *X* 轴、*Z* 轴的移动是通过用户操作面板上的轴选择开关来进行控制，而每个轴移动的方向是对应于手轮上的“＋”、“－”符号方向。

手动方式是手动进给方式。在 JOG 方式下，通过选择用户操作面板上的方向键“＋X”、“－X”、“＋Z”、“－Z”，车床刀具就朝所选择的方向连续进给，进给速度由速度变化下的进给速度 F0、25%、50%、100% 来控制。在自动方式下同时按住方向键与快速进给键，车床并不以 G01 的进给速度移动，而是以快速移动（G00 速度×倍率）。

回零方式是回零（返回参考点）方式。FANUC 0i Mate—TC 这个型号的数控车床采用的是绝对编码器，可以不用回零。如果回零，一般也不用手动方式回零，而是采用 G28　U＿　W＿方式回零。注意：在自动运行使用机床锁住功能之前和之后，工件坐标系和机床坐标系之间的位置关系可能是不一样的，此时，可用坐标设定指令或返回参考点来确定工件坐标系。

2. 各种功能启动按钮（见表 6-10）

表 6-10　功能启动按钮的功用

按钮	功　用　及　说　明
	循环下白色为程序启动按钮。在 AUTO 及 MDI 方式下启动程序
	循环下红色为程序暂停按钮。在程序运行过程中按下此按钮，系统将停止进给（主轴仍然旋转），重新按一下“程序启动”按钮，程序继续执行
程序保护 0 1	程序保护开关。当把这个开关打开时，用户加工程序可以进行编辑，参数可以进行修改；当把这个开关关闭时，程序和参数得到保护，不能进行修改
正转	手动主轴正转按钮。在手动方式下有效，当在手动方式下，按一下此按钮上，主轴电动机就开始正转
停止	手动主轴停止按钮。在手动方式下有效，在主轴旋转的过程中，当按下此按钮，主轴电动机就停止转动，并且通过刹车盘进行制动控制，在一般情况下，刹车动作保持 4s
反转	手动主轴反转按钮。在手动方式下有效，当在手动方式下，按一下此按钮，主轴电动机就开始反转
冷却	冷却泵起动与停止按钮。这个按钮为自锁按钮，当按一下时，指示灯亮，冷却泵启动；再按一下时，指示灯熄灭，冷却泵停止。冷却泵启停不认方式，在任何方式下都有效。另外，冷却泵的启动与停止也可以通过 M8 和 M9 在程序中进行控制
照明	机床内部照明开关。这个按钮为自锁按钮，当按一下时，指示灯亮，照明灯开；再按一下时，指示灯熄灭，照明灯关闭
系统启动	系统启动按扭。开机时，先开机床后面电器柜的电源开关，面板上的电源指示灯亮，然后按下系统启动按扭，系统操作显示部分上电，机床方可开始操作
系统停止	系统停止按扭。当机床工作结束后，先将刀架停在适当的位置，然后按下系统停止按扭，关闭机床后面电器柜的电源开关，面板上的电源指示灯灭，机床断电
空运行	空运行按钮。这个按钮为自锁按钮，当按一下时，指示灯亮，再按一下时，指示灯熄灭。当空运行指示灯亮时，空运行有效。一般情况下，这个功能按钮是在试运行程序时运用，用于检验程序格式等是否正确

（续）

按钮	功　用　及　说　明
跳选	程序跳跃按钮。这个按钮也是自锁按钮。当跳选指示灯亮时，说明跳跃功能有效，当程序执行到前面有反斜杠“/”的程序段时，系统将跳过这一程序段 例如：N5　G54　G98　G21 N10　M3　S800 /N15　G0　X100　Z100　F100 N20… N25…M30 当跳选有效时，程序执行完 N10 后，跳过 N15 直接执行 N20；当 BDT 无效时，程序执行顺序是：N5→N10→N15→N20…
单段	程序单段按钮。这个按钮也是自锁按钮。当单段指示灯亮时，程序单段有效，程序每执行完一段及暂停，按一下“循环启动”，程序又执行下一段，依此类推
锁住	机床锁住开关。这个按钮为自锁按钮，当按一下时，指示灯亮；再按一下时，指示灯熄灭。机床锁住后，机床不移动，但显示器上各轴位置在改变。执行机床锁住运行后需返回参考点
选择停	选择性程序暂停。这个按钮为自锁按钮，当按一下时，指示灯亮，选择性程序暂停（M00）有效；再按一下时，指示灯熄灭，选择性程序暂停（M00）无效
DNC	外部程序执行。这个按钮为自锁按钮，当按一下时，指示灯亮，外部程序执行有效；再按一下时，指示灯熄灭，外部程序执行无效。其是在读入接在阅读机/穿孔机接口的外设上程序的同时执行自动加工

3. 指示灯（见表 6-11）

表 6-11　指示灯说明

指示灯	说　明
电源	机床电源指示（绿色）。这个指示灯亮的时候，说明机床已经准备好，NC 和伺服以及机械外围都正常，可以进行机床的各项操作
X-回零	*X* 轴回零指示灯（绿色）。这个指示灯亮的时候，说明机床 *X* 轴已返回机床参考点
Z-回零	*Z* 轴回零指示灯（绿色）。当这个指示灯亮的时候，说明机床 *Z* 轴已返回机床参考点

4. 其他旋钮、按钮或开关

（1）电源开关旋钮　电源开关旋钮位于机床后部电器柜上。

（2）进给倍率旋钮　在手动或自动运行方式下进给时，伺服电动机就按进给倍率旋钮标示的进给倍率进给。

（3）急停按钮　机床在遇到紧急情况时，马上拍下急停按钮，这时机床紧急停止，主轴也马上紧急刹车。当消除故障因素后，顺时针旋转急停按钮进行复位，机床可继续操作。

（4）主轴转速倍率按钮　其由主轴100%、主轴减少和主轴增加三个按扭形成。按一下主轴减少或主轴增加按扭主轴转速减少或增加10%，最多可减少或增加50%；按一下主轴100%，主轴转速会恢复到指定的转速。

第五节　FANUC 0i Mate—TC 系统车床的基本操作

一、开机

开机的步骤如下：

1）打开数控车床电气柜总开关。

2）按下左操作面板上的系统启动按钮。如机床一切正常，在 CRT 显示屏显示如图 6-36 所示页面。

```
操作 MESSAGE                    O9001    N0020
    番号 2004
  HIGH   SPEED



                              S          0T
                              EDIT
[ALARM] [操作PN]  [MESSAG]   [      ]  [      ]
```

图 6-36　起动后页面

```
现在位置                              O4567        N00035
          (相对坐标)                     (绝对坐标)
     U    0.000               X          0.000
     W    0.000               Z          0.000

          (机床坐标)                     (余移动量)
     X    0.000               X          0.000
     Z    0.000               Z          0.000
                        |

JOG   F        4000              加工部品数              41
运转时间         2H33M   切削时间              0H      1M34S
ACT. F          0       MM/R       S          0      T0100
MEM****        ***      ***        15: 44: 17
 [绝对]     [相对]     [总合]      [HNDL]       [(操作)]
```

图 6-37　总合坐标系页面

二、回零（返回参考点）操作

FANUC 0i Mate—TC 这个型号的数控车床采用的是绝对编码器，可以不用回零。如果回零，一般也不用手动方式回零，因为选择回零方式，然后按 +X 或 +Z 回发生超程现象；所以我们一般采用 MDI 方式 G28 U_W_回零。返回参考点后总合坐标系界面如图 6-37 所示。

注意：在自动运行使用机床锁住功能之前和之后，工件坐标系和机床坐标系之间的位置关系可能是不一样的，此时，可用坐标设定指令或返回参考点来确定工件坐标系。

三、工件棒料与刀具的装夹

1. 工件棒料的装夹

装夹工件棒料时应使三爪自定心卡盘夹紧工件棒料，并有一定的夹持长度。棒料的伸出长度应考虑到零件的加工长度及必要的安全距离等。棒料中心线尽可能与主轴中心线重合。如装夹外圆已经精车的工件，必须在工件外圆上包一层铜皮，以防损伤外圆表面。

2. 刀具的装夹

刀具的装夹与在卧式车床上装夹一样，但要注意的是，转塔式刀架是斜锲式的压紧机构，该压紧机构增力大但压紧行程小。所以，刀具装夹时尽量少用或不用垫刀片，而且要选用平整时垫刀片。

（1）外圆车刀的装夹　装夹在刀架上的外圆车刀不宜伸出太长，否则刀杆的刚度降低，在切削时容易产生振动，直接影响加工工件的表面粗糙度值，甚至有可能发生崩刃现象。车刀的伸出长度一般不超出刀杆厚度的 2 倍。车刀刀尖应与机床主轴中心线等高，如不等高，应用垫刀片垫高。垫刀片要平整，尽量减少垫刀片的片数，一般只用 2 ~ 3 片，以提高车刀的刚度。另外，车刀刀杆中心线应与机床主轴中心线垂直，车刀要用两个刀架螺钉压紧在刀架上，并逐个轮流拧紧。拧紧时应使用专用扳手，不允许再加套管，以免使螺钉受力过大而损伤。

（2）螺纹车刀的装夹　螺纹车刀装夹的正确与否，对螺纹的精度将产生一定的影响。若装刀有偏差，即使车刀的刀尖角刃磨得十分准确，加工后的螺纹牙型仍会产生误差。因此，要求装刀时刀尖与机床主轴中心线等高，左右切削刃要对称，为此要用螺纹角度样板进行对正。

（3）切断刀的装夹　切断刀不宜伸出太长，装刀时要装正，以保证两个副偏角对称，否则将使一侧副刃实际上没有副偏角或者是负的副偏角，造成刀头这一侧受力较大而折断。切断刀的主切削刃必须与机床主轴中心线等高，以避免切不断工件、切断刀崩刃或折断的情况出现。

（4）镗孔刀的装夹　用车刀加工内孔通常称为镗孔，使用的车刀为镗孔刀。在装刀时，刀尖应与机床主轴中心线等高，刀杆基面必须与主轴中心线平行，刀头可略向里偏斜一些，以免镗到一定深度时，刀杆后半部与工件表面相碰。刀杆伸出在允许的情况下尽量短一些，但应保证刀杆的工作长度长于孔深度 3 ~ 5mm；刀杆尾部不能伸出太长，以防刀架转动换刀时与刀架座相撞。

四、对刀操作

对刀的目的是调整数控车床每把刀的刀位点，这样在刀架转位后，虽然各刀具的刀尖不在同一点上，但通过刀具补偿，将使每把刀的刀位点都重合在某一理想位置上，编程者只按工件的轮廓编制加工程序而不必考虑不同刀具长度和刀尖半径的影响。

数控车床的对刀方法较多，下面主要介绍先将工件零点通过补正/形状设在卡盘右端面、再通过 G54 ~ G59 偏移工件零点功能、按照工件伸出长度不同将工件零点偏到工件右端面的试切对刀方法。

1. 外圆刀对刀（1 号刀）

1）选择“工作方式选择按钮”为 MDI 方式，显示屏将显示图 6-38 所示的页面。如果没有显示此页面，则按功能按键中的“PROG”键，进入该页面。在键盘上分别按“T0101”→“M3”→“S600”；→按“INSERT”→“循环启动按钮”，换上 1 号刀，并使主轴按 600r/min 转动。

2）选择“工作方式选择按钮”为手摇方式，利用“脉冲手轮”并结合“脉冲单位”移动 1 号刀，切削端面，如图 6-39a 所示，切削完端面后，不要移动 Z 轴，按“+X”方向以原进给速度退出。退出后，按下“主轴停止按钮”，使主轴停止。用深度游标卡尺测出工件右端面到三爪自定心卡盘卡爪端面之间的距离，如图 6-39b 中的 83.26mm。

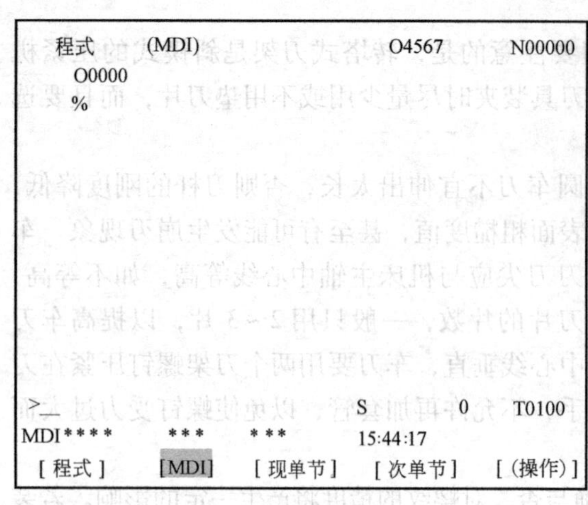

图6-38　MDI页面

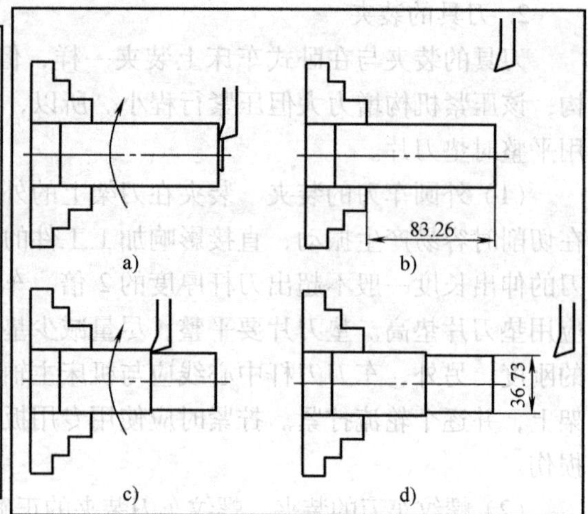

图6-39　试切端面及外圆

3）按功能键中的"OFS/SET"键，进入如图6-40所示的坐标系页面，确认G54下Z值应为0（X值一般为0）。如果不为0，将光标移动到G54下Z的位置，在键盘上按"0"→"输入"→按下"RESET"。继续按功能键中的"OFS/SET"页面下补正/形状对应的"软键"进入图6-41所示的页面，利用键盘上的"光标移动键"使光标移动到"G01"Z的位置，在键盘上按"Z83.26"→"测量"，完成1号刀Z向的对刀。

工件坐标系设定　　O4567　　N00035

G54

番号		数据	番号		数据
00	X	0.000	02	X	0.000
(EXT)	Z	0.000	(G55)	Z	0.000
01	X	0.000	03	X	0.000
(G54)	Z	0.000	(G56)	Z	0.000

\>　　S　0　T0100

JOG****　***　***　15:44:17

[补正]　[SETING]　[坐标系]　[　]　[(操作)]

图6-40　工件坐标系设置页面

工具补正/形状　　O4567　　N00035

番号		X	Z	R	T
G	01	−190.516	−352.122	0.000	3
G	02	−165.981	−372.422	0.000	0
G	03	−198.566	−375.928	0.000	0
G	04	0.000	0.000	0.000	0
G	05	0.000	0.000	0.000	0
G	06	0.000	0.000	0.000	0
G	07	0.000	0.000	0.000	0
G	08	0.000	0.000	0.000	0

现在位置　（相对位置）

U　−19.288　W　−191.302

\>_　　S　0　T0100

JOG****　***　***　15:44:17

[磨耗]　[形状]　[　]　[　]　[(操作)]

图6-41　刀具刀补设置页面

4）继续在手摇工作方式，重新使主轴转动；利用手摇脉冲移动1号刀，试切外圆，如图6-39c所示。切完一段外圆后（切削长度只要方便测量即可），不要移动X轴，按"+Z"方向以原进给速度退出。退出后，按下"主轴停止按钮"，使主轴停止。用外径千分尺测量试切部分的外圆直径，如图6-39d中的ϕ36.73mm。

5）再次进入如图6-41所示的页面，使光标移动到"G01"下X处，在键盘上按"X36.73"→"测量"，完成1号刀X向对刀。

6）完成对 1 号刀的对刀后，利用“手摇脉冲”或手动方式加方向键使刀架离开工件，退回到换刀的安全位置。

2. 切槽刀对刀（2 号刀）

1）选择“工作方式选择按钮”为 MDI 方式，在键盘上分别按“T0202”→“M3”→“S600”→按“INSERT”→“循环启动”，换上 2 号刀，并使主轴按 600r/min 转动。

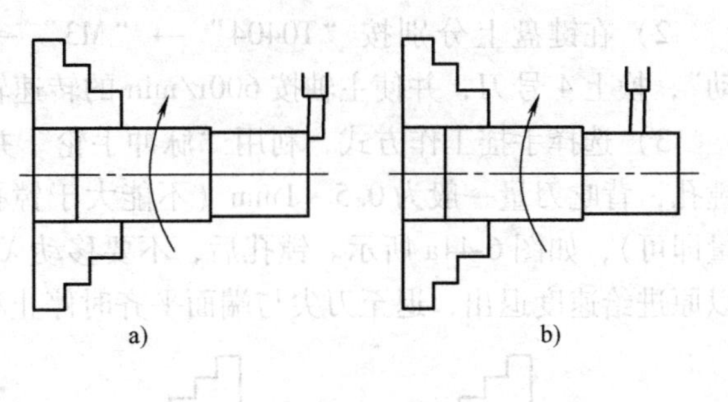

图 6-42　切槽刀的对刀

2）选择手摇工作方式，利用“脉冲手轮”并结合“脉冲单位”移动 2 号刀，使 2 号刀刀尖与已加工好的端面接触（在接近端面时，可采用 X10 的脉冲单位逼近），如图 6-42a 所示。进入图 6-41 所示的页面，把光标移动到“G02”下的 Z 位置，在键盘上按“Z83. 26”→“测量”，完成 2 号刀 Z 向的对刀。

3）继续利用“脉冲手轮”并结合“脉冲单位按钮”移动 2 号刀，使 2 号刀切削刃与已加工好的外圆接触（在接近外圆时，可采用 X10 的脉冲单位逼近），如图 6-42b 所示。进入图 6-41 所示的页面，把光标移动到“G02”下的 X 处，在键盘上按“X36. 73”→“测量”，完成 2 号刀 X 向的对刀。

4）完成对 2 号刀的对刀后，利用“手摇脉冲”或手动方式加方向键使刀架离开工件，退回到换刀的安全位置。

3. 螺纹刀对刀（3 号刀）

1）选择“工作方式选择按钮”为 MDI 方式，在键盘上分别按“T0303”→“M3”→“S600”；→按“INSERT”→“循环启动”，换上 3 号刀，并使主轴按 600r/min 转动。

2）选择手摇工作方式，利用“脉冲手轮”并结合“脉冲单位按钮”移动 3 号刀，使 3 号刀刀尖与已加工好的外圆接触（在接近外圆时，可采用 X10 的脉冲单位逼近），如图 6-43 所示。当在外圆表面出现一条切痕时，可边沿 +Z 移动，边观察切削情况，如果仍然有切屑，则刀具沿 +X 作 X1 或 X10 的增量进给，使刀尖恰好与外圆接触为最佳。刀具继续沿 +Z 移动，当观察到刀尖与端面平齐时，停止移动（刀尖与端面只要大致平齐即可，它不影响螺纹的切削）。

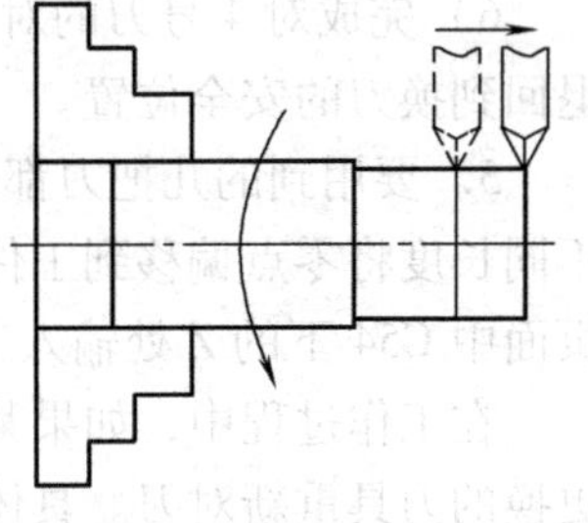
图 6-43　螺纹刀的对刀

3）进入图 6-41 所示的补正/形状页面，把光标移动到“G03”一行的 X 处，在键盘上按“X36. 73”→“测量”；把光标移动到“G03”一行的 Z 处，在键盘上按“Z83. 26”→“测量”，完成 3 号刀的对刀。

4）完成对 3 号刀的对刀后，利用“手摇脉冲”或手动方式加方向键使刀架离开工件，退回到换刀的安全位置。

4. 镗孔刀对刀（4 号刀）

1）选择工作方式选择按钮为 MDI 方式，在键盘上分别按“M3”→“S450”→“循环启动”，使主轴按 450r/min 的转速转动，用 ϕ20mm 钻头在工件右端面上钻一个深 25 ~ 30mm 的孔，钻完孔后退出尾座。

2）在键盘上分别按“T0404”→“M3”→“S600”；→按“INSERT”→“循环启动”，换上4号刀，并使主轴按600r/min的转速转动。

3）选择手摇工作方式，利用“脉冲手轮”并结合“脉冲单位按钮”移动4号刀，进行镗孔，背吃刀量一般为0.5～1mm（不能大于镗孔尺寸），镗出约10mm长的内孔（方便测量即可），如图6-44a所示。镗孔后，不要移动*X*轴（以免刀具撞上工件），按“+Z”方向以原进给速度退出，退至刀尖与端面平齐时停止移动，如图6-44b所示。

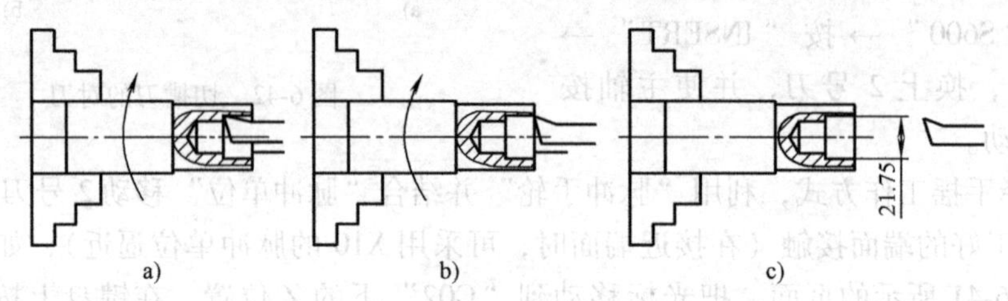

图6-44 镗刀的对刀

4）进入图6-40所示的补正/形状页面，把光标移动到“G04”一行的Z处，在键盘上按“Z83.26”→“测量”，完成4号刀的*Z*向的对刀。

5）设置完毕后，继续按“+Z”方向移动，移动到一定位置后（以方便测量为原则），按下“主轴停止按钮”，使主轴停止转动。用内径千分尺测出所镗孔的内径，如图6-44c中的21.75mm。在图6-41所示的补正/形状页面中，把光标移动到“G04”一行的X处，在键盘上按“X21.75”→“测量”，完成4号刀的*X*向的对刀。

6）完成对4号刀的对刀后，利用“手摇脉冲”或手动方式加方向键使刀架离开工件，退回到换刀的安全位置。

5. 要用到的几把刀都通过补正/形状将零点建在卡盘右端面后，要按照加工零件伸出的不同长度将零点偏移到工件的右端面（如果你是用G54建立工件坐标系，那么就在图6-40页面中G54下的Z处输入工件右端面到卡盘右端面的距离），否则当心刀具会撞上卡盘。

在工作过程中，如果某把刀具出现崩刀，那么重新装上刀具或更换合金刀片后，只需对更换的刀具重新对刀。具体操作如下：

1）如果便移工件坐标系值设定在G54中，那么把图6-40页面中G54的Z值重新设为0，然后按“RESET”键；如果工件坐标系设定在G55～G59中的任一个，那么在“MDI”方式中执行一下G54的指令即可（当然G54中Z必须为0）。

2）在工件上找到一个能测量外径且不影响最终表面质量的外圆面和一个能测量或知道其至卡爪之间距离的端面或台阶面，测出直径与轴向距离。

3）利用上面对刀的方法进行下一步的操作。

五、对刀正确性校验

对完各刀具后，各刀具刀位点是否正确；或他人使用过的车床你上去使用，其刀位点是否正确，可通过下面的方法进行校验。

选择MDI工作方式，在键盘上分别按“G98”→“G1”→“X36.73”（对镗刀应是X21.75）→“Z83.26”→“F500”→“T0×0×”→“M×”→“S600”→“循环启动”，使主轴转动、刀具移动，观察刀尖是否准确停止在工件的角点位置（按循环启动按钮后，将页面切换到POS界面观察刀具与工件的距离和余移动量是否一致。如果不一致，而且相差很大，比如：刀具与工件的距离只有大概 10mm 而余移动量还有 −50 甚至更多，应及时停止刀具移动）。

对于校验他人使用后的车床，则先用外圆刀车端面与外圆。上面 X、Z 后面的数值按测得的数值输入。

六、工件坐标系设定

通过上面对刀所得到的工件坐标系原点，在卡爪右端面与主轴轴线的交点处，而编程的原点一般取在工件右端与轴线的交点处，见图 6-45。这两者之间有一个轴向距离，也就是有一个 Z 方向的偏置量，所以有时把工件坐标系设定称为工件坐标系的偏置。设定工件坐标系的操作如下：

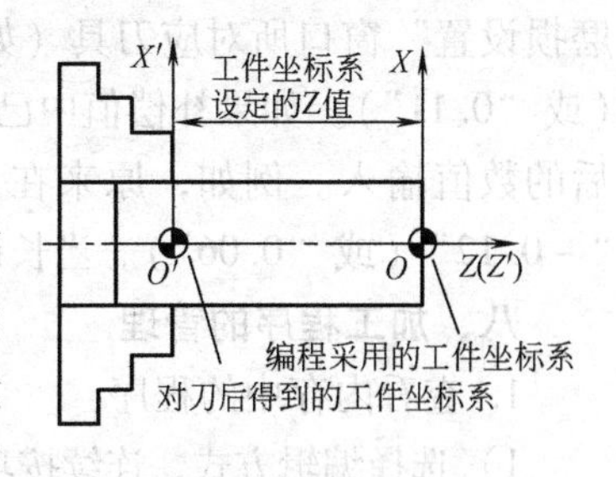

图 6-45　对刀与编程的工件坐标系

1）装夹好要加工的棒料（注意对刀用的棒料不一定作为加工用的棒料）。

2）用深度游标卡尺测出棒料右端面至卡爪之间的长度，如长度为 89. 12mm。

3）连续按功能键中的“OFS/SET”键，进入如图 6-37 所示的工件坐标系设定页面，或在图 6-41、图 6-47 中按［坐标系］对应的“软键”，进入如图 6-46 所示的页面，按该页面［坐标系］对应的“软键”，同样可以进入图 6-40 所示的页面。

工件坐标系设定　　O4567　　N00035

G54

番号		数据	番号		数据
00	X	0.000	02	X	0.000
(EXT)	Z	0.000	(G55)	Z	0.000
01	X	0.000	03	X	0.000
(G54)	Z	0.000	(G56)	Z	0.000

>_　　S　0　T0100

JOG * * * *　　* * *　　* * *　　15:44:17

［补正］　［SETING］　［坐标系］　［　］　［(操作)］

图 6-46　工件平移设置

工具补正/磨耗　　O4567　　N00035

	番号	X	Z	R	T
W	01	0.000	0.000	0.000	0
W	02	0.000	0.000	0.000	0
W	03	0.000	0.000	0.000	0
W	04	0.000	0.000	0.000	0
W	05	0.000	0.000	0.000	0
W	06	0.000	0.000	0.000	0
W	07	0.000	0.000	0.000	0
W	08	0.000	0.000	0.000	0

现在位置　（相对位置）

U　−19.288　W　−191.302

>_　　S　0　T0100

JOG * * * *　　* * *　　* * *　　15:44:17

［磨耗］　［形状］　［　］　［　］　［(操作)］

图 6-47　刀具磨损设置页面

4）利用“光标移动键”移动光标到 G54 位置（设置在其他位置时，把光标移动到要设置的位置），在键盘上输入长度“_”→“输入”，完成工件坐标系的设置。Z 后面的值到底取多少？取决于棒料端面的平整程度：①如果端面是对刀后形成的，则输入 Z89.12；②如果端面是断料（一般采用为机锯）后形成的，较平整，则输入 Z88. 7（一般把测量值减去 0. 3 ~ 0. 5mm）；③如果端面稍微有些倾斜，则输入 Z88. 5（一般把测量值减去 0. 5 ~ 0. 8mm）；④如果端面倾斜较大，则手动切端面后再测量，按测量后的数值输入。

七、刀具的偏移（磨损）设置

当刀具出现磨损或更换刀片后，可以对刀具进行磨损偏移设置，其设置页面见图 6-47。

当刀具磨损后或工件加工后的尺寸有误差时，只要修改“刀具磨损设置”页面中每把刀具相应的补偿值中的数值即可。例如，某工件外圆直径在粗加工后的尺寸应是38.5mm，但实际测得为38.57mm（或38.39mm），尺寸偏大0.07mm（或偏小0.11mm），则在“刀具磨损设置”窗口所对应刀具（如1号刀，则在W01番号中）的X向补偿值内输入“-0.07”（或“0.11”）。如果补偿值中已经有数值，那么需要在原来数值的基础上进行累加，把累加后的数值输入。例如，原来在X向补偿值中已有数值为“-0.05”，则通过累加后输入“-0.12”（或“0.06”）。当长度方向尺寸有偏差时，修改方法类同。

八、加工程序的管理

1. 查看内存中的程序

1）选择编辑方式，连续按功能键中的“PROG键”，显示屏在图6-48与图6-49之间切换。其中图6-48为上次关机前使用过的程序，而图6-49显示的是数控车床内存中所有的程序名。

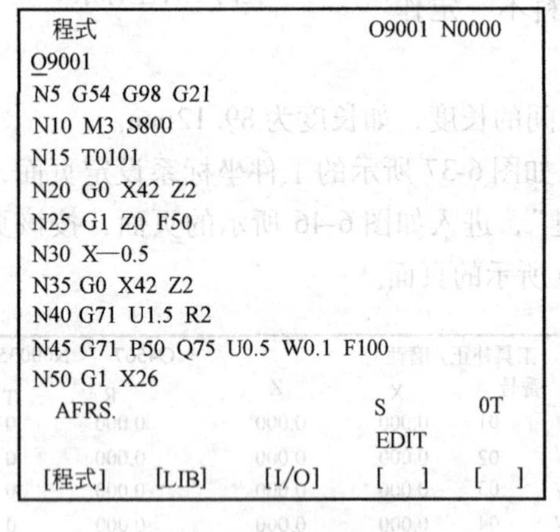

图6-48　程序显示页面

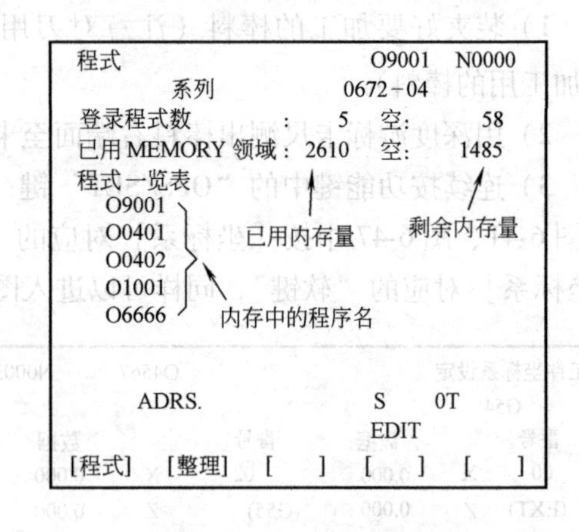

图6-49　程序内存页面

2）在键盘上按“O××××”（程序名），按光标键中的“↓键”，此时所要查看的程序就会在显示屏上如图6-48所示那样显示出来。

2. 输入编辑新的加工程序

对于比较短的加工程序，可采用在数控车床键盘上进行输入；对于比较长的程序，可以在电脑中编辑好，然后用DNC传输的方法输入到数控车床中。

1）选择编辑工作方式，按功能键中的“PROG键”，进入图6-49页面。

2）查看一下输入的新程序名与内存中已经存在的程序名是否重名（内存中程序较多时，可按PAGE中的“↓键”查看内存中的所有程序），如果有重名，则更换一个新的程序名。在键盘上按“O××××”（程序名）→按“INSRT键”→按“EOB键”→按“INSRT键”，此时在显示屏上显示如图6-50的页面（页面中的N5、N10……等程序段号，由系统参数设定，在按“EOB键”和“INSRT键”后系统自动生成）。

3）输入完整个程序后，按“RESET键”使光标返回到程序的起始位置，如图6-48所示。

在输入指令时，“地址”或“字”不会马上进入程序段中，而首先在临时内存中，见图6-50所示。如果发现输入到临时内存中的“地址”或“字”有错误，则按“CAN键”清除。再按下“INSRT键”后，临时内存中的“字”才会真正输入到数控系统内存中，见图

6-50 中 N5 程序段所示。如果发现输入到内存中的“字”有错误，则把光标移动到错误的“字”下，采用下面两种方法进行修改：①重新按入正确的“字”，然后按“ALTER 键”进行替换；②把光标移动到错误的“字”下，按“DELET 键”删除错误的“字”，重新输入正确的“字”。

在输入程序段中最后一个“字”在临时内存中后，可不按“INSRT 键”，而直接按“EOB 键”，这样既可以把临时内存中的“字”输入到数控车床内存中，又可以使程序段换段，从而减少键入次数。

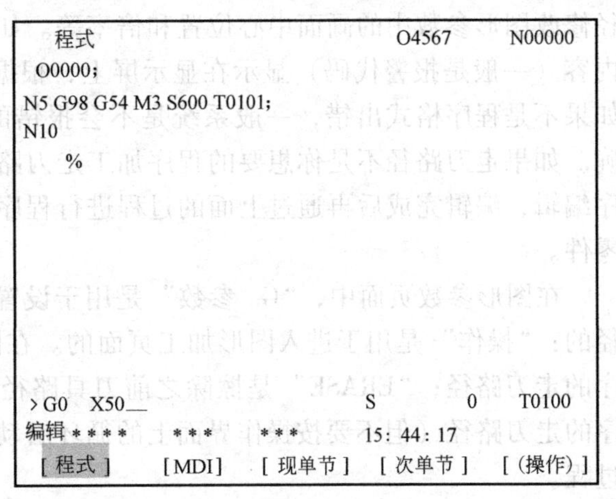

图 6-50 程序输入页面

3. 删除程序

1）选择编辑工作方式，按功能键中的“PROG 键”，进入图 6-49 或图 6-48 页面。

2）在键盘上按“O××××”（要删除的程序名），按“DELET 键”，这样就把不需要的程序删除掉。若要删除所有程序，则在键盘上按“O0000、O9999”，再按“DELET”键即可。

注意：数控系统的内存一般都比较小，因此，应经常检查内存的剩余容量（见图 6-49 中所示）。当内存剩余容量较少时应及时删除不用的程序，以免系统出现内存溢出而死机。

九、程序的校验操作

对于输入到数控系统中的程序其格式是否正确、走刀轨迹是否合理等，可通过程序的校验操作来验证。具体操作如下：

1）选择程序编辑工作方式，调出需要校验加工的程序。

2）选择在自动加工工作方式，按功能键中的“CSTM/GR 键”进入如图 6-51 图形参数页面，按“［操作］”对应的“软键”进入如图 6-52 所示的图形加工页面。

图形参数	O4567	N00035
材料长	W=	0
材料径	D=	0
描画终了单节	N=	0
自动消失	A=	0
限制	L=	0
画面中心坐标	X=	0
	Z=	0
倍率	S=	100

>_ S 0 T0100
JOG **** *** *** 15:44:17
[G参数] [ ] [图形] [扩大] [(操作)]

图 6-51 图形参数页面

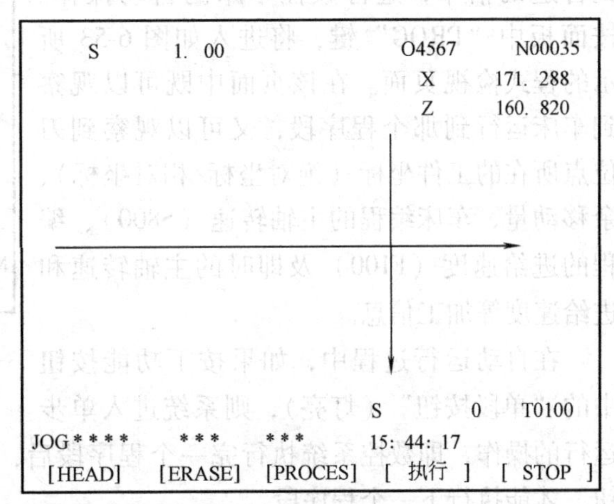

图 6-52 图形加工页面

3）按图形加工界面中的“执行”软键，图形加工界面就开始在坐标中按照当前程序走出当前程序的加工路径。

4）通过画出的走刀路径来判断程序是否正确，其走刀路径中细实线为G01切削进给路径。虚线为G00快速退刀路径。如果在执行过程中看不到走刀轨迹，则可按照工件直径修改图形参数中的画面中心位置和倍率等。如果是程序格式有问题，系统将报警，报警内容（一般是报警代码）显示在显示屏上，根据报警代码查看操作手册，及时修改程序。如果不是程序格式出错，一般系统是不会报错的，但可以从走刀路径来判断程序是否正确。如果走刀路径不是你想要的程序加工走刀路径，你可以回到程序编辑工作状态进行程序编辑，编辑完成后再通过上面的过程进行程序校验，直到程序能够合理加工我们需要的零件。

在图形参数页面中，“G. 参数”是用于设置画面参数的；“图形”是用于显示走刀路径的；“操作”是用于进入图形加工页面的。在图形加工页面中，“HEAD”是重画当前程序的走刀路径；“ERASE”是擦除之前刀具路径；“执行”相当于循环启动开始画当前程序的走刀路径（但不要按操作界面上的循环启动）；“STOP”是停止当前正在执行的画图过程。

对于FANUC 0i Mate—TC这一型号的数控车床我们一般不用机床锁定和空运行功能来校验程序。

十、程序自动操作

1）装夹好棒料，建立好工件坐标系；在编辑工作状态打开所需加工运行的程序；按程序中的工件坐标系指令设置好相应的工件坐标系（如编程中的工件坐标系指令为G58，则相应在图6-40页面按PAGE中的“↓键”进入下一层页面，在G58中设置好Z值）；把“进给倍率旋钮”旋至较小倍率的位置。

2）选择自动加工工作方式，按下“循环启动”按钮，逐渐把“进给倍率旋钮”往大的方向旋，根据切屑及机床的振动情况调整到合适的倍率，进行数控车床的自动操作。按面板中“PROG”键，将进入如图6-53所示的程式检视页面。在该页面中既可以观察到车床运行到那个程序段，又可以观察到刀位点所在的工件坐标（绝对坐标/相对坐标）、余移动量、车床编程的主轴转速（S800）、编程的进给速度（F100）及即时的主轴转速和进给速度等加工信息。

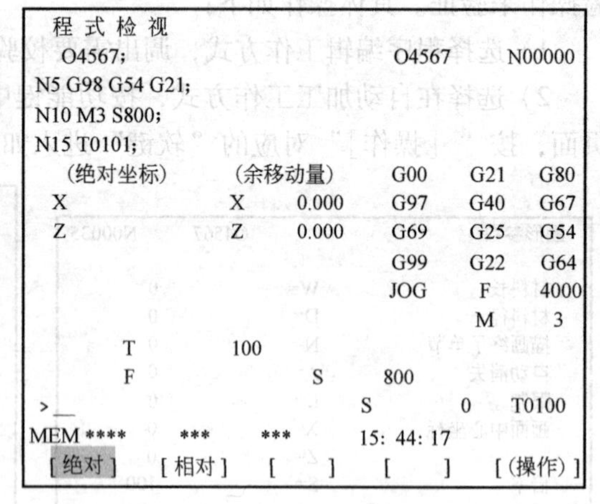

图6-53　自动运行时的检视页面

在自动运行过程中，如果按下功能按钮中的“单段按钮”（灯亮），则系统进入单步运行的操作，即数控系统执行完一个程序段后，进给停止，必须重新按下“循环启动”按钮，才能执行下一个程序段。

对于批量加工的零件，在程序中往往编入了有“/”的程序段，在刚开始加工前几个零件时，由于要对加工的零件进行测量并及时修改刀具的偏置（磨损）量，不要在一些非加工语句的前面加入“/”符号。在加工正常后，可以在一些不需要的非加工语句前面加上“/”符号，或者是删除这些不需要的非加工语句。一般加工完一定数量的零件后，必须对零件进行抽检，以便及时修改刀具的偏置（磨损）量，保证零件加工精度。修改完毕后，重新按下“循环启动”按钮，继续加工零件。

十一、程序的断点作业

在数控车床加工过程中，由于刀具磨损或更换刀片后，必须重新进行刀具的偏置（磨损）量设置，设置好以后必须对系统进行复位操作，即按“RESET 键”进行机床的复位。复位以后的断点作业操作过程如下：

1）选择在编辑工作方式，在“PROG”界面，按“RESET 键”，使光标至程序开始。

2）按“PAG E [↓]”键及光标方向键把光标移动到所要进行断点作业的程序段（重新运行的程序段需有主轴功能及刀具功能，以免主轴没转就与工件发生接触造成撞刀或与选择了不对的刀具发生撞刀）。

3）选择自动加工方式，按“PROG”至程式检视界面，调节最初进给速度，按下“循环启动”按钮，重新进行程序的自动运行。

思 考 题

6-1 工件坐标系设定有哪些方法？

6-2 在 FANUC 数控车床中，怎样进行绝对值编程和增量值编程？

6-3 在粗加工圆弧时，为避免打刀，可采用什么方法进行加工？

6-4 用 G90 指令编写图 6-54 零件中左端 ϕ34mm 外圆的程序。

6-5 用 G71、G70 指令编写图 6-54 零件中右端轮廓的程序。

6-6 用 G75 指令编写图 6-54 零件右端中槽的程序。

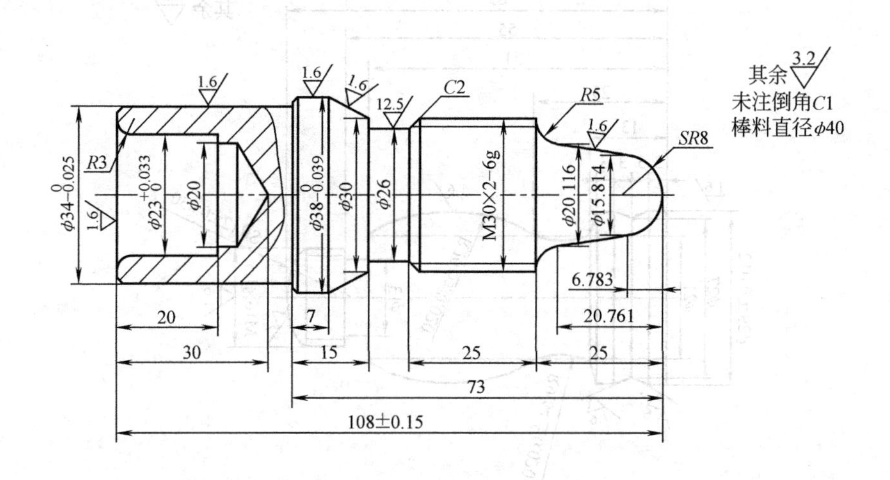

图 6-54 加工零件

6-7 用 G32、G92 指令分别编写图 6-54 零件中螺纹加工的程序。

6-8 用 G76 指令编写图 6-54 零件中螺纹加工的程序。

6-9　用所学指令综合编写图 6-54 零件的加工程序，并列出所用刀具及工艺路线。

6-10　数控车床中有哪些功能启动按钮？各有什么功用？

6-11　哪些情况下数控车床必须重新进行回零操作？

6-12　对刀的目的是什么？

6-13　在加工过程中如果出现某把刀具损坏，是否要对所有的刀具进行重新对刀？具体应怎样操作？

6-14　对刀后得到的工件坐标系可以在什么位置？如果在设定工件坐标系 G54 的 Z 位置处仍为 0，那么能否进行加工运行，为什么？

6-15　怎样进行断点作业？

6-16　编写图 6-55 ~ 图 6-57 的加工工艺、选择刀具及切削参数、编写加工程序和加工可能性分析。

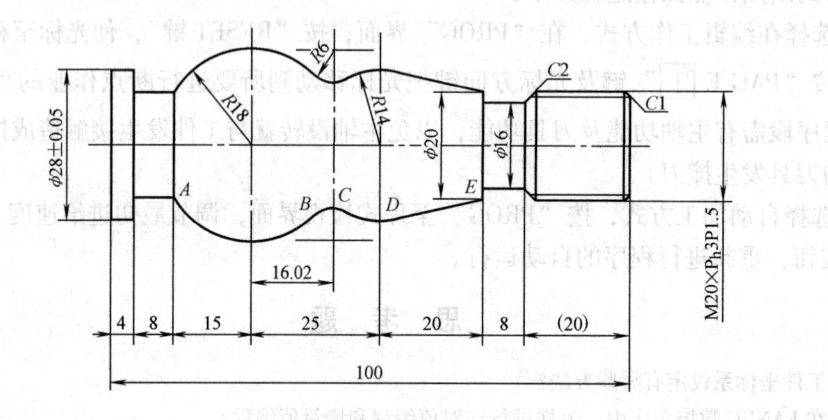

图 6-55　零件图一

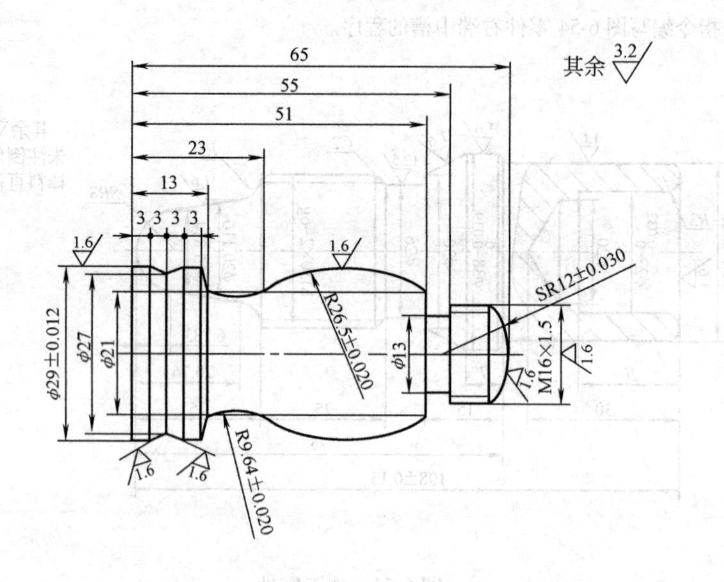

图 6-56　零件图二

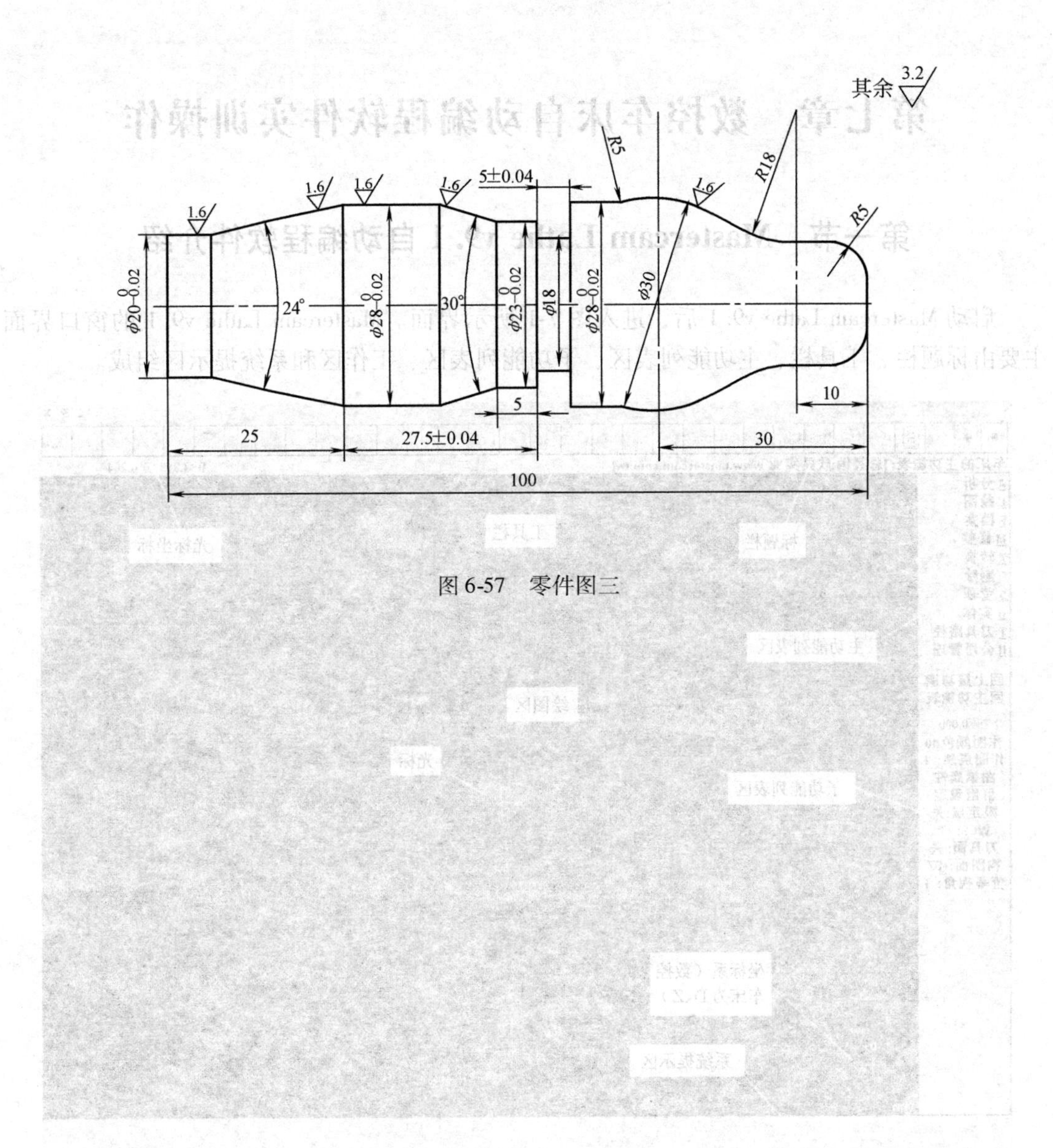
其余 3.2
R5
R18
R5
1.6
1.6
1.6
1.6
1.6
5±0.04
φ20-0.02
24°
φ28-0.02
30°
φ23-0.02
φ18
φ28-0.02
φ30
10
5
25
27.5±0.04
30
100

图 6-57　零件图三

第七章　数控车床自动编程软件实训操作

第一节　Mastercam Lathe v9.1 自动编程软件介绍

启动 Mastercam Lathe v9.1 后，进入图 7-1 所示界面。Mastercam Lathe v9.1 的窗口界面主要由标题栏、工具栏、主功能列表区、子功能列表区、工作区和系统提示区组成。

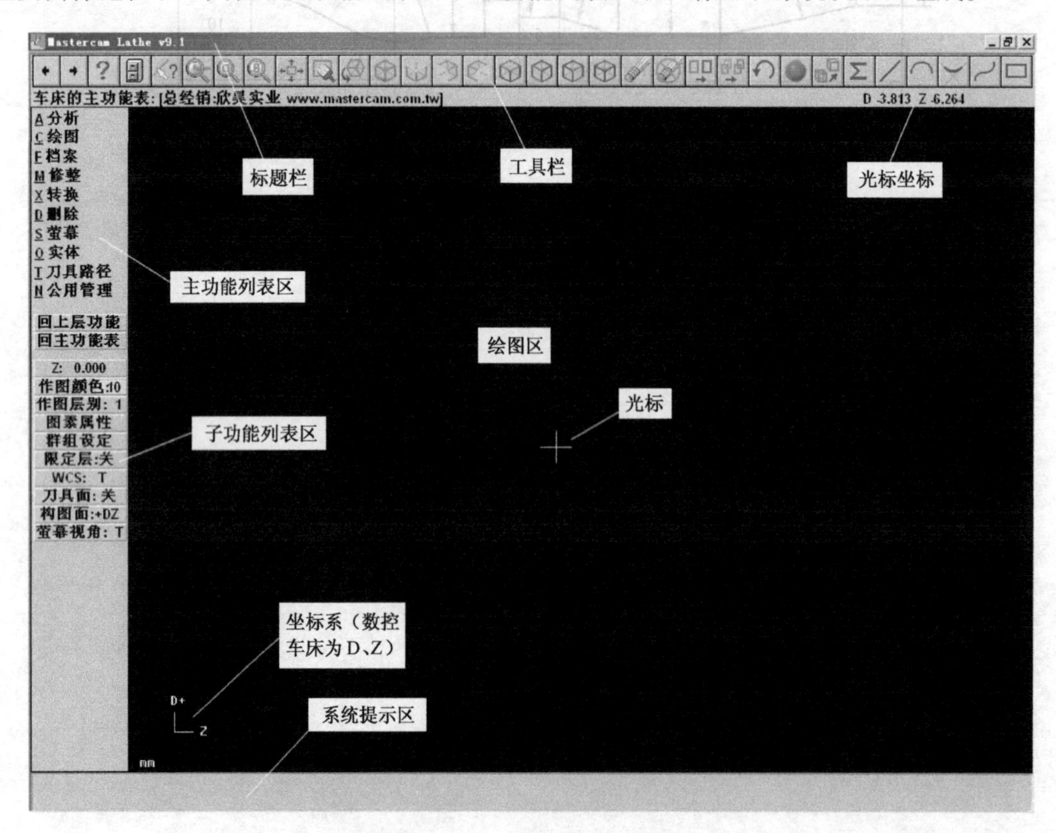

图 7-1　Mastercam Lathe v9.1 启动界面

一、工具栏

Mastercam Lathe v9.1 的工具栏位于主窗口的上方，当光标移动到每个按钮上时，Mastercam Lathe v9.1 会自动显示其对应的功能，如图 7-2 所示。

图 7-2　工具栏与功能提示

图 7-3 为在图 7-2 中单击“下一页➡”按钮，可以看到的其他快捷按钮，这些按钮在主功能列表区和子功能列表区都能找到相应的命令。

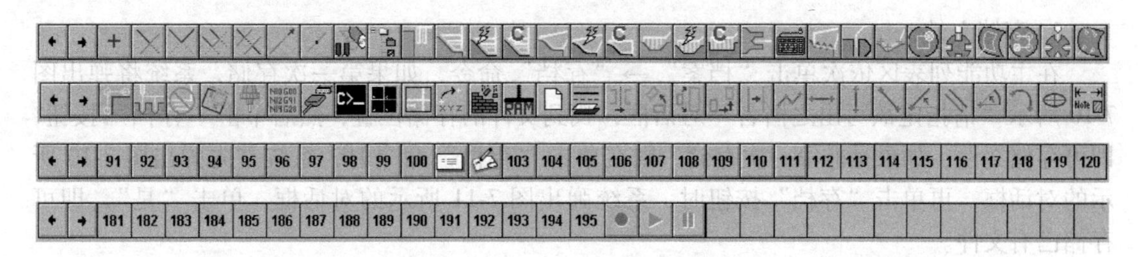

图 7-3 工具栏中的其他快捷按钮

二、主功能列表区和子功能列表区

主功能列表区中显示可供用户选择的命令列表，如图 7-4 所示。在主功能列表区有两个按钮，分别是“上层功能表”和“回主功能表”。利用这两个按钮就可以在命令列表之间寻找需要的命令，并可以方便地返回到上一层命令列表或主功能列表。

例如，单击“档案”命令，主功能列表区变成如图 7-5 所示的档案命令列表；再单击“档案转换”命令，进入如图 7-6 所示的档案转换命令列表；单击“Autodesk”命令，进入如图 7-7 所示的读取与写出命令列表；单击“读取”可以转换其他 CAD/CAM 软件中输出的图形。最后单击“回主功能表”按钮，就回到如图 7-4 所示的主功能列表区。

子功能列表区在 Lathe 中的应用不多，因此不展开说明。

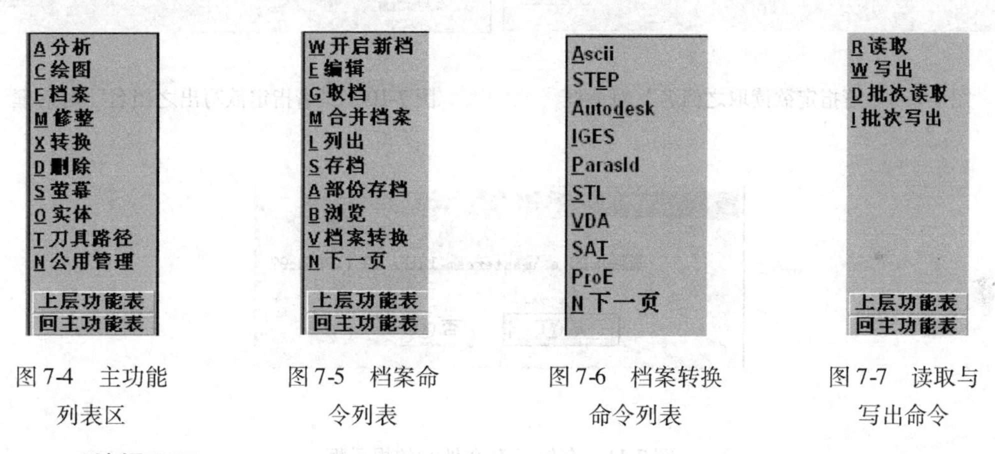

图 7-4 主功能列表区　　图 7-5 档案命令列表　　图 7-6 档案转换命令列表　　图 7-7 读取与写出命令

三、系统提示区

在屏幕的下方有一个专门向用户提供信息的区域，叫做系统提示区，如图 7-1 所示。系统提示区在适当的时候会提供相应的信息，以帮助用户完成所需的操作。

四、文件操作

1. 新建文件

在主功能列表区依次单击“档案”、“开启新档”命令，系统弹出如图 7-8 所示的提示框，单击“是”按钮，即可建立一个以 MC9 为后缀名的文件。

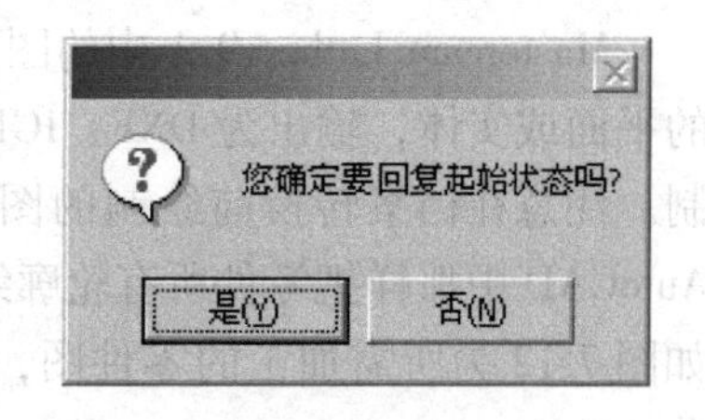

图 7-8 提示框

2. 打开文件

在主功能列表区依次单击“档案”→“取档”命令，弹出图 7-9 所示的“请指定欲读取之档名”对话框，在对话框中选择文件名后单击“开启”按钮，即可打开文件。

3. 存储文件

在主功能列表区依次单击“档案”→“存档”命令，如果第一次存储，系统将弹出图7-10所示“请指定欲写出之档名”对话框，找到文件的存储位置，然后单击“存档”按钮，即可存储文件；如果是非第一次存储，则在单击“存档”命令时，系统首先弹出图7-10所示的对话框，再单击“存档”按钮时，系统弹出图7-11所示的对话框，单击“是”，即可存储已有文件。

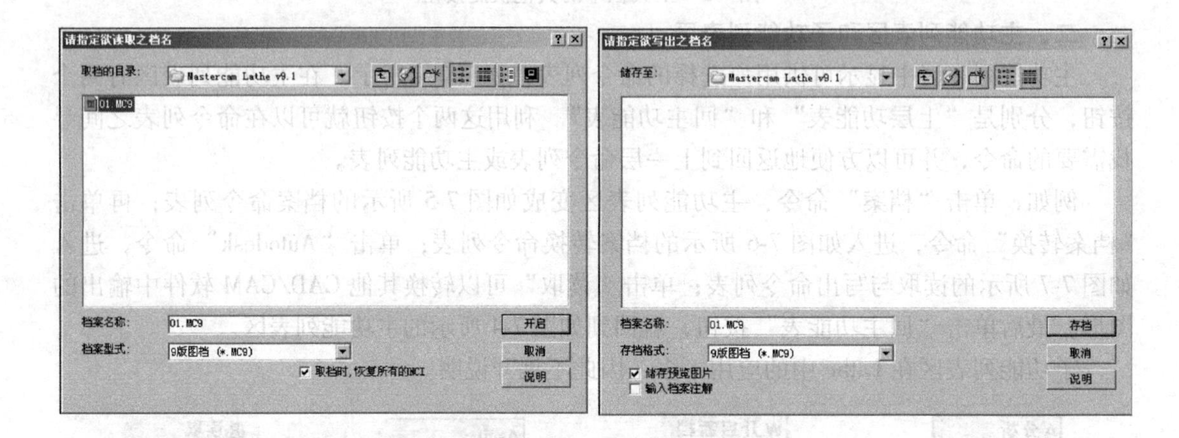

图7-9 “请指定欲读取之档名”对话框　　图7-10 “请指定欲写出之档名”对话框

图7-11 存储已有文件时的提示框

第二节 Mastercam Lathe v9.1的图形绘制与修整

数控车床中加工的零件，完全可以由二维图形所定义，因此，图形的精确生成是很重要的。

Mastercam Lathe v9.1中的图形，用两种方法得到，一是由其他CAD/CAM软件所绘制的平面或实体，输出为DXF、IGES、DWG等文件格式后，通过档案转换而得；二是直接绘制。注意在档案转换前绘制的图形或直接在Mastercam Lathe v9.1中绘制图形，不必像在AutoCAD中那样把零件所有轮廓线全部都画出来，只需要画出其加工部分的轮廓线即可。例如图7-12为所需加工的零件图，而图7-13为轮廓循环加工所需绘制的图（图中粗黑线部分）。

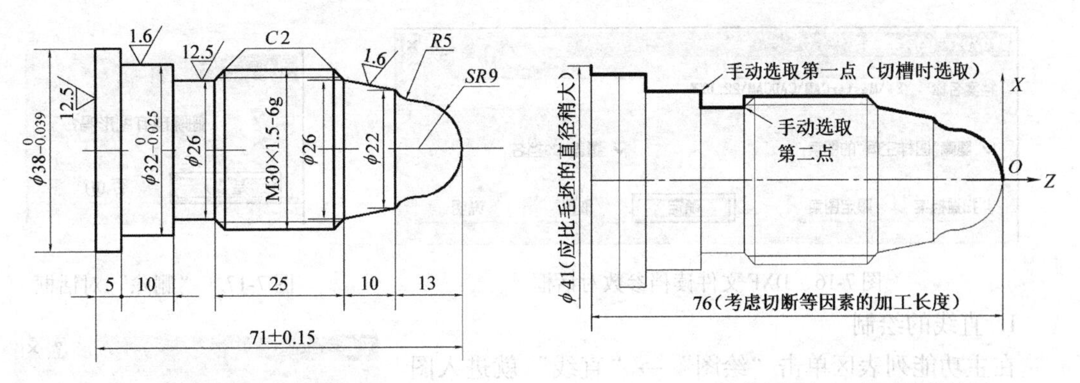

图 7-12　零件图　　图 7-13　轮廓循环加工所需绘制的图

一、图形的档案转换

由于数控车床加工的零件图主要由二维图形所定义，所以，零件图一般在 AutoCAD 中绘制。在 AutoCAD 中绘制完零件图后，把需要加工的零件轮廓（见图 7-13 中的粗黑线部分）图形，进行另外保存。保存文件时在文件类型框中选取后缀为 DXF 的文件格式（这种文件格式在文件转换时不会出现问题，另外文件类型版本尽可能选低一些），如图 7-14 所示。打开 Mastercam Lathe v9. 1，依次按图 7-4 ~ 图 7-7 打开，单击“读取”命令，系统弹出图 7-15 所示对话框（文件类型选择 DXF 档），选取需要的文件；单击“打开”，此时系统又会弹出图 7-16 所示的对话框；单击“确定”，在弹出的图 7-17 对话框中单击“是”，此时可能在 Mastercam Lathe v9. 1 的工作区内什么也没有；单击“适度化”按钮，此时在工作区显示出转换后的图形。但必须对图形作进一步的处理，具体操作如下：首先单击“回主功能表”，然后在主功能列表区依次单击“转换”→“平移”→“所有的”→“图素”→“执行”→“两点间”→单击图形上最右端与轴线的交点（或端点）→“原点”，在弹出的对话框中（见图 7-18）单击“确定”，再单击一下“适度化”按钮。此时，在工作区显示出零件的图形，零件的坐标原点在工件最右端的轴心线上，如图 7-13 中粗黑线所示。

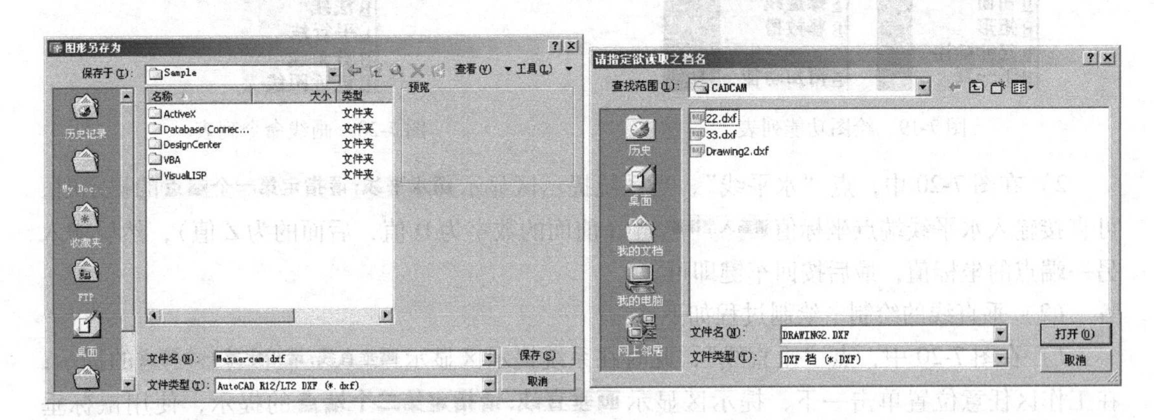

图 7-14　DXF 文件保存对话框　　图 7-15　读取 DXF 文件对话框

二、图形绘制

在 Mastercam Lathe v9. 1 的绘图功能中，主要包括点、直线、圆弧、导圆角、曲线、曲面曲线、曲面、矩形、尺寸标注等（见图 7-19）。下面主要介绍直线与圆弧的绘制。

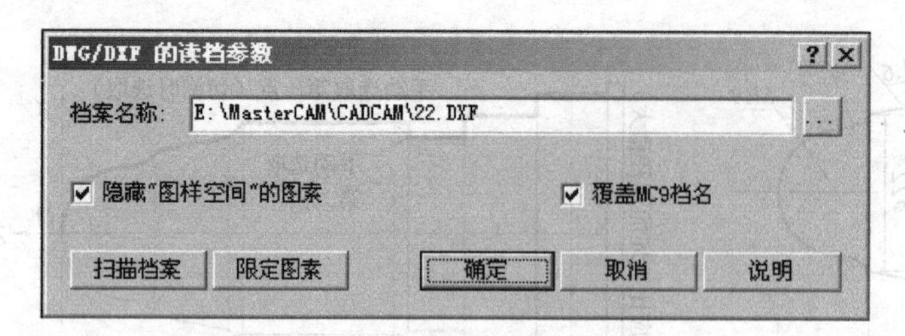

图 7-16　DXF 文件读档参数对话框

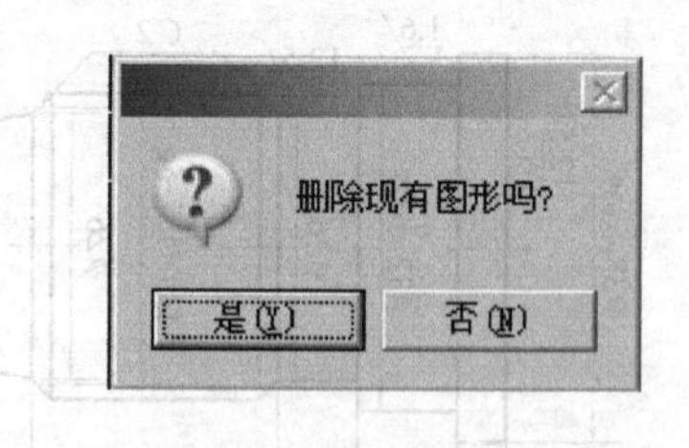

图 7-17　“删除”对话框

1. 直线的绘制

在主功能列表区单击“绘图”→“直线”就进入图 7-20 所示的画线命令列表。

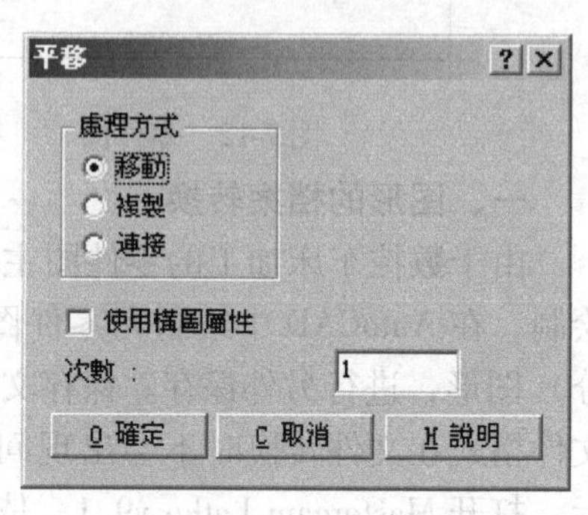

图 7-18　“平移”对话框

（1）水平线的绘制　绘制过程如下：

1）在图 7-20 中，点“水平线”，此时在系统提示区显示**画水平线：请指定第一个端点**的提示；在工作区任意位置单击一下，提示区显示**画水平线：请指定第二个端点**的提示，使用鼠标水平拉出一段距离，然后单击左键确定另一个端点，此时在系统提示区出现**请输入D值 32.8611278371（或按键盘的:X,Y,Z,R,D,L,S,A,?）**的提示，输入该水平线所在的 D 位置值（即编程中的 X 值。注意在 Mastercam Lathe v9. 1 中，系统默认直径绘图，即水平线间的实际距离为零件的半径差），然后按回车键即可。

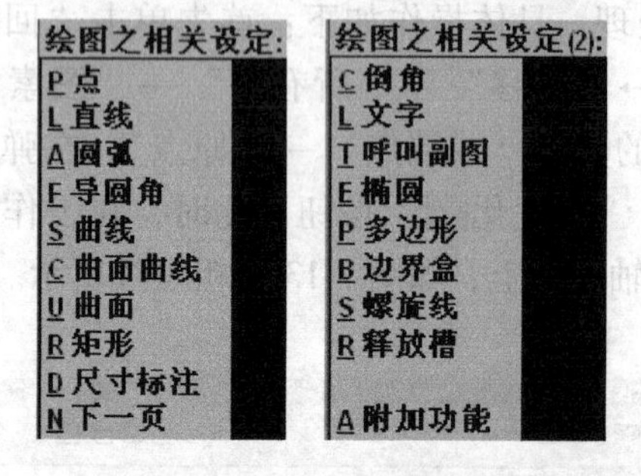

图 7-19　绘图功能列表

图 7-20　画线命令列表

2）在图 7-20 中，点“水平线”，当系统提示区显示**画水平线：请指定第一个端点**的提示时，可直接输入水平线端点坐标值**请输入坐标值: 20,0**（前面的数字为 D 值，后面的为 Z 值），然后输入另一端点的坐标值，最后按回车键即可。

（2）垂直线的绘制　绘制过程如下：

1）在图 7-20 中，点“垂直线”，此时在系统提示区显示**画垂直线：请指定第一个端点**的提示；在工作区任意位置单击一下，提示区显示**画垂直线：请指定第二个端点**的提示，使用鼠标垂直拉出一段距离，然后单击左键确定另一个端点，此时在系统提示区出现**请输入Z坐标 -9.8196543342（或按键盘的:X,Y,Z,R,D,L,S,A,?）**的提示，输入该垂直线所在的 Z 位置值，然后按回车键即可。

2）在图 7-20 中，点“垂直线”，当系统提示区显示**画垂直线：请指定第一个端点**的提示时，可直接输入垂直线端点坐标值**请输入坐标值: 20,-10**，然后输入另一端点的坐标值，最后按回车键即可。

(3) 任意线段的绘制 绘制过程如下:

1) 在工作区已有的图上采用抓点模式确定一个端点 (或直接输入端点坐标值)。

2) 使用抓点模式确定另一个端点 (或直接输入端点坐标值)。

2. 圆弧的绘制

在主功能列表区单击"圆弧"就进入图 7-21 所示的绘制圆弧命令列表。

(1) 点半 (直) 径圆 绘制过程如下:

1) 在系统提示区输入圆的半 (直) 径值。

2) 在工作区已有的图上采用抓点模式确定圆心 (或直接输入圆心坐标值)。

(2) 两点画弧 绘制过程如下:

1) 在工作区已有的图上采用抓点模式确定第一点 (或直接输入坐标值)。

2) 在工作区已有的图上采用抓点模式确定第二点 (或直接输入坐标值)。

3) 在提示区输入半径值, 此时在工作区出现两个圆, 如图 7-22 所示。单击用户所需的圆弧。

(3) 切弧 单击"切弧", 进入图 7-23 所示的画切弧命令列表, 有切一个物体、切两个物体、切三个物体、中心线、切圆外点、动态绘弧等, 具体操作注意系统提示区提示。

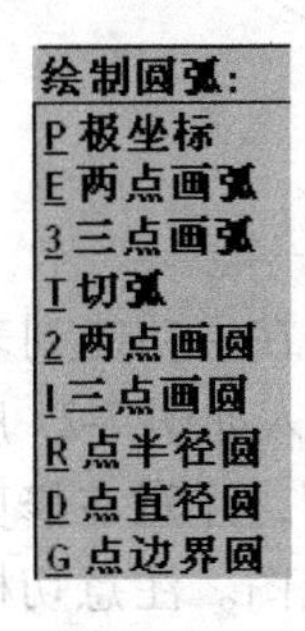

图 7-21 绘圆列表

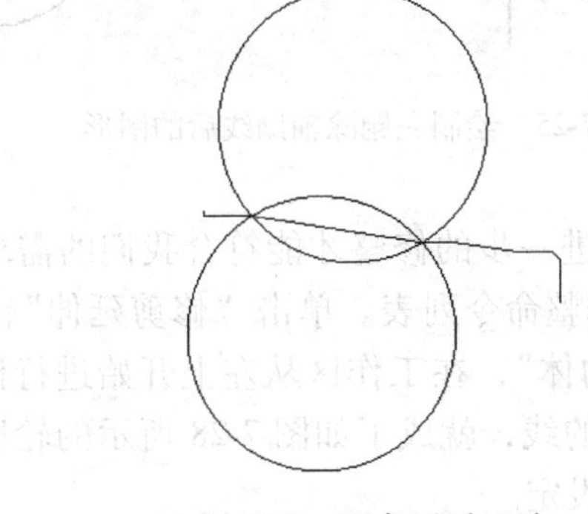

图 7-22 两点画弧显示

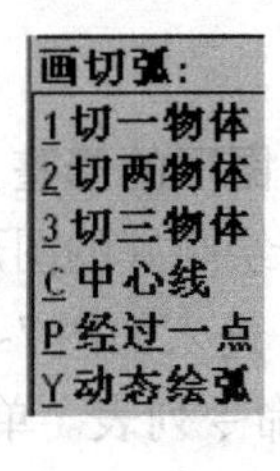

图 7-23 画切弧列表

3. 绘图举例

例如要绘制图 7-13 中的粗线轮廓部分, 其绘制过程如下:

"回主功能表" → "档案" → "开启新档" → "是" (如果原来已绘图, 进一步会提示你是否存档, 存档按存储文件的方法进行) → "回主功能表" → "绘图" → "画弧" → "点半径圆" →输入半径 9, 按回车键→输入 (0, -9), 按回车键→ "上层功能表" → "切弧" → "切一物体" →单击已画圆→点取上面的四等分位→输入半径 5, 按回车键 (此时出现上下两个切圆) →单击上切圆的左侧→ "回主功能表" → "绘图" → "直线" → "水平线" (依次画出直径分别为 22、26、30、32、38、41 的六条水平线) → "上层功能表" → "垂直线" (依次画出 Z 位置分别为 -13、-23、-25、-48、-56、-66、-76 的七条垂直线) → "上层功能表" → "任意线段" →利用抓点画出倒角及 R5 圆弧到倒角间的斜线 (结果如图 7-24 所示) →点"删除"(删除 Z 为 -13、-23、-25 的三条垂直线及直径为 22 的水平线) → "回主功能表"。所画之图如图 7-25 所示。

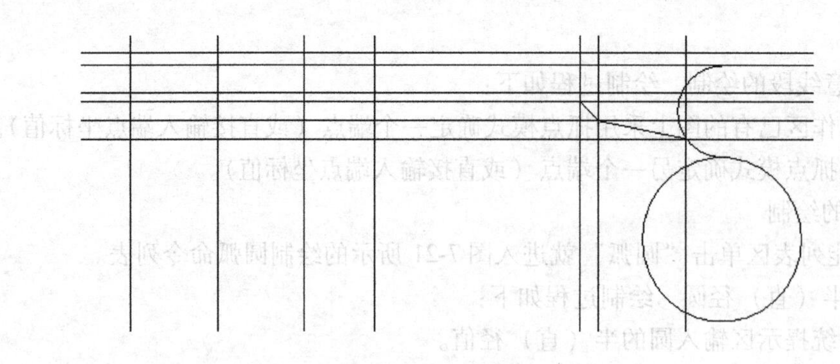

图 7-24　绘制完的图形

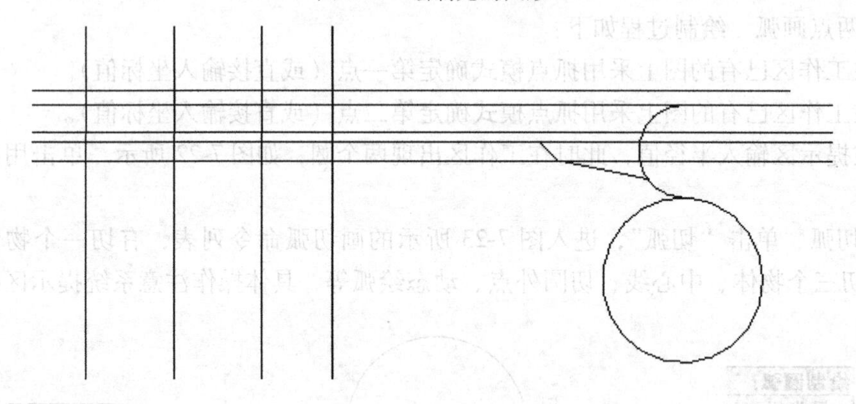

图 7-25　绘制完删除辅助线后的图形

三、图形的修整

对于绘制好的图形，必须作进一步的修整才能符合我们的需求。在主功能列表区单击“修整”，进入如图 7-26 所示的修整命令列表。单击“修剪延伸”，进入如图 7-27 所示的修剪/延伸命令列表。单击“两个物体”，在工作区从左上开始进行修剪，注意在修剪时应单击所保留的图线，最后删除多余的线，就成了如图 7-28 所示的轮廓线图。注意切槽处的倒角不考虑，在切槽加工时由参数设定。

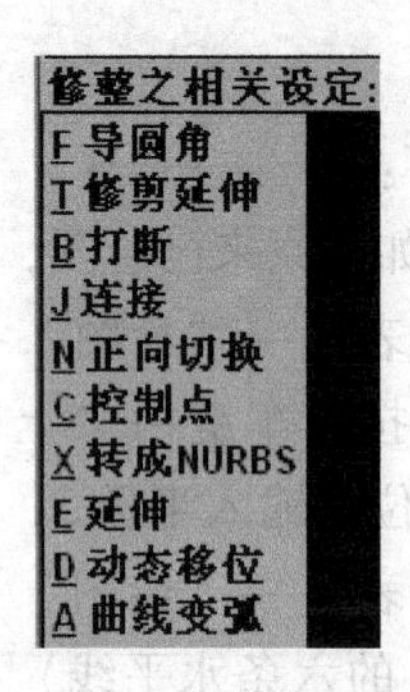

图 7-26　修整命令列表

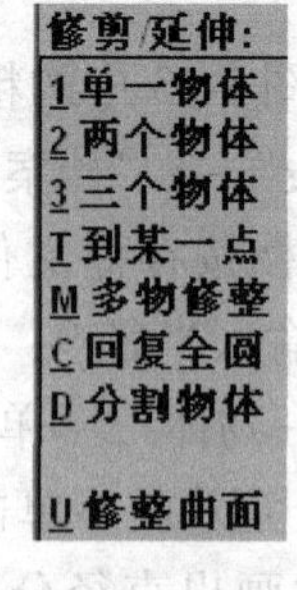

图 7-27　修剪/延伸命令列表

如果不用“修剪延伸”，也可采用打断后删除的方式。在图 7-26 命令列表中单击“打断”，进入图 7-29 打断命令列表，在该列表单击“在交点处”，进入图 7-30 命令列表，单击“窗选”，进入图 7-31 窗选命令列表，单击“矩形”，在工作区框中选择图 7-25 的所有要打

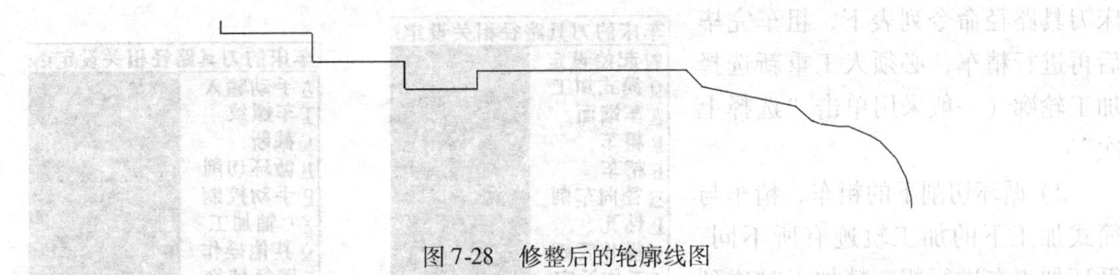

图 7-28　修整后的轮廓线图

断的图素，结束后，命令列表返回到图 7-30，单击“执行”，那么在所有的交点处被打断（见图 7-32）。点“删除”后，点击要删除的直线、圆弧，最后成图 7-28 所示轮廓。

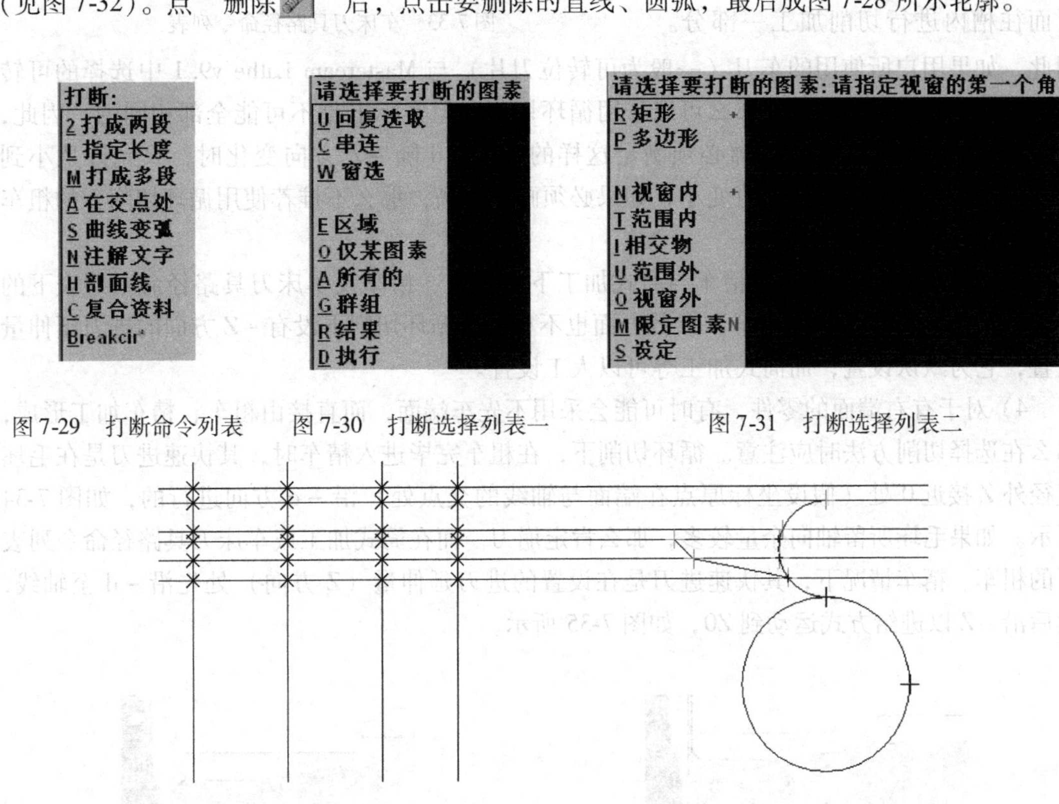

图 7-29　打断命令列表　　图 7-30　打断选择列表一　　图 7-31　打断选择列表二

图 7-32　打断后的轮廓

第三节　Mastercam Lathe v9.1 的刀具路径基本操作

在主功能列表区单击“刀具路径”，就进入图 7-33 所示的车床刀具路径命令列表，列表中列出了 Mastercam Lathe v9.1 所能进行的车削加工，包括简式加工（下级列表有：粗车、精车、径向车削）、粗车、精车、径向车削、钻孔、车螺纹、截断、循环切削（下级列表有：粗车、精车、径向车削、外形重复）等其他加工方式。

简式加工与车床刀具路径列表下的粗车、精车、径向车削及循环切削之间有以下相同及不同点：

1）简式加工下的粗车、精车与车床刀具路径命令列表下的粗车、精车的加工轨迹是相同的。在简式加工下，粗车完毕后进行精车，系统会自动选择上次的加工轮廓进行；而在车床刀具路径命令列表下，粗车完毕后再进行精车，必须人工重新选择加工轮廓（一般采用单击“选择上次”）。

2）循环切削下的粗车、精车与简式加工下的加工轨迹有所不同，循环加工在进行粗、精加工时碰到凹槽时会根据外圆车刀的副偏角情况而往槽内进行切削加工一部分。

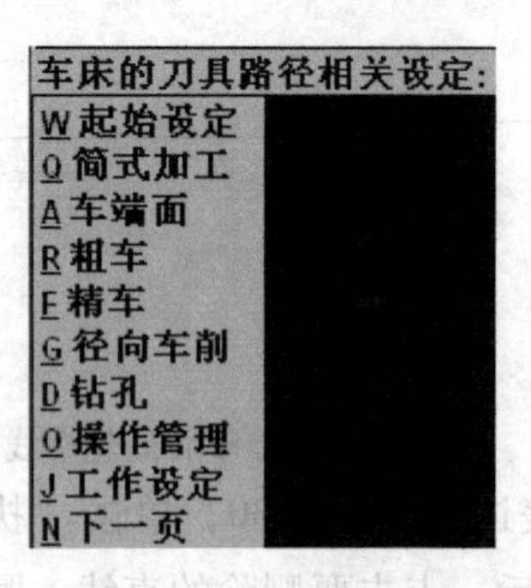

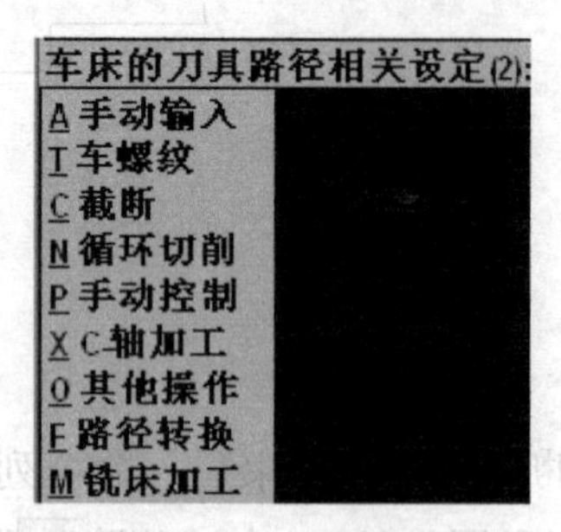

图 7-33 车床刀具路径命令列表

因此，如果用户所使用的车刀（一般为可转位刀片）与 Mastercam Lathe v9.1 中选择的可转位刀片的所有角度都相同，那么可以采用循环切削；但实际上是不可能全部相同的，因此，在画零件轮廓图时，零件轮廓必须满足这样的条件：d 随 -Z 方向变化时，只允许从小到大，中间不允许有任何的 d 值变小；如果必须画上凹槽，那么不推荐使用循环切削下的粗车与精车，以免造成过切。

3）循环切削下的粗车、精车与简式加工下的粗车、精车及车床刀具路径命令列表下的粗车、精车在进刀粗车（精车）参数方面也不相同。循环切削下没有 -Z 方向的进刀延伸量设置，它为默认设置；而简式加工等可以人工设置。

4）对于有右端面的零件，有时可能会采用不先车端面，而直接由粗车、精车加工形成，那么在选择切削方法时应注意。循环切削下，在粗车完毕进入精车时，其快速进刀是在毛坯直径外 Z 接近 0 处（假设坐标原点在端面与轴线的交点处）沿 -d 方向进行的，如图 7-34 所示。如果毛坯所留轴向余量较多，那么肯定崩刀。而在简式加工或车床刀具路径命令列表下的粗车、精车情况下，其快速进刀是在设置的进刀延伸量（Z 方向）处先沿 -d 至轴线，然后沿 -Z 以进给方式运动到 Z0，如图 7-35 所示。

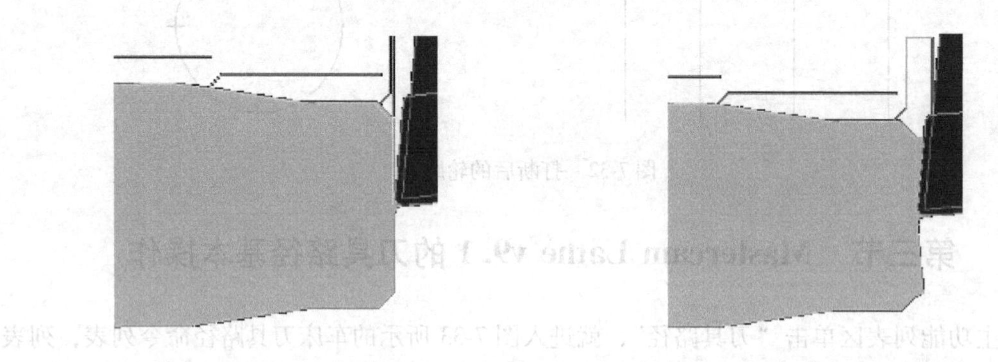

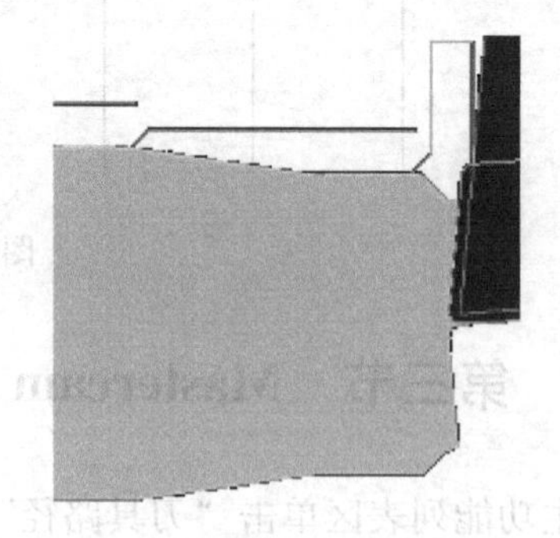

图 7-34 循环切削切端面路径　　图 7-35 简式切削切端面路径

5）循环切削下的“外形重复”，主要用于锻、铸类毛坯，其外形与实际轮廓接近，只需沿轮廓进行重复加工即可。

一、车端面

车端面的操作过程如下：

1）打开、转换或新建所需加工的零件轮廓图。

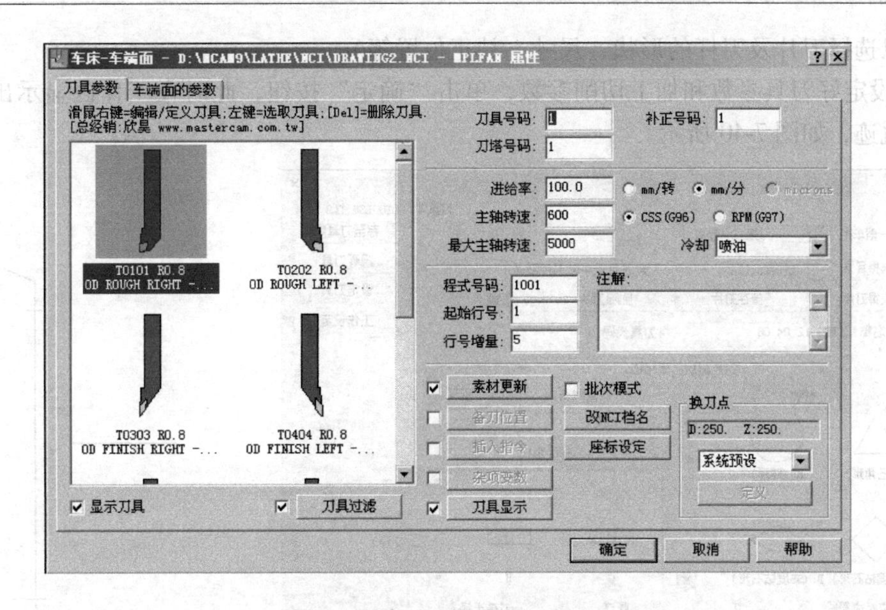

图 7-36　车端面刀具参数对话框

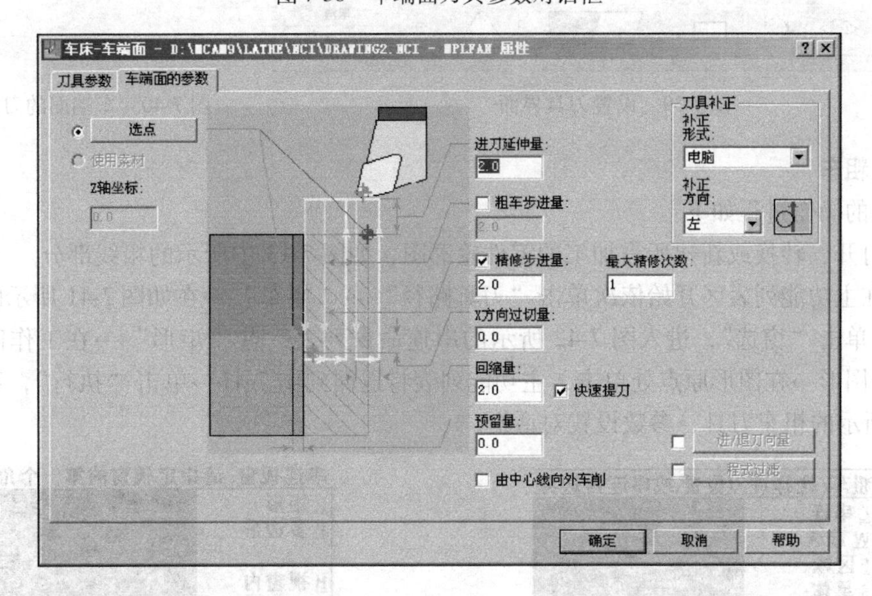

图 7-37　车端面的参数对话框

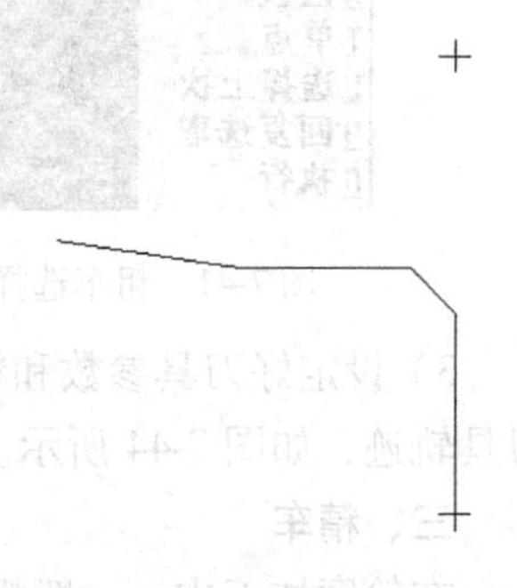

图 7-38　车端面输入点位置

2）在主功能列表区开始依次单击“刀具路径”→“车端面”，系统弹出图 7-36 所示对话框，点“车端面的参数”进入图 7-37 所示的对话框。在该对话框中单击“选点”后，可以选择已存在的点或输入需加工端面的起始与终止点，如直接输入（41，0）（假定零件毛坯直径为 40mm），按回车→输入（0，0），按回车，在工作区的图上显示出车端面所决定的两个“点”，如图 7-38 所示。同时系统返回如图 7-37 所示的车端面的参数对话框。返回到图 7-36“刀具参数”对话框中，双击刀具图形，系统将弹出如图 7-39 所示的刀具设置对话框，在该对话框中可以选择刀片及刀杆的形状、尺寸、补正位置等。

3）设定好刀具参数和加工切削参数，单击“确定”按钮，此时在工作区显示出车端面的刀具轨迹，如图7-40所示。

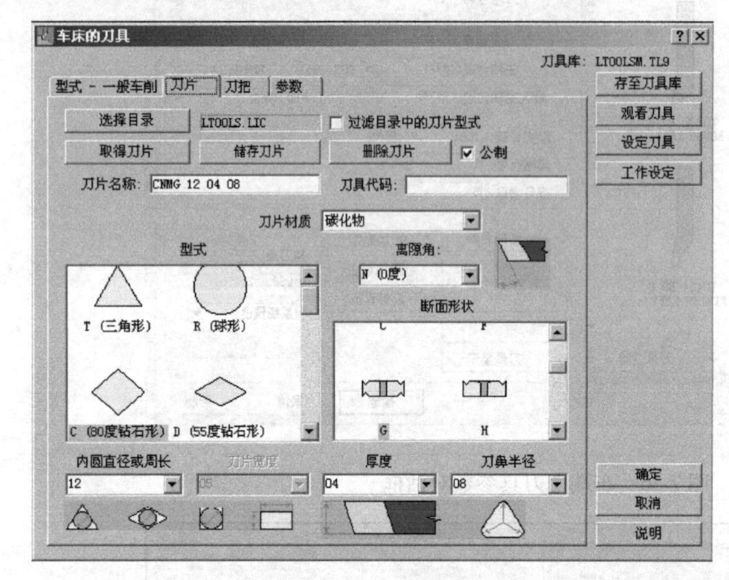
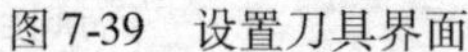
图7-39　设置刀具界面

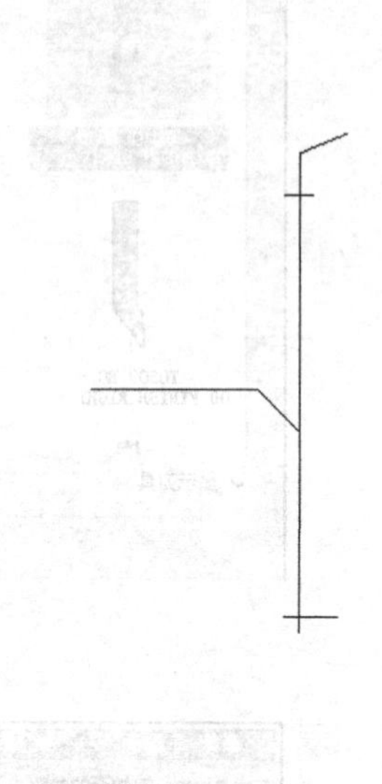
图7-40　车端面的刀具轨迹

二、粗车

粗车的操作过程如下：

1）打开、转换或新建所需加工的零件轮廓图，如图7-13中所示的粗线部分。

2）在主功能列表区开始依次单击“刀具路径”→“粗车”→在如图7-41所示的粗车命令列表中单击“窗选”，进入图7-42所示的串连命令列表，点“矩形”→在工作区用矩形框中整个图形→在图形原点处单击，主功能列表将返回到图7-41→单击“执行”，系统弹出图7-43所示的粗车刀具、参数设置对话框。

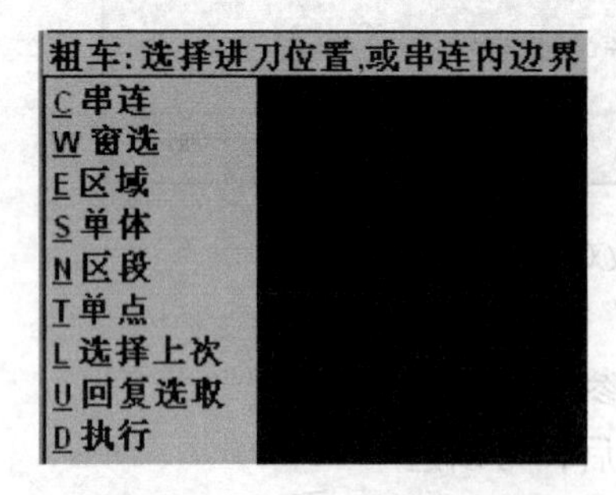

图7-41　粗车选择命令列表

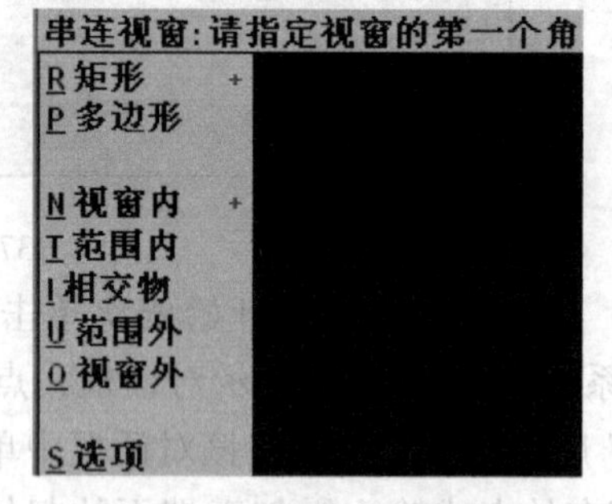

图7-42　粗车串连列表

3）设定好刀具参数和粗车切削参数，单击“确定”按钮，此时在工作区显示出粗车的刀具轨迹，如图7-44所示。同时主功能表返回到图7-33所示的车床刀具路径命令列表。

三、精车

在轮廓加工中，一般粗车完毕后马上进行精加工，操作过程如下：

1）在粗车完毕返回到刀具路径命令的列表中，单击“精车”，进入如图7-41相类似的精

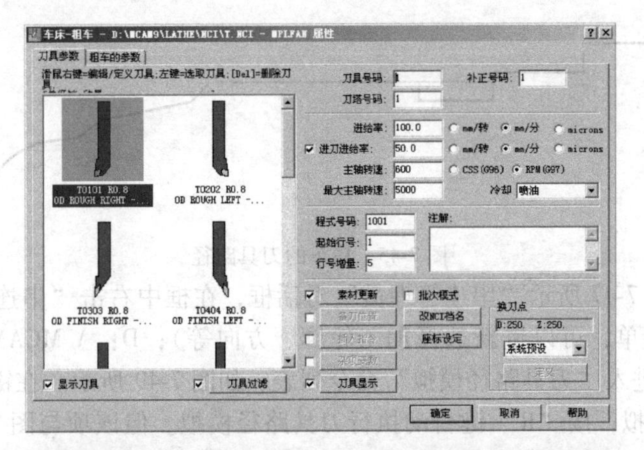

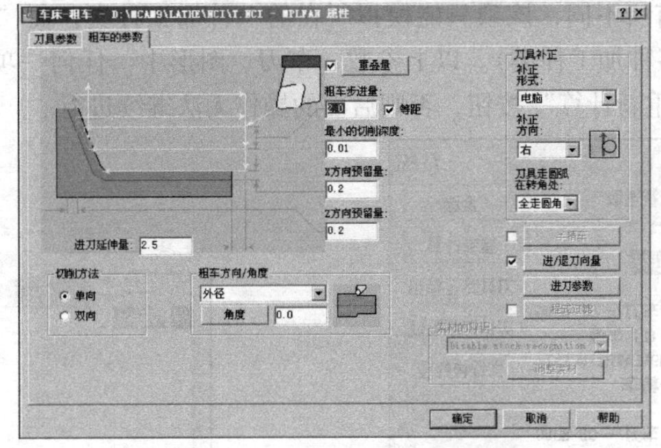

图 7-43　粗车刀具、参数设置对话框

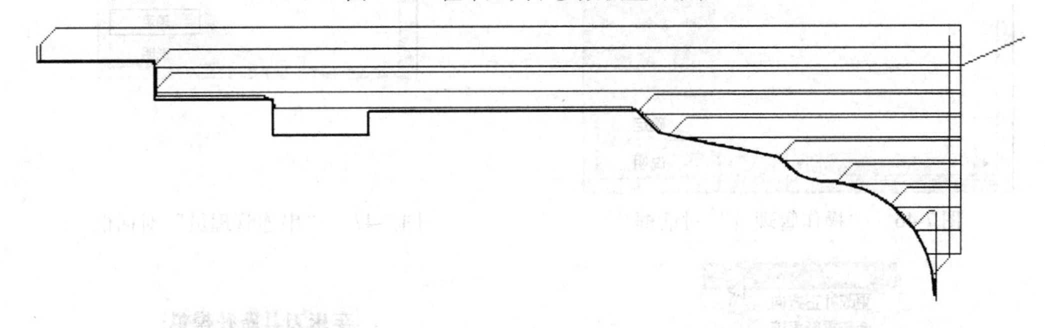

图 7-44　粗车的刀具路径

车列表，在该列表中单击“选择上次”与“执行”，系统弹出与图 7-43 相类似的精车对话框。

2）设定好刀具参数和精车切削参数，单击“确定”，此时在工作区显示出精车的刀具轨迹，如图 7-45 所示。同时主功能表返回到图 7-33 所示的车床刀具路径命令列表。

粗车、精车设置完毕后，其最终的加工效果如何呢？在 Mastercam Lathe v9.1 中提供了强大的二维及三维模拟功能，单击图 7-33 中的“操作管理”，系统弹出如图 7-46 所示的“操作管理员”对话框，在该对话框的“刀具路径群组 1”下列出了已设定的加工种类（如粗车、精车等），在每项加工种类下又列出了：参数（双击进入图 7-43 所示的对话框，可以重新设置加工参数）；车刀（双击进入图 7-39 所示的车刀设置对话框，可以重新设置刀具）；

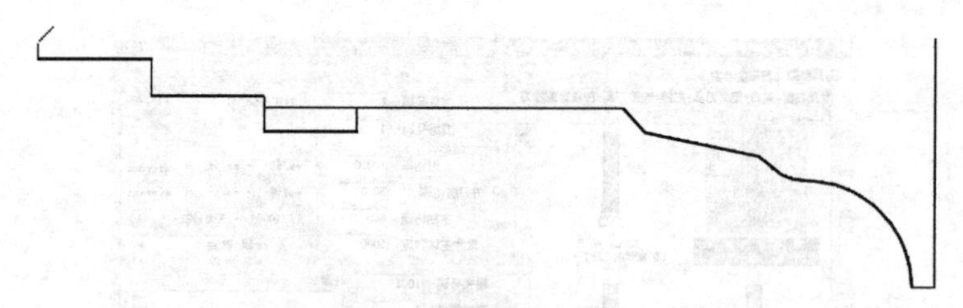

图 7-45　精车的刀具路径

图形（双击进入图 7-47 所示"串连管理员"对话框，在框中右击"串连 1"将弹出图 7-48 所示的串连右键菜单，可以重新选择加工轮廓、方向等）；D：\ MCAM9 \ LATHE \ ……（双击，主功能表进入"刀具路径模拟"命令列表，如图 7-49 所示。在键盘上按"S"键手动控制刀具路径模拟；按"R"键自动执行刀具路径模拟。但该项与图 7-46 中右侧的"刀具路径模拟"按钮有所不同，该项只能模拟所在的一种加工种类；而"刀具路径模拟"按钮可以模拟一种或多种加工种类）。以上参数、车刀、图形中，任何一项方式改变，都需单击图 7-46 右侧的"重新计算"按钮，否则后面的操作无法继续进行。

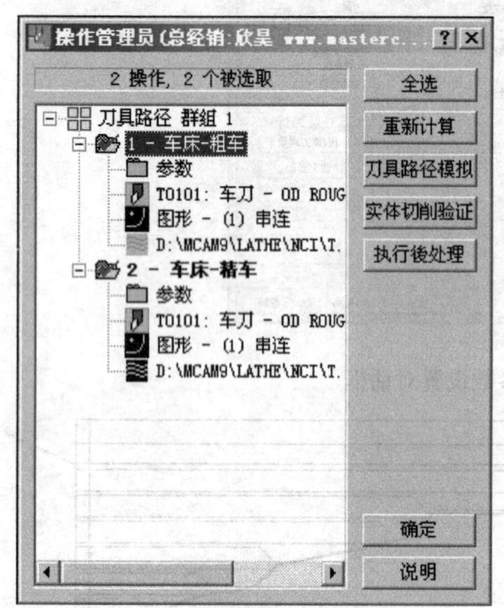

图 7-46　"操作管理员"对话框

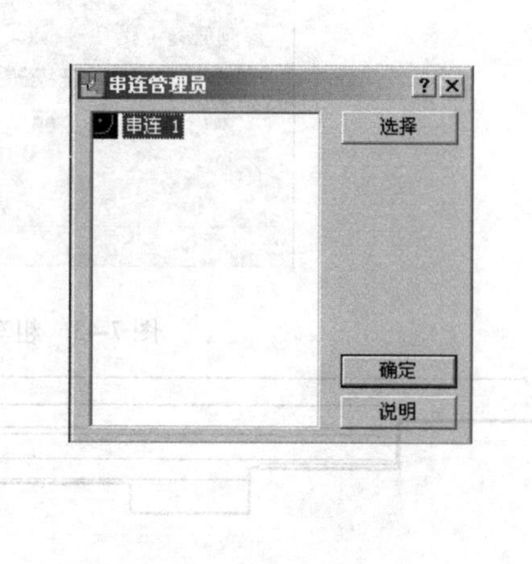

图 7-47　"串连管理员"对话框

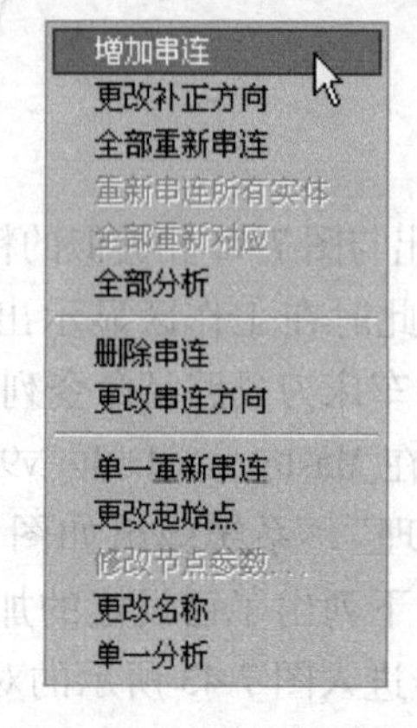

图 7-48　串连右键菜单

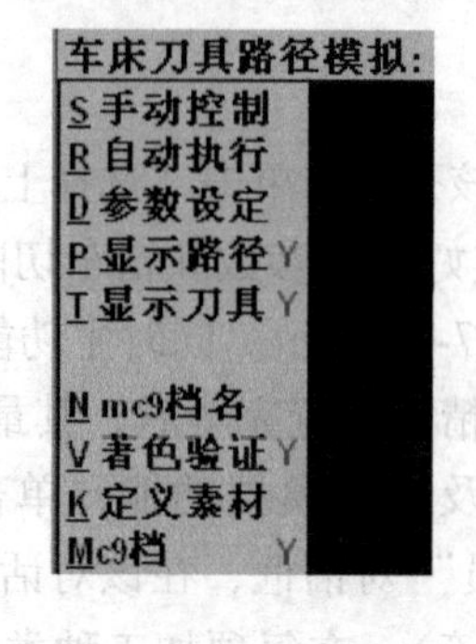

图 7-49　刀具路径模拟操作列表

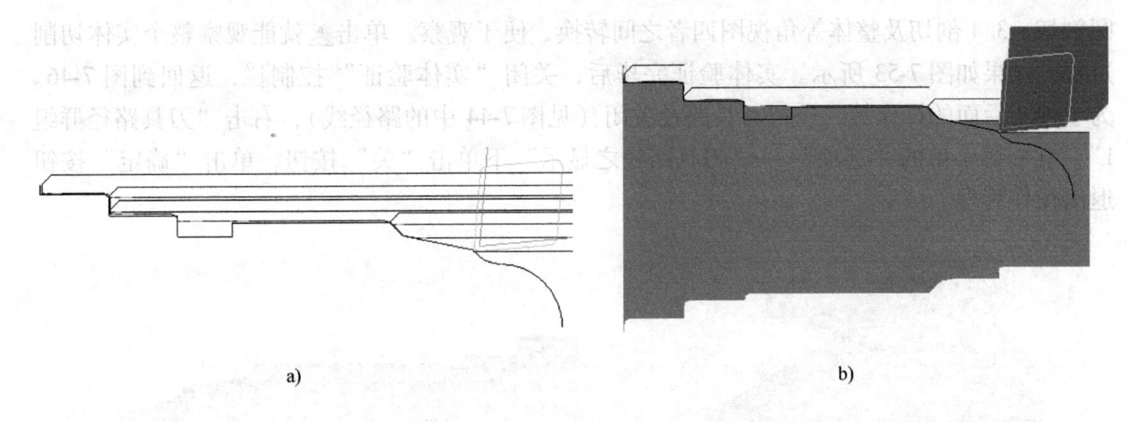

图 7-50　刀具路径模拟显示

在图 7-46 所示的对话框右侧单击“全选”、“刀具路径模拟”，主功能表进入图 7-49 所示的刀具路径模拟操作列表，用键盘上的“S”键或“R”键进行刀具的路径模拟，如图 7-50 所示（图 7-50a 为图 7-49 中“著色验证 N”时，图 7-50b 为图 7-49 中“著色验证 Y”时）。在图 7-46 所示的对话框右侧单击“全选”→“实体切削验证”，在工作区马上显示如图 7-51 所示的毛坯实体及“实体验证”控制栏，在控制栏中单击?□，进入如图 7-52 所示的“实体验证之参数设定”对话框，在该对话框中的“其他项目”下选中“使用真实实体”，这样的实体验证更真实，单击“确定”按钮后返回。在控制栏中单击，则工作区的实体在 1/4 剖切、半

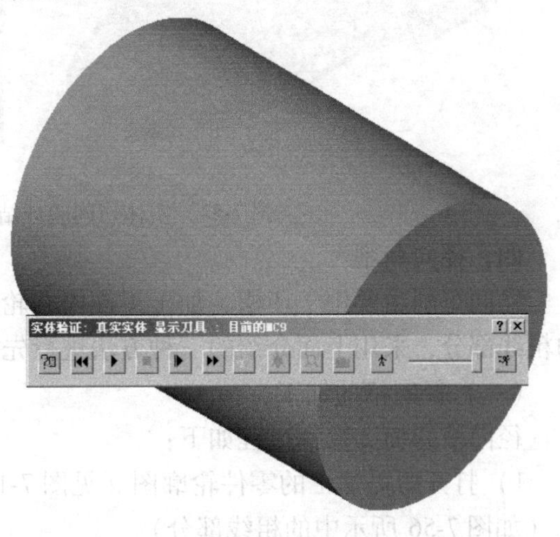

图 7-51　毛坯实体与“实体验证”控制栏

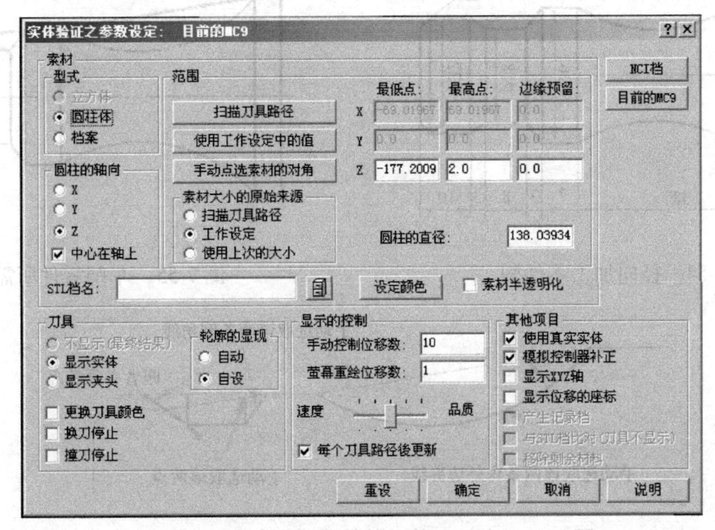

图 7-52　“实体验证之参数设定”对话框

圆剖切、3/4 剖切及整体等角视图四者之间转换，便于观察。单击▶就能观察整个实体切削过程，结果如图 7-53 所示。实体验证完毕后，关闭“实体验证”控制栏，返回到图 7-46。为了便于后面的操作等，应把刀具路径关闭（见图7-44 中的路径线），右击“刀具路径群组1”，在右键菜单的“选项”→“刀具路径之显示”下单击“关”按钮，单击“确定”按钮退出操作管理。

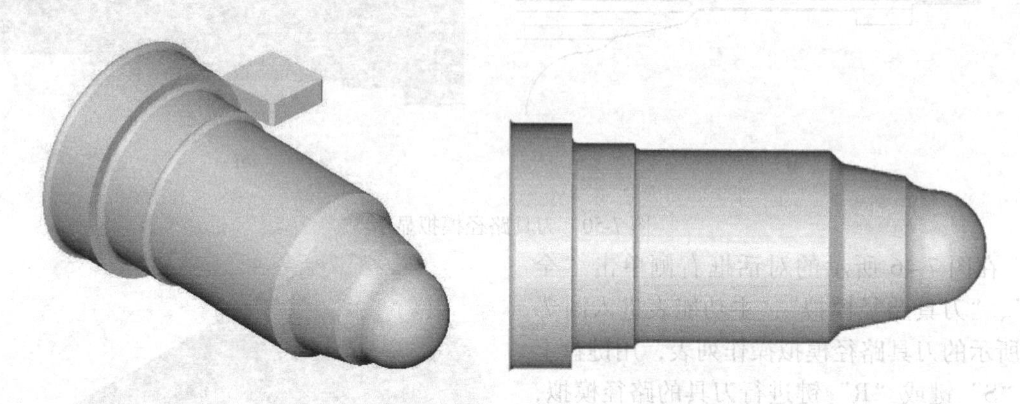

图 7-53　实体切削验证结果（等角视图与俯视图）

四、径向车削

径向车削主要用于切槽、加工工件内凹轮廓等，如加工图 7-54 所示的零件。图 7-55 中的粗线部分，采用上面介绍的三种方法进行先加工。

（一）径向槽的加工

径向槽的加工操作过程如下：

1）打开所需加工的零件轮廓图（见图 7-13）或在加工的零件图上添加切槽所需的辅助线（如图 7-56 所示中的粗线部分）。

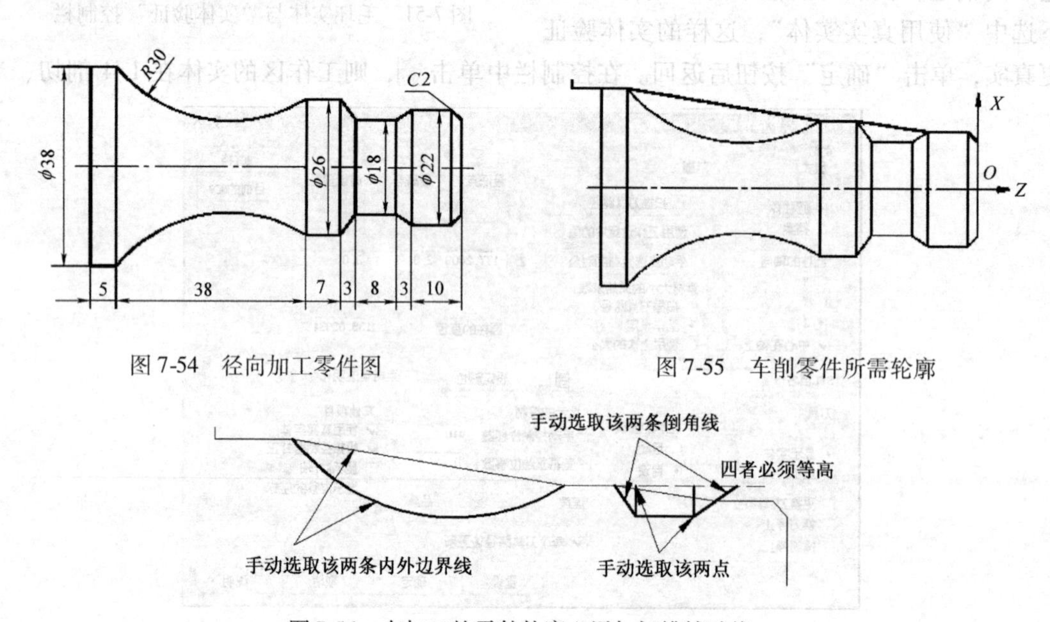

图 7-54　径向加工零件图

图 7-55　车削零件所需轮廓

图 7-56　在加工的零件轮廓上添加切槽辅助线

2）在图7-33所示的车床刀具零件命令列表中单击“径向车削”，系统弹出图7-57所示的“切槽之选项”对话框，一般选择“2点”，单击“确定”按钮，在图中利用抓点方式选取槽的最高点与对角的最低点（如图7-13、图7-56中的说明）。

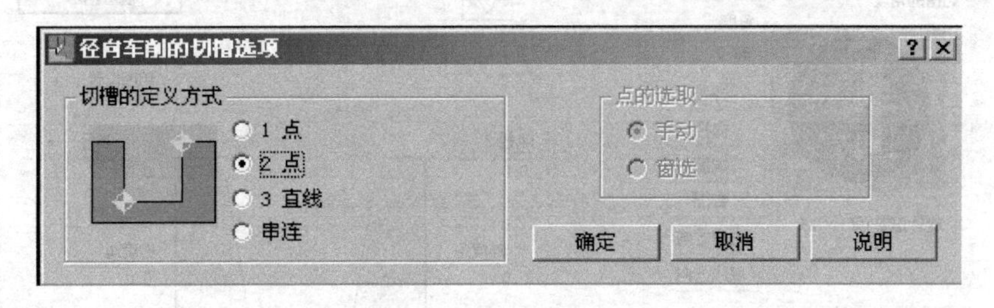

图7-57　径向切槽选项对话框

3）在主功能表中单击“上层功能表”，系统弹出如图7-58所示的径向车削设置对话框。双击刀具图形进入刀具设置窗口，设置切槽刀的刀宽（按实际加工用切槽刀的宽带设置），单击“确定”按钮返回。进入“径向车削的型式参数”页面（见图7-59），针对不同形状的槽，应作不同的设置：①对于图7-12所示零件的45°倒角（ ），由于倒角一直到槽底，因此只要在“锥度角”这个设置项中设置45°即可；②对于倒角没有到槽底的情况（ ），选中“倒角”并单击，进入如图7-60所示的“切槽之倒角”设置窗口，设置好宽度（注意应按槽径向最高点的尺寸进行设置。如果前面括号中的图，槽左侧高为3mm，槽右侧高为2mm，倒角为1mm，那么在设置45°倒角宽度时应取3－1＝2进行设置）；③对于非45°的槽或由圆锥所形成的槽（如图7-54中右面的“槽” ），应添加适当的辅助线（在图7-55粗线的基础上添加到图7-56所示，共4条辅助线，且4条辅助线在

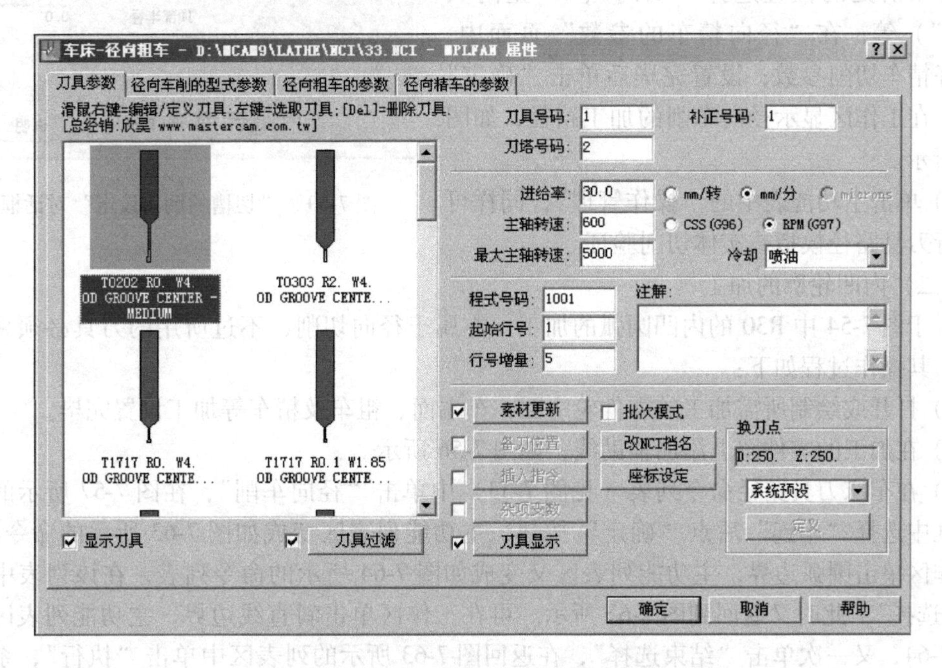

图7-58　径向车削刀具、切削参数设置对话框

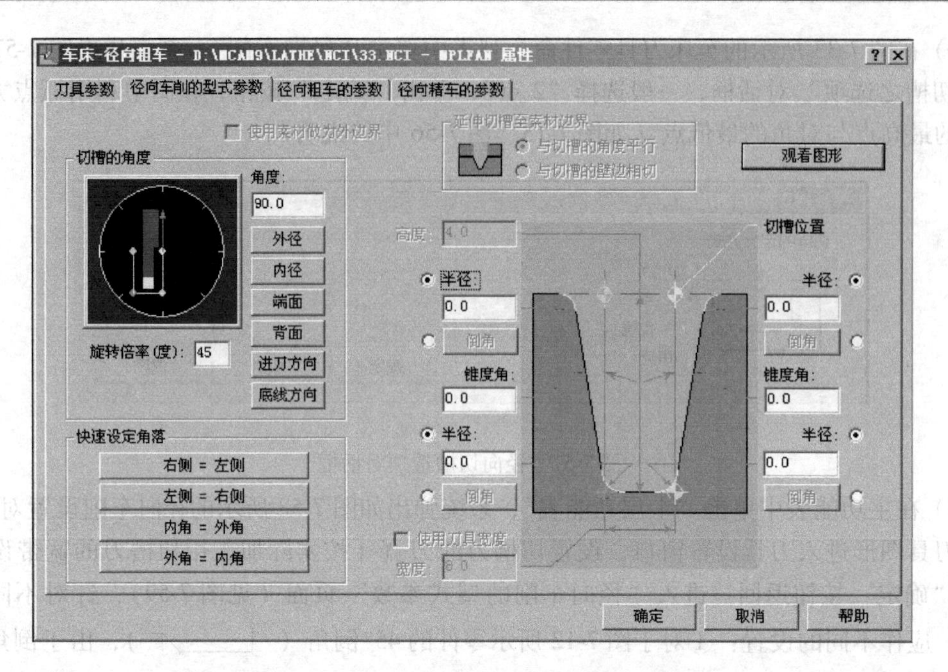

图 7-59　“径向车削的型式参数”设置对话框

径向必须等高)，在进入图 7-60 所示的设置窗口时，并不是设置槽的宽度或高度，而是单击“选择倒角线”，在图中选取（如图 7-56 中所说明的）。进入“径向粗车的参数”页面（见图 7-61），设置好粗车切削参数、切削方向（根据槽在零件中所处的位置选择“双向”、“正向”、“反向”）等；在“径向精车的参数”页面中，设置好精车切削参数；设置完毕后单击“确定”按钮，在工作区显示径向车削的加工路径，如图 7-62 所示。

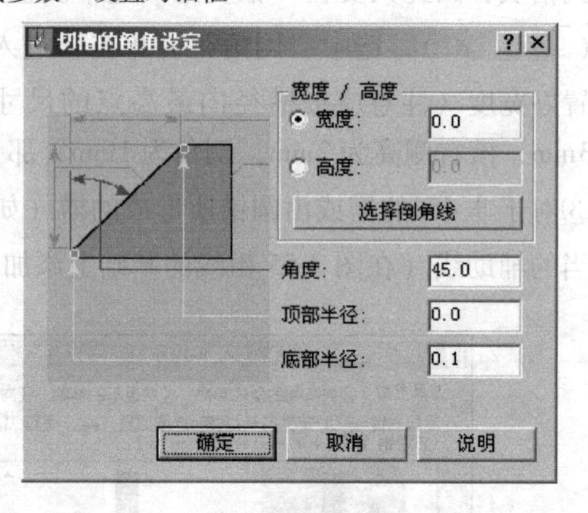

图 7-60　“切槽的倒角设定”对话框

4）单击主功能表中的“操作管理”，同样可以进行刀具路径模拟或实体切削验证。

（二）内凹轮廓的加工

对于图 7-54 中 R30 的内凹圆弧的加工，亦属于径向切削，不过所用的刀具必须采用圆头刀，其操作过程如下：

1）打开或绘制所需加工的零件轮廓图，车端面、粗车及精车等加工设置完毕。

2）在加工的零件图上添加辅助线，如图 7-56 所示。

3）在车床刀具路径命令列表（见图 7-33）中单击“径向车削”，在图 7-57 所示的弹出对话框中选择“串连”后点“确定”按钮，主功能列表区变成如图 7-63 所示的命令列表。在工作区单击圆弧边界，主功能列表区又变成如图 7-64 所示的命令列表，在该列表中单击“结束选择”，此时又返回到图 7-63 所示。再在工作区单击斜直线边界，主功能列表区又变成图 7-64，又一次单击“结束选择”，在返回图 7-63 所示的列表区中单击“执行”，系统将弹出如图 7-58 所示的对话框。

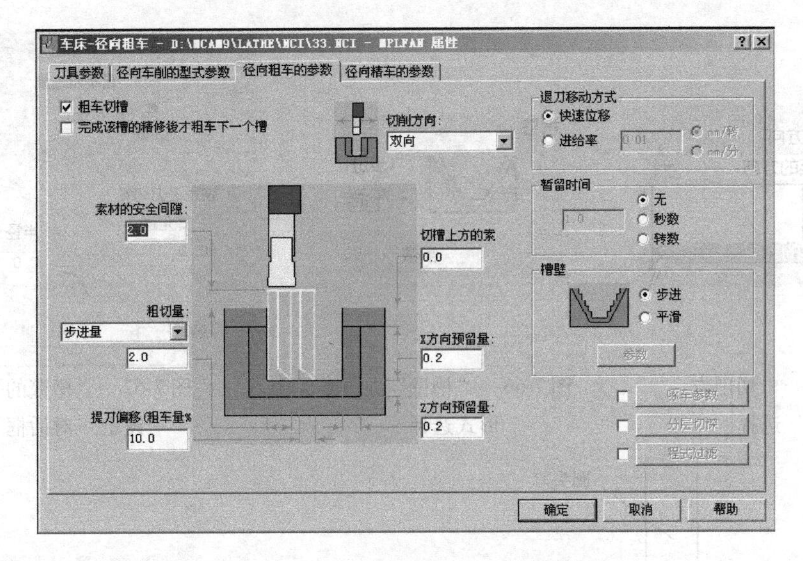

图 7-61　“径向粗车的参数”设置对话框

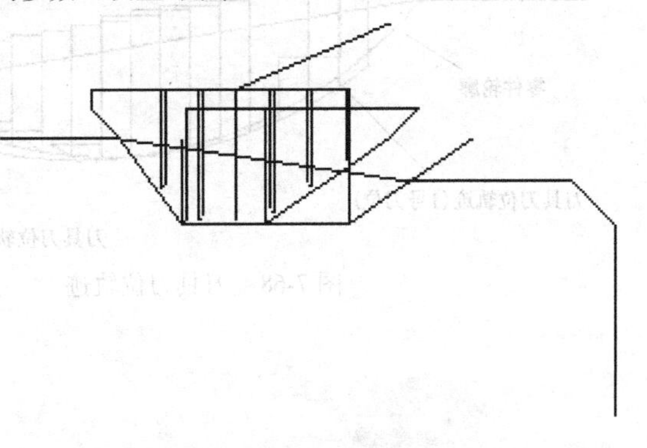

图 7-62　切槽、倒角加工路径

4）在图 7-58 所示的对话框中双击刀具图形，进入与图 7-39 相似的对话框，设置好圆头刀尺寸，并点“确定”返回。进入“径向粗车的参数”页面（见图 7-61），除在“切削方向”中选择“串连的方向”（见图 7-65）外，还在“槽壁”选择“平滑”（见图 7-66），单击“参数”按钮，进入如图 7-67 所示的“槽壁的平滑设定”对话框。在“最小步进量”下输入 0. 001（如果该值取得较大，如 0. 2，则在曲线接近水平的槽底处出现只粗加工而不精加工的现象），单击“确定”按钮返回到图 7-61。

径向车削：选择进刀位置，或串连内边界
C 串连
W 窗选
E 区域
S 单体
N 区段
T 单点
L 选择上次
U 回复选取
D 执行

图 7-63　径向车削选择对话框

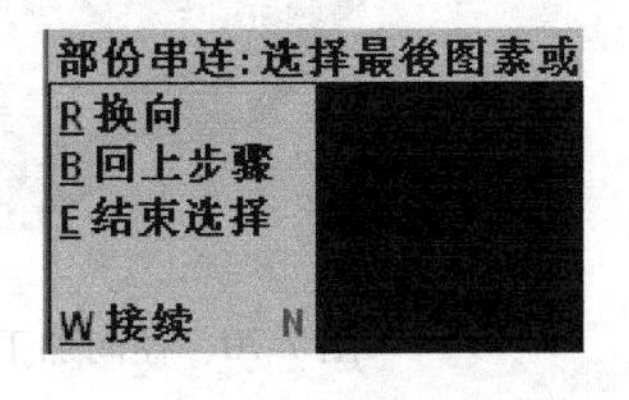

图 7-64　径向车削串连选择对话框

5）单击“确定”按钮，在工作区马上显示加工路径，如图 7-68 所示。在该路径显示图中，感觉刀具对零件产生了欠切和过切的现象，这个轨迹实际上是刀具刀位点（见图 7-69 中刀具补正位置）轨迹，并不是圆头刀圆弧切削刃的轨迹，圆弧切削刃的轨迹完全与轮廓轨迹相同。

6）单击主功能表中的“操作管理”，同样可以进行刀具路径模拟或实体切削验证。图 7-70 为图 7-54 所示零件进行车端面、粗车、精车及径向加工后的平面剖视实体验证图。

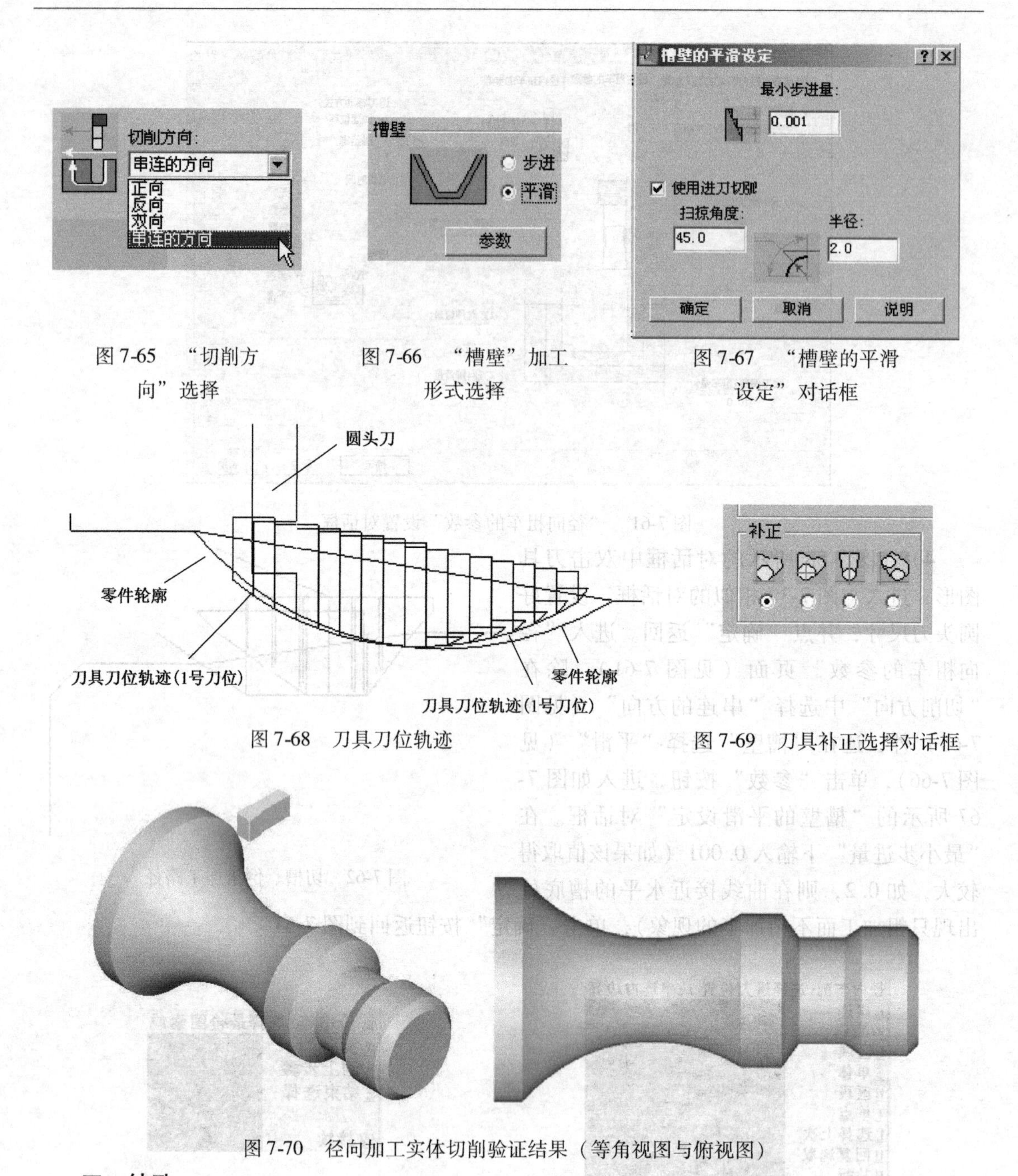

图 7-65　“切削方向”选择

图 7-66　“槽壁”加工形式选择

图 7-67　“槽壁的平滑设定”对话框

图 7-68　刀具刀位轨迹

图 7-69　刀具补正选择对话框

图 7-70　径向加工实体切削验证结果（等角视图与俯视图）

五、钻孔

对于如图 7-71 所示的零件，必须先钻孔后才能进行镗孔、车内螺纹等。对于该零件在 Mastercam Lathe v9.1 只需画出如图 7-72 中的粗线部分即可。

钻孔的操作过程如下：

1）打开或绘制所需加工的零件轮廓图。

2）在图 7-33 所示的“车床刀具路径”命令列表中单击“钻孔”，系统弹出图 7-73 所示的车床钻孔对话框，双击刀具图形进入刀具设置对话框，设置好钻头的直径等参数。

3）单击“深孔钻”，进入另一界面（见图 7-74），先在“深度”位置输入孔的有效深度

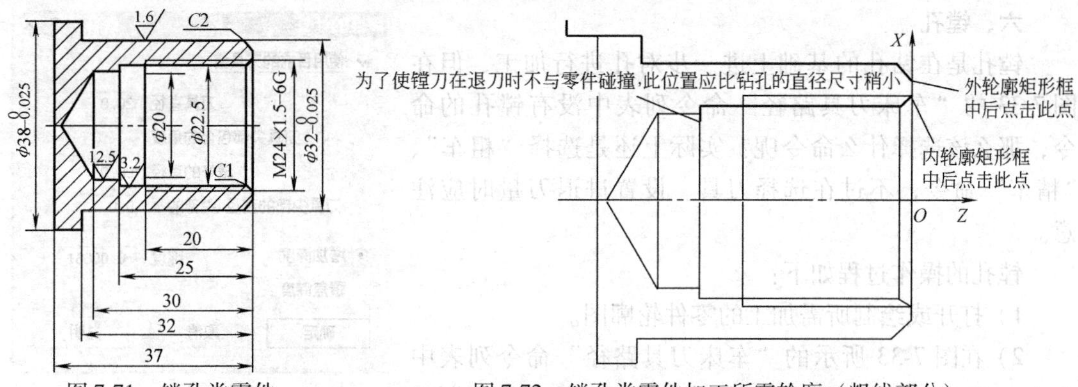

图 7-71　镗孔类零件　　图 7-72　镗孔类零件加工所需轮廓（粗线部分）

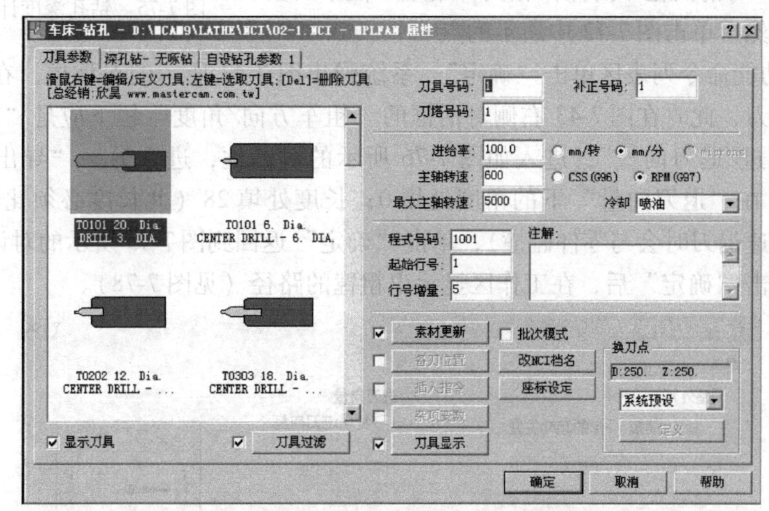

图 7-73　钻孔刀具、切削参数设置对话框

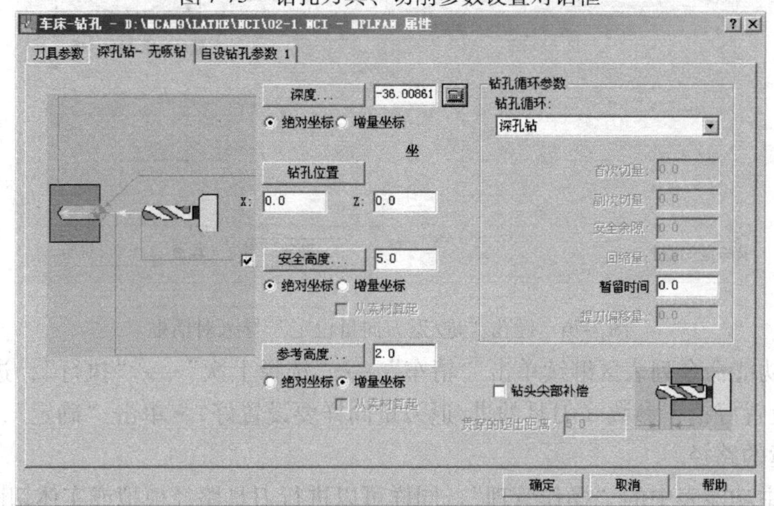

图 7-74　钻孔循环选择、深度对话框

（见图 7-71 中的 -30），然后点击此位置右侧的▣，在弹出的对话框中（见图 7-75）中选择“增加深度”，点“确定”后系统将计算出钻孔的最终深度，在图 7-73 对话框中单击“确定”，在工作区将显示钻孔的刀具路径。

六、镗孔

镗孔是在钻孔的基础上进一步对孔进行加工，但在图7-33的“车床刀具路径”命令列表中没有镗孔的命令，那么该选择什么命令呢？实际上还是选择“粗车”、“精车”命令，不过在选择刀具、设置进退刀量时应注意。

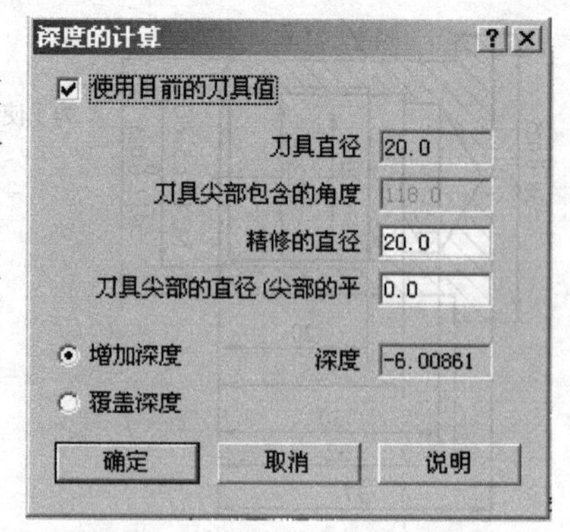

图7-75 钻孔深度计算对话框

镗孔的操作过程如下：

1）打开或绘制所需加工的零件轮廓图。

2）在图7-33所示的“车床刀具路径”命令列表中单击“粗车”，与前面粗车的操作相同，用矩形框中所要镗孔的轮廓，然后单击图7-72中所示的点。

3）在主功能命令列表区单击“确定”，系统弹出图7-43所示的对话框，在对话框的刀具栏中选择镗刀，此时在图7-43右侧对话框的“粗车方向/角度”栏下应是“内径”，单击该对话框的“进/退刀向量”，进入如图7-76所示的对话框，进入另一“导出”的对话框（见图7-77），在“退刀向量”下的角度处填0；长度处填28（此长度必须比镗孔深度大，否则镗刀在快速退刀时会与零件碰撞），单击“确定”返回到图7-43所示的对话框。设置好加工参数，单击“确定”后，在工作区显示出粗镗的路径（见图7-78）。

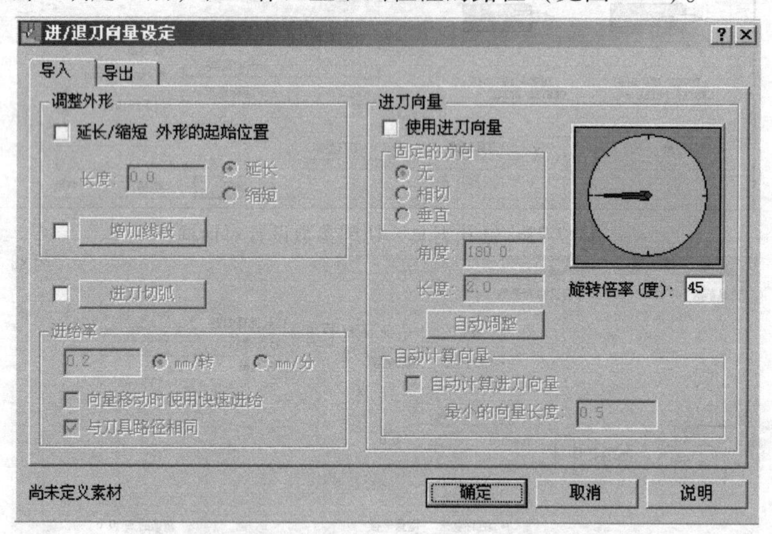

图7-76 镗孔“进/退刀向量设定”导入对话框

4）在主功能命令列表区继续单击“精车”→“选择上次”→“执行”，进入精车的设置对话框，设置好精车参数（刀具的进/退刀量同样要设置好），单击“确定”，在工作区又会显示出精镗的路径。

5）单击主功能表中的“操作管理”，同样可以进行刀具路径模拟或实体切削验证。

七、车螺纹

螺纹加工有内、外螺纹；左、右旋螺纹；锥螺纹等。螺纹的左、右旋主要由刀架所处的位置；螺纹刀的正、反安装；主轴的旋转方向及进给方向等所确定，具体参见图7-79。

在 Mastercam Lathe v9.1 中，内、外螺纹的程序是以图7-79a、c 的布置形式生成的。但

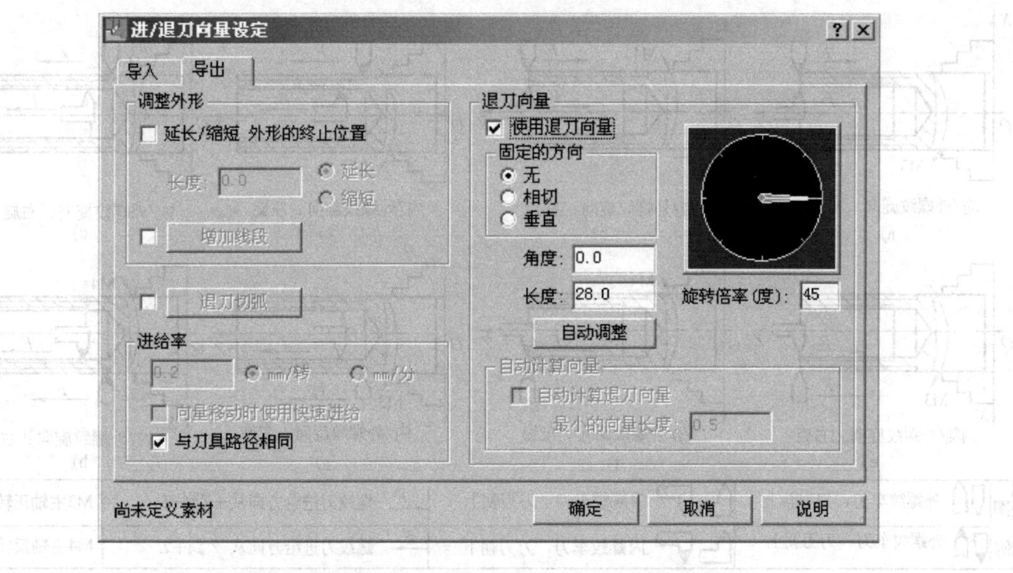

图 7-77　镗孔“进/退刀向量设定”导出对话框

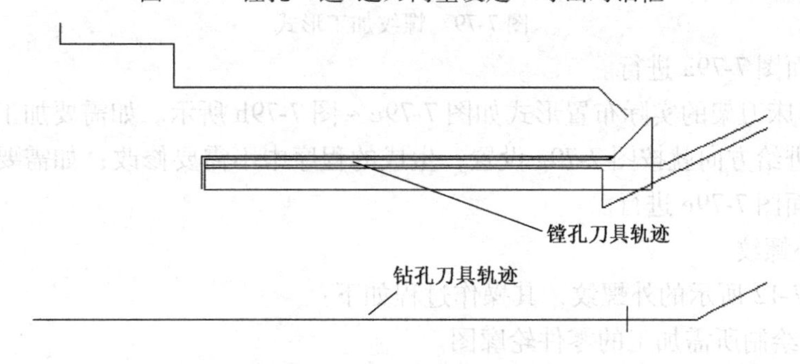

图 7-78　钻孔、镗孔刀具轨迹

按图 7-79c 布置形式车内螺纹时，螺纹车刀快速进刀方向在 Mastercam Lathe v9. 1 较难设置，所以不推荐此种刀具进给形式加工内螺纹。为此应根据不同的情况作相应的调整：

（1）在 Mastercam Lathe v9. 1 中如果是以图 7-79a 所示的刀架、刀具布置形式和进给方向加工内、外螺纹时：

1）数控车床刀架的实际布置形式如图 7-79a ~ 图 7-79d 所示。如需要加工的是右旋内、外螺纹，则刀具及进给方向就按图 7-79a 设置，生成的程序中不需要修改；如需要加工的是左旋内、外螺纹，则刀具及进给方向应按图 7-79b 设置，另外，在所生成的程序中把切削螺纹时的主轴旋转指令从 M3 改为 M4。

2）数控车床刀架的实际布置形式如图 7-79e ~ 图 7-79h 所示。如需要加工的是右旋内、外螺纹，则刀具及进给方向应按图 7-79e 设置，生成的程序中不需要修改；如需要加工的是左旋内、外螺纹，则刀具及进给方向就按图 7-79f 设置，另外，在所生成的程序中把切削螺纹时的主轴旋转指令从 M3 改为 M4。

（2）在 Mastercam Lathe v9. 1 中如果是以图 7-79c 所示的刀架、刀具布置形式和进给方向加工外螺纹。

1）数控车床刀架的实际布置形式如图 7-79a ~ 图 7-79d 所示。如需要加工的是左旋外螺纹，则刀具及进给方向就按图 7-79c 设置，生成的程序中不需要修改；如需要加工的是右旋

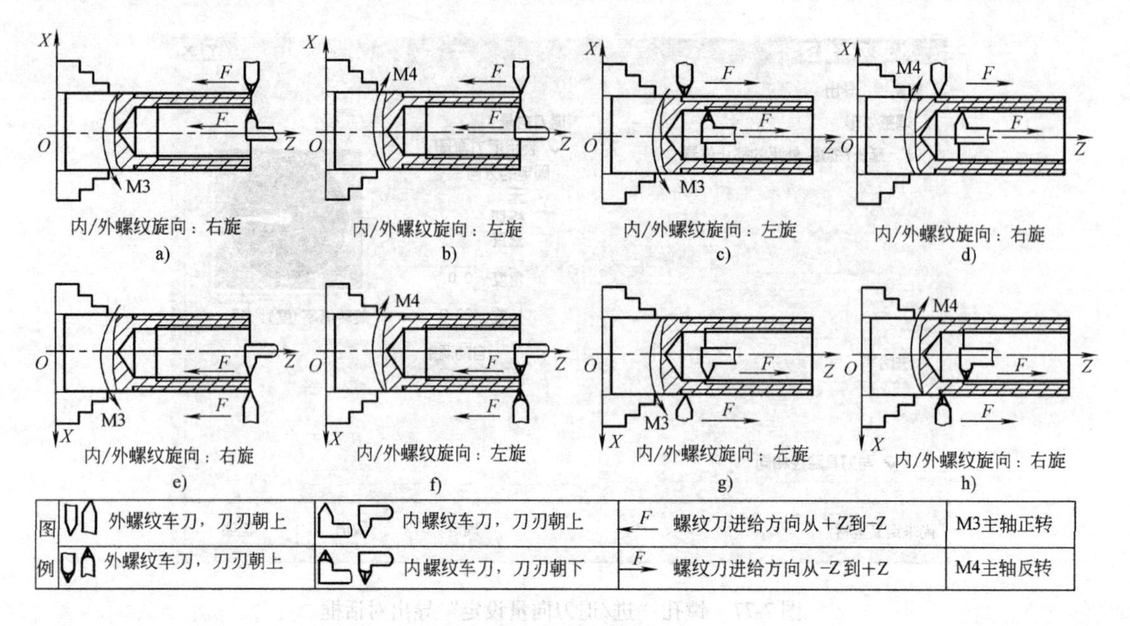

图 7-79 螺纹加工形式

外螺纹，按上面图 7-79a 进行。

2）数控车床刀架的实际布置形式如图 7-79e ~ 图 7-79h 所示。如需要加工的是左旋外螺纹，则刀具及进给方向就按图 7-79g 设置，生成的程序中不需要修改；如需要加工的是右旋外螺纹，按上面图 7-79e 进行。

（一）车外螺纹

如加工图 7-12 所示的外螺纹，其操作过程如下：

1）打开或绘制所需加工的零件轮廓图。

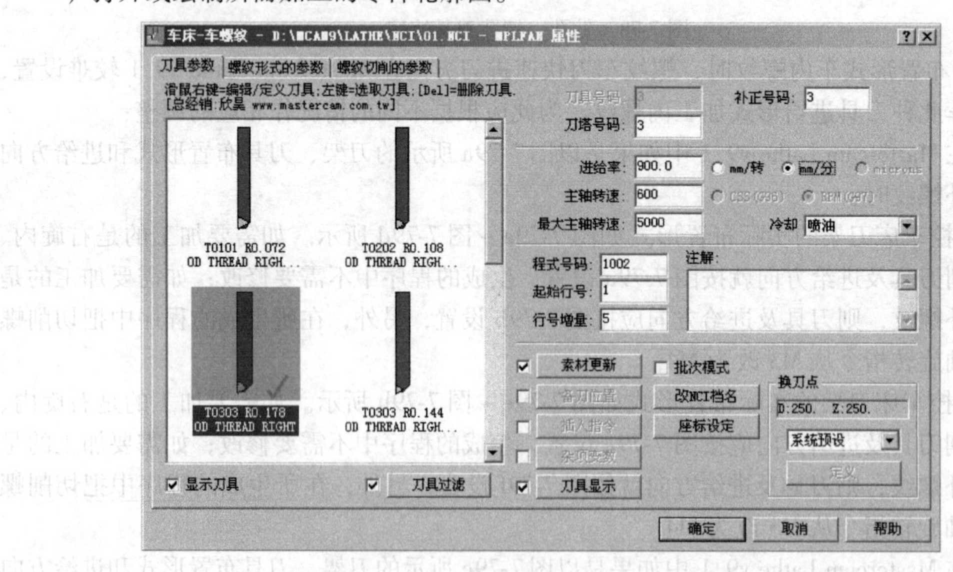

图 7-80 车螺纹刀具、切削参数对话框

2）在图 7-34 所示的“车床刀具路径”命令列表中单击“车螺纹”，系统弹出图 7-80 所示的车螺纹对话框。选择外螺纹车刀，在刀具图形上双击，进入刀具设置对话框，设置好螺

纹车刀参数等，单击“确定”返回。

3）进入图7-81所示的“螺纹形式的参数”对话框，在“导程”处选择“mm/牙”并填入1.5（见图7-12中零件的导程为1.5mm）；在“螺纹形式”下单击“运用公式计算”进入图7-82所示的对话框，在“基本的大直径”框中填入螺纹大径30，按回车键，系统将自动计算出螺纹的小径，单击“确定”返回到图7-81，在“起始位置”及“结束位置”两个框内分别填入－23和－48。

4）返回到图7-80对话框，在“主轴转速”框中填入600，在“进给率”处选择“mm/分”，系统将自动确定切削进给率。

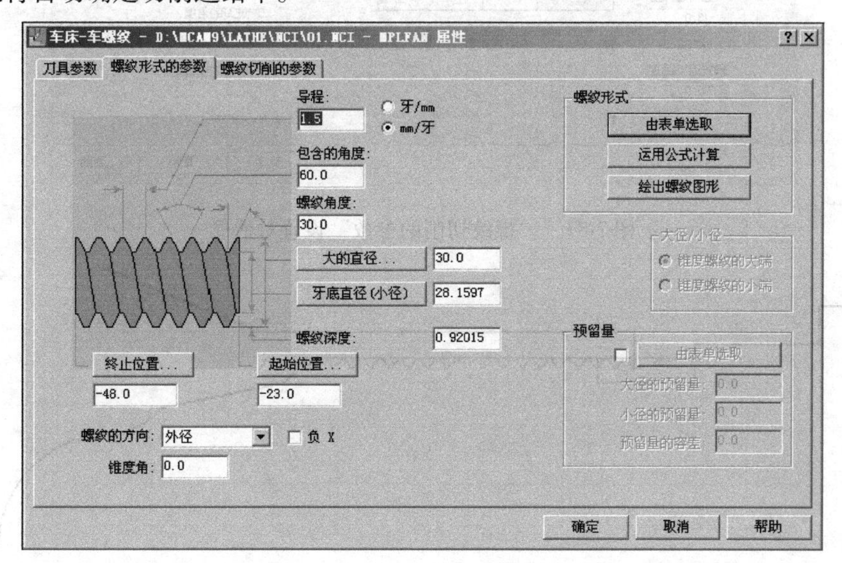

图7-81　“螺纹形式的参数”对话框

5）进入图7-83所示的“螺纹切削的参数”对话框，设置快速进刀量（进到加速间隙）、退刀量（退刀延伸量）；在“NC码之格式”下选择“切削循环（G76）”，单击“确定”，系统退出对话框，在工作区显示出刀具的加工路径（见图7-84）。

6）单击主功能表中的“操作管理”，可以进行刀具路径模拟或实体切削验证。

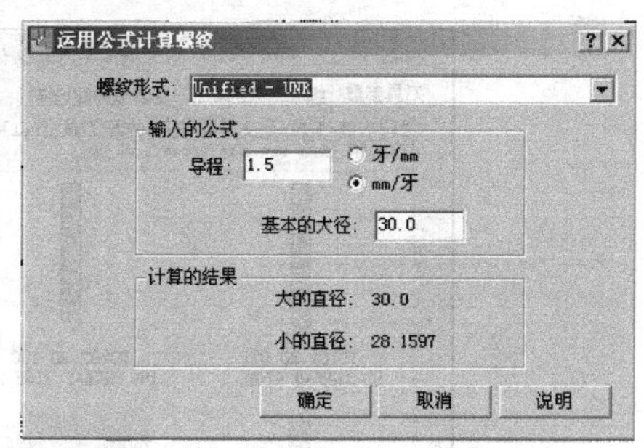

图7-82　螺纹尺寸计算对话框

（二）车内螺纹

如加工图7-71所示的内螺纹，其操作过程如下：

1）打开或绘制所需加工的零件轮廓图。

2）在图7-34所示的“车床刀具路径”命令列表中单击“车螺纹”，系统弹出如图7-85所示的车螺纹对话框。选择内螺纹车刀，在刀具图形上双击，进入刀具设置对话框，设置好螺纹车刀参数等，单击“确定”返回。

3）由于螺纹车刀已选择为内螺纹车刀，所以在进入图7-77所示的“螺纹形式的参数”对话框时，可以发现其示意图已经与图7-81不一样，变成了内螺纹切削形式。在“导程”处选择“mm/牙”并填入1.5；在“螺纹形式”下单击“运用公式计算”进入图7-82所示

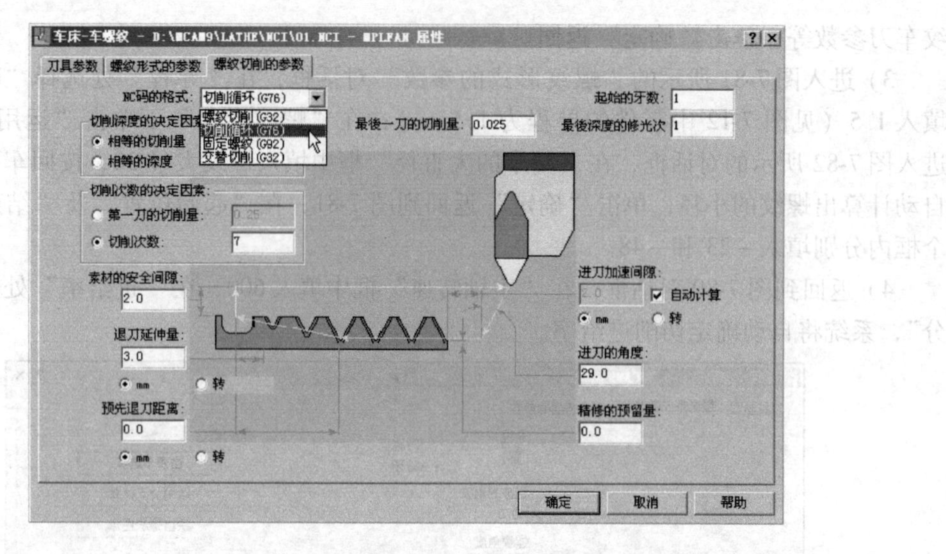

图 7-83　“螺纹切削的参数”设置对话框

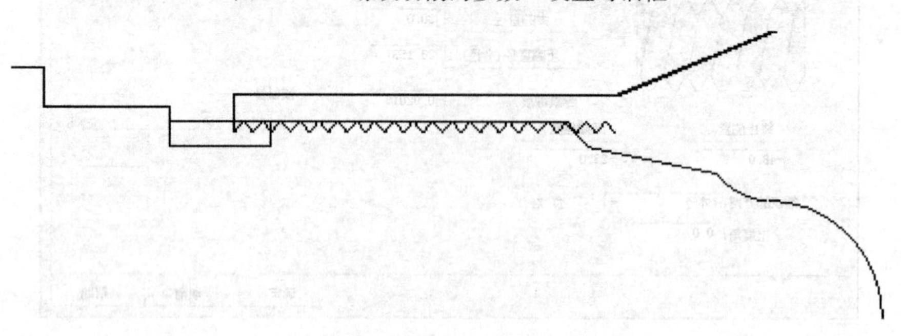

图 7-84　螺纹加工路径

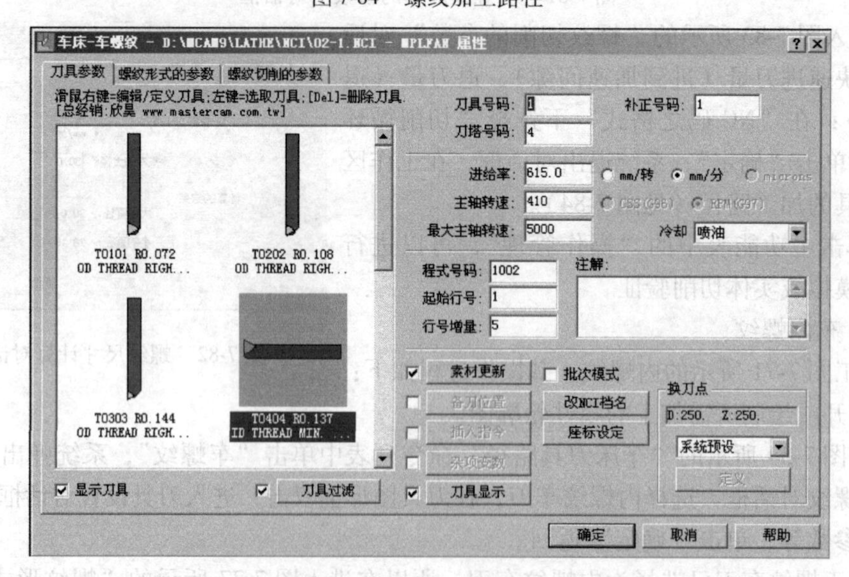

图 7-85　车内螺纹刀具、切削参数设置对话框

的对话框，在“基本的大直径”框中填入螺纹大径 24，按回车键，系统将自动计算出螺纹的小径，单击“确定”返回到图 7-86。在“起始位置”及“结束位置”两个框内分别填入

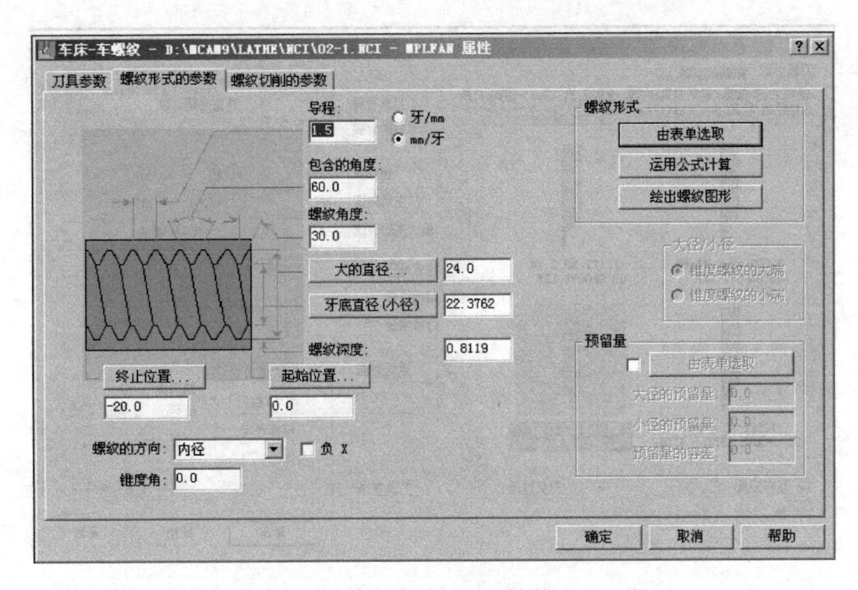

图 7-86　“螺纹形式的参数”对话框（内螺纹）

0 和 -20。

4）返回到图 7-85 对话框，在“主轴转速”框中填入 600 后回车，系统将自动确定切削进给率。

5）同样进入如图 7-83 所示的对话框，在“NC 码之格式”下选择“切削循环（G76）”，单击“确定”，系统退出对话框，在工作区显示出刀具的加工路径。

6）单击主功能表中的“操作管理”，可以进行刀具路径模拟或实体切削验证。

外螺纹切削前的外径，一般车削至比螺纹公称直径小 0.15 ~ 0.2mm；而内螺纹切削前的孔径，按以下计算：

塑性材料：$D_{孔} \approx$ 公称直径 - 螺距

脆性材料：$D_{孔} \approx$ 公称直径 - 1.05 螺距

对于锥形外（内）螺纹，只需在图 7-81（见图 7-86）对话框中的“锥度角”中填入相应的角度就可，填入“+”角度，加工出“左大右小”的锥形外（内）螺纹；填入“-”角度，加工出“左小右大”的锥形外（内）螺纹。在加工锥形外（内）螺纹时，图 7-83 中的“退刀延伸量”框中必须是 0。另外，锥形螺纹的公称直径是以大端的直径为准。

八、截断

截断是在零件加工完毕前从毛坯上割下的过程，其操作过程如下：

1）在图 7-34 所示的“车床刀具路径”命令列表中单击“截断”，系统主功能表显示出图 7-87 所示的“抓点”命令列表，如果在图中已画出截断位置，可用抓点的形式捕捉；一般情况下可直接输入，输入后回车，系统弹出如图 7-88 所示的“截断”对话框。

2）设置好截断车刀，加工参数等，单击“确定”，系统退出此对话框，在工作区显示刀具的路径。

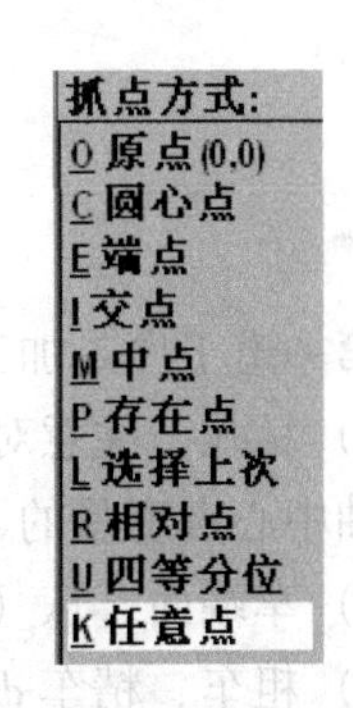

图 7-87　抓点功能列表

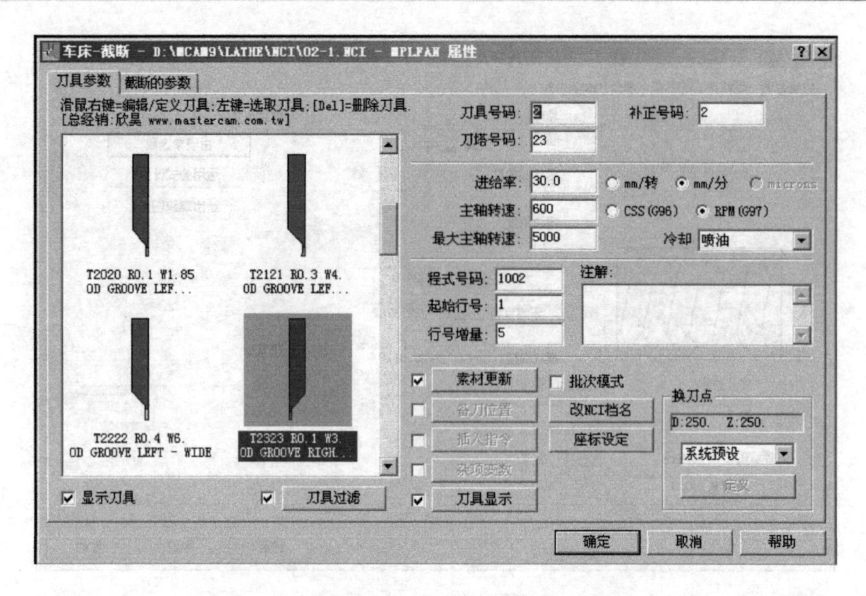

图 7-88　截断刀具、切削参数设置对话框

3）单击主功能表中的“操作管理”，可以进行刀具路径模拟或实体切削验证。

第四节　典型零件自动编程举例

通过上面的刀具路径基本操作的实训，我们对 Mastercam Lathe v9.1 有了一个全面的认识，下面通过图 7-89 所示的零件（该零件是图 7-12 与图 7-71 的组合），作一个综合的练习。

对于该零件在普通型的数控车床上进行车削时，必须分两道工序进行。

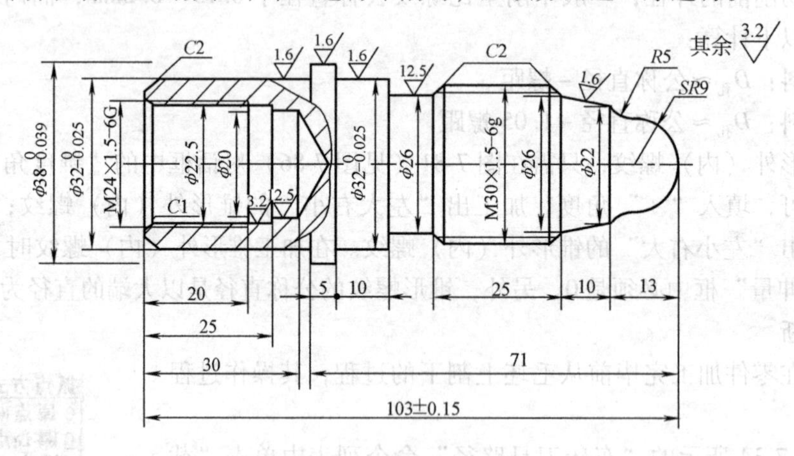

图 7-89　综合加工零件

第一道工序是加工有孔的这一端，其加工次序如下：

1）钻孔。注意对钻孔深度的处理，在图中标出的有效深度为 30mm，而麻花钻是以钻头的轴中心点度量的，其钻孔深度需通过图 7-75 所示的对话框中经过计算后增加。

2）车端面，从（41，0）加工到（18，0）。

3）粗车、精车 ϕ32mm 与 ϕ38mm 的外轮廓，为使掉头车削时，ϕ38mm ×5mm 的台阶不再重复车削，其加工长度应大于 37mm。我们在绘制零件轮廓图时应注意，在图 7-72 中我们取其加工长度为40mm。

4）镗 ϕ22.5mm的孔。其孔径是根据 $D_{孔}\approx$ 公称直径 - 螺距 = 24mm - 1.5mm = 22.5mm所得。

5）加工内螺纹。

第一道工序完毕后，用纯铜皮包住已加工好的 ϕ38mm外圆，装夹后加工外螺纹这一端。第二道工序的加工次序如下：

1）车端面，确定总长度。

2）粗车、精车外轮廓，其加工长度为66mm。

3）切槽加工。

4）车外螺纹。

对第一道工序的操作过程如下：

1. 绘图

1）打开Mastercam Lathe v9.1。

2）在主功能表依次单击“绘图”→“直线”→“连续线”，直接输入（24.5，0）回车→（22.5，-1）回车→（22.5，-30）回车→（18，-30）回车→按“Esc”键退出。

3）在主功能表中再次单击“连续线”，直接输入（28，0）回车→（32，-2）回车→（32，-32）回车→（38，-32）回车→（38，-40）回车→（41，-40）回车→按“Esc”键退出。

4）在工具栏单击“适度化”按钮，此时在工作区显示出如图7-72中粗线部分，如图7-90所示。

当然，对于绘图，你可以在AutoCAD中绘好，然后保存为DXF格式，然后通过档案转换得到。

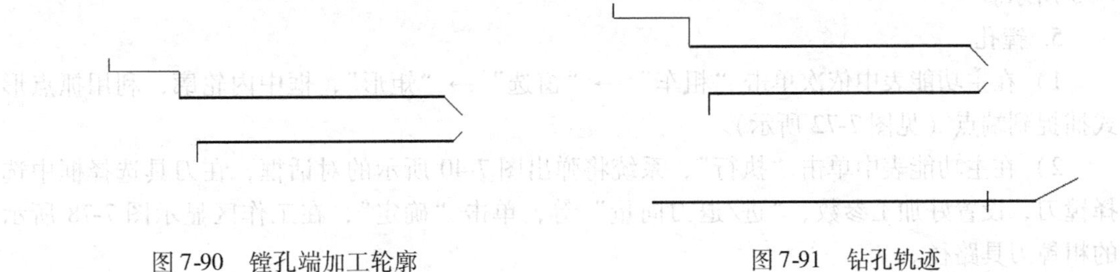

图7-90　镗孔端加工轮廓　　图7-91　钻孔轨迹

2. 钻孔

1）在主功能列表区依次单击“回主功能表”→“刀具路径”→“钻孔”，弹出图7-73所示的对话框，设置好刀具参数及加工工艺参数。

2）在另一界面（如图7-74所示。输入-30后，通过图7-75计算最终深度）中设置好钻孔深度，单击“确定”，系统退出此对话框，并在工作区显示钻孔的刀具路径，如图7-91所示。

3. 车端面

1）在主功能列表区单击“车端面”，系统弹出如图7-36所示的对话框，进入图7-37的对话框，单击“选点”后直接输入（41，0）回车→（18，0）回车，在工作区显示出两点，如图7-92所示。同时返回到图7-37的对话框。

2）设置好加工工艺参数，单击“确定”，系统退出此对话框，并在工作区显示车端面的刀具路径，如图 7-93 所示。

4. 粗车、精车外轮廓

1）在主功能表依次单击“粗车”→“窗选”→“矩形”，框中外轮廓，利用抓点形式捕捉到端点（见图 7-72 所示）。

2）在主功能表中单击“执行”，系统将弹出图 7-43 所示的对话框，设置好加工参数，单击“确定”退出，在工作区显示粗车的刀具路径，如图 7-94 所示。

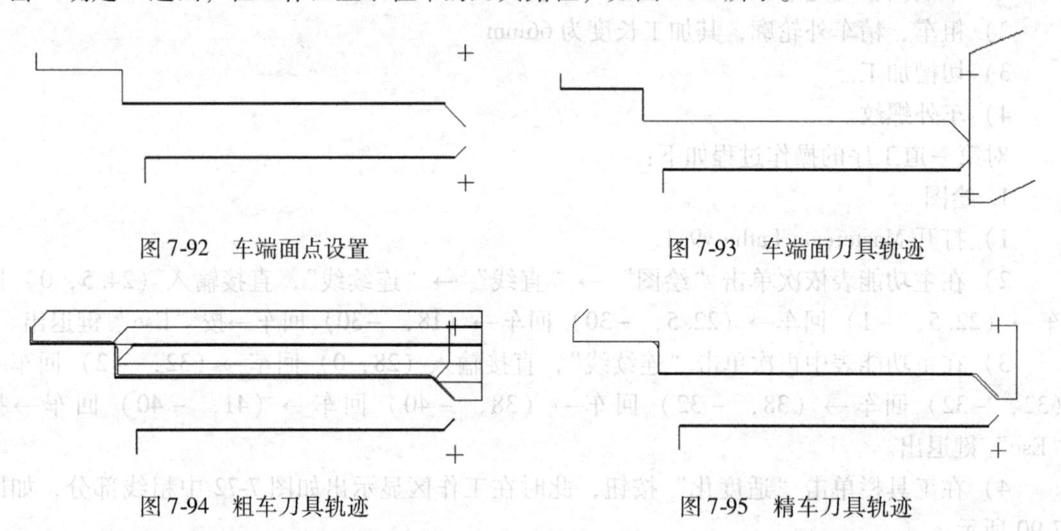

图 7-92　车端面点设置　　图 7-93　车端面刀具轨迹

图 7-94　粗车刀具轨迹　　图 7-95　精车刀具轨迹

3）在主功能表中依次单击“精车”→“选择上次”→“执行”，系统弹出与图 7-43 相似的精车对话框，设置好加工参数，单击“确定”，在工作区将显示精车的刀具路径，如图 7-95 所示。

5. 镗孔

1）在主功能表中依次单击“粗车”→“窗选”→“矩形”，框中内轮廓，利用抓点形式捕捉到端点（见图 7-72 所示）。

2）在主功能表中单击“执行”，系统将弹出图 7-40 所示的对话框，在刀具选择框中选择镗刀，设置好加工参数、“进/退刀向量”等，单击“确定”，在工作区显示图 7-78 所示的粗镗刀具路径。

3）在主功能表中依次单击“精车”→“选择上次”→“执行”，在弹出的精车对话框，设置好加工参数，单击“确定”，在工作区显示精镗的刀具路径。

6. 车内螺纹

1）在主功能表中依次单击“下一页”→“车螺纹”，系统弹出图 7-85 所示的车螺纹对

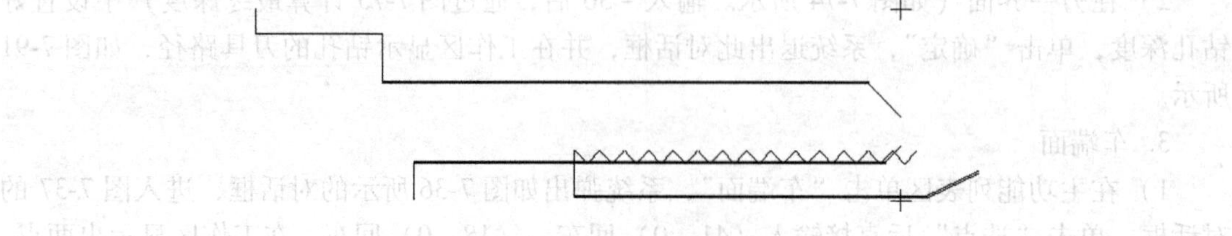

图 7-96　内螺纹加工轨迹

话框。选择内螺纹车刀，在刀具图形上双击，进入刀具设置对话框，设置好螺纹车刀参数等，单击“确定”返回。

2）设置好螺纹加工参数、位置等后，单击“确定”，系统退出对话框，在工作区显示出刀具的加工路径，如图7-96所示。

第一道工序已经完毕，在主功能表中依次单击“上层功能表”→“操作管理”，系统弹出图7-46所示的对话框，在对话框中单击“全选”→“刀具路径模拟”，用“S”键手动控制刀具路径模拟；用“R”键自动控制刀具路径模拟。图7-97为刀具路径模拟的各阶段系

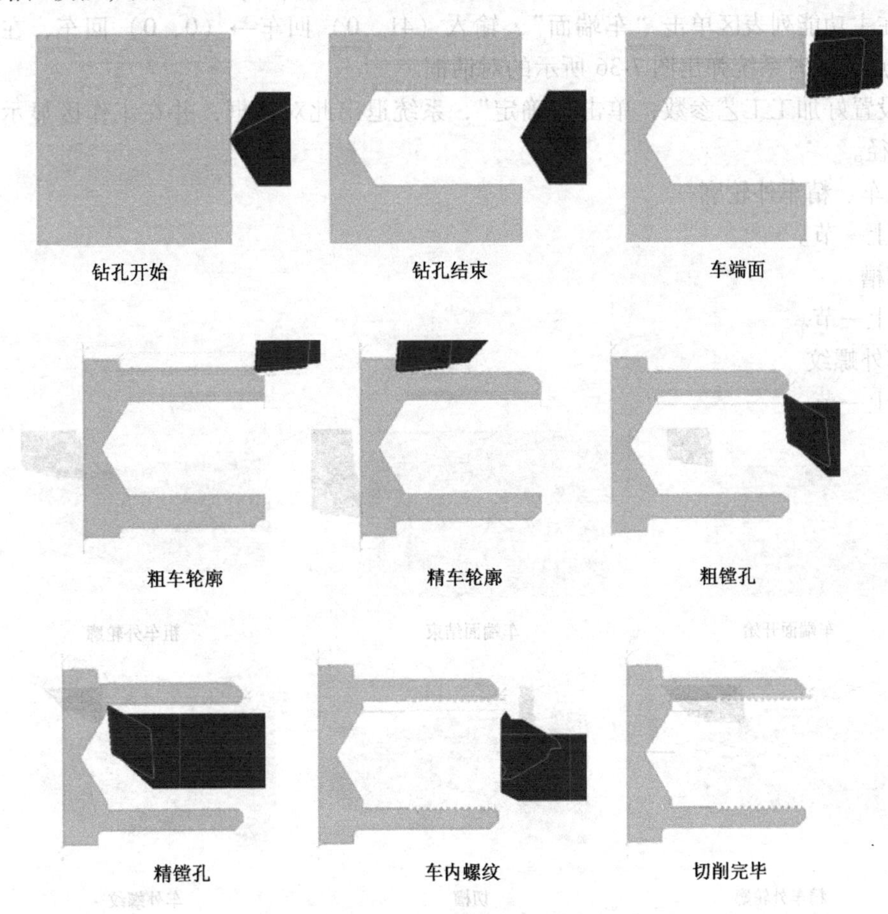

图7-97　刀具路径模拟的各阶段图

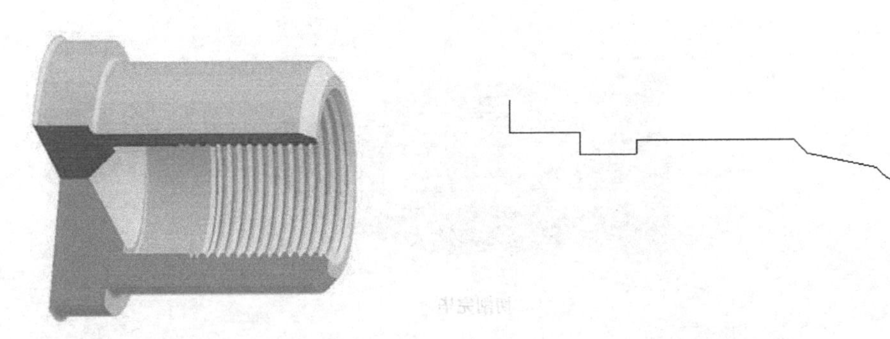

图7-98　实体切削验证剖视图　　图7-99　加工轮廓

列图。模拟完毕后，单击“回主功能表”，返回到“操作管理”，单击“实体切削验证”。图7-98 为实体切削验证完毕后的1/4 剖视图。

对第二道工序的操作过程如下：

1. 绘图

按第二节中绘图举例绘制出图7-99 所示的图（与图7-28 稍有不同，由于掉头加工，所以只画到Z－66）。

2. 车端面

1）在主功能列表区单击“车端面”，输入（41，0）回车→（0，0）回车，在工作区显示出两点，同时系统弹出图7-36 所示的对话框。

2）设置好加工工艺参数，单击“确定”，系统退出此对话框，并在工作区显示车端面的刀具路径。

3. 粗车、精车外轮廓

参见上一节。

4. 切槽

参见上一节。

5. 车外螺纹

参见上一节。

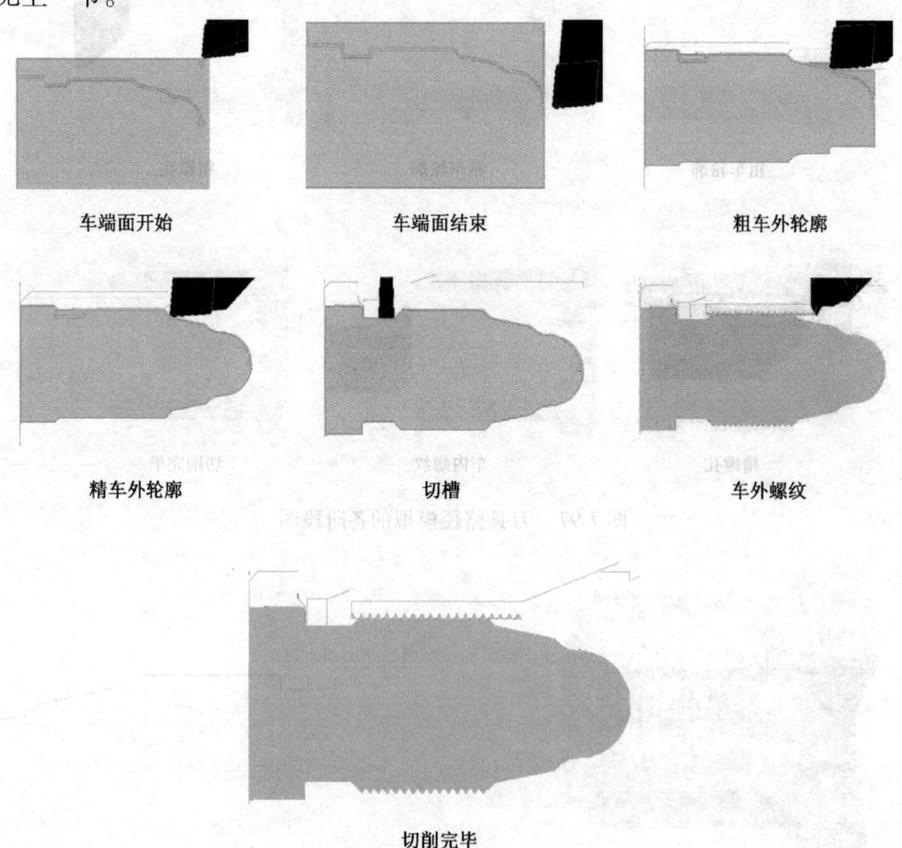

图7-100　第二道工序刀具路径的各阶段图

图7-100为第二道工序刀具路径模拟的各阶段系列图。图7-101为实体切削验证完毕后的1/4剖视图。

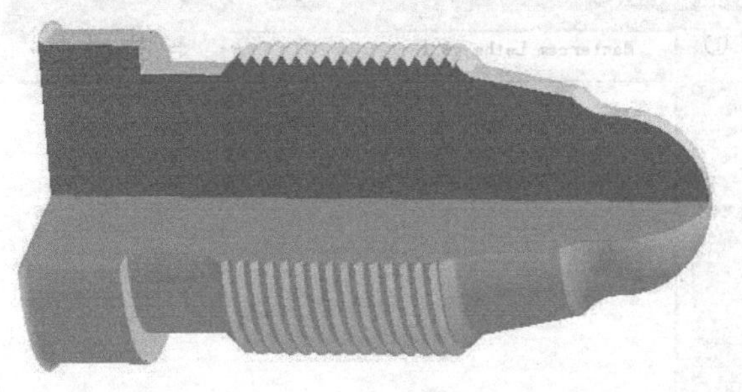

图7-101　第二道工序实体切削验证完毕后的剖视图

第五节　程序的后处理与程序传输

对于刀具路径模拟或实体切削验证过的档案文件只有通过程序的后处理才能生成数控车床所认识的指令代码。

一、程序的后处理

不论系统在什么状态，只需依次单击“回主功能表”→“刀具路径”→“操作管理”，系统就弹出图7-46所示的对话框，在该对话框中首先单击“全选”，然后单击“执行后处理”，系统又弹出图7-102所示的对话框，在该对话框的“NC档”下选中“储存NC档”、“编辑”，然后点“确定”，系统弹出图7-103所示的保存文件对话框，找到你所需存放NC文件的位置，在“文件名”框中输入你重新命名的文件，单击“保存”，稍等片刻，弹出图7-104所示的由系统按照所设定的后处理生成的程序。

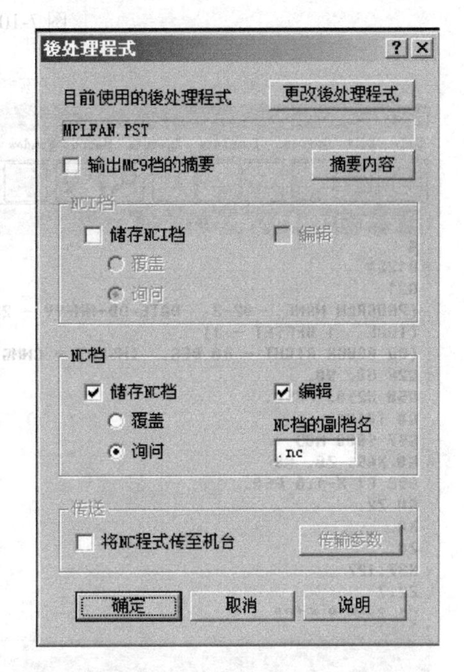

图7-102　“后处理程式”对话框

对于不同的数控系统，所执行的程序是不相同的，在图7-102中单击“更改后处理程式”可以进入后处理程式模块选择对话框，根据数控系统选择处理模块，这样所生成的程序才符合你的需求。

二、程序的修改与传输

生成的数控程序，可以使用Mastercam v9.1自带的“CIMCOEdit.exe”进行程序的修改与传输。“CIMCOEdit.exe”文件在X：\ Mcam9 \ Common \ Editors \ Cedit文件夹下，打开“CIMCOEdit.exe”，打开所生成的程序，如图7-105所示。

下面介绍一下FANUC数控车床的程序传输设置与操作。

1. 传输参数的设置

在图7-106中的“Transmission”下拉菜单下点“DNC Setup”（见图7-106），如果是第

图 7-103　程序保存对话框

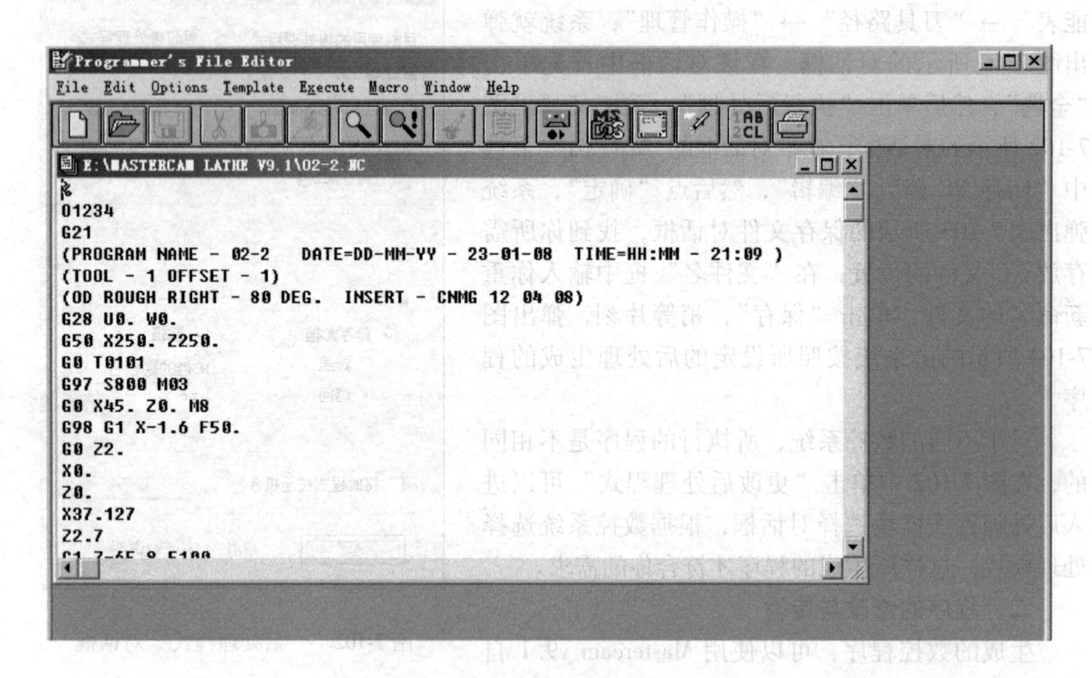

图 7-104　通过后处理生成的程序

一次设置，则弹出图 7-107 所示的对话框，点击“是”，进入图 7-108 所示的机床添加对话框，点击“OK”，进入图 7-109 所示的程序传输参数设置对话框，根据数控车床的传输参数设置好，点击“确定”进入图 7-110 所示的对话框，在该对话框中点击“Setup”同样可以进入到图 7-109 所示的对话框（如果数控车床的传输参数发生改变，可进行重新设置）。

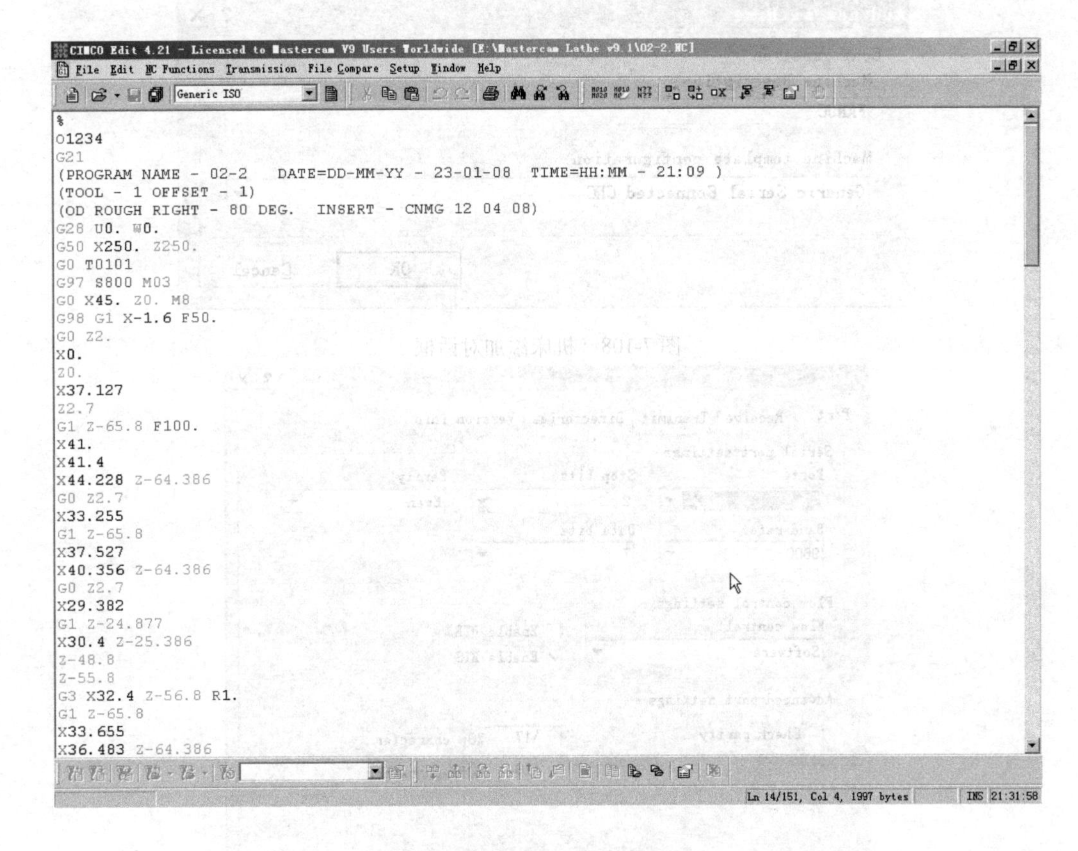

图 7-105　程序编辑传输软件

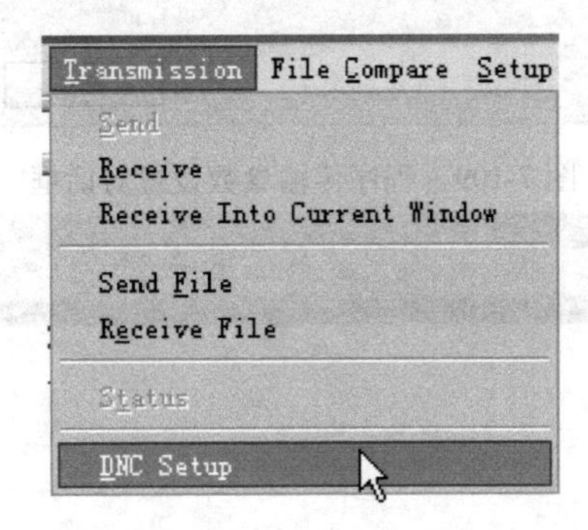

图 7-106　选择 DNC

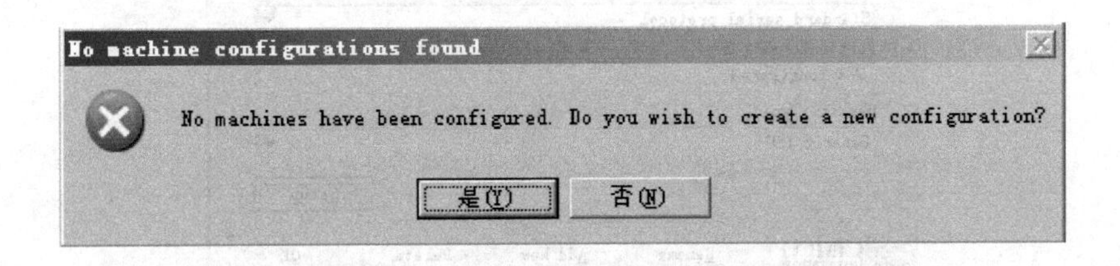

图 7-107　警示对话框

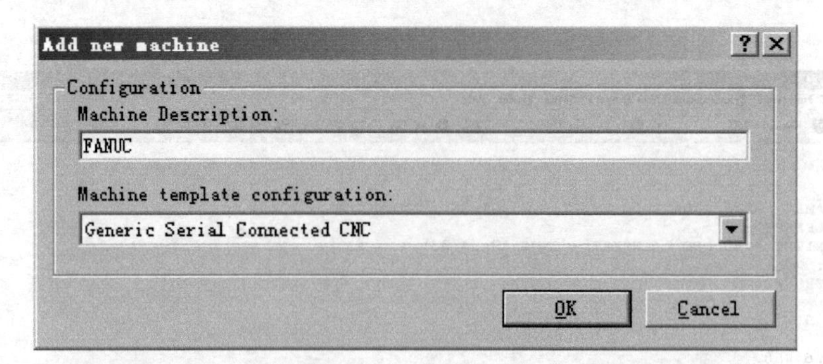

图 7-108 机床添加对话框

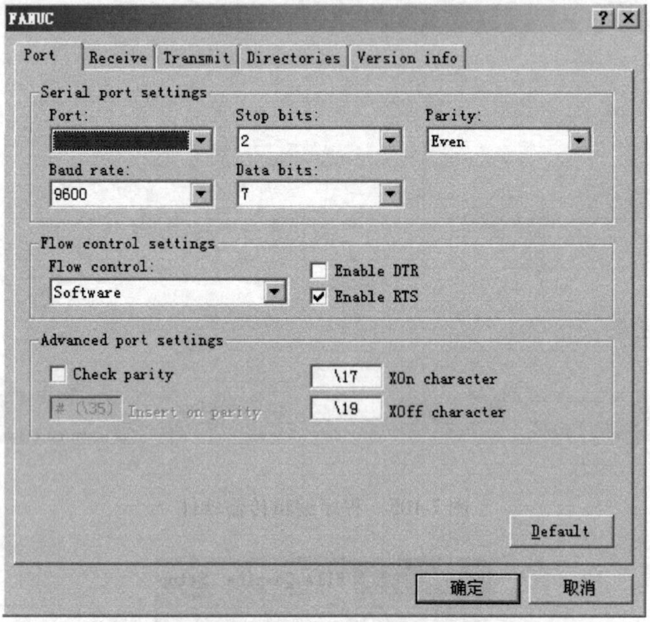

图 7-109 程序传输参数设置对话框

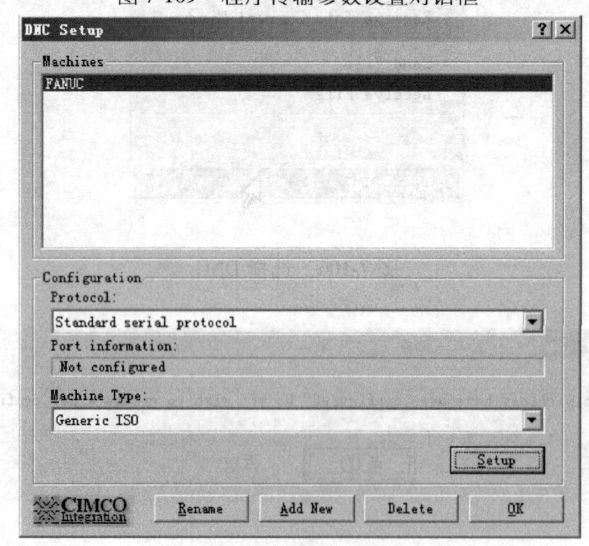

图 7-110 DNC 传输设置

2. 传输的操作

当数控车床处在程序的接收状态下，在图 7-106 中的“Transmission”下拉菜单下点“Send”（见图 7-111），就可以把当前打开的程序传输到数控机床中。

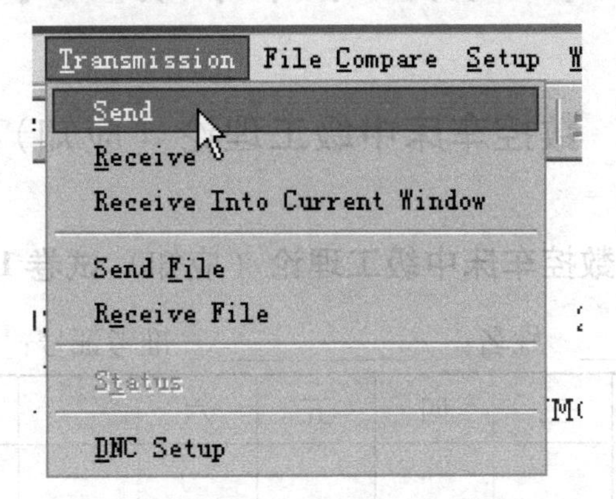

图 7-111　程序的发送

思　考　题

7-1　Mastercam Lathe v9.1 中的图形可以从哪些方面得到？是几维的图形？

7-2　Mastercam Lathe v9.1 能进行哪些形式的加工？

7-3　简式加工与车床刀具路径列表下的粗车、精车、径向车削及循环切削之间有什么相同及不同点？

7-4　有哪些方式可以验证加工零件的正确性？

7-5　径向车削主要用于哪些形状的加工？

7-6　对径向槽加工过程中槽侧的倒角或斜角该怎样设置？

7-7　内凹轮廓加工中怎样做到粗、精加工全部完成？

7-8　镗孔加工中退刀向量怎样设置才不会出现撞刀现象？

7-9　车螺纹时怎样确定螺纹小径？

7-10　外螺纹车削前的螺纹杆直径与内螺纹车削前的孔径该怎样处理？

7-11　锥形螺纹怎样设置锥度角？锥形螺纹的公称直径按什么直径为准？

第八章　数控车床中级工试题库

第一节　数控车床中级工理论（应知）试题库

数控车床中级工理论（应知）试卷1

单位：__________________　姓名：______________　准考证号：______________________

项目	一	二	三	四	五	六			合计
得分									

一、填空（每空1分，共20分）

1. 夹具夹紧力的装置的确定应包括夹紧力的________、________和________三个要素。

2. 常用作车刀材料的硬质合金有________和________两类。

3. 专用夹具主要由________、________、________、________等部分组成。

4. 切削力的轴向分力是校核机床________________的主要依据。

5. 数控机床坐标轴的移动控制方式有________、________、________三种。

6. 每一道工序所切除的________________，称为工序间的加工余量。

7. 要使车床能保持正常的运转和减少磨损，必须经常对车床的所有________部分进行________。

8. 划线要求划出的线条除________外，最重要的是要保证________。

9. 在数控机床上对刀可以用________对刀，也可以用________对刀。

二、选择题（每题2分，共计30分）

1. 闭环进给伺服系统与半环进给伺服系统主要区别在于________。

A. 位置控制器　B. 检测单元　C. 伺服单元　D. 控制对象

2. ________时间是辅助时间的一部分。

A. 检验工件　B. 自动进给　C. 加工工件

3. 绘图时，大多采用________比例，以方便看图。

A. 1:1　B. 1:2　C. 2:1

4. 用来表示机床全部运动关系的示意图称为机床的________。

A. 传动系统图　B. 平面展开图　C. 传动示意图

5. 自动定心卡盘的三个卡爪是同步运动的，能自动定心，不太长的工件装夹后________。

A. 一般不需找正　B. 仍需找正　C. 必需找正

6. 在电火花穿孔加工中，由于放电间隙的存在，工具电极的尺寸应________被加工孔的尺寸。

A. 大于　B. 等于　C. 小于

7. 选择粗基准时，应当选择________的表面。

A. 任意　　B. 比较粗糙　　C. 加工余量小或不加工

8. 生产批量越大，分摊到每个工件上的准备与终极时间就越________。

A. 多　　B. 少　　C. 差不多

9. 刀尖圆弧半径增大，使径向力________。

A. 不变　　B. 有所增加　　C. 有所减小

10. 加工中心与普通数控机床区别在于________。

A. 有刀库与自动换刀装置　B. 转速高　C. 机床刚性好　D. 进给速度高

11. 车削细长轴外圆时，车刀的主偏角应为________。

A. 90°　　B. 93°　　C. 75°

12. 在大量生产中，常采用________原则。

A. 工序集中　　B. 工序分散　　C. 工序集中和工序分散混合使用

13. 当砂轮转速不变而直径减小时，会出现磨削质量________现象。

A. 提高　　B. 稳定　　C. 下降

14. 零件图中尺寸标注的基准一定是________。

A. 定位基准　　B. 设计基准　　C. 测量基准

15. 同轴度要求较高，工序较多的长轴用（　　）装夹较合适。

A. 四爪卡盘　　B. 三爪卡盘　　C. 两顶尖

三、判断题（每题1分，共16分）

1. 每一指令脉冲信号使机床移动部件产生的位移量称脉冲当量。

2. 数控机床坐标轴一般采用右手定则来确定。

3. 检测装置是数控机床必不可少的装置。

4. 对于任何曲线，可以按实际轮廓编程，应用刀具补偿加工出所需要的廓形。

5. 数控机床既可以自动加工，也可以手动加工。

6. 数控车床的进给方式分每分钟进给和每转进给两种，一般可用G94和G95来区分。

7. 所谓尺寸基准是标准尺寸的起点。

8. 数控机床加工的加工精度比普通机床高，是因为数控机床的传动链较普通机床的传动链长。

9. 在开环控制系统中，数控装置发出的指令脉冲频率越高，则工作台的位移速度越慢。

10. 点位控制的数控机床只要控制起点和终点位置，对加工过程中的轨迹没有严格要求。

11. 滚珠丝杠虽然传动效率高，精度高，但不能自锁。

12. 加工多线螺纹时，加工完一条螺纹后，加工第二条螺纹的起点应与第一条螺纹的起点相隔一个导程。

13. 不带有位移检测反馈的伺服系统称半闭环控制系统。

14. 进给功能一般是用来指令机床主轴的转速。

15. 编程坐标系是编程人员在编程过程中所用的坐标系，其坐标的建立就与所使用机床的坐标系相一致。

16. 数控机床伺服系统的作用是把来自数控装置的脉冲信号转换成机床移动部件的运动。

四、名词解释（每题4分，共12分）

1. 对刀点

2. 准备功能

3. 机械加工工艺过程

五、简答（每题6分，共12分）

1. 试述点位控制系统、直线控制系统和轮廓控制系统的区别。

2. 数控机床的特点有哪些？

六、计算题（10分）

数控车床 Z 轴步进电动机步距角为0.36°，电动机通过齿轮副或同步齿形带与滚珠丝杠联接，传动比为5:6（减速），如 Z 轴脉冲当量为0.01mm，问滚珠丝杠的螺距应为多少？

数控车床中级工理论（应知）试卷2

单位：__________ 姓名：__________ 准考证号：__________

项目	一	二	三	四	五	六			合计
得分									

一、填空（每空1分，共20分）

1. 机床夹具按通用化程度，可分为________夹具、________夹具和________夹具等。

2. 在设计夹具时，________误差，可粗略地控制在工件公差的________左右。

3. 为了保证工件达到图样规定的精度和技术要求，夹具的________与________、________尽量重合。

4. 铸件常见的缺陷有________、________、________、粘砂和裂纹。

5. 刀具磨损过程分为三个阶段，它们是________、________和________阶段。

6. 刀尖圆弧半径增大，会使径向阻力________。

7. 刀具材料越硬，耐磨性越________，韧性和强度越________。设计夹具时，夹紧力的作用点应尽量在工件________较好的部位，以防止工件产生较大的________。

8. ________系统是指不带反馈装置的控制系统。

二、选择题（每题2分，共计30分）

1. 在设计薄壁工件夹具时，夹紧力方向应沿________夹紧。

A. 径向　B. 轴向　C. 径向和轴向

2. 车削时，车刀的纵向移动或横向移动是________。

A. 主运动　B. 进给运动　C. 切削运动

3. 在车外圆时，切削速度计算式中的直径D指________直径。

A. 待加工表面　B. 加工表面　C. 已加工表面

4. 机床上的卡盘、中心架等属于________夹具。

A. 通用　B. 专用　C. 组合

5. 车削时切削热大部分由________传散出去。

A. 刀具　B. 工件　C. 切屑　D. 空气

6. 加工中心上，左刀补采用________代码

A. G41　B. G42　C. G43　D. G44

7. 数控机床工作时机床传送给PLC的信号有________，PLC传送给CNC的信号有________。

A. 机床 *XYZ* 坐标　B. MST应答信号　C. 机床动作信号

8. 下列用于数控机床检测的反馈装置中________用于速度反馈。

A. 光栅　B. 脉冲编码器　C. 磁尺　D. 感应同步器

9. GCr15SiMn是________。

A. 高速钢　B. 中碳钢　C. 轴承钢　D. 不锈钢

10. 当车刀的刃倾角为负值时，切屑流向________表面，________保证产品表面质量。

A. 待加工表面　B. 已加工表面　C. 不利于　D. 有利

11. 在铰孔和浮动镗孔等加工时都是遵循________原则的。

A. 互为基准　　B. 自为基准　　C. 基准统一

12. 在数控机床上加工封闭轮廓时一般沿________进刀。

A. 法面　　B. 切向　　C. 任意方向

13. 采用手动夹紧装置时，夹紧机构必须具有________性。

A. 导向　　B. 自锁　　C. 平稳

14. 精加工时刀具的前角可________。

A. 小些　　B. 大些　　C. 为零度

15. 步进电动机的角位移与________成正比。

A. 步距角　　B. 通电频率　　C. 脉冲当量　　D. 脉冲数量

三、判断题（每题1分，共16分）

1. 在金属坯料均匀热透的前提下，加热时间选得越短越好。
2. 半闭环控制系统的精度高于开环系统，但低于闭环系统。
3. 数控车床的定位精度和重复定位精度是一个概念。
4. M00 指令属于准备功能字指令，含义是主轴停转。
5. 编程数控程序时一般以机床坐标系作为编程依据。
6. 数控车床自动刀架的刀位数与其数控系统所允许的刀具数总是一致的。
7. 利用 G33 指令既可以加工英制螺纹，又可以加工米制螺纹。
8. 锻造只能改变金属坯料形状而不能改变其力学性能。
9. 刃倾角能控制切屑流向，也能影响切削。
10. 划线是机械加工的重要工序，广泛地用于成批生产和大量生产。
11. 大批量生产时基本时间所占的比重比较大。
12. 车削、铣削、铸造、锻压等均属切削加工范围。
13. 砂轮可以磨车刀，车刀也可以车削砂轮。
14. 各种号码的莫氏圆锥锥度值不相等。
15. 电火花机床上可以加工钢、铝、铜、塑料等材料的工件。
16. 过定位决不允许在加工中使用。

四、名词解释（每题4分，共12分）

1. 闭环控制系统

2. 刀具参考点

3. 脉冲当量

五、简答（每题6分，共12分）

1. 滚珠丝杠副进行预紧的目的是什么？简述“双螺母垫片式”预紧方法的工作原理。

2. 简述数控机床零件加工的一般步骤。

六、计算题（10分）

已知一对正确安装的外啮合齿轮机构，采用正常齿制，模数 $m=3\text{mm}$，齿数 $z_1=21$、$z_2=64$，求传动比 i_{12}、分度圆直径、齿顶圆直径、齿根圆直径和中心距。

数控车床中级工理论（应知）试卷3

单位：__________ 姓名：__________ 准考证号：__________

项目	一	二	三	四	五	六				合计
得分										

一、填空（每空1分，共20分）

1. 数控机床工作台等移动部件在确定的终点所达到的实际位置的精度称________精度。

2. 常用作车刀材料的高速钢牌号是________。

3. 粗车时选择切削用量的顺序，首先是________，其次是________，最后是________。

4. 镗孔时，要求切削流向________表面，即________排屑。

5. 选用切削液时，粗加工应选用以________为主的________。

6. 车削时常用的切削液有________和________两类。

7. 切削运动分________和________两种。车削时，车刀的移动是________运动。

8. 数控机床成功地解决了________批量生产，特别是形状________零件的________生产问题。

9. 磨削不锈钢时，采用浓度较________的乳化切削液。

10. 偏刀一般是指主偏角等于________的车刀。

11. 螺纹加工中，车刀在第二次进刀时，刀尖________前一次进刀车出的螺旋槽而把螺纹车乱，称为乱扣。

二、选择题（每题2分，共计30分）

1. 加工零件时，将其尺寸控制到________最为合理。

A. 基本尺寸　B. 最大极限尺寸　C. 最小极限尺寸　D. 平均尺寸

2. 车削中设想的3个辅助平面，即切削平面、基面、主截面是相互________。

A. 垂直的　B. 平行的　C. 倾斜的

3. ________的种类和性质会影响砂轮的硬度和强度。

A. 磨料　B. 粒度　C. 结合剂

4. 用剖切面完全地剖开零件所得的剖视图称为________。

A. 半剖视图　B. 局部视图　C. 全剖视图

5. ________是计算机床功率，选择切削用量的主要依据。

A. 径向力　B. 轴向力　C. 主切削力

6. 数控机床适于________生产。

A. 大型零件　B. 小型零件　C. 小批复杂零件　D. 高精度零件

7. 数控闭环伺服系统的速度反馈装置装在________。

A. 伺服电动机上　B. 伺服电动机主轴上　C. 工作台上　D. 工作台丝杠上

8. 由于定位基准和设计基准不重合而产生的加工误差，称为________。

A. 基准误差　B. 位移误差　C. 不重合误差

9. 砂轮的________是指结合剂粘结磨粒的牢固程度。

A. 强度　B. 粒度　C. 硬度

10. 工件自动循环中，若要跳过某一条程序，编程时，应在所跳过的程序段前加工________。

A. \ 符号　　B. G 指令　　C. /符号　　D. T 指令

11. 定位基准是指用来确定工件在夹具中位置的________。

A. 点、线　　B. 线、面　　C. 点、线、面

12. 工件材料的强度和硬度越高，切削力就________。

A. 越大　　B. 越小　　C. 一般不变

13. 可能有间隙或可能有过盈配合称为________。

A. 间隙　　B. 过渡　　C. 过盈

14. 开合螺母的功用是接通或断开从________传递的运动。

A. 光杠　　B. 主轴　　C. 丝杠

15. 标准麻花钻的顶角一般在________左右。

A. 100°　　B. 118°　　C. 140°

三、判断题（每题 1 分，共 16 分）

1. 数控车床的反向间隙是不能补偿的。

2. FANUC 系统中，在同一个程序段中，既可以用绝对坐标，又可以用增量坐标。

3. 成组工艺是一种按光学原理进行生产的工艺方法。

4. 每当数控装置发出一个指令脉冲信号，就使步进电动机的转子旋转一个固定角度，该角度称为步距角。

5. 开环控制系统中，工作台位移量与进给指令脉冲的数量成反比。

6. 伺服机构的性能决定了数控机床的精度和快速性。

7. 开环控制系统一般适用于经济型数控机床和旧机床数控化改造。

8. 半闭环控制系统通常在机床的运动部件上直接安装位移测量装置。

9. 数控钻床和数控冲床都属于轮廓控制机床。

10. 进入自动加工状态，屏幕上显示的是加工刀具尖在编程坐标系中的绝对坐标值。

11. 主轴转速功能字一般用来指定主轴的转速。

12. 数控车床的进给方式分每分钟进给和每转进给两种。

13. FANUC 系统中 G32 W－40 F2，其中 2 表示螺纹的导程。

14. 数控机床的滚珠丝杠具有传动效率高、精度高、无爬行的特点。

15. 编制数控程序时一般以工件坐标系为依据。

16. 数控机床所加工出的轮廓，只与所采用的程序有关，而与所选用的刀具无关。

四、名词解释（每题 4 分，共 12 分）

1. DNC

2. 刀具半径补偿

3. 硬质合金

五、简答（每题6分，共12分）

1. 列举出四种数控加工专用技术文件。

2. 数控机床的定位精度包括哪些？

六、计算题（10分）

车削直径为25mm，全长为1200mm的细长轴（材料为45钢），因为受切削的影响，使工件由原来的21°上升到61°，求这根轴的热变形量为多少？（题示：材料的线膨胀系数为11.5×10^{-6}°C^{-1}）

数控车床中级工理论（应知）试卷 4

单位：＿＿＿＿＿＿＿＿＿＿　姓名：＿＿＿＿＿＿＿＿＿＿　准考证号：＿＿＿＿＿＿＿＿＿＿

项目	一	二	三	四	五	六				合计
得分										

一、填空（每空 1 分，共 20 分）

1. 锻件常用的冷却方法有________、________和________。
2. 从床头向尾座方向车削的偏刀称为________偏刀。
3. 加工深孔的主要关键技术是________和________。
4. 平面划线要选择________个划线基准，立体划线要选择________个划线基准。
5. 手动增量方式下以毫米为单位 X100 代表的单位移动距离为________。
6. 麻花钻由________、________和________组成。
7. 数控机床常用的位移执行机构的电动机有________电动机________电动机和________电动机。
8. 伺服系统是数控机床的执行机构，它包括________和________两大部分。
9. 数控装置是由________、________、________等构成。

二、选择题（每题 2 分，共计 30 分）

1. 指令 G02　X __ Y __ R 不能用于________加工。
A. 1/4 圆　B. 1/2 圆　C. 3/4 圆　D. 整圆
2. 当磨钝标准相同，刀具寿命越高，表示刀具磨损________。
A. 越快　B. 越慢　C. 不变
3. 消耗功力最多，而作用在切削速度方向上的分力是________。
A. 切向抗力　B. 径向抗力　C. 轴向抗力
4. 对切削抗力影响最大的是________。
A. 工件材料　B. 切削深度　C. 刀具角度
5. 平衡砂轮一般是对砂轮作________平衡。
A. 安装　B. 静　C. 动
6. 数控机床在轮廓拐角处产生“欠程”现象，应用________方法控制。
A. 提高进给速度　B. 修改坐标点　C. 减速或暂停
7. 前角增大，切削力________，切削温度________。
A. 减小　B. 增大　C. 不变　D. 下降　E. 上升
8. 所谓联机诊断，是指数控计算机中的________。
A. 远程诊断能力　B. 自诊断能力　C. 脱机诊断能力　D. 通信诊断能力
9. 数控机床进给系统采用齿轮传动副时，应该有消除间隙措施，其消除的是________。
A. 齿轮轴向间隙　B. 齿顶间隙　C. 齿侧间隙　D. 齿根间隙
10. 车削圆锥面时，若刀尖安装高于或低于构件回转中心，则构件便会产生________误差。
A. 圆度　B. 双曲线　C. 尺寸精度　D. 表面粗糙度

11. 选择刀具起始点时应考虑________。

A. 防止与工件或夹具干涉碰撞　　B. 方便刀具安装测量

C. 每把刀具刀尖在起始点重合　　D. 必须选在工件外侧

12. 为了改善铸、锻、焊接件的切削性能和消除内应力，细化组织和改善组织的不均匀性，应进行________。

A. 调质　　B. 退火　　C. 正火　　D. 回火

13. 为提高数控系统的可靠性，可________。

A. 采用单片机　　B. 采用双 CPU　　C. 提高时钟频率　　D. 采用光电隔离电路

14. FMS 是指________。

A. 直接数字控制　　B. 自动化工厂　　C. 柔性制造系统　　D. 计算机集成制造系统

15. ________主要用于经济型数控机床的进给驱动。

A. 步进电动机　　B. 直流伺服电动机　　C. 交流伺服电动机　　D. 直流进给伺服电动机

三、判断题（每题 1 分，共 16 分）

1. 数控机床既可以自动加工，也可以手动加工。
2. 在数控机床上对刀，既可以用对刀（镜）仪对刀，也可以用试切法对刀。
3. 专门为某一工件的某道工序专门设计的夹具称通用夹具。
4. 刀具远离工件的运动方向为坐标的正方向。
5. 要求限制的自由度没有限制的定位方式称过定位。
6. 车床夹具通常设置配重或加工减重孔来达到夹具的平衡。
7. 同一工件，无论用数控机床加工还是用普通机床加工，其工序都一样。
8. 在应用刀具半径补偿过程中，如果缺少刀具补偿号，那么此程序运行时会出现报警。
9. 自动线、数控车床上宜采用机夹式车刀。
10. 在数控系统中，F 地址字只能用来表示进给速度。
11. 数控车床的回转刀架刀位的检测采用角度编码器。
12. 车削细长轴时，产生“竹节形”的原因是跟刀架的支承爪压得过紧。
13. 欠定位决不允许在加工中使用。
14. 用英制丝杠的车床车各种规格的普通米制螺纹，都会产生乱扣。
15. 加工硬化产生的原因主要是由于刀具刃口太钝造成的。
16. 驱动装置是数控机床的控制核心。

四、名词解释（每题 4 分，共 12 分）

1. 步距角

2. 粘结磨损

3. 模态代码

五、简答（每题6分，共12分）

1. 滚珠丝杠螺母副有何特点？

2. 常用的数控功能字指令有哪些？并简述其功能。

六、计算题（10分）

装夹主偏角为75°，副偏角为6°的车刀，车刀刀杆中心线与进给方向成85°，求该车刀工作时的主偏角和副偏角各是多少度？

数控车床中级工理论（应知）试卷 5

单位：________________ 姓名：____________ 准考证号：________________

项目	一	二	三	四	五	六			合计
得分									

一、填空（每空 1 分，共 20 分）

1. 现代数控机床的辅助动作，如刀具的更换和切削液的启停等，是用________进行控制的。

2. 数控机床刀具选择有________、________和________三种方式。

3. 电火花加工时，工件的被加工表面产生斜度的原因是________。

4. 常用的硬质合金有________和________两类。

5. 用锥度量规检验圆锥孔时，量规显示剂大端被擦去，这说明该锥孔的锥角______。

6. 研磨时常用的磨料是________和________。

7. 基准可分为________基准和________基准。

8. 数字化仪属于图形________设备，显示器属于图形________设备。

9. 当机床附近有其他强烈振动的机床在工作，则机床会引起________振动。

二、选择题（每题 2 分，共计 30 分）

1. 插补运算程序可以实现数控机床的________。

A. 点位控制　　B. 点位直线控制　　C. 轮廓控制　　D. 转位换刀控制

2. 数控机床几乎所有的辅助功能都通过________来控制。

A. 继电器　　B. 主计算机　　C. G 代码　　D. PLC

3. 编程时设定在工件轮廓上的几何基准点称为________。

A. 机床原点　　B. 工件原点　　C. 机床参考点　　D. 对刀点

4. 在刀库中每把刀具在不同的工序中不能重复使用的选刀方式是________。

A. 顺序选刀　　B. 任意选刀　　C. 软件选刀

5. 高速切削塑性金属材料时，若没有采用适当的断屑措施，则易形成________切屑。

A. 挤裂　　B. 崩碎　　C. 带状

6. 在电火花穿孔加工中，由于放电间隙的存在，工具电极的尺寸应____被加工孔的尺寸。

A. 大于　　B. 等于　　C. 小于

7. 限位开关在电路中起的作用是________。

A. 短路开关　　B. 过载保护　　C. 欠压保护　　D. 行程控制

8. 对于配合精度要求较高的圆锥工件，在工厂中一般采用________检验。

A. 圆锥量规涂色　　B. 万能角度尺　　C. 角度样板

9. 闭环进给伺服系统与半环进给伺服系统主要区别在于________。

A. 位置控制器　　B. 检测单元　　C. 伺服单元　　D. 控制对象

10. 一般数控车床 X 轴的脉冲当量是 Z 轴脉冲当量的________。

A. 1/2　　B. 相等　　C. 2 倍

11. 车削细长轴外圆时，车刀的主偏角应为________。

A. 90°　　B. 93°　　C. 75°

12. 热继电器在控制电路中起的作用是________。

A. 短路保护　　B. 过载保护　　C. 失压保护　　D. 过电压保护

13. 步进电动机所用的电源是________。

A. 直流电源　　B. 交流电源　　C. 脉冲电源　　D. 数字信号

14. 对于配有设计完善的位置伺服系统的数控机床，其定位精度和加工精度主要取决于________。

A. 机床机械结构的精度　　B. 驱动装置的精度

C. 位置检测元器件的精度　　D. 计算机的运算速度

15. CAM 是指________。

A. 计算机辅助设计　　B. 计算机辅助制造

C. 计算机辅助工艺规划　　D. 计算机集成制造

三、判断题（每题 1 分，共 16 分）

1. 尺寸链中间接保证尺寸的环，称为封闭环。

2. 普通录音机的磁头也能用于数控机床的检测系统中。

3. 每一指令脉冲信号使机床移动部件产生的位移量称脉冲当量。

4. 全闭环数控系统的测量装置一般为光电脉冲编码器。

5. 数控机床的坐标系采用右手笛卡儿坐标，在确定具体坐标时，先定 X 轴，再根据右手法则定 Z 轴。

6. SIEMENS 和 FANUC 系统编程时，程序中的子程序必须在主程序结束以后建立。

7. M00 指令属于准备功能字指令，含义是主轴停转。

8. 加工右旋螺纹，车床主轴必须反转，用 M04 指令。

9. 进给功能一般是用来指令机床主轴的转速。

10. 数控机床坐标轴一般采用右手定则来确定。

11. 数控机床的定位精度和重复定位精度是同一个概念。

12. 加工多头螺纹时，加工完一条螺纹后，加工第二条螺纹的起刀点应和第一螺纹的起刀点相隔一个导程。

13. 滚珠丝杠虽然传动效率高，精度高，但不能自锁。

14. 编制数控程序时一般以机床坐标系作为编程依据。

15. 数控机床加工的加工精度比普通机床高。是因为数控机床的传动链较普通机床的传动链长。

16. 粗车时，选择切削用量的顺序是：切削速度、进给量、背吃刀量。

四、名词解释（每题 4 分，共 12 分）

1. 基点和节点

2. 工件坐标系

3. 一次逼近误差

五、简答（每题 6 分，共 12 分）

1. 试回答普通机床的数控改造应从哪些方面进行？

2. 说明下列 M 代码的功能。

M00， M02， M04， M05

六、计算题（10 分）

直径为 50mm 的轴，现一次进给车至 40mm，选用进给量 $f=1\text{mm/r}$，车刀主偏角 $\kappa_r=60°$，求切削层厚度 a_c，切削层宽度 a_w 和切削层面积 A_c 各为多少？

数控车床中级工理论（应知）试卷6

单位：________　姓名：________　准考证号：________

项目	一	二	三	四	五	六			合计
得分									

一、填空（每空1分，共20分）

1. 数控系统软件中________程序又称中断服务程序，完成实时控制任务；________程序又称背景程序，完成无实时要求的任务。

2. 主轴轴承有________、________两种。

3. 数控机床的电气控制系统由________、________组成。

4. 数字控制系统的硬件基础是________。

5. 滚珠丝杠螺母副由________、________、________和回珠器组成。

6. 加工中心进给系统的进给形式有________和回转进给两种。其中回转进给又有________、________两种。

7. 经济型数控一般多采用________电动机，伺服________结构，________位的CPU（或MPU），软件插补采用________插补法。

8. 伺服系统中常有的驱动电动机有________、________、________。

二、选择题（每题2分，共计30分）

1. 同一时间内控制一个坐标方向上的移动的系统是________控制系统。

A. 点位　B. 直线　C. 轮廓　D. 连续

2. 飞机大梁的直纹扭曲面的加工属于________。

A. 二轴半联动加工　B. 三轴联动加工　C. 四轴联动加工　D. 五轴联动加工

3. 当刀具前角增大时，切屑容易从前刀面流出切削变形屑，因此________。

A. 切削力增大　B. 切削力减小　C. 切削力不变

4. 车刀的副偏角对工件的________有较大影响。

A. 尺寸精度　B. 形状精度　C. 表面粗糙度值

5. 钢件精加工一般用________。

A. 乳化液　B. 极压切削液　C. 切削油

6. 用带有径向前角的螺纹车刀车普通螺纹，磨刀时必须使刀尖角________牙型角。

A. 大于　B. 等于　C. 小于

7. 三角形普通螺纹的牙型角为________。

A. 30°　B. 40°　C. 55°　D. 60°

8. 产生加工硬化的主要原因是________。

A. 前角太大　B. 刀尖圆弧半径大

C. 工件材料硬　D. 刃口圆弧半径磨损后增大

9. 车床外露的滑动表面一般采用________润滑。

A. 溅油　B. 浇油　C. 油绳

10. 高速车螺纹时，硬质合金车刀刀尖角应________螺纹的牙形角。

A. 小于　　　　B. 等于　　　　C. 大于

11. 为了保证孔的尺寸精度，铰刀尺寸最好选择在被加工孔公差带________左右。

A. 上面1/3　　　　B. 中间1/3　　　　C. 下面1/3

12. 在车床钻孔时，钻孔的孔径偏大的主要原因是钻头的________。

A. 后角太大　　　　B. 两条主切削刃长度不相等　　　　C. 横刃太短

13. 切断刀折断的主要原因是________。

A. 刀头宽度太宽　　　　B. 副偏角和副后角太大　　　　C. 切削速度低

14. 检验一般精度的圆锥面角度时，常采用________测量。

A. 千分尺　　　　B. 锥形量规　　　　C. 万能角度尺

15. 精车时，为了减少工件表面粗糙度值，车刀的刃倾角应取________值。

A. 正　　　　B. 负　　　　C. 零

三、判断题（每题1分，共16分）

1. 编程坐标系是编程人员在编程过程中所用的坐标系，其坐标系的建立就与所使用机床的坐标系相一致。

2. 数控机床的插补过程，实际上是用微小的直线段来逼近曲线的过程。

3. 用FANUC系统编程时，在同一个程序段中，既可以用绝对坐标，又可以用增量坐标。

4. 检测装置是数控机床必不可少的装置。

5. 数控机床的伺服系统由伺服驱动和伺服执行两个部分组成。

6. 为了防止工件变形，夹紧部位要与支承件对应，尽可能不在工件悬空处夹紧。

7. 数控车床自动刀架的刀位数与其数控系统所允许的刀具数总是一致的。

8. 为达到更高的精度和表面质量，有色金属在精车后仍需进行磨削加工。

9. 由于带传动具有弹性且依靠摩擦力来传动，所以工作时存在弹性滑动，不能适用于要求传动比恒定的场合。

10. 用三爪自定心卡盘夹持工件进行车削，属于完全定位。

11. 螺旋面上沿牙侧各点的螺纹升角都不相等。

12. 精加工或半精加工时，希望选取正的刃倾角，使切屑流向待加工表面而不划伤已加工表面。

13. 用麻花钻扩孔时，由于横刃不参加工作，轴向切削力减少，因此可加大进给量。

14. 工艺规程制定得是否合理，直接影响工件的加工质量、劳动生产率和经济效益。

15. 高速钢车刀不仅用于承受冲击较大的场合，也常用于高速切削。

16. 车削有色金属和非金属材料时，应选取较低的切削速度。

四、名词解释（每题4分，共12分）

1. 永不指定代码

2. 重复定位精度

3. 插补误差

五、简答（每题6分，共12分）

1. 什么是环形分配器？其实现方法有哪些？

2. 为什么要进行刀具补偿？分为哪两种？应用刀具补偿应注意哪些问题？

六、计算题（10分）

车削长为300mm，车削余量为6mm的工件外圆，选定主轴转速为500r/min，进给量为0.2mm/r，切削深度为3mm，求基本时间T_j为多少？

第二节 数控车床中级工理论（应知）试题库答案

数控车床中级工理论（应知）试卷1答案

一、填空（每空1分，共20分）

1. 大小、方向、作用点；2. 钨钴类、钨钛钴类；3. 定位装置、夹紧装置、夹具体、辅助装置；4. 进刀机构强度；5. 点动、连续移动、手摇脉冲发生器移动；6. 金属层厚度；7. 摩擦、润滑；8. 清晰均匀、尺寸；9. 手工、对刀仪

二、选择题（每题2分，共30分）

1	2	3	4	5	6	7	8	9	10
B	A	A	A	A	C	C	B	B	A
11	12	13	14	15					
A	B	C	B	C					

三、判断题（每题1分，共16分）

1	2	3	4	5	6	7	8	9	10
√	√	×	×	√	√	√	×	×	√
11	12	13	14	15	16				
√	×	×	×	×	√				

四、名词解释（每题4分，共12分）

1. 为了建立机床坐标系和工件坐标系之间的关系，需要建立“对刀点”。所谓“对刀点”就是用刀具加工零件时，刀具相对工件运动运动的起点。对刀点既可以选择在工件上，也可以选择工件外，但基本条件是对刀点必须与零件的定位基准有一定的尺寸关系，这样才能确定机床坐标系与工件坐标系之间的关系。

2. 准备功能是（又称为G功能、G指令）用来规定刀具和工件的相对运动轨迹（即指令插补功能）、机床坐标系、坐标平面、刀具补偿、坐标偏移等多种加工操作。

3. 机械加工工艺过程是机械产品生产过程的一部分，是指采用机械加工的方法，直接改变毛坯的形状、尺寸和表面质量等，使其成为零件的过程。

五、简答（每题6分，共12分）

1. 答：（1）点位控制系统的特点是只控位移部件的终点位置，即控制移动部件由一个位置到另一位置的精确定位，而对它们运动过程中的轨迹没有严格的要求，在位移的定位的过程中不进行任何加工。（2）直线控制系统的特点是刀具相对与工件的运动不仅要控制两点之间的准确位置，还要保证两点之间移动轨迹是一条直线。（3）轮廓控制系统不仅要控

制起点和终点的位置，而且要控制加工过程中每一点的位置和速度。

2. 答：数控机床的特点为：高精度，高柔性，高效率，减轻工人的劳动强度，改善了劳动条件，有良好的经济效益，有利于生产的管理和现代化。

六、计算题（10 分）

解：$i = \dfrac{360 \times \delta_p}{\theta_b \times L_0}$

$\dfrac{5}{6} = \dfrac{360 \times 0.1}{0.36 \times L_0}$

$L_0 = 12\text{mm}$

答：滚珠丝杠的螺距应为 12mm。

数控车床中级工理论（应知）试卷 2 答案

一、填空（每空 1 分，共 20 分）

1. 通用、专用、组合；2. 定位、1/3；3. 定位基准、设计基准、测量基准；4. 气孔、缩孔、砂眼；5. 初期阶段、正常阶段、急剧磨损；6. 增大；7. 好、差、刚性、变形；8. 开环

二、选择题（每题 2 分，共计 30 分）

1	2	3	4	5	6	7	8	9	10
B	B	A	A	C	A	C B	B	C	B C
11	12	13	14	15					
B	A	B	B	D					

三、判断题（每题 1 分，共 16 分）

1	2	3	4	5	6	7	8	9	10
√	√	×	×	×	×	×	×	√	×
11	12	13	14	15	16				
√	×	√	√	×	×				

四、名词解释（每题 4 分，共 12 分）

1. 闭环控制系统就是对机床的移动部件的位置直接用直线位置传感器进行检测，把实际测出的位置反馈到数控装置中，与输入指令比较是否有差值，然后用这个差值去控制伺服系统，使运动部件按实际需要值运动，从而实现准确定位。

2. 数控车床刀架内有一个刀具参考点，数控系统通过控制该点运动，间接地控制每把刀的刀位点的运动。

3. 数控系统每发出一个脉冲，使机床移动部件产生的位移量叫做脉冲当量。

五、简答（每题 6 分，共 12 分）

1. 答：（1）目的：滚珠丝杆副进行预紧的目的是消除滚珠丝杠副传动的反向间隙和提高滚珠丝杠副传动的轴向刚度。（2）原理："双螺母垫片式"即在两个螺母之间加入垫片，

把左、右两个螺母撑开，使左、右两个螺母与丝杠的接触方向相反，从而实现滚珠丝杠副的预紧

2. 答：（1）开机，手动返回参考点，建立机床坐标系。（2）将加工程序输入到 CNC 存储器中。（3）将零件装夹到机床上。（4）对加工程序中使用到的刀具进行对刀，并输入刀具补偿值。（5）确定工件坐标系。（6）在自动方式下运行程序加工零件。

六、计算题（10 分）

解：$d_1 = mZ_1 = 63\text{mm}$

$d_2 = mZ_2 = 192\text{mm}$

$d_{a1} = mZ_1 + 2h_a m = (63 + 6)\text{mm} = 69\text{mm}$

$d_{a2} = mZ_2 + 2h_a m = (192 + 6)\text{mm} = 198\text{mm}$

$d_{f1} = mZ_1 - 2(h_a^* + c^*)m = (63 - 7.5)\text{mm} = 55.5\text{mm}$

$d_{f2} = mZ_2 - 2(h_a^* + c^*)m = (192 - 7.5)\text{mm} = 184.5\text{mm}$

$a = D_1 + D_2 = 255\text{mm}$

$i_{12} = Z_2/Z_1 = 64/21$

答：求传动比为 64∶21，分度圆直径分别为 63mm 和 192mm，齿顶圆直径分别为 69mm 和 198mm，齿根圆直径分别为 55.5mm 和 184.5mm，中心距为 255mm。

数控车床中级工理论（应知）试卷 3 答案

一、填空（每空 1 分，共 20 分）

1. 定位；2. W18Cr4V；3. 切削深度、进给量、切削速度；4. 待加工、前；5. 冷却、乳化液；6. 乳化液、切削油；7. 主运动、进给运动、进给运动；8. 中小、复杂、自动化；9. 高；10. 90°；11. 偏离

二、选择题（每题 2 分，共 30 分）

1	2	3	4	5	6	7	8	9	10
D	A	C	C	C	C	C	C	C	C
11	12	13	14	15					
C	A	B	C	B					

三、判断题（每题 1 分，共 16 分）

1	2	3	4	5	6	7	8	9	10
×	√	×	√	×	√	√	×	×	√
11	12	13	14	15	16				
√	√	√	√	√	×				

四、名词解释（每题4分，共12分）

1. 计算机群控，由1台计算机直接管理控制一群数控机床。

2. 自动计算刀具中心轨迹，使其自动偏移零件轮廓一个刀具半径值，这种自动偏移计算即刀具半径补偿。

3. 硬质合金是用硬度和熔点很高的碳化物和金属粘接剂高压压制成型后，再高温烧结而成的粉末冶金制品。

五、简答（每题6分，共12分）

1. 答：(1) 工序卡。(2) 刀具调整单（刀具卡，刀具表）。(3) 机床调整单。(4) 数控加工程序单。

2. 答：(1) 伺服定位精度（包括电动机、电路、检测元件）。(2) 机械传动精度。(3) 几何定位精度（包括主轴回转精度、导轨直线平行度、尺寸精度）。(4) 刚度。

六、计算题（共10分）

解：已知 $L = 1200\text{mm}, \Delta T = T_2 - T_1 = 61° - 21° = 40°$

$\alpha = 11.5 \times 10^{-6}°\text{C}^{-1}$

$\Delta L = \alpha L \Delta T = 11.5 \times 10^{-6} \times 1200 \times 40 = 0.552$

答：这根轴的热变形伸长量为0.552mm。

数控车床中级工理论（应知）试卷4答案

一、填空（每空1分，共20分）

1. 水冷、空冷、炉冷；2. 反；3. 深孔钻的几何形状、冷却排屑；4. 二、三；5. 0.1mm；6. 柄部、颈部、工作部分；7. 步进、直流伺服、交流伺服；8. 驱动、执行；9. 输入装置、输出装置、控制运算器。

二、选择题（每题2分，共30分）

1	2	3	4	5	6	7	8	9	10
D	B	A	B	B	C	A D	B	C	B
11	12	13	14	15					
A	B	D	C	A					

三、判断题（每题1分，共16分）

1	2	3	4	5	6	7	8	9	10
√	√	×	√	×	√	×	√	√	×
11	12	13	14	15	16				
√	√	√	√	√	×				

四、名词解释（每题4分，共12分）

1. 每当数控装置发出一个指令脉冲信号，就使步进电动机的转子旋转一个固定角度，该角度称为步距角。

2. 粘结磨损是指工件或切屑表面与刀具表面之间在高温下发生粘结，刀具表面微粒被带走而造成的磨损。

3. 模态代码即续效代码，模态代码一经采用，将直到出现同组其他任一代码时才失效。如G00，G01，G02，G03为一组，设开始的某程序段采用G00，而以下程序段并没有G00，但G00依然有效，直到某个程序段出现G01，G02，G03之一将其取代而失效。

五、简答（每题6分，共12分）

1. 答：（1）传动效率高（85%～98%），运动平稳，寿命高。（2）可以预紧以消除间隙，提高系统的刚度。（3）摩擦角小，不自锁，用于升降时一定要有制动装置。

2. 答：（1）准备功能字：用来指令机床进行加工运动和插补方式的功能，或使机床建立起某种加工方式的指令。（2）尺寸功能字：用来指令机床的刀具运动到达目标点。（3）辅助功能字：控制机床在加工操作时完成一些辅助动作的开关功能。（4）进给功能字：用来指令切削的进给速度。（5）转速功能字：用来指令主轴的转速。（6）刀具功能字：用来指令加工时当前使用刀具的刀具号。

六、计算题（10分）

解：

$\kappa_r = 75°$，$\kappa_r' = 6°$，$\phi = 90° - 85° = 5°$

$\kappa_{r1} = \kappa_r - \phi = 75° - 5° = 70°$

$\kappa_{r1}' = \kappa_r' + \phi = 6° + 5° = 11°$

答：工作时的主偏角 $\kappa_{r1} = 70°$，副偏角 $\kappa_{r1}' = 11°$。

数控车床中级工理论（应知）试卷5答案

一、填空：（每空1分，共20分）

1. 可编程控制器PLC；2. 顺序选刀方式、刀具编码方式、刀座编码方式；3. 二次放电；4. 钨钴、钨钛钴；5. 偏小；6. 氧化铝、碳化硅；7. 设计、工艺；8. 输入、输出；9. 强迫

二、选择题（每题2分，共30分）

1	2	3	4	5	6	7	8	9	10
C	D	B	A	C	C	D	A	B	A
11	12	13	14	15					
A	B	D	C	B					

三、判断题（每题1分，共16分）

1	2	3	4	5	6	7	8	9	10
√	×	√	×	×	√	×	×	×	√
11	12	13	14	15	16				
×	×	√	×	×	×				

四、名词解释（每题4分，共12分）

1. 基点：构成零件轮廓的不同几何素线的交点或切点称为基点。

节点：当采用不具备非圆曲线插补功能的数控机床加工非圆曲线轮廓时，在加工程序的编制中，常常需要用多个直线段或圆弧段去近似地代替非圆曲线，这称为拟合。拟合线段的交点或切点称为节点。

2. 工件坐标系是编程人员在编程时使用的坐标系。编程人员为了编程方便，选择工件上的某一已知点为原点，建立一个坐标系，称为工件坐标系（也称编程坐标系）。

3. 用近似计算法逼近零件轮廓时产生的误差，如用直线或圆弧去逼近轮廓，用近似方程式去拟合列表曲线等。

五、简答（每题6分，共12分）

1. 答：(1) 主轴：改变频器实现变频调速，在尾部同轴安装增量式光电编码器控制螺纹加工。

(2) 进给系统：选用步进电动机，选择滚珠丝杠螺母副，安装减速驱动机构。(3) 导轨：将原机床导轨进行修整后贴塑，使其成为贴塑导轨。(4) 添加自动刀架系统。(5) 添加数控系统。

2. 答：(1) M00：程序暂停

(2) M02：主程序结束

(3) M04：主轴反转

(4) M05：主轴停转

六、计算题（10分）

解：$D_1=50\text{mm}$　$D_2=40\text{mm}$　$f=1\text{mm/r}$，$\kappa_r=60°$

$a_p=(D_1-D_2)/2=5\text{mm}$

$a_c=f\sin\kappa_r=1\times\sin60=0.5\text{mm}$

$a_w=a_p/\sin\kappa_r=(5/0.5)\ \text{mm}=10\text{mm}$

$A_c=a_c*a_w=(0.5\times10)\ \text{mm}=5\text{mm}^2$

答：切削厚度为0.5mm，切削宽度为10mm，切削面积为5mm^2。

数控车床中级工理论（应知）试卷6答案

一、填空（每空1分，共20分）

1. 前台、后台；2. 滚动轴承、滑动轴承；3. 电力拖动系统、自动控制系统；4. 继电器逻辑电路；5. 滚珠、丝杠、螺母；6. 直线、连续回转、分度回转；7. 步进、开环、18、基

准脉冲；8. 步进电动机、交流伺服电动机、直流伺服电动机

二、选择题（每题2分，共30分）

1	2	3	4	5	6	7	8	9	10
B	C	B	C	B	A	D	D	B	A
11	12	13	14	15					
B	B	B	C	A					

三、判断题：（每题1分，共16分）

1	2	3	4	5	6	7	8	9	10
×	√	√	×	√	√	×	×	√	×
11	12	13	14	15	16				
√	√	√	√	×	×				

四、名词解释（每题4分，共12分）

1. 即使将来修订标准也不指定其定义。

2. 是指在同一台数控机床上，应用相同程序、相同代码加工一批工件，所得到连续结果的一致程度。

3. 插补加工出的线段如直线，圆弧等与理想线段的误差，它与数控系统的插补功能有关。

五、简答（每题6分，共12分）

1. 答：控制电动机绕组通电脉冲循环变化的装置称为环形分配器。可以用硬件（电路板，芯片）或软件实现。

2. 答：为了保证加工精度和编程方便，经过译码后得到的数据，不能直接用于插补控制，要通过半径补偿计算，将编程轮廓数据转换成刀具中心轨迹的数据才能用于插补。

刀具补偿分刀位位置补偿和刀具半径补偿两种。应用刀具补偿时，应在程序中指明何处进行刀具补偿，指出是进行左刀补还是右刀补、半指定刀具半径以及补偿刀号等。

六、计算题（10分）

解：根据基本时间计算公式

$$T_j = \frac{L}{nf} \times \frac{h}{a_p} = \left(\frac{300}{500 \times 0.2} \times \frac{6}{3}\right)\text{min} = 6\text{min}$$

答：基本时间为6min。

第三节　数控车床中级工操作（应会）试题库

数控车床中级工操作（应会）试卷 1

单位：________　姓名：________　准考证号：________

其余 3.2　1.6　12.5　12.5　C2　R5　R10　$\phi 38_{-0.05}^{0}$　$\phi 32_{-0.039}^{0}$　$\phi 26$　M30×(P_h3P1.6)-6g　5　10　8　25　63

技术要求：

1. 不允许使用砂布或锉刀修整表面；
2. 未注倒角 $C1$。

评分表

序号	项目	检测内容		占分	评分标准	实测	得分
1	外圆	$\phi 38_{-0.05}^{0}$	尺寸	20	超差 0.01 扣 2 分		
2			$R_a 3.2$	6	$R_a>3.2$ 扣 2 分，$R_a>6.3$ 全扣		
3		$\phi 32_{-0.039}^{0}$	尺寸	20	超差 0.01 扣 2 分		
4			$R_a 1.6$	6	$R_a>1.6$ 扣 2 分，$R_a>3.2$ 全扣		
5	外螺纹	M30×3（P1.5）（止通规检查）		15	止通规检查不满足要求，不得分		
6		$R_a 3.2$		4	$R_a>3.2$ 扣 2 分，$R_a>6.3$ 全扣		
8		退刀槽	$\phi 26\times 8$	2	超差不得分		
9	圆弧	$R10$	尺寸	5	超差不得分		
10			$R_a 3.2$		$R_a>3.2$ 扣 2 分，$R_a>6.3$ 全扣		
11		$R5$	尺寸	5	超差不得分		
12			$R_a 3.2$		$R_a>3.2$ 扣 2 分，$R_a>6.3$ 全扣		
13	长度	63		3	超差不得分		
14		25		3	超差不得分		
15		10		3	超差不得分		
16		5		3	超差不得分		
17	圆弧连接			5	有明显接痕不得分		
18							
19							
20	文明生产	发生重大安全事故取消考试资格；按照有关规定每违反一项，从总分中扣除 3 分					
21	其他项目	工件必须完整，工件局部无缺陷（如夹伤、划痕等）					
22	程序编制	程序中严重违反工艺规程的则取消考试资格；其他问题酌情扣分					
23	加工时间	100min 后尚未开始加工则终止考试；超过定额时间 5min 扣 1 分；超过 10min 扣 5 分；超过 15min 扣 10 分；超过 20min 扣 20 分；超过 25min 扣 30 分；超过 30min 则停止考试					
合计							

名称	轴	材料规格	得分	80～100 分	60～79 分	0～59 分	总分
		45，ϕ40mm×115mm	考试时间	开始：　时　分；结束　时　分			
图号		工时	记事				
		240min（含编程）	监考	检验	评分		

数控车床中级工操作（应会）试卷 2

单位：______ 姓名：______ 准考证号：______

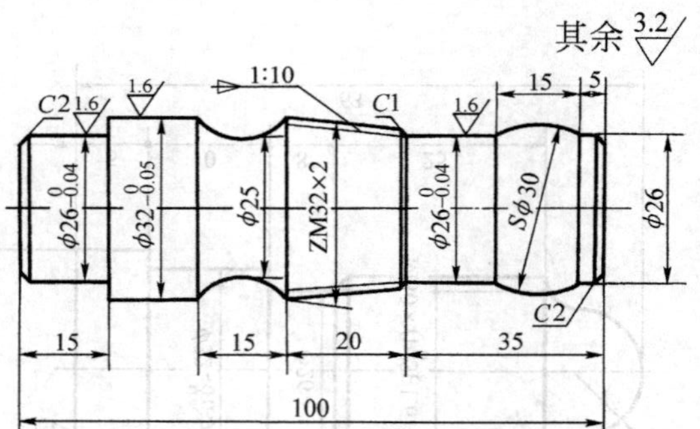

技术要求：

1. 不允许使用砂布或锉刀修整表面；
2. 未注倒角 C1。

评分表

序号	项目	检测内容		占分	评分标准	实测	得分
1	外圆	$\phi26^{\ 0}_{-0.04}$（两处）	尺寸	15	超差 0.01 扣 2 分		
2			$R_a1.6$	6	$R_a>1.6$ 扣 2 分，$R_a>3.2$ 全扣		
3		$\phi32^{\ 0}_{-0.03}$	尺寸	15	超差 0.01 扣 2 分		
4			$R_a1.6$	6	$R_a>1.6$ 扣 2 分，$R_a>3.2$ 全扣		
5	锥螺纹	ZM32×2		20	降一级扣 5，乱牙不得分		
6		$R_a3.2$		4	$R_a>3.2$ 扣 2 分，$R_a>6.3$ 全扣		
8	圆弧	$S\phi30$		10	超差不得分		
9		$R9.7857$（凹圆弧）		10	超差不得分		
10	长度	100		2	超差不得分		
11		15		2	超差不得分		
12		20		2	超差不得分		
13		35		2	超差不得分		
14	倒角	3 处		6	少一处扣 2 分		
15							
16							
17	文明生产	发生重大安全事故取消考试资格；按照有关规定每违反一项，从总分中扣除 3 分					
18	其他项目	工件必须完整，工件局部无缺陷（如夹伤、划痕等）					
19	程序编制	程序中严重违反工艺规程的则取消考试资格；其他问题酌情扣分					
20	加工时间	100min 后尚未开始加工则终止考试；超过定额时间 5min 扣 1 分；超过 10min 扣 5 分；超过 15min 扣 10 分；超过 20min 扣 20 分；超过 25min 扣 30 分；超过 30min 则停止考试					
合计							

名称	轴	材料规格	得分	80～100 分		60～79 分		0～59 分		
		45，$\phi35mm \times 105mm$	考试时间	开始： 时 分；结束 时 分					总分	
图号		工时	记事							
		240min（含编程）	监考		检验		评分			

数控车床中级工操作（应会）试卷 3

单位：________ 姓名：________ 准考证号：________

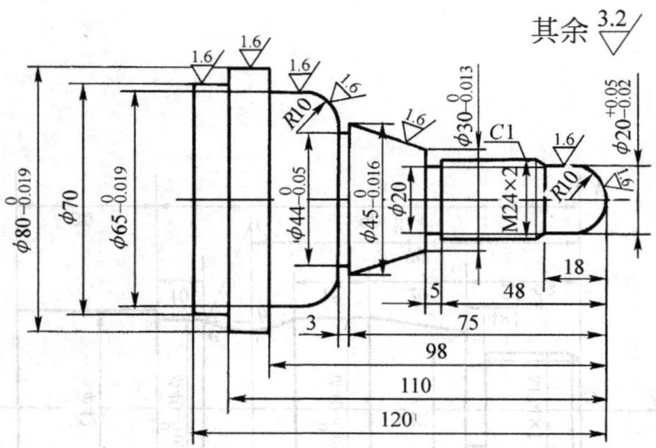

其余 3.2

技术要求：

1. 不允许使用砂布或锉刀修整表面；
2. 未注倒角 C1。

评分表

序号	项目	检测内容		占分	评分标准	实测	得分
1	外圆直径	$\phi 80_{-0.019}^{0}$	尺寸	8	超差 0.01 扣 2 分		
2			$R_a1.6$	4	$R_a>1.6$ 扣 2 分，$R_a>3.2$ 全扣		
3		$\phi 70$	尺寸	6	超差 0.01 扣 2 分		
4			$R_a1.6$	4	$R_a>1.6$ 扣 2 分，$R_a>3.2$ 全扣		
5		$\phi 65_{-0.019}^{0}$	尺寸	8	超差 0.01 扣 2 分		
6			$R_a1.6$	4	$R_a>1.6$ 扣 2 分，$R_a>3.2$ 全扣		
8		$\phi 40_{-0.05}^{0}$	尺寸	8	超差 0.01 扣 2 分		
9			$R_a1.6$	4	$R_a>1.6$ 扣 2 分，$R_a>3.2$ 全扣		
10		$\phi 45_{-0.016}^{0}$	尺寸	8	超差 0.01 扣 2 分		
11			$R_a1.6$	4	$R_a>1.6$ 扣 2 分，$R_a>3.2$ 全扣		
12		$\phi 30_{-0.013}^{0}$	尺寸	8	超差 0.01 扣 2 分		
13			$R_a1.6$	4	$R_a>1.6$ 扣 2 分，$R_a>3.2$ 全扣		
14		$\phi 20_{-0.02}^{0.005}$	尺寸	8	超差 0.01 扣 2 分		
15			$R_a1.6$	4	$R_a>1.6$ 扣 2 分，$R_a>3.2$ 全扣		
16	螺纹	M24×2（止通规检查）		10	止通规检查不满足要求，不得分		
17		$R_a3.2$		4	$R_a>3.2$ 扣 2 分，$R_a>6.3$ 全扣		
18	退刀槽	两处		2	少一处扣 1 分		
19	圆弧	两处		6	少一处扣 3 分		
20	长度	6 个长度尺寸		12	超差均不得分		
21	文明生产	发生重大安全事故取消考试资格；按照有关规定每违反一项，从总分中扣除 3 分					
22	其他项目	工件必须完整，工件局部无缺陷（如夹伤、划痕等）					
23	程序编制	程序中严重违反工艺规程的则取消考试资格；其他问题酌情扣分					
24	加工时间	100min 后尚未开始加工则终止考试；超过定额时间 5min 扣 1 分；超过 10min 扣 5 分；超过 15min 扣 10 分；超过 20min 扣 20 分；超过 25min 扣 30 分；超过 30min 则停止考试					
合计							

名称	轴	材料规格	得分	80～100 分	60～79 分	0～59 分	
		45，ϕ85mm×125mm	考试时间	开始： 时 分；结束 时 分			总分
图号		工时	记事				
		240min（含编程）	监考	检验	评分		

数控车床中级工操作（应会）试卷 4

单位：________ 姓名：________ 准考证号：________

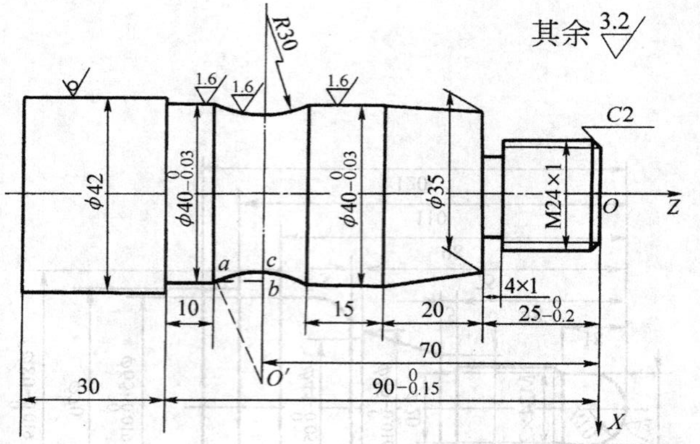

技术要求：

1. 不允许使用砂布或锉刀修整表面；
2. 未注倒角 $C1$。

评分表

序号	项目	检测内容		占分	评分标准	实测	得分
1	外圆直径	$\phi42$	尺寸	15	超差 0.01 扣 2 分		
2			$R_a1.6$	6	$R_a>1.6$ 扣 2 分，$R_a>3.2$ 全扣		
3		$\phi40_{-30.0}^{0}$	尺寸	15	超差 0.01 扣 2 分		
4			$R_a1.6$	6	$R_a>1.6$ 扣 2 分，$R_a>3.2$ 全扣		
5	螺纹	M24 × 2（止通规检查）		16	止通规检查不满足要求，不得分		
6		$R_a3.2$		4	$R_a>3.2$ 扣 2 分，$R_a>6.3$ 全扣		
8	圆弧	$R10$	尺寸	10	超差不得分		
9			$R_a1.6$	6	$R_a>1.6$ 扣 2 分，$R_a>3.2$ 全扣		
10	长度	$90_{-0.15}^{0}$		6	超差 0.01 扣 2 分		
11		$25_{-0.2}^{0}$		6	超差 0.01 扣 2 分		
12		15		3	超差不得分		
13		20		3	超差不得分		
14	退刀槽	4 × 1		2			
15	倒角	$C2$		2	超差不得分		
16	文明生产	发生重大安全事故取消考试资格；按照有关规定每违反一项，从总分中扣除 3 分					
17	其他项目	工件必须完整，工件局部无缺陷（如夹伤、划痕等）					
18	程序编制	程序中严重违反工艺规程的则取消考试资格；其他问题酌情扣分					
19	加工时间	100min 后尚未开始加工则终止考试；超过定额时间 5min 扣 1 分；超过 10min 扣 5 分；超过 15min 扣 10 分；超过 20min 扣 20 分；超过 25min 扣 30 分；超过 30min 则停止考试					
合计							

名称	轴	材料规格	得分	80 ~ 100 分		60 ~ 79 分		0 ~ 59 分	
		45，$\phi42$mm × 120mm	考试时间	开始： 时 分；结束 时 分				总分	
图号		工时	记事						
		240min（含编程）	监考		检验		评分		

数控车床中级工操作（应会）试卷 5

单位：________ 姓名：________ 准考证号：________

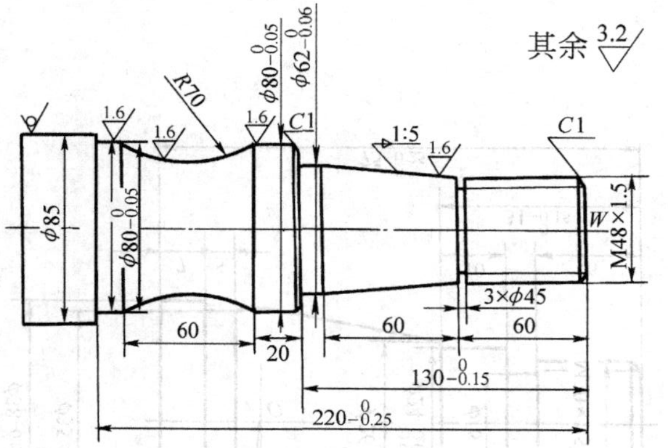

技术要求：

1. 不允许使用砂布或锉刀修整表面；
2. 未注倒角 $C1$。

评分表

序号	项目	检测内容		占分	评分标准	实测	得分
1	外圆直径	$\phi80^{\ 0}_{-0.05}$（两处）	尺寸	10	超差 0.01 扣 2 分		
2			$R_a1.6$	4	$R_a>1.6$ 扣 2 分，$R_a>3.2$ 全扣		
3		$\phi62^{\ 0}_{-0.06}$	尺寸	10	超差 0.01 扣 2 分		
4			$R_a1.6$	4	$R_a>1.6$ 扣 2 分，$R_a>3.2$ 全扣		
5	圆锥	锥度 1:5	尺寸	10	超差 0.01 扣 2 分		
6			$R_a1.6$	4	$R_a>1.6$ 扣 2 分，$R_a>3.2$ 全扣		
8	螺纹	M48×1.5（止通规检查）		16	止通规检查不满足要求，不得分		
9		$R_a3.2$		4	$R_a>3.2$ 扣 2 分，$R_a>6.3$ 全扣		
10	圆弧	$R70$	尺寸	10	超差不得分		
11			$R_a1.6$	4	$R_a>1.6$ 扣 2 分，$R_a>3.2$ 全扣		
12	长度	$130^{\ 0}_{-0.15}$		6	超差 0.01 扣 2 分		
13		$220^{\ 0}_{-0.25}$		6	超差 0.01 扣 2 分		
14		60（三处）		6	超差不得分		
15		20		2	超差不得分		
16	倒角	$C1$（两处）		2	少一处扣 1 分		
17	退刀槽	3×φ45		2	超差不得分		
18							
19	文明生产	发生重大安全事故取消考试资格；按照有关规定每违反一项，从总分中扣除 3 分					
20	其他项目	工件必须完整，工件局部无缺陷（如夹伤、划痕等）					
21	程序编制	程序中严重违反工艺规程的则取消考试资格；其他问题酌情扣分					
22	加工时间	100min 后尚未开始加工则终止考试；超过定额时间 5min 扣 1 分；超过 10min 扣 5 分；超过 15min 扣 10 分；超过 20min 扣 20 分；超过 25min 扣 30 分；超过 30min 则停止考试					
合计							

名称	轴	材料规格	得分	80～100 分	60～79 分	0～59 分	
		45，φ85mm×250mm	考试时间	开始： 时 分；结束 时 分			总分
图号		工时	记事				
		240min（含编程）	监考	检验	评分		

数控车床中级工操作（应会）试卷 6

单位：__________ 姓名：__________ 准考证号：__________

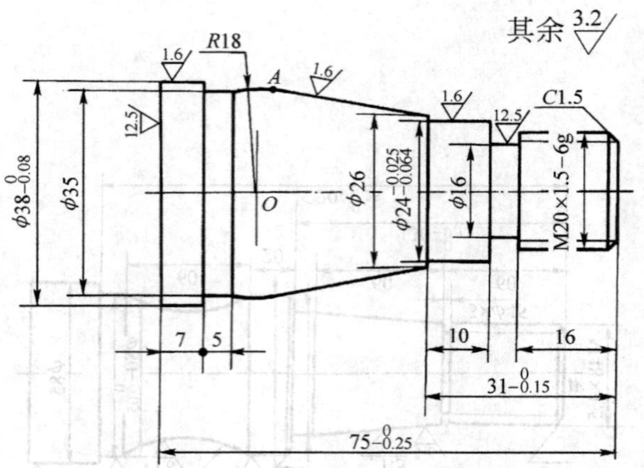

评分表

序号	项目	检测内容		占分	评分标准	实测	得分
1	外圆直径	$\phi38_{-0.08}^{0}$	尺寸	10	超差 0.01 扣 2 分		
2			$R_a1.6$	4	$R_a>1.6$ 扣 2 分，$R_a>3.2$ 全扣		
3		$\phi24_{-0.064}^{-0.025}$	尺寸	10	超差 0.01 扣 2 分		
4			$R_a1.6$	4	$R_a>1.6$ 扣 2 分，$R_a>3.2$ 全扣		
5	圆锥		尺寸	10	超差 0.01 扣 2 分		
6			$R_a1.6$	4	$R_a>1.6$ 扣 2 分，$R_a>3.2$ 全扣		
8	螺纹	M20×1.5（止通规检查）		18	止通规检查不满足要求，不得分		
9		$R_a3.2$		4	$R_a>3.2$ 扣 2 分，$R_a>6.3$ 全扣		
10	圆弧	R18	尺寸	10	超差不得分		
11			$R_a1.6$	4	$R_a>1.6$ 扣 2 分，$R_a>3.2$ 全扣		
12	长度	$31_{-0.15}^{0}$		6	超差 0.01 扣 2 分		
13		$75_{-0.25}^{0}$		6	超差 0.01 扣 2 分		
14		16		2	超差不得分		
15		10		2	超差不得分		
16		7		2			
17	倒角	C1.5		2	超差不得分		
18	退刀槽	φ16×5		2	超差不得分		
19	文明生产	发生重大安全事故取消考试资格；按照有关规定每违反一项，从总分中扣除 3 分					
20	其他项目	工件必须完整，工件局部无缺陷（如夹伤、划痕等）					
21	程序编制	程序中严重违反工艺规程的则取消考试资格；其他问题酌情扣分					
22	加工时间	100min 后尚未开始加工则终止考试；超过定额时间 5min 扣 1 分；超过 10min 扣 5 分；超过 15min 扣 10 分；超过 20min 扣 20 分；超过 25min 扣 30 分；超过 30min 则停止考试					
合计							

其余 3.2

技术要求：

1. 不允许使用砂布或锉刀修整表面；
2. 未注倒角 C1。

名称	轴	材料规格	得分	80～100 分	60～79 分	0～59 分	总分
		45，φ40mm×110mm	考试时间	开始：　时　分；结束　时　分			
图号		工时	记事				
		240min（含编程）	监考	检验	评分		

数控车床中级工操作（应会）试卷 7

单位：＿＿＿＿＿＿　姓名：＿＿＿＿＿＿　准考证号：＿＿＿＿＿＿

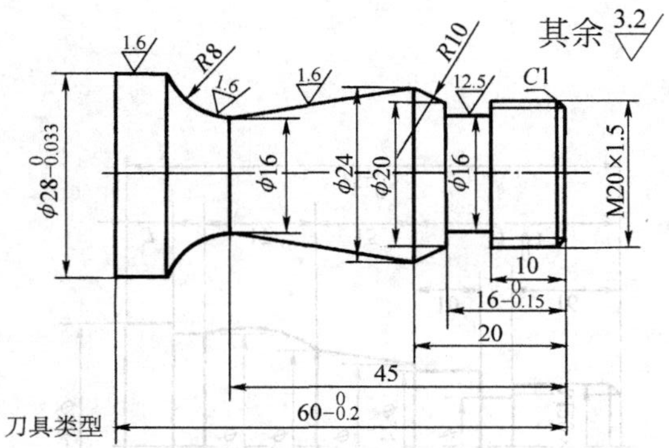

刀具类型

技术要求：

1. 不允许使用砂布或锉刀修整表面；
2. 未注倒角 $C1$。

评分表

序号	项目	检测内容		占分	评分标准	实测	得分
1	外圆直径	$\phi28_{-0.033}^{0}$	尺寸	10	超差 0.01 扣 2 分		
2			$R_a1.6$	4	$R_a>1.6$ 扣 2 分，$R_a>3.2$ 全扣		
3		$\phi24$	尺寸	10	超差 0.01 扣 2 分		
4			$R_a1.6$	4	$R_a>1.6$ 扣 2 分，$R_a>3.2$ 全扣		
5	圆锥		尺寸	10	超差 0.01 扣 2 分		
6			$R_a1.6$	4	$R_a>1.6$ 扣 2 分，$R_a>3.2$ 全扣		
8	螺纹	M20×1.5（止通规检查）		16	止通规检查不满足要求，不得分		
9		$R_a3.2$		4	$R_a>3.2$ 扣 2 分，$R_a>6.3$ 全扣		
10	圆弧	$R8$	尺寸	10	超差不得分		
11			$R_a1.6$	4	$R_a>1.6$ 扣 2 分，$R_a>3.2$ 全扣		
12	长度	$16_{-0.15}^{0}$		6	超差 0.01 扣 2 分		
13		$60_{-0.2}^{0}$		6	超差 0.01 扣 2 分		
14		10		6	超差不得分		
15		20		2	超差不得分		
16	倒角	$C1$		2	超差不得分		
17	退刀槽	$6\times\phi16$		2	超差不得分		
18							
19	文明生产	发生重大安全事故取消考试资格；按照有关规定每违反一项，从总分中扣除 3 分					
20	其他项目	工件必须完整，工件局部无缺陷（如夹伤、划痕等）					
21	程序编制	程序中严重违反工艺规程的则取消考试资格；其他问题酌情扣分					
22	加工时间	100min 后尚未开始加工则终止考试；超过定额时间 5min 扣 1 分；超过 10min 扣 5 分；超过 15min 扣 10 分；超过 20min 扣 20 分；超过 25min 扣 30 分；超过 30min 则停止考试					
合计							

名称	轴	材料规格	得分	80～100 分		60～79 分		0～59 分	
		45，$\phi30mm\times90mm$	考试时间	开始：　时　分；结束　时　分				总分	
图号		工时	记事						
		240min（含编程）	监考		检验		评分		

数控车床中级工操作（应会）试卷 8

单位：________ 姓名：________ 准考证号：________

技术要求：

1. 不允许使用砂布或锉刀修整表面；
2. 未注倒角 C1。

评分表

序号	项目	检测内容		占分	评分标准	实测	得分
1	外圆直径	$\phi 38_{-0.08}^{0}$	尺寸	10	超差 0.01 扣 2 分		
2			$R_a 1.6$	4	$R_a > 1.6$ 扣 2 分，$R_a > 3.2$ 全扣		
3		$\phi 24_{-0.064}^{-0.025}$	尺寸	10	超差 0.01 扣 2 分		
4			$R_a 1.6$	4	$R_a > 1.6$ 扣 2 分，$R_a > 3.2$ 全扣		
5	圆锥		尺寸	10	超差 0.01 扣 2 分		
6			$R_a 1.6$	4	$R_a > 1.6$ 扣 2 分，$R_a > 3.2$ 全扣		
8	螺纹	M20×1.5（止通规检查）		10	止通规检查不满足要求，不得分		
9		$R_a 3.2$		4	$R_a > 3.2$ 扣 2 分，$R_a > 6.3$ 全扣		
10	圆弧	R18	尺寸	10	超差不得分		
11			$R_a 1.6$	4	$R_a > 1.6$ 扣 1 分，$R_a > 3.2$ 全扣		
12	长度	$31_{-0.1}^{0}$		6	超差 0.01 扣 2 分		
13		$75_{-0.2}^{0}$		6	超差 0.01 扣 2 分		
14		16		6	超差不得分		
15		10		2	超差不得分		
16		15		2	超差不得分		
17		17		2	超差不得分		
18		7		2	超差不得分		
19	倒角	C1		2	超差不得分		
20	退刀槽			2	超差不得分		
21							
22	文明生产	发生重大安全事故取消考试资格；按照有关规定每违反一项，从总分中扣除 3 分					
23	其他项目	工件必须完整，工件局部无缺陷（如夹伤、划痕等）					
24	程序编制	程序中严重违反工艺规程的则取消考试资格；其他问题酌情扣分					
25	加工时间	100min 后尚未开始加工则终止考试；超过定额时间 5min 扣 1 分；超过 10min 扣 5 分；超过 15min 扣 10 分；超过 20min 扣 20 分；超过 25min 扣 30 分；超过 30min 则停止考试					
合计							

名称	轴	材料规格	得分	80～100 分		60～79 分		0～59 分	
		45，ϕ40mm×155mm	考试时间	开始：　时　分；结束　时　分				总分	
图号		工时	记事						
		240min（含编程）	监考		检验		评分		

数控车床中级工操作（应会）试卷 9

单位：__________ 姓名：__________ 准考证号：__________

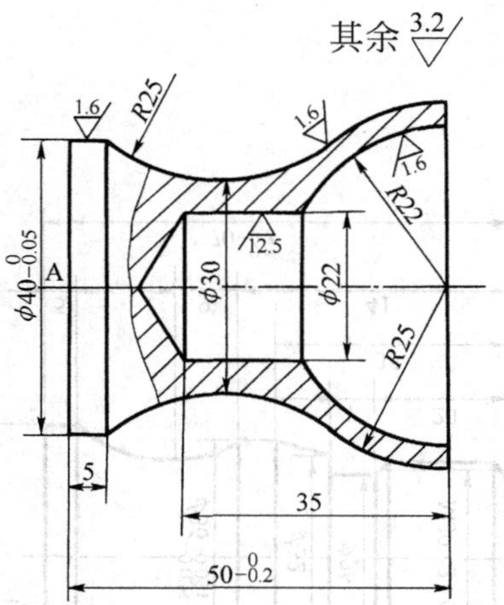

技术要求：

1. 不允许使用砂布或锉刀修整表面；
2. 未注倒角 $C1$。

评分表

序号	项目	检测内容		占分	评分标准	实测	得分
1	外圆	$\phi40_{-0.05}^{\ 0}$	尺寸	10	超差 0.01 扣 2 分		
2			$R_a1.6$	5	$R_a>1.6$ 扣 2 分，$R_a>3.2$ 全扣		
3	圆弧	外圆弧（凹）$R25$	尺寸	10	超差不得分		
4			$R_a1.6$	5	$R_a>1.6$ 扣 2 分，$R_a>3.2$ 全扣		
5		外圆弧（凸）$R25$	尺寸	10	超差不得分		
6			$R_a1.6$	5	$R_a>1.6$ 扣 2 分，$R_a>3.2$ 全扣		
8		内圆弧 $R22$	尺寸	10	超差不得分		
9			$R_a1.6$	5	$R_a>1.6$ 扣 2 分，$R_a>3.2$ 全扣		
10	内孔	$\phi22$		10	超差不得分		
11	长度	$50_{-0.2}^{\ 0}$		10	超差 0.01 扣 2 分		
12		5		2	超差不得分		
13		35		2	超差不得分		
14	圆弧连接			16	有明显接痕不得分		
15							
16							
17	文明生产	发生重大安全事故取消考试资格；按照有关规定每违反一项，从总分中扣除 3 分					
18	其他项目	工件必须完整，工件局部无缺陷（如夹伤、划痕等）					
19	程序编制	程序中严重违反工艺规程的则取消考试资格；其他问题酌情扣分					
20	加工时间	100min 后尚未开始加工则终止考试；超过定额时间 5min 扣 1 分；超过 10min 扣 5 分；超过 15min 扣 10 分；超过 20min 扣 20 分；超过 25min 扣 30 分；超过 30min 则停止考试					
合计							

名称	圆弧铰	材料规格	得分	80～100 分		60～79 分		0～59 分	
		45，$\phi55\text{mm}\times110\text{mm}$	考试时间	开始： 时 分；结束 时 分				总分	
图号		工时	记事						
		240min（含编程）	监考		检验		评分		

数控车床中级工操作（应会）试卷 10

单位：＿＿＿＿＿＿ 姓名：＿＿＿＿＿＿ 准考证号：＿＿＿＿＿＿

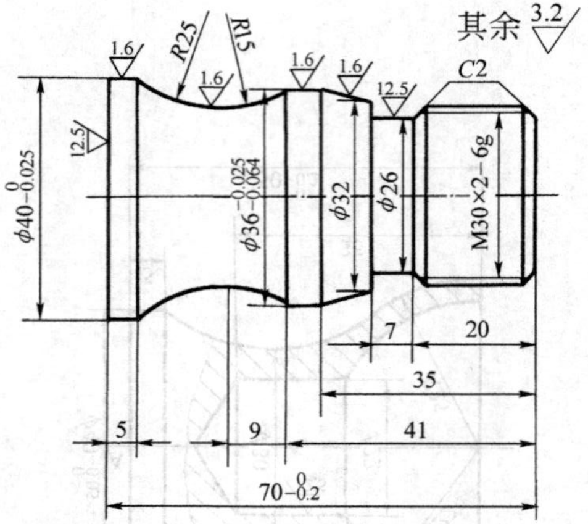

其余 3.2

技术要求：

1. 不允许使用砂布或锉刀修整表面；
2. 未注倒角 $C1$。

评分表

序号	项目	检测内容		占分	评分标准	实测	得分
1	外圆直径	$\phi40_{-0.025}^{0}$	尺寸	10	超差 0.01 扣 2 分		
2			$R_a1.6$	4	$R_a>1.6$ 扣 2 分，$R_a>3.2$ 全扣		
3		$\phi36_{-0.064}^{-0.025}$	尺寸	10	超差 0.01 扣 2 分		
4			$R_a1.6$	4	$R_a>1.6$ 扣 2 分，$R_a>3.2$ 全扣		
5	圆锥		尺寸	10	超差 0.01 扣 2 分		
6			$R_a1.6$	4	$R_a>1.6$ 扣 2 分，$R_a>3.2$ 全扣		
8	螺纹	M30×2（止通规检查）		10	止通规检查不满足要求，不得分		
9		$R_a3.2$		4	$R_a>3.2$ 扣 2 分，$R_a>6.3$ 全扣		
10	圆弧	$R15$	尺寸	10	超差不得分		
11			$R_a1.6$	4	$R_a>1.6$ 扣 2 分，$R_a>3.2$ 全扣		
12		$R25$	尺寸	10	超差不得分		
13			$R_a1.6$	4	$R_a>1.6$ 扣 2 分，$R_a>3.2$ 全扣		
14	长度	$70_{-0.2}^{0}$		4	超差 0.01 扣 2 分		
15		35		2	超差不得分		
16		20		2	超差不得分		
17		41		2	超差不得分		
18		5		2	超差不得分		
19	倒角	$C2$（两处）		2	超差不得分		
20	退刀槽	6×$\phi16$		2	超差不得分		
21							
22	文明生产	发生重大安全事故取消考试资格；按照有关规定每违反一项，从总分中扣除 3 分					
23	其他项目	工件必须完整，工件局部无缺陷（如夹伤、划痕等）					
24	程序编制	程序中严重违反工艺规程的则取消考试资格；其他问题酌情扣分					
25	加工时间	100min 后尚未开始加工则终止考试；超过定额时间 5min 扣 1 分；超过 10min 扣 5 分；超过 15min 扣 10 分；超过 20min 扣 20 分；超过 25min 扣 30 分；超过 30min 则停止考试					
合计							

名称	轴	材料规格	得分	80～100 分	60～79 分	0～59 分	
		45，$\phi40$mm×100mm	考试时间	开始： 时 分；结束 时 分			总分
图号		工时	记事				
		240min（含编程）	监考	检验	评分		

数控车床中级工操作（应会）试卷 11

单位：________ 姓名：________ 准考证号：________

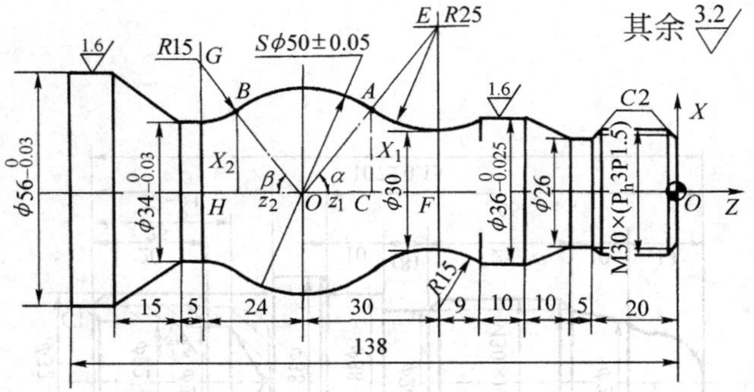

评分表

序号	项目	检测内容		占分	评分标准	实测	得分
1	外圆直径	$\phi56_{-0.03}^{0}$	尺寸	5	超差 0.01 扣 2 分		
2			$R_a1.6$	4	$R_a>1.6$ 扣 2 分，$R_a>3.2$ 全扣		
3		$\phi36_{-0.025}^{0}$	尺寸	5	超差 0.01 扣 2 分		
4			$R_a1.6$	4	$R_a>1.6$ 扣 2 分，$R_a>3.2$ 全扣		
5		$\phi34_{-0.03}^{0}$	尺寸	5	超差 0.01 扣 2 分		
6			$R_a3.2$	4	$R_a>3.2$ 扣 2 分，$R_a>6.3$ 全扣		
8	圆锥		尺寸	5	超差 0.01 扣 2 分		
9			$R_a1.6$	4	$R_a>3.2$ 扣 2 分，$R_a>6.3$ 全扣		
10	螺纹	M30×3（P1.5）（止通规检查）		10	止通规检查不满足要求，不得分		
11		$R_a3.2$		3	$R_a>3.2$ 扣 2 分，$R_a>6.3$ 全扣		
12	圆弧	R15（两处）	尺寸	5	超差不得分		
13			$R_a3.2$	4	$R_a>3.2$ 扣 2 分，$R_a>6.3$ 全扣		
14		R25	尺寸	5	超差不得分		
15			$R_a3.2$	4	$R_a>3.2$ 扣 2 分，$R_a>6.3$ 全扣		
16		$S\phi50$	尺寸	5	超差不得分		
17			$R_a3.2$	4	$R_a>3.2$ 扣 2 分，$R_a>6.3$ 全扣		
18	长度尺寸	10 个长度尺寸		10	1 处超差扣 1 分		
19	倒角	C2（两处）		2	少一处扣 1 分		
20	退刀槽	$\phi26\times5$		2	超差不得分		
21	圆弧连接			10	有明显接痕不得分		
23	文明生产	发生重大安全事故取消考试资格；按照有关规定每违反一项，从总分中扣除 3 分					
24	其他项目	工件必须完整，工件局部无缺陷（如夹伤、划痕等）					
25	程序编制	程序中严重违反工艺规程的则取消考试资格；其他问题酌情扣分					
26	加工时间	100min 后尚未开始加工则终止考试；超过定额时间 5min 扣 1 分；超过 10min 扣 5 分；超过 15min 扣 10 分；超过 20min 扣 20 分；超过 25min 扣 30 分；超过 30min 则停止考试					
合计							

其余 3.2

技术要求：

1. 不允许使用砂布或锉刀修整表面；
2. 未注倒角 C1。

名称	轴	材料规格	得分	80～100 分	60～79 分	0～59 分	总分
		45，ϕ60mm×170mm	考试时间	开始： 时 分；结束 时 分			
图号		工时	记事				
		240min（含编程）	监考	检验	评分		

数控车床操作中级工应会试卷 12

单位：__________ 姓名：__________ 准考证号：__________

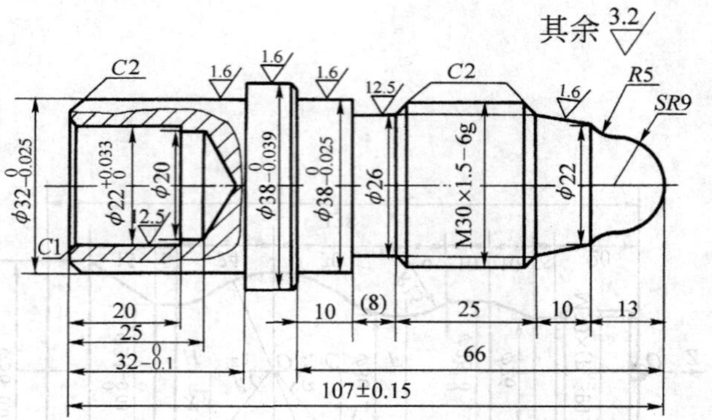

技术要求：

1. 不允许使用砂布或锉刀修整表面；
2. 未注倒角 C1。

评分表

序号	项目	检测内容		占分	评分标准	实测	得分
1	外圆	$\phi38_{-0.039}^{\ 0}$	尺寸	12	超差 0.01 扣 2 分		
2			$R_a1.6$	4	$R_a>1.6$ 扣 2 分，$R_a>3.2$ 全扣		
3		$\phi32_{-0.025}^{\ 0}$（两处）	尺寸	12	超差 0.01 扣 2 分		
4			$R_a1.6$	4	$R_a>1.6$ 扣 2 分，$R_a>3.2$ 全扣		
5	内孔	$\phi22_{\ 0}^{+0.033}$	尺寸	12	超差 0.01 扣 2 分		
6			$R_a3.2$	4	$R_a>3.2$ 扣 2 分，$R_a>6.3$ 全扣		
8	外螺纹	M30×1.5（止通规检查）		12	止通规检查不满足要求，不得分		
9		$R_a1.6$		4	$R_a>3.2$ 扣 2 分，$R_a>6.3$ 全扣		
10		退刀槽	$\phi26\times8$	2	超差不得分		
11	球面	SR9		5	超差不得分		
12		$R_a3.2$		4	$R_a>3.2$ 扣 2 分，$R_a>6.3$ 全扣		
13	圆弧	R5		5	超差不得分		
14		$R_a3.2$		4	$R_a>3.2$ 扣 2 分，$R_a>6.3$ 全扣		
15	倒角	3 处		6	少一处扣 1 分		
16	长度	$32_{-0.1}^{\ 0}$		5	超差 0.01 扣 2 分		
17		107±0.15		5	超差 0.01 扣 2 分		
18	文明生产	发生重大安全事故取消考试资格；按规定每违反一项，从总分扣除 3 分					
19	其他项目	工件必须完整，工件局部无缺陷（如夹伤、划痕等）					
20	程序编制	程序中严重违反工艺规程的则取消考试资格；其他问题酌情扣分					
21	加工时间	100min 后尚未开始加工则终止考试；超过定额时间 5min 扣 1 分；超过 10min 扣 5 分；超过 15min 扣 10 分；超过 20min 扣 20 分；超过 25min 扣 30 分；超过 30min 则停止考试					
合计							

名称	轴	材料规格	得分	80～100 分	60～79 分	0～59 分	
		45，ϕ40mm×110mm	考试时间	开始：　时　分；结束　时　分			总分
图号		工时	记事				
		240min（含编程）	监考	检验	评分		

第四节　数控车床中级工操作（应会）试题库部分答案

一、数控车床中级工操作（应会）试卷 10 答案

1. 刀具设置

1 号：93°正偏刀；2 号：切槽刀（刀宽 4mm）；3 号：60°硬质合金三角形外螺纹车刀；4 号：尖刀或圆弧车刀。

2. 工艺路线

1）工件伸出卡盘外 80mm，找正后夹紧。

2）用 93°外圆刀车工件右端面，粗车外圆至 $\phi40.5\times75$。

3）用 1 号外圆刀、LCYC95 轮廓循环粗精车外形轮廓。

4）用 4 号尖刀或圆弧车刀粗精车 R15、R25 凹圆弧。

5）用 2 号切槽刀、LCYC93 切槽循环切 $\phi26$ 螺纹退刀槽，并用切槽刀右刀尖倒出 M30 ×2 螺纹左端 $C2$ 倒角。

6）用 3 号螺纹刀、LCYC97 螺纹车削循环车 M30 ×2 螺纹。

7）切断工件。

3. 加工程序及说明（SIEMENS—802S 系统）

程序	说明
%_N_KG10_MPF	主程序名
;$PATH =/_N_MPF_DIR	SIEMENS—802S 系统传输格式
N10　G94　G23　G90　G71　T1　D1;	分进给，绝对编程，米制尺寸，选 1 号外圆车刀
N20　G158　X0　Z60;	可编程零点偏移
N30　M03　S600;	主轴正转，转速 800r/min
N40　G00　X45　Z0;	快速进刀
N50　G01　X0　F80;	车端面，进给速度 80mm/min
N60　G00　X40.5　Z2;	快速退刀
N70　G01　Z-75　F100;	粗车外圆至 $\phi40.5$
N80　_CNAME ="LKJG";	轮廓循环子程序定义
N90　R105 =1;	加工方式：纵向、外部、粗加工
N100　R106 =0.25;	精加工余量 0.25mm（半径值）
N110　R108 =1;	背吃刀量 1mm（半径值）
N120　R109 =7;	粗加工切入角 7°
N130　R110 =2;	粗加工横向退刀量 1mm（半径值）
N140　R111 =100;	粗加工进给率 100mm/min
N150　LCYC95;	调用轮廓循环
N165　M05　M00;	主轴停转，程序暂停
N160　S1200　M03　T1　D1　F50;	主轴变速，转速 1200r/min，调整 1 号刀补值，消除磨损或对刀误差精加工进给率 50mm/min

```
N170  LKJG;                                   调用 LKJG 子程序进行轮廓精加工
N180  G00  X100  Z100;                        快退回换刀点
N190  T4  D1;                                 换 4 号尖刀（圆弧刀）
N200  S600  M03;                              主轴变速，转速 1200r/min
N210  G00  Z-41;                              快速进刀
N220       X42;                               快速进刀
N230  G91  G02  X-6  Z-9  CR=15  F80;         用相对坐标粗车 R15 圆弧
N240  G02  X10  Z-15  CR=25;                  用相对坐标粗车 R25 圆弧
N250  G90  G00  X45  Z-41;                    快速退刀
N260  G00  X38.5;                             快速进刀
N270  G91  G02  X-6  Z-9  CR=15  F80;         用相对坐标粗车 R15 圆弧
N280  G02  X10  Z-15  CR=25;                  用相对坐标粗车 R25 圆弧
N290  G90  G00  X45  Z-41;                    快速退刀
N300  G00  X36.5;                             快速进刀
N310  G91  G02  X-6  Z-9  CR=15  F80;         用相对坐标粗车 R15 圆弧
N320  G02  X10  Z-15  CR=25;                  用相对坐标粗车 R25 圆弧
N330  G90  G00  X45  Z-41;                    快速退刀
N340  S1200  M03  F50;                        主轴变速，转速 1200r/min，精加工进
                                              给率 50mm/min
N350  G42  G00  X36  Z-41;                    快速进刀，刀具半径右补偿
N360  G91  G02  X-6  Z-9  CR=15;              精车 R15 圆弧
N370  G02  X10  Z-15  CR=25;                  精车 R25 圆弧
N380  G90  G40  G00  X100  Z100;              快退回换刀点，取消刀具半径补偿
N390  M03  S420  T2  D1  F30;                 主轴变速，转速 420r/min，换 2 号刀
                                              切槽刀，切槽进给率 30mm/min
N400  G00  Z-24;                              快速进刀
N410       X32;                               快速进刀
N420  R100=30;                                切槽起始点直径 30（X 向）
N430  R101=-24;                               切槽起始点 Z 坐标 -24（Z 向）
N440  R105=5;                                 切槽方式：纵向、外部、从右往左切
N450  R106=0.1;                               精加工余量 0.1mm（半径值）
N460  R107=4;                                 切槽刀宽度 4mm
N470  R108=1.5;                               每次切入深度 1.5mm（半径值）
N480  R114=7;                                 切槽宽度 7mm
N490  R115=2;                                 切槽深度 2mm（半径值）
N500  R116=0;                                 槽边倾角 0°
N510  R117=0;                                 槽沿倒角 0°
N520  R118=0;                                 槽底倒角 0°
N530  R119=0;                                 槽底暂停时间 0
```

```
N540  LCYC93;                      调用切槽循环
N550  G00  X32;                    快速退刀
N560       Z-21;                   快速退刀
N570  G01  X26  Z-24;              倒 M30 螺纹左端 C2 角
N580  G00  X100;                   快退回换刀点
N590       Z100;
N600  M03  S600  T3  D1;           主轴变速，转速 600r/min，换 3 号螺纹刀
N610  R100=30;                     螺纹起始点直径 30mm
N620  R101=0;                      螺纹起始点 Z 坐标 0
N630  R102=30;                     螺纹终点直径 30mm
N640  R103=-20;                    螺纹终点 Z 坐标 -20
N650  R104=2;                      螺纹导程 2mm
N660  R105=1;                      加工方式：外螺纹
N670  R106=0.05;                   精加工余量 0.05mm（半径值）
N680  R109=4;                      空刀导入量 4mm
N690  R110=3;                      空刀退出量 3mm
N700  R111=1.24;                   螺纹牙深 1.24mm（半径值）
N710  R112=0;                      螺纹起始点偏移
N720  R113=8;                      粗加工次数 8 次
N730  R114=1;                      螺纹线数 1
N740  LCYC97;                      调用螺纹切削循环
N750  G00  X100  Z100;             快速退刀至换刀点
N760  S420  M03  T2  D1;           主轴变速，转速 600r/min，换 2 号切槽刀
N770  G00  Z-74;                   快速进刀
N780       X42;                    快速进刀
N790  G01  X0  F30;                切断工件
N800  G00  X100;                   快速退刀至换刀点
N810       Z100;
N820  M05;                         主轴停转
N830  M02;                         主程序结束
%_N_LKJG_MPF                       轮廓循环子程序名
;$PATH=/_N_MPF_DIR                 SIEMENS—802S 系统传输格式
N10  G01  X26  Z0;                 进刀
N20       X29.8  Z-2;              倒角
N30       Z-27;                    轮
N40       X32;                     廓
N50       X35.964  Z-35;           加
```

N60 Z-41;	工
N70 X40 Z-65;	
N80 Z-75;	
N90 RET;	子程序结束并返回

4. FANUC 系统加工程序及说明

O0010;	主程序名
N10 G98 G21 G54;	采用 G54 工件坐标系，采用分进给，米制编程
N20 T0101;	换 1 号外圆刀
N30 S600 M03;	主轴正转，转速 600r/min
N40 G00 X45 Z0;	快速进刀
N50 G01 X0 F80;	车端面
N60 G00 X40.5 Z2;	快速退刀
N70 G01 Z-75;	车外圆至 ϕ40.5
N80 G00 X45 Z2;	快速退刀
N90 G71 U1.5 R2;	粗加工循环，横向背吃刀量 1.5mm（半径值），退刀量 2mm（半径值）
N100 G71 P110 Q190 U0.25 W0.1 F100;	粗加工循环开始段 N110，结束段 N190，横向（X 向）精加工余量 0.25mm（半径值），纵向（Z 向）精加工余量 0.1mm
N110 G00 X26;	轮
N120 G01 Z2;	廓
N130 G01 X29.8 Z-2;	加
N140 G01 Z-27;	工
N150 G01 X32;	
N160 G01 X35.964 Z-35;	
N170 G01 Z-41;	
N180 G01 X40 Z-65;	
N190 G01 Z-75;	
N200 G00 X100 Z100;	快速退刀至换刀点
N210 M05;	主轴停转
N220 M00;	程序暂停
N230 S1200 M03 T0101;	主轴变速，转速 1200r/min，调整 1 号刀补值，消除磨损或对刀误差精加工进给率 50mm/min
N240 G00 X42 Z2;	快速进刀
N250 G70 P110 Q190 F50;	轮廓精加工，循环开始段 N110，结束段 N190，精加工进给率 50mm/min

程序	说明
N260　G00　X100　Z100；	快速退刀至换刀点
N270　S600　M03　T0404；	主轴变速，转速600r/min，换4号尖刀或圆弧刀
N280　G00　Z－41；	快速进刀
N290　　　X42；	快速进刀
N300　G02　U－6　W－9　CR＝15　F80；	用相对坐标粗车R15圆弧
N310　G02　U10　W－15　CR＝25；	用相对坐标粗车R25圆弧
N320　G00　X45　Z－41；	快速退刀
N330　G00　X38.5；	快速进刀
N340　G02　U－6　W－9　CR＝15　F80；	用相对坐标粗车R15圆弧
N350　G02　U10　W－15　CR＝25；	用相对坐标粗车R25圆弧
N360　G00　X45　Z－41；	快速退刀
N370　G00　X36.5；	快速进刀
N380　G02　U－6　W－9　CR＝15　F80；	用相对坐标粗车R15圆弧
N390　G02　U10　W－15　CR＝25；	用相对坐标粗车R25圆弧
N400　G00　X45　Z－41；	快速退刀
N410　S1200　M03　F50；	主轴变速，转速1200r/min，精加工进给率50mm/min
N420　G42　G00　X36　Z－41；	快速进刀，刀具半径右补偿
N430　G02　U－6　W－9　CR＝15　F80；	精车R15圆弧
N440　G02　U10　W－15　CR＝25；	精车R25圆弧
N450　G00　G40　X100　Z100；	快退回换刀点，取消刀具半径补偿
N460　S420　M03　T0202；	主轴变速，转速420r/min，换2号切槽刀
N470　G00　Z－24；	快速进刀
N480　G00　X32；	工进至切槽起始点
N490　G75　R0.5；	切槽循环，X方向退刀量0.5mm
N500　G75　X26　Z－27　P500　Q2500；R0　F30；	切槽循环，切槽终点直径26mm，终点Z坐标－27，X方向每次切深量500μm，Z向移动量2500μm
N510　G00　X32；	快速退刀
N520　　　Z－21；	快速退刀
N530　G01　X26　Z－24；	倒M30螺纹左端C2角
N540　G00　X100；	快退回换刀点
N550　　　Z100；	
N560　M3　S600　T0303；	主轴变速，转速600r/min，换3号螺纹刀
N570　G00　X32　Z3；	快速进刀
N580　G92　X29.0　Z－22　F2；	螺纹切削循环1，背吃刀量0.8mm

N590	X28.4；	螺纹切削循环2，背吃刀量0.6mm
N600	X27.9；	螺纹切削循环3，背吃刀量0.5mm
N610	X27.6；	螺纹切削循环4，背吃刀量0.3mm
N620	X27.52；	螺纹切削循环5，背吃刀量0.08mm
N630	G00　X100　Z100；	快退回换刀点
N640	S420　M03　T0202；	主轴变速，转速420r/min，换2号切槽刀
N650	G00　Z-74；	快速进刀
N660	X42；	快速进刀
N670	G01　X0　F30；	切断工件
N680	G00　X100；	快速退刀至换刀点
N690	Z100；	
N700	M05；	主轴停转
N710	M02；	主程序结束

二、数控车床中级工操作（应会）试卷11答案

1. 刀具设置

1号：93°正偏刀；2号：切槽刀（刀宽5mm）；3号：60°硬质合金三角形外螺纹车刀；

2. 工艺路线

1）工件伸出三爪自定心卡盘外145，找正后夹紧。

2）手动车工件右端面。

3）打中心孔。

4）用活顶尖顶住中心孔，完成一夹一顶装夹方式。

5）用90°外圆车刀粗车$\phi56\times142$，外径留0.5mm精车余量（以下各粗车直径处均留0.5mm精车余量）。

6）粗车$\phi36\times45$外圆。

7）粗车$\phi30\times25$外圆。

8）用切槽刀车$\phi26\times5$退刀槽，再用切槽刀倒左、右两端$C2$角。

9）用90°外圆刀车右端圆锥。

10）用硬质合金尖刀循环车削左端圆弧轮廓。

11）用硬质合金尖刀精车工件所有轮廓。

12）用螺纹车刀车M30×3（$P=1.5$）双头螺纹。

3. 相关计算：

（1）求右端$R25$与$S\phi50$处切点A的坐标

$$\tan\alpha=\frac{EF}{OF}=\frac{40}{30}\qquad \alpha=53.13°$$

$\therefore$ $AC=X_1=OA\sin\alpha=25\sin53.13°=20$

$OC=Z_1=OA\cos\alpha=25\cos53.13°=15$

$\therefore$ A点坐标（X40，Z-69）

（2）求左端$R15$与$S\phi50$处切点B的坐标

$$\tan\beta=\frac{GH}{OH}=\frac{32}{24}\qquad \beta=53.13°$$

∴　$BD=X_2=OB\sin\beta=25\sin53.13°=20$

　$OD=Z_2=OB\cos\beta=25\cos53.13°=15$

∴　B 点坐标为（X40，Z－99）

（3）求 M30×3（$P=1.5$）双头螺纹的底径

$$d'=d-2\times0.62P=30-2\times0.62\times1.5=28.14\text{mm}$$

（4）确定进刀量分布：1mm、0.5mm、0.3mm、0.06mm

4. 加工程序及说明（SIEMENS—802S 系统）

程序	说明
%_N_KG11_MPF	主程序名
;$PATH=/_N_MPF_DIR	SIEMNS—802S 传输格式
N5　G90　G94　G54;	采用 G54 工件坐标系，分进给，绝对值编程
N10　T1　D1;	换 1 号外圆刀
N15　S600　M03;	主轴正转，转速 600r/min
N20　G00　X56.5　Z2;	快速进刀
N25　G01　Z－143　F100;	粗车外圆至 ϕ56.5
N30　G00　X58.5　Z2;	快速退刀
N35　WYJG　P5;	调用 WYJG 子程序 5 次车出阶梯外圆
N40　G00　X33　Z2;	快速进刀
N45　G01　Z－25　F100;	车外圆
N50　G00　X40　Z2;	快速退刀
N55　G00　X30;	快速进刀
N60　G01　Z－25　F100;	车外圆
N65　G00　X100　Z100;	退回起刀点
N70　T2　D1;	换 2 号切槽刀
N75　S420　M03;	主轴变速，转速 420r/min
N80　G00　X38　Z－25;	快速进刀
N85　G01　X26　F30;	切槽
N90　G04　F3;	延时 3s
N95　G00　X32;	退刀
N100　G00　Z－22;	进刀至倒角起始点
N105　G91　G01　X－6　Z－3　F30;	用切槽刀右刀尖倒左端 $C2$ 角
N110　G90　G00　X40;	退刀
N115　G00　X32　Z－3;	进刀至倒角起始点
N120　G91　G01　X－6　Z3　F30;	用切槽刀左刀尖倒右端 $C2$ 角
N125　G90　G00　X100　Z100;	退回起刀点
N130　T1　D1;	换 1 号外圆刀
N135　G00　X30　Z－23;	快速进刀

N140 G01 Z－25 F100；	
N145 X36.5 Z－35；	车圆锥
N150 G00 Z－23；	退刀
N155 X26.5；	进刀
N160 G01 Z－25 F100；	
N165 X36.5 Z－35；	车圆锥
N170 G00 X100 Z100；	退回起刀点
N175 T4 D1；	换4号尖刀
N180 G00 X54.5 Z－45；	快速进刀
N185 YHJG P4；	调用YHJG号子程序4次，车圆弧轮廓
N190 S1200 M03；	主轴变速，转速1200r/min
N195 G00 X29.8 Z5；	快速进刀
N200 G01 Z－25 F50；	精车M30外圆
N205 X26；	进刀
N210 X35.9875 Z－35；	精车圆锥
N215 Z－45；	以公差中级值精车 $\phi 36$ 外圆
N218 X36；	退至 $\phi 36$
N220 G02 X30 Z－45 CR＝15 F50；	精车R15圆弧
N225 G02 X40 Z－69 CR＝25；	精车R25外圆
N230 G03 X40 Z－99 CR＝25；	精车R25外圆
N235 G02 X34 Z－108 CR＝15；	精车R15外圆
N238 G01 X33.985；	进至 $\phi 34$ 外圆中间尺寸
N240 G01 Z－113；	精车 $\phi 34$ 外圆
N245 X55.985 Z－128；	精车圆锥
N250 Z－143；	精车外圆
N255 G00 X100 Z100；	退回起刀点
N260 T3 D1 S600 M03；	换3号螺纹刀，主轴变速，转速600r/min
N265 G00 X29 Z5；	快速进刀
N270 LWJG；	调子程序车削第一条螺纹
N275 G00 X28.5；	快速进刀
N280 LWJG；	调子程序车削第一条螺纹
N285 G00 X28.2；	快速进刀
N290 LWJG；	调程序车削第一条螺纹
N295 G00 X28.14；	快速进刀
N300 LWJG；	调子程序车削第一条螺纹
N305 G00 X29 Z6.5；	快速进刀，与第一条螺纹错开一个螺距

```
N310  LWJG;                          调整程序车削第二条螺纹
N315  G00  X28.5;                    快速进刀
N320  LWJG;                          调子程序车削第二条螺纹
N325  G00  X28.2;                    快速进刀
N330  LWJG;                          调子程序车削第二条螺纹
N335  G00  X28.14;                   快速进刀
N340  LWJG;                          调子程序车削第二条螺纹
N345  G00  X100  Z100;               退回起刀点
N350  T2  D1  S420  M03;             换2号切槽刀，主轴转速420r/min
N355  G00  X58  Z-143;               快速进刀
N360  G01  X0  F30;                  切断
N365  G00  X100;                     退回起刀点
N370  Z100;
N375  M05;                           主轴停转
N380  M02;                           主程序结束
%_N_WYJG_MPF;                        循环车φ36×45外圆子程序名
;$PATH=/_N_MPF_DIR;                  SIEMNS—802S传输格式
N500  G91  G00  X-6;                 进刀
N505  G01  Z-65;                     车
N510  X14;                           阶
N515  Z-55;                          梯
N520  G00  X2  Z120;                 快速退刀
N525  G00  X-20;                     消除循环增量
N530  G90;                           换成绝对坐标
N535  RET;                           子程序结束
%_N_YHJG_MPF;                        循环车圆弧子程序名
;$PATH=/_N_MPF_DIR;                  SIEMNS—802S传输格式
N600  G91  G01  X-6  F100;           进刀
N605  G02  X-6  Z-9  CR=15  F100;    圆
N610  G02  X10  Z-15  CR=25;         弧
N615  G03  X0  Z-30  CR=25;          轮
N620  G02  X-6  Z-9  CR=15;          廓
N625  G01  Z-5;                      加
N630  X22  Z-15;                     工
N635  G00  X2  Z83;                  快速退刀
N640  G00  X-20;                     消除循环增量
N645  G90;                           换成绝对坐标
N645  RET;                           子程序结束
%_N_LWJG_MPF;                        车螺纹子程序名
```

;$PATH =/_N_MPF_DIR;　　SIEMNS—802S 传输格式
N700　G91　G33　Z-28　K3;　　螺纹车削
N705　G00　X10;　　退刀
N710　G00　Z28;　　返回
N715　G90;　　换成绝对坐标
N720　RET;　　子程序结束

5. FANUC 系统加工程序及说明

O0011;　　主程序名
N5　G50　X100.0　Z100.0;　　建立工件坐标系
N10　G98　T0101;　　采用分进给，换 1 号外圆刀
N15　S600　M03;　　主轴正转，转速 600r/min
N20　G00　X56.5　Z2.0;　　快速进刀
N25　G01　Z-143.0　F100;　　粗车外圆至 ϕ56.5
N30　G00　X58.5　Z2.0;　　快速进刀至调用子程序起刀点
N35　M98　P888　L5;　　调用 O888 子程序 5 次，车出阶梯外圆
N40　G00　X33.0　Z2.0;　　快速进刀
N45　G01　Z-25.0　F100;　　车外圆
N50　G00　X40.0　Z2.0;　　快速退刀
N55　G00　X30.5;　　快速进刀
N60　G01　Z-25.0　F100;　　车外圆
N65　G00　X100.0　Z100.0;　　退回起刀点
N70　T0202;　　换 2 号切槽刀
N75　S420　M03;　　主轴变速，转速 420r/min
N80　G00　X38.0　Z-25.0;　　快速进刀
N85　G01　X26.0　F30;　　切退刀槽
N90　G04　X3.0;　　延时 3s
N95　G00　X32.0;　　退刀
N100　G00　Z-22.0;　　进刀至倒角起始点
N105　G01　U-6.0　W-3.0　F30;　　用切槽刀右刀尖倒左端 $C2$ 角
N110　G00　X40.0;　　退刀
N115　G00　X32.0　Z-3.0;　　进刀至倒角起始点
N120　G01　U-6.0　W3.0　F30;　　用切槽刀左刀尖倒右端 $C2$ 角
N125　G00　X100.0　Z100.0;　　退回起刀点
N130　T0101;　　换 1 号外圆刀
N135　G00　X30.0　Z-23.0;　　快速进刀
N140　G01　Z-25.0　F100;　　进刀
N145　X36.5　Z-35.0;　　车圆锥
N150　G00　Z-25.0;　　退刀
N160　G01　X-26.5　F100;　　进刀至圆锥起点

程序	说明
N165　X36.5　Z-35.0;	车圆锥
N170　G00　X100.0　Z100.0;	退回起刀点，取消刀补
N175　T0404;	换4号尖刀
N180　G00　X54.5　Z-45.0;	快速进刀
N185　M98　P889　L4;	调用O889号子程序5次，车圆弧廓
N190　S1200　M03;	主轴变速，转速1200r/min
N195　G00　X29.8　Z2.0;	快速进刀
N200　G01　Z-25.0　F50;	精车M30外圆至ϕ29.8
N205　X26.0;	进刀
N210　X35.9875　Z-35.0;	精车圆锥
N215　Z-45.0;	以公差中间值精车ϕ36外圆
N218　X36.0;	退至ϕ36
N220　G02　X30.0　Z-54.0　R15.0　F50;	精车R15圆弧
N225　G02　X40.0　Z-69.0　R25.0;	精车R25外圆
N230　G03　X40.0　Z-99.0　R25.0;	精车R25外圆
N235　G02　X34.0　Z-108.0　R15.0;	精车R15外圆
N238　G01　X33.985;	进至ϕ34外圆中间尺寸
N240　G01　Z-113.0;	以公差中间值精车ϕ34外圆
N245　X55.985　Z-128.0;	精车圆锥
N250　Z-143.0;	精车外圆ϕ56外圆
N255　G00　X100.0　Z100.0;	快退回起刀点
N260　T0303;	换3号螺纹刀
N261　S600　M03;	主轴正转，转速600r/min
N265　G00　X35.0　Z5.0;	快速进刀
N270　G92　X29.0　Z-23.0　F3.0;	第一条螺纹切削循环1，背吃刀量0.8mm
N275　X28.5;	第一条螺纹切削循环2，背吃刀量0.5mm
N280　X28.2;	第一条螺纹切削循环3，背吃刀量0.3mm
N285　X28.14;	第一条螺纹切削循环4，背吃刀量0.06mm
N290　G00　X29.0　Z6.5;	快速进刀，与第一条螺纹起始点错开一个螺距
N292　G76　P10160　Q80　R0.1;	第二条螺纹G76循环，精车一次，最小背吃刀量80μm，精加工余量0.1mm
N295　G76　X28.14　Z-23.0　R0　P930　Q350　F3;	螺纹循环，螺纹牙型深930μm，第一次背吃刀量350μm

```
N300  G00  X100.0  Z100.0;          退回起刀点
N305  T0202;                        换2号切槽刀
N308  S420  M03;                    主轴正转，转速420r/min
N310  G00  X58.0  Z-143.0;          快速进刀
N315  G01  X0  F30;                 切断
N320  G00  X100.0;                  退回起刀点
N325  Z100.0;
N330  M05;                          主轴停转
N335  M30;                          主程序结束
O888;                               循环车φ36×45外圆子程序
N500  G00  U-6.0;                   进刀
N505  G01  W-65.0  F100;            车
N510  U14;                          阶
N515  W-55;                         梯
N520  G00  U2.0  Z2.0;              快退回起刀点
N525  U-20;                         消除循环增量
N530  M99;                          子程序结束
O889;                               循环车圆弧子程序
N600  G01  U-6.0  F100;             进刀
N605  G02  U-6.0  W-9.0  R15.0;     圆
N610  G02  U10.0  W-15.0  R25.0;    弧
N615  G03  U0  W-30.0  R25.0;       轮
N620  G02  U-6.0  W-9.0  R15.0;     廓
N625  G01  W-5.0;                   加
N630  U22.0  W-15.0;                工
N635  G00  U2.0  Z-45.0;            快速退刀
N640  G00  U-20.0;                  消除循环增量
N645  M99;                          子程序结束
```

三、数控车床中级工操作（应会）试卷12答案

1. 刀具设置

1号刀：93°正偏刀；2号刀：切槽刀（刀宽4mm）；3号刀：60°外螺纹车刀；4号刀：内孔镗刀。

2. 工艺路线

1）夹右端，手动车左端面，用ϕ20mm麻花钻钻ϕ20底孔。

2）用1号外圆刀、粗精车左端ϕ32和ϕ38外圆。

3）用4号内孔镗刀镗ϕ22内孔。

4）调头夹ϕ32外圆，用1号外圆刀车右端面，车对总长，用LCYC95轮廓循环粗精车右端外形轮廓。

5）用2号切槽刀、LCYC93切槽循环切ϕ26螺纹退刀槽，并用切槽刀右刀尖倒出

M30×1.5螺纹左端 C2 倒角。

6）用 3 号螺纹刀、LCYC97 螺纹车削循环车 M30×1.5 螺纹。

3. 加工程序及说明（SIEMENS—802S 系统）

（1）左端加工程序

程序	说明
%_N_KG12ZD_MPF；	主程序名
;$PATH=/_N_MPF_DIR；	SIEMENS—802S 系统传输格式
N10　G94　G90　T1　D1；	分进给，绝对编程，选 1 号外圆刀
N20　G158　X0　Z60；	可编程零点偏移
N30　M03　S600；	主轴正转，转速 800r/min
N40　G00　X45　Z0；	快速进刀
N50　G01　X18　F80；	车端面，进给速度 80mm/min
N60　G00　X38.5　Z2；	快速退刀
N70　G01　Z-50　F100；	粗车外圆至 ϕ38.5
N80　G00　X42　Z2；	快速退刀
N90　G00　X35；	快速进刀
N100　G01　Z-31.9；	粗车外圆至 ϕ35，长度方向留 0.1mm 余量
N110　G00　X42　Z2；	快速退刀
N120　G00　X32.5；	快速进刀
N130　G01　Z-31.9；	粗车外圆至 ϕ32.5，长度方向留 0.1mm 余量
N140　G00　X42　Z2；	快速退刀
N150　M05；	主轴停转
N165　M00；	程序暂停
N160　S1200　M03　T1　D1；	主轴变速，转速 1200r/min，调整 1 号刀补值，消除磨损或对刀误差
N170　G00　X26　Z1；	快速进刀
N180　G01　X31.9875　Z-2；	倒 C2 角
N190　G01　Z-31.95；	以公差中间值精车 ϕ32 外圆，并控制长度尺寸
N200　G01　X37.9875；	精车台阶面
N210　G01　Z-50；	以公差中间值精车 ϕ38 外圆
N220　G00　X100　Z100；	快退回换刀点
N230　M05；	主轴停转
N240　M00；	程序暂停
N250　S600　M03　T4　D1；	主轴变速，转速 600r/min，换 4 号内孔镗刀
N260　G00　X21.5　Z2；	快速进刀
N270　G01　Z-20　F80；	镗内孔至 ϕ21.5

N280 G01 X18;	孔内退刀
N290 G00 Z100;	快退回换刀点
N300 X100;	
N310 M05;	主轴停转
N320 M00;	程序暂停
N330 S1200 M03 T4 D1;	主轴变速,转速1200r/min，调整4号刀补值，消除磨损或对刀误差
N340 G00 X26 Z1;	快速进刀
N350 G01 X22.0165 Z-1;	倒孔口 $C1$ 角
N360 G01 Z-20 F50;	以公差中间值精镗内孔至 $\phi22$
N370 G01 X18;	孔内退刀
N380 G00 Z100;	快退回换刀点
N390 X100;	
N400 M05;	主轴停转
N410 M30;	主程序结束

（2）右端加工程序

%_N_KG12YD_MPF	主程序名
;$PATH=/_N_MPF_DIR	SIEMENS—802S系统传输格式
N10 G94 G23 G90 G71 T1 D1;	分进给，绝对编程，米制尺寸，选1号外圆车刀
N20 G0158 X0 Z75;	可编程零点偏移
N30 M03 S600;	主轴正转，转速800r/min
N40 G00 X45 Z0;	快速进刀
N50 G01 X0 F80;	车端面，进给速度80mm/min
N60 G00 X45 Z2;	快速退刀
N70 _CNAME="YDLKJG";	轮廓循环子程序定义
N80 R105=1;	加工方式：纵向、外部、粗加工
N90 R106=0.25;	精加工余量0.25mm（半径值）
N100 R108=1;	背吃刀量1mm（半径值）
N110 R109=7;	粗加工切入角7°
N120 R110=2;	粗加工横向退刀量1mm（半径值）
N130 R111=100;	粗加工进给率100mm/min
N140 LCYC95;	调用轮廓循环
N150 M05 M00;	主轴停转，程序暂停
N165 S1200 M03 T1 D1 F50;	主轴变速,转速1200r/min，调整1号刀补值，消除磨损或对刀误差精加工进给率50mm/min
N160 YDLKJG;	调用YDLKJG子程序进行轮廓精加工
N170 G00 X100 Z100;	快退回换刀点

程序	说明
N180　M03　S420　T2　D1　F30;	主轴变速，转速420r/min，换2号刀切槽刀，切槽进给率30mm/min
N190　G00　Z-52;	快速进刀
N200　X35;	快速进刀
N210　R100=30;	切槽起始点直径30（X向）
N220　R101=-52;	切槽起始点Z坐标-52（Z向）
N230　R105=5;	切槽方式：纵向、外部、从右往左切
N240　R106=0.1;	精加工余量0.1mm（半径值）
N250　R107=4;	切槽刀宽度4mm
N260　R108=1.5;	每次切入深度1.5mm（半径值）
N270　R114=8;	切槽宽度8mm
N280　R115=2;	切槽深度2mm（半径值）
N290　R116=0;	槽边倾角0°
N300　R117=0;	槽沿倒角0°
N310　R118=0;	槽底倒角0°
N320　R119=0;	槽底暂停时间0
N330　LCYC93;	调用切槽循环
N340　G00　X32;	快速退刀
N350　Z-49;	快速退刀
N360　G01　X26　Z-53;	倒M30螺纹左端C2角
N370　G00　X100;	快退回换刀点
N380　Z100;	
N390　M03　S600　T3　D1;	主轴变速，转速600r/min，换3号螺纹刀
N400　R100=30;	螺纹起始点直径30mm
N410　R101=-23;	螺纹起始点Z坐标-23
N420　R102=30;	螺纹终点直径30mm
N430　R103=-48;	螺纹终点Z坐标-48
N440　R104=1.5;	螺纹导程1.5mm
N450　R105=1;	加工方式：外螺纹
N460　R106=0.05;	精加工余量0.05mm（半径值）
N470　R109=4;	空刀导入量4mm
N480　R110=3;	空刀退出量3mm
N490　R111=0.93;	螺纹牙深0.93mm（半径值）
N500　R112=0;	螺纹起始点偏移
N510　R113=8;	粗加工次数8次
N520　R114=1;	螺纹线数1
N530　LCYC97;	调用螺纹切削循环
N540　G00　X100　Z100;	快速退刀至换刀点

程序	说明
N550 M05;	主轴停转
N560 M02;	主程序结束
%_N_YDLKJG_MPF	轮廓循环子程序名
;$PATH=/_N_MPF_DIR	SIEMENS—802S 系统传输格式
N10 G01 X0 Z0;	轮
N20 G03 X18 Z-9 CR=9;	廓
N30 G02 X22 Z-13 CR=5;	加
N40 G01 X26 Z-23;	工
N50 G01 X29.8 Z-25;	
N60 G01 Z-56;	
N70 G01 X31.9875;	
N80 G01 Z-66;	
N90 G01 X37.9805 CHF=1;	
N100 G01 X40;	
N110 RET;	子程序结束并返回

4. FANUC 系统加工程序及说明

(1) 左端加工程序

程序	说明
O0012;	主程序名
N10 G98 G21 G54;	采用 G54 工件坐标系，采用分进给，米制编程
N20 T0101;	换 1 号外圆刀
N30 S600 M03;	主轴正转，转速 600r/min
N40 G00 X45 Z0;	快速进刀
N50 G01 X18 F80;	车端面，进给速度 80mm/min
N60 G00 X38.5 Z2;	快速退刀
N70 G01 Z-50 F100;	粗车外圆至 $\phi38.5$
N80 G00 X42 Z2;	快速退刀
N90 G00 X35;	快速进刀
N100 G01 Z-31.9;	粗车外圆至 $\phi35$，长度方向留 0.1mm 余量
N110 G00 X42 Z2;	快速退刀
N120 G00 X32.5;	快速进刀
N130 G01 Z-31.9;	粗车外圆至 $\phi32.5$，长度方向留 0.1 mm 余量
N140 G00 X42 Z2;	快速退刀
N150 M05;	主轴停转
N160 M00;	程序暂停
N170 S1200 M03 T0101;	主轴变速，转速1200r/min，调整1号刀补值，消除磨损或对刀误差

程序	说明
N180 G00 X26 Z1;	快速进刀
N190 G01 X31.9875 Z-2;	倒 $C2$ 角
N200 G01 Z-31.95;	以公差中间值精车 $\phi32$ 外圆，并控制长度尺寸
N210 G01 X37.9875;	精车台阶面
N220 G01 Z-50;	以公差中间值精车 $\phi38$ 外圆
N230 G00 X100 Z100;	快退回换刀点
N240 M05;	主轴停转
N250 M00;	程序暂停
N260 S600 M03 T0404;	主轴变速，转速 600r/min，换 4 号内孔镗刀
N270 G00 X21.5 Z2;	快速进刀
N280 G01 Z-20 F80;	镗内孔至 $\phi21.5$
N290 G01 X18;	孔内退刀
N300 G00 Z100;	快退回换刀点
N310 X100;	
N320 M05;	主轴停转
N330 M00;	程序暂停
N340 S1200 M03 T0404;	主轴变速，转速 1200r/min，调整 4 号刀补值，消除磨损或对刀误差
N350 G00 X26 Z1;	快速进刀
N360 G01 X22.0165 Z-1;	倒孔口 $C1$ 角
N370 G01 Z-20 F50;	以公差中间值精镗内孔至 $\phi22$
N380 G01 X18;	孔内退刀
N390 G00 Z100;	快退回换刀点
N400 X100;	
N410 M05;	主轴停转
N420 M30;	主程序结束

(2) 右端加工程序

程序	说明
O0018;	主程序名
N10 G98 G21 G54;	采用 G54 工件坐标系，采用分进给，米制编程
N20 T0101;	换 1 号外圆刀
N30 S600 M03;	主轴正转，转速 600r/min
N40 G00 X45 Z0;	快速进刀
N50 G01 X0 F80;	车端面
N60 G00 X45 Z2;	快速退刀
N70 G71 U1.5 R2;	粗加工循环，横向背吃刀量 1.5mm（半径值），退刀量 2mm（半径值）

N80 G71 P90 Q190 U0.25 W0.1 F100;	粗加工循环开始段N90，结束段N190，横向（X向）精加工余量0.25mm（半径值），纵向（Z向）精加工余量0.1mm
N90 G00 X0;	轮
N100 G01 Z2;	廓
N110 G03 X18 Z-9 R9;	加
N120 G02 X22 Z-13 R5;	工
N130 G01 X26 Z-23;	
N140 G01 X29.8 Z-25;	
N150 G01 Z-56;	
N160 G01 X31.9875;	
N170 G01 Z-66;	
N180 G01 X37.9805 Z-67;	
N190 G01 X40;	
N200 G00 X100 Z100;	快速退刀至换刀点
N210 M05;	主轴停转
N220 M00;	程序暂停
N230 S1200 M03 T0101;	主轴变速，转速1200r/min，调整1号刀补值，消除磨损或对刀误差精加工进给率50mm/min
N240 G00 X42 Z2;	快速进刀
N250 G70 P90 Q190 F50;	轮廓精加工，循环开始段N90，结束段N190，精加工进给率50mm/min
N260 G00 X100 Z100;	快速退刀至换刀点
N270 S420 M03 T0202;	主轴变速，转速420r/min，换2号切槽刀
N280 G00 Z-52;	快速进刀
N290 G00 X32;	工进至切槽起始点
N300 G75 R0.5;	切槽循环，X方向退刀量0.5mm
N310 G75 X26 Z-56 P500 Q2500 R0 F30;	切槽循环，切槽终点直径26mm，终点Z坐标 -56，X方向每次切深量500μm，Z向移动量2500μm
N320 G00 X32;	快速退刀
N330 Z-49;	快速退刀
N340 G01 X26 Z-53;	倒M30螺纹左端C2角
N350 G00 X100;	快退回换刀点
N360 Z100;	
N370 M3 S600 T0303;	主轴变速，转速600r/min，换3号螺

	纹刀
N380　G00　X32　Z－18；	快速进刀
N390　G92　X29.2　Z－50　F1.5；	螺纹切削循环1，背吃刀量0.6mm
N400　X28.7；	螺纹切削循环2，背吃刀量0.5mm
N410　X28.4；	螺纹切削循环3，背吃刀量0.3mm
N420　X28.2；	螺纹切削循环4，背吃刀量0.2mm
N430　X28.14；	螺纹切削循环5，背吃刀量0.06mm
N440　G00　X100　Z100；	快退回换刀点
N450　M05；	主轴停转
N460　M02；	主程序结束

第九章　数控车床高级工试题库

第一节　数控车床高级工理论（应知）试题库

数控车床高级工理论（应知）试卷 1

单位：__________姓名：__________准考证号：__________

项目	一	二	三	四	五					合计
得分										

一、填空：（每空 1 分，共 20 分）

1. 逐点比较法插补直线时，可以根据______与刀具应走的总步数是否相等来判断直线是否加工完毕。

2. 滚珠丝杠副的轴向间隙是指丝杠和螺母无相对转动时，丝杠和螺母之间的______。

3. 静压导轨的两导轨面间始终处于______摩擦状态。

4. 开环控制系统的控制精度取决于______和______的精度。

5. 光栅传感器中，为了判断光栅移动的方向，应在相距 1/4 莫尔条纹宽度处安装两个光敏元件，这样，当莫尔条纹移动时，将会得到两路相位相差______的波形。

6. 感应同步器是基于______现象工作的。

7. 由于高速钢的______性能较差，因此不能用于高速切削。

8. 安装车刀时，刀杆在刀架上伸出量过长，切削时容易产生______。

9. 研磨工具的材料应比工件材料______。

10. 切削用量三要素中影响切削力程度由大到小的顺序是______、______、______。

11. 由于工件材料、切削条件不同，切削过程中常形成______、______、______和______等四种切屑。

12. 砂轮是由______和______粘结而成的多孔物体。

13. 在同一台数控机床上，应用相同的加工程序、相同代码加工一批零件所获得的连续结果的一致程度，称为______。

二、单项选择：（每题 2 分，共 30 分）

1. 8 位计算机是指______。

A. 存储器的字由 8 个字节组成　　B. 存储器有 8K

C. 微处理器数据的宽度为 8 位　　D. 数据存储器能存储的数字为 8 位

2. 工件材料相同，车削时温升基本相等，其热变形伸长量取决于______。

A. 工件长度　　B. 材料热膨胀系数　　C. 刀具磨损程度

3. 直流伺服电动机的 PWM 调速法具有调速范围宽的优点，是因为______。

A. 采用大功率晶体管　　B. 电动机电枢的电流脉冲小，接近纯直流

C. 采用桥式电路　　　　　　　　D. 脉冲开关频率固定

4. 数控机床坐标轴命名原则规定，______的运动方向为该坐标轴的正方向。

A. 刀具远离工件　　B. 刀具接近工件　　C. 工件远离刀具

5. 数控机床的 Z 轴方向______。

A. 平行于工件装夹方向　　　　　B. 垂直于工件装夹方向

C. 与主轴回转中心平行　　　　　D. 不确定

6. 已经执行程序段：G96 S50 LIMS = 3000 F0.4 后，车刀位于主轴回转中心时主轴转速为______。

A. 50　　B. 2500　　C. 3000　　D. 0.4

7. 提高滚珠导轨承载能力的最佳方法是______。

A. 增大滚珠直径　　B. 增加滚珠数目　　C. 增加导轨长度

8. 光栅利用______，使得它能得到比栅距还小的位移量。

A. 摩尔条纹的作用　　B. 倍频电路　　C. 计算机处理数据

9. 磁尺位置检测装置的输出信号是______。

A. 滑尺绕组产生的感应电压

B. 磁头输出绕组产生的感应电压

C. 磁尺另一侧磁电转换元件的电压

10. 数控铣床在加工过程，NC 系统所控制的总是______。

A. 零件轮廓的轨迹　　B. 刀具中心的轨迹　　C. 工件运动的轨迹

11. CNC 系统一般可用几种方式得到工件加工程序，其中 MDI 是______。

A. 利用磁盘机读入程序　　　　　B. 从串行通信接口接收程序

C. 利用键盘以手动方式输入程序　D. 从网络通过 Modem 接收程序

12. AutoCAD 中要恢复最近一次被删除的实体，应选用______命令。

A. OOPS　　B. U　　C. UNDO　　D. REDO

13. AutoCAD 中要绘制有一定宽度或有变化宽度的图形实体用______命令实现。

A. 直线 LINE　　B. 圆 CIRCLE　　C. 圆弧 ARC　　D. 多段线 PLINE

14. 外圆形状简单，内孔形状复杂的工件，应选择______作刀位基准。

A. 外圆　　B. 内孔　　C. 外圆或内孔均可

15. FANUC 0 系列数控系统操作面板上显示报警号的功能键是______。

A. DGNOS/PARAM　　B. POS　　C. OPR/ALARM　　D. MENU OFSET

三、判断题：（每题 1 分，共 20 分）

1. 切削速度选取过高或过低都容易产生积屑瘤。

2. 重复定位对提高工件的刚性和强度有一定的好处。

3. 铸、锻件可用正火工序处理，以降低它们的硬度。

4. 硬质合金刀具在高温时氧化磨损与扩散磨损加剧。

5. 铜及铜合金的强度和硬度较低，夹紧力不宜过大，防止工件夹紧变形。

6. 可调支承顶端位置可以调整，一般用于形状和尺寸变化较大的毛坯面的定位。

7. AutoCAD 绘图时，圆、圆弧、曲线在绘图过程中常会形成折线状，可以用重画 REDRAW 命令使其变得光滑。

8. 使用千分尺时，用等温方法将千分尺和被测件保持同温，这样可以减少温度对测量结果的影响。

9. 链传动中链节距越大，链能传递的功率也越大。

10. 准备功能 G40、G41、G42 都是模态指令。

11. FANUC 系统中，程序段 M98 P51002 的含义是“将子程序号为 5100 的子程序连续调用 2 次”。

12. 辅助功能 M02 和 M30 都表示主程序的结束，程序自动运行至此后，程序运行停止，系统自动复位一次。

13. G00 功能是以车床设定最大运动速度定位到目标点，其轨迹为一直线。

14. 机电一体化与传统的自动化最主要的区别之一是系统控制的智能化。

15. G96 功能为主轴恒线速度控制，G97 功能为主轴恒转速控制。

16. 计算机的输入设备有鼠标、键盘、数字化仪、扫描仪、手写板等。

17. 数控半闭环控制系统一般利用装在电动机或丝杠上的光栅获得位置反馈量。

18. 数控加工程序调试的目的：一是检查所编程序是否正确，再就是把编程零点、加工零点和机床零点相统一。

19. FMC 可以分为物流系统、加工系统和信息系统三大部分。

20. 数控零件加工程序的输入/输出必须在 MDI（手动数据输入）方式下完成。

四、名词解释：（每题 4 分，共 16 分）

1. 刀位点

2. 柔性制造单元（FMC）

3. 逐点比较插补法

4. 闭环控制伺服系统

五、简答：（每题 7 分，共 14 分）

1. 计算机数控装置中常用存储器如何分类？各种存储器有什么特点？

2. 数控计算机的机床控制 I/O 部件中，为什么要进行 D/A 和 A/D 转换？

数控车床高级工理论（应知）试卷 2

单位：______________姓名：______________准考证号：______________

项目	一	二	三	四	五				合计
得分									

一、填空：（每空 1 分，共 20 分）

1. 所谓零点偏置就是__________。

2. 可编程控制器在数控机床中主要完成各执行机构的__________控制。

3. 在自动编程中，根据不同数控系统的要求，对编译和数学处理后的信息进行处理，使其成为数控系统可以识别的代码，这一过程称为__________。

4. 电火花加工是利用两电极间__________时产生的__________作用，对工件进行加工的一种方法。

5. 特种加工是指__________、__________、__________、超声波加工等。

6. 砂轮的组织是指__________、__________、__________三者之间的比例关系。

7. 影响切削力的主要因素有__________、__________和__________等三大方面。

8. 量规按用途可分为______量规、______量规和______量规。

9. 断屑槽的尺寸主要取决于________和________。

10. 高速车螺纹进刀时，应采用______法。

二、单项选择：（每题 2 分，共 30 分）

1. AC 控制是指______。

A. 闭环控制　B. 半闭环控制　C. 群控系统　D. 适应控制

2. 数控机床的核心装置是______。

A. 机床本体　B. 数控装置　C. 输入/输出装置　D. 伺服装置

3. 数控机床位置检测装置中______属于旋转型检测装置。

A. 感应同步器 B. 脉冲编码器 C. 光栅 D. 磁栅

4. 掉电保护电路的作用是______。

A. 防止强电干扰 B. 防止系统软件丢失

C. 防止 RAM 中保存的信息丢失 D. 防止电源电压波动

5. 数控机床在轮廓拐角处产生欠程现象，应采用______方法控制。

A. 提高进给速度 B. 修改坐标点

C. 减速或暂停 D. 更换刀具

6. 以下______不是进行零件数控加工的前提条件。

A. 已经返回参考点 B. 待加工零件的程序已经装入 CNC

C. 空运行 D. 已经设定了必要的补偿值

7. 静压导轨与滚动导轨相比，抗振性______。

A. 前者优于后者 B. 后者优于前者 C. 两者一样

8. 为了改善磁尺的输出信号，常采用多间隙磁头进行测量，磁头间的间隙______。

A. 1 个节距 B. 1/2 个节距 C. 1/4 个节距

9. 杠杆卡规是利用______放大原理制成的量具。

A. 杠杆－齿轮传动 B. 齿轮－齿条传动

C. 金属纽带传动 D. 蜗轮蜗杆传动

10. 车床数控系统中，用哪一组指令进行恒线速控制______。

A. G00 S __ B. G96 S __ C. G01 F __ D. G98 S __

11. 由单个码盘组成的绝对脉冲发生器所测的角位移范围为______。

A. 0 ~ 90° B. 0 ~ 180° C. 0 ~ 270° D. 0 ~ 360°

12. 可用于开环伺服控制的电动机是______。

A. 交流主轴电动机 B. 永磁宽调速直流电动机

C. 无刷直流电动机 D. 功率步进电动机

13. 数控机床轴线的重复定位误差为各测点重复定位误差中的______。

A. 平均值 B. 最大值 C. 最大值与最小值之差 D. 最大值与最小值之和

14. 采用经济型数控系统的机床不具有的特点是______。

A. 采用步进电机伺服系统 B. CPU 可采用单片机

C. 只配备必要的数控系统 D. 必须采用闭环控制系统

15. ______是无法用准备功能字 G 来规定或指定的。

A. 主轴旋转方向 B. 直线插补 C. 刀具补偿 D. 增量尺寸

三、判断题：（每题 1 分，共 20 分）

1. 数控机床的参考点是机床上的一个固定位置点。

2. 恒线速控制的原理是当工件的直径越大，主轴转速越慢。

3. 当电源接通时，每一个模态组内的 G 功能维持上一次断电前的状态。

4. AutoCAD 中既可以设置 0 层的线型和颜色，也可以改变 0 层的层名。

5. 数控系统操作面板上的复位键的功能是解除报警和数控系统的复位。

6. 钻盲孔时为减少加工硬化，麻花钻的进给应缓慢地断续进给。

7. 辅助功能 M00 指令为无条件程序暂停，执行该程序指令后，所有的运转部件停止运动，且所有的模态信息全部丢失。

8. 焊接式车刀制造简单，成本低，刚性好，但存在焊接应力，刀片易裂。

9. 车削细长轴时，跟刀架调整越紧越有利于切削加工。

10. 高速钢在低速、硬质合金在高速下切削时，粘结磨损所占比重大。

11. 切屑形成的过程实质是金属切削层在刀具作用力的挤压下产生弹性变形、塑性变形和剪切滑移。

12. 通过传感器直接检测目标运动并进行反馈控制的系统称为半闭环控制系统。

13. 数控装置是由中央处理单元、只读存储器、随机存储器、相应的总线和各种接口电路所构成的专用计算机。

14. 需渗碳淬硬的主轴，上面的螺纹因淬硬后无法车削，因此要车好螺纹后，再进行淬火。

15. 加工精度是指工件加工后的实际几何参数与理想几何参数的偏离程度。

16. 直接改变生产对象的尺寸、形状、相对位置、表面状态或材料性质等工艺过程所消耗的时间称为基本时间。

17. 半闭环数控系统的测量装置一般为光栅、磁尺等。

18. 数控机床通过返回参考点可建立工件坐标系。

19. PLC 内部元素的触点和线圈的连接是由程序来实现的。

20. 研磨工具的材料应比工件材料硬。

四、名词解释：(每题 4 分，共 16 分)

1. 扩散磨损

2. 调质

3. 直流 PWM 调速

4. 加工精度

五、简答：（每题7分，共14分）

1. 常用的光耦合器有几种类型及特点如何？光耦合器在I/O接口中的主要作用是什么？

2. 车削轴类零件时，由于车刀的哪些原因，而使表面粗糙度值达不到要求？

数控车床高级工理论（应知）试卷3

单位：______________姓名：______________准考证号：______________

项目	一	二	三	四	五					合计
得分										

一、填空：（每空1分，共20分）

1. 数控机床的伺服机构包括______控制和______控制两部分。

2. 由于受到微机__________和步进电动机__________的限制，脉冲插补法只适用于速度要求不高的场合。

3. 为了防止强电系统干扰及其他信号通过通用I/O接口进入微机，影响其工作，通常采用______________方法。

4. 砂轮的特性由______、______、______、______及组织等五个参数决定。

5. 机床的几何误差包括____________、____________、____________引起的误差。

6. 切削余量中对刀具磨损影响最大的是________，最小的是________。

7. 研磨可以改善工件表面________误差。

8. 刀具断屑槽的形状有________型和______型。

9. 切削液中的切削油主要起______作用。

10. 表面粗糙度值是指零件加工表面所具有的较小间距和______的______几何形状不平度。

二、单项选择：（每题2分，共30分）

1. FANUC 0 系列数控系统操作面板上显示当前位置的功能键是______。

A. DGNOS PARAM　B. POS　C. PRGRM　D. MENU OFSET

2. 数控零件加工程序的输入必须在______工作方式下进行。

A. 手动　B. 手动数据输入　C. 编辑　D. 自动

3. ______是机电一体化与传统的工业自动化最主要的区别之一。

A. 系统控制的智能化　B. 操作性能柔性化　C. 整体结构最优化

4. 切削用量中，切削速度是指主运动的______。

A. 转速　B. 走刀量　C. 线速度

5. 精车外圆时宜选用______刃倾角。

A. 正　B. 负　C. 零

6. 金属切削时，形成切屑的区域在第______变形区。

A. Ⅰ B. Ⅱ C. Ⅲ

7. 采用固定循环编程，可以______。

A. 加快切削速度，提高加工质量　B. 缩短程序的长度，减少程序所占内存

C. 减少换刀次数，提高切削速度　D. 减少吃刀深度，保证加工质量

8. 绝对式脉冲发生器的单个码盘上有8条码道，则其分辨率约为______。

A. 1.10°　B. 1.21°　C. 1.30°　D. 1.41°

9. 对于配合精度要求较高的圆锥加工，在工厂一般采用______检验。

A. 圆锥量规涂色　B. 游标量角器　C. 角度样板

10. 高速车削螺纹时，硬质合金车刀刀尖角应______螺纹的牙型角。

A. 大于　B. 等于　C. 小于

11. 在确定数控机床坐标系时，首先要指定的是______。

A. X 轴　B. Y 轴　C. Z 轴　D. 回转运动的轴

12. 欲加工第一象限的斜线（起始点在坐标原点），用逐点比较法直线插补，若偏差函数大于零，说明加工点在______。

A. 坐标原点　B. 斜线上方

C. 斜线下方　D. 斜线上

13. 光栅利用______，使得它能测得比栅距还小的位移量。

A. 莫尔条纹的作用　B. 数显表

C. 细分技术　D. 高分辨指示光栅

14. 当交流伺服电动机正在旋转时，如果控制信号消失，则电动机将会______。

A. 以原转速继续转动　B. 转速逐渐加大

C. 转速逐渐减小　D. 立即停止转动

15. 数控机床伺服系统是以______为直接控制目标的自动控制系统。

A. 机械运动速度　B. 机械位移

C. 切削力　D. 机械运动精度

三、判断题：（每题1分，共30分）

1. 数控车床的运动量是由数控系统内的可编程控制器PLC控制的。

2. 数控车床传动系统的进给运动有纵向进给运动和横向进给运动。

3. 增大刀具前角 γ_0 能使切削力减小，产生的热量少，可提高刀具的使用寿命。

4. 数控车床的机床坐标系和工件坐标系零点重合。

5. 恒线速度控制适用于切削工件直径变化较大的零件。

6. 数控装置是数控车床执行机构的驱动部件。

7. AutoCAD中用ERASE（擦除）命令可以擦除边界线而只保留剖面线。

8. 焊接式车刀制造简单，成本低，刚性好，但存在焊接应力，刀片易裂。

9. 加工轴套类零件采用三爪自定心卡盘能迅速夹紧工件并自动定心。

10. 滚珠丝杠副按其使用范围及要求分为六个等级精度，其中C级精度最高。

11. 卧式车床床身导轨在垂直面内的直线度误差对加工精度的影响很大。

12. 若I、J、K、R同时在一个程序段中出现，则R有效，I、J、K被忽略。

13. 沿两条或两条以上在轴向等距分布的螺旋线形成的螺纹，称为多线螺纹。

14. 选择定位基准时，为了确保外形与加工部位的相对正确，应选加工表面作为粗基准。

15. 退火一般安排在毛坯制造以后，粗加工进行之前。

16. 高速钢车刀的韧性虽然比硬质合金车刀好，但也不能用于高速切削。

17. 乳化液是将乳化油用15~20倍的水稀释而成。

18. 车外圆时圆柱度达不到要求的原因之一是由于车刀材料耐磨性差而造成的。

19. 车内锥时，刀尖高于工件轴线，车出的锥面用锥形塞规检验时，会出现两端显示剂被擦去的现象。

20. 用砂布抛光时，工件转速应选得较高，并使砂布在工件表面上快速移动。

四、名词解释：（每题4分，共16分）

1. 拟合

2. 成组技术

3. 柔性制造系统FMS

4. 刀具总寿命

五、简答：（每题7分，共14分）

1. 简述刀具材料的基本要求。

2. 混合式步进电动机与反应式步进电动机的主要区别是什么？

数控车床高级工理论（应知）试卷4

单位：______________姓名：______________准考证号：______________

项目	一	二	三	四	五			合计
得分								

一、填空：（每空1分，共20分）

1. 逐点比较插补法根据______________和______________是否相等来判断加工是否完毕。

2. 在数控机床坐标系中，绕平行于 X、Y 和 Z 轴的回转运动的轴，分别称为______轴、

______轴和______轴。

3. 暂停指令 G04 常用于______________和______________场合。

4. 步进电动机的相数和齿数越多，在一定的脉冲频率下，转速__________。

5. 考虑到电缆线的固定，为保证传感器的稳定工作，一般将直线光栅的__________安装在机床或设备的动板（工作台）上。

6. 滚珠丝杠螺母副按其中的滚珠循环方式可分为__________和__________两种。

7. 车细长轴时，要使用______和______来增加工件刚性。

8. 积屑瘤对加工的影响是________________、________________和________________________。

9. 工艺基准分为______基准、______基准和__________基准。

10. 滚珠丝杠副的传动间隙是指__________间隙。

二、单项选择：（每题 2 分，共 30 分）

1. 在车削加工中心上不可以______。

A. 进行铣削加工　　B. 进行钻孔

C. 进行螺纹加工　　D. 进行磨削加工

2. 滚珠丝杠预紧的目的是______。

A. 增加阻尼比，提高抗振性　　B. 提高运动平稳性

C. 消除轴向间隙和提高传动刚度　　D. 加大摩擦力，使系统能自锁

3. PWM 是脉冲宽度调制的缩写，PWM 调速单元是指______。

A. 晶闸管相控整流器速度控制单元

B. 直流伺服电机及其速度检测单元

C. 大功率晶体管斩波器速度控制单元

D. 感应电动机变频调速系统

4. 一台三相反应式步进电动机，其转子有 40 个齿；采用单、双六拍通电方式。若控制脉冲频率 $f=1000\text{Hz}$，则该步进电动机的转速（r/min）为______。

A. 125　　B. 250　　C. 500　　D. 750

5. 计算机数控系统的优点不包括______。

A. 利用软件灵活改变数控系统功能，柔性高

B. 充分利用计算机技术及其外围设备增强数控系统功能

C. 数控系统功能靠硬件实现，可靠性高

D. 系统性能价格比高，经济性好

6. 通常 CNC 系统通过输入装置输入的零件加工程序存放在______。

A. EPROM 中　　B. RAM 中　　C. ROM 中　　D. EEPROM 中

7. 直线感应同步器定尺上是______。

A. 正弦绕组　　B. 余弦绕组　　C. 连续绕组　　D. 分段绕组

8. 车圆锥体时，如果刀尖与工件轴线不等高，这时车出的圆锥面呈______形状。

A. 凸状双曲线　　B. 凹状双曲线　　C. 直线　　D. 斜线

9. 为了使工件获得较好的强度、塑性和韧性等方面综合力学性能，对材料要进行______处理。

A. 正火　B. 退火　C. 调质　D. 淬火

10. 在开环控制系统中，影响重复定位精度的有滚珠丝杠副的______。

A. 接触变形　B. 热变形　C. 配合间隙　D. 消隙机构

11. 数字式位置检测装置的输出信号是______。

A. 电脉冲　B. 电流量　C. 电压量

12. 对于一个设计合理、制造良好的带位置闭环系统的数控机床，可达到的精度由______决定。

A. 机床机械结构的精度　B. 检测元件的精度　C. 计算机的运算速度

13. AutoCAD 中要标出某一尺寸 ±0.6°，应在 Text 后输入______特殊字符。

A. %%D0.6%%P　B. %%P0.6%%D　C. 0.6%%D　D. %%P0.6

14. 加工时采用了近似的加工运动或近似刀具的轮廓产生的误差称为______。

A. 加工原理误差　B. 车床几何误差　C. 刀具误差

15. 数控系统为了检测刀盘上的工位，可在检测轴上安装______。

A. 角度编码器　B. 光栅　C. 磁尺

三、判断题：（每题 1 分，共 20 分）

1. 专门为某一工件的某道工序专门设计的夹具称专用夹具。

2. 目前驱动装置的电动机有步进电动机、直流伺服电动机和交流伺服电动机等。

3. 链传动是依靠啮合力传动的，所以它的瞬时传动比很准确。

4. 工序集中就是将工件的加工内容集中在少数几道工序内完成，每道工序的加工内容多。

5. 在 AutoCAD 中，关闭层上的图形是可以打印出的。

6. 三爪自定心卡盘上的三个卡爪属于标准件，可任意装夹到任一条卡盘槽内。

7. 采用成形法铣削齿轮，适用于任何批量齿轮的生产。

8. 为保证千分尺不生锈，使用完毕后，应将其浸泡在机油或柴油里。

9. 形位公差就是限制零件的形状误差。

10. 在表面粗糙度的基本符号上加一小圆，表示表面是以除去材料的加工方法获得的。

11. 齿形链常用于高速或平稳性与运动精度要求较高的传动中。

12. 在液压传动系统中，传递运动和动力的工作介质是汽油和煤油。

13. 刀具耐热性是指金属切削过程中产生剧烈摩擦的性能。

14. 弹性变形和塑性变形都引起零件和工具的外形和尺寸的改变，都是工程技术上所不允许的。

15. 乳化液主要用来减少切削过程中的摩擦和降低切削温度。

16. 车端面装刀时，要严格保证车刀的刀尖对准工件的中心，否则车到工件中心时会使刀尖崩碎。

17. 切削温度一般是指工件表面的温度。

18. 高速钢刀具在低温时以机械磨损为主。

19. 机械加工工艺过程卡片以工序为单位，按加工顺序列出整个零件加工所经过的工艺路线、加工设备和工艺装备及时间定额等。

20. 考虑被加工表面技术要求是选择加工方法的惟一依据。

四、名词解释：（每题4分，共16分）

1. 轮廓控制

2. CAPP

3. 加工硬化

4. 六点定位原则

五、简答：（每题7分，共14分）

1. 车刀有哪几个主要角度？各有什么作用？

2. 什么是精基准？如何选择精基准？

数控车床高级工理论（应知）试卷5

单位：__________ 姓名：__________ 准考证号：__________

项目	一	二	三	四	五					合计
得分										

一、填空：（每空1分，共20分）

1. 用于数控机床驱动的步进电动机主要有两类：______式步进电动机和______式步进电动机。

2. 第一象限的圆弧的起点坐标为 A（X_a，Y_a），终点坐标为 B（X_b，Y_b），用逐点比较法插补完这段圆弧所需的插补循环数为______。

3. 在闭环数控系统中，机床的定位精度主要取决于________的精度。

4. 在数控编程时，使用____________指令后，就可以按工件的轮廓尺寸进行编程，而不需按照刀具的中心线运动轨迹来编程。

5. 在外循环式的滚珠丝杠副中，滚珠在循环过程结束后通过螺母外表面上的_______或_______返回丝杠螺母间重新进入循环。

6. 闭式静压导轨由于导轨面处于_______摩擦状态，摩擦系数极低，约为_______，因而驱动功率大大降低，低速运动时无_______现象。

7. 利用展成原理加工齿轮的方法有______、______、______、刨齿、磨齿和珩齿等。

8. 切削热主要来自____________、____________、____________三个方面。散发热量的主要途径有________、________、__________、__________。

二、单项选择：（每题2分，共30分）

1. 程序编制中首件试切的作用是______。

A. 检验零件图样设计的正确性

B. 检验零件工艺方案的正确性

C. 检验程序单及控制介质的正确性，综合检验所加工的零件是否符合图样要求

D. 测试数控程序的效率

2. CNC系统中的PLC是______。

A. 可编程序逻辑控制器　B. 显示器　C. 多微处理器　D. 环形分配器

3. ______不是滚动导轨的缺点。

A. 动、静摩擦系数很接近　B. 结构复杂　C. 对脏物较敏感　D. 成本较高

4. 在开环系统中，以下因素中的______不会影响重复定位精度。

A. 丝杠副的配合间隙　　B. 丝杠副的接触变形

C. 轴承游隙变化　　D. 各摩擦副中摩擦力的变化

5. 采用经济型数控系统的机床不具有的特点是______。

A. 采用步进电动机伺服系统　　B. CPU可采用单片机

C. 只配备必要的数控功能　　D. 必须采用闭环控制系统

6. 数控机床的优点是______。

A. 加工精度高、生产效率高、工人劳动强度低、可加工复杂型面、减少工装费用

B. 加工精度高、生产效率高、工人劳动强度低、可加工复杂型面、工时费用低

C. 加工精度高、专用于大批量生产、工人劳动强度低、可加工复杂型面、减少工装费用

D. 加工精度高、生产效率高、对操作人员的技术水平要求较低、可加工复杂型面、减少工装费用

7. 直线感应同步器类型有______。

A. 标准型、窄型、带型和长型　　B. 非标准型、窄型、带型和三重型

C. 非标准型、窄型、带型和宽型　　D. 标准型、窄型、带型和三重型

8. 用光栅传感器测直线位移时，为了辨别移动方向，在莫尔条纹间距 B 内，相距 $B/4$ 设置两个光电元件，两光电元件输出电压信号的相位差是______。

A. 30°　　B. 60°　　C. 90°　　D. 180°

9. 对于数控机床最具机床精度特征的一项指标是______。

A. 机床的运动精度　　B. 机床的传动精度　　C. 机床的定位精度　　D. 机床的几何精度

10. 准备功能 G 代码中，能使机床作某种运动的一组代码是______。

A. G00、G01、G02、G03、G40、G41、G42

B. G00、G01、G02、G03、G90、G91、G92

C. G00、G04、G18、G19、G40、G41、G42

D. G01、G02、G03、G17、G40、G41、G42

11. 用光栅位置传感器测量机床位移，若光栅栅距为 0.01mm，莫尔条纹移动数为 1000 个，若不采用细分技术则机床位移量为______。

A. 0.1mm　　B. 1mm　　C. 10mm　　D. 100mm

12. 下列伺服电动机中，带有换向器的电动机是______。

A. 永磁宽调速直流电动机　　B. 永磁同步电动机

C. 反应式步进电动机　　D. 混合式步进电动机

13. 检验一般精度的圆锥面角度时，常采用______测量方法。

A. 外径千分尺　　B. 锥形量规　　C. 万能量角器　　D. 正弦规

14. 车削时切削热大部分是由______传散出去。

A. 刀具　B. 工件　　C. 切屑　D. 空气

15. MDI 运转可以______。

A. 通过操作面板输入一段指令并执行该程序段

B. 完整地执行当前程序号和程序段

C. 按手动键操作机床

三、判断题：（每题 1 分，共 20 分）

1. 参考点是机床上的一个固定点，与加工程序无关。

2. 在 AutoCAD 中，在图形中使用图块功能绘制重复的图形实体，可以使图形文件占用的磁盘空间减少。

3. 粗基准因精度要求不高，所以可以重复使用。

4. 加工左旋螺纹，数控车床主轴必须用反转指令 M04。

5. 刀具远离工件的方向为坐标轴的正方向。

6. 数控钻床和数控冲床都是直线控制数控机床。

7. 车削细长轴时，因为工件长，热变形伸长量大，所以一定要考虑热变形的影响。

8. 为了保证工件达到图样所规定的精度和技术要求，夹具上的定位基准与工件上的设计基准、测量基准应尽可能重合。

9. 硬质合金是用钨和钛的碳化物粉末加钴作为粘结剂，高压压制成形后，再经切削加工而成的粉末冶金制品。

10. 粗加工时，加工余量和切削用量均较大，因此会使刀具磨损加快，所以应选用以润滑为主的切削液。

11. 工件切断时如产生振动，可采用提高工件转速的方法加以消除。

12. 车一对互配的内外螺纹，配好后螺母掉头却拧不进，分析原因时由于内外螺纹的牙型角都倾斜而造成的。

13. 切削纯铜、不锈钢等高塑性材料时，应选用直线圆弧型或直线型断屑槽。

14. 在 AutoCAD 的图形文件中，每个尺寸实体都被作为一个块。

15. FANUC 系统中，在一个程序段中同时指令了两个 M 功能，则两个 M 代码均有效。

16. 数控加工螺纹，设置速度对螺纹切削速度没有影响。

17. 液压千斤顶实际上是利用液压油作为工作介质的一种能量转换装置。

18. 滚动螺旋传动不具有自锁性。

19. 刀具材料在高温下，仍能保持良好的切削性能叫红硬性。

20. 当游标卡尺尺身的零线与游标零线对准时，游标上的其他卡都不与尺身刻线对准。

四、名词解释：（每题 4 分，共 16 分）

1. 点位控制

2. CIMS

3. 欠定位

4. 加工原理误差

五、简答：（每题7分，共14分）

1. 常用的刀具材料有哪些？分别适用于什么场合？

2. 车削轴类零件时，工件有哪些常用的装夹方法？各有什么特点？分别使用于何种场合？

第二节 数控车床高级工理论（应知）试题库答案

数控车床高级工理论（应知）试卷1答案

一、填空：（每空1分，共20分）

1. 插补循环数；2. 最大轴向窜动量；3. 纯液体；4. 步进电动机、传动系统；5. π/2；6. 电磁感应；7. 耐热；8. 振动；9. 软；10. 背吃刀量、进给量、切削速度；11. 带状切屑、粒状切屑、节状切屑、崩碎状切屑；12. 磨料、结合剂；13. 重复定位精度。

二、单项选择：（每题2分，共30分）

1	2	3	4	5	6	7	8	9	10
C	A	A	A	C	C	B	B	B	B
11	12	13	14	15					
C	C	D	A	C					

三、判断题：（每题1分，共20分）

1	2	3	4	5	6	7	8	9	10
×	×	×	√	√	√	√	√	√	√
11	12	13	14	15	16	17	18	19	20
×	√	×	√	√	√	×	×	×	×

四、名词解释：（每题4分，共16分）

1. 刀位点是指在加工程序编制时，用以表示刀具特征的点，也是对刀和加工的基准点。

2. FMC（柔性制造单元）由加工中心和自动交换装置所组成，同时数控系统还增加了自动检测与工况自动监控等功能。这里的柔性是指能够容易地适应多品种、小批量的生产功能。

3. 逐点比较插补法通过比较刀具与加工曲线的相对位置来确定刀具的运动。

逐点比较法的一个插补循环包括四个节拍：（1）偏差判别；（2）进给；（3）偏差计算；（4）终点判断。

4. 闭环控制伺服系统的位置检测元件安装在执行元件上，用以实测执行元件的位置或位移。数控装置对位移指令与位置检测元件测得的实际位置反馈信号随时进行比较，根据其差值及指令进给速度的要求，按照一定规律进行转换后，得到进给伺服系统的速度指令。此外还利用与伺服驱动电动机同轴刚性连接的测速元器件，随时实测驱动电动机的转速，得到速度反馈信号，将它与速度指令信号相比较，得到速度误差信号，对驱动电动机的转速随时进行校正。

五、简答：（每题7分，共14分）

1. 答：根据使用功能不同可分为：

（1）读写存储器（RAM）：主要用来存放加工程序、加工现场参数和系统的工作缓冲区。由于系统掉电后，读写存储器中的信息会丢失，所以一般系统都设有掉电保护装置。

（2）只读存储器（ROM）：在程序执行过程中只能读出，不能写入，掉电后仍可保持信息。因此，只读存储器一般用来存放固定的程序，如微机的管理程序、监控程序、汇编语言、用户控制程序等。

2. 答：机床中有些检测元件的输出信息不是数字量，而是模拟量。由于微机是以数字为基础工作的，所以这些模拟量在输入微机之前，一定要进行A/D（模拟/数字量）转换。对于采用直流伺服电动机的计算机数控系统，由于电动机的控制信号是模拟电压量，所以也要将微机输出的伺服控制信号进行D/A转换。

数控车床高级工理论（应知）试卷2答案

一、填空：（每空1分，共20分）

1. 坐标系的平移变换；2. 逻辑顺序；3. 后置处理；4. 脉冲放电、电腐蚀；5. 电火花加工、电解加工、激光加工；6. 磨料、结合剂、孔隙；7. 工件材料、切削用量、刀具几何形状；8. 工作、验收、校对；9. 进给量、背吃刀量；10. 直进。

二、单项选择：（每题2分，共30分）

1	2	3	4	5	6	7	8	9	10
D	B	B	C	C	C	A	C	A	B
11	12	13	14	15					
D	D	B	D	A					

三、判断题：（每题1分，共20分）

1	2	3	4	5	6	7	8	9	10
√	√	×	×	√	×	×	√	×	×
11	12	13	14	15	16	17	18	19	20
√	×	√	×	×	√	×	×	√	×

四、名词解释：（每题4分，共16分）

1. 扩散磨损是指高温切削时，刀具与工件材料的合金元素相互扩散，降低物理、力学性能而造成的磨损。

2. 调质是淬火及高温回火的复合热处理工艺，目的是使材料获得较好的强度、塑性和韧性等方面的综合力学性质，并为以后的热处理作准备。

3. 直流PWM调速是利用大功率晶体管作为斩波器，其电源为直流固定电压，开关频率为常值，根据控制信号的大小来改变每一周期内接通和断开的时间长短，即改变脉宽，使直流电动机电枢上电压的“占空比”改变，从而改变其平均电压，完成电动机的转速控制。转速 n 与脉宽 S 的关系为：$n=\frac{U_{\mathrm{m}}S}{TC_{\mathrm{e}}\Phi}$，由此可知，转速 n 与脉宽 S 近似于成正比。

4. 加工精度是指工件加工后的实际几何参数（尺寸、形状和位置）与理想几何参数的符合程度。

五、简答：（每题7分，共14分）

1. 答：常用光电耦合器有4种类型：

普通型——应用广泛。

高速型——采用光敏二极管和高速开关管复合结构，既有高响应速度，又保持较高的电流传输比。

达林顿输出型——电流传输比大，可直接驱动数十毫安的负载。

晶闸管输出型——输出部分为光控晶闸管，常用于交流大功率电路的隔离驱动场合。

光电耦合器在I/O接口中的主要作用：

（1）隔离光电耦合器输入输出两侧电路的电气联系；

（2）方便地完成信号电平转换。

2. 答（1）车刀刚性不足或伸出太长引起振动；

（2）车刀几何形状不正确，例如选用过小的前角、主偏角和后角；

（3）刀具磨损等原因。

数控车床高级工理论（应知）试卷3答案

一、填空：（每空1分，共20分）

1. 速度、位置；2. 运算速度、频率响应特性；3. 光电隔离；4. 磨料、粒度、结合剂、硬度；5. 机床制造误差、安装误差、磨损；6. 切削速度、背吃刀量；7. 形状；8. 直线、圆弧；9. 润滑；10. 微小峰谷、微观。

二、单项选择：（每题2分，共30分）

1	2	3	4	5	6	7	8	9	10
B	C	A	C	A	A	B	D	A	C
11	12	13	14	15					
C	B	C	D	B					

三、判断题：（每题1分，共20分）

1	2	3	4	5	6	7	8	9	10
×	√	√	×	√	×	√	√	√	√
11	12	13	14	15	16	17	18	19	20
×	√	√	×	√	√	×	√	×	×

四、名词解释：（每题4分，共16分）

1. 当采用不具备非圆曲线插补功能的数控机床加工非圆曲线轮廓时，在加工程序的编制中，常常需要用多个直线段或圆弧段去近似地代替非圆曲线，这称为拟合。

2. 成组技术是利用事物的相似性，把相似问题归类成组，寻求解决这一类问题相对统一的最优方案，从而节约时间和精力以取得所期望的经济效益的技术方法。

3. 柔性制造系统是解决多品种、中小批量生产中效率低、周期长、成本高、质量差等问题而出现的高技术先进制造系统，主要包括若干台数控机床，用一套自动物料搬运系统连接起来，由分布式计算机系统进行综合治理与控制，协调机床加工系统和物料搬运系统的功能，以实现柔性的高效率零件加工。

4. 刀具总寿命是指一把新刃磨的刀具从开始切削，经反复刃磨、使用，直至报废的实际总切削时间。

五、简答：（每题7分，共14分）

1. 答：（1）高的硬度。刀具材料的硬度高于工件材料的硬度，在室温下，硬度高于60HRC。

（2）高的耐磨性。耐磨性指车刀材料抵抗磨损的能力。一般刀具的硬度约高，耐磨性约好。含耐磨性好的碳化物颗粒约多，晶粒约细，分布约均匀，耐磨性约好。

（3）足够的强度和韧性。切削时，刀具承受很大的切削力和冲击，刀具要有较高的抗弯强度和冲击韧度，防止刀具崩刃和断裂。

（4）高的耐热性。耐热性是指在高温下刀具材料保持常温硬度的性能，是衡量刀具材料切削性能的主要指标。

（5）良好的工艺性。为了便于刀具制造，刀具材料应具有良好的可加工性能和热处理工艺。

2. 答：混合式步进电动机的转子带有永久磁钢，既有励磁磁场又有永久磁场，与反应式步进电动机相比，混合式步进电动机的转矩体积比大，励磁电流大大减小，步距角可以做得很小，启动和工作频率较高；混合式步进电动机在绕组未通电时，转子的永久磁钢能产生自动定位转矩，使断电时转子能保持在原来的位置。

数控车床高级工理论（操作）试卷4答案

一、填空：（每空1分，共20分）

1. 插补循环数、刀具沿 X、Y 轴应走的总步数；2. A、B、C；3. 拐角轨迹控制、钻、镗孔；4. 越低；5. 主光栅；6. 内循环、外循环；7. 中心架、跟刀架；8. 保护刀尖、增大刀具实际前角、影响表面质量和精度；9. 定位、测量、装配；10. 轴向

二、单项选择：（每题2分，共30分）

1	2	3	4	5	6	7	8	9	10
D	C	C	B	C	B	C	B	C	C
11	12	13	14	15					
A	B	B	A	A					

三、判断题：（每题1分，共20分）

1	2	3	4	5	6	7	8	9	10
√	√	×	√	×	×	×	×	×	×
11	12	13	14	15	16	17	18	19	20
√	×	×	×	×	×	×	√	×	×

四、名词解释：（每题4分，共16分）

1. 轮廓控制是指数控系统能对两个或两个以上运动坐标的位移和速度进行连续相关的控制，使合成的平面或空间的运动轨迹能满足加工的要求。

2. CAPP是通过向计算机输入被加工零件的几何信息（图形）和加工工艺信息（材料、热处理、批量等），由计算机自动输出零件的工艺路线和工序内容等的工艺文件的过程。

3. 加工硬化又称冷作硬化，是由于机械加工时，工件表层金属受到切削力的作用，产生强烈的塑性变形，使金属的晶格被拉长、扭曲，甚至被破坏而引起的。金属表面层产生加工硬化后，表面硬度提高，塑性降低，物理力学性能发生变化。

4. 在分析工件定位时，通常用一个支撑点限制工件的一个自由度，用合理布置的六个支撑点限制工件的六个自由度，使工件在空间的位置完全确定，这个原则称之为六点定位原则。

五、简答：（每题7分，共14分）

1. 答：（1）前角。影响刃口的锋利和强度，影响切削变形和切削力；

（2）后角。减少后面与工件之间的摩擦；

（3）主偏角。可以改变主切削刃和刀头的受力情况和散热条件；

（4）副偏角。减少副切削刃与工件已加工表面之间的摩擦；

（5）刃倾角。主要作用是控制切屑的排出方向；当刃倾角为负值时，还可以增加刀头强度和当车刀受冲击时保护刀尖。

2. 答：用加工过的表面作为定位的基准称为精基准。其选择原则如下：

（1）基准重合原则；

（2）基准统一原则；

（3）自为基准原则；

（4）互为基准原则；

（5）保证工件定位准确、夹紧可靠、操作方便的原则。

数控车床高级工理论（操作）试卷5答案

一、填空：（每空1分，共20分）

1. 反应、混合；2. $|X_b - X_a| + |Y_b - Y_a|$；3. 检测装置；4. 刀具半径补偿；5. 螺旋槽、插管；6. 纯液体、0.0005、爬行；7. 滚齿、插齿、剃齿；8. 剪切区变形、切屑与前刀面摩擦、已加工表面与后刀面的摩擦、切屑、工件、刀具、周围介质。

二、单项选择：（每题2分，共30分）

1	2	3	4	5	6	7	8	9	10
C	A	A	D	D	A	D	C	C	A
11	12	13	14	15					
C	A	C	C	A					

三、判断题：（每题1分，共20分）

1	2	3	4	5	6	7	8	9	10
√	√	×	×	√	×	√	√	×	×
11	12	13	14	15	16	17	18	19	20
×	√	×	√	×	√	√	√	√	×

四、名词解释：（每题4分，共16分）

1. 点位控制是指数控系统只控制刀具从一点到另一点的准确定位，在移动过程中不进行加工，对两点间的移动速度和运动轨迹没有严格的要求。

2. CIMS计算机集成制造系统，它是在网络、数据库支持下，有以计算机辅助设计为核心的工程信息处理系统，计算机辅助制造为中心的刀装配、检测、储运、监控自动化工艺系统和经营管理系统的综合体。

3. 工件定位时，定位元件所限制的自由度少于需要限制的自由度，称为欠定位。

4. 加工原理误差是加工时采用了近似的加工运动或近似刀具的轮廓产生的误差。

五、简答：（每题7分，共14分）

1. 答：（1）碳素工具钢。多用于制造低速、手动刀具，如锉刀、手动锯条等。

（2）合金工具钢。用于制造低速、手动刀具，如手用丝锥、手用铰刀、圆板牙、搓丝板及硬质合金钻头的刀体等。

（3）高速工具钢。适用于制造各种结构复杂的刀具，如成形车刀、铣刀、钻头、齿轮刀具、螺纹刀具等。

（4）硬质合金。适用于制造切削速度很高、材料难加工及刀具形状比较简单的场合。

2. 答：（1）四爪单动卡盘装夹。这种卡盘夹紧力大，但找正比较费时，适用于装夹大型或形状不规则的工件。

（2）三爪自定心卡盘装夹。这种卡盘能自动定心，不需花费过多时间找正工件，装夹效率比四爪单动卡盘高，但夹紧力没有四爪单动卡盘大，适用于装夹中小型规则工件。

（3）两顶尖装夹。装夹方法比较方便，不需找正，装夹精度高。适用于装夹精度要求较高（如同轴度要求）、必须经多次装夹才能加工好的较长的工件，或工序较多的工件。

（4）一夹一顶装夹。这种方法装夹工件比较安全，能承受较大的切削力，适用于装夹较重、较长的场合。

第三节 数控车床高级工操作（应会）试题库

数控车床高级工操作（应会）试卷 1

单位：________ 姓名：________ 准考证号：________

技术要求：

1. 不允许使用砂布或锉刀修整表面。
2. 未注倒角 $C1$。
3. 螺纹一端可加工 B2.5 的中心孔。
4. 工件加工时不得断开，评分时断开。

评分表

序号	项目	检测内容		占分	评分标准	实测	得分
1	外圆	$\phi49_{-0.021}^{0}$	尺寸	8	超差 0.01 扣 2 分		
2			$R_a1.6$	2	$R_a>1.6$ 扣 1 分，$R_a>3.2$ 全扣		
3		$\phi36_{-0.021}^{0}$	尺寸	8	超差 0.01 扣 3 分		
4			$R_a1.6$	2	$R_a>1.6$ 扣 1 分，$R_a>3.2$ 全扣		
5	内螺纹	M27×2 中径		10	超差 0.01 扣 2 分		
6		退刀槽	4×2	2	超差不得分		
7	外螺纹	M36×4（P2）中径		10	超差 0.01 扣 3 分，乱牙不得分		
8		$R_a1.6$		2	$R_a>1.6$ 扣 1 分，$R_a>3.2$ 全扣		
9		退刀槽	5×2	2	超差不得分		
10	螺纹配合	内外螺纹配合		14	不能配合全扣		
11	圆锥面	圆锥量规涂色检查		10	超差不得分		
12		$R_a1.6$		4	$R_a>1.6$ 扣 1 分，$R_a>3.2$ 全扣		
13	倒角	2 处		2	少一处扣 2 分		
14	长度	83±0.03		5	超差 0.01 扣 2 分		
15		110		5	超差不得分		
16	端面	$R_a1.6$		4	$R_a>1.6$ 扣 1 分，$R_a>3.2$ 全扣		
17	平行度			5	超差 0.01 扣 2 分		
18	圆弧连接			5	有明显接痕不得分		
19	文明生产	发生重大安全事故取消考试资格；按照有关规定每违反一项从总分中扣除 3 分					
20	其他项目	工件必须完整，工件局部无缺陷（如夹伤、划痕等）					
21	程序编制	程序中严重违反工艺规程的则取消考试资格；其他问题酌情扣分					
22	加工时间	120min 后尚未开始加工则终止考试；超过定额时间 5min 扣 1 分；超过 10min 扣 5 分；超过 15min 扣 10 分；超过 20min 扣 20 分；超过 25min 扣 30 分；超过 30min 则停止考试					
合计							

名称	组合件	材料规格	得分	80～100 分		60～79 分		0～59 分	
		45，ϕ55mm×115mm	考试时间	开始： 时 分；结束 时 分				总分	
图号		工时	记事						
		360min（含编程）	监考		检验		评分		

数控车床高级工操作（应会）试卷 2

单位：＿＿＿＿＿＿ 姓名：＿＿＿＿＿＿ 准考证号：＿＿＿＿＿＿

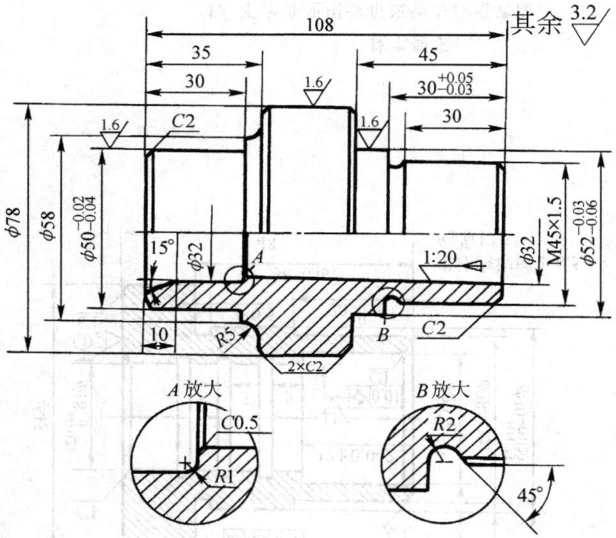

材料：45

技术要求：

1. 不允许使用砂布或锉刀修整表面。
2. 未注倒角 $C1$。

评分表

序号	项目	检测内容		占分	评分标准	实测	得分
1	外圆	78	尺寸	8	超差不得分		
2			$R_a1.6$	4	$R_a>1.6$ 扣 2 分，$R_a>3.2$ 全扣		
3		$\phi52_{-0.06}^{-0.03}$	尺寸	8	超差 0.01 扣 2 分		
4			$R_a1.6$	4	$R_a>1.6$ 扣 2 分，$R_a>3.2$ 全扣		
5		$\phi50_{-0.04}^{-0.02}$	尺寸	8	超差 0.01 扣 2 分		
6			$R_a1.6$	4	$R_a>1.6$ 扣 2 分，$R_a>3.2$ 全扣		
7	外螺纹	M45×1.5（止通规检查）		10	止通规检查不满足要求，不得分		
8		$R_a1.6$		2	$R_a>1.6$ 扣 2 分，$R_a>3.2$ 全扣		
9	长度	108		2	超差不得分		
10		$35_{+0.03}^{+0.05}$		8	超差 0.01 扣 2 分		
11	圆角	$R5$		3	超差不得分		
12	倒角	5 处		5	少一处扣 1 分		
13	圆弧槽	2 处		6			
14	锥度	15°	尺寸	10	超差 0.1°扣 2 分		
			$R_a1.6$	4	$R_a>3.2$ 扣 2 分，$R_a>6.3$ 全扣		
15		1:20	尺寸	10	超差不得分		
			$R_a1.6$	4	$R_a>3.2$ 扣 2 分，$R_a>6.3$ 全扣		
16	文明生产	发生重大安全事故取消考试资格；按照有关规定每违反一项从总分中扣除 3 分					
17	其他项目	工件必须完整，工件局部无缺陷（如夹伤、划痕等）					
18	程序编制	程序中严重违反工艺规程的则取消考试资格；其他问题酌情扣分					
19	加工时间	120min 后尚未开始加工则终止考试；超过定额时间 5min 扣 1 分；超过 10min 扣 5 分；超过 15min 扣 10 分；超过 20min 扣 20 分；超过 25min 扣 30 分；超过 30min 则停止考试					
合计							

名称	轴套	材料规格	得分	80～100 分		60～79 分		0～59 分	
		45，ϕ85mm×110mm	考试时间	开始： 时 分；结束 时 分				总分	
图号		工时	记事						
		360min（含编程）	监考		检验		评分		

数控车床高级工操作（应会）试卷 3

单位：________ 姓名：________ 准考证号：________

其余 3.2

B ⊥ 0.01 A

◎ ϕ0.02 A

C1 C1 C1 C1

$\phi45$ $\phi18^{+0.021}_{0}$ $\phi22^{+0.021}_{0}$ $\phi28^{0}_{-0.021}$ $\phi30^{+0.023}_{-0.020}$

17±0.042 1.6 ⌭0.01 5 5 5 6.3 A 3×0.5 $20^{0}_{-0.16}$ $36^{0}_{-0.16}$ 48

未注内沟槽2×0.5，R_a为12.5

技术要求：

1. 不允许使用砂布或锉刀修整表面。
2. 未注倒角 C1。

评分表

序号	项目	检测内容		占分	评分标准	实测	得分
1	外圆	$\phi30^{+0.023}_{-0.020}$	尺寸	8	超差 0.01 扣 2 分		
2			$R_a1.6$	4	$R_a>1.6$ 扣 1 分，$R_a>3.2$ 全扣		
3		$\phi28^{0}_{-0.021}$	尺寸	8	超差 0.01 扣 2 分		
4			$R_a1.6$	4	$R_a>1.6$ 扣 1 分，$R_a>3.2$ 全扣		
5	内孔	$\phi22^{+0.021}_{0}$	尺寸	8	超差 0.01 扣 2 分		
6			$R_a1.6$	4	$R_a>1.6$ 扣 1 分，$R_a>3.2$ 全扣		
7		$\phi18^{+0.021}_{0}$	尺寸	8	超差 0.01 扣 2 分		
			$R_a1.6$	4	$R_a>1.6$ 扣 1 分，$R_a>3.2$ 全扣		
8	倒角	4 处		4	少一处扣 1 分		
9	长度	$20^{0}_{-0.16}$		3	超差不得分		
10		$36^{0}_{-0.16}$		3	超差 0.01 扣 2 分		
11		17 ± 0.042		3	超差 0.01 扣 2 分		
12		48		1	超差不得分		
13	内沟槽	3 处		6	超差不得分		
14	外沟槽	1 处		2	超差不得分		
15	垂直度			7	超差不得分		
16	同轴度			16	超差不得分		
17	圆柱度			7	超差不得分		
18	文明生产	发生重大安全事故取消考试资格；按照有关规定每违反一项从总分中扣除 3 分					
19	其他项目	工件必须完整，工件局部无缺陷（如夹伤、划痕等）					
20	程序编制	程序中严重违反工艺规程的则取消考试资格；其他问题酌情扣分					
21	加工时间	120min 后尚未开始加工则终止考试；超过定额时间 5min 扣 1 分；超过 10min 扣 5 分；超过 15min 扣 10 分；超过 20min 扣 20 分；超过 25min 扣 30 分；超过 30min 则停止考试					
合计							

名称	套	材料规格	得分	80 ~ 100 分		60 ~ 79 分		0 ~ 59 分	
		45，ϕ50mm × 50mm	考试时间	开始： 时 分；结束 时 分				总分	
图号		工时	记事						
		360min（含编程）	监考	检验		评分			

数控车床高级工操作（应会）试卷 4

单位：________ 姓名：________ 准考证号：________

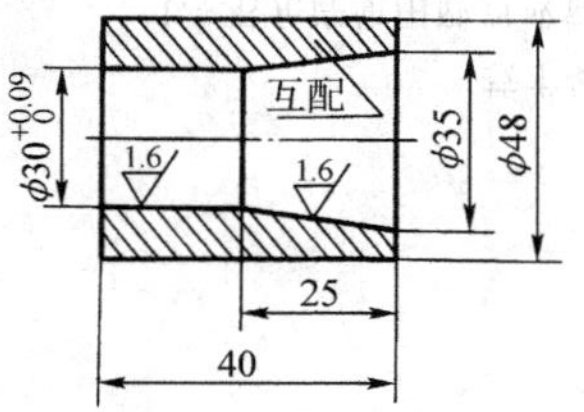

$\phi30^{+0.09}_{0}$ 互配 1.6 1.6 $\phi35$ $\phi48$ 25 40

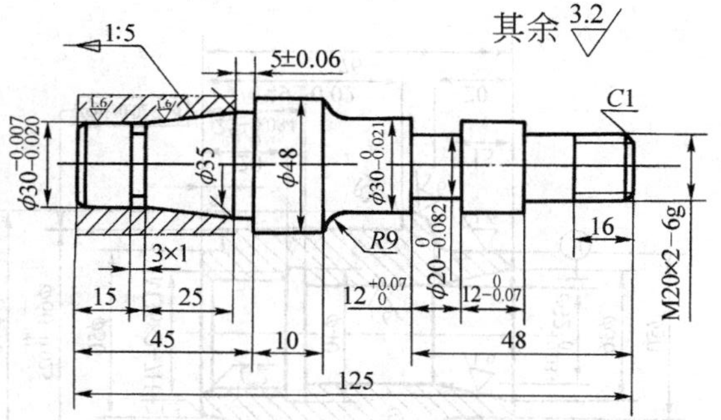

1:5 5±0.06 其余 3.2 C1

$\phi30^{-0.007}_{-0.020}$ $\phi35$ $\phi48$ $\phi30^{0}_{-0.021}$ $\phi20^{0}_{-0.082}$ R9 3×1 16 M20×2−6g

15 25 45 10 $12^{+0.07}_{0}$ $12^{0}_{-0.07}$ 48 125

技术要求：

1. 不允许使用砂布或锉刀修整表面。
2. 未注倒角 $C1$。
3. 涂色检查互配部分接触面积不得小于 60%。

评分表

序号	项目	检测内容		占分	评分标准	实测	得分
1	外圆	$\phi30^{-0.007}_{-0.020}$	尺寸	5	超差 0.01 扣 2 分		
2			$R_a1.6$	4	$R_a>1.6$ 扣 1 分，$R_a>3.2$ 全扣		
3		$\phi30^{0}_{-0.021}$	尺寸	5	超差 0.01 扣 2 分		
4			$R_a1.6$	4	$R_a>1.6$ 扣 1 分，$R_a>3.2$ 全扣		
5		$\phi20^{0}_{-0.082}$	尺寸	5	超差 0.01 扣 2 分		
6			$R_a1.6$	4	$R_a>1.6$ 扣 1 分，$R_a>3.2$ 全扣		
7	内孔	$\phi30^{+0.09}_{0}$	尺寸	5	超差 0.01 扣 2 分		
8			$R_a1.6$	4	$R_a>1.6$ 扣 1 分，$R_a>3.2$ 全扣		
9	外螺纹	M20×2（止通规检查）		12	止通规检查不满足要求，不得分		
10	倒角	2 处		4	少一处扣 2 分		
11	长度	125		2	超差不得分		
12		$12^{+0.07}_{0}$		3	超差 0.01 扣 2 分		
13		$12^{0}_{-0.07}$		3	超差 0.01 扣 2 分		
14		5±0.06		3	超差 0.01 扣 2 分		
15	沟槽	3×1		2	超差不得分		
16	锥度	内外锥（1:5）		20	超差不得分		
17	锥度配合			15	配合接触面积不得小于 60%小于 10% 扣 5 分		
18	文明生产	发生重大安全事故取消考试资格；按照有关规定每违反一项从总分中扣除 3 分					
19	其他项目	工件必须完整，工件局部无缺陷（如夹伤、划痕等）					
20	程序编制	程序中严重违反工艺规程的则取消考试资格；其他问题酌情扣分					
21	加工时间	120min 后尚未开始加工则终止考试；超过定额时间 5min 扣 1 分；超过 10min 扣 5 分；超过 15min 扣 10 分；超过 20min 扣 20 分；超过 25min 扣 30 分；超过 30min 则停止考试					
合计							

名称	轴套	材料规格	得分	80～100 分		60～79 分		0～59 分	
	配合件	45，$\phi55$mm×180mm	考试时间	开始： 时 分；结束 时 分				总分	
图号		工时	记事						
		360min（含编程）	监考		检验		评分		

数控车床高级工操作（应会）试卷 5

单位：________ 姓名：________ 准考证号：________

其余 3.2

技术要求：

1. 不允许使用砂布或锉刀修整表面。
2. 未注倒角 $C1$。

评分表

序号	项目	检测内容		占分	评分标准	实测	得分
1	外圆	$\phi60_{-0.02}^{0}$	尺寸	10	超差 0.01 扣 2 分		
2			$R_a1.6$	4	$R_a>1.6$ 扣 1 分，$R_a>3.2$ 全扣		
3		$\phi50$	尺寸	3	超差 0.01 扣 2 分		
4			$R_a1.6$	4	$R_a>1.6$ 扣 1 分，$R_a>3.2$ 全扣		
5	内孔	$\phi32_{0}^{+0.03}$	尺寸	5	超差 0.01 扣 2 分		
6			$R_a1.6$	4	$R_a>1.6$ 扣 1 分，$R_a>3.2$ 全扣		
7	内锥孔		15 ± 6	10	超差 1 扣 2 分		
			$R_a1.6$	5	$R_a>1.6$ 扣 1 分，$R_a>3.2$ 全扣		
8	内螺纹	M36 × 2（止通规检查）		10	止通规检查不满足要求，不得分		
9		退刀槽	$\phi40$	5	超差不得分		
10			$R_a3.2$	4	$R_a>3.2$ 扣 1 分，$R_a>6.3$ 全扣		
11	倒角	3 处		6	少一处扣 2 分		
12	长度	76		5	超差不得分		
13		49 ± 0.02		5	超差 0.01 扣 2 分		
14		$25_{-0.084}^{0}$		5	超差 0.01 扣 2 分		
15	圆角	3 处		6	少一处扣 2 分		
16	同轴度			10	超差不得分		
17							
18	文明生产	发生重大安全事故取消考试资格；按照有关规定每违反一项从总分中扣除 3 分					
19	其他项目	工件必须完整，工件局部无缺陷（如夹伤、划痕等）					
20	程序编制	程序中严重违反工艺规程的则取消考试资格；其他问题酌情扣分					
21	加工时间	120min 后尚未开始加工则终止考试；超过定额时间 5min 扣 1 分；超过 10min 扣 5 分；超过 15min 扣 10 分；超过 20min 扣 20 分；超过 25min 扣 30 分；超过 30min 则停止考试					
合计							

名称	轴套	材料规格	得分	80 ~ 100 分		60 ~ 79 分		0 ~ 59 分	
		45，ϕ75mm × 80mm	考试时间	开始：　时　分；结束　时　分				总分	
图号		工时	记事						
		360min（含编程）	监考		检验		评分		

数控车床高级工操作（应会）试卷 6

单位：＿＿＿＿＿＿＿　姓名：＿＿＿＿＿＿＿　准考证号：＿＿＿＿＿＿＿

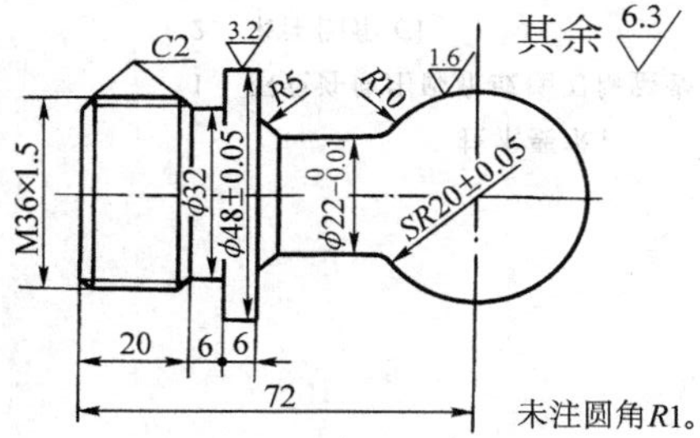

其余 6.3

未注圆角 $R1$。

a)

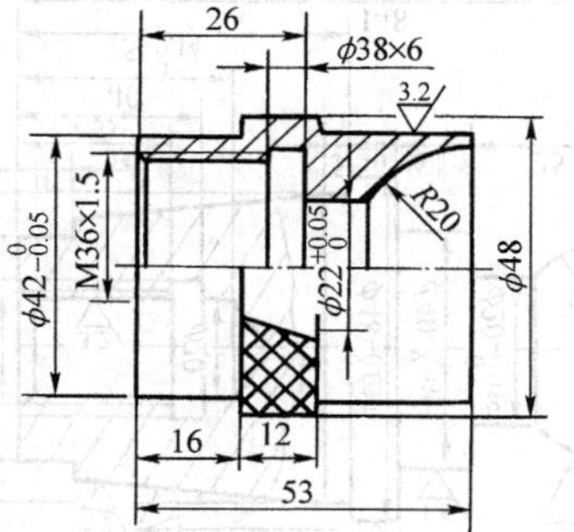

b)

技术要求：

1. 不允许使用砂布或锉刀修整表面。
2. 两件螺纹必须良好配合。
3. 球面涂色检查配合接触面积不得小于 60%。

评分表

序号	项目	检测内容		占分	评分标准	实测	得分
1	外圆	$\phi48 \pm 0.05$	尺寸	6	超差 0.01 扣 2 分		
2			$R_a1.6$	2	$R_a>1.6$ 扣 1 分，$R_a>3.2$ 全扣		
3		$\phi42_{-0.05}^{0}$	尺寸	6	超差 0.01 扣 2 分		
4			$R_a1.6$	2	$R_a>1.6$ 扣 1 分，$R_a>3.2$ 全扣		
5		$\phi22_{-0.01}^{0}$	尺寸	6	超差 0.01 扣 2 分		
6			$R_a1.6$	2	$R_a>1.6$ 扣 1 分，$R_a>3.2$ 全扣		
7	内孔	$\phi22_{0}^{+0.05}$	尺寸	6	超差 0.01 扣 2 分		
8			$R_a1.6$	2	$R_a>1.6$ 扣 1 分，$R_a>3.2$ 全扣		
9	内螺纹	M36 × 1.5 中径		10	超差 0.01 扣 3 分		
10		退刀槽	$\phi38\times6$	2	超差不得分		
11			$R_a3.2$	2	$R_a>3.2$ 扣 1 分，$R_a>6.3$ 全扣		
12	外螺纹	M36 × 1.5 中径		10	超差 0.01 扣 3 分，乱牙不得分		
13		$R_a1.6$		2	$R_a>1.6$ 扣 1 分，$R_a>3.2$ 全扣		
14		退刀槽	$\phi32\times6$	2	超差不得分		
15			$R_a3.2$	2	$R_a>3.2$ 扣 1 分，$R_a>6.3$ 全扣		
16	螺纹配合	内外螺纹配合		10	不能配合全扣		
17	球面	SR20 ± 0.05		20	配合接触面积不得小于 60% 每小于 10% 扣 5 分		
18		$R_a1.6$		4	$R_a>1.6$ 扣 1 分，$R_a>3.2$ 全扣		
19	倒角	3 处		3	少一处扣 1 分		
20	滚花			3	滚花不清晰不得分		
21	文明生产	发生重大安全事故取消考试资格；按照有关规定每违反一项从总分中扣除 3 分					
22	其他项目	工件必须完整，工件局部无缺陷（如夹伤、划痕等）					
23	程序编制	程序中严重违反工艺规程的则取消考试资格；其他问题酌情扣分					
24	加工时间	120min 后尚未开始加工则终止考试；超过定额时间 5min 扣 1 分；超过 10min 扣 5 分；超过 15min 扣 10 分；超过 20min 扣 20 分；超过 25min 扣 30 分；超过 30min 则停止考试					
合计							

名称	组合零件	材料规格	得分	80 ~ 100 分		60 ~ 79 分		0 ~ 59 分	
		45，ϕ55mm × 135mm	考试时间	开始：　时　分；结束　时　分				总分	
图号		工时	记事						
		360min（含编程）	监考		检验		评分		

数控车床高级工操作（应会）试卷 7

单位：________ 姓名：________ 准考证号：________

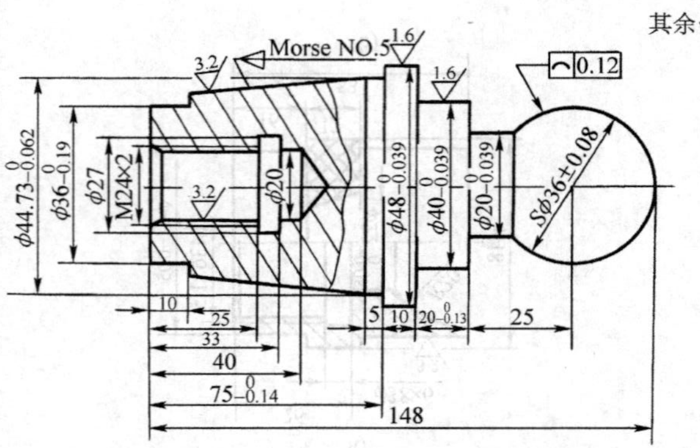

其余 3.2

技术要求：

1. 不允许使用砂布或锉刀修整表面。
2. 未注倒角 $C1$。

评分表

序号	项目	检测内容		占分	评分标准	实测	得分
1	外圆	$\phi48_{-0.039}^{0}$	尺寸	10	超差 0.01 扣 2 分		
2			$R_a1.6$	2	$R_a>1.6$ 扣 1 分，$R_a>3.2$ 全扣		
3		$\phi47.33_{-0.062}^{0}$	尺寸	10	超差 0.01 扣 2 分		
5		$\phi40_{-0.039}^{0}$	尺寸	10	超差 0.01 扣 2 分		
6			$R_a1.6$	2	$R_a>1.6$ 扣 1 分，$R_a>3.2$ 全扣		
7		$\phi36_{-0.19}^{0}$		10	超差 0.01 扣 2 分		
8		$\phi20_{-0.039}^{0}$		10	超差 0.01 扣 2 分		
9	圆锥面	莫氏 5 号	锥角	10	超差 0.01 扣 2 分		
			$R_a3.2$	5	$R_a>3.2$ 扣 1 分，$R_a>6.3$ 全扣		
10	内螺纹	M24×2（止通规检查）		10	止通规检查不满足要求，不得分		
11		$R_a3.2$		2	$R_a>3.2$ 扣 1 分，$R_a>6.3$ 全扣		
12		退刀槽	$\phi27$	2	超差不得分		
13	球面	SR36 ±0.08		10	超差不得分		
14		线轮廓度 ⌒ 0.12		3	超差不得分		
15	长度	148		3	超差不得分		
16		$75_{-0.14}^{0}$		3	超差 0.01 扣 2 分		
17		$20_{-0.13}^{0}$		3	超差 0.01 扣 2 分		
18	文明生产	发生重大安全事故取消考试资格；按照有关规定每违反一项，从总分中扣除 3 分					
19	其他项目	工件必须完整，工件局部无缺陷（如夹伤、划痕等）					
20	程序编制	程序中严重违反工艺规程的则取消考试资格；其他问题酌情扣分					
21	加工时间	120min 后尚未开始加工则终止考试；超过定额时间 5min 扣 1 分；超过 10min 扣 5 分；超过 15min 扣 10 分；超过 20min 扣 20 分；超过 25min 扣 30 分；超过 30min 则停止考试					
合计							

名称	球轴	材料规格	得分	80~100 分		60~79 分		0~59 分	
		45，$\phi50$mm×150mm	考试时间	开始： 时 分；结束 时 分					
图号		工时	记事					总分	
		360min（含编程）	监考		检验		评分		

数控车床高级工操作（应会）试卷 8

单位：________ 姓名：________ 准考证号：________

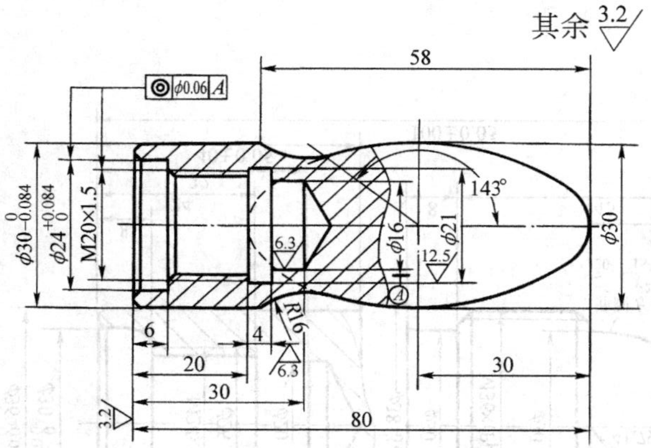

其余 3.2

技术要求：

1. 不允许使用砂布或锉刀修整表面。
2. 未注倒角 $C1$。

评分表

序号	项目	检测内容		占分	评分标准	实测	得分
1	外圆	$\phi30^{\ 0}_{-0.084}$	尺寸	10	超差 0.01 扣 2 分		
2			$R_a1.6$	5	$R_a>1.6$ 扣 1 分，$R_a>3.2$ 全扣		
7	内孔	$\phi24^{+0.084}_{\ 0}$	尺寸	15	超差 0.01 扣 2 分		
8			$R_a1.6$	5	$R_a>1.6$ 扣 1 分，$R_a>3.2$ 全扣		
9	内螺纹	M20×1.5（止通规检查）		15	止通规检查不满足要求，不得分		
10		退刀槽	$\phi21\times4$	2	超差不得分		
11			$R_a3.2$	2	$R_a>3.2$ 扣 1 分，$R_a>6.3$ 全扣		
18	椭圆面	形状、尺寸		20	形状不符不得分（样板检查）		
19		$R_a1.6$		5	$R_a>1.6$ 扣 1 分，$R_a>3.2$ 全扣		
20	倒角	3 处		6	少一处扣 2 分		
21	长度	80		5	超差不得分		
22	曲线连接			10	有明显接痕不得分		
23	文明生产	发生重大安全事故取消考试资格；按照有关规定每违反一项从总分中扣除 3 分					
24	其他项目	工件必须完整，工件局部无缺陷（如夹伤、划痕等）					
25	程序编制	程序中严重违反工艺规程的则取消考试资格；其他问题酌情扣分					
26	加工时间	120min 后尚未开始加工则终止考试；超过定额时间 5min 扣 1 分；超过 10min 扣 5 分；超过 15min 扣 10 分；超过 20min 扣 20 分；超过 25min 扣 30 分；超过 30min 则停止考试					
合计							

名称	椭圆手柄	材料规格	得分	80～100 分		60～79 分		0～59 分	
		45，ϕ35mm×82mm	考试时间	开始： 时 分；结束 时 分				总分	
图号		工时	记事						
		360min（含编程）	监考		检验		评分		

数控车床操作高级工应会试卷 9

单位：________ 姓名：________ 准考证号：________

其余 3.2

1.6 1.6 3.2 C2 1.6 1.6 1.6 20 SR8 50° 1.6 R3 1.6 3.2 8.21° 41.79°
$\phi36_{-0.05}^{0}$ $\phi30_{0}^{+0.05}$ M24×2 $\phi26$ $\phi20$ $\phi38_{-0.05}^{0}$ $\phi30$ M36×(P_h4P2) $\phi30$ $\phi20_{-0.05}^{0}$ O Z X

椭圆方程：$\frac{Z^2}{20^2}+\frac{X^2}{15^2}=1$

12.144 25 8 45 8 24 32 40±0.05 100±0.05

技术要求：

1. 不允许使用砂布或锉刀修整表面。
2. 未注倒角 $C1$。

评分表

序号	项目	检测内容		占分	评分标准	实测	得分
1	外圆	$\phi38_{-0.05}^{0}$	尺寸	7	超差 0.01 扣 2 分		
2			$R_a1.6$	2	$R_a>1.6$ 扣 1 分，$R_a>3.2$ 全扣		
3		$\phi36_{-0.05}^{0}$	尺寸	7	超差 0.01 扣 2 分		
4			$R_a1.6$	2	$R_a>1.6$ 扣 1 分，$R_a>3.2$ 全扣		
5		$\phi20_{-0.05}^{0}$	尺寸	7	超差 0.01 扣 2 分		
6			$R_a1.6$	2	$R_a>1.6$ 扣 1 分，$R_a>3.2$ 全扣		
7	内孔	$\phi30_{0}^{+0.03}$	尺寸	7	超差 0.01 扣 2 分		
8			$R_a1.6$	2	$R_a>1.6$ 扣 1 分，$R_a>3.2$ 全扣		
9	内螺纹	M24×2（止通规检查）		10	止通规检查不满足要求，不得分		
10		退刀槽	$\phi26$	2	超差不得分		
11			$R_a3.2$	2	$R_a>3.2$ 扣 1 分，$R_a>6.3$ 全扣		
12	外螺纹	M36×4（P2）（止通规检查）		10	止通规检查不满足要求，不得分		
13		$R_a1.6$		2	$R_a>1.6$ 扣 1 分，$R_a>3.2$ 全扣		
14		退刀槽	$\phi30$	2	超差不得分		
15			$R_a3.2$	2	$R_a>3.2$ 扣 1 分，$R_a>6.3$ 全扣		
16	球面	SR8		3	超差不得分		
17		$R_a1.6$		4	$R_a>1.6$ 扣 1 分，$R_a>3.2$ 全扣		
18	椭圆面	形状、尺寸		8	形状不符不得分（样板检查）		
19		$R_a1.6$		4	$R_a>1.6$ 扣 1 分，$R_a>3.2$ 全扣		
20	倒角	5 处		5	少一处扣 1 分		
21	长度	100±0.05		5	超差 0.01 扣 2 分		
22		40±0.05		5	超差 0.01 扣 2 分		
23	文明生产	发生重大安全事故取消考试资格；按规定每违反一项总分扣除 3 分					
24	其他项目	工件必须完整，工件局部无缺陷（如夹伤、划痕等）					
25	程序编制	程序中严重违反工艺规程的则取消考试资格；其他问题酌情扣分					
26	加工时间	120min 后尚未开始加工则终止考试；超过定额时间 5min 扣 1 分；超过 10min 扣 5 分；超过 15min 扣 10 分；超过 20min 扣 20 分；超过 25min 扣 30 分；超过 30min 则停止考试					
合计							

名称	椭球轴	材料规格	得分	80～100 分	60～79 分	0～59 分	
		45，ϕ40mm×105mm	考试时间	开始： 时 分；结束 时 分			总分
图号		工时	记事				
		360min（含编程）	监考	检验	评分		

数控车床高级工操作（应会）试卷 10

单位：＿＿＿＿＿＿ 姓名：＿＿＿＿＿＿ 准考证号：＿＿＿＿＿＿

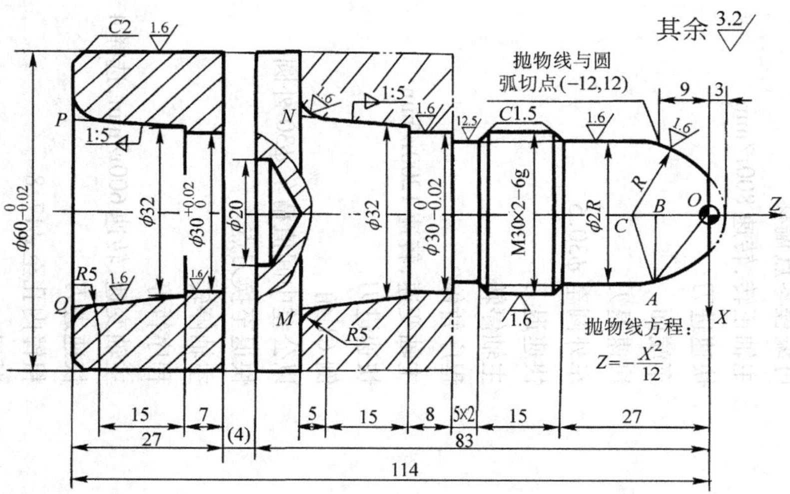

技术要求：

1. 允许使用砂布或锉刀、油石等修整表面。
2. 注倒角 C1。
3. 两件必须良好配合。
4. 涂色检查圆弧孔配合接触面积不得小于 40%。
5. 色检查锥孔配合接触面积不得小于 60%。
6. 锥与圆弧、曲线与圆弧过渡光滑。

评分表

序号	项目	检测内容		占分	评分标准	实测	得分
1	外圆	$\phi60_{-0.02}^{0}$	尺寸	8	超差 0.01 扣 2 分		
2			$R_a1.6$	4	$R_a>1.6$ 扣 2 分，$R_a>3.2$ 全扣		
3		$\phi30_{-0.02}^{0}$	尺寸	8	超差 0.01 扣 2 分		
4			$R_a1.6$	4	$R_a>1.6$ 扣 2 分，$R_a>3.2$ 全扣		
5	内孔	$\phi30_{0}^{+0.02}$	尺寸	8	超差 0.01 扣 2 分		
6			$R_a1.6$	4	$R_a>1.6$ 扣 2 分，$R_a>3.2$ 全扣		
7	外螺纹	M30×2（止通规检查）		10	止通规检查不满足要求，不得分		
8		$R_a1.6$		2	$R_a>1.6$ 扣 2 分，$R_a>3.2$ 全扣		
9		退刀槽	5×2	2	超差不得分		
10			$R_a3.2$	2	$R_a>3.2$ 扣 1 分，$R_a>6.3$ 全扣		
11	圆锥面	外圆锥	配合	10	配合接触面积不得小于 60% 每小于 10% 扣 5 分		
12		内圆锥		10			
13	抛物线面	形状尺寸		8	形状不符不得分（样板检查）		
14		$R_a1.6$		4	$R_a>1.6$ 扣 2 分，$R_a>3.2$ 全扣		
15	倒角	3 处		3	少一处扣 1 分		
16	圆角	R5		4	配合不合要求不得分		
17		R5		4	配合不合要求不得分		
18	长度	114		1	超差不得分		
19		27		1	超差不得分		
20		83		1	超差不得分		
21	曲线连接			2	有明显接痕不得分		
22	文明生产	发生重大安全事故取消考试资格；按照有关规定每违反一项从总分中扣除 3 分					
23	其他项目	工件必须完整，工件局部无缺陷（如夹伤、划痕等）					
24	程序编制	程序中严重违反工艺规程的则取消考试资格；其他问题酌情扣分					
25	加工时间	120min 后尚未开始加工则终止考试；超过定额时间 5min 扣 1 分；超过 10min 扣 5 分；超过 15min 扣 10 分；超过 20min 扣 20 分；超过 25min 扣 30 分；超过 30min 则停止考试					
合计							

名称	配合件	材料规格	得分	80～100 分		60～79 分		0～59 分	
		45，ϕ65mm×120mm	考试时间	开始： 时 分；结束 时 分				总分	
图号		工时	记事						
		360min（含编程）	监考		检验		评分		

第四节 数控车床高级工操作（应会）试题库部分答案

一、数控车床高级工操作（应会）试卷 8 答案（SIEMENS—802S 系统）

1. 刀具设置

1 号刀：93°正偏刀；2 号刀：切槽刀（刀宽 4mm）；3 号刀：圆弧车刀；4 号刀：镗孔刀；5 号刀：内切槽刀（刀宽 3mm）；6 号刀：60°内螺纹车刀

2. 工艺路线

1）夹右端，手动车工件左端面，用 ϕ16mm 麻花钻钻孔，孔深 30mm。

2）用 1 号车刀粗、精车 ϕ30 外圆。

3）用 4 号镗孔刀粗、精车内孔。

4）用 5 号内切槽刀加工内螺纹退刀槽。

5）用 6 号内螺纹车刀、LCYC97 加工内螺纹。

6）工件调头，夹 ϕ30 外圆，用 1 号外圆刀计算参数 R 和程序跳转指令车削椭圆曲面。

3. 加工程序

（1）左端加工主程序

```
%_N_TYSBJG_MPF                               主程序名
;$PATH=/_N_MP_DIR                             传输格式
N10   G94   G23   G90   G71   T1   D1;        分进给,绝对编程,米制尺寸,选 1 号外圆车刀
N20   G158   X0   Z60;                         可编程零点偏移
N30   M3   S800;                               主轴正转,转速 800r/min
N40   G0   X38   Z0;                           快速进刀
N50   G1   X16   F100;                         车端面
N60   G0   X30.5   Z2;                         快速退刀
N70   G1   Z-30;                               车外圆至 φ30.5
N80   G0   X40   Z2;                           快速退刀
N90   M5;                                      主轴停转
N100   M0;                                     程序暂停
N110   M3   S1200   T1 D1;                     主轴变速,转速 1200r/min
N120   G0   X26   Z1;                          快速进刀
N130   G1   X29.958   Z-1;                     倒 C1 角
N140   Z-30;                                   以公差中间值精车 φ30 外圆
N150   G0   X100   Z100;                       快退至换刀点
N160   M5;                                     主轴停转
N170   M0;                                     程序暂停
N180   M3   S600   T4   D1;                    主轴变速,转速 600r/min,选择 4 号内孔镗刀
N190   G0   X17.8   Z2;                        快速进刀
N200   G1   Z-24   F60;                        粗镗内孔至 φ17.8
N210         X16;                              退刀
```

```
N220  G0  Z2 ;                     快退出孔口
N230  G0  X21 ;                    进刀
N240  G1  Z-6 ;                    粗镗止口孔至φ21
N250      X18 ;                    退刀
N260  G0  Z2 ;                     快退出孔口
N270      X23.5 ;                  进刀
N280  G1  Z-6 ;                    粗镗止口孔至φ23.5
N290  G0  Z100 ;                   快退回换刀点
N300      X100 ;
N310  M5 ;                         主轴停转
N320  M0 ;                         程序暂停
N330  M3  S1200  T4  D1 ;          主轴变速，转速1200r/min
N340  G0  X28  Z1 ;                快速进刀
N350  G1  X24.042  Z-1  F60 ;      孔口倒C1角
N360      Z-6 ;                    以公差中间值镗止口孔
N370      X20.34 ;                 镗止口孔端面
N380      X18.34  Z-7 ;            孔口倒C1角
N390      Z-24 ;                   镗螺纹底孔φ18.34，螺纹底孔镗大0.2mm
N400      X16 ;                    横向退刀
N410  G0  Z100 ;                   快退回换刀点
N420      X100 ;
N430  M5 ;                         主轴停转
N440  M0 ;                         程序暂停
N450  S420  M03  T5  D1 ;          主轴变速，转速420r/min，换5号内切槽刀
N460  G0  X16  Z2 ;                快速进刀
N470  G1  Z-23 ;                   工进至内退刀槽起始位
N480  G1  X21  F20 ;               切槽
N490      X16 ;                    退刀
N500      Z-1 ;                    向左移动1mm
N510      X21 ;                    切槽
N520      X16 ;                    退刀
N530  G0  Z100 ;                   快退回起刀点
N540      X100 ;
N550  M5 ;                         主轴停转
N560  M0 ;                         程序暂停
N570  M3  S600  T6  D1 ;           主轴变速，转速600r/min，选择6号内螺纹刀
N580  R100=18.14 ;                 螺纹起始点直径18.14mm
N590  R101=-6 ;                    螺纹起始点Z坐标-6
N600  R102=18.14 ;                 螺纹终止点直径18.14mm
```

```
N610  R103 = -20 ;                    螺纹终止点 Z 坐标 -20
N620  R104 =1.5 ;                     螺纹导程 1.5mm
N630  R105 =2 ;                       加工方式:内螺纹
N640  R106 =0.05 ;                    精加工余量 0.05mm(半径值)
N650  R109 =10 ;                      空刀导入量 10mm
N660  R110 =2 ;                       空刀退出量 2mm
N670  R111 =0.93 ;                    螺纹牙深 0.93mm(半径值)
N680  R112 =0 ;                       螺纹起始点偏移
N690  R113 =8 ;                       粗加工次数 8 次
N700  R114 =1 ;                       螺纹线数 1
N710  LCYC97 ;                        调用螺纹切削循环
N720  G0 Z100 ;
N730     X100 ;                       快速退刀至换刀点
N740  M5                              主轴停转
N750  M2                              主程序结束
```

(2)椭圆加工程序

```
%_N_TYJG_MPF                          主程序名
;$PATH =/_N_MPF_DIR                   传输格式
N10  G54  G90  G95  T1  D1;           采用 G54 工件坐标系,绝对编程,转进给,选 1
                                      号外圆车刀
N20  M3  S600 ;                       主轴正转,转速 600r/min
N30  G0  X38  Z0 ;                    快速进刀
N40  G1  X0  F80  F0.2;               车端面,车对总长
N50  G0  X32  Z2 ;                    快速退刀
N60  G1  Z-55 ;                       粗车外圆至 φ32
N70  G0  X100  Z100  T3  D1 ;         快速退回换刀点,换 3 号圆弧刀
N80  R10 =15 ;                        设置 X 轴偏移值 15mm
N90  MA1:G158  X =R10 ;               设置标记符 MA1,X 轴采用可编程零点偏移
N100  G0  X0  Z2 ;                    快速进刀
N110  TY;                             调用 TY 子程序粗加工椭圆
N120  R10 =R10 -1.5 ;                 R10 变量每次减 1.5,即每次粗加工 X 向背吃刀
                                      量 1.5mm(半径值)
N130  IF R10 > =0.5 GOTOB MA1 ;       如工件未加工余量大于 0.5mm,则返回 MA1 标
                                      记处再粗加工
N140  G158 ;                          取消可编程零点偏移
N150  R10 =0 ;                        X 轴偏移值设置为零
N160  M5 ;                            主轴停转
N170  M0 ;                            程序暂停
N180  S1200 M3 ;                      主轴变速,转速 1200r/min
```

```
N190  G96  S60  LIMS=1800 F0.1 ;          恒线速度60m/min,主轴极限转速1800 r/min,
                                          进给率0.1r/min
N200  TY;                                 调用TY子程序精加工椭圆
N210  G97 G0 X100 ;                       快速退刀,取消恒线速度
N220          Z100 ;
N230  M5;                                 主轴停转
N240  M2 ;                                主程序结束
%_N_TY_MPF                                主程序名
;$PATH=/_N_MPF_DIR                        传输格式
N10  G1  X0  Z0 ;                         工进至椭圆零点
N20  R1=30  R2=15  R3=1 ;                 椭圆长轴30,短轴15,起始角1°
N30  MA2:R4=R1*COS(R3) ;                  设置椭圆长轴(Z向)变量
N40      R5=R2*SIN(R3) ;                  设置短轴(X向)变量
N50  G1  X=2*R5  Z=-(30-R4) ;             用直线插补拟合椭圆曲线
N60  R3=R3+1 ;                            角度变量每次增加1°
N70  IF  R4>35-2*R10  GOTOF  MA3;         如果刀具在X向超过毛坯直径,返回椭圆加工
                                          起始点,以减少空刀量
N80  IF  R3<143  GOTOB  MA2 ;             如果角度变量小于143°,椭圆未加工完毕,返回
                                          MA2标记处再粗加工
N90  G2  X30  Z-58  CR=16 ;               车R16圆弧
N100  MA3:G91  G1  X2 ;                   X方向退刀2mm
N110  G90  G0  Z2 ;                       返回椭圆加工起始点
N120  RET ;                               子程序结束
```

二、数控车床高级工操作（应会）试卷9答案（SIEMENS—802S系统）

1. 刀具设置

1号：93°正偏刀；2号：切槽刀（刀宽4mm）；3号：60°外螺纹车刀；4号：内孔镗刀；5号：内切槽刀（刀宽3mm）；6号：60°内螺纹车刀

2. 工艺路线

1）夹右端，手动车工件左端面，用ϕ20mm麻花钻钻孔，孔深40mm。

2）用1号车刀粗、精车外圆轮廓。

3）用4号镗孔刀粗、精车内孔。

4）用5号内切槽刀、LCYC93加工螺纹退刀槽。

5）用6号内螺纹车刀、LCYC97加工内螺纹。

6）工件调头，夹ϕ36外圆，用1号车刀、LCYC95粗、精加工外圆轮廓。

7）用2号切槽刀、LCYC93加工螺纹退刀槽，并倒角。

8）用3号外螺纹车刀、LCYC97加工外螺纹。

3. 加工程序

(1) 左端加工主程序

```
%_N_ZDJG_MPF                              主程序名
```

```
; $ PATH =/_N_MPF_DIR                         传输格式
N10  G94  G23  G90  G71  T1  D1 ;             分进给,绝对编程,米制尺寸,选1号外圆车刀
N20  G158  X0  Z60 ;                          可编程零点偏移
N30  M3  S800 ;                               主轴正转,转速800r/min
N40  G0  X38.5  Z2 ;                          快速进刀
N50  G1  Z-50  F100 ;                         车外圆至φ38.5mm,进给速度100mm/min
N60  X40 ;                                    横向退刀
N70  G0  Z2 ;                                 纵向退刀
N80  X36.5 ;                                  横向进刀
N90  G1  Z-40 ;                               车外圆至φ36.5mm,进给速度100mm/min
N100  X40 ;                                   横向退刀
N110  Z200 ;                                  纵向退刀
N120  X100 ;                                  退刀至换刀点
N130  M5 ;                                    主轴停转
N140  M0 ;                                    程序暂停
N150  M3  S1200  T1  D1 ;                     主轴变速,转速1200r/min,调整1号刀补值,消
                                              除磨损或对刀误差
N160  G0  X34  Z2 ;                           快速进刀
N170  G1  Z0 ;                                进刀至零件轮廓起始点,开始轮廓精加工
N180  X35.985  Z-1  F50 ;                     倒C1角
N190  Z-40 ;                                  车外圆至φ36mm
N200  X38 ;
N210  Z-50 ;                                  车外圆至φ38mm
N220  X40 ;                                   横向退刀
N230  G0  Z200 ;                              纵向退刀
N240  X100 ;                                  退刀至换刀点
N250  M5 ;                                    主轴停转
N260  M0 ;                                    程序暂停
N270  M3  S600  T4  D1 ;                      主轴变速,转速600r/min,选择4号内孔镗刀
N280  G0  X18  Z2 ;                           快速进刀
N290  _CNAME = "NKJG01" ;                     轮廓循环子程序定义
N300  R105 = 3 ;                              加工方式:纵向、内部、粗加工
N310  R106 = 0.25 ;                           精加工余量0.25mm(半径值)
N320  R108 = 1 ;                              背吃刀量1(半径值)
N330  R109 = 7 ;                              粗加工切入角7°
N340  R110 = 1 ;                              粗加工横向退刀量1mm(半径值)
N350  R111 = 100 ;                            粗加工进给率100mm/min
N360  LCYC95 ;                                调用轮廓循环
N370  G0 X18 ;                                横向退刀
```

```
N380  Z200 ;
N390  X100 ;                          快速退刀至换刀点
N400  M5 ;                            主轴停转
N410  M0 ;                            程序暂停
N420  M3  S1200  T4  D1 ;             主轴变速,转速 1200r/min,调整 4 号刀补值,消
                                      除磨损或对刀误差
N430  G0  X18  Z2  F30 ;              快速进刀
N440  NKJG01 ;                        调用子程序进行轮廓精加工
N450  G1  X18 ;                       横向退刀
N460  G0  Z200 ;
N470  X100 ;                          快速退刀至换刀点
N480  M5 ;                            主轴停转
N490  M0 ;                            程序暂停
N500  M3  S600  T5  D1  F30 ;         主轴变速,转速 600r/min,选择 5 号内切槽刀
N510  G0  X18  Z2 ;                   快速进刀
N520  Z-32 ;
N530  R100=20 ;                       切槽起始点直径 20mm
N540  R101=-27 ;                      切槽起始点 Z 坐标
N550  R105=7 ;                        加工方式:纵向、内部、右边
N560  R106=0.1 ;                      精加工余量 0.1mm(半径值)
N570  R107=3 ;                        切槽刀宽度 3mm
N580  R108=2 ;                        每次切入深度 2mm(半径值)
N590  R114=8 ;                        切槽宽度 8mm
N600  R115=3 ;                        切槽深度 3mm(半径值)
N610  R116=0 ;                        槽边倾角 0°
N620  R117=0 ;                        槽沿倒角 0°
N630  R118=0 ;                        槽底倒角 0°
N640  R119=0 ;                        槽底暂停时间 0
N650  LCYC93 ;                        调用切槽循环
N660  G0 X20 ;                        横向退刀
N670  Z200 ;
N680  X100 ;                          快速退刀至换刀点
N690  M5 ;                            主轴停转
N700  M0 ;                            程序暂停
N710  M3  S600  T6  D1 ;              主轴变速,转速 600r/min,选择 6 号内螺纹刀
N720  R100=21.4 ;                     螺纹起始点直径 21.4mm
N730  R101=-8 ;                       螺纹起始点 Z 坐标 -8
N740  R102=21.4 ;                     螺纹终止点直径 21.4mm
N750  R103=-24 ;                      螺纹终止点 Z 坐标 -24
```

```
N760  R104 =2 ;                        螺纹导程2mm
N770  R105 =2 ;                        加工方式:内螺纹
N780  R106 =0.05 ;                     精加工余量0.05mm(半径值)
N790  R109 =10 ;                       空刀导入量10mm
N800  R110 =3 ;                        空刀退出量3mm
N810  R111 =1.24 ;                     螺纹牙深1.24mm(半径值)
N820  R112 =0 ;                        螺纹起始点偏移
N830  R113 =8 ;                        粗加工次数8次
N840  R114 =1 ;                        螺纹线数1
N850  LCYC97 ;                         调用螺纹切削循环
N860  G0  Z200 ;
N870  X100 ;                           快速退刀至换刀点
N880  M2 ;                             主程序结束
```

(2)左端内孔轮廓循环子程序

```
%_N_NKJG01_MPF                         内孔轮廓加工子程序名
;$PATH =/_N_MPF_DIR                    传输格式
N10  G1  X32  Z0 ;                     内孔轮廓加工
N20  X30  Z-1 ;
N30  Z-5 ;
N40  G3  X24  Z-8  CR =3 ;
N50  G1  X21.6 ;
N60  Z-32 ;
N70  X19 ;
N80  RET ;                             子程序结束并返回
```

(3)右端加工主程序

```
%_N_YDJG_MPF                           主程序名
;$PATH =/_N_MPF_DIR                    传输格式
N10  G54  G94  G23  G90  G71  T1  D1;  采用G54工件坐标系;分进给,绝对编程,米制
                                       尺寸,选1号外圆车刀
N30  M3  S800 ;                        主轴正转,转速800r/min
N40  G0  X42  Z0 ;                     快速进刀
N50  G1  X-1  F100 ;                   车削右端面
N60  G0  X42  Z2 ;                     快速退刀
N70  _CNAME ="LKJG01" ;                轮廓循环子程序定义
N80  R105 =1;                          加工方式:纵向、外部、粗加工
N90  R106 =0.25 ;                      精加工余量0.25mm(半径值)
N100  R108 =1.5 ;                      背吃刀量1.5mm(半径值)
N110  R109 =7 ;                        粗加工切入角7°
N120  R110 =2 ;                        粗加工横向退刀量2mm(半径值)
```

```
N130  R111 = 100 ;                        粗加工进给率 100mm/min
N140  LCYC95 ;                            调用轮廓循环
N150  G0  X100  Z200 ;                    快速退刀至换刀点
N160  M5 ;                                主轴停转
N170  M0 ;                                程序暂停
N180  M3  S1200  T1  D1 ;                 主轴变速,转速 1200r/min
N190  G42  G0  X0  Z2 ;                   刀具半径右补偿
N200  G96  S100  LIMS = 1200  F0.15 ;     恒线速度 60m/min,主轴转速上限 1200r/min,
                                          进给率 0.15mm/r
N210  LKJG01 ;                            调用子程序进行轮廓精加工
N220  G97  G40  G00  X100  Z200 ;         取消恒线速度,取消刀具半径补偿,快速退刀至
                                          换刀点
N230  M5 ;                                主轴停转
N240  M0 ;                                程序暂停
N250  G94  M3  S600  T2  D1  F30 ;        主轴变速,转速 600r/min ,选 2 号切槽刀
N260  R100 = 38 ;                         切槽起始点直径 38mm
N270  R101 = -49 ;                        切槽起始点 Z 坐标 -49
N280  R015 = 5 ;                          加工方式:纵向、外部、右边
N290  R106 = 0.1 ;                        精加工余量 0.1mm(半径值)
N300  R107 = 4 ;                          切槽刀宽度 4mm
N310  R108 = 2 ;                          每次切入深度 2mm(半径值)
N320  R114 = 8 ;                          切槽宽度 8mm
N330  R115 = 4 ;                          切槽深度 4mm(半径值)
N340  R116 = 0 ;                          槽边倾角 0°
N350  R117 = 0 ;                          槽沿倒角 0°
N360  R118 = 0 ;                          槽底倒角 0°
N370  R119 = 0 ;                          槽底暂停时间 0
N380  LCYC93 ;                            调用切槽循环
N390  G0 X40 ;
N400  Z -47 ;                             快速退刀
N410  G1  X36  F100 ;                     进刀
N420  X32  Z -49  F30 ;                   倒 C2 角
N430  G0  X100 ;
N440  Z200 ;                              快速退刀至换刀点
N450  M5 ;                                主轴停转
N460  M0 ;                                程序暂停
N470  M3  S600  T3  D1 ;                  主轴变速,转速 600r/min ,选 3 号螺纹刀
N480  R100 = 36 ;                         螺纹起始点直径 36mm
N490  R101 = -25 ;                        螺纹起始点 Z 坐标 -25
```

```
N500  R102 =36 ;                    螺纹终止点直径36mm
N510  R103 = -45 ;                  螺纹终止点Z坐标-45
N520  R104 =4 ;                     螺纹导程4mm
N530  R105 =1 ;                     加工方式:外螺纹
N540  R106 =0.05 ;                  精加工余量0.05mm(半径值)
N550  R109 =10 ;                    空刀导入量10mm
N560  R110 =3 ;                     空刀退出量3mm
N570  R111 =1.3 ;                   螺纹牙深1.3mm(半径值)
N580  R112 =0 ;                     螺纹起始点偏移
N590  R113 =8 ;                     粗加工次数8次
N600  R114 =2 ;                     螺纹线数2
N610  LCYC97 ;                      调用螺纹切削循环
N620  G0  X100  Z200 ;              快速退刀至换刀点
N630  M5 ;                          主轴停转
N640  M0 ;                          程序暂停
N650  M3  S800  T1D1 ;              主轴变速,转速800r/min,选1号外圆车刀
N660  G0  X30  Z-10 ;               快速进刀
N670  R20 =5 ;                      R参数赋值,设置X轴偏移值
N675  F100 ;
N680  MARK1: G158  X =R20 ;         标记程序段,标记符MARK1,X轴零点偏移20
N690  TYJG01 ;                      调用子程序加工椭圆
N700  R20 =R20 -1.5 ;               修改X轴零点偏移值
N710  IF  R20 > =0.25  GOTOB MARK1; 条件跳转:若未完成粗加工,跳转返回MARK1
N711  G0  X100  Z200 ;              快速退刀至换刀点
N712  M5 ;                          主轴停转
N713  M0 ;                          程序暂停
N720  G158  X0 ;                    取消X轴零点偏移
N730  G96  S80  LIMS =1200  F0.15 ; 恒线速度60m/min,主轴转速上限1200r/min
N740  TYJG01 ;                      调用子程序进行椭圆精加工
N750  G97  G0  X100  Z200 ;         取消恒线速度
N760  G94 ;                         快速退刀至换刀点
N770  M2 ;                          主程序结束
```

(4)右端外轮廓循环子程序

```
%_N_LKJG01_MPF                      子程序名
;$PATH =/_N_MPF_DIR                 传输格式
N10  G1  X0  Z0 ;                   右端轮廓加工
N20  G3  X16  Z-8  CR =8 ;
N30  G1  X20 ;
N40  Z-12.144 ;
```

```
N50  X30 ;
N60  Z-25 ;
N70  X32 ;
N80  X35.8 Z-27 ;
N90  Z-53 ;
N100  X41 ;
N110  RET ;                              子程序结束并返回
```

(5)椭圆加工子程序

```
%_N_TYJG01_MPF                           子程序名
;$PATH=/_N_MPF_DIR                       传输格式
N10  G1  X30  Z-10 ;                     工进至椭圆加工起始点
N20  R1=20  R2=15  R3=50 ;               长半轴20mm,短半轴15mm,起始角度50°
N30  MARK2: R4=2*R2*SIN(R3)              标记程序段,标记符MARK2,设置短轴(X向)
                                         变量
         R5=R1*COS(R3)-25
         R6=R4+R20 ;                     设置椭圆长轴(Z向)变量
N40  G1  X=R4  Z=R5 ;                    用直线插补拟合椭圆曲线
N50  R3=R3+1 ;                           角度变化
N60  IF  R6>32  GOTOF  MARK3 ;           条件跳转,若刀具轨迹超过毛坯直径,则返回椭
                                         圆加工起始点
N70  IF  R3<=90  GOTOB  MARK2 ;条件跳转,若椭圆未加工完毕,返回MARK2
N80  G91  G0  X2 ;                       X方向退刀2mm
N90  MARK3: G90 G0 Z-10 ;                返回椭圆加工起始点
N100  RET ;                              子程序结束并返回
```

三、数控车床高级工操作（应会）试卷10答案（SIEMENS—802S系统）

1. 刀具设置

1号：93°正偏刀；2号：切槽刀（刀宽4mm）；3号：60°外螺纹车刀；4号：内孔镗刀

2. 工艺路线

1）夹右端，手动车工件左端面，用ϕ20mm麻花钻钻孔，孔深35mm；

2）用1号车刀粗、精车外圆轮廓；

3）用4号镗孔刀粗、精车内孔；

4）工件调头，夹ϕ60外圆，用1号车刀，LCYC95粗、精加工外圆轮廓；

5）用2号切槽刀、LCYC93加工螺纹退刀槽，并倒角；

6）用3号外螺纹车刀、LCYC97加工外螺纹。

3. 相关计算

（1）题图中圆弧半径R的求解方法　对抛物线方程$Z=-\frac{X^2}{12}$求导得

$$Z'_1=-\frac{X}{6}$$

设与抛物线相切且圆心在 Z 轴上的圆的方程为

$$(Z-a)^2+X^2=R^2$$

对圆方程 $(Z-a)^2+X^2=R^2$ 求导得

$$2(Z-a)Z'_2+2X=0$$

又得

$$Z'_2=\frac{X}{a-Z}$$

因为抛物线与圆相切于（−12，12），故在该点处 $Z'_1\big|_{\substack{Z=-12\\X=12}}=Z'_2\big|_{\substack{Z=-12\\X=12}}$

解之得 $a=-18$。所以得圆方程为

$$(Z+18)^2+X^2=R^2$$

将 $Z=-12$，$x=12$ 代入圆方程得 $R\approx13.416$

（2）CO 长度的求解方法　题图中 O 为抛物线焦点，且为工件坐标系原点；A 点坐标为（−12，12）；$CA=13.416$ 为圆弧半径，OA 长度为 A 点到抛物线准线的长度，即为 15；AB 长度为 12。

所以，$BO=\sqrt{AO^2-AB^2}=\sqrt{15^2-12^2}=9$

$$BC=\sqrt{AC^2-AB^2}=\sqrt{13.416^2-12^2}=5.999$$

$$CO=CB+BO=9+5.999=14.999$$

（3）MN 的计算及 $R5$ 圆角处的编程方法　首先根据 1∶5 的锥度计算出 MN 的长度：$\frac{MN-32}{20}=\frac{1}{5}$，计算得 $MN=36$，该处圆角加工程序为

```
…
G1　X32
X36　Z-75　RND=5
X60
…
```

（4）PQ 的计算及 $R5$ 圆角处的编程方法　与上述计算方法相同，$\frac{PQ-32}{20}=\frac{1}{5}$，计算得 $PQ=36$，该处圆角加工程序为

```
…
G1　X62　Z0
X36　RND=5
X32　Z-20
…
```

4. 加工程序

（1）左端加工主程序

```
%_N_ZDJG_MPF　　　　　　　　主程序名
```

```
;$PATH =/_N_MPF_DIR                       传输格式
N10  G94  G23  G90  G71  T1  D1 ;         分进给,绝对编程,米制尺寸,选 1 号外圆车刀
N20  G158  Z50 ;                          可编程零点偏移
N30  M3  S800 ;                           主轴正转,转速 800r/min
N40  G0  X61.5  Z2 ;                      快速进刀
N50  G1  Z-42  F100 ;                     车外圆至 φ61.5mm,进给速度 100mm/min
N60  X62 ;                                横向退刀
N70  G0  Z200 ;                           纵向退刀
N80  X100 ;                               退刀至换刀点
N90  M5 ;                                 主轴停转
N100  M0 ;                                程序暂停
N110  M3  S1200  T1  D1 ;                 主轴变速,转速 1200r/min
N120  G0  X56  Z2 ;                       快速进刀
N130  G1  Z0 ;                            进刀至零件轮廓起始点,开始轮廓精加工
N140  X60  Z-2  F50 ;                     倒 C2 角
N150  Z-42 ;                              车外圆至 φ60mm
N160  X62 ;                               横向退刀
N170  G0  Z200 ;                          纵向退刀
N180  X100 ;                              退刀至换刀点
N190  M5 ;                                主轴停转
N200  M0 ;                                程序暂停
N210  M3  S600  T4  D1 ;                  主轴变速,转速 600r/min,选择 4 号镗孔刀
N220  G0  X18  Z2 ;                       快速进刀
N230  _CNAME ="NKJG01" ;                  轮廓循环子程序定义
N240  R105 =3 ;                           加工方式:纵向、内部、粗加工
N250  R106 =0.25 ;                        精加工余量 0.25mm(半径值)
N260  R108 =1 ;                           背吃刀量 1(半径值)
N270  R109 =7 ;                           粗加工切入角 7°
N280  R110 =1 ;                           粗加工横向退刀量 1mm(半径值)
N290  R111 =100 ;                         粗加工进给率 100mm/min
N300  LCYC95 ;                            调用轮廓循环
N310  G0  X18 ;                           横向退刀
N320  Z200 ;
N330  X100 ;                              快速退刀至换刀点
N340  M5 ;                                主轴停转
N350  M0 ;                                程序暂停
N360  M3  S1200  T4D1 ;                   主轴变速,转速 1200r/min
N370  G0  X40  Z2  F30 ;                  快速进刀
N380  NKJG01 ;                            调用子程序进行轮廓精加工
```

```
N390  G1  X28 ;                    横向退刀
N400  G0  Z200 ;
N410  X100 ;                       快速退刀至换刀点
N420  M2 ;                         主程序结束
```

(2)左端内孔加工子程序

```
%_N_NKJG01_MPF                     内孔轮廓加工子程序名
;$PATH=/_N_MPF_DIR                 传输格式
N10  G1  X62  Z0 ;                 内孔轮廓加工
N20  X36  RND=5 ;
N30  X32  Z-20 ;
N40  X30 ;
N50  Z-30 ;
N60  X18 ;
N70  RET ;                         子程序结束并返回
```

(3)右端加工主程序

```
%_N_YDJG_MPF                       主程序名
;$PATH=/_N_MPF_DIR                 传输格式
N10  G54  G94  G23  G90  G71  T1  D1; 采用G54工件坐标系,分进给,绝对编程,米制
                                   尺寸,选1号外圆车刀
N30  M3  S800 ;                    主轴正转,转速800r/min
N40  G0  X62  Z0 ;                 快速进刀
N50  G1  X-1  F100 ;               车削右端面
N60  G0  X62  Z2 ;                 快速退刀
N70  _CNAME="LKJG01" ;             轮廓循环子程序定义
N80  R105=1 ;                      加工方式:纵向、外部、粗加工
N90  R106=0.25 ;                   精加工余量0.25mm(半径值)
N100  R108=1.5 ;                   背吃刀量1.5mm(半径值)
N110  R109=7 ;                     粗加工切入角7°
N120  R110=2 ;                     粗加工横向退刀量2mm(半径值)
N130  R111=100 ;                   粗加工进给率100mm/min
N140  LCYC95 ;                     调用轮廓循环
N150  G0  X100  Z200 ;             快速退刀至换刀点
N160  M5 ;                         主轴停转
N170  M0 ;                         程序暂停
N180  M3  S1200  T1D1 ;            主轴变速,转速1200r/min
N190  G42  G0  X12  Z2 ;           刀具半径右补偿
N200  G96  S100  LIMS=1200  F0.15; 恒线速度100m/min,主轴转速上限1200r/min,
                                   进给速度0.15mm/r
N210  R1=6 ;                       R参数赋值
```

```
N220  MA1: G1  X=2*R1  Z=-R1*R1/12+3;
                                    标记程序段,标记符为MARK1,精加工抛物线
N230  R1=R1+0.1;                    修改R参数
N240  IF  R1<12  GOTOB  MA1;        条件跳转,若加工未完成,跳转返回MARK1
N250  G3  X26.833  Z-14.999  CR=13.416;
                                    精加工轮廓
N260  G1  Z-27;
N270  X27;
N280  X29.8  Z-28.5;
N290  Z-47;
N300  X30;
N310  Z-55;
N320  X32;
N330  X36  Z-75  RND=5;
N350  X62;
N360  G97  G40  G00  X100  Z200;    取消恒线速度,取消刀具半径补偿,快速退刀至
                                    换刀点
N370  M5;                           主轴停转
N380  M0;                           程序暂停
N390  G94  M3  S600  T2  D1  F30;   主轴变速,转速600r/min,选2号切槽刀
N400  R100=30;                      切槽起始点直径30mm
N410  R101=-46;                     切槽起始点Z坐标-46
N420  R105=5;                       加工方式:纵向、外部、右边
N430  R106=0.1;                     精加工余量0.1mm(半径值)
N440  R107=4;                       切槽刀宽度4mm
N450  R108=2;                       每次切入深度2mm(半径值)
N460  R114=5;                       切槽宽度5mm
N470  R115=2;                       切槽深度2mm(半径值)
N480  R116=0;                       槽边倾角0°
N490  R117=0;                       槽沿倒角0°
N500  R118=0;                       槽底倒角0°
N510  R119=0;                       槽底暂停时间0
N520  LCYC93;                       调用切槽循环
N530  G0  X32;
N540  Z-44.5;
N550  G1  X30  F100;                进刀
N560  X26 Z-46 F30;                 倒C1.5角
N570  G0 X100;
N580  Z200;                         快速退刀至换刀点
```

```
N590  M5 ;                          主轴停转
N600  M0 ;                          程序暂停
N610  M3  S600  T3  D1 ;            主轴变速,转速600r/min,选3号螺纹刀
N620  R100=30 ;                     螺纹起始点直径30mm
N630  R101=-27 ;                    螺纹起始点Z坐标-27
N640  R102=30 ;                     螺纹终止点直径30mm
N650  R103=-42 ;                    螺纹终止点Z坐标-42
N660  R104=2 ;                      螺纹导程2mm
N670  R105=1 ;                      加工方式:外螺纹
N680  R106=0.05 ;                   精加工余量0.05mm(半径值)
N690  R109=10 ;                     空刀导入量10mm
N700  R110=3 ;                      空刀退出量3mm
N710  R111=1.24 ;                   螺纹牙深1.24mm(半径值)
N720  R112=0 ;                      螺纹起始点偏移
N730  R113=6 ;                      粗加工次数6次
N740  R114=1 ;                      螺纹线数1
N750  LCYC97 ;                      调用螺纹切削循环
N760  G0  X100  Z200 ;              快速退刀至换刀点
N770  M5 ;                          主轴停转
N780  M0 ;                          程序暂停
N790  M3  S600  T2  D1 ;            主轴变速,转速600r/min,选2号切槽刀
N800  G0  X62  Z-87 ;               快速进刀
N810  G1  X20  F30 ;                切断工件
N820  G0  X100 ;                    横向退刀
N830  Z200 ;                        纵向退刀
N840  M2 ;                          主程序结束
```

(4)右端轮廓加工子程序

```
%_N_LKJG01_MPF                      子程序名
;$PATH=/_N_MPF_DIR                  传输格式
N10  G01  X12  Z0 ;                 右端轮廓
N20  X=2*SQRT(12*4)Z-1 ;
N30  X=2*SQRT(12*5)Z-2 ;
N40  X=2*SQRT(12*6)Z-3 ;
N50  X=2*SQRT(12*7)Z-4 ;
N60  X=2*SQRT(12*8)Z-5 ;
N70  X=2*SQRT(12*9)Z-6 ;
N80  X=2*SQRT(12*10)Z-7 ;
N90  X=2*SQRT(12*11)Z-8 ;
N100  X=2*SQRT(12*12)Z-9 ;
```

```
N110  G3 X26.833 Z-14.999 CR=13.416 ;
N120  G1  Z-27 ;
N130  X27 ;
N140  X29.8  Z-28.5 ;
N150  Z-47 ;
N160  X30 ;
N170  Z-55 ;
N180  X32 ;
N190  X36  Z-75  RND=5 ;
N210  X62 ;
N220  RET ;                子程序结束并返回
```

第十章　全国各省数控技能大赛试题精选

一、竞赛试题1

参考程序（华中系统）

1. 刀具设置

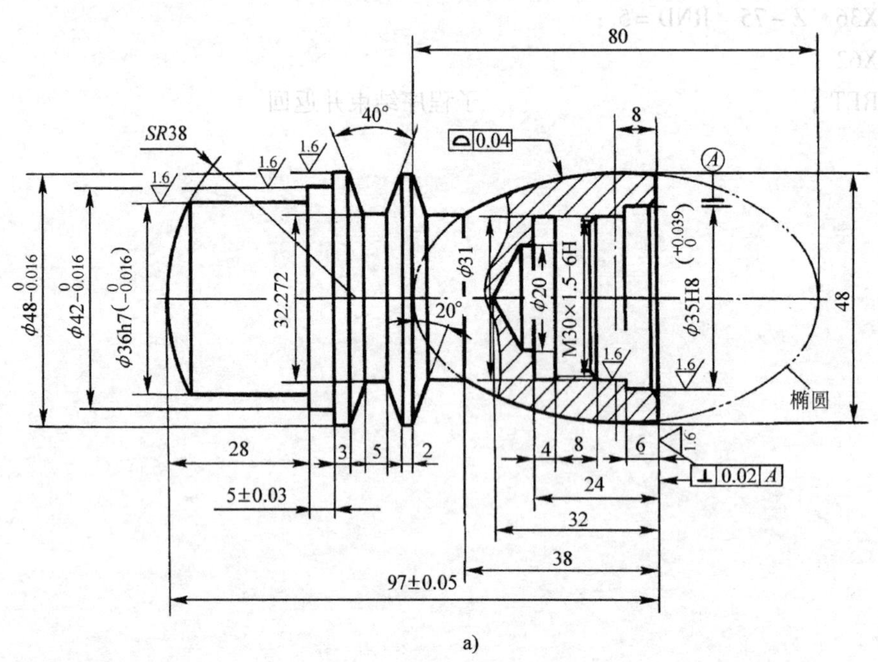

a)

其余 $\sqrt{3.2}$

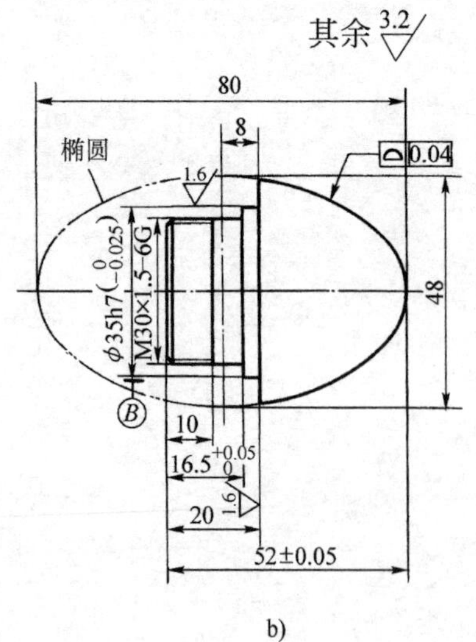

b)

技术要求

1.锐边倒角C0.3。

2.未注倒角C1。

3.圆弧过渡光滑。

4.未注公差尺寸按IT12加工和检验。

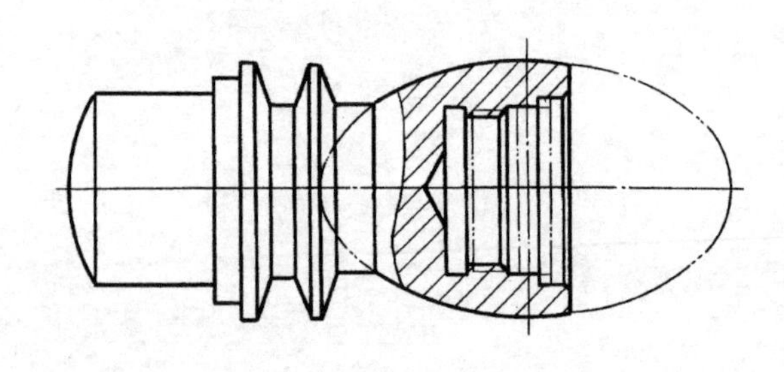

图　10-1

a）件1　b）件2

1 号刀：93°菱形外圆车刀；2 号刀：切槽刀（刀宽 4mm）；3 号刀：60°外螺纹车刀；4 号刀：内孔镗刀；5 号刀：内切槽刀（刀宽 3mm）；6 号刀：60°内螺纹车刀

2. 工艺路线

1）加工件 2（图 10-1b）左端，留 ϕ25mm×30mm 工艺搭子。

2）调头夹住 ϕ25mm×30mm 工艺搭子，粗加工右端椭圆，留双边 1mm 余量。

3）手工切断，保证长度 52mm。

4）加工件 1（图 10-1a）左端，包括 40°槽及椭圆左端槽。

5）调头夹住 ϕ36mm×28mm，加工右端内孔部分，然后粗加工外部椭圆，留双边 1mm 余量。

6）将件 2 旋入件 1，精加工椭圆。

3. 加工程序

（1）件 2（见图 10-1b）左端加工程序

%0001		主程序名
N5	G90　G94	绝对编程，分进给
N10	T0101　S800　M3	转速 800r/min，换 1 号 93 度菱形外圆车刀
N15	G0　X51　Z3	快进到外径粗车循环起刀点
N20	G71　U1.5　R1　P50　Q85　X0.5　Z0.1　F150	外径粗车循环 U：径向每次切深单边 1.5mm，R：径向退刀量单边 1mm，P50：精加工第一程序段号，Q85：精加工最后程序段号，X：径向粗加工余量双边 0.5mm，Z：轴向精加工余量 0.1mm，F：粗车进给率 150mm/min
N25	G0　X100　Z50	退刀
N30	M5	主轴停转
N35	M0	程序暂停
N40	S1500　M3　F80　T0101	精车转速 1500r/min，进给 80mm/min
N45	G0　X30　Z3	快速进刀
N50	G1　X25　Z0	进到外径粗车循环起点
N55	G1　Z-30	
N60	X28	
N65	X29.8　Z-31	倒角
N70	Z-46.5	
N75	X34.988	
N80	Z-50	
N85	X50	N50 ~ N85 外径轮廓循环程序
N90	G0　X100　Z50	退刀
N95	M5	主轴停转
N100	M00	程序暂停
N105	T0303　S1000　M3	主轴正转，转速 1000r/min 换 3 号外螺纹刀
N110	G0　X32　Z-25	进到外螺纹复合循环起刀点

（续）

%0001		主程序名
N115	G76 C1 R-1 E2 A60 X28.14 Z-40 I0 K0.93 U0.05 V0.08 Q0.4 P0 F1.5	外螺纹复合循环 C：精加工次数1，R：轴向退尾量1mm，E：径向退尾量2mm，A：刀尖角度60°，X：有效螺纹终点 X 坐标28.14mm，Z：有效螺纹终点 Z 坐标 -40mm，I：螺纹两端半径差，K：螺纹牙高度单边0.93mm，U：精加工余量单边0.05mm，V：最小切削深度0.08mm，Q：第一次切削深度单边0.4mm，P：主轴转角，F：螺纹导程1.5mm
N120	G0 X100 Z50	退刀
N125	M5	主轴停转
N130	M30	程序停止

（2）件2（见图10-1b）右端加工程序

%0002		主程序名
N5	G90 G94	绝对编程，分进给
N10	T0101 S800 M3 F150	转速800r/min，进给率150mm/min换1号93°菱形外圆车刀
N15	G0 X51 Z2	快进
N20	#50 =50	设置最大切削余量
N25	WHILE #50 GE 1	判断毛坯余量是否大与等于1
N30	M98 P0003	调用椭圆加工子程序
N35	#50 = #50 -2	每次切深双边2mm
N40	ENDW	
N45	G0 X100 Z50	退刀
N50	M5	主轴停转
N55	M30	程序停止
%0003		椭圆加工子程序
N5	#1 =40	长半轴
N10	#2 =24	短半轴
N15	#3 =40	Z 轴起始尺寸
N20	WHILE #3 GE 8	判断是否走到 Z 轴终点
N25	#4 =24 * SQRT [#1 * #1 - #3 * #3] /40	X 轴变量
N30	G1 X [2 * #4 + #50] Z [#3 -40]	椭圆插补
N35	#3 = #3 -0.4	Z 轴步距，每次0.4
N40	ENDW	
N45	W-1	
N50	G0 U2	
N55	Z2	退回起点
N60	M99	子程序结束

（3）件1（见图10-1a）左端加工程序

%0004		主程序名
N5	G90　G94	绝对编程，分进给
N10	T0101　S800　M3	主轴转速800r/min，换1号93°菱形外圆车刀
N15	G0　X51　Z2	快进到外径粗车循环起刀点
N20	G71　U1.5　R1　P50　Q80　X0.5　Z0.1　F150	外径粗加工循环 U：径向每次切深单边1.5mm，R：径向退刀量单边1mm，P50：精加工第一程序段号，Q80：精加工最后程序段号，X：径向精加工余量双边0.5mm，Z：轴向精加工余量0.1mm，F：粗车进给率150mm/min
N25	G0　X100　Z50	退刀
N30	M5	主轴停转
N35	M0	程序暂停
N40	S1500　M3　F80　T0101	精车转速1500r/min，进给80mm/min
N45	G0　X5　Z2	快进
N50	G1　X0　Z0	进到外径粗车循环起点
N55	G3　X35.992　Z-4.534　R38	轮
N60	G1　Z-28	廓
N65	X41.992	加
N70	Z-33	工
N75	X47.992	
N80	Z-60	N50～N80外径轮廓循环程序
N85	G0　X100　Z50	退刀
N90	M5	主轴停转
N95	M0	程序暂停
N100	T0202　S600　M3　F25	转速600r/min，进给25mm/min，换2号切槽刀
N105	G0　X51　Z-38.862	快进到切槽起点
N110	G1　X32.5	切槽
N115	G0　X51	退刀
N120	W-1	进刀
N125	G1　X32.272	切槽
N130	W1	精车槽底
N135	G0　X48	退刀
N140	G1　Z-36	进到倒角起点
N145	X32.272　Z-38.862	倒角
N150	G0　X48	退刀
N155	G1　Z-42.724	进到倒角起点
N160	X32.272　Z-39.862	倒角
N165	G0　X48	退刀

（续）

%0004		主程序名
N170	Z-51.586	进刀
N175	G1 X32.5	切槽
N180	G0 X48	退刀
N185	Z-55	进刀
N190	G1 X32.272	切槽
N195	Z-51.586	精车槽底
N200	G0 X48	退刀
N205	W2.862	进到倒角起点
N210	G1 X32.272 W-2.862	倒角
N215	G0 X100	
N220	Z50	退刀
N225	M5	主轴停转
N230	M30	程序停止

（4）件1（见图10-1a）右端加工程序

%0005		主程序名
N5	G90 G94	绝对编程，分进给
N10	T0404 S800 M3	主轴转速800r/min，换4号内孔镗刀
N15	G0 X19.5 Z2	快进到内孔循环起刀点
N20	G71 U1 R0.5 P50 Q85 X-0.5 Z0.1 F120	内径粗车循环 U：径向每次切深单边1mm，R：径向退刀量单边0.5mm，P50：精加工第一程序段号，Q85：精加工最后程序段号，X：径向精加工余量双边0.5mm，Z：轴向精加工余量0.1mm，F：粗车进给率120mm/min
N25	G0 Z100	
N30	X50	退刀
N35	M5	主轴停转
N40	M0	程序暂停
N45	S1200 M3 T0404 F80	精车转速1200r/min，进给80mm/min
N50	G0 X39 Z1	进刀
N55	G1 X37 Z0	进到内径循环起点
N60	X35.02 Z-1	轮
N65	Z-6	廓
N70	X31	加
N75	Z-12	工
N80	X28.5 Z-13	
N85	Z-24	N50～N85内径轮廓循环程序
N90	X25	X向退刀
N95	G0 Z100	

（续）

%0005		主程序名
N100	X50	退刀
N105	M5	主轴停转
N110	M00	程序暂停
N115	S600　M3　T0505　F25	主轴转速600r/min，进给25mm/min，换5号内切槽刀
N120	G0　X26　Z5	快进
N125	Z-23	快进到切槽起点
N130	G1　X31	切槽
N135	X26	退刀
N140	Z-24	进刀
N145	X31	切槽
N150	X26	退刀
N155	G0　Z100	
N160	X50	退刀
N165	M5	主轴停转
N170	M0	程序暂停
N175	S1000　M3　T0606	转速1000r/min，换6号内螺纹刀
N180	G0　X26	
N185	Z3	快进到内螺纹复合循环起刀点
N190	G76　C1　R-0.5　E-1　A60　X30.05　Z-20.5　I0　K0.93　U-0.05　V0.08　Q0.4　P0　F1.5	内螺纹复合循环 C：精加工次数1，R：轴向退尾量0.5mm，E：径向退尾量1mm，A：刀尖角度60°，X：有效螺纹终点 *X* 坐标 *X*30.05mm，Z：有效螺纹终点 *Z* 坐标 -20.5mm，I：螺纹两端半径差，K：螺纹高度单边0.93mm，U：精加工余量单边0.05mm，V：最小切削深度0.08mm，Q：第一次切削深度单边0.4mm，P：主轴转角，F：螺纹导程1.5mm
N195	G0　Z100	
N200	X50	退刀
N205	M5	主轴停转
N210	M0	程序暂停
N215	T0101　S800　M3　F150	转速800r/min，进给150mm/min换1号93°菱形外圆车刀
N220	G0　X51　Z2	快进
N225	#50 = 50	设置最大切削余量
N230	WHILE　#50　GE　1	判断毛坯余量是否大与等于1
N235	M98　P0006	调用椭圆加工子程序
N240	#50 = #50 - 2	每次切深双边2mm
N245	ENDW	
N250	G0　X100　Z50	退刀
N255	M5	主轴停转
N260	M30	程序停止

（续）

%0006		椭圆加工子程序
N5	#1 =40	长轴
N10	#2 =24	短轴
N15	#3 =8	Z 轴起始尺寸
N20	WHILE #3 GE [-30]	判断是否走到 Z 轴终点
N25	#4 =24 * SQRT [#1 * #1 - #3 * #3] /40	X 轴变量
N30	G1 X [2 * #4 + #50] Z [#3 - 8]	椭圆插补
N35	#3 = #3 - 0. 4	Z 轴步距，每次 0. 4
N40	ENDW	
N45	W-1	
N50	G0 U2	
N55	Z2	退回起点
N60	M99	子程序结束

（5）合件精加工椭圆程序

%0007		主程序名
N5	G90 G94	绝对编程，分进给
N10	T0101 S1500 M3 F60	转速 1500r/min，换 1 号 93°菱形外圆车刀
N15	G0 G42 X5 Z2	引入半径补偿
N20	G46 X1500 P2500	限定恒线速转速，低：1500r/min，高：2500r/min
N25	G96 S240	规定恒线速度 240m/min
N30	#1 =40	长轴
N35	#2 =24	短轴
N40	#3 =40	Z 轴起始尺寸
N45	WHILE #3 GE [-30]	判断是否走到 Z 轴终点
N50	#4 =24 * SQRT [#1 * #1 - #3 * #3] /40	X 轴变量
N55	G1 X [2 * #4] Z [#3 - 40]	椭圆插补
N60	#3 = #3 - 0. 5	Z 轴步距，每次 0. 5mm
N65	ENDW	
N70	W-1	
N75	G40 G0 U25	退刀，撤销半径补偿
N80	G97 S600	撤销恒线速，转速 600 转
N85	Z2	退回起点
N90	M5	主轴停转
N95	M30	程序停止

二、竞赛试题2

参考程序（华中系统）

1. 刀具设置

1号刀：93°菱形外圆车刀；2号刀：切槽刀（刀宽4mm）；3号刀：60°外螺纹车刀；4号刀：内孔镗刀；5号刀：内切槽刀（刀宽3mm）；6号刀：60°内螺纹车刀

2. 工艺路线

1）加工件2（见图10-2b）右端，ϕ48mm外圆，锥孔及螺纹底孔至尺寸。

2）切断，保证长度50mm。

3）调头校正，倒角并加工M30×1.5内螺纹。

4）加工件1（见图10-2a）左端ϕ44mm、ϕ48mm及内腔至尺寸。

5）调头夹ϕ44mm×20mm加工右端SR10球面、ϕ23mm、ϕ29.8mm至尺寸。

6）切槽ϕ26mm×5mm，加工外螺纹M30×1.5。

7）将件2旋入件1，以件1右端面为编程零点，组合加工椭圆面。

3. 加工程序

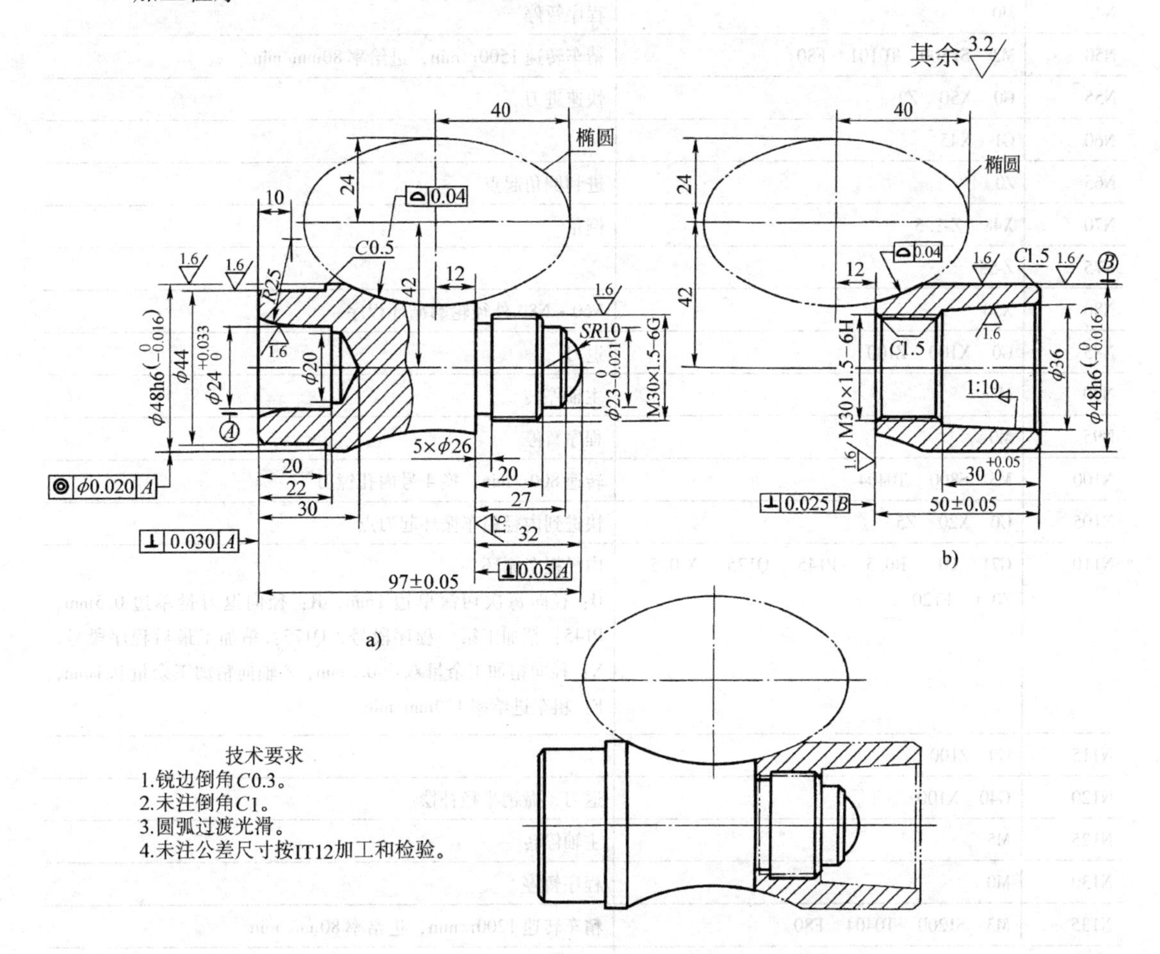

图 10-2

a）件1 b）件2

(1) 件2 (见图10-2b) 右端加工程序

%0001		主程序名
N5	G90 G94	绝对编程，分进给
N10	M3 S800 T0101	转速800r/min，换1号93°菱形外圆车刀
N15	G0 X55 Z0	快速进刀
N20	G1 X30 F80	车端面
N25	G0 X50 Z2	快进到外径粗车循环起刀点
N30	G71 U1.5 R1 P60 Q80 X0.5 Z0.1 F150	外径粗车循环 U：径向每次切深单边1.5mm，R：径向退刀量单边1mm，P60：精加工第一程序段号，Q80：精加工最后程序段号，X：径向精加工余量双边0.5mm，Z：轴向精加工余量0.1mm，F：粗车进给率150mm/min
N35	G0 X100 Z100	退刀
N40	M5	主轴停转
N45	M0	程序暂停
N50	M3 S1500 T0101 F80	精车转速1500r/min，进给率80mm/min
N55	G0 X50 Z2	快速进刀
N60	G1 X45	
N65	Z0	进到倒角起点
N70	X48 Z-1.5	倒角
N75	Z-55	
N80	X50	N60～N80外径轮廓循环程序
N85	G0 X100 Z100	退刀
N90	M5	主轴停转
N95	M0	程序暂停
N100	M3 S800 T0404	转速800r/min，换4号内孔镗刀
N105	G0 X20 Z5	快进到内径粗车循环起刀点
N110	G71 U1 R0.5 P145 Q175 X-0.5 Z0.1 F120	内径粗车循环 U：径向每次切深单边1mm，R：径向退刀量单边0.5mm，P145：精加工第一程序段号，Q175：精加工最后程序段号，X：径向精加工余量双边0.5mm，Z轴向精加工余量0.1mm，F：粗车进给率120mm/min
N115	G0 Z100	
N120	G40 X100	退刀，撤销半径补偿
N125	M5	主轴停转
N130	M0	程序暂停
N135	M3 S1200 T0404 F80	精车转速1200r/min，进给率80mm/min
N140	G0 X20 Z5	进刀
N145	G41 G1 X37.4142	引入半径补偿

（续）

%0001		主程序名
N150	Z0	进到内径循环起点
N155	X36　Z-0.7071	
N160	X33　Z-30	
N165	X31.3	
N170	X28.3　Z-31.5	
N175	Z-55	N145～N175 内径循环轮廓程序
N180	X19.5	*X* 向退刀
N185	G0　Z100	
N190	G40　X100	退刀，撤销半径补偿
N195	M5	主轴停转
N200	M0	程序暂停
N205	M3　S600　T0202　F25	转速 600r/min，进给率 25mm/min，换切断刀
N210	G0　X50　Z-54	进刀
N215	G1　X27	切断
N220	G0　X100	*X* 向退刀
N225	Z100	*Z* 向退刀
N230	M5	主轴停转
N235	M30	程序停止

（2）件 2（见图 10-2b）左端加工程序

%0002		主程序名
N5	G90　G94	绝对编程，分进给
N10	S1000　M3　T0404　F80	转速 1000r/min，进给 80mm/min 换 4 号内孔镗刀
N15	G0　X32　Z1	快进到倒角起点
N20	G1　X28　Z-1	倒角
N25	G0　Z100	
N30	X100	退刀
N35	M5	主轴停转
N40	M0	程序暂停
N45	M3　S1000　T0606	转速 1000r/min，换 6 号 60°内螺纹刀
N50	G0　X28　Z5	进到内螺纹复合循环起刀点
N55	G76　C2　R-1　E-0.5　A60　X30.05　Z-21　I0　K0.93　U-0.05　V0.08　Q0.4　P0　F1.5	内螺纹复合循环 C：精加工次数 2，R：轴向退尾量 1mm，E：径向退尾量 0.5mm，A：刀尖角度 60°，X：有效螺纹终点 *X* 坐标 X30.05mm，Z：有效螺纹终点 *Z* 坐标 -21mm，I：螺纹两端半径差，K：螺纹高度单边 0.93mm，U：精加工余量单边 0.05mm，V：最小切削深度 0.08mm，Q：第一次切削深度单边 0.4mm，P：主轴转角，F：螺纹导程 1.5mm

（续）

%0002		主程序名
N60	G0 Z100	
N65	X100	退刀
N70	M5	主轴停转
N75	M30	程序停止

（3）件1左端加工程序

%0003		主程序名
N5	G90 G94	绝对编程，分进给
N10	M3 S800 T0101	换1号93°菱形外圆车刀
N15	G0 X55 Z0	进刀
N20	G1 X18 F80	车端面
N25	G0 X50 Z2	进到外径粗车循环起刀点
N30	G71 U1.5 R1 P60 Q90 X0.5 Z0.1 F150	外径粗车循环 U：径向每次切深单边1.5mm，R：径向退刀量单边1mm，P60：精加工第一程序段号，Q90：精加工最后程序段号，X：径向精加工余量双边0.5mm，Z：轴向精加工余量0.1mm，F：粗车进给率150mm/min
N35	G0 X100 Z100	退刀
N40	M5	主轴停止
N45	M0	程序暂停
N50	M3 S1500 T0101 F80	精车转速1500r/min，进给率80mm/min，换1号93°菱形外圆车刀
N55	G0 X50 Z2	快速进刀
N60	G1 X42	
N65	G1 Z0	
N70	X44 Z-1	倒角
N75	Z-20	
N80	X48	
N85	Z-35	
N90	X50	N60～N90外径轮廓循环程序
N95	G0 X100 Z100	退刀
N100	M5	主轴停转
N105	M0	程序暂停
N110	M3 S800 T0404	主轴转速800r/min，换4号内孔镗刀
N115	G0 X19.5 Z5	进到内径粗车循环起刀点
N120	G71 U1 R0.5 P155 Q170 X-0.5 Z0.1 F120	内径粗车循环 U：每次切深单边1mm，R：退刀量单边0.5mm，P155：精加工第一程序段号，Q170：精加工最后程序段号，X：精加工余量双边0.5mm，Z：精加工余量0.1mm，F：粗车进给率120mm/min

（续）

%0003		主程序名
N125	G0　Z100	
N130	G40　X100	退刀，撤销半径补偿
N135	M5	主轴停转
N140	M0	程序暂停
N145	M3　S1200　T0404　F80	精车转速1200r/min，进给80mm/min
N150	G0　X20　Z5	快进到内径粗车循环起刀点
N155	G1　G41　X28.1742	引入半径补偿
N160	Z0	进到内径循环起点
N165	G2　X24　Z-10　R25	
N170	Z-22	N155～N170内径循环轮廓程序
N175	X19.5	退刀
N180	G0　Z100	
N185	G40　X100	退刀，撤销半径补偿
N190	M5	主轴停转
N195	M30	程序停止

（4）件1（见图10-2a）右端加工程序

%0004		主程序名
N10	G90　G94	绝对编程，分进给
N15	M3　S800　T0101	主轴转速800r/min，换1号93°菱形外圆车刀
N20	G0　X55　Z0	快速进刀
N25	G1　X0　F80	车端面
N30	G0　X50　Z2	进到外径粗车循环起刀点
N35	G71　U1.5　R1　P65　Q130　X0.5　Z0.1　F150	外径粗车循环 U：径向每次切深单边1.5mm，R：径向退刀量单边1mm，P65：精加工第一程序段号，Q130：精加工最后程序段号，X：精加工余量双边0.5mm，Z：精加工余量0.1mm，F：粗车进给率150mm/min
N40	G40　G0　X100　Z100	退刀，撤销半径补偿
N45	M5	主轴停转
N50	M0	程序暂停
N55	M3　S1500　T0101　F80	精车转速1500r/min，进给80mm/min
N60	G0　X5　Z5	快速进刀
N70	G1　G42　X0　Z0	引入半径补偿
N75	G3　X17.32　Z-5　R10	
N80	G1　X21	

（续）

%0004		主程序名
N85	X23 Z-6	
N90	Z-12	
N95	X28	
N100	X29.8 Z-13	
N105	Z-32	
N110	X39	
N115	Z-44	
N120	X48.5	
N125	Z-72	
N130	X50	N65 ~ N130 外径循环轮廓程序
N135	G40 G0 X100 Z100	退刀，撤销半径补偿
N140	M5	主轴停转
N145	M0	程序暂停
N150	M3 S600 T0202 F25	主轴转速 600r/min，进给率 25mm/min，换 2 号切槽刀
N155	G0 X33 Z-31	快速进刀
N160	G1 X26.2 F30	切槽
N165	X30	退刀
N170	Z-32	进刀
N175	X26	切槽
N180	Z-31	精加工槽底
N185	G0 X100	
N190	Z100	退刀
N195	M5	主轴停转
N200	M0	程序暂停
N205	M3 S1000 T0303	转速 1000r/min，换 3 号 60°外螺纹刀
N210	G0 X30 Z-5	快进至外螺纹复合循环起刀点
N215	G76 C2 R-0.5 E1 A60 X28.14 Z-27.5 I0 K0.93 U0.05 V0.1 Q0.4 P0 F1.5	外螺纹复合循环 C：精加工次数 2，R：轴向退尾量 0.5mm，E：径向退尾量 1mm，A：刀尖角度 60°，X：有效螺纹终点 *X* 坐标 28.14mm，Z：有效螺纹终点 *Z* 坐标 -27.5mm，I：螺纹两端半径差，K：螺纹高度单边 0.93mm，U：精加工余量单边 0.05mm，V：最小切削深度 0.08mm，Q：第一次切削深度单边 0.4mm，P：主轴转角，F：螺纹导程 1.5mm
N220	G0 X100 Z100	退刀
N225	M5	主轴停转
N230	M30	程序停止

（5）件1和件2组合加工程序

%0005		主程序名
N10	G90　G94	绝对编程，分进给
N15	M3　S800　T0101	主轴转速800r/min，换1号93°菱形外圆车刀
N20	G0　X55　Z-15	快进到凹槽外径粗车循环起刀点
N25	G71　U1.5　R1　P60　Q110　E0.3　F120	凹槽外径粗车循环 U：径向每次切深单边1.5mm，R：径向退刀量单边1mm，P60：精加工第一程序段号，Q110：精加工最后程序段号，E：精加工单边等高余量0.3mm，F：粗车进给率120mm/min
N30	G40　G0　X100　Z100	退刀，撤销半径补偿
N35	M5	主轴停转
N40	M0	程序暂停
N45	M3　S1500　T0101　F80	精车转速1500r/min，进给80mm/min
N50	G0　X55　Z-15	快进到起刀点
N55	G1　G42　Z-17.5425	引入半径补偿
N60	X50	
N65	#1 =40	椭圆长轴
N70	#2 =24	椭圆短轴
N75	#3 =26.4575	Z轴变量起始尺寸
N80	WHILE　#3　GE　[-26.4575]	判断Z轴尺寸是否到终点
N85	#4 =24 * SQRT [#1 * #1 - #3 * #3] /40	X变量
N90	G1　X [2 * 42 - 2 * #4]　Z [#3 - 44]	椭圆插补
N95	#1 = #1 - 0.4	Z轴每次步距0.4
N100	ENDW	
N105	G1　X48　Z-70.4575	
N110	X50	N60 ~ N110凹槽外径循环轮廓程序
N115	G0　X100	
N120	G40　Z100	撤销半径补偿，退刀
N125	M5	主轴停转
N130	M30	程序停止

三、竞赛试题3

参考程序（华中系统）

1. 刀具设置

1号刀：93°菱形外圆车刀；2号刀：切槽刀（刀宽4mm）；3号刀：60°外螺纹车刀；4号刀：内孔镗刀；5号刀：内切槽刀（刀宽3mm）；6号刀：60°内螺纹车刀

2. 工艺路线（见图10-3）

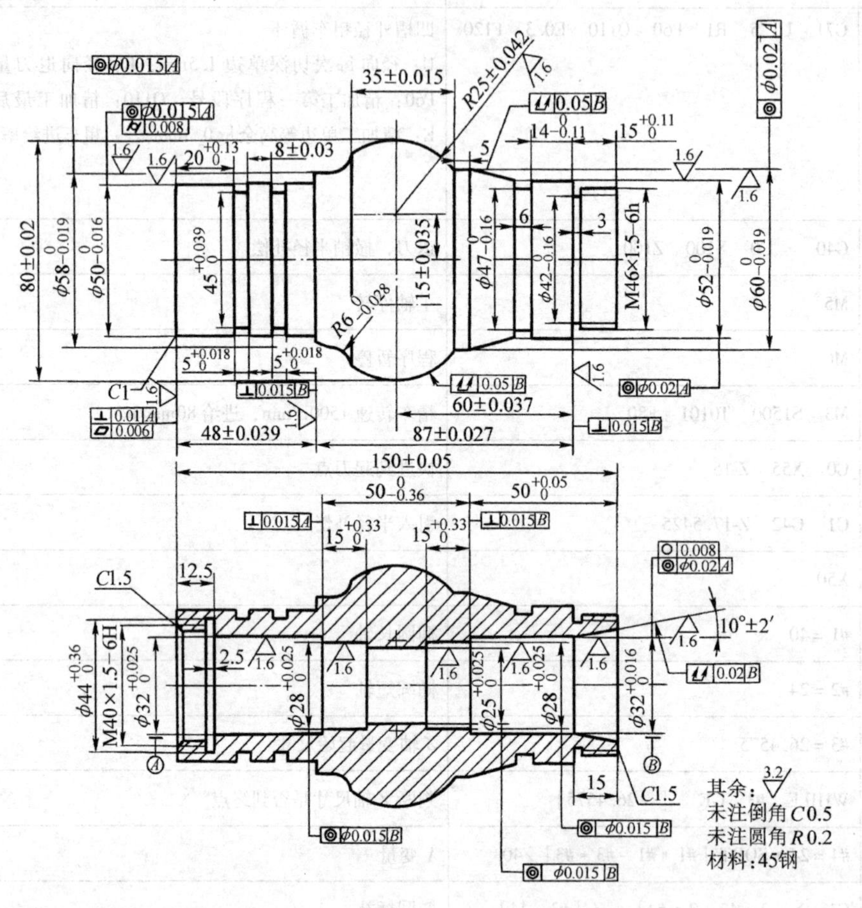

图 10-3

1）预钻 ϕ23mm 通孔，一端用反爪夹住，另一端用顶尖顶住。

2）用G71外径粗车循环粗加工左端至 R25 半球，双边留0.5mm余量。

3）精加工左端外型，R25 半球不加工。

4）切外槽。

5）撤去顶尖，用G71内径粗车循环粗加工左端内型，精车左端内型。

6）切内槽，加工M40×1.5内螺纹。

7）调头校正，用正爪夹 ϕ50mm 外圆，另一端用顶尖顶住，用G71外径粗车循环车右端至 R25 半球，双边留0.5mm余量。

8）精加工右端外型，R25 半球不加工。

9）切外槽，加工M46×1.5外螺纹。

10）精加工 *R*25 球面

11）撤去顶尖，用 G71 内径粗车循球粗加工右端内型，精车右端内型。

3. 加工程序

（1）左端外型加工程序

%0001		主程序名
N5	G90　G94	绝对编程，分进给
N10	M3　S600　T0101	转速600r/min，换1号93°菱形外圆车刀
N15	G0　Z2	
N20	X85	快进到外径粗车循环起刀点
N30	G71　U1.5　R1　P60　Q88　X0.5　Z0.1　F150	外径粗车循环 U：径向每次切深单边 1.5mm，R：径向退刀量单边 1mm，P60：精加工第一程序段号，Q88：精加工最后程序段号，X：径向精加工余量双边 0.5mm，Z：轴向精加工余量 0.1mm，F：粗车进给率 150mm/min
N35	G0　X150　Z15	退刀
N40	M5	主轴停转
N45	M0	程序暂停
N50	M3　S1200　T0101　F80	精车转速 1200r/min，进给率 80mm/min
N55	G0　X55　Z2	快速进刀
N60	G1　X48	
N65	Z0	进到倒角起点
N70	X49.992　Z-1	倒角
N75	Z-48	
N80	X57.99	
N85	z-54	
N86	G2　X70　Z-60　R6	
；N87	G3　X80　Z-75　R25（精加工时加分号，不加工此段程序）	
；N88	G1　Z-78（精加工时加分号，不加工此段程序）	N60～N88 外径循环轮廓程序
N89	G0　X150　Z15	退刀
N90	M5	主轴停转
N95	M0	程序暂停
N100	M3　S600　T0202　F25	转速 600r/min，进给 25mm/min，换切槽刀
N105	G0　X55　Z-23	进刀
N110	G1　X45.2	切槽
N115	X51	退刀
N120	Z-25	进刀
N125	X45	切槽

（续）

%0001		主程序名
N130	Z-23	精车槽底
N140	X51	退刀
N145	Z-36	进刀
N150	X45. 2	切槽
N155	X51	退刀
N160	Z-38	进刀
N165	X45	切槽
N170	Z-36	精车槽底
N175	G0 X150	X 向退刀
N180	Z15	Z 向退刀
N380	M5	主轴停转
N385	M30	程序停止

（2）左端内形加工程序

%0002		主程序名
N5	M3 S800 T0404	转速 800r/min，换 4 号内孔镗刀
N10	G0 X22. 5 Z5	快进到内径粗车循环起刀点
N15	G71 U1 R0. 5 P50 Q95 X-0. 5 Z0. 1 F120	内径粗车循环 U：径向每次切深单边 1mm，R：径向退刀量单边 0. 5mm，P50：精加工第一程序段号，Q95：精加工最后程序段号，X：径向精加工余量双边 0. 5mm，Z：轴向精加工余量 0. 1mm，F：粗车进给率 120mm/min
N20	G0 Z100	
N25	X100	退刀
N30	M5	主轴停转
N35	M0	程序暂停
N40	M3 S1200 T0404 F80	精车转速 1200r/min，进给率 80mm/min
N45	G0 X22. 5 Z5	进刀
N50	G1 X41. 5	
N55	Z0	进到内径循环起点
N60	X38. 5 Z-1. 5	倒角
N65	Z-12. 5	
N70	X32. 005	
N75	Z-50	
N80	X28. 005	
N85	Z-65	
N90	X25. 005	

（续）

%0002		主程序名
N95	Z-87	N50～N95 内径循环轮廓程序
N100	X22.5	X 向退刀
N105	G0　Z100	
N110	X100	退刀
N115	M5	主轴停转
N120	M0	程序暂停
N125	S600　M3　T0505　F25	转速 600r/min，进给 25mm/min，换 5 号内切槽刀
N130	G0　X28	快进
N135	Z-12.5	快进
N140	G1　X44	切内槽
N145	X28	退刀
N150	G0　Z100	
N155	X100	
N160	M5	主轴停转
N165	M0	程序停止
N170	M3　S1000　T0606	转速 1000r/min，换 6 号 60°内螺纹刀
N175	G0　X28　Z5	进到内螺纹复合循环起刀点
N180	G76　C2　R-1　E-0.5　A60　X40.05　Z-10.5　I0　K0.93　U-0.05　V0.08　Q0.4　P0　F1.5	内螺纹复合循环 C：精加工次数 2，R：轴向退尾量 1mm，E：径向退尾量 0.5mm，A：刀尖角 60°，X：有效螺纹终点 X 坐标 40.05mm，Z：有效螺纹终点 Z 坐标 -10.5mm，I：螺纹两端半径差，K：螺纹高度单边 0.93mm，U：精加工余量单边 0.05mm，V：最小切削深度 0.08mm，Q：第一次切削深度单边 0.4mm，P：主轴转角，F：螺纹导程 1.5mm
N185	G0　Z100	
N190	X100	退刀
N195	M5	主轴停转
N200	M30	程序停止

（3）右端外形加工程序

%0003		主程序名
N5	G90　G94	绝对编程，分进给
N10	M3　S800　T0101	主轴转速 800r/min，换 1 号 93°菱形外圆车刀
N15	G0　Z2	
N25	X85	快进到外径粗车循环起刀点

（续）

%0003		主程序名
N30	G71 U1.5 R1 P60 Q105 X0.5 Z0.1 F150	外径粗车循环 U：径向每次切深单边 1.5mm，R：径向退刀量单边 1mm，P60：精加工第一程序段号，Q105：精加工最后程序段号，X：径向精加工余量双边 0.5mm，Z：轴向精加工余量 0.1mm，F：粗车进给率 150mm/min
N35	G0 X150 Z15	退刀
N40	M5	主轴停转
N45	M0	程序暂停
N50	M3 S1200 T0101 F80	精车转速 1200r/min，进给 80mm/min
N55	G0 X55 Z2	快速进刀
N60	G1 X43	
N65	Z0	进到倒角起点
N70	X45.8 Z-1.5	倒角
N75	Z-15	
N80	X51.99	
N85	Z-35	
N90	X60 Z-50	
N95	Z-55	
；N100	G3 X80 Z-75 R25（精加工时加分号，不加工此段程序）	
；N105	G1 Z-75.5（精加工时加分号，不加工此段程序）	N60～N105 外径循环轮廓程序
N85	G0 X100 Z100	退刀
N90	M5	主轴停转
N95	M0	程序暂停
N100	M3 S600 T0202 F25	主轴转速 600r/min，进给 25mm/min，换 2 号切槽刀
N105	G0 X55 Z-15	进刀
N110	G1 X47	切槽
N115	X53	退刀
N120	Z-32	进刀
N125	X47.2	切槽
N130	Z-35	进刀
N135	X47	切槽
N140	Z-32	精车槽底
N220	G0 X100	X 向退刀
N225	Z100	Z 向退刀
N230	M3 S1000 T0303	转速 1000r/min，换 3 号 60°外螺纹刀

（续）

%0003		主程序名
N235	G0 X50 Z5	进到外螺纹复合循环起刀点
N240	G76 C2 R-0.5 E2 A60 X44.14 Z-12.5 I0 K0.93 U0.05 V0.08 Q0.4 P0 F1.5	外螺纹复合循环 C：精加工次数2，R：轴向退尾量0.5mm，E：径向退尾量2mm，A：刀尖角60°，X：有效螺纹终点X坐标44.14mm，Z：有效螺纹终点Z坐标－12.5mm，I：螺纹两端半径差，K：螺纹高度单边0.93mm，U：精加工余量单边0.05mm，V：最小切削深度0.08mm，Q：第一次切削深度单边0.4mm，P：主轴转角，F：螺纹导程1.5mm
N245	G0 X150	
N250	Z15	退刀
N255	M5	主轴停转
N230	M0	程序暂停
N235	M3 S1200 T0101	转速1200r/min换1号93°菱形外圆车刀
N240	G0 G42 X65 Z-49	进刀
N245	G1 X59.99 F80	
N250	Z-55	工进到圆弧起点
N255	G3 X70 Z-90 R25	精车球面
N260	G1 Z-92	
N265	G0 G40 X100	
N270	Z100	退刀
N275	M5	主轴停转
N280	M30	程序停止

（4）右端内形加工程序

%0004		主程序名
N5	G90 G94	绝对编程，分进给
N10	M3 S800 T0404	转速800r/min，换4号内孔镗刀
N15	G0 X22.5 Z5	快进到内径粗车循环起刀点
N20	G71 U1 R0.5 P50 Q70 X-0.5 Z0.1 F120	内径粗车循环 U：径向每次切深单边1mm，R：径向退刀量单边0.5mm，P50：精加工第一程序段号，Q70：精加工最后程序段号，X：径向精加工余量双边0.5mm，Z：轴向精加工余量0.1mm，F：粗车进给率120mm/min
N25	G0 Z100	
N30	G40 X100	退刀，撤销半径补偿
N35	M3 S1200 T0404 F80	精车转速1200r/min，进给80mm/min
N40	G0 X22.5 Z5	进刀
N45	G41 G1 X37.29	引入半径补偿

（续）

%0004		主程序名
N50	Z0	进到内径循环起点
N55	X32 Z-15	
N60	Z-50	
N65	X28	
N70	Z-65	N50 ~ N70 内径循环轮廓程序
N75	X22	X 向退刀
N80	G0 Z100	
N85	G40 X100	退刀，撤销半径补偿
N90	M5	主轴停转
N95	M30	程序停止

四、竞赛试题 4

参考程序（华中系统）

1. 刀具设置

1 号刀：93°菱形外圆车刀；2 号刀：切槽刀（刀宽 4mm）；3 号刀：60°外螺纹车刀；4 号刀：内孔镗刀；5 号刀：内切槽刀（刀宽 3mm）；6 号刀：60°内螺纹车刀

2. 工艺路线

1）加工件 2（见图 10-4b）右端 ϕ46mm 外圆，锥孔及螺纹底孔至尺寸。

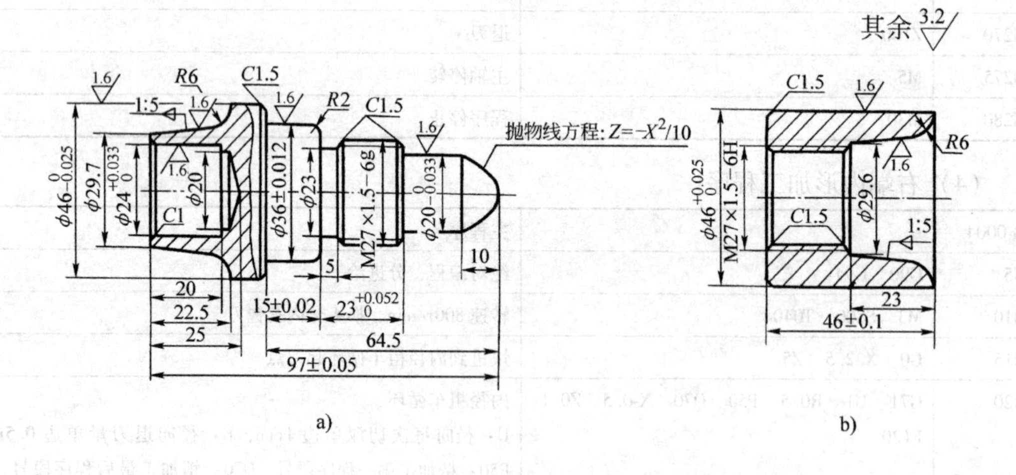

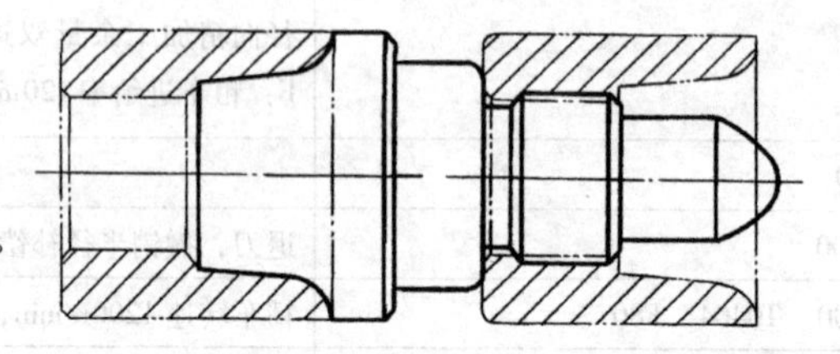

技术要求
1. 锐边倒角C0.3。
2. 涂色锥面接触面不小于50%。
3. 圆锥与圆弧过渡光滑。
4. 未注公差尺寸按IT12加工和检验。

图 10-4

a）件 1 b）件 2

2）切断，保证长度为46mm。

3）调头校正，倒角并加工 M27×1.5 内螺纹。

4）加工件1（见图10-4a）右端 ϕ46mm、ϕ36mm、ϕ20mm 及抛物面至尺寸。

5）切槽 ϕ23mm×5mm，加工外螺纹 M27×1.5。

6）调头夹 ϕ36mm×15mm 加工左端外型及内腔至尺寸。

3. 加工程序

（1）件2（见图10-4b）右端加工程序

%0001		主程序名
N10	G90　G94	绝对编程，分进给
N15	M3　S800　T0101	转速800r/min，换1号93°菱形外圆车刀
N20	G0　X55　Z0	快速进刀
N25	G1　X18　F80	车端面
N30	G0　X50　Z2	快进到外径粗车循环起刀点
N35	G71　U1.5　R1　P65　Q75　X0.5　Z0.1　F150	外径粗车循环 U：径向每次切深单边1.5mm，R：径向退刀量单边1mm，P65：精加工第一程序段号，Q75：精加工最后程序段号，X：径向精加工余量双边0.5mm，Z：轴向精加工余量0.1mm，F：粗车进给率150mm/min
N40	G0　X100　Z50	退刀
N45	M5	主轴停转
N50	M0	程序暂停
N55	M3　S1500　T0101　F80	精车转速1500r/min，进给率80mm/min
N60	G0　X50　Z2	快速进刀
N65	G1　X46	
N70	Z-52	
N75	X50	N65～N75 外径循环轮廓程序
N80	G0　X100　Z50	退刀
N85	M5	主轴停转
N90	M0	程序暂停
N95	M3　S800　T0404	主轴转速800r/min，换4号内孔镗刀
N100	G0　X20　Z5	快进到内径粗车循环起刀点
N105	G71　U1　R0.5　P145　Q170　X-0.5　Z0.1　F120	内径粗车循环 U：径向每次切深单边1mm，R：径向退刀量单边0.5mm，P145：精加工第一程序段号，Q170：精加工最后程序段号，X：径向精加工余量双边0.5mm，Z：轴向精加工余量0.1mm，F：粗车进给率120mm/min
N110	G40　G0　Z100	退刀，撤销半径补偿
N115	X100	
N120	M5	主轴停转

（续）

%0001		主程序名
N125	M0	程序暂停
N130	M3　S1200　T0404　F80	精车转速 1200r/min，进给 80mm/min
N135	G0　X20　Z5	进刀
N140	G1　G41　X45.0598	引入半径补偿
N145	Z0	进到内径循环起点
N150	G2　X33.1194　Z-5.4　R6	
N155	G1　X29.6　Z-23	
N160	X28.5	
N165	X25.5　Z-24.5	
N170	Z-50	N145～N170 内径循环轮廓程序
N175	X19.5	X 向退刀
N180	G0　Z100	
N185	G40　X100	退刀，撤销半径补偿
N190	M5	主轴停转
N195	M0	程序暂停
N200	M3　S600　T0202　F25	主轴转速 600r/min，进给 25mm/min，换 2 号切槽刀
N205	G0　X50　Z-50	进刀
N210	G1　X42	切槽
N215	X46	退刀
N220	Z-48.5	进刀倒角起点
N225	X43　Z-50	倒角
N230	X25	切断
N235	G0　X100	退刀
N240	Z100	
N245	M5	主轴停转
N250	M30	程序停止

（2）件 2（见图 10-4b）左端加工程序

%0002		主程序名
N10	G90　G94	绝对编程，分进给
N15	M3　S800　T0404　F80	转速 800r/min，进给 80mm/min 换 4 号内孔镗刀
N20	G0　X30.5　Z1	快进到倒角起点
N25	G1　X25.5　Z-1.5	倒角
N30	X24	
N35	G0　Z100	退刀
N40	X100	

（续）

%0002		主程序名
N45	M5	主轴停转
N50	M0	程序暂停
N55	M3　S1000　T0606	转速1000r/min，换6号60°内螺纹刀
N60	G0　X25　Z5	进到内螺纹复合循环起刀点
N65	G76　C2　R-1　E-0.5　A60　X27.05　Z-25　I0　K0.93　U-0.05　V0.08　Q0.4　P0　F1.5	内螺纹复合循环 C：精加工次数2，R：轴向退尾量1mm，E：径向退尾量0.5mm，A：刀尖角60°，X：有效螺纹终点 X 坐标X27.05mm，Z：有效螺纹终点 Z 坐标－25mm，I：螺纹两端半径差，K：螺纹高度单边0.93mm，U：精加工余量单边0.05mm，V：最小切削深度0.08mm，Q：第一次切削深度单边0.4mm，P：主轴转角，F：螺纹导程1.5mm
N70	G0　Z100	退刀
N75	X100	
N80	M5	主轴停转
N85	M30	程序停止

（3）件1（见图10-4a）右端加工程序

%0003		主程序名
N10	G90　G94	绝对编程，分进给
N15	M3　S800　T0101	主轴转速800r/min，换1号93°菱形外圆车刀
N20	G0　X55　Z0	快速进刀
N25	G1　X0　F100	车端面
N30	G0　X50　Z2	快进到外径粗车循环起刀点
N35	G71　U1.5　R1　P70　Q155　X0.5　Z0.1　F150	外径粗加工循环 U：径向每次切深单边1.5mm，R：轴向退刀量单边1mm，P70：精加工第一程序段号，Q155：精加工最后程序段号，X：径向精加工余量双边0.5mm，Z：轴向精加工余量0.1mm，F：粗车进给率150mm/min
N40	G40　G0　X100　Z100	退刀，撤销半径补偿
N45	M5	主轴停转
N50	M0	程序暂停
N55	M3　S1500　T0101　F80	精车转速1500r/min，进给80mm/min
N60	G0　X10　Z5	快速进刀
N65	G1　G42　X0	引入半径补偿
N70	Z0	
N75	#1 =0	设置 X 起始变量
N80	WHILE#1　LE　10	判断 X 半径是否到尺寸
N85	G1　X［2 * #1］　Z［－#1 * #1/10］	抛物线插补

（续）

%0003		主程序名
N90	#1 = #1 +0.05	X 变量每次步距 0.05
N95	ENDW	
N100	G1 X20 Z-10	轮
N105	Z-26.5	廓
N110	X24	加
N115	X26.85 Z-28	工
N120	Z-49.5	
N125	X32	
N130	G3 X36 Z-51.5 R2	
N135	G1 Z-64.5	
N140	X43	
N145	X46 Z-66	
N150	Z-75	
N155	X50	N70 ~ N155 外径轮廓循环程序
N160	G40 G0 X100 Z100	退刀，撤销半径补偿
N165	M5	主轴停转
N170	M0	程序暂停
N175	M3 S600 T0202 F25	转速 600r/min，进给 25mm/min，换 2 号切槽刀
N180	G0 X30 Z-48.5	进到切槽起点
N180	G1 X23.2	切槽
N190	X27	退刀
N195	Z-49.5	进刀
N200	X23	切槽
N205	Z-48.5	精车槽底
N210	X27	
N215	Z-47	进到倒角起点
N220	X23 Z-48.5	倒角
N225	G0 X100	
N230	Z100	退刀
N235	M5	主轴停转
N235	M0	程序暂停
N240	M3 S1000 T0303	转速 1000r/min，换 3 号 60°外螺纹刀
N245	G0 X27 Z-15	进到外螺纹复合循环起刀点
N250	G76 C2 R-2 E1 A60 X25.14 Z-45 I0 K0.93 U0.05 V0.08 Q0.4 P0 F1.5	外螺纹复合循环 C：精加工次数 2，R：轴向退尾量 2mm，E：径向退尾量 1mm，A：刀尖角 60°，X：有效螺纹终点 X 坐标 25.14mm，Z：有效螺纹终点 Z 坐标 -45mm，I：螺纹两端半径差，K：螺纹高度单边 0.93mm，U：精加工余量单边 0.05mm，V：最小切削深度 0.08mm，Q：第一次切削深度单边 0.4mm，P：主轴转角，F：螺纹导程 1.5mm

（续）

%0003		主程序名
N255	G0　X100	
N260	Z100	退刀
N265	M5	主轴停转
N270	M30	程序停止

（4）件1（见图10-4a）左端加工程序

%0004		主程序名
N5	G90　G94	绝对编程，分进给
N10	M3　S800　T0101	转速800r/min，换1号93°菱形外圆车刀
N15	G0　X55　Z0	快速进刀
N20	G1　X18　F80	车端面
N25	G0　X50　Z2	快进到外径粗车循环起刀点
N30	G71　U1.5　R1　P65　Q75　X0.5　Z0.1　F150	外径粗车循环 U：径向每次切深单边1.5mm，R：径向退刀量单边1mm，P65：精加工第一程序段号，Q75：精加工最后程序段号，X：径向精加工余量双边0.5mm，Z：轴向精加工余量0.1mm，F：粗车进给率150mm/min
N35	G40　G0　X100　Z100	退刀，撤销半径补偿
N40	M5	主轴停转
N45	M0	程序暂停
N50	M3　S1500　T0101　F80	精车转速1500r/min，进给80mm/min
N55	G0　X35　Z2	快速进刀
N60	G1　G42　X29.7	引入半径补偿
N65	Z0	
N70	X34.2　Z-22.5　R6	倒圆角
N75	X48	N65～N75外径循环轮廓程序
N80	G40　G0　X100　Z100	退刀，撤销半径补偿
N85	M5	主轴停转
N90	M0	程序暂停
N95	M3　S800　T0404	主轴转速800r/min，换4号内孔镗刀
N100	G0　X20　Z5	快进到内径粗车循环起刀点
N105	G71　U1　R0.5　P145　Q155　X-0.5　Z0.1　F100	内径粗车循环 U：径向每次切深单边1mm，R：径向退刀量单边0.5mm，P145：精加工第一程序段号，Q155：精加工最后程序段号，X：径向精加工余量双边0.5mm，Z：轴向精加工余量0.1mm，F：粗车进给率100mm/min
N110	G0　X100	

（续）

%0004		主程序名
N115	Z100	退刀
N120	M5	主轴停转
N125	M0	程序暂停
N130	M3 S1200 T0404 F80	精车转速1200r/min，进给80mm/min
N135	G0 X20 Z5	快进到内径粗车循环起刀点
N140	G1 X26	
N145	Z0	进到内径循环起点
N150	X24 Z-1	倒角
N155	Z-20	N145～N155内径循环轮廓程序
N160	X19.5	退刀
N165	G0 Z100	
N170	X100	退刀
N175	M5	主轴停转
N180	M30	程序停止

参考文献

[1] 张超英，罗学科．数控加工综合实训［M］．北京：化学工业出版社，2003.

[2] 张超英．数控车床［M］．北京：化学工业出版社，2003.

[3] 方沂．数控机床编程与操作［M］．北京：国防工业出版社，1999.

[4] 孙建东，袁锋．数控机床加工技术［M］．北京：高等教育出版社，2002.

[5] 王平．数控机床与编程实用教程［M］．北京：化学工业出版社，2004.

[6] 全国数控培训网络天津分中心．数控编程［M］．北京：机械工业出版社，1997.

[7] 《实用数控加工技术》编委会．实用数控加工技术［M］．北京：兵器工业出版社，1995.

[8] 王志平．数控编程与操作［M］．北京：高等教育出版社，2003.

[9] 董瑞杰，黄一鸣．最新 Mastercam7 模具设计教程［M］．北京：中国石化出版社．2000.

[10] 武汉华中数控股份有限公司．世纪星车削数控装置编程说明书，2001.

[11] SIEMENS 802S 操作和编程说明书，1999.

[12] BEIJING—FANUC Series 0—TD 操作说明书．北京：北京发那科机电有限公司，1995.

[13] FANUC 数控车床用户使用手册．昆明：云南机床厂，2001.

[14] FANUC 系统编程补充说明书．昆明：云南机床厂，2001.

[15] 袁锋．数控车床培训教程［M］．北京：机械工业出版社，2005.

[16] 全国各省数控大赛样卷、试卷．2004.

[17] 沈建峰，虞俊．数控车工（高级）［M］．北京：机械工业出版社，2007.

[18] 《数控大赛试题·答案·点评》编委会．数控大赛试题·答案·点评［M］．北京：机械工业出版社，2006.